统 计 光 学

（第二版）

Statistical Optics

（Second Edition）

〔美〕Joseph W. Goodman 著

陈家璧 秦克诚 曹其智 译

科 学 出 版 社

北 京

图字：01-2016-4964 号

内 容 简 介

本书是 Joseph W. Goodman 所著《统计光学》的第二版.

本书秉承第一版的精神，用通信理论中的概率统计方法，研究光场本身、光传播过程及检测接收时的随机涨落. 它既是一门应用科学，在信息光学中有广泛的应用，又涉及对于光的本性的理解，同光学中的其他分支有着密切联系，它的基础知识已经成为光学工作者的必备知识.

本书介绍统计光学的基本内容及其所用的数学工具和方法，总结了直到 21 世纪的最新研究成果，可以作为高等学校光学专业高年级本科生和研究生的教材，也可供教师、科研人员和工程技术人员参考.

图书在版编目(CIP)数据

统计光学：第二版/（美）J. W. 顾德曼（Joseph W. Goodman）著；陈家璧，秦克诚，曹其智译. —北京：科学出版社，2018.1

书名原文：Statistical Optics（Second Edition）

ISBN 978-7-03-056338-5

I. ①统… II. ①J… ②陈… ③秦… ④曹… III. ①统计光学-研究 IV. ①O43

中国版本图书馆 CIP 数据核字（2018）第 010612 号

责任编辑：刘凤娟/责任校对：邹慧卿
责任印制：吴兆东/封面设计：耕 者

科学出版社 出版
北京东黄城根北街 16 号
邮政编码：100717
http://www.sciencep.com

北京虎彩文化传播有限公司 印刷
科学出版社发行 各地新华书店经销

*

2018 年 1 月第 一 版 开本：720×1000 1/16
2022 年 1 月第四次印刷 印张：28 1/2
字数：574 000
定价：199.00 元
（如有印装质量问题，我社负责调换）

献给
翰美
她带来了光明

中文第二版前言

1978 年 J. W. Goodman 教授第一次访华时，我和他见过面．他欢迎我去他的实验室做访问学者，研究信息光学，在此期间我聆听了他的"统计光学"课程．1982 年我回国后，在他的实验室访问工作过的一些教师，在国内开设统计光学课程进行推广．Goodman 教授也于 1985 年年底由 John Wiley & Sons 出版社正式出版了《统计光学》英文版．我在收到他寄来的赠书后，组织了刘培森（北京理工大学）、曹其智（南开大学）、詹达三（中国科学院物理研究所）和我（北京大学）共四人，将书译成中文，于 1992 年由科学出版社出版了第一版的中文版．

现在，《统计光学》已出第二版了．与初版相比，有不少的变动，需要译成中文，供我国光学工作者参考．我作为初版书的主译者，受 J. W. Goodman 教授委托，组织这一任务．但是原来的四个译者中，达三已经去世，年逾培森八旬，在国外儿女照拂下养老．只有其智和我，还能参加这一工作．翻译《傅里叶光学导论》（第三版）时，陈家璧同志加入翻译工作，因此这次就再次邀请他参加．

家璧一直在信息光学领域工作，经常用到 Goodman 教授的几本书，对这几本书有深刻的领会，这从书末他写的译后记可以看到．他也担负了本版翻译工作的最大工作量，由他来领衔这一版的翻译是合适的（本版翻译工作具体的文字分工是：秦克诚翻译第一至第四章及全书统稿和文字修饰、译名统一，陈家璧翻译第五至第七章及附录，主持最后定稿，曹其智翻译第八和第九章）．

我们相信这本书的中文版对 21 世纪我国光学事业的发展，乃至我国整个科技事业的发展，以及科技现代化的实现，有着重要意义．希望光学界的广大科技工作者能够从中得益，应用《统计光学》，在未来的宏伟计划中，推动我国光学工作取得弯道超越，跻身世界前沿．

秦克诚
2017 年 8 月

第二版序

本书初版出版于 1985 年, 大约 30 年前. 在这段时间里, 技术发生了重大的变化: 不仅在电子学中, 而且在光学中. 光学技术中的这些变化使一些新应用成为可能, 其中许多在 1985 年用当时能提供的技术是根本无法实现的. 但与此同时, 一些基础性的基本概念, 对理解这些老的和新的发展, 仍然是有用的. 本书引进的概念有许多就属于这一类. 这个第二版与本书的初版有哪些区别? 虽然各章的标题和顺序一仍其旧, 但是内容在许多重要方面已经作了改变. 首先, 一切手绘的曲线图都已重绘, 有的是用 Mathematica 绘制的, 以得到各个函数的更精确的表示. 更重要的是, 作了以下的重大变化:

第 4 章:

● 扩充了关于单模激光的统计性质的一小节.

第 5 章:

● 将对 Fellgett 优点的讨论加进讨论 Fourier 光谱学的一小节.

● 增加了讨论光学相干层析术的一小节.

● 增加了讨论光纤传感器的相干复用技术的一小节.

● 增加了讨论 Schell 模型场和准均匀场的几小节.

● 增加了讨论互强度函数的相干模式的一小节.

● 增加了讨论系综平均相干性的一小节.

第 6 章:

● 重写了对热光积分强度的概率密度函数的 "精确" 解的讨论.

● 精简了关于有限测量时间的互强度的统计性质的讨论, 有些结果移到习题中.

第 7 章:

● 预备知识一节作了精简.

● Hopkins 公式一小节作了改进.

● 改进了像的强度谱的频域计算一节的若干部分.

● 用部分相干照明得到的像增加了几个例子.

● 讨论散斑的一节作了相当大的扩充.

第 8 章:

● 增加了几节, 讨论有大气湍流存在时恢复物的信息的交叉谱技术和双谱技术.

● 扩充了自适应光学一节.

● 增加了有大气湍流出现时相干照明物体的成像一节.

第 9 章:

● 增加了关于读噪声的一节.

附录:

● 将两个特别详尽的数学论证移到了附录中.

习题:

● 本版中收入了不少新习题.

参考文献:

● 增添了许多新参考文献.

本书初版是没有习题解答的,这一版有了,可向出版社索要.

感谢 San Ma 读这一版前几章的校样,也要感谢 Rochester 大学的 James Fienup 教授在我撰写和出版这一版的漫长过程中对本书的建议和评论. 此外,还想感谢他的 3 个研究生:Zack De Santis、Matt Bergkoetter 和 Dustin Moore,他们细心地读了这一版的大部分手稿,找出许多排印错误,并为改进提出了很有用的建议. 也感谢 Michael Roggemann 教授,他读了第 8 章并予以评论. 非常感谢 Moshe Tur 教授,他从本书初版出版以来,在这些年里提供了许多改进的建议. 最后,深深感谢我的妻子翰美(Hon Mai),她容忍我在计算机旁一坐就是几个小时,来写本书的第二版. 希望读者会发现,这一新版表述清晰,并且对他们的工作有用.

Joseph W. Goodman

于加利福尼亚州 Los Altos

中文（初）版序言

在光学教学中，一种自然的进程通常是，从几何光学的光线处理方式出发，进而讨论对衍射和干涉现象的波动处理．在掌握了这些基本概念之后，学生就可以学习更数学化的 Fourier 光学，它讨论的是光通过透镜和透明片系统传播的完全确定性的问题．光学教程通常就在这里结束．我写本书的前提是，完整的光学教程也应当包括对光场的统计性质的详尽说明，因为许多光学问题是不能用确定性方式处理的，反之，它们需要从随机性观点出发来解决．

本书中文版翻译的准备工作经过了一段相当长的时间．特别感谢北京大学的秦克诚，他非常细心地读了本书的英文手稿，提出了许多重要的更正和改进的建议．也感谢参加本书翻译工作的其他人，包括刘培森、曹其智和詹达三[①]．

诚挚地希望本书将对中国的四个现代化进程做出微薄的贡献，特别是能够有助于加强中国在光学的广阔领域内已经给人深刻印象的研究工作．

作　者

1985 年 9 月 1 日于加利福尼亚州斯坦福大学

---

① 本书初版翻译分工如下：秦克诚译第一至四章及附录，詹达三译第五、六章，刘培森译第七章，曹其智译第八、九章，最后译文由秦克诚、刘培森总校．本书第二版翻译分工如下：秦克诚译第一至第四章及汉英对照索引，陈家璧译第五至第七章及附录，曹其智译第八和第九章，最后译文由秦克诚、陈家璧总校．——译者注

初 版 序

从 20 世纪 60 年代初期以来，人们已逐渐接受了这一主张：现代的光学专业训练应当充分阐明 Fourier 分析和线性系统理论的概念. 我认为，对概率和统计学工具来说，一个类似的阶段也已到来，任何高等的光学教学计划都应将"统计光学"领域内的某种训练包括在内作为一个不可缺的部分. 我写本书就是为了满足这个领域有一本合适的教科书的需要.

本书讨论的问题是非常物理的，但是常常被数学遮掩. 因此，作为本书的作者，我便面临下面的两难处境：如何最好地使用强大的统计学数学工具，而又不致看不到它下面的物理内容. 在数学严格性方面必须作一些让步，并且要尽可能反复强调各个数学量的物理意义. 由于干涉条纹的生成是大多数这类问题中最基本的物理现象，我尽可能紧密结合条纹来讨论数学结论的意义. 我希望，本书所用的处理方法对光学工程师和电气工程师特别有吸引力，同时对物理学家也有用. 这种处理方法既适合自学，也适合课堂中的正式讲授. 书中收入了许多习题.

本书包括的材料覆盖很宽的领域. 第一章扼要叙述全书内容，我们不在此重复. 本书是根据斯坦福大学"统计光学"课程的讲义改写而成，这门课在一个学季的 10 周时间内讲完，但是，书中的材料足够在 15 周的一个学期甚至两个学季内使用. 于是问题在于在一个学季的情况下，哪些材料可以省略.

要在一个学季内学完这门课，重要的是，学生以前应学过概率论和随机过程，并且很好地掌握了 Fourier 方法. 在这些条件下，我建议老师让学生自学第一、二、三章，直接从第四章的光学开始讲授. 在时间不够时，下面各节可以省略或都留给学生自己阅读：5.6.4 节，5.7 节，6.1.3 节，6.2 节，6.3 节，7.2.3 节，7.5 节，8.2.2 节，8.6.1 节，8.7.2 节，8.8.3 节，9.4 节，9.5 节及 9.6 节. 值得一提的是，有时我也用第二章和第三章的内容作为一门一学季的"概率论和随机过程初步"课程的基础.

本书的雏形是 1968 年斯坦福大学的"统计光学"课程所用的粗略的讲义，因此本书的成书已经历了一段很长的时间. 从许多方面来讲，它的成书时间是太长了（我的有耐心的出版者一定会同意这一点），因为在 15 年多的时期里，任何领域都会发生重大的变化. 因此，我面对的挑战是，处理题材的方式能够不随时间的推移而过时. 为了使信息尽可能最新，在有些章的末尾给出了最新的补充参考文献.

1973～1974 学年, 当我有幸在法国 Orsay 光学研究所度过一年教学假时, 那份粗略的讲义开始变成得到更细致加工的手稿. 直接邀请我的 S. Lowenthal 教授和研究所所长 A. Marechal 教授都非常周到地尽了东道主之谊. 他们不仅向我提供了使工作富于成果所需的全部环境, 而且还非常善意地免除了通常伴随一个正式职位而来的各项责任. 我非常感谢他们的支持和劝告, 没有这些, 本书就不会有一个坚实的开端.

写书进展缓慢带来的一个好处是, 多年来, 我有机会把本书的内容向许多研究生讲授, 他们有一种神奇的能力, 会指出手稿中缺乏说明力的论点和错误. 因此, 我非常感谢在斯坦福大学听过我的统计光学课的学生们. 这份不断改进的讲义还在一些别的大学使用过, 我感谢佐治亚州理工学院的 W. Rhodes 和南加州大学的 T. Strand, 他们反馈给我的信息有助于表述方式的改进.

一个作者同他(她)的出版者之间的关系常常是疏远的, 有时甚至是不愉快的, 但是本书的情况完全不是这样. John Wiley 出版公司的编辑 B. Shube 在 15 年前鼓励我写这本书, 她不但极有耐心和非常体谅作者的困难, 而且给了我许多鼓励并成了我很好的朋友, 与她共事是非常愉快的.

我特别感谢北京大学的秦克诚, 他花了很多时间读手稿, 并提了许多改进的建议. 还感谢 J. Clark, 她非常出色地打印了全部手稿, 包括所有难打的数学公式.

最后, 我无法以恰当的言辞表达我对妻子 Hon Mai (林翰美) 女士和女儿 Michele 的感激之情, 在我埋头写作时, 她们没有我的陪伴度过了漫长时光, 却仍然给予了我亲切的鼓励.

Joseph W. Goodman

1984 年 10 月于加利福尼亚州斯坦福大学

目　　录

第一章　引　言

　　光学作为一门学科，已经进入它的生命的第三个千年．但是，尽管这样高龄，它仍然非常生气勃勃，显得年轻．在 20 世纪中叶，各种事件和发现赋予这门学科新的生命、新的活力和新的丰富内容．其中特别重要的是：①Fourier 分析及通信理论的概念和工具被引入光学，这主要发生在 20 世纪 40 年代末至 50 年代；②50 年代后期激光器的发明和 60 年代早期开始的商品化；③60 年代非线性光学这一领域的开创；④70 年代早期低损耗光纤的发明和随后的光通信领域的革命；⑤年轻的纳米光子学和生物光子学的兴起．本书的论题是，与这许多进展同时，另一场重要的变化也逐渐地然而越来越快地发生了，这就是统计概念和统计分析方法进入了光学领域．本书就是要讨论这些概念在光学中的作用．

　　我们将称之为"统计光学"的这一领域有自己的一部相当长的历史．许多基本的统计学问题在 19 世纪后期已经解决，并被 Rayleigh 勋爵应用于声学和光学．随着光的量子化本性的发现，特别是随着 M. Born 提出量子力学的统计诠释，在光学中对统计方法的需要大大地增加了．E. Wolf 于 1954 年为讨论波的相干性而引进了一个优美而且广阔的框架奠定了基础，光学中的许多重要的统计问题都可以在这个基础上以统一的方式处理．同样值得述说的是 L. Mandel 开拓的光电探测的半经典理论，这一理论以比较简单的方式把经典的波动量（场，强度）的统计涨落的知识同光与物质的相互作用中的涨落联系起来．上面的历史简述远非完整，但在下面每一章里会更详细地讨论．

1.1　确定性的与统计的现象和模型

　　按照正规的教学进程，一个学物理或工程的学生是在一个完全决定性的框架里同光学首次相遇的．在这个框架中，各个物理量由数学函数表示，这些函数或者预先完全确定，或者假定可以被精确测量．这些物理量受到完全确定的变换的作用，这些变换以完全可以预言的方式改变这些物理量的形式．例如，若有一个具有已知复数场分布的单色光波入射到一个完全不透明屏上的透明孔径，那么在屏后一段距离处产生的复数场分布，可以用波动光学中牢固建立的衍射公式准确计算出来．在这种研究方法中，结果中的不精确性只是由用来描述衍射过程的确定性模型的不精确性引起的．

学完这种初等课程的学生可能会坚信，他们已经掌握了基本的物理概念和定律，可以去求他们遇到的几乎任何问题的精确解答了．的确，他们也许得到过警告，有一些问题，特别是在弱光探测中出现的问题，需要用统计方法来解决．但是乍看之下，解决问题的统计方法常常显得是一个"二等"方法，因为统计学通常是在缺乏充分的信息因而无法求出从审美观点看更令人满意的"精确"解的时候用的．问题也许本来就太复杂，无法以解析方法或数值方法求解；也许是边界条件确定得不好．求解一个问题，优先的选择当然应该是决定性的方法，引入统计学只是作为我们的弱点和局限性的标志．部分由于这种观点，统计光学的题目通常是留给那些学得更好的学生特别是那些具有数学修养的学生的．

虽然上述观点的起源很明显并且可以理解，但是它所得出的关于确定性分析和统计分析的相对优缺点的结论，却是大谬不然．主要理由如下：首先，很难设想（如果不是不可能），光学中的一个实际工程问题不包含某些需要做统计分析的不确定性因素．即使是那些透镜设计者，他们用人们已接受了几世纪的精确物理定律来进行光线追踪，最后也对质量控制感到担心！因此，统计方法肯定不是一个主要留给那些对数学比对物理和工程更感兴趣的人的题目．

而且，认为使用统计方法就意味着承认一个人能力有限因而应当避免使用，这种观点是建立在对统计现象本性的一种过于狭隘的看法之上．实验证据表明，并且大多数物理学家都相信，光与物质的相互作用从根本上说是一种统计现象，在原则上它是不能绝对精确地预言的．因此，统计现象在我们周围的世界中起着最重要的作用，与我们具体的心智能力或局限性无关．

最后，为了替统计分析辩护，我们必须说，虽然解决问题的确定性方法和统计方法都要求建立物理现象的数学模型，但是为统计分析建造的模型更为普遍而灵活．实际上，统计模型总是把确定性模型作为一种特殊情况！要使一个统计模型准确而且有用，就应当把我们关心的物理参量的最新知识充分地纳入模型．我们对统计问题的解答不会比现用的模型更精确，这些模型是我们用来描写有关物理定律和知识（或无知）的现况的．

统计方法的确要比确定性方法更复杂一些，因为它要求有概率论的基本知识．但是，从长远来看，在解决真正有实用意义的物理问题时，统计模型要比确定性模型更强有力和有用得多．我们希望，读者在读完本书时会同意这一观点．

1.2　光学中的统计现象

光学中的统计现象是如此丰富，我们不难列出一份长长的清单．由于这类问题多种多样，很难找到一个普遍的方案来对它们进行分类．这里我们想要指出光学中需要作统计处理的几个主要方面．这与光学成像问题联系起来讨论最为方便．

大部分光学成像问题属于下面这种. 自然界取某种特定状态（例如，遥远的空间区域中一定数量的原子和/或分子的集合，未知特性的地面上的某种反射率分布，或者一块感兴趣的样品中的某种透射率分布），通过对自然界的这一状态所产生的光波的操作，我们希望准确推断出这个状态.

统计学以多种方式被卷入这一任务，这可以从图 1.1 看到.

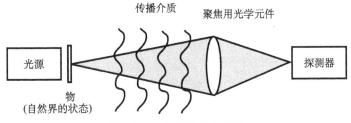

图 1.1　一个光学成像系统

首先，最根本的一点是，我们对自然界的状态事先只有统计意义上的知识. 如果它已精确知道，那么一开始就没有必要对它进行任何测量. 自然界的状态是随机的，为了恰当地评价系统的性能，我们必须有一个统计模型，它完善地代表着所有可能的状态及这些状态发生的概率. 通常，对物体的统计性质并不需要这么完备的描述.

我们的测量系统不是直接对自然界的状态本身进行操作，而是对这个状态的一个光学表示（例如，辐射光、透射光或者反射光）进行操作. 用一个光波来表示自然界的状态，本身就具有统计特征，这主要是由于一切真实的光波都有统计或随机性质. 由于产生光的机制的根本的统计本性，一切光源产生的辐射均具有统计性质. 在一个极端上，有热光源（如一盏白炽灯）发射的混乱和无序的光；在另一极端上，有连续波（CW）气体激光器发射的比较有序的光. 在后一种情况下，这种光近于只有单一频率，并在单一方向上传播. 不过，任何真实的激光器发射的光都具有统计性质，包括辐射的振幅和相位都有随机涨落. 光的统计涨落在许多光学实验中是极为重要的，在决定图 1.1 中的系统产生的像的特性方面起主要作用.

辐射同自然的状态相互作用后，穿过中间介质传播，直至抵达聚焦的光学系统. 该介质的参数可能已知，也可能还未知. 如果这种介质是理想真空，那么它不会对问题引入附加的统计因素. 反之，若介质是地球大气并且光程长几米以上，那么大气折射率的随机涨落对光波会有很大的影响，并且会使系统得到的像质严重变劣. 为了对这种像质变劣作定量估计，就需要统计方法.

光波最终到达聚焦的光学系统. 我们对这个系统的精确参数知道到什么程度呢？在我们关于测量系统的统计模型中，必须考虑我们对系统参数缺乏了解. 例如，在光波通过聚焦光学元件带来的波前变形中可能有未知的误差. 对这些误差常常可以在一切可能的透镜的系综上建立统计模型，在评估系统的性能时应当把它们考虑进去.

辐射最终到达光探测器，在那里又有光与物质的相互作用. 很容易观察到探测到的能量的涨落，特别是在低光功率情况下更为如此. 这种统计涨落可以归因于种种来源，包括光与物质之间相互作用的离散本性，以及探测器内部附加的电子噪声（如与探测器电路中电阻相联系的热噪声）. 于是测量结果和落在探测器上的像只是以统计方式相联系.

我们的结论是，在这个光学问题的所有各个阶段，包括照明、传播、成像和探测，都需要作统计处理以评估系统的性能. 我们在本书中的目的是为此打下必要的基础，并说明统计方法在光学中众多需要它的不同领域中的应用.

1.3　本书内容概述

在本章之后共有八章. 由于工作在光学领域的许多科学家和工程师可能会感到他们还需要加强对统计工具的基本知识的了解，第二章对概率论作了回顾，第三章回顾了随机过程理论. 已经熟悉这些内容的读者，可以直接跳到第四章，前面的材料只作为需要时参考之用.

对光学问题的讨论从第四章开始. 第四章讨论几种光波，包括热光源发的光和激光器发的光的"一阶"统计（即空间和时间中单独一点上的统计），也包括描述一个光波的偏振性质的形式理论.

第五章介绍时间相干性和空间相干性的概念（它们是光波的"二阶"统计性质），并且比较详细地讨论相干性在各种条件下的传播. 第六章把这个理论推广到高于二阶的相干性，并且举例说明各种光学问题对四阶相干函数的需要，这些问题包括对强度干涉仪的经典分析.

第七章讨论部分相干光成像理论，介绍解决这个问题的几种分析方法，包括在显微光刻术中广泛使用的方法；也介绍射电天文学中广泛使用的干涉度量成像概念，并且用这个概念来领悟非相干成像过程.

第八章讨论的是透明随机介质（比如地球大气）对光学系统成的像像质的影响. 回顾大气中折射率的随机涨落的起源，并介绍这种涨落的统计模型. 也介绍这些涨落对光波的效应，并从统计观点讨论大气引起的像质变劣. 比较详细地讨论星体散斑干涉度量术，这种方法可以部分地克服大气湍流的效应，也比较详细地讨论得到更全面的图像恢复的几种相关的方法.

最后，第九章讨论光探测的半经典理论，并且通过分析振幅干涉度量术、强度干涉度量术和散斑干涉度量术对灵敏度的限制，对理论作说明.

附录 A～附录 E 提供补充的数学知识和分析.

第二章 随机变量

既然本书主要讨论光学中的统计问题,那么从一开始就对用来分析随机或统计现象的数学方法有一清楚的了解是很必要的. 我们将一开始就假定读者以前已接触过至少概率论的一些基本内容. 本章的目的是回顾最重要的内容,建立所用的记号,并且叙述一些以后在理论应用于光学时有用的具体结果. 本书着重点不是放在数学严格性上,而是放在物理学的言之成理上. 对概率论的更严格的讨论,读者可以参看各种统计学教科书(例如,见文献 [53] 和 [162]). 此外,还有许多优秀的面向工程的书籍,也讨论随机变量和随机过程理论(例如,见文献 [148]、[159] 和 [195]).

2.1 概率的定义和随机变量

所谓随机实验,我们指的是事先不能预言结果的实验. 设实验的可能结果的集合以事件集合 {A} 代表. 例如,若实验由同时扔两枚硬币构成,那么可能的"基元事件"就是 HH, HT, TH 和 TT,其中 H 代表正面朝上,T 代表反面朝上. 但是,集合 {A} 不只包含这四个元素,因为像"扔两次硬币至少有一枚正面朝上"这样的事件(HH 或 HT 或 TH)也可以被包括在内. 若 A_1 和 A_2 是任意两个事件,则集合 {A} 必定也包含 A_1 与 A_2,A_1 或 A_2,非 A_1 和非 A_2. 这样,完整的集合 {A} 由它所含的基元事件给出.

如果我们重复实验 N 次,其中观察到特定事件 A 发生 n 次,我们定义事件 A 的相对频率为比率 n/N. 这自然吸引着人们将事件 A 的概率定义为实验次数 N 无限增加时相对频率的极限,即

$$P(A) = \lim_{N \to \infty} \frac{n}{N}. \tag{2.1-1}$$

可惜的是,虽然这个概率定义在物理上有吸引力,但它不能令人完全满意. 注意,上面我们假设了当 N 增大时,每一事件的相对频率会趋于一个极限,但这却是一个我们从未准备去证明的假设. 而且,我们永远不能实际测出 $P(A)$ 的精确值,因为要做到这点需要做无穷多次实验. 由于这些困难和别的困难,更好的做法是采用一种公理化的研究概率论的方法,一开始就假设概率服从若干条公理,所有这些公理都是从相应的我们期望相对频率会具有的性质引出的. 必需的

公理如下：

(1) 任何概率 $P(A)$ 都遵守 $P(A) \geqslant 0$；

(2) 若 S 是一肯定要发生的事件，那么 $P(S) = 1$；

(3) 若 A_1 和 A_2 是互不相容事件，即一事件的发生保证另一事件不发生，那么事件 A_1 或 A_2 的概率满足 $P(A_1$ 或 $A_2) = P(A_1) + P(A_2)$.

概率论就建立在这三条公理上.

对各种事件的概率赋以具体数值的问题不是公理方法所要讨论的，而是留给我们的物理直觉去解决. 我们赋予一给定事件的概率不论什么数值，都必须同我们对该事件的极限相对频率的直观感觉相一致. 归根结底，我们不过是在构建一个我们希望能代表这个实验的统计模型. 有必要假设一个模型，这一点不应使我们感到困扰，因为每次确定性的分析都同样需要对有关的物理实体及它们经受的变换作出假设. 对我们的统计模型，必须根据它在多次实验中描述实验结果行为的精确程度来评价其优劣.

现在我们已做好准备来引入随机变量的概念了. 对于我们的随机实验的每一个可能的基元事件 A，我们指定一个实数 $u(A)$. 随机变量 U 由一切可能的 $u(A)$ 连同它们的概率测度构成. 特别要注意的是，随机变量的构成既包括变量的值的集合，又包括与之相联系的概率，因此，随机变量概括了我们为随机现象所假设的整个统计模型.

2.2　分布函数和密度函数

如果实验结果是由一组离散的数构成的，则这个随机变量 U 称为离散的. 如果实验结果可以处于一段连续值上的任意一点，那么这个随机变量就叫做连续的. 有时还会遇到混合型的随机变量，其可能的实验结果既处在一个离散集合内（以一定的概率），又处于一个连续区间内.

在所有这些情况下，随机变量 U 都可以用一个概率分布函数 $F_U(u)$ 来方便地描写，其定义为[①]

$$F_U(u) = \mathrm{Prob}\{U \leqslant u\}, \tag{2.2-1}$$

或者换句话说，就是随机变量 U 取值小于或等于给定值 u 的概率. 从概率论的基本公理出发可以证明，$F_U(u)$ 必定具有以下性质：

(1) $F_U(u)$ 从左向右是一个非下降函数；

(2) $F_U(-\infty) = 0$；

(3) $F_U(\infty) = 1$.

① 符号 Prob{ } 代表括号内描述的事件发生的概率.

图 2.1 表示 $F_U(u)$ 在离散、连续和混合情况下的典型形状.

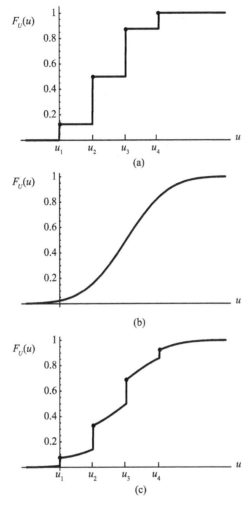

图 2.1 分布函数的例子

(a) 离散型随机变量; (b) 连续型随机变量; (c) 混合型随机变量

注意, U 处于上下限之间 ($a < U \leqslant b$) 的概率可以表示为

$$\text{Prob}\{a < U \leqslant b\} = F_U(b) - F_U(a).\tag{2.2-2}$$

在实际应用中对我们更重要的是概率密度函数 $p_U(u)$, 其定义为

$$p_U(u) \triangleq \frac{\mathrm{d}}{\mathrm{d}u}F_U(u).\tag{2.2-3}$$

对于连续型随机变量 U, 这个定义用起来没有困难, 因为函数 $F_U(u)$ 处处可微. 注意, 由导数的定义

$$p_U(u) = \lim_{\Delta u \to \infty} \frac{F_U(u) - F_U(u - \Delta u)}{\Delta u},$$

我们看到对足够小的 Δu, 有

$$p_U(u)\Delta u \approx F_U(u) - F_U(u - \Delta u) = \mathrm{Prob}\{u - \Delta u < U \leqslant u\},$$

换句话说, $p_U(u)\Delta u$ 是 U 处于定义域 $u - \Delta u < U \leqslant u$ 内的概率. 从 $F_U(u)$ 的基本性质可知, $p_U(u)$ 必定具有下述性质:

$$p_U(u) \geqslant 0, \quad \int_{-\infty}^{\infty} p_U(u)\,\mathrm{d}u = 1. \tag{2.2-4}$$

U 取值在上下限 a 和 b 之间的概率可以用概率密度函数表示为

$$\mathrm{Prob}\{a < U \leqslant b\} = \int_a^b p_U(u)\,\mathrm{d}u. \tag{2.2-5}$$

当 U 是离散型随机变量时, $F_U(u)$ 不连续, 因此 $p_U(u)\Delta u$ 在通常意义下不存在. 但是, 引入 Dirac 的 δ 函数 (例如, 见文献 [80], 附录 A), 我们可以把这种情况也纳入我们的框架. 概率密度函数变为

$$p_U(u) = \sum_{k=1}^{\infty} P(u_k)\delta(u - u_k), \tag{2.2-6}$$

其中 $\{u_1, u_2, \cdots, u_k, \cdots\}$ 代表 U 的一组离散的可能数值, 而 δ 函数按定义具有以下性质[①]:

$$\delta(u - u_k) = 0 \quad u \neq u_k,$$

$$\int_{-\infty}^{\infty} g(u)\delta(u - u_k)\,\mathrm{d}u = g(u_k^-). \tag{2.2-7}$$

对于混合型随机变量, 其概率密度函数既有连续分量, 又有 δ 函数分量. 图 2.2 表示这三种情形下的概率密度函数的特征. 在图 2.2 (a) 中, 各个概率 $P(u_k)$ 加起来等于 1. 在图 2.2 (b) 中, 连续概率密度下的面积必定是 1. 在图 2.2 (c) 中, 概率 $P'(u_k)$ 相加不等于 1, 但是它们之和加上概率密度函数连续部分下面的面积必定是 1.

两种特别的概率密度函数在统计光学中非常重要. 一个是 Gauss (或正态) 密度分布, 它是一个连续的概率密度函数, 形式为

$$p_U(u) = \frac{1}{\sqrt{2\pi}\sigma}\exp\left[-\frac{(u - \bar{u})^2}{2\sigma^2}\right]. \tag{2.2-8}$$

其中 $\bar{u}$ 是随机变量 U 的均值, σ^2 是 U 的方差. 关于均值和方差的定义见下面讨论各种平均值的一节.

另一个让人们特别感兴趣的概率密度函数是 Poisson 概率密度, 它是一个离散的概率密度函数, 形式为

---

① 符号 $g(u_k^-)$ 表示当 u 从左方趋近 u_k 时 $g(u)$ 的极限. 对于连续的 $g(u)$, $g(u_k^-) = g(u_k)$.

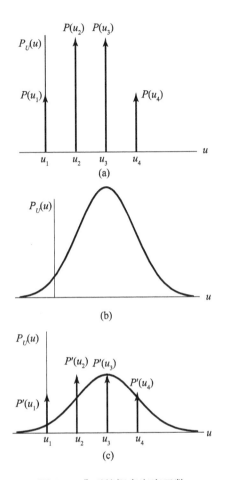

图 2.2　典型的概率密度函数

（a）离散型随机变量；（b）连续型随机变量；（c）混合型随机变量.
对于离散型和混合型的情形，δ 函数的标号和高度代表它们的面积

$$p_U(u) = \sum_{k=0}^{\infty} \frac{\bar{k}^k}{k!} e^{-\bar{k}} \delta(u-k), \tag{2.2-9}$$

其中 $\bar{k}$ 是一个参数，刚好是 k 的均值.

我们将在后面各节讨论这些密度函数.

2.3　推广到两个或多个联合随机变量

考虑两个随机实验，其可能的结果事件集合分别为 $\{A\}$ 和 $\{B\}$. 如果我们从每一实验取一结果事件成对考虑，就能够定义一个新的集合，是关于一切可能的

联合事件的，我们用 $\{A \times B\}$ 来表示. 事件 A 和事件 B 联合发生的相对频率由 n/N 表示，其中 N 是联合实验的次数，n 是 A 和 B 作为两个实验的联合结果发生的次数. 我们赋给这个联合结果一个联合概率 $P(A,B)$，这个概率的具体数值由我们对 N 无限增大时相对频率 n/N 的极限值的直观概念决定. 既然 $P(A,B)$ 也是一个概率，它必须满足 2.1 节给出的三条公理.

对第一个实验的每个结果 A 我们指定一个数值 $u(A)$，对第二个实验的每个结果 B 我们指定一个数值 $v(B)$. 定义联合随机变量 UV 为一切可能的联合数值 (u,v) 的集合，连同它们相应的概率测度.

联合随机变量 UV 的联合概率分布函数 $F_{UV}(u,v)$ 之定义为

$$F_{UV}(u,v) \triangleq \mathrm{Prob}\{U \leq u \text{ 且 } V \leq v\} \tag{2.3-1}$$

而联合概率密度函数 $p_{UV}(u,v)$ 之定义为

$$p_{UV}(u,v) \triangleq \frac{\partial^2}{\partial u \partial v} F_{UV}(u,v). \tag{2.3-2}$$

其中的偏微商必须解释为在通常意义下或在 δ 函数的意义下存在，依 F_{UV} 是否连续而定. 概率密度函数 $P_{UV}(u,v)$ 必定有单位体积，即

$$\iint_{-\infty}^{\infty} p_{UV}(u,v)\,\mathrm{d}u\mathrm{d}v = 1. \tag{2.3-3}$$

如果我们已知一切特定事件 A 和 B 的联合概率，我们也许想要决定 A 发生的概率，不管伴同它发生的事件 B 是什么. 直接从相对频率概念出发，我们能够证明

$$P(A) = \sum_{\text{所有}B} P(A,B),$$

同样

$$P(B) = \sum_{\text{所有}A} P(A,B),$$

这里 $P(A)$ 是事件 A 发生的概率，$P(B)$ 是事件 B 发生的概率，$P(A,B)$ 是联合事件 A 和 B 一道发生的概率. 值 $P(A)$ 和 $P(B)$ 分别叫做 A 和 B 的边缘概率.

类似地，从一个有一对输出结果的随机实验得到的随机变量 U 和 V 的边缘概率密度函数之定义为

$$p_U(u) \triangleq \int_{-\infty}^{\infty} p_{UV}(u,v)\,\mathrm{d}v$$

$$p_V(v) \triangleq \int_{-\infty}^{\infty} p_{UV}(u,v)\,\mathrm{d}u. \tag{2.3-4}$$

这些函数是当另一随机变量取什么值都没关系时一个随机变量的概率密度函数.

已知在一个实验中观察到事件 A 之后，在另一实验中观察到事件 B 的概率，叫做给定 A 后 B 的条件概率，写为 $P(B|A)$. 注意联合事件 (A,B) 的相对频率可以写为

$$\frac{n}{N} = \frac{n}{m}\frac{m}{N},$$

其中 n 是在 N 次实验中联合事件 (A,B) 发生的次数,而 m 是在 N 次实验中不论 B 取什么值 A 出现的次数.但是 m/N 代表 A 的(边缘)相对频率,而 n/m 代表给定 A 发生后 B 的条件相对频率.由此得到,我们关心的这些概率必定满足

$$P(A,B) = P(A)P(B\mid A)$$

或

$$P(B\mid A) = \frac{P(A,B)}{P(A)}. \tag{2.3-5}$$

同样

$$P(A\mid B) = \frac{P(A,B)}{P(B)}. \tag{2.3-6}$$

同时取这两个式子,得到

$$P(B\mid A) = \frac{P(A\mid B)P(B)}{P(A)}, \tag{2.3-7}$$

这个式子叫做 Bayes 定则.

遵照以上的思路,U 和 V 的条件概率密度函数定义为

$$p_{V\mid U}(v\mid u) = \frac{p_{UV}(u,v)}{p_U(u)}$$

$$p_{U\mid V}(u\mid v) = \frac{p_{UV}(u,v)}{p_V(u)}. \tag{2.3-8}$$

最后,我们介绍统计独立性的概念.两个随机变量 U 和 V,如果关于其中一个变量取值的知识不影响另一变量各个可能结果的概率,那么称这两个随机变量是统计独立的.由此可得,对于统计独立的随机变量 U 和 V,我们有

$$p_{V\mid U}(v\mid u) = p_V(v). \tag{2.3-9}$$

这又意味着

$$p_{UV}(u,v) = p_U(u)p_{V\mid U}(v\mid u) = p_U(u)p_V(v), \tag{2.3-10}$$

用文字来描述就是,两个独立的随机变量的联合概率密度函数可以分解为它们的两个边缘密度函数的乘积.①

2.4 统 计 平 均

若 $g(u)$ 是一个已知函数;也就是说,对 u 的每一个值,$g(\cdot)$ 给出一个新的实数 $g(u)$.如果 u 代表一个随机变量的值,那么 $g(u)$ 也是一个随机变量的值.

---

① 更一般地,若 $P(A,B) = P(A)P(B)$,则两个随机事件 A 和 B 统计独立.

我们定义 $g(u)$ 的统计平均（均值，期望值）为

$$\bar{g} = E[g(u)] \triangleq \int_{-\infty}^{\infty} g(u) p_U(u) \mathrm{d}u. \tag{2.4-1}$$

对于离散随机变量，$p_U(u)$ 的形式为

$$p_U(u) = \sum_k P(u_k) \delta(u - u_k), \tag{2.4-2}$$

结果有

$$\bar{g} = \sum_k P(u_k) g(u_k). \tag{2.4-3}$$

但是，对于连续随机变量，必须通过积分来求平均.

2.4.1 随机变量的矩

随机变量最简单的平均性质是它的各阶矩，这些矩（如果存在的话）是在（2.4-1）式中令

$$g(u) = u^n$$

得到的，n 是任何非负整数. 特别重要的是一阶矩（均值、期望值或平均值）

$$\bar{u} = \int_{-\infty}^{\infty} u p_U(u) \mathrm{d}u, \tag{2.4-4}$$

和二阶矩（均方值）

$$\overline{u^2} = \int_{-\infty}^{\infty} u^2 p_U(u) \mathrm{d}u. \tag{2.4-5}$$

我们常常将表示求平均运算的上短横换成期望值算符 $E[\cdot]$；这两个记号将同时使用，可以互换.

我们最感兴趣的通常是一个随机变量围绕它的均值的涨落，这时我们讨论的是中心矩，它由下式得到：

$$g(u) = (u - \bar{u})^n. \tag{2.4-6}$$

最重要的是二阶中心矩或方差，其定义为

$$\sigma^2 = \int_{-\infty}^{\infty} (u - \bar{u})^2 p_U(u) \mathrm{d}u. \tag{2.4-7}$$

作为一个简单练习（见习题 2-1），读者可以证明，任何随机变量的矩之间下述关系都成立：

$$\overline{u^2} = (\bar{u})^2 + \sigma^2.$$

方差的平方根 σ 叫做标准偏差，它是随机变量 U 取值的弥散或分散程度的度量.

2.4.2 多个随机变量的联合矩

设 U 和 V 是随机变量，其联合分布的概率密度函数为 $p_{UV}(u,v)$. U 和 V 的联合矩的定义为

$$\overline{u^n v^m} \triangleq \iint_{-\infty}^{\infty} u^n v^m p_{UV}(u,v) \, du dv, \tag{2.4-8}$$

其中 n 和 m 是非负整数. 特别重要的是 U 和 V 的相关

$$\Gamma_{UV} = \overline{uv} = \iint_{-\infty}^{\infty} uv p_{UV}(u,v) \, du dv, \tag{2.4-9}$$

U 和 V 的协方差

$$C_{UV} = \overline{(u - \overline{u})(v - \overline{v})} \tag{2.4-10}$$

和相关系数

$$\rho = \frac{C_{UV}}{\sigma_U \sigma_V}. \tag{2.4-11}$$

相关系数是 U 和 V 的涨落的相似程度的直接度量. 我们下面要证明, ρ 的模永远在 0 和 1 之间. 证明的论据从 Schwarz 不等式出发, 根据这个不等式, 对任何两个实值或复值函数[①]$\mathbf{f}(u,v)$ 和 $\mathbf{g}(u,v)$, 有

$$\left| \iint_{-\infty}^{\infty} \mathbf{f}(u,v) \mathbf{g}(u,v) \, du dv \right|^2 \leqslant \iint_{-\infty}^{\infty} |\mathbf{f}(u,v)|^2 du dv \iint_{-\infty}^{\infty} |\mathbf{g}(u,v)|^2 du dv \tag{2.4-12}$$

其中等号当且仅当

$$\mathbf{g}(u,v) = \mathbf{a} \mathbf{f}^*(u,v), \tag{2.4-13}$$

时才成立, $\mathbf{a}$ 是一个复常数, * 表示复数共轭. 具体选

$$\mathbf{f}(u,v) = (u - \overline{u}) \sqrt{p_{UV}(u,v)}$$
$$\mathbf{g}(u,v) = (v - \overline{v}) \sqrt{p_{UV}(u,v)}, \tag{2.4-14}$$

我们得到

$$\left| \iint_{-\infty}^{\infty} (u - \overline{u})(v - \overline{v}) p_{UV}(u,v) \, du dv \right|^2$$
$$\tag{2.4-15}$$
$$\leqslant \iint_{-\infty}^{\infty} (u - \overline{u})^2 p_{UV}(u,v) \, du dv \iint_{-\infty}^{\infty} (v - \overline{v})^2 p_{UV}(u,v) \, du dv,$$

或者等价地 $|C_{UV}| \leqslant \sigma_U \sigma_V$, 因此证明了

$$0 \leqslant |\rho| \leqslant 1. \tag{2.4-16}$$

若 $\rho = 1$, 我们就说 U 和 V 完全相关, 意思是它们的涨落实质上完全一样, 除了可能差一复数常数. 若 $\rho = -1$, 我们说 U 和 V 反相关, 意思是它们的涨落也完全相同, 但是符号相反 (也可以差一复常数), 例如, U 的一次大正向偏移伴随着 V 的一次大负向偏移.

---

① 我们将始终一贯用黑正体字母表示一个量是复数值或可能取复值.

当 ρ 恒等于零时，我们说 U 和 V 不相关．读者容易证明（见习题 2-2），两个统计独立的随机变量永远不相关．但是，倒过来并不正确，即不相关并不一定意味着统计独立．说明这一点的一个经典例子是，两个随机变量

$$U = \cos\Theta$$
$$V = \sin\Theta \tag{2.4-17}$$

其中 Θ 是一个在（$-\pi/2$，$\pi/2$）上均匀分布的随机变量，即

$$p_\Theta(\theta) = \begin{cases} 1/\pi & -\dfrac{\pi}{2} < \theta \leqslant \dfrac{\pi}{2} \\ 0 & \text{其他}. \end{cases} \tag{2.4-18}$$

关于 V 的值的知识唯一地确定了 U 的值，因此两个随机变量是统计上不独立的．但是，读者可以验证（习题 2-3），U 和 V 是不相关的随机变量．

2.4.3　特征函数和矩生成函数

一个随机变量 U 的特征函数定义为 $\exp(j\omega u)$ 的期望值：

$$\mathbf{M}_U(\omega) = E[\exp(j\omega u)] \triangleq \int_{-\infty}^{\infty} \exp(j\omega u)p_U(u)\,\mathrm{d}u. \tag{2.4-19}$$

于是特征函数是 U 的概率密度函数的 Fourier 变换[①]．如果这个积分存在，至少在 δ 函数的意义上存在，那么这个关系是可逆的，于是概率密度函数可以表示为

$$p_U(u) = \frac{1}{2\pi}\int_{-\infty}^{\infty} \mathbf{M}_U(\omega)\exp(-j\omega u)\,\mathrm{d}\omega. \tag{2.4-20}$$

于是特征函数包含了关于随机变量 U 的一阶统计性质的全部信息．

顺便提一下，我们注意到，一个随机变量 U 的负值即 $-U$ 的特征函数由下式给出：

$$\int_{-\infty}^{\infty} \exp(j\omega u)p_U(-u)\,\mathrm{d}u = \int_{-\infty}^{\infty} \exp(-j\omega u)p_U(u)\,\mathrm{d}u = \mathbf{M}_U^*(\omega), \tag{2.4-21}$$

于是 $-U$ 的特征函数为 U 的特征函数的复共轭．这个结果在后面我们考虑两个独立的随机变量之差时将是有用的．

在某些情况下，有可能从关于全部 n 阶矩的知识得到特征函数（从而得到概率密度函数，由（2.4-20）式）．为了表明这一事实，我们将（2.4-19）式中的指数项展开成幂级数：

$$\exp(j\omega u) = \sum_{n=0}^{\infty} \frac{(j\omega u)^n}{n!}. \tag{2.4-22}$$

如果我们假定求和和积分可以交换次序，就得到

$$\mathbf{M}_U(\omega) = \sum_{n=0}^{\infty} \frac{(j\omega)^n}{n!}\int_{-\infty}^{\infty} u^n p_U(u)\,\mathrm{d}u = \sum_{n=0}^{\infty} \frac{(j\omega)^n}{n!}\overline{u^n}. \tag{2.4-23}$$

---

① Fourier 变换的定义及其性质见附录 A.

由于上面交换积分和求和次序要求一定的条件才行，这一结果只有当一切阶矩均为有限并且所产生的级数绝对收敛时才成立（见文献［159］）.

此外，若第 n 阶绝对矩 $\int_{-\infty}^{\infty} |u|^n p_U(u) \mathrm{d}u$ 存在，那么 U 的第 n 阶矩可由下式求得：

$$\overline{u^n} = \frac{1}{\mathrm{j}^n} \frac{\mathrm{d}^n}{\mathrm{d}\omega^n} \mathbf{M}_U(\omega) \bigg|_{\omega=0}, \qquad (2.4\text{-}24)$$

对（2.4-23）式作适当运算可以看出此式成立.

容易证明，Gauss 随机变量的特征函数是

$$\mathbf{M}_U(\omega) = \exp\left(-\frac{\sigma^2 \omega^2}{2}\right) \exp(\mathrm{j}\omega\overline{u}),$$

而 Poisson 随机变量的特征函数则是

$$\mathbf{M}_U(\omega) = \sum_{k=0}^{\infty} \frac{(\overline{k})^k}{k!} \mathrm{e}^{-\overline{k}} \exp(\mathrm{j}\omega k) = \exp\{\overline{k}(\mathrm{e}^{\mathrm{j}\omega} - 1)\}.$$

有时我们要用到两个随机变量 U 和 V 的联合特征函数，其定义为

$$\mathbf{M}_{UV}(\omega_U, \omega_V) = \iint_{-\infty}^{\infty} \exp[\mathrm{j}(\omega_U u + \omega_V v)] p_{UV}(u, v) \mathrm{d}u\mathrm{d}v. \qquad (2.4\text{-}25)$$

联合概率密度函数可以通过一个二维 Fourier 反演从联合特征函数恢复. 此外，U 和 V 的联合矩可以表示为下述形式（见习题 2-6）：

$$\overline{u^n v^m} = \frac{1}{\mathrm{j}^{n+m}} \frac{\partial^{n+m}}{\partial \omega_U^n \partial \omega_V^m} \mathbf{M}_{UV}(\omega_U, \omega_V)\big|_{\omega_U = \omega_V = 0} \qquad (2.4\text{-}26)$$

其条件是 $|\overline{u^n v^m}| < \infty$.

最后，随机变量 $U_1, U_2, \cdots, U_k$ 的第 k 阶联合特征函数的定义是

$$\mathbf{M}_U^{(k)}(\omega_1, \omega_2, \cdots, \omega_k) \triangleq E\{\exp[\mathrm{j}(\omega_1 u_1 + \omega_2 u_2 + \cdots + \omega_k u_k)]\}. \qquad (2.4\text{-}27)$$

用矩阵记号，上式可以等价地写为

$$\mathbf{M}_U(\underline{\omega}) \triangleq E\{\exp[\mathrm{j}\underline{\omega}^{\mathrm{t}}\underline{u}]\}, \qquad (2.4\text{-}28)$$

其中 $\underline{\omega}$ 和 $\underline{u}$ 是列矩阵：

$$\underline{\omega} = \begin{bmatrix} \omega_1 \\ \omega_2 \\ \vdots \\ \omega_k \end{bmatrix} \quad \underline{u} = \begin{bmatrix} u_1 \\ u_2 \\ \vdots \\ u_k \end{bmatrix}, \qquad (2.4\text{-}29)$$

上标 t 表示一次矩阵转置运算. k 阶联合概率密度函数 $p_U(\underline{u})$ 可以通过一个 k 阶 Fourier 反演从 $\mathbf{M}_U(\underline{\omega})$ 得到.

随机变量 U 的矩生成函数 $\mathbf{G}_U(\zeta)$ 的定义与 U 的特征函数相似，但是是用一个双面 Laplace 变换，而不是 Fourier 变换，

$$\mathbf{G}_U(\zeta) = E[e^{\zeta u}] = \int_{-\infty}^{\infty} e^{\zeta u} p_U(u)\,\mathrm{d}u, \tag{2.4-30}$$

其中变量 ζ 为复数值. 矩生成函数很有用, 因为就像与特征函数一样, $\mathbf{G}_U(\zeta)$ 可以从 U 的各阶矩求得. 但是除此以外, 在某些无法从 $\mathbf{M}_U(\omega)$ 反演求 $p_U(u)$ 的情况下, 有可能对 $\mathbf{G}_U(\zeta)$ 作反演, 只要它在复平面里的收敛区域已知. 推广到高阶矩生成函数是直截了当的. 我们在后面各章中将仅使用特征函数, 在这里说起矩生成函数只是为了给一个完整的表述.

2.5　随机变量的变换

在实际应用中, 重要的是要在一个随机变量经受线性变换或非线性变换之后能够决定它的概率密度函数. 一般的情况是, 我们知道随机变量 U 的概率密度函数 $p_U(u)$, 并且 U 经受一个变换

$$z = f(u). \tag{2.5-1}$$

于是问题便是求概率密度函数 $p_Z(z)$. 解决这个问题可以有不同的方法, 取决于函数 $f(u)$ 的性质.

2.5.1　普遍变换

我们首先讨论最普遍的情况, 只假定 $f(u)$ 是单值函数, 即每一个 u 值只映射到一个 z 值上, 但是对每个 z 可以有多个 u 值. 图2.3 画出一个可能的函数 $f(u)$.

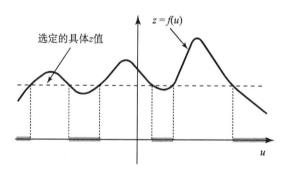

图 2.3　u 轴上涂灰的区段是随机变量 Z 小于等于选定的具体 z 值的区域

为了求 $p_Z(z)$, 最普遍的方法是首先求出分布函数 $F_Z(z)$, 然后对 z 求微商. 仍参考图2.3, 我们选定一个具体的 z 值, 找出 u 轴上映射到小于等于这个 z 值的那些点, 用符号 L_z 代表所有这样的点的集合 (L_z 是 u 轴上涂灰的水平线段标明的那些区域). 当然, 区域 L_z 是这个选定的 z 值的函数. $Z \leqslant z$ 的概率可以表示为

$$F_Z(z) = \mathrm{Prob}\{U \text{ 在 } L_z \text{ 中}\}. \tag{2.5-2}$$

于是密度函数 $p_Z(z)$ 由下式给出:

$$p_Z(z) = \frac{\mathrm{d}}{\mathrm{d}z}\mathrm{Prob}\{U\text{ 在 }L_z\text{ 中}\}.\tag{2.5-3}$$

用一个例子可以最好地理解如何应用上面的形式理论. 若 U 是一个随机变量, 已知其密度函数 $p_U(u)$, 并令 $z = au^2$, a 是一个实常数. 问题是要求 $p_Z(z)$. 我们首先在图 2.4 中画出函数 $z = au^2$, 然后选定一个具体的 z 值并定出区域 L_z, 如图中所示. 显然

$$F_Z(z) = \mathrm{Prob}\{-\sqrt{z/a} < U \leqslant \sqrt{z/a}\}.\tag{2.5-4}$$

上式可以重写成下述形式:

$$F_Z(z) = \int_{-\infty}^{+\sqrt{z/a}} p_U(u)\,\mathrm{d}u - \int_{-\infty}^{-\sqrt{z/a}} p_U(u)\,\mathrm{d}u.\tag{2.5-5}$$

要求出密度函数 $p_Z(z)$, 仍要将 $F_Z(z)$ 对 z 求微商. 作为完成这一任务的一个辅助工具, 我们利用下面的普遍关系 (它在后面还要多次用到):

$$\frac{\mathrm{d}}{\mathrm{d}z}\int_{-\infty}^{g(z)} p_U(u)\,\mathrm{d}u = p_U[g(u)]\frac{\mathrm{d}g}{\mathrm{d}z}.\tag{2.5-6}$$

在这个特例中, 对于前一积分, 我们有

$$g(z) = \sqrt{\frac{z}{a}}, \qquad \frac{\mathrm{d}g}{\mathrm{d}z} = \frac{1}{2\sqrt{az}}\tag{2.5-7}$$

对于后一积分, 则

$$g(z) = -\sqrt{\frac{z}{a}}, \qquad \frac{\mathrm{d}g}{\mathrm{d}z} = -\frac{1}{2\sqrt{az}}\tag{2.5-8}$$

由此得到

$$p_Z(z) = \frac{p_U\left(\sqrt{\frac{z}{a}}\right) + p_U\left(-\sqrt{\frac{z}{a}}\right)}{2\sqrt{az}}.\tag{2.5-9}$$

读者也许想试试习题 2-7 中提出的其他例子.

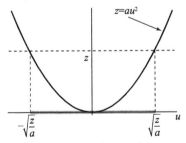

图 2.4　变换 $z = au^2$

u 轴上由 $u = \pm\sqrt{z/a}$ 限定的灰色涂粗的水平线段就是区域 L_z.

2.5.2　单调变换

若变换 $z = f(u)$ 是一个一对一的映射,因而是可逆的(每个 u 值映射到一个且只有一个 z 值上,并且每个 z 值来自唯一的一个 u 值),那么可以用一个更简单的方法求 $p_Z(z)$. 这样的变换如图 2.5 所示. 考虑 z 点近旁的一个小增量 Δz,这里 Δz 定义为一个长度,因此永远是正的. 如果我们通过变换将 z 的这个增量区域映射回去,就将得到点 $f^{-1}(z)$ 附近的一个正长度,其中 f^{-1} 是 f 的反函数(如果是一个一对一的函数,反函数存在是有保证的). 现在利用这一事实:既然 Δz 和 Δu 是两个空间中等价的长度(每一个映射为另一个),那么

$$\text{Prob}\{Z \text{ 在 } \Delta z \text{ 中}\} = \text{Prob}\{U \text{ 在 } \Delta u \text{ 中}\}. \tag{2.5-10}$$

当 Δu 和 Δz 很小时,这个等式可以近似地表述为

$$p_Z(z)\Delta z \approx p_U(u)\Delta u, \tag{2.5-11}$$

其中 $u = f^{-1}(z)$,并且随着 Δu 和 Δz 趋于零,近似式变成精确等式. 此外,当 Δu 和 Δz 很小时,还有

$$\Delta u \approx \left|\frac{\mathrm{d}u}{\mathrm{d}z}\right|\Delta z. \tag{2.5-12}$$

将(2.5-12)式代入(2.5-11)式并且消去 Δz,我们得到一个关系式,它随着 Δu 和 Δz 趋于零而变成准确成立:

$$p_Z(z) = p_U[f^{-1}(z)]\left|\frac{\mathrm{d}u}{\mathrm{d}z}\right|. \tag{2.5-13}$$

由于 $\mathrm{d}u/\mathrm{d}z = (\mathrm{d}z/\mathrm{d}u)^{-1}$,上式可以等价地写为

$$p_Z(z) = \frac{p_U[f^{-1}(z)]}{|\mathrm{d}z/\mathrm{d}u|}, \tag{2.5-14}$$

其中 $|\mathrm{d}z/\mathrm{d}u|$ 必须用变量 z 来表示. 利用(2.5-13)式或(2.5-14)式,容易计算任何具体情况下的 $p_Z(z)$.

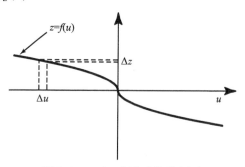

图 2.5　一对一概率变换的例子

要以物理方式给(2.5-14)式一个解释,我们注意,变换的斜率 $\mathrm{d}z/\mathrm{d}u$ 控制了 u 域中的概率密度在 z 域上散布的方式. 若 $|\mathrm{d}z/\mathrm{d}u|$ 大,那么 u 轴上的一个小

区域映射为 z 轴上的一个大区域；因此，概率密度稀疏地散布在 z 域中．反之，若 $|dz/du|$ 小，u 轴上的大区域就映射到 z 轴上的小区域中，因而概率密度在后一区域里堆得很高．

作为应用这个方法的例子，考虑变换

$$z = \cos u \tag{2.5-15}$$

和概率密度函数

$$p_U(u) = \begin{cases} 1/\pi & 0 < u \leqslant \pi \\ 0 & \text{其他}. \end{cases} \tag{2.5-16}$$

这个变换在 $p_U(u)$ 不为零的区域上是单调的和可逆的，反函数为

$$u = \arccos(z) \tag{2.5-17}$$

其中 arccos 表示一个反余弦函数．要求的导数是

$$|du/dz| = \frac{1}{\sqrt{1-z^2}} \tag{2.5-18}$$

其区间为 $-1 \leqslant z < 1$，于是

$$p_Z(z) = \begin{cases} \dfrac{1}{\pi}\left|\dfrac{du}{dz}\right| = \dfrac{1}{\pi\sqrt{1-z^2}} & -1 \leqslant z < 1 \\ 0 & \text{其他}. \end{cases} \tag{2.5-19}$$

图 2.6 画出了 $p_U(u)$、变换 $z = \cos u$ 和生成的 $p_Z(z)$.

若函数 $z = f(u)$ 不是可逆的，但是是由可逆的区段组成的，可以使用一个与上面所用方法相似的方法．若第 n 个可逆区段上，函数可以用 $f_n(u)$ 表示，那么 z 的概率密度函数可以写成

$$p_Z(z) = \sum_n p_U[u = f_n^{-1}(z)]\left|\frac{df_n^{-1}(z)}{dz}\right|. \tag{2.5-20}$$

作为一个具体例子，我们仍考虑平方律特征函数 $z = au^2$，它可以分段求逆如下：

$$u = +\sqrt{z/a} \quad 0 < u < \infty$$
$$u = -\sqrt{z/a} \quad -\infty < u \leqslant 0. \tag{2.5-21}$$

在两段上都有

$$\left|\frac{du}{dz}\right| = \frac{1}{2\sqrt{az}},$$

于是

$$p_Z(z) = \frac{p_U\left(\sqrt{\dfrac{z}{a}}\right) + p_U\left(-\sqrt{\dfrac{z}{a}}\right)}{2\sqrt{az}}, \tag{2.5-22}$$

它与 (2.5-9) 式一致．

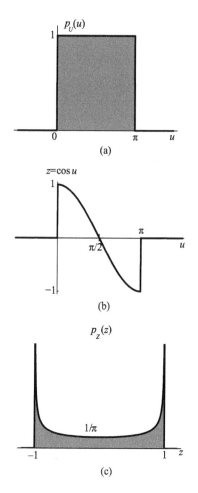

图 2.6　　(a) 变换前的概率密度；(b) 变换定律；(c) 变换后的概率密度

2.5.3　多元变换

考虑两个联合分布随机变量 W 和 Z，它们和两个基本的联合分布随机变量 U 和 V 有函数关系

$$w = f(u,v)$$
$$z = g(u,v). \tag{2.5-23}$$

我们假定已经知道联合密度函数 $p_{UV}(u,v)$，想求联合密度函数 $p_{WZ}(w,z)$.

对于我们有兴趣的最一般的情况，(2.5-23) 式的映射是单值的（即给定的一对 (u,v) 值只映射到一对 (w,z) 值上），但不一定是一一对应的和可逆的. 与前面对单个随机变量所用的过程类似，我们必须求联合概率分布函数 $F_{WZ}(w,$

z），然后将它对 w 和 z 求微商. 用 A_{wz} 代表 (u,v) 平面上同时满足 $W \leqslant w$ 和 $Z \leqslant z$ 两个不等式的区域，于是

$$F_{WZ}(w,z) = \text{Prob}\{(u,v) \text{ 处于 } A_{wz} \text{ 中}\} \qquad (2.5\text{-}24)$$

及

$$p_{WZ}(w,z) = \frac{\partial^2}{\partial w \partial z} \text{Prob}\{(u,v) \text{ 处于 } A_{wz} \text{ 中}\}. \qquad (2.5\text{-}25)$$

由于这个最普遍的方法在后面不会再用到，我们将一个例子留在习题中（见习题 2-8）.

如果映射 $f(u,v)$ 和 $g(u,v)$ 是一一对应映射并且有逆映射存在，那么可以有更简单的办法. 我们将 u 和 v 用 w 和 z 表示：

$$\begin{cases} u = F(w,z) \\ v = G(w,z). \end{cases} \qquad (2.5\text{-}26)$$

u 和 v 之值处于面积增量 $\Delta u \Delta v$ 中的概率，等于 w 和 z 处于面积增量 $\Delta w \Delta z$ 中的概率，$\Delta w \Delta z$ 代表 $\Delta u \Delta v$ 通过逆变换的投影. 于是

$$p_{WZ}(w,z)\Delta w \Delta z = p_{UV}(u,v)\Delta u \Delta v. \qquad (2.5\text{-}27)$$

但是对于很小的 $(\Delta u, \Delta v)$，我们有

$$\Delta u \Delta v \approx |J|\Delta w \Delta z, \qquad (2.5\text{-}28)$$

其中 $|J|$ 是逆变换的 Jacobi 行列式

$$|J| = \left\| \begin{matrix} \partial F/\partial w & \partial F/\partial z \\ \partial G/\partial w & \partial G/\partial z \end{matrix} \right\| \qquad (2.5\text{-}29)$$

符号 $\|\cdot\|$ 表示行列式的模. 若 Δu 和 Δv 变得任意小，那么近似等式（2.5-28）就变成任意准确. 将（2.5-28）式代入（2.5-27）式并消去 $\Delta w \Delta z$，得

$$p_{WZ}(w,z) = |J|p_{UV}(u = F(w,z), v = G(w,z)), \qquad (2.5\text{-}30)$$

这是我们的最后结果.

在结束本节时，我们注意到，Jacobi 行列式 $|J|$ 起着导数 $|du/dz|$ 在（2.5-13）式中起的作用，都表示由于变换后增量区域发生变化而引起的概率密度的重新分布. 我们将用到这个结果的一个例子放到下节来讲.

2.6 实数随机变量之和

现在我们转向下面的重要问题：若一随机变量是另外两个随机变量之和，求这个随机变量的概率密度函数. 若随机变量 Z 定义为

$$Z = U + V, \qquad (2.6\text{-}1)$$

其中 U 和 V 是随机变量，其联合概率密度函数是 $p_{UV}(u,v)$. 已知 $p_{UV}(u,v)$，我们想要求 $p_Z(z)$. 为了说明问题，我们将用两种不同的方法求解.

2.6.1　求 $p_Z(z)$ 的两种方法

求 $p_Z(z)$ 的第一种方法是，计算 $F_Z(z)$ 并对 z 求微商．图 2.7 说明如何计算．选定一个具体 z 值后，在（u,v）平面内画直线 $z = u + v$，并辨认出随机变量 Z 小于等于 z 的区域，这个区域在图上涂成带有阴影斜线的灰色．分布函数 $F_Z(z)$ 代表点（u,v）落在这个区域中的概率．要计算这个概率，我们写出

$$F_Z(z) = \int_{-\infty}^{\infty} \mathrm{d}v \int_{-\infty}^{z-v} \mathrm{d}u\, p_{UV}(u,v). \tag{2.6-2}$$

依靠（2.5-6）式之助，将 $F_Z(z)$ 对 z 求微商，得

$$p_Z(z) = \int_{-\infty}^{\infty} p_{UV}(z - v, v)\mathrm{d}v. \tag{2.6-3}$$

于是对给定的联合概率密度函数 $p_{UV}(u,v)$，我们就能计算 $p_Z(z)$ 了．注意不论 U 和 V 相关还是不相关，这个结果都成立．

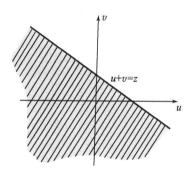

图 2.7　涂成带有阴影斜线的灰色区域代表 $Z \leqslant z$ 的区域

下面来看计算同一结果的另一方法．这里将要用多元变换的结果（2.5-30）式．由于我们只有一个方程联系 z、u 和 v，必须还得有第二个变换才达到我们的目的．第二个变换到底应该怎样并不是显而易见的，但是通过摸索可以找出它来．我们选用简单变换 $w = v$，得到一对变换

$$\begin{aligned} z &= u + v \\ w &= v. \end{aligned} \tag{2.6-4}$$

这一对变换是可逆的，如下：

$$\begin{aligned} u &= z - w \\ v &= w. \end{aligned} \tag{2.6-5}$$

逆变换的 Jacobi 行列式为

$$|J| = \begin{Vmatrix} \partial u/\partial z & \partial u/\partial w \\ \partial v/\partial z & \partial v/\partial w \end{Vmatrix} = \begin{Vmatrix} 1 & -1 \\ 0 & 1 \end{Vmatrix} = 1. \tag{2.6-6}$$

因此，用（2.5-30）式，w 和 z 的联合概率密度函数是

$$p_{WZ}(w,z) = p_{UV}(z - w, w). \tag{2.6-7}$$

但是我们只对边缘概率密度函数 $p_Z(z)$ 感兴趣，它可由 p_{WZ} 对 w 求积分得到

$$p_Z(z) = \int_{-\infty}^{\infty} p_{UV}(z - w, w) \, \mathrm{d}w, \tag{2.6-8}$$

这与前面的结果（2.6-3）式完全相同.

上面的推理中作简单的代换 $V \to -V$ 表明，当 Z 是随机变量之差 $U - V$ 时，Z 的概率密度函数由下式给出：

$$p_Z(z) = \int_{-\infty}^{\infty} p_{UV}(z + w, w) \, \mathrm{d}w. \tag{2.6-9}$$

2.6.2　独立随机变量

若随机变量 Z 代表两个独立的随机变量 U 和 V 之和，则密度函数 $p_Z(z)$ 同 U 和 V 的概率密度函数有特别简单的关系. 对独立随机变量 U 和 V，（2.6-3）式中的被积函数可以分解因式

$$p_{UV}(z - v, v) = p_U(z - v) p_V(v) \tag{2.6-10}$$

由此得到

$$p_Z(z) = \int_{-\infty}^{\infty} p_U(z - v) p_V(v) \, \mathrm{d}v. \tag{2.6-11}$$

我们认出这样的积分是一个卷积，它出现如此频繁，因此，我们将为它采用一个特殊记号，将卷积简洁地记为

$$p_Z = p_U \otimes p_V. \tag{2.6-12}$$

p_Z 是 p_U 和 p_V 的卷积这一事实，也可用另一方法由特征函数导出. 由于这种证明方法的简洁，我们把它写在下面. Z 的特征函数按照定义为

$$\mathbf{M}_Z(\omega) = \overline{\exp(\mathrm{j}\omega z)} = \overline{\exp[\mathrm{j}\omega(u + v)]}. \tag{2.6-13}$$

但是由于 U 和 V 是独立的，上式中最后的统计平均项可以分成两个统计平均值的乘积：

$$\mathbf{M}_Z(\omega) = \overline{\exp(\mathrm{j}\omega u)} \; \overline{\exp(\mathrm{j}\omega v)} = \mathbf{M}_U(\omega) \mathbf{M}_V(\omega). \tag{2.6-14}$$

于是 Z 的特征函数是 U 和 V 的特征函数的乘积. 为了求 $p_Z(z)$，我们必须对 $\mathbf{M}_Z(\omega)$ 作 Fourier 逆变换. 但是，两个函数的乘积的 Fourier 逆变换，等于它们各自的 Fourier 逆变换的卷积. 因此我们再次得到上面的结果：p_Z 是 p_U 和 p_V 的卷积. 这个证明很好地表明，用特征函数进行推理，比直接用概率密度函数会带来很大的简化.

为了完备，我们还要说一下，若 Z 是独立随机变量 U 和 V 之差 $U - V$，那么容易证明，Z 的概率密度函数是密度函数 p_U 和 p_V 的互相关

$$p_Z(z) = \int_{-\infty}^{\infty} p_U(z + v) p_V(v) \, \mathrm{d}v, \tag{2.6-15}$$

我们将它记为

$$p_Z(z) = p_U \star p_V. \qquad (2.6\text{-}16)$$

2.6.3　中心极限定理

在以后的统计学应用中对我们极为重要的一条基本定理是中心极限定理. 在下面的讨论中, 我们首先以一种对我们有用的形式表述这条定理, 然后不加证明地叙述一组充分条件保证定理能成立, 最后给出一个直观和不严格的"证明".

设 U_1, U_2, $\cdots$, U_n 是独立的随机变量, 它们有任意的概率密度函数 (不一定相同), 均值为 $\bar{u}_1$, $\bar{u}_2$, $\cdots$, $\bar{u}_n$, 方差为 $\sigma_1{}^2$, $\sigma_2{}^2$, $\cdots$, $\sigma_n{}^2$. 而且, 令随机变量 Z 由下式定义:

$$Z = \frac{1}{\sqrt{n}} \sum_{i=1}^{n} \frac{U_i - \bar{u}_i}{\sigma_i}. \qquad (2.6\text{-}17)$$

注意对每个 n 值, Z 的均值都为零, 标准偏差为 1. 那么在实际中常常遇到的某些条件下 (这些条件将在下面讨论), 随着随机变量的个数 n 趋于无穷, 概率密度函数 $p_Z(z)$ 趋于 Gauss 型密度, 即

$$\lim_{n \to \infty} p_Z(z) = \frac{1}{\sqrt{2\pi}} e^{-z^2/2}. \qquad (2.6\text{-}18)$$

有大量的统计学文献讨论这个定理成立所需要的条件. 这里我们仅满足于叙述一组充分条件如下 (例如, 见文献 [205], p. 201)[①]: 必须存在两个正数 p 和 q, 使得对一切 i 有

$$\left.\begin{matrix} \sigma_i^2 > p > 0 \\[4pt] |u_i - \bar{u}_i|^3 < q \end{matrix}\right\} \text{对一切 } i. \qquad (2.6\text{-}19)$$

最后, 我们叙述中心极限定理的一个简短的和不严格的"证明". 令 $\mathbf{M}_i(\omega)$ 表示随机变量 $(U_i - \bar{u}_i)$ 的特征函数, 我们假定所有这些特征函数存在. 由 (2.6-14) 式可得 Z 的特征函数是

$$\mathbf{M}_Z(\omega) = \prod_{i=1}^{n} \mathbf{M}_i\!\left(\frac{\omega}{\sqrt{n}\,\sigma_i}\right). \qquad (2.6\text{-}20)$$

按照 (2.6-19) 式的第一个条件, σ_i 是有下界的. 因此, 对任何给定的 ω, 总可以找到一个足够大的 n, 使 $\mathbf{M}_i$ 的宗量极其微小. (2.6-19) 式的第二个条件保证了对小宗量的 $\mathbf{M}_i(\omega/\sqrt{n}\,\sigma_i)$ 是凸函数和抛物线函数 (见 (2.4-23) 式),

$$\mathbf{M}_i\!\left(\frac{\omega}{\sqrt{n}\,\sigma_i}\right) \approx 1 - \frac{\omega^2}{2n}. \qquad (2.6\text{-}21)$$

---

① 这些条件基本上能够保证, U_i 内部没有一个小集能够支配 U_i 的总和, 并且集合 U_i 中的一切随机变量的第一到第三绝对中心矩存在. 条件也可以不这么苛刻. 例如, 见文献 [162], p. 431-433.

于是对充分大的 n，Z 的特征函数的行为表现为

$$\mathbf{M}_Z(\omega) \approx \prod_{i=1}^{n}\left(1 - \frac{\omega^2}{2n}\right) = \left(1 - \frac{\omega^2}{2n}\right)^n. \tag{2.6-22}$$

令 n 无限增大，我们得到

$$\lim_{n\to\infty}\mathbf{M}_Z(\omega) = \lim_{n\to\infty}\left(1 - \frac{\omega^2}{2n}\right)^n = \exp(-\omega^2/2); \tag{2.6-23}$$

这个结果的 Fourier 反演给出

$$\lim_{n\to\infty}p_Z(z) = \frac{1}{\sqrt{2\pi}}\exp(-z^2/2). \tag{2.6-24}$$

于是 z 的密度函数渐近地趋于 Gauss 型密度.

这里应当插几句话提醒大家，虽然 $p_Z(z)$ 渐近地趋于 Gauss 型密度，但是对有限的 n，Gauss 型概率密度可能是、也可能不是 $p_Z(z)$ 的良好近似. 近似的良好程度取决于 n 有多大，以及我们想要工作到伸入 $p_Z(z)$ 的"尾部"多远. 如果我们用 Gauss 型近似来计算 Z 的不大可能发生的巨大偏移的概率，得到的结果的精度可能是很成问题的. 无论如何，中心极限定理用于那些包含大量微小的独立贡献之和的问题是非常管用的.

2.7　Gauss 型随机变量

在许多物理学和工程问题中，我们都遇到这样的随机现象，它们是许多独立随机事件相加的结果. 由于中心极限定理，Gauss 型统计在物理现象的统计分析中便起着无比重要的作用. 本节我们扼要叙述 Gauss 型随机变量最重要的性质.

2.7.1　定义

一个随机变量 U，若其特征函数之形式为

$$\mathbf{M}_U(\omega) = \exp\left[j\omega\bar{u} - \frac{\omega^2\sigma^2}{2}\right]. \tag{2.7-1}$$

则此随机变量称为 Gauss 型随机变量或正态随机变量. 通过对 $\mathbf{M}_U(\omega)$ 适当地求微商，我们可以证明，$\bar{u}$ 和 σ 确实是随机变量 U 的均值和标准差. 更普遍地，第 n 阶中心矩可求出为

$$\overline{(u-\bar{u})^n} = \begin{cases} 1\cdot 3\cdot 5\cdots\cdot(n-1)\sigma^n & n\text{ 为偶数} \\ 0 & n\text{ 为奇数}. \end{cases} \tag{2.7-2}$$

对 $\mathbf{M}_U(\omega)$ 作 Fourier 反演，求得 U 的概率密度函数为

$$p_U(u) = \frac{1}{\sqrt{2\pi}\sigma}\exp\left[-\frac{(u-\bar{u})^2}{2\sigma^2}\right]. \tag{2.7-3}$$

这个密度函数的图形如图 2.8 所示.

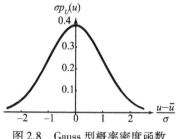

图 2.8　Gauss 型概率密度函数

并且，n 个随机变量 U_1，U_2，$\cdots$，U_n 称为联合 Gauss 型随机变量，如果它们的联合特征函数之形式为

$$\mathbf{M}_U(\underline{\omega}) = \exp\left(j\,\underline{\bar{u}}{}^t\,\underline{\omega} - \frac{1}{2}\underline{\omega}{}^t\underline{C}\,\underline{\omega}\right) \tag{2.7-4}$$

其中上标 t 表示矩阵的转置，

$$\underline{\bar{u}} = \begin{bmatrix} \bar{u}_1 \\ \bar{u}_2 \\ \vdots \\ \bar{u}_n \end{bmatrix}, \quad \underline{\omega} = \begin{bmatrix} \omega_1 \\ \omega_2 \\ \vdots \\ \omega_n \end{bmatrix} \tag{2.7-5}$$

$\underline{C}$ 是一个 $n \times n$ 协方差矩阵，它的第 i 行第 k 列元素 σ_{ik}^2 的定义为

$$\sigma_{ik}^2 = E\left[\,(u_i - \bar{u}_i)(u_k - \bar{u}_k)\,\right]. \tag{2.7-6}$$

可以证明，相应的 n 阶概率密度函数是

$$p_U(u) = \frac{1}{(2\pi)^{n/2}\,|\underline{C}|^{1/2}}\exp\left[-\frac{1}{2}(\underline{u} - \underline{\bar{u}})^t\,\underline{C}^{-1}(\underline{u} - \underline{\bar{u}})\right] \tag{2.7-7}$$

其中 $|\underline{C}|$ 和 $\underline{C}^{-1}$ 分别是矩阵 $\underline{C}$ 的行列式和逆矩阵，$\underline{u}$ 是各个 u_i 构成的列矩阵.

对将来的工作最重要的是这个概率密度函数在下述情况下的形式，这时我们有两个联合分布 Gauss 型随机变量 U 和 V，每一个的均值为零，并且有共同的方差 σ^2. 这时

$$p_{UV}(u,v) = \frac{1}{2\pi\sigma^2\sqrt{1 - \rho^2}}\exp\left[-\frac{u^2 + v^2 - 2\rho uv}{2(1 - \rho^2)\sigma^2}\right], \tag{2.7-8}$$

其中

$$\rho \triangleq \overline{uv}/\sigma^2. \tag{2.7-9}$$

因此 ρ 是 u 和 v 的归一化的相关系数. 图 2.9 示出在 (u,v) 平面上 $\rho = 0$，$\rho = 0.5$ 和 $\rho = 0.999$ 三种情形下的等概率密度线. 随着相关系数正向增大，密度函数从圆对称过渡到椭圆形，椭圆的主轴沿着直线 $u = v$. 对于负的相关系数，主轴是直线 $u = -v$.

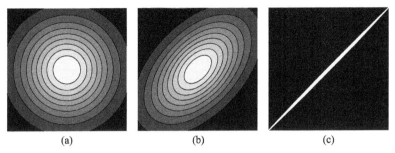

图 2.9 联合 Gauss 型密度的等概率密度线

参数为 $\bar{u} = \bar{v} = 0$，$\sigma_U^2 = \sigma_V^2 = \sigma^2$，并且（a）$\rho = 0$，（b）$\rho = 0.5$，

（c）$\rho = 0.999$. 概率密度函数已经归一化，使得在原点之值为 1

2.7.2 Gauss 型随机变量的特殊性质

除了在实际问题中频繁发生之外，使 Gauss 型随机变量特别引人注目的，还有它的许多特殊性质，使得它特别容易处理. 我们在这里扼要叙述这些性质，在多数情况下附有一个至少是直观的证明.

两个不相关的联合 Gauss 型随机变量也是统计独立的　我们前面曾说过，不相关一般并不意味着统计独立，但是在联合分布 Gauss 型随机变量的情形，这两个性质是同义语. 为了证明这一事实，我们令（2.7-8）式中的相关系数恒等于零，这时联合密度函数变成

$$p_{UV}(u,v) = \frac{1}{2\pi\sigma^2}\exp\left(-\frac{u^2 + v^2}{2\sigma^2}\right)$$

$$= \frac{1}{\sqrt{2\pi}\,\sigma}\exp\left(-\frac{u^2}{2\sigma^2}\right) \cdot \frac{1}{\sqrt{2\pi}\,\sigma}\exp\left(-\frac{v^2}{2\sigma^2}\right) = p_U(u)p_V(v).$$

由于联合密度函数分解为两个边缘密度函数之积，U 和 V 是统计独立的.

两个统计独立的联合 Gauss 型随机变量之和自身也是 Gauss 型随机变量　设 U 和 V 是独立的 Gauss 型随机变量，其特征函数为

$$\mathbf{M}_U(\omega) = \exp\left(\mathrm{j}\omega\bar{u} - \frac{\omega^2\sigma_U^2}{2}\right)$$

$$\mathbf{M}_V(\omega) = \exp\left(\mathrm{j}\omega\bar{v} - \frac{\omega^2\sigma_V^2}{2}\right).$$

令 Z 为 U 和 V 之和. 那么由（2.6-14）式我们有

$$\mathbf{M}_Z(\omega) = \mathbf{M}_U(\omega)\mathbf{M}_V(\omega)$$

$$= \exp\left[\mathrm{j}\omega(\bar{u} + \bar{v}) - \frac{\omega^2}{2}(\sigma_U^2 + \sigma_V^2)\right].$$

于是 Z 是一个 Gauss 型随机变量，其均值为 $\bar{u} + \bar{v}$，方差为 $\sigma_U^2 + \sigma_V^2$.

两个不独立的（相关的）联合 Gauss 型随机变量之和自身也是 Gauss 型随机变量　令 U 和 V 是联合 Gauss 型随机变量，其相关系数 $\rho \neq 0$. 此外，为简单起见，令 $\bar{u} = \bar{v} = 0$，并且 $\sigma_U^2 = \sigma_V^2 = \sigma^2$. 于是

$$p_{UV}(u,v) = \frac{1}{2\pi\sigma^2\sqrt{1-\rho^2}}\exp\left[-\frac{u^2+v^2-2\rho uv}{2(1-\rho^2)\sigma^2}\right].$$

令随机变量 Z 仍为 U 和 V 之和. 由（2.6-3）式我们得到

$$p_Z(z) = \int_{-\infty}^{\infty} p_{UV}(z-v,v)\mathrm{d}v$$

$$= \int_{-\infty}^{\infty} \frac{1}{2\pi\sigma^2\sqrt{1-\rho^2}}\exp\left[-\frac{(z-v)^2+v^2-2\rho(z-v)v}{2(1-\rho^2)\sigma^2}\right]\mathrm{d}v.$$

然后，展开被积函数中指数里的平方，给出

$$p_Z(z) = \frac{\exp\left[-\dfrac{z^2}{4(1+\rho)\sigma^2}\right]}{2\pi\sigma^2\sqrt{1-\rho^2}}\int_{-\infty}^{\infty}\exp\left[-\frac{(v-z/2)^2}{(1-\rho)\sigma^2}\right]\mathrm{d}v.$$

这个积分可以计算，得出

$$p_Z(z) = \frac{1}{\sqrt{4\pi(1+\rho)\sigma^2}}\exp\left[-\frac{z^2}{4(1+\rho)\sigma^2}\right]. \tag{2.7-10}$$

于是 Z 是 Gauss 型随机变量，均值为零，方差为

$$\sigma_Z^2 = 2(1+\rho)\sigma^2$$

当 $\rho \to 0$ 时，$\sigma_Z^2 \to 2\sigma^2$；当 $\rho \to 1$ 时，$\sigma_Z^2 \to 4\sigma^2$；而当 $\rho \to -1$ 时，$\sigma_Z^2 \to 0$.

联合 Gauss 型随机变量（不论是否互相独立）的任何线性组合是一个 Gauss 型随机变量　定义 Z 为

$$Z = \sum_{i=1}^{n} a_i U_i,$$

其中 a_i 是已知常数，U_i 是联合 Gauss 型随机变量. 重复应用结果（2.7-10），不难看出 Z 是 Gauss 型随机变量.

对联合 Gauss 型随机变量 U_1，U_2，$\cdots$，U_n，高于二阶的联合矩总可以用一阶矩和二阶矩表示　一个形式为 $\overline{u_1^p u_2^q \cdots u_n^k}$ 的矩可以通过对 n 维特征函数求偏微商得到，如下所示（见（2.4-24）式）：

$$\overline{u_1^p u_2^q \cdots u_n^k} = \frac{1}{j^{p+q+\cdots+k}}\frac{\partial^{p+q+\cdots+k}}{\partial\omega_1^p\partial\omega_2^q\cdots\partial\omega_n^k}\mathbf{M}_U(\underline{\omega})\Big|_{\underline{\omega}=\underline{0}},$$

其中 $\underline{0}$ 表示一个包含 n 个零的列矢量. 由于出现在 n 维 Gauss 型特征函数中的仅有参数是均值、方差和协方差，因此 $(p+q+\cdots+k)$ 阶矩一定可以用这些一阶和二阶矩表示.

通过对特征函数求适当次数微商，能够证明零均值 Gauss 型随机变量的以下基本性质：

$$\overline{u_1 u_2 \cdots u_{2k+1}} = 0,$$

$$\overline{u_1 u_2 \cdots u_{2k}} = \sum_P (\overline{u_j u_m}\ \overline{u_l u_p} \cdots \overline{u_q u_s})^{j \neq m}_{\substack{l \neq p \\ q \neq s}}, \qquad (2.7\text{-}11)$$

其中 $\sum_P$ 表示对 $2k$ 个变量所有可能的不同配对方法求和. 可以证明, 一共有 $(2k)!/(2^k k!)$ 种这样的不同配对方法. 对于最重要的 $k=2$ 的情况, 我们有

$$\overline{u_1 u_2 u_3 u_4} = \overline{u_1 u_2}\ \overline{u_3 u_4} + \overline{u_1 u_3}\ \overline{u_2 u_4} + \overline{u_1 u_4}\ \overline{u_2 u_3}. \qquad (2.7\text{-}12)$$

这个关系式叫做实数 Gauss 型随机变量的矩定理.

2.8　复数值随机变量

在上一节里, 我们研究了取实数值的随机变量的性质. 研究波动时, 常常需要考虑取复数值的随机变量. 因此, 简短地考察一下描述复数值随机变量的方法, 对以后会是有帮助的.

2.8.1　一般描述

每个随机变量的定义, 都有一个事件空间 $\{A\}$ 和一组相联系的概率 $P(A)$ 为基础. 如果对每个事件 A 我们指定一个复数 $\mathbf{u}(A)$, 那么这一组可能的复数, 连同它们对应的概率测度, 就定义了一个复值随机变量 $\mathbf{U}$.

为了在数学上描述随机变量 $\mathbf{U}$ 的统计性质, 通常最方便的办法是描述它的实部和虚部的联合统计性质. 于是, 若 $\mathbf{U} = R + jI$ 是一个复数随机变量, 它可以取具体的复数值 $\mathbf{u} = r + ji$, r 和 i 是实数, 那么对 $\mathbf{U}$ 的完备描述就要求给出 R 和 I 的联合分布函数

$$F_{\mathbf{U}}(\mathbf{u}) \triangleq F_{RI}(r, i) \triangleq \mathrm{Prob}\{R \leqslant r, I \leqslant i\}, \qquad (2.8\text{-}1)$$

或 R 和 I 的联合密度函数

$$p_{\mathbf{U}}(\mathbf{u}) \triangleq p_{RI}(r, i) = \frac{\partial^2}{\partial r \partial i} F_{RI}(r, i), \qquad (2.8\text{-}2)$$

或者, 换个角度, 也可以给出 R 和 I 的联合特征函数

$$\mathbf{M}_{\mathbf{U}}(\omega^r, \omega^i) \triangleq E[\exp[j(\omega^r r + \omega^i i)]]. \qquad (2.8\text{-}3)$$

对于 n 个联合复随机变量 $\mathbf{U}_1$, $\mathbf{U}_2$, $\cdots$, $\mathbf{U}_n$, 其具体取值为 $\mathbf{u}_1 = r_1 + ji_1$, $\mathbf{u}_2 = r_2 + ji_2$, $\cdots$, 联合分布函数可以写为

$$F_{\mathbf{U}}(\underline{\mathbf{u}}) \triangleq \mathrm{Prob}\{R_1 \leqslant r_1, R_2 \leqslant r_2, \cdots, R_n \leqslant r_n, I_1 \leqslant i_1, I_2 \leqslant i_2, \cdots, I_n \leqslant i_n\}$$

$$(2.8\text{-}4)$$

问题中的概率是所有列出的事件全都发生的联合概率, $F_{\mathbf{U}}$ 的宗量是一个列矩阵, 由 n 个复数元素构成

$$\underline{\mathbf{u}} = \begin{bmatrix} \mathbf{u}_1 \\ \mathbf{u}_2 \\ \vdots \\ \mathbf{u}_n \end{bmatrix}. \tag{2.8-5}$$

对应于分布函数 $F_{\mathrm{U}}(\underline{\mathbf{u}})$ 的，是 $2n$ 个实变量 $\{r_1, r_2, \cdots, r_n, i_1, i_2, \cdots, i_n\}$ 的联合概率密度函数

$$p_{\mathrm{U}}(\underline{\mathbf{u}}) \triangleq \frac{\partial^{2n}}{\partial r_1 \cdots \partial r_n \, \partial i_1 \cdots \partial i_n} F_{\mathrm{U}}(\underline{\mathbf{u}}). \tag{2.8-6}$$

最后，也可以用一个特征函数来描述联合统计，其定义为

$$\mathbf{M}_{\mathrm{U}}(\underline{\omega}) \triangleq E[\exp(j\underline{\omega}^{\mathrm{t}}\underline{u})], \tag{2.8-7}$$

其中 $\underline{\omega}$ 和 $\underline{u}$ 都是有 $2n$ 个实元素的列矩阵

$$\underline{u} = \begin{bmatrix} r_1 \\ \vdots \\ r_n \\ i_1 \\ \vdots \\ i_n \end{bmatrix} \qquad \underline{\omega} = \begin{bmatrix} \omega_1^r \\ \vdots \\ \omega_n^r \\ \omega_1^i \\ \vdots \\ \omega_n^i \end{bmatrix}. \tag{2.8-8}$$

2.8.2　复数 Gauss 型随机变量

n 个复数随机变量 $\mathbf{U}_1$，$\mathbf{U}_2$，$\cdots$，$\mathbf{U}_n$ 称为联合 Gauss 型变量，如果它们的特征函数之形式为

$$\mathbf{M}_{\mathrm{U}}(\underline{\omega}) = \exp\left(j\,\underline{\bar{u}}^{\mathrm{t}}\underline{\omega} - \frac{1}{2}\underline{\omega}^{\mathrm{t}}\underline{C}\underline{\omega}\right), \tag{2.8-9}$$

其中 $\underline{\omega}$ 和 $\underline{u}$ 仍由（2.8-8）式给出，$\underline{\bar{u}}$ 是一个列矩阵，它的 $2n$ 个实值元素是 $\underline{u}$ 的实部和虚部元素的平均值，$\underline{C}$ 是一个实数元素的 $2n \times 2n$ 协方差矩阵，其定义为

$$\underline{C} = \overline{(\underline{u} - \underline{\bar{u}})(\underline{u} - \underline{\bar{u}})^{\mathrm{t}}}. \tag{2.8-10}$$

$\mathrm{M}_{\mathrm{U}}(\underline{\omega})$ 的一个 $2n$ 维的逆 Fourier 变换给出相应的概率密度函数

$$p_{\mathrm{U}}(\underline{u}) = \frac{1}{(2\pi)^n |\underline{C}|^{1/2}} \exp\left[-\frac{1}{2}(\underline{u} - \underline{\bar{u}})^{\mathrm{t}}\underline{C}^{-1}(\underline{u} - \underline{\bar{u}})\right], \tag{2.8-11}$$

其中 $|\underline{C}|$ 和 $\underline{C}^{-1}$ 分别是 $2n \times 2n$ 协方差矩阵 $\underline{C}$ 的行列式和逆矩阵.

下面我们定义一类特殊的复值 Gauss 型随机变量，这对以后是有用的. 但是为此，我们必须先定义一些新记号. 令 $\underline{r}$ 和 $\underline{i}$ 分别是 n 个复数随机变量 $\mathbf{U}_k$（$k = 1$，2，$\cdots$，n）的实部和虚部构成的 n 个元素的列矩阵，即

$$\underline{r} \triangleq \begin{bmatrix} r_1 \\ r_2 \\ \vdots \\ r_n \end{bmatrix}, \quad \underline{i} \triangleq \begin{bmatrix} i_1 \\ i_2 \\ \vdots \\ i_n \end{bmatrix}. \tag{2.8-12}$$

此外，还定义以下的协方差矩阵：

$$\underline{C}^{(rr)} \triangleq \overline{(\underline{r} - \bar{r})(\underline{r} - \bar{r})^t}, \quad \underline{C}^{(ii)} \triangleq \overline{(\underline{i} - \bar{i})(\underline{i} - \bar{i})^t}$$

$$\underline{C}^{(ri)} \triangleq \overline{(\underline{r} - \bar{r})(\underline{i} - \bar{i})^t}, \quad \underline{C}^{(ir)} \triangleq \overline{(\underline{i} - \bar{i})(\underline{r} - \bar{r})^t}.$$

实际上，我们是将大矩阵 $\underline{C}$ 拆开成四个子矩阵

$$\underline{C} = \begin{bmatrix} \underline{C}^{(rr)} & \underline{C}^{(ri)} \\ \underline{C}^{(ir)} & \underline{C}^{(ii)} \end{bmatrix}. \tag{2.8-13}$$

我们称复数变量 U_k ($k = 1, 2, \cdots, n$) 为联合圆形 Gauss 随机变量，如果下面的特殊关系成立：

$$\bar{r} = \begin{bmatrix} 0 \\ 0 \\ \vdots \\ 0 \end{bmatrix}, \quad \bar{i} = \begin{bmatrix} 0 \\ 0 \\ \vdots \\ 0 \end{bmatrix} \tag{2.8-14}$$

$$\underline{C}^{(rr)} = \underline{C}^{(ii)}, \quad \underline{C}^{(ri)} = -\underline{C}^{(ir)}. \tag{2.8-15}$$

"圆形"这一术语的起源，也许通过考虑单个圆形复随机变量这种简单情况最好理解. 这时有

$$\bar{\underline{r}} = \bar{r}, \quad \bar{\underline{i}} = \bar{i}$$

$$\underline{C}^{(rr)} = \sigma_r^2, \quad \underline{C}^{(ii)} = \sigma_i^2, \tag{2.8-16}$$

$$\underline{C}^{(ir)} = \sigma_r \sigma_i \rho, \quad \underline{C}^{(ri)} = \sigma_r \sigma_i \rho, \tag{2.8-17}$$

其中 σ_r^2 和 σ_i^2 是 U 的实部和虚部的方差，而 ρ 是实部和虚部的相关系数. 加上圆形对称性条件（2.8-14）和（2.8-15），就要求

$$\bar{r} = \bar{i} = 0$$

$$\sigma_r^2 = \sigma_i^2 = \sigma^2$$

$$\rho = 0.$$

2×2 协方差矩阵 $\underline{C}$ 由下式给出：

$$\underline{C} = \begin{bmatrix} \sigma^2 & 0 \\ 0 & \sigma^2 \end{bmatrix}, \tag{2.8-18}$$

对于 Gauss 型统计的情形，U 的概率密度函数变成

$$p_U(\mathbf{u}) = \frac{1}{2\pi\sigma^2} \exp\left(-\frac{r^2 + i^2}{2\sigma^2} \right). \tag{2.8-19}$$

　　如图 2.10 所示，等概率密度线是复数 (r,i) 平面上的圆，因而 **U** 称为圆形复 Gauss 型随机变量.

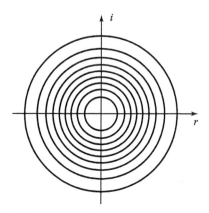

图 2.10　一个圆形复 Gauss 型随机变量在复平面上的等概率密度线

　　注意，一个圆形复 Gauss 型随机变量的实部和虚部是不相关的，因而是独立的. 但是，如果 $\mathbf{U}_1$ 和 $\mathbf{U}_2$ 是两个这样的联合随机变量，$\mathbf{U}_1$ 的实部与 $\mathbf{U}_2$ 的实部和虚部可以有任意的相关度，只要满足以下条件：

$$\overline{r_1 r_2} = \overline{i_1 i_2}$$
$$\overline{r_1 i_2} = -\overline{i_1 r_2}$$

(2.8-20)

这个条件是（2.8-15）式所要求的.

2.8.3　复数值 Gauss 矩定理

　　圆形复 Gauss 型随机变量在光学中经常遇到. 这种随机变量的一条重要性质是复 Gauss 型矩定理[169]，它可由实 Gauss 型矩定理（2.7-11）加上定义圆形性质的条件导出. 设复数值随机变量 $\mathbf{U}_1$，$\mathbf{U}_2$，$\cdots$，$\mathbf{U}_k$，$\mathbf{U}_{k+1}$，$\mathbf{U}_{k+2}$，$\cdots$，$\mathbf{U}_r$ 均值为零①，并服从联合圆形复 Gauss 型统计. 于是

$$\begin{cases} \overline{\mathbf{u}_1^* \cdots \mathbf{u}_k^* \mathbf{u}_{k+1} \cdots \mathbf{u}_r} = 0 & r \neq k \\ \overline{\mathbf{u}_1^* \cdots \mathbf{u}_k^* \mathbf{u}_{k+1} \cdots \mathbf{u}_r} = \sum_{\pi} \overline{\mathbf{u}_1^* \mathbf{u}_p}\, \overline{\mathbf{u}_2^* \mathbf{u}_q} \cdots \overline{\mathbf{u}_k^* \mathbf{u}_t} & r = k \end{cases}$$

(2.8-21)

式中 $\sum_{\pi}$ 表明对 $(k+1, k+2, \cdots, 2k)$ 的 $k!$ 种可能的排列 $(p, q, \cdots, t)$ 求和. 对于最简单的 $k=2$ 的情况，我们有

$$\overline{\mathbf{u}_1^* \mathbf{u}_2^* \mathbf{u}_3 \mathbf{u}_4} = \overline{\mathbf{u}_1^* \mathbf{u}_3}\, \overline{\mathbf{u}_2^* \mathbf{u}_4} + \overline{\mathbf{u}_1^* \mathbf{u}_4}\, \overline{\mathbf{u}_2^* \mathbf{u}_3}.$$

(2.8-22)

当 $k=r=3$ 时，有六种可能的排列，带来的结果是

---

　　①　或者另一种情况：若随机变量有非零均值，可以将矩解释为中心矩.

$$\overline{\mathbf{u}_1^* \mathbf{u}_2^* \mathbf{u}_3^* \mathbf{u}_4 \mathbf{u}_5 \mathbf{u}_6} = \overline{\mathbf{u}_1^* \mathbf{u}_4}\ \overline{\mathbf{u}_2^* \mathbf{u}_5}\ \overline{\mathbf{u}_3^* \mathbf{u}_6} + \overline{\mathbf{u}_1^* \mathbf{u}_4}\ \overline{\mathbf{u}_2^* \mathbf{u}_6}\ \overline{\mathbf{u}_3^* \mathbf{u}_5}$$

$$+ \overline{\mathbf{u}_1^* \mathbf{u}_5}\ \overline{\mathbf{u}_2^* \mathbf{u}_4}\ \overline{\mathbf{u}_3^* \mathbf{u}_6} + \overline{\mathbf{u}_1^* \mathbf{u}_5}\ \overline{\mathbf{u}_2^* \mathbf{u}_6}\ \overline{\mathbf{u}_3^* \mathbf{u}_4}$$

$$+ \overline{\mathbf{u}_1^* \mathbf{u}_6}\ \overline{\mathbf{u}_2^* \mathbf{u}_4}\ \overline{\mathbf{u}_3^* \mathbf{u}_5} + \overline{\mathbf{u}_1^* \mathbf{u}_6}\ \overline{\mathbf{u}_2^* \mathbf{u}_5}\ \overline{\mathbf{u}_3^* \mathbf{u}_4}. \qquad (2.8\text{-}23)$$

$k = r = 4$ 的情形有 24 项, 我们不在这里列举了.

从这个定理得到的一些附加的结果是

$$\overline{|\mathbf{u}|^{2n}} = n! (\overline{|\mathbf{u}|^2})^n \qquad (2.8\text{-}24)$$

$$\overline{(\mathbf{u}_1^* \mathbf{u}_2)^n} = n! (\overline{\mathbf{u}_1^* \mathbf{u}_2})^n \qquad (2.8\text{-}25)$$

$$\overline{|\mathbf{u}_1|^2 |\mathbf{u}_2|^2} = \overline{|\mathbf{u}_1|^2}\ \overline{|\mathbf{u}_2|^2} + (|\overline{\mathbf{u}_1^* \mathbf{u}_2}|)^2. \qquad (2.8\text{-}26)$$

在后面各章中, 有许多场合将要用到这些关系式.

2.9　随机相矢量和

在物理学的许多领域中, 特别是在光学中, 我们必须同由许多微小的"基元"复值贡献求和而得到的复值随机变量打交道. 有关的复数常常叫做相矢量, 它代表一个单色或近单色波动的振幅和相位. 例如, 当我们计算由大量微小的独立散射体散射得到的波的总复振幅时, 就会遇到许多微小的独立相矢量的复数相加. 更一般地, 只要我们把若干个复值解析信号相加 (解析信号将在 3.8 节定义和讨论), 就会发生这样的复数求和. 这里我们把复数随机变量的和称为随机相矢量之和, 它们的性质在本节讨论.

2.9.1　初始假设

考虑 N 个复数相矢量的和, N 是一个很大的数. 第 k 个相矢量有随机的长度 $\alpha_k / \sqrt{N}$ 和随机相位 ϕ_k. 生成的相矢量 $\mathbf{a}$ 有长度 a 和相位 θ, 由下式定义:

$$\mathbf{a} = a\mathrm{e}^{\mathrm{j}\theta} = \frac{1}{\sqrt{N}} \sum_{k=1}^{N} \alpha_k \mathrm{e}^{\mathrm{j}\phi_k}, \qquad (2.9\text{-}1)$$

并画在图 2.11 中.

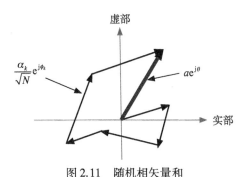

图 2.11　随机相矢量和

为了分析起来简单，我们对构成合矢量的基元相矢量的统计性质作若干假设，这些性质在我们感兴趣的实际问题中一般都会满足：

（1）第 k 个基元相矢量的振幅 $\alpha_k/\sqrt{N}$ 和相位 ϕ_k 相互统计独立，也同所有其他基元相矢量的振幅和相位统计独立；

（2）对一切 k，长度 α_k 有完全相同的分布，其均值为 $\overline{\alpha}$，二阶矩为 $\overline{\alpha^2}$.

（3）相位 ϕ_k 均匀分布在（$-\pi,\pi$）上．

这三条假设中，第一条是最重要的，第二条和第三条都可以放宽，放宽时结果有些变化（例如，参看文献［11］，p. 119-137，以及本书附录 B）.

求和得出的相幅矢量的实部 r 和虚部 i 由下式决定：

$$r \triangleq \operatorname{Re}\{ae^{j\theta}\} = \frac{1}{\sqrt{N}}\sum_{k=1}^{N}\alpha_k\cos\phi_k$$

$$i \triangleq \operatorname{Im}\{ae^{j\theta}\} = \frac{1}{\sqrt{N}}\sum_{k=1}^{N}\alpha_k\sin\phi_k. \tag{2.9-2}$$

注意 r 和 i 二者都是许多独立的随机变量之和，我们由中心极限定理得出结论，随着 $N\to\infty$，r 和 i 两者都渐近地变为 Gauss 型随机变量[①]．为了详细确定 r 和 i 的联合密度函数，必须首先计算 $\overline{r},\overline{i},\sigma_r^2,\sigma_i^2$ 和它们的相关系数 ρ.

2.9.2　均值、方差和相关系数的计算

实部 r 和虚部 i 的均值由下式计算：

$$\overline{r} = \frac{1}{\sqrt{N}}\sum_{k=1}^{N}\overline{\alpha_k\cos\phi_k} = \frac{1}{\sqrt{N}}\sum_{k=1}^{N}\overline{\alpha_k}\,\overline{\cos\phi_k} = \sqrt{N}\overline{\alpha}\,\overline{\cos\phi}$$

$$\overline{i} = \frac{1}{\sqrt{N}}\sum_{k=1}^{N}\overline{\alpha_k\sin\phi_k} = \frac{1}{\sqrt{N}}\sum_{k=1}^{N}\overline{\alpha_k}\,\overline{\sin\phi_k} = \sqrt{N}\overline{\alpha}\,\overline{\sin\phi}.$$

这里我们明确使用了 α_k 与 ϕ_k 相互独立并且它们的统计与 k 无关的事实．但是除此以外，由上面列出的第三条假定，随机变量 ϕ 均匀分布在（$-\pi,\pi$）上，结果 $\overline{\cos\phi}=\overline{\sin\phi}=0$，从而

$$\overline{r} = \overline{i} = 0. \tag{2.9-3}$$

于是实部和虚部两者的均值均为零．

为了计算方差 σ_r^2 和 σ_i^2，我们可以等价地计算二阶矩 $\overline{r^2}$ 和 $\overline{i^2}$（因为均值为零）．应用各个振幅和相位的独立性，我们写出

---

① 这个论据中避免了一个微妙之处．虽然 r 和 i 的边缘统计性质明显地渐近趋于 Gauss 型，我们并未证明两个随机变量渐近地趋于联合 Gauss 型．这个证明在附录 B 中提供．

$$\overline{r^2} = \frac{1}{N} \sum_{k=1}^{N} \sum_{n=1}^{N} \overline{\alpha_k \alpha_n} \; \overline{\cos\phi_k \cos\phi_n}$$

$$\overline{i^2} = \frac{1}{N} \sum_{k=1}^{N} \sum_{n=1}^{N} \overline{\alpha_k \alpha_n} \; \overline{\sin\phi_k \sin\phi_n}.$$

但是此外还有

$$\overline{\cos\phi_k \cos\phi_n} = \overline{\sin\phi_k \sin\phi_n} = \begin{cases} 0 & k \neq n \\ 1/2 & k = n, \end{cases}$$

这仍是由于相位的均匀分布. 于是我们有

$$\overline{r^2} = \overline{i^2} = \frac{\overline{\alpha^2}}{2} \triangleq \sigma^2. \tag{2.9-4}$$

最后，我们计算 r 和 i 之间的相关

$$\overline{ri} = \frac{1}{N} \sum_{k=1}^{N} \sum_{n=1}^{N} \overline{\alpha_k \alpha_n} \; \overline{\cos\phi_k \sin\phi_n}.$$

注意 $\cos\phi\sin\phi = \frac{1}{2}\sin2\phi$，我们有

$$\overline{\cos\phi_k \sin\phi_n} = \begin{cases} \overline{\cos\phi_k} \; \overline{\sin\phi_n} = 0 & k \neq n \\ \dfrac{1}{2} \overline{\sin2\phi_k} = 0 & k = n. \end{cases}$$

于是合矢量的实部和虚部不相关. 注意对于任何 N，不论是有限大还是无限大，上述均值为零、方差相等以及实部和虚部不相关等性质都成立.

小结我们得到的结果，现在知道，在 N 大的极限下，随机相矢量和的实部和虚部的联合密度函数渐近地趋于（随着 $N \to \infty$）

$$p_{RI}(r,i) = \frac{1}{2\pi\sigma^2} \exp\left(-\frac{r^2 + i^2}{2\sigma^2} \right), \tag{2.9-5}$$

式中

$$\sigma^2 = \frac{\overline{\alpha^2}}{2}. \tag{2.9-6}$$

这个结果直接意味着其实部和虚部是相互独立的随机变量. 用 2.8 节的术语来说，代表合矢量的复值随机变量 **a** 接近（在所假设的条件下）一个圆形复数 Gauss 随机变量.

读者在附录 B 中将会看到，当选定基元相矢量的相位为非均匀分布密度 $p_{\Phi}(\phi)$ 时，所得到的二维联合密度函数一般不具有均值为零、方差相等以及相关系数为零的性质. 反之，其等概率密度线将是复平面上的椭圆（例如，见习题2-11）.

2.9.3 长度和相位的统计

在上节我们求得了当基元相矢量的数目趋于无穷时随机相矢量和的实部和虚

部的渐近的联合统计. 在许多应用中，我们想要代之以知道相矢量和的长度 a 和相位 θ 的统计，这里

$$a = \sqrt{r^2 + i^2}$$
$$\theta = \arctan \frac{i}{r}. \tag{2.9-7}$$

从直角坐标系换到极坐标系是一一对应的映射，因此我们可以用 2.5.3 节给出的方法来求 a 和 θ 的联合密度函数. 反函数是

$$r = a \cos\theta$$
$$i = a \sin\theta, \tag{2.9-8}$$

对应变换的 Jacobi 行列式是

$$|J| = \left\| \begin{matrix} \partial r/\partial a & \partial r/\partial \theta \\ \partial i/\partial a & \partial i/\partial \theta \end{matrix} \right\| = \left\| \begin{matrix} \cos\theta & -a\sin\theta \\ \sin\theta & a\cos\theta \end{matrix} \right\| = a. \tag{2.9-9}$$

于是我们得到联合密度函数

$$p_{A\Theta}(a,\theta) = p_{RI}(r = a\cos\theta, i = a\sin\theta) \cdot a, \tag{2.9-10}$$

借助于（2.9-5）式，上式变成

$$p_{A\Theta}(a,\theta) = \begin{cases} \dfrac{a}{2\pi\sigma^2}\exp\left(-\dfrac{a^2}{2\sigma^2}\right) & -\pi < \theta \leqslant \pi \text{ 并且 } a > 0 \\ 0 & \text{其他}. \end{cases} \tag{2.9-11}$$

现在可以求长度和相位的边缘概率密度了. 首先对角度积分，

$$p_A(a) = \int_{-\pi}^{\pi} p_{A\Theta}(a,\theta)\,\mathrm{d}\theta = \begin{cases} \dfrac{a}{\sigma^2}\exp\left(-\dfrac{a^2}{2\sigma^2}\right) & a > 0 \\ 0 & \text{其他}. \end{cases} \tag{2.9-12}$$

这个结果叫做 Rayleigh 概率密度函数，示于图 2.12 中. 它的均值和方差为

$$\bar{a} = \sqrt{\frac{\pi}{2}}\sigma$$
$$\sigma_a^2 = \left(2 - \frac{\pi}{2}\right)\sigma^2, \tag{2.9-13}$$

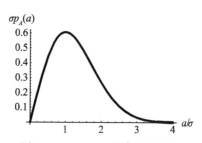

图 2.12　Rayleigh 概率密度函数

而它的一般的第 q 阶矩为

$$\overline{a^q} = \int_0^\infty a^q p_A(a)\,da = 2^{q/2}\sigma^q\Gamma\left(1+\frac{q}{2}\right),\qquad(2.9\text{-}14)$$

其中 $\Gamma(\cdot)$ 是一个 gamma 函数.

为了求得相位 θ 的密度函数,我们将 (2.9-11) 式对 a 积分:

$$p_\Theta(\theta) = \begin{cases}\dfrac{1}{2\pi}\displaystyle\int_0^\infty \dfrac{a}{\sigma^2}\exp\left(-\dfrac{a^2}{2\sigma^2}\right)da & -\pi<\theta\leqslant\pi\\[2mm] 0 & \text{其他}.\end{cases}\qquad(2.9\text{-}15)$$

但是上式中的积分正是 Rayleigh 密度函数的积分,因此必定是 1. 我们得出结论,合矢量的相位均匀分布在 $(-\pi,\pi)$ 上:

$$p_\Theta(\theta) = \begin{cases}\dfrac{1}{2\pi} & -\pi<\theta\leqslant\pi\\[2mm] 0 & \text{其他}.\end{cases}\qquad(2.9\text{-}16)$$

注意联合密度函数 $p_{A\Theta}(a,\theta)$ 等于边缘密度 $p_A(a)$ 和 $p_\Theta(\theta)$ 的简单乘积. 由此可得 A 和 Θ 是独立的随机变量,就像 2.9.2 节描述的实部 R 和虚部 I 一样.

2.9.4　一个常相矢量加一个随机相矢量和

下面我们考虑一个恒定的已知相矢量加一个随机相矢量之和的统计性质. 不失普遍性,我们可取已知的相矢量为一正实数,长度为 s (这只不过相当于选定相位参考点与 s 的已知相位重合). 图 2.13 画出有关的复数和. 合相矢量的实部容易表示为

$$r = s + \frac{1}{\sqrt{N}}\sum_{k=1}^{N}\alpha_k\cos\phi_k,\qquad(2.9\text{-}17)$$

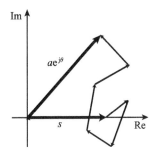

图 2.13　一个常相矢量加一个随机相矢量和

而虚部同以前一样,仍为

$$i = \frac{1}{\sqrt{N}}\sum_{k=1}^{N}\alpha_k\sin\phi_k.\qquad(2.9\text{-}18)$$

于是加上已知相矢量的唯一效应,是在合相矢量的实部上加一个偏置值. 随着 $N\rightarrow$

∞，R 和 I 的联合统计仍然渐近地为 Gauss 型，但均值有一修正

$$p_{RI}(r,i) = \frac{1}{2\pi\sigma^2}\exp\left[-\frac{(r-s)^2 + i^2}{2\sigma^2}\right].\qquad(2.9\text{-}19)$$

我们主要关心的仍然是合相矢量的长度 a 和相位 θ. 由于到极坐标的变换和早先考虑过的完全相同，Jacobi 行列式之值仍为 a，并且

$$p_{A\Theta}(a,\theta) = \begin{cases}\dfrac{a}{2\pi\sigma^2}\exp\left[-\dfrac{(a\cos\theta - s)^2 + (a\sin\theta)^2}{2\sigma^2}\right] & \begin{array}{l} -\pi < \theta \leqslant \pi \text{ 并且} \\ a > 0 \end{array} \\[4mm] 0 & \text{其他}. \end{cases}$$

$$(2.9\text{-}20)$$

为了求合相矢量强度 A 的边缘密度函数，我们必须计算

$$\begin{aligned} p_A(a) &= \int_{-\infty}^{\infty} p_{A\Theta}(a,\theta)\,\mathrm{d}\theta \\ &= \frac{a}{2\pi\sigma^2}\exp\left(-\frac{a^2 + s^2}{2\sigma^2}\right)\int_{-\pi}^{\pi}\exp\left(\frac{as}{\sigma^2}\cos\theta\right)\mathrm{d}\theta. \end{aligned}$$

上式中的积分可以表示为 $2\pi\mathrm{I}_0(as/\sigma^2)$，其中 $\mathrm{I}_0(\cdot)$ 是零阶的第一类修正 Bessel 函数. 于是

$$p_A(a) = \begin{cases}\dfrac{a}{\sigma^2}\exp\left(-\dfrac{a^2 + s^2}{2\sigma^2}\right)\mathrm{I}_0\left(\dfrac{as}{\sigma^2}\right) & a > 0 \\[4mm] 0 & \text{其他}, \end{cases}\qquad(2.9\text{-}21)$$

它叫 Rice 密度函数.

图 2.14 画出对于参量 $k = s/\sigma$ 的不同数值，$\sigma p(a/\sigma)$ 和 a/σ 的关系曲线. 随着已知相矢量强度增大，概率密度函数的形状从 Rayleigh 密度（$k=0$）逐渐变为一条这样的曲线，我们很快就会看到，后者的形状近似均值等于 s 的 Gauss 型密度.

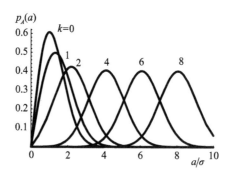

图 2.14　Rice 密度函数
参量 k 代表比值 s/σ

可以证明，Rice 变量的 q 阶矩由下式给出：

$$\overline{a^q} = (2\sigma^2)^{q/2}\exp\left(-\frac{s^2}{2\sigma^2}\right)\Gamma\left(1+\frac{q}{2}\right){}_1F_1\left(1+\frac{q}{2},1,\frac{s^2}{2\sigma^2}\right)$$

$$= (2\sigma^2)^{q/2}\Gamma\left(1+\frac{q}{2}\right)L_{q/2}(-s^2/2\sigma^2) \tag{2.9-22}$$

其中 $\Gamma(\cdot)$ 又是一个 gamma 函数，${}_1F_1(\cdot,\cdot,\cdot)$ 是合流超几何函数（文献［148］，p. 1073），而 $L_n(x)$ 是 n 阶 Laguerre 多项式．最前面的两个矩以后是最有用的，

$$\overline{a} = \frac{1}{2}\sqrt{\frac{\pi}{2\sigma^2}}e^{-s^2/4\sigma^2}\left[(s^2+2\sigma^2)I_0\left(\frac{s^2}{4\sigma^2}\right)+s^2I_1\left(\frac{s^2}{4\sigma^2}\right)\right] \tag{2.9-23}$$

$$\overline{a^2} = s^2 + 2\sigma^2$$

其中 $I_0(\cdot)$ 和 $I_1(\cdot)$ 分别是第一类零阶和一阶修正 Bessel 函数．

要求关于相位的边缘密度函数 $p_\Theta(\theta)$，我们必须计算

$$p_\Theta(\theta) = \int_0^\infty p_{A\Theta}(a,\theta)\mathrm{d}a.$$

这个积分的结果可以在文献中找到（例如，见文献［148］，p. 417），或者用符号运算程序如 Mathematica 直接算出．结果的一种形式是

$$p_\Theta(\theta) = \frac{e^{-\frac{s^2}{2\sigma^2}}}{2\pi} + \sqrt{\frac{1}{2\pi}}\frac{s}{\sigma}e^{-\left(\frac{s^2}{\sigma^2}\sin^2\theta\right)}\frac{1+\mathrm{erf}\left(\frac{s\cos\theta}{\sqrt{2}\,\sigma}\right)}{2}\cos\theta \quad -\pi<\theta\leqslant\pi \tag{2.9-24}$$

否则为零．函数 $\mathrm{erf}(\cdot)$ 是标准误差函数，

$$\mathrm{erf}(z) = \frac{2}{\sqrt{\pi}}\int_0^z e^{-t^2}\mathrm{d}t. \tag{2.9-25}$$

对 $k=s/\sigma$ 的不同数值的 $p_\Theta(\theta)$ 曲线画在图 2.15 中．当 $k=0$ 时，密度函数在 $(-\pi,\pi)$ 上均匀分布，而随着 k 增大，密度函数越来越窄，当 k 任意增大时，密度函数趋于位于 $\theta=0$ 的 δ 函数．

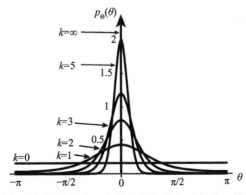

图 2.15　一个恒定相矢量加上一个随机相矢量和后相位 θ 的概率密度函数
（对参量 $k=s/\sigma$ 的不同数值）

2.9.5 强恒定相矢量加一个弱随机相矢量和

当已知相矢量比随机相矢量和强得多时，上节所得的结果可以有相当大的简化．因此，我们想要考虑 $s \gg \sigma$ 时（或等价的 $k \gg 1$ 时）$p_A(a)$ 和 $p_\Theta(\theta)$ 的表示式的近似形式．一种方法是把条件 $s \gg \sigma$ 应用于（2.9-21）式和（2.9-24）式，通过数学近似去发现近似形式．但是，这里我们选用更物理的方法，它以更诱人的方式给出完全一样的结果．

我们的近似基于以下的观察：当 $s \gg \sigma$ 时，我们是在同一小团概率"云"（小的随机相矢量和的结果）打交道，它的中心在一个极长的已知相矢量的末端，如图 2.16 所示．在这种情况下，随机相矢量求和得到的合矢量的分量比已知相矢量的长度小得多的概率很高．结果，总的合矢量的长度 a 的变化主要是由随机相矢量和的实部引起，而合矢量的相位 θ 的变化则主要由随机相矢量和的虚部引起，这个虚部是同已知恒定相矢量垂直的．由于随机相矢量和的实部是均值为零的 Gauss 型随机变量，我们得到在 $s \gg \sigma$ 时有

$$p_A(a) \approx \frac{1}{\sqrt{2\pi}} \exp\left[-\frac{(a-s)^2}{2\sigma^2}\right], \tag{2.9-26}$$

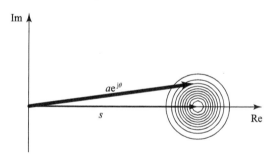

图 2.16　长度 s 的大恒定相矢量上加一个小随机相矢量和

至于相位 θ，在 $s \gg \sigma$ 条件下，它的涨落将是围绕零值的微小涨落，并且

$$\theta \approx \tan\theta \approx \frac{i}{s}, \tag{2.9-27}$$

这里 i 仍是合相矢量的虚部．因此

$$p_\Theta(\theta) \approx s\, p_I(i = s\theta), \tag{2.9-28}$$

或

$$p_\Theta(\theta) \approx \frac{k}{\sqrt{2\pi}} \exp\left(-\frac{k^2\theta^2}{2}\right). \tag{2.9-29}$$

我们的结论是：在 $s \gg \sigma$ 下 A 和 Θ 都近似是 Gauss 型随机变量．对于振幅，我们得到平均值 $\bar{a} = s$ 和方差 $\sigma_a^2 = \sigma^2$，而对于相位，则有 $\bar{\theta} = 0$ 及 $\sigma_\theta^2 = 1/k^2 = \sigma^2/s^2$．当条件 $s \gg \sigma$ 满足时，这些结果提供了有用的近似．

2.10 Poisson 随机变量

在许多光学探测问题中，低光功率下的测量是由"光电事件"的计数构成，每一事件由探测到一个光子触发. 在最常见的问题中，这种计数的统计由 Poisson 分布描述. 因此，本节讨论 Poisson 随机变量的一些性质.

一个离散的随机变量 K，如果观察到它取整数值 k 的概率为

$$P_K(k) = \frac{\alpha^k}{k!}\exp(-\alpha) \tag{2.10-1}$$

其中 α 是一个参数，就说 K 是一个 Poisson 随机变量. 这个分布的一阶和二阶矩为

$$\bar{k} = \sum_{k=0}^{\infty} k\frac{\alpha^k}{k!}\exp(-\alpha) = \alpha\sum_{k=1}^{\infty}\frac{\alpha^{k-1}}{(k-1)!}\exp(-\alpha) = \alpha$$

$$\bar{k^2} = \sum_{k=0}^{\infty} k^2\frac{\alpha^k}{k!}\exp(-\alpha) = \alpha\sum_{k=1}^{\infty} k\frac{\alpha^{k-1}}{(k-1)!}\exp(-\alpha) = \alpha + \alpha^2. \tag{2.10-2}$$

因此以后参数 α 可以用 $\bar{k}$ 代替. 更高阶的矩也可以求出但形式更复杂. 不过，下面的简单关系式对任何整数 q 成立：

$$\overline{k(k-1)\cdots(k-q+1)} = \sum_{k=q}^{\infty}\frac{(\bar{k})^k}{(k-q)!}e^{-\bar{k}} = (\bar{k})^q. \tag{2.10-3}$$

这个随机变量的特征函数可求出如下：

$$\mathbf{M}_K(j\omega) = \overline{e^{j\omega k}} = \sum_{k=0}^{\infty}\frac{(e^{j\omega})^k \bar{k}^k}{k!}e^{-\bar{k}} = \exp[\bar{k}(e^{j\omega}-1)]. \tag{2.10-4}$$

令 K_1 和 K_2 是两个统计独立的 Poisson 随机变量，一般而言，它们有两个不同的均值 $\bar{k}_1$ 和 $\bar{k}_2$，考虑它们的和 $k = k_1 + k_2$ 的概率密度函数. 由于两个随机变量是独立的，和的特征函数必定是它们单独的特征函数之积. 因此

$$\mathbf{M}_K(j\omega) = \mathbf{M}_{K_1}(j\omega)\mathbf{M}_{K_2}(j\omega) = \exp[(\bar{k}_1 + \bar{k}_2)(e^{j\omega}-1)]. \tag{2.10-5}$$

但是上式是均值为 $\bar{k}_1 + \bar{k}_2$ 的 Poisson 随机变量的特征函数. 我们得到结论：两个统计独立的 Poisson 随机变量之和永远是 Poisson 随机变量.

这就结束了我们关于 Poisson 随机变量基本性质的讨论.

习 题

2-1 证明对于任何随机变量 U，有

$$\overline{u^2} = (\bar{u})^2 + \sigma^2.$$

2-2 证明任何两个统计独立的随机变量的相关系数为零.

2-3 给定随机变量

$$U = \cos\Theta$$
$$V = \sin\Theta$$

并且

$$p_\Theta(\theta) = \begin{cases} 1/\pi & -\dfrac{\pi}{2} < \theta \leqslant \dfrac{\pi}{2} \\ 0 & \text{其他}. \end{cases}$$

证明相关系数 $\rho_{UV} = 0$.

2-4　证明特征函数的以下性质:

(a) 每个特征函数在原点之值为 1.

(b) 二阶特征函数 $\mathbf{M}_{UV}(\omega_U,0)$ 等于单独一个随机变量 U 的特征函数 $\mathbf{M}_U(\omega)$.

(c) 对于两个独立随机变量 U 和 V,
$$\mathbf{M}_{UV}(\omega_U,\omega_V) = \mathbf{M}_U(\omega_U)\mathbf{M}_V(\omega_V).$$

2-5　随机变量 U 的概率密度均布于 $(-A,A)$ 区间,且在其他位置其概率密度函数均为零.

(a) 求出用 U 的方差 σ_U^2 表示的 A.

(b) 求出作为方差 σ_U^2 函数的 U 的特征函数表达式.

2-6　证明:若矩 $\overline{u^n v^m}$ 存在,则它可以用下述公式从联合特征函数 $\mathbf{M}(\omega_U,\omega_V)$ 求出
$$\overline{u^n v^m} = \frac{1}{\mathrm{j}^{n+m}} \frac{\partial^{n+m}}{\partial \omega_U^n \partial \omega_V^m} \mathbf{M}_{UV}(\omega_U,\omega_V)\big|_{\omega_U=\omega_V=0}.$$

2-7　用已知的概率密度函数 $p_U(u)$ 表示随机变量 Z 的概率密度函数,当

(a) $z = au + b$,其中 a 和 b 是实常数.

(b) $z = \begin{cases} |u| & -1 < u \leqslant 1 \\ 1 & \text{其他}. \end{cases}$

2-8　用 (2.5-20) 式给出的方法求联合概率密度函数 $p_{wz}(w,z)$,若
$$\begin{aligned} w &= u^2 \\ z &= u + v \end{aligned} \tag{p. 2-1}$$

并且 $p_{UV}(u,v) = \mathrm{rect}\,u\,\mathrm{rect}\,v$,其中 rect x 函数的定义是它在 $|x| \leqslant 1/2$ 时等于 1,在其他 x 值时为零.

2-9　考虑两个独立的、分布完全相同的随机变量 Θ_1 和 Θ_2,它们每个都服从概率密度函数
$$p_\Theta(\theta) = \begin{cases} \dfrac{1}{2\pi} & -\pi < \theta \leqslant \pi \\ 0 & \text{其他}. \end{cases}$$

(a) 定义 $Z = \Theta_1 + \Theta_2$,求随机变量 Z 的概率密度函数.

（b）若 Z 代表一个相角，它只能被测量到对模量 2π 的余数．证明，尽管有（a）的结果，Z 在（$-\pi,\pi$）上均匀分布．

2-10 考虑两个独立的、分布完全相同的随机变量 X_1 和 X_2，它们的共同概率密度函数是 $p_X(x)$．证明这两个随机变量的差 $X_1 - X_2$ 的概率密度函数由 $p_X(x)$ 的自相关函数给出．

2-11 考虑 2.9 节的随机相矢量和，只作一处改变，即相位 ϕ_k 均匀分布在（$-\pi/2$，$\pi/2$）上，求下面这些量：$\bar r,\bar i,\sigma_r^2,\sigma_i^2$ 和 ρ．作一幅草图表示复平面内的等概率密度线．

2-12 令随机变量 U_1 和 U_2 是联合 Gauss 型变量，均值为零，方差相等，相关系数 $\rho \neq 0$．考虑由绕（u,v）平面内原点旋转的变换定义的一对新的随机变量 V_1 和 V_2，

$$\begin{bmatrix} v_1 \\ v_2 \end{bmatrix} = \begin{bmatrix} \cos\phi & \sin\phi \\ -\sin\phi & \cos\phi \end{bmatrix} \begin{bmatrix} u_1 \\ u_2 \end{bmatrix},$$

其中 ϕ 是转角．证明若选 ϕ 为 45°，则 V_1 和 V_2 是相互独立的随机变量．这时 V_1 和 V_2 的平均值和方差是多少？

2-13 考虑 n 个独立随机变量 $U_1,U_2,\cdots,U_n$，其中每一个都服从一个 Cauchy 密度函数

$$p_U(u) = \frac{1}{\pi\beta\left[1 + \left(\frac{u}{\beta}\right)^2\right]},$$

其中 β 是一个正实数．
（a）证明这个密度函数没有有限的二阶矩．
（b）证明随机变量

$$Y = \frac{1}{n}\sum_{i=1}^{n} U_i$$

对一切 n 服从 Cauchy 分布，因此不服从中心极限定理．

2-14 某一计算机中有一随机数发生器，它产生的随机数以均匀的相对频率（或概率密度）分布在区间（0,1）上．但是，设我们有一个试验想要模拟一个随机变量 Z，Z 的概率密度函数 $p_Z(z)$ 不是均匀的．
（a）若用 u 表示计算机产生的数值，

$$p_U(u) = \begin{cases} 1 & 0 < u \leq 1 \\ 0 & \text{其他}. \end{cases}$$

证明通过一个单调变换 $z = g(u)$ 能够得到想要的 $p_Z(z)$，并且若 $u = G(z)$ 代表 $g(\cdot)$ 的逆变换，则应选 G 满足积分

$$G(z) = \pm\int_{g(0)}^{z} p_Z(\xi)\mathrm{d}\xi = \pm\left[F_Z(z) - F_Z(g(0))\right],$$

其中 $F_Z(z)$ 是 Z 的概率分布函数.

(b) 证明为了产生一个概率密度为

$$p_Z(z) = \begin{cases} e^{-z} & 0 \leqslant z < \infty \\ 0 & \text{其他,} \end{cases}$$

的随机变量, 用下面两个变换中的任意一个都可以实现:

$$z = -\ln u$$
$$z = -\ln(1 - u).$$

第三章 随机过程

随机过程是随机变量概念的自然推广，它的基本不可预测事件或随机事件不是数而是函数（通常是时间与/或空间的函数）．因此，随机过程理论讨论的是对一些函数的数学描述，这些函数的结构不能事先详细预言．这样的函数在光学中起着很重要的作用．例如，任何真实光源发射的波的振幅，都在某种程度上以不可预测的方式随意变化．我们在本章将回顾这类随机现象理论的基础的基本概念，重点讨论时间函数，但是很容易推广到空间函数．

3.1 随机过程的定义和描述

随机过程的概念仍然是建立在随机实验的基础上，这个实验有一组可能事件 $\{A\}$ 和相联系的概率测度．为了定义一个随机变量，我们赋给每一基元事件 A 一个实数 $u(A)$．为了定义一个随机过程，我们对每一基元事件 A 赋一个实值函数 $u(A;t)$，它有自变量 t．一组可能的"样本函数" $u(A;t)$ 的集合，连同它们相联系的概率测度，就构成一个随机过程．

一般在记号中并不将随机过程对其下的事件集合 $\{A\}$ 的依赖关系明显表示出来，我们用符号 $U(t)$ 表示一个随机过程，而具体的样本函数则用小写字母 $u(t)$ 表示．但是应当记住，$U(t)$ 是由一切可能的 $u(t)$ 的完整系综连同它们的概率测度构成的．

在数学上描写一个随机过程有种种可能的方式．最普遍的方式是完备地罗列组成随机过程的全部样本函数，同时给定它们的概率．我们用下面的例子来阐明这种完备的描述方式．

设基本的随机实验由投两次硬币构成，这个硬币是"匀正"的，也就是说，它落地时正面朝上（H）和反面朝上（T）有同样的可能性．集合 $\{A\}$ 中的"基元事件"是 $A_1 = HH$，$A_2 = HT$，$A_3 = TH$，$A_4 = TT$．对每一基元事件，我们赋给一个样本函数，如下所示：

$$
\begin{aligned}
u(A_1;t) &= \exp(t) \\
u(A_2;t) &= \exp(2t) \\
u(A_3;t) &= \exp(3t) \\
u(A_4;t) &= \exp(4t).
\end{aligned}
\tag{3.1-1}
$$

在每种情况，都必须算出与对应的事件相联系的概率；对于上述情形，每个样本函数的概率是 1/4. 注意：如果几个不同事件产生同一个样本函数，那么必须找出产生这个样本函数的一切可能方式，而这些事件中的一个或多个事件发生的概率便是与该样本函数相联系的概率. 于是，我们费劲地罗列出系综中的全部样本函数及它们的概率之后，就得到了随机过程的一个完整描述.

这样一个完整描述是很难做到的，甚至也不是我们想要的. 在大多数实际应用中，只需要对随机过程的一个不完全的描述，以计算物理上有兴趣的各种量，可以有种种不完全的描述方法. 在有些应用中，把参量 t 看成是固定的并且给定随机变量 $U(t)$ 的一阶概率密度函数也许就够了，这个概率密度函数用 $p_U(u;t)$ 来表示. 从这种描述，我们可以计算任何 t 值下的 $\bar{u}$，$\overline{u^2}$ 和 U 的其他各阶矩.

更普遍地，还需要参量值 t_1 和 t_2 时 U 的二阶概率密度函数. 图 3.1 绘出波形系综和一对参量值 t_1 和 t_2. 二阶密度函数是随机变量 $U(t_1)$ 和 $U(t_2)$ 的联合密度函数. 这个密度函数一般依赖于 t_1 和 t_2，因而用 $p_U(u_1,u_2;t_1,t_2)$ 表示，其中 $u_1 = u(t_1)$ 和 $u_2 = u(t_2)$. 从这样的描述可以计算联合矩，比如

$$\overline{u_1 u_2} = \iint\limits_{-\infty}^{\infty} u_1 u_2 p_U(u_1,u_2;t_1,t_2)\,\mathrm{d}u_1\mathrm{d}u_2. \tag{3.1-2}$$

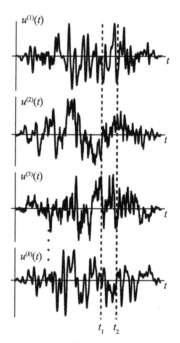

图 3.1　样本函数的系综

其中 t_1 和 t_2 是参量的值，联合密度函数 $p_U(u_1,u_2;t_1,t_2)$ 就在这样的参量值上给定

在某些情况下, 可能还需要更高阶的密度函数. 为了完备地描述随机过程 $U(t)$, 必须对一切 k 都能够定出 k 阶密度函数 $p_U(u_1, u_2, \cdots, u_k; t_1, t_2, \cdots, t_k)$. 这样的描述等价于前面讨论过的完备描述, 而且一般也同样地难以表述. 在实际中, 从来不需要完备的描述.

最后我们注意到, 随机过程是一个数学模型, 它只是在准确的样本函数 $u(t)$ 由测量确定出之前才对我们有用. 在测量之前, 随机过程代表了我们先验的知识状态. 在 $u(t)$ 已由测量决定之后, 就只对一个样本函数感兴趣了, 那就是被观察的那个样本函数.

3.2 平稳性和遍历性

在原则上可以构建无穷多种随机过程模型, 但是其中只有有限几种才在物理应用中很重要. 本节将定义和讨论几类特殊的随机过程. 本节的分类绝不是完备的和穷尽无遗的, 而只是为了确定以后我们要与之打交道的几种模型.

一个随机过程称为严格平稳到 k 阶, 如果其 k 阶概率密度函数 $p_U(u_1, u_2, \cdots, u_k; t_1, t_2, \cdots, t_k)$ 与时间原点的选择无关. 用数学语言表述就是, 我们要求对一切 T 有

$$p_U(u_1, u_2, \cdots, u_k; t_1, t_2, \cdots, t_k)$$
$$= p_U(u_1, u_2, \cdots, u_k; t_1 - T, t_2 - T, \cdots, t_k - T) \qquad (3.2\text{-}1)$$

对于一个平稳到 $k \geq 1$ 阶的过程, 一阶密度函数一定与时间无关, 因此可以写为 $p_U(u)$. 类似地, 若过程平稳到 $k \geq 2$ 阶, 那么二阶密度函数只依赖于时间差 $\tau = t_2 - t_1$, 可以写为 $p_U(u_1, u_2; \tau)$.

一个随机过程称为广义平稳的, 如果它满足以下两个条件:

(1) $E[u(t)]$ 与 t 无关;

(2) $E[u(t_1)u(t_2)]$ 只依赖于 $\tau = t_2 - t_1$.

每个严格平稳到 $k \geq 2$ 阶的过程也是广义平稳的, 但是一个广义平稳过程不一定严格平稳到 $k = 2$ 阶.

如果差值 $U(t_2) - U(t_1)$ 严格平稳到某一阶, 则称 $U(t)$ 具有平稳增量到这一阶[①]. 如果随机过程 $\Phi(t)$ 严格平稳到 k 阶, 则由 $\Phi(t)$ 的样本函数积分构建的新随机过程

$$U(t) = U(t_0) + \int_{t_0}^{t} \Phi(\xi) \,\mathrm{d}\xi \qquad (t > t_0), \qquad (3.2\text{-}2)$$

在所有各阶都是非平稳的, 但是具有平稳增量直到 $\Phi(t)$ 的平稳性所到的那一阶.

---

① 在原则上, 我们在这里应当区分严格平稳增量和广义平稳增量. 但是, 为了简单, 我们试图避免使用太多的区分限制, 而假设这就是每种情况下实际需要的那种平稳性.

这种随机过程在本书后面将要遇到的某些问题中起重要作用.

以后, 当我们提到一个随机过程而简单地称之为平稳过程, 不指明平稳性的类型和阶数时, 我们指的意思是, 假定我们的计算中必须用到的具体的统计量与时间原点的选择无关. 依赖于具体要做的究竟是什么计算, 这个术语在不同的场合可能意味着不同类型的平稳性. 在有发生混淆的可能时, 将精确说明所指的平稳性的准确类型.

限制最严而且在实际问题中使用最频繁的一类随机过程, 是遍历随机过程. 在这种情形下, 我们的注意力集中于对单个样本函数沿时间轴演化时的性质与在某一个或几个特定时刻观察到的样本函数的整个系综的性质进行比较. 我们感兴趣的问题是: 任何一个样本函数在某种意义上是否是整个系综的典型代表. 如果一个随机过程的每个样本函数沿时间轴 (即 "水平" 轴) 取值的联合相对频率与在任何一个或任何一组时刻观察到的横跨整个系综 (即 "竖直" 方向) 取值的联合相对频率相同 (发生概率为零的子集成员除外), 那么这个随机过程称为遍历过程.

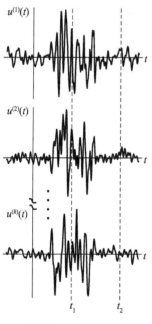

图 3.2　一个非平稳随机过程的样本函数

一个随机过程要对 k 阶统计是遍历过程, 它就必须严格平稳至少到 k 阶. 通过考虑下面的例子也许能更好地理解这个要求: 一个随机过程由于是非平稳的因而是非遍历的. 图 3.2 中示出这样一个过程的样本函数.

这些样本函数都是从一个零均值的 Gauss 系综中抽取的, 但是 Gauss 统计中的标准偏差在变: 从示出时间的前 1/3 段的 $\sigma = 1$, 变到第二个 1/3 时间段的 $\sigma = 5$, 再在最后 1/3 时间段变回 $\sigma = 1$. 因此在 t_1 时刻横跨系综的统计与 t_2 时刻的统计是不同的. 虽然所有的样本函数沿时间轴有相同的相对频率被观察到, 但是在 t_1 时刻和 t_2 时刻, 横跨随机过程观察到的相对频率是不同的. 因此, 这个过程不是遍历的, 由于它是非平稳的.

虽然一个过程必须首先是严格平稳的才能是遍历的, 但是并非一切严格平稳过程都必然是遍历过程. 我们用一个特例来说明这一点. 令 $U(t)$ 是随机过程

$$U(t) = A\cos(\omega t + \Phi) \tag{3.2-3}$$

其中 ω 是一已知常数, 而 A 和 Φ 是独立的随机变量, 其概率密度函数为

$$p_A(a) = \frac{1}{2}\delta(a-1) + \frac{1}{2}\delta(a-2)$$

$$p_\Phi(\phi) = \begin{cases} \dfrac{1}{2\pi} & -\pi < \phi \leqslant \pi \\ 0 & \text{其他}. \end{cases} \tag{3.2-4}$$

由于 Φ 在（$-\pi,\pi$）区间上均匀分布，这个随机过程是严格平稳的（其横跨系综的统计不随时间变化）．但是，如图 3.3 所示，单个样本函数不是整个随机过程的典型代表．相反，这里有两类样本函数，一类振幅为 1，另一类振幅为 2．每一类发生的概率为 1/2．显然，沿着振幅为 1 与振幅为 2 的样本函数观察到的相对频率是不同的．因此，不是所有的样本函数在时间中的相对频率都与横跨随机过程所观察到的相对频率相同．

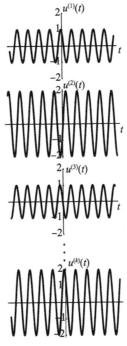

图 3.3　一个非遍历平稳过程

如果一个随机过程是遍历过程，那么沿一个样本函数计算的任何平均值（即时间平均）必定等于横跨系综计算的同一量的平均值（即系综平均或统计平均）．因此若 $g(u)$ 是待求平均的量，则它的时间平均

$$\langle g \rangle = \lim_{T\to\infty} \frac{1}{T} \int_{-T/2}^{T/2} g[u(t)]\mathrm{d}t \tag{3.2-5}$$

必定等于系综平均

$$\overline{g} = \int_{-\infty}^{\infty} g(u) p_U(u) \, \mathrm{d} u . \tag{3.2-6}$$

对于一个遍历随机过程，时间平均和系综平均是可以互换的.

还剩下一个重要问题. 我们怎样才能有条不紊地判断某一随机过程模型（我们相信这个模型准确代表所研究的随机现象）是或不是遍历过程呢？为了确立遍历性，必须考虑整个样本函数系综. 如果系综满足下面两个条件（文献［148］，p. 56）：

（1）系综是严格平稳的；

（2）系综中不包含出现概率异于 0 或 1 的严格平稳子系综.

那么可以说这个系综是遍历的. 应当注意，某些随机现象的精确模型要求是非遍历系综. 没有明显说的是这一事实：严格平稳性和遍历性都可以是同样的有限 k 阶.

各种类型随机过程的层次关系画在图 3.4 中，它表示从一切随机过程的宽广集合到狭窄得多的遍历随机过程的逐步过渡. 一圈套一圈代表每种情况下更宽的集合里的子集.

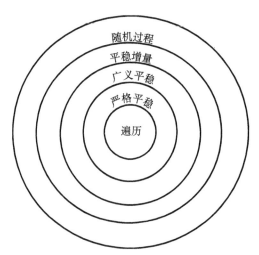

图 3.4　各种类型的随机过程的层次关系

在结束这个题目之前，应当注意到我们给出的遍历性的定义是非常严格的，常常可以用较弱的定义. 有两种不同类型的弱化，如下所述：

（1）随机过程仅对某些平均是遍历的，而不是对完整的概率密度函数. 例如，若 $\overline{x(t)x(t+\tau)} = \langle x(t)x(t+\tau) \rangle$，那么过程对于自相关函数是遍历的（见 3.4 节）. 这种遍历性不要求严格的平稳性.

（2）如果随机过程伸展在无穷的时间轴上，在有限时间区段上统计的变化并不会改变时域中的相对频率或对无穷时间求平均的值. 遍历性可以这样定义，

使得随着 $T \to \infty$ ，可以忽略重要性越来越小的有限时间区段. 在这样的定义下，随机过程不必先严格平稳才能是遍历过程.

在后面，我们将常常假定我们感兴趣的过程对于我们感兴趣的量是遍历过程，使用需要的随便哪一种遍历性.

3.3　随机过程的谱分析

令 $u(t)$ 是一个已知的时间函数. 我们可以区分两类不同的时间函数. 若 $u(t)$ 具有性质

$$\int_{-\infty}^{\infty} |u(t)| \mathrm{d}t < \infty , \tag{3.3-1}$$

则称 $u(t)$ 是可以作 Fourier 变换的，另一方面，$u(t)$ 可能不满足（3.3-1）式，但却满足

$$\lim_{T \to \infty} \frac{1}{T} \int_{-T/2}^{T/2} u^2(t) \mathrm{d}t < \infty , \tag{3.3-2}$$

这时我们说 $u(t)$ 具有有限的平均功率. 在这两种情况的每种情况下，实际中重要的是要能够确定能量（在满足（3.3-1）式时）或平均功率（在满足（3.3-2）式时）随频率的分布. 这样的描述分别叫做函数 $u(t)$ 的能谱密度（能谱）或功率谱密度（功率谱）.

类似地，若 $U(t)$ 是一个随机过程，其样本函数满足（3.3-1）式或（3.3-2）式，那么重要的是要能够描述能量或平均功率是如何随频率分布的——不只是对一个样本函数而是对整个随机过程. 由于事先并不知道哪一个具体的样本函数将在实验中发生，那么合乎逻辑的应该受到我们关心的量便是期望的能量或平均功率随频率的分布. 这些期望的或平均的分布分别叫做随机过程 $U(t)$ 的能谱密度和功率谱密度. 已知函数的谱密度与随机过程的谱密度之间的区别是很重要的，我们将在下节更详细地讨论.

3.3.1　已知函数的谱密度

若 $u(t)$ 是一个可作 Fourier 变换的函数，则

$$\mathcal{U}(\nu) = \int_{-\infty}^{\infty} u(t) \mathrm{e}^{\mathrm{j}2\pi\nu t} \mathrm{d}t \tag{3.3-3}$$

总是存在. 而且，根据 Parseval 定理（见（A-16）式），$|\mathcal{U}|^2$ 下的面积等于 $u(t)$ 中包含的总能量，即

$$\int_{-\infty}^{\infty} u^2(t) \mathrm{d}t = \int_{-\infty}^{\infty} |\mathcal{U}(\nu)|^2 \mathrm{d}\nu . \tag{3.3-4}$$

于是量

$$\mathcal{E}(\nu) = |\boldsymbol{\mathcal{U}}(\nu)|^2 \qquad (3.3\text{-}5)$$

的量纲为单位频率区段上的能量, 因此我们称它为 $u(t)$ 的能谱密度.

反之, 设 $u(t)$ 不能作 Fourier 变换, 但是有有限的平均功率. 这时一般说来积分 (3.3-3) 不存在. 但是, 被截断的函数

$$u_T(t) = \begin{cases} u(t) & -\dfrac{T}{2} \leqslant t < \dfrac{T}{2} \\[2mm] 0 & \text{其他} \end{cases} \qquad (3.3\text{-}6)$$

是有变换存在的, 这个变换我们用 $\boldsymbol{\mathcal{U}}_T(\nu)$ 表示. 而且, 量 $|\boldsymbol{\mathcal{U}}_T(\nu)|^2$ 代表截断的波形 $u_T(t)$ 的能量在频率上的分布. 因此归一化的能谱

$$\mathcal{G}_T(\nu) = \frac{|\boldsymbol{\mathcal{U}}_T(\nu)|^2}{T}$$

具有单位频率上功率的量纲, 这合乎逻辑地引导我们定义 $u(t)$ 的功率谱密度为

$$\mathcal{G}_U(\nu) \triangleq \lim_{T \to \infty} \frac{|\boldsymbol{\mathcal{U}}_T(\nu)|^2}{T}.$$

对于某些函数, 这个定义能够胜任工作. 例如, 读者也许会想要依靠上述极限过程, 证明函数

$$u(t) = 1 \qquad (\text{对于所有 } t)$$

的功率谱密度是

$$\mathcal{G}_U(\nu) = \delta(\nu).$$

因此, 虽然严格说来在这种情况下极限不存在, 但它在广义函数的意义下是存在的, 特别是在 δ 函数的意义下存在.

不过, 可惜的是, 还有许多函数, 对于它们, 上述极限甚至在广义函数的意义下也不存在. 而是随着 T 无限增大, $\mathcal{G}_T(\nu)$ 的值在每个 ν 上涨落不定. 当 $u(t)$ 是平稳过程的样本函数时, 情况往往如此.

此外, 注意上面的 $\mathcal{E}(\nu)$ 和 $\mathcal{G}_U(\nu)$ 的定义只适用于单个函数 $u(t)$, 但是一个随机过程却包括不同函数的整个系综. 显然, 随机过程需要一个不同的功率谱密度定义.

3.3.2　随机过程的谱密度

能谱密度和功率谱密度的定义存在一个简单而合乎逻辑的修正, 这种修正在处理随机过程时显得非常令人满意. 由于我们想要找到一个描述整个随机过程的谱分布, 用对整个随机过程系综的平均值来定义这些量是合乎逻辑的. 因此, 我们定义一个随机过程的能谱密度和功率谱密度分别为

$$\mathcal{E}_U(\nu) = E[|\boldsymbol{\mathcal{U}}(\nu)|^2] \qquad (3.3\text{-}7)$$

$$\mathcal{G}_U(\nu) = \lim_{T \to \infty} \frac{E[|\boldsymbol{\mathcal{U}}(\nu)|^2]}{T}, \qquad (3.3\text{-}8)$$

其中 $E[\cdot]$ 还是表示系综平均操作. 能谱密度主要对某几类非平稳随机过程有用, 这些过程的样本函数只有有限能量. 功率谱密度的极限定义在大多数感兴趣的平稳随机过程中存在.

从定义 (3.3-7) 式和 (3.3-8) 式直接推出谱密度函数的几条基本性质:

(i) $\mathcal{E}_U(\nu) \geq 0, \mathcal{G}_U(\nu) \geq 0$; 能谱密度和功率谱密度是非负实函数.

(ii) $\mathcal{E}_U(-\nu) = \mathcal{E}_U(\nu), \mathcal{G}_U(-\nu) = \mathcal{G}_U(\nu)$; 能谱密度和功率谱密度是 ν 的偶函数.

(iii) $\displaystyle\int_{-\infty}^{\infty} \mathcal{E}_U(\nu)\,\mathrm{d}\nu = \int_{-\infty}^{\infty} \overline{u^2(t)}\,\mathrm{d}t$

$$\int_{-\infty}^{\infty} \mathcal{G}_U(\nu)\,\mathrm{d}\nu = \begin{cases} \overline{u^2} & \text{对平稳的 } U(t) \\ \langle \overline{u^2(t)} \rangle & \text{对非平稳的 } U(t). \end{cases}$$

这些性质的证明很简单. 性质 (i) 由 (3.3-7) 式和 (3.3-8) 式右端恒为正直接得出. 性质 (ii) 来自 $\mathcal{U}(\nu)$ 和 $\mathcal{U}_T(\nu)$ 的厄密性 (即 $\mathcal{U}(-\nu) = \mathcal{U}^*(\nu)$ 和 $\mathcal{U}_T(-\nu) = \mathcal{U}_T^*(\nu)$ 对任何实数值函数 $u(t)$ 成立). 对于能谱密度, 性质 (iii) 来自 Parseval 定理和交换求平均与积分的次序. 对于功率谱密度, 性质 (iii) 可以证明如下. 注意

$$\int_{-\infty}^{\infty} \mathcal{G}_U(\nu)\,\mathrm{d}\nu = \int_{-\infty}^{\infty} \lim_{T\to\infty} \frac{E[\,|\mathcal{U}_T(\nu)|^2\,]}{T}\,\mathrm{d}\nu$$

$$= \lim_{T\to\infty} \frac{1}{T} E\left[\int_{-\infty}^{\infty} |\mathcal{U}_T(\nu)|^2\,\mathrm{d}\nu\right] = \lim_{T\to\infty} \frac{1}{T} E\left[\int_{-\infty}^{\infty} u_T^2(t)\,\mathrm{d}t\right],$$

上面最后一步用了 Parseval 定理. 接着往下做,

$$\lim_{T\to\infty} \frac{1}{T} E\left[\int_{-\infty}^{\infty} u_T^2(t)\,\mathrm{d}t\right] = \lim_{T\to\infty} \frac{1}{T} \int_{-T/2}^{T/2} E[\,u_T^2(t)\,]\,\mathrm{d}t$$

$$= \begin{cases} \overline{u^2} & U(t) \text{ 是平稳的} \\ \langle \overline{u^2(t)} \rangle & U(t) \text{ 是不平稳的}. \end{cases}$$

于是这些基本性质得到证明.

3.3.3 随机过程经线性滤波后的能谱密度和功率谱密度

设随机过程 $V(t)$ 的样本函数由随机过程 $U(t)$ 的全部样本函数通过一个已知的线性滤波器而得到. 这时 $V(t)$ 叫做经过线性滤波的随机过程. 在随机过程的样本函数可以进行 Fourier 变换的情况下, 我们想求滤波器输出端上的能谱密度 $\mathcal{E}_V(\nu)$ 和输入的能谱密度 $\mathcal{E}_U(\nu)$ 的关系. 若 $U(t)$ 的样本函数不能作 Fourier 变换, 但是具有有限的平均功率, 那么想要得到的是两个功率谱密度 $\mathcal{G}_V(\nu)$ 和 $\mathcal{G}_U(\nu)$ 之间的关系.

首先考虑可作 Fourier 变换的波形. 假设线性滤波器是时不变的, 这时单个

输出样本函数 $v(t)$ 与对应的输入样本函数 $u(t)$ 通过一个卷积方程相联系：

$$v(t) = \int_{-\infty}^{\infty} h(t-\xi)u(\xi)\mathrm{d}\xi, \tag{3.3-9}$$

式中 $h(t)$ 代表滤波器在 t 时刻对在 $t=0$ 时刻加到输入端上的单位脉冲的已知响应；$h(t)$ 叫做滤波器的脉冲响应. 在频域中，这个关系变成一个简单的相乘关系（见卷积定理（A-18）式）

$$\mathcal{V}(\nu) = \mathcal{H}(\nu)\mathcal{U}(\nu), \tag{3.3-10}$$

式中 $\mathcal{V}(\nu)$ 和 $\mathcal{U}(\nu)$ 分别是 $v(t)$ 和 $u(t)$ 的 Fourier 变换，而 $\mathcal{H}(\nu)$ 是 $h(t)$ 的 Fourier 变换，叫做线性时不变滤波器的传递函数. 应用定义（3.3-7）式，得 $\mathcal{E}_V(\nu)$ 为

$$\mathcal{E}_V(\nu) = E[|\mathcal{H}(\nu)\mathcal{U}(\nu)|^2] = |\mathcal{H}(\nu)|^2\mathcal{E}_U(\nu). \tag{3.3-11}$$

于是随机过程的能量的平均谱分布被一个简单的相乘因子 $|\mathcal{H}(\nu)|^2$ 所修正.

对于其样本函数具有有限平均功率的随机过程，功率谱密度 $\mathcal{G}_V(\nu)$ 和 $\mathcal{G}_U(\nu)$ 之间的关系必须通过更精巧的论据来求. 这时 Fourier 变换 $\mathcal{V}(\nu)$ 和 $\mathcal{U}(\nu)$ 一般不存在. 但是，被截断的波形 $v_T(t)$ 和 $u_T(t)$ 的变换 $\mathcal{V}_T(\nu)$ 和 $\mathcal{U}_T(\nu)$ 是存在的. 而且，虽然由于"末端效应"下面的关系式不是精确成立的，我们仍然可以写

$$v_T(t) \approx \int_{-\infty}^{\infty} h(t-\xi)u_T(\xi)\mathrm{d}\xi \tag{3.3-12}$$

随着 T 增大，上式中的近似会变得越来越好[①]. 在同样的近似下，我们有频域中的关系式

$$\mathcal{V}_T(\nu) \approx \mathcal{H}(\nu)\mathcal{U}_T(\nu).$$

$v(t)$ 的功率谱密度现在可以写成

$$\mathcal{G}_V(\nu) = \lim_{T\to\infty}\frac{E[|\mathcal{V}_T(\nu)|^2]}{T} = \lim_{T\to\infty}\frac{E[|\mathcal{H}(\nu)|^2|\mathcal{U}_T(\nu)|^2]}{T}$$

$$= |\mathcal{H}(\nu)|^2\lim_{T\to\infty}\frac{E[|\mathcal{U}_T(\nu)|^2]}{T},$$

或者等价地

$$\mathcal{G}_V(\nu) = |\mathcal{H}(\nu)|^2\mathcal{G}_U(\nu). \tag{3.3-13}$$

于是输出随机过程的功率谱密度就简单地是滤波器传递函数的模的平方乘输入随机过程的功率谱密度.

---

① 近似的发生是因为滤波器对一个受到截断的激励的响应其自身一般并不截断. 但是，随着 T 增大，最终这些终端效应的后果可以忽略.

3.4 自相关函数和 Wiener-Khinchin 定理

在第五章及其后讨论的相干性理论中，相关函数起着极重要的作用．为了替这些讨论做好准备，我们引入自相关函数的概念．

3.4.1 定义及性质

给出一个实数值的已知时间函数 $u(t)$，它可以是随机过程的一个样本函数，$u(t)$ 的时间自相关函数由下式定义：

$$\tilde{\Gamma}(\tau) \triangleq \langle u(t+\tau)u(t) \rangle$$
$$= \lim_{T \to \infty} \frac{1}{T} \int_{-T/2}^{T/2} u(t+\tau)u(t)\,\mathrm{d}t, \tag{3.4-1}$$

这里符号 $\langle \cdot \rangle$ 仍然表示一个无穷时间平均，符号 Γ 上面的波浪号表明这个量是用时间平均而不是用统计平均定义的．与之密切相关但属于整个随机过程的一个性质是统计自相关函数，它的定义是

$$\Gamma_U(t_2, t_1) \triangleq \overline{u(t_2)u(t_1)}$$
$$= \iint_{-\infty}^{\infty} u_2 u_1 p_U(u_1, u_2; t_2, t_1)\,\mathrm{d}u_1 \mathrm{d}u_2. \tag{3.4-2}$$

从物理观点来看，时间自相关函数度量的是 $u(t)$ 和 $u(t+\tau)$ 在结构上的相似程度（对一切时间求平均），而统计自相关函数度量的则是 $u(t_1)$ 和 $u(t_2)$ 在系综上的统计相似程度．

对于一个至少具有广义平稳性的随机过程，Γ_U 只是时间差 $\tau = t_2 - t_1$ 的函数．对于限制更严的遍历随机过程，一切样本函数的时间平均自相关函数彼此相等，并且也等于统计自相关函数．因此对于遍历过程有

$$\tilde{\Gamma}_U(\tau) = \Gamma_U(\tau) \quad （一切样本函数）. \tag{3.4-3}$$

因此对于这种过程，就没有必要区别两种自相关函数了．

直接由定义可以得到至少是广义平稳的随机过程的自相关函数的两条重要性质：

(i) $\Gamma_U(0) = \overline{u^2}$

(ii) $\Gamma_U(-\tau) = \Gamma_U(\tau)$.

第三条性质

(iii) $|\Gamma_U(-\tau)| \leqslant \Gamma_U(0)$,

可以用 Schwarz 不等式证明（参阅对 (2.4-16) 式的论证）．

3.4.2 与功率谱密度的关系

自相关函数最重要的性质也许是它同功率谱密度之间的非常特别的关系．在

下面的推导中，我们将证明，对于一个至少广义平稳的随机过程，自相关函数和功率谱密度构成一对 Fourier 变换对：

$$\mathcal{G}_U(\nu) = \int_{-\infty}^{\infty} \Gamma_U(\tau) \mathrm{e}^{\mathrm{j}2\nu\tau}\mathrm{d}\tau$$

$$\Gamma_U(\tau) = \int_{-\infty}^{\infty} \mathcal{G}_U(\nu) \mathrm{e}^{-\mathrm{j}2\pi\nu\tau}\mathrm{d}\nu. \tag{3.4-4}$$

这个非常特别的关系叫做 Wiener-Khinchin 定理.

为了证明上述关系，我们从功率谱密度的定义出发.

$$\mathcal{G}_U(\nu) = \lim_{T\to\infty} \frac{E|\mathcal{U}_T(\nu)\mathcal{U}_T^*(\nu)|}{T}. \tag{3.4-5}$$

由于 $u(t)$ 为实数值，有 $\mathcal{U}_T^*(\nu) = \mathcal{U}_T(-\nu)$ ，并进一步注意到[①]

$$\mathcal{U}_T(\nu) = \int_{-\infty}^{\infty} \mathrm{rect}\frac{\xi}{T} u(\xi)\exp(\mathrm{j}2\pi\nu\xi)\mathrm{d}\xi$$

$$\mathcal{U}_T(-\nu) = \int_{-\infty}^{\infty} \mathrm{rect}\frac{\eta}{T} u(\eta)\exp(-\mathrm{j}2\pi\nu\eta)\mathrm{d}\eta. \tag{3.4-6}$$

将 (3.4-6) 式代入 (3.4-5) 式，得到

$$\frac{E[|\mathcal{U}_T(\nu)|^2]}{T} = \frac{1}{T}\iint_{-\infty}^{\infty} \mathrm{rect}\frac{\xi}{T}\mathrm{rect}\frac{\eta}{T}E[u(\xi)u(\eta)]\exp[\mathrm{j}2\pi\nu(\xi-\eta)]\mathrm{d}\xi\mathrm{d}\eta.$$

积分号里的期望值是 $U(t)$ 的统计自相关函数. 为了普遍性，我们允许 $\Gamma_U(\xi,\eta)$ 既依赖于 ξ 也依赖于 η，暂不用我们关于平稳性的假设. 于是得到

$$\frac{E[|\mathcal{U}_T(\nu)|^2]}{T} = \frac{1}{T}\iint_{-\infty}^{\infty} \mathrm{rect}\frac{\xi}{T}\mathrm{rect}\frac{\eta}{T}\Gamma_U(\xi,\eta)\exp[\mathrm{j}2\pi\nu(\xi-\eta)]\mathrm{d}\xi\mathrm{d}\eta.$$

现在作一个简单的变数替换 $\xi\to t+\tau$ 和 $\eta\to t$，积分变成

$$\frac{E[|\mathcal{U}_T(\nu)|^2]}{T} = \frac{1}{T}\iint_{-\infty}^{\infty} \mathrm{rect}\frac{t+\tau}{T}\mathrm{rect}\frac{t}{T}\Gamma_U(t+\tau,t)\exp[\mathrm{j}2\pi\nu\tau]\mathrm{d}t\mathrm{d}\tau.$$

功率谱密度 $\mathcal{G}_U(\nu)$ 是这个量在 $T\to\infty$ 时的极限. 交换对 τ 积分与取极限运算的顺序，并且注意对任何固定的 τ 有

$$\lim_{T\to\infty}\frac{1}{T}\int_{-\infty}^{\infty} \mathrm{rect}\frac{t+\tau}{T}\mathrm{rect}\frac{t}{T}\Gamma_U(t+\tau,t)\mathrm{d}t = \langle\Gamma_U(t+\tau,t)\rangle,$$

我们得到

$$\mathcal{G}_U(\nu) = \int_{-\infty}^{\infty} \langle\Gamma_U(t+\tau,t)\rangle\mathrm{e}^{\mathrm{j}2\pi\nu\tau}\mathrm{d}\tau, \tag{3.4-7}$$

式中的尖括号按惯例代表一次对无穷时间求平均的运算.

(3.4-7) 式这个结果表明，一个随机过程，不论是平稳的还是非平稳的，其

---

① 在这里及在本书各处，函数 rect x 的定义都是当 $|x|\leqslant1/2$ 时其值为 1 而在其他地方为 0.

功率谱密度可由自相关函数经过适当平均后作 Fourier 变换而得到. 当随机过程至少广义平稳时, 我们有 $\Gamma_U(t+\tau,t) = \Gamma_U(\tau)$ 及

$$\mathcal{G}_U(\nu) = \int_{-\infty}^{\infty} \Gamma_U(\tau)\exp(\mathrm{j}2\pi\nu\tau)\mathrm{d}\tau, \qquad (3.4\text{-}8)$$

这就是我们要证明的关系式. 若这个变换存在, 至少是在 δ 函数的意义上存在, 那么从 Fourier 变换的基本性质就可以推出下面的逆关系:

$$\Gamma_U(\tau) = \int_{-\infty}^{\infty} \mathcal{G}_U(\nu)\exp(-\mathrm{j}2\pi\nu\tau)\mathrm{d}\nu \qquad (3.4\text{-}9)$$

自相关函数之所以重要有两个原因: 首先 (这一点特别和 Fourier 光谱学有关), 一个信号的自相关函数常常可以直接测量, 从而提供最终决定信号的功率谱密度的实验手段. 实验测得的自相关函数用计算机作 Fourier 变换, 以得到光功率随频率的分布.

其次, 自相关函数常常提供了一个解析手段, 用来计算一个只有统计描述的随机过程模型的功率谱密度. 计算 (3.4-2) 式的自相关函数, 常常比用(3.3-8)式直接计算功率谱密度容易得多. 一旦求出了自相关函数, 用 Fourier 变换容易得出功率谱密度.

3.4.3 一个计算例子

为了用一个简单例子说明, 考虑随机过程 $U(t)$, 它的一个典型的样本函数如图 3.5 所示. $u(t)$ 的值在 $+1$ 和 -1 之间跳变. 这样一个随机过程常常叫做一个 "随机电报波". 假定我们根据对随机过程下面的现象的物理直觉建立的统计模型是这样的: 它在 $|\tau|$ 秒时间间隔里发生的跳变次数 n 遵从 Poisson 统计

$$P(n;|\tau|) = \frac{(k|\tau|)^n}{n!}\mathrm{e}^{-k|\tau|}, \qquad (3.4\text{-}10)$$

其中 k 是平均跳变率 (每秒跳变次数). 自相关函数 $\Gamma_U(t_2,t_1)$ 由下式给出:

$$\begin{aligned}
\Gamma_U(t_2,t_1) = \overline{u(t_2)u(t_1)} &= 1 \cdot \mathrm{Prob}\{u(t_1) = u(t_2)\} \\
&\quad + (-1) \cdot \mathrm{Prob}\{u(t_1) \neq u(t_2)\}.
\end{aligned}$$

但是

$$\mathrm{Prob}\{u(t_2) = u(t_1)\} = \mathrm{Prob}\{|\tau|\text{内有偶数次跳变}\}$$

及

$$\mathrm{Prob}\{u(t_2) \neq u(t_1)\} = \mathrm{Prob}\{|\tau|\text{内有奇数次跳变}\}.$$

于是

$$\begin{aligned}
\Gamma_U(t_2,t_1) &= \sum_{m\text{为偶数}} \frac{(k|\tau|)^m}{m!}\mathrm{e}^{-k|\tau|} - \sum_{m\text{为奇数}} \frac{(k|\tau|)^m}{m!}\mathrm{e}^{-k|\tau|} \\
&= \mathrm{e}^{-k|\tau|}\sum_{m=0}^{\infty} \frac{(-k|\tau|)^m}{m!}.
\end{aligned} \qquad (3.4\text{-}11)$$

式中的级数就等于 $e^{-k|\tau|}$. 因此

$$\Gamma_U(t_2,t_1) = \Gamma_U(\tau) = \exp(-2k|\tau|). \qquad (3.4\text{-}12)$$

我们看到这个过程是广义平稳的, 由 $\Gamma(t)$ 的 Fourier 变换我们求出功率谱密度为

$$\mathcal{G}_U(\nu) = \frac{1/k}{1 + (\pi\nu/k)^2}. \qquad (3.4\text{-}13)$$

自相关函数和功率谱密度示于图 3.6 中. 直接从定义求功率谱密度, 需要的工作量比上面的计算工作量大得多.

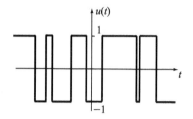

图 3.5　一个随机电报波的样本函数

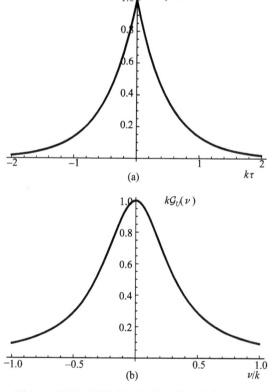

图 3.6　随机电报波的自相关函数和功率谱密度

3.4.4　自协方差函数和结构函数

为了以后用起来方便，我们还要定义另外一些和自相关函数有密切关系的量. 首先，定义自协方差函数

$$C_U(t_2, t_1) \triangleq \overline{[u(t_2) - \overline{u(t_2)}][u(t_1) - \overline{u(t_1)}]}. \tag{3.4-14}$$

于是

$$C_U(t_2, t_1) = \Gamma_U(t_2, t_1) - \overline{u(t_2)}\,\overline{u(t_1)}, \tag{3.4-15}$$

上式表明了自协方差函数和自相关函数之间的紧密联系.

另一个相当有用的量是随机过程 $U(t)$ 的结构函数 $D_U(t_2, t_1)$，其定义为

$$D_U(t_2, t_1) \triangleq \overline{[u(t_2) - u(t_1)]^2}. \tag{3.4-16}$$

结构函数和自相关函数由下式联系：

$$D_U(t_2, t_1) = \overline{u^2(t_2)} + \overline{u^2(t_1)} - 2\Gamma_U(t_2, t_1). \tag{3.4-17}$$

结构函数的优点是，甚至对某些非广义平稳的随机过程，它也只依赖于时间延迟 $\tau = t_2 - t_1$. 例如，容易证明，一个非平稳然而有平稳增量的随机过程，其结构函数只依赖于 τ. 当然，对于更强的几种平稳性，$D_U(t_2, t_1)$ 也只依赖于 τ. 若 $U(t)$ 是广义平衡过程，那么 $D_U(\tau)$ 和 $\Gamma_U(\tau)$ 通过下式联系：

$$D_U(\tau) = 2\Gamma_U(0) - 2\Gamma_U(\tau). \tag{3.4-18}$$

此外，$D_U(\tau)$ 可以用功率谱密度 $\mathcal{G}_U(\nu)$ 表示，

$$D_U(\tau) = 2\int_{-\infty}^{\infty} \mathcal{G}_U(\nu)[1 - \cos 2\pi\nu\tau]\mathrm{d}\nu. \tag{3.4-19}$$

注意 $D_U(\tau)$ 对 $\mathcal{G}_U(\nu)$ 在频率原点及其附近的行为是不灵敏的.

3.5　交叉相关函数和交叉谱密度

两个随机过程 $U(t)$ 和 $V(t)$ 的交叉相关函数是自相关函数概念的自然推广，其定义为

$$\Gamma_{UV}(t_2, t_1) \triangleq E[u(t_2)v(t_1)]. \tag{3.5-1}$$

除了上面的系综平均定义外，我们还可以定义时间平均交叉相关函数

$$\tilde{\Gamma}_{UV}(\tau) \triangleq \langle u(t+\tau)v(t) \rangle. \tag{3.5-2}$$

若 $\Gamma_{UV}(t_2, t_1)$ 只依赖于时间差 $t\tau = t_2 - t_1$，即

$$\Gamma_{UV}(t_2, t_1) = \Gamma_{UV}(\tau). \tag{3.5-3}$$

那么我们称随机过程 $U(t)$ 和 $V(t)$ 是联合广义平稳的. 对于这样的过程，交叉相关函数呈现以下性质：

(i) $\Gamma_{UV}(0) = \overline{uv}$

(ii) $\Gamma_{UV}(-\tau) = \Gamma_{VU}(\tau)$

（iii）$|\Gamma_{UV}(\tau)| \leqslant [\Gamma_U(0)\Gamma_V(0)]^{1/2}$.

前两个性质直接从 Γ_{UV} 的定义得到. 第三个性质的证明需要用到 Schwarz 不等式.

和交叉相关函数密切联系的是交叉谱密度函数，它们是复数值函数，定义为

$$\mathcal{G}_{UV}(\nu) \triangleq \lim_{T\to\infty} \frac{E[\mathcal{U}_T(\nu)\mathcal{V}_T^*(\nu)]}{T}$$
$$\mathcal{G}_{VU}(\nu) \triangleq \lim_{T\to\infty} \frac{E[\mathcal{V}_T(\nu)\mathcal{U}_T^*(\nu)]}{T}. \tag{3.5-4}$$

可以认为函数 $\mathcal{G}_{UV}(\nu)$ 和 $\mathcal{G}_{VU}(\nu)$ 依赖于随机过程 $U(t)$ 和 $V(t)$ 在每个频率 ν 上的统计相似性. 更具体地，量

$$\rho(\nu) = \frac{\mathcal{G}_{UV}(\nu)}{[\mathcal{G}_U(\nu)\mathcal{G}_V(\nu)]^{1/2}} \tag{3.5-5}$$

是归一化的复数值相关系数，它描述 U 和 V 之间在每个频率 ν 上的统计相似性. 当 $\rho(\nu) = 1$ 时，两个过程在频率 ν 上完全相关，而当 $\rho(\nu) = 0$ 时，两个过程在频率 ν 上完全不相关. 若 $\rho(\nu) = -1$，两个过程在频率 ν 上完全反相关.

对任何实值随机过程 $U(t)$ 和 $V(t)$，交叉谱密度有以下基本性质：

（i）$\mathcal{G}_{VU}(\nu) = \mathcal{G}_{UV}^*(\nu)$

（ii）$\mathcal{G}_{UV}(-\nu) = \mathcal{G}_{UV}^*(\nu)$

（iii）$\mathcal{G}_{UV}(\nu) \leqslant \sqrt{\mathcal{G}_U(\nu)\mathcal{G}_V(\nu)}$.

用一个与得出（3.4-8）式完全类似的论证，我们可以证明下面的重要事实：对于联合广义平稳随机过程，$\mathcal{G}_{UV}(\nu)$ 和 $\Gamma_{UV}(\tau)$ 是一对 Fourier 变换对偶，即

$$\mathcal{G}_{UV}(\nu) = \int_{-\infty}^{\infty} \Gamma_{UV}(\tau) e^{j2\pi\nu\tau}\mathrm{d}\tau$$
$$\Gamma_{UV}(\tau) = \int_{-\infty}^{\infty} \mathcal{G}_{UV}(\nu) e^{-j2\pi\nu\tau}\mathrm{d}\nu. \tag{3.5-6}$$

此外，用与 3.3.3 节相似的推导，我们可以发现线性滤波对交叉谱密度的影响. 参看图 3.7，令随机过程 $U(t)$ 通过一个线性时不变滤波器，其传递函数为 $\mathcal{H}_1(\nu)$，产生随机过程 $W(t)$，又令随机过程 $V(t)$ 通过一个传输函数为 $\mathcal{H}_2(\nu)$ 的线性时不变滤波器，产生随机过程 $Z(t)$. 直接推广 3.3.3 节中的论证，可以证明

$$\mathcal{G}_{WZ}(\nu) = \mathcal{H}_1(\nu)\mathcal{H}_2^*(\nu)\mathcal{G}_{UV}(\nu). \tag{3.5-7}$$

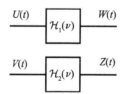

图 3.7　交叉谱密度在线性滤波下的变换

我们将看到，交叉相关函数和交叉谱密度函数在光学相干性理论中起着极其重要的作用，因为它们直接关系到光束生成条纹的能力. 目前，指出下面的一点就够了：我们考虑一个随机过程 $Z(t)$，其样本函数 $z(t)$ 是两个联合广义平稳随机过程 $U(t)$ 和 $V(t)$ 的样本函数 $u(t)$ 和 $v(t)$ 之和，即

$$z(t) = u(t) + v(t).$$

这时这些概念自然会出现. 对于这样一个过程，容易看出其功率密度为

$$
\begin{aligned}
\mathcal{G}_Z(\nu) &= \lim_{T \to \infty} \frac{E\left| \mathcal{Z}_T(\nu) \mathcal{Z}_T^*(\nu) \right|}{T} \\
&= \lim_{T \to \infty} \frac{E\left[(\mathcal{U}_T(\nu) + \mathcal{V}_T(\nu))(\mathcal{U}_T^*(\nu) + \mathcal{V}_T^*(\nu)) \right]}{T}.
\end{aligned}
\tag{3.5-8}
$$

在上式中将期望值的宗量展开，对得到的四项单独求平均，并允许取 $T \to \infty$ 的极限，我们得到

$$\mathcal{G}_Z(\nu) = \mathcal{G}_U(\nu) + \mathcal{G}_V(\nu) + \mathcal{G}_{UV}(\nu) + \mathcal{G}_{VU}(\nu). \tag{3.5-9}$$

$Z(t)$ 的自相关函数的对应的关系为

$$\Gamma_Z(\tau) = \Gamma_U(\tau) + \Gamma_V(\tau) + \Gamma_{UV}(\tau) + \Gamma_{VU}(\tau). \tag{3.5-10}$$

于是 $Z(t)$ 的自相关函数和功率谱密度不仅依赖于 $U(t)$ 和 $V(t)$ 对应的性质，而且还通过交叉相关函数和对应的交叉谱密度依赖于后两个过程之间的统计关系.

3.6 Gauss 型随机过程

正如 Gauss 型随机变量代表物理应用中最重要的一类随机变量，Gauss 型随机过程也在后面各章感兴趣的物理问题中起重要作用. 这种重要性的原因仍然是这一事实，那就是许多物理现象是由大量的独立贡献相加构成的，由于中心极限定理，这将导致 Gauss 统计. 下面简短地回顾 Gauss 型随机过程的最重要的性质.

3.6.1 定义

一个随机过程 $U(t)$ 称为 Gauss 型随机过程，如果对一切有限的时刻集合，随机变量 $U(t_1)$，$U(t_1)$，$\cdots$，$U(t_k)$，$\cdots$ 是联合 Gauss 型随机变量. 因此，对 n 个时刻 t_1，t_2，$\cdots$，t_n，这些变量的联合概率密度函数之形式为

$$p_U(\underline{u}) = \frac{1}{(2\pi)^{n/2} |\underline{C}|^{1/2}} \exp\left[-\frac{1}{2} (\underline{u} - \bar{u})^t \underline{C}^{-1} (\underline{u} - \bar{u}) \right], \tag{3.6-1}$$

其中

$$\underline{u} = \begin{bmatrix} u(t_1) \\ u(t_2) \\ \vdots \\ u(t_n) \end{bmatrix}, \qquad \overline{u} = \begin{bmatrix} \overline{u}(t_1) \\ \overline{u}(t_2) \\ \vdots \\ \overline{u}(t_n) \end{bmatrix}, \tag{3.6-2}$$

$\underline{C}$ 是协方差矩阵, 其 i 行 j 列的元素为

$$\sigma_{ij}^2 = E\big[(u(t_i) - \overline{u}(t_i))(u(t_j) - \overline{u}(t_j)) \big]. \tag{3.6-3}$$

对应于 (3.6-1) 式的密度函数的是 n 个联合 Gauss 型随机变量的联合特征函数

$$\mathbf{M}_U(\underline{\omega}) = \exp\Big[\mathrm{j}\underline{\omega}^{\mathrm{t}}\, \overline{u} - \frac{1}{2}\underline{\omega}^{\mathrm{t}}\, \underline{C}\, \underline{\omega} \Big], \tag{3.6-4}$$

其中

$$\underline{\omega} = \begin{bmatrix} \omega_1 \\ \omega_2 \\ \vdots \\ \omega_n \end{bmatrix}.$$

3.6.2　经过线性滤波后的 Gauss 型随机过程

Gauss 型随机过程有许多独特的性质, 使它处理起来特别简单. 性质之一是: Gauss 型随机过程经过线性滤波后也是 Gauss 型随机过程.

这一事实的严格证明超出了本书的范围 (例如, 见文献 [148], 8.1-2 节). 不过, 下面的论据使这个结果看起来有道理. 若 $V(t)$ 是经过线性滤波的随机过程, 那么它的每一个样本函数 $v(t)$ 可以通过一个叠加积分与输入样本函数 $u(t)$ 相联系, 即

$$v(t) = \int_{-\infty}^{\infty} h(t,\xi)u(\xi)\mathrm{d}\xi, \tag{3.6-5}$$

其中 $h(t,\xi)$ 是滤波器在 t 时刻对在 ξ 时刻作用的脉冲的响应. 积分式可以写为近似的和式的极限

$$v(t) = \lim_{\Delta\xi \to 0} \sum_{k=-\infty}^{\infty} h(t,\xi_k)u(\xi_k)\Delta\xi,$$

ξ_k 是宽度为 $\Delta\xi$ 的第 k 个子区间中的一点. 按照假设, $u(\xi_k)$ 之值在输入样本函数的系综上遵从 Gauss 型分布. 由于 $h(t,\xi_k)$ 只是一个已知实数, 和式中的每一项在系综上都遵从 Gauss 型统计. 最后, 任意多个 Gauss 型随机变量 (不论是独立的还是不独立的) 之和自身也是 Gauss 型变量. 因而, $v(t)$ 的一阶统计是 Gauss 型统计.

因此 Gauss 型随机过程具有某种持久性. 虽然 Gauss 过程通过线性滤波器后

可能会改变分布的参量（即均值、方差和协方差），但随机过程的 Gauss 特性保持不变.

3.6.3 广义平稳性和严格平稳性

Gauss 型随机过程另一个不寻常的性质是：一个 Gauss 型随机过程若是广义平稳的，则它也是严格平稳的. 证明很简单：（3.6-1）式的 n 阶概率密度函数只依赖于样本的均值和协方差. 若随机过程 $U(t)$ 是广义平稳过程，那么均值与时间无关，而协方差只依赖于涉及的各个时刻之间的时间差值. 由此直接得出，对一切 n，n 阶密度函数与时间原点无关，因而 $U(t)$ 是严格平稳的. 因此，在同 Gauss 型随机过程打交道时，我们常常不指明过程具有的平稳性的类型，因为两种最重要的平稳性是等价的.

3.6.4 四阶矩和高阶矩

在某些应用中，我们想知道一个零均值的实数 Gauss 型随机过程的四阶矩或高阶矩. 对于这种问题，我们可以直接利用（2.7-11）式表述的结果. 例如，要求一个平方律检波器输出端上的自相关函数，所谓平方律器件，就是它的输出和输入由下式联系：

$$v(t) = u^2(t), \tag{3.6-6}$$

假设 $U(t)$ 是广义平稳随机过程，便得到

$$\Gamma_V(\tau) = \overline{v(t)v(t+\tau)} = \overline{u^2(t)u^2(t+\tau)} \tag{3.6-7}$$
$$= \Gamma_U^2(0) + 2\Gamma_U^2(\tau).$$

更一般地，对于 $\overline{u(t_1)u(t_2)u(t_3)u(t_4)}$ 形式的矩，我们有

$$\overline{u(t_1)u(t_2)u(t_3)u(t_4)} = \Gamma_U(t_2,t_1)\Gamma_U(t_4,t_3)$$
$$+ \Gamma_U(t_3,t_1)\Gamma_U(t_4,t_2) + \Gamma_U(t_4,t_1)\Gamma_U(t_3,t_2). \tag{3.6-8}$$

3.7 Poisson 脉冲过程

在许多光学探测问题中，很重要的一类随机过程是由 Poisson 统计导出的. 本节我们介绍这种过程的一些基本性质，为后面各节使用作准备.

3.7.1 定义

考虑一个随机过程 $U(t)$，它的样本函数 $u(t)$ 由大量 Dirac δ 函数（或脉冲）构成，如图 3.8（a）所示.

这个随机过程叫做 Poisson 脉冲过程，或简称 Poisson 过程，它必须满足下面

两个条件：

（1）K 个脉冲落在时间间隔（$t_1 < t \leqslant t_2$）内的概率 $P(K; t_1, t_2)$ 由下式给出：

$$P(K; t_1, t_2) = \frac{\left(\int_{t_1}^{t_2} \lambda(t)\,dt\right)^K}{K!} \exp\left(-\int_{t_1}^{t_2} \lambda(t)\,dt\right),\qquad (3.7\text{-}1)$$

其中 $l(t) \geqslant 0$ 叫做这个过程的变率函数．

（2）落在任何两个不重叠的时间间隔内的脉冲数目是统计独立的．

一个变率函数 $l(t)$ 画在图 3.8（b）中，它对应于图 3.8（a）中所示的样本函数．由（3.7-1）式容易证明，对于给定的 $\lambda(t)$，时间间隔（$t_1 < t \leqslant t_2$）内脉冲（或"事件"）数目的均值和二阶矩由下式给出：

$$\overline{K} = \int_{t_1}^{t_2} \lambda(t)\,dt$$
$$\overline{K^2} = \overline{K} + (\overline{K})^2 . \qquad (3.7\text{-}2)$$

同（2.10-3）式一致，我们也有

$$\overline{K(K-1)\cdots(K-q+1)} = (\overline{K})^q . \qquad (3.7\text{-}3)$$

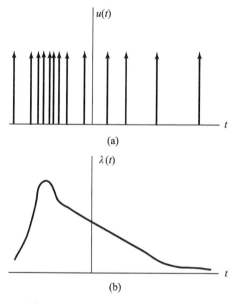

图 3.8　Poisson 脉冲过程的一个样本函数（a）和对应的变率函数（b）

可以区分两种重要情形．第一种情形，变率函数 $\lambda(t)$ 可以是一个已知（即确定的）函数，这时过程 $U(t)$ 的全部随机性来自给定的 $\lambda(t)$ 到 Poisson 过程的样本函数 $u(t)$ 的变换．第二种情形，变率函数 $\lambda(t)$ 自身可以是一个随机过程 $\Lambda(t)$ 的样本函数，这时称 $U(t)$ 是一个双重随机 Poisson 过程．在后一情形下，

$U(t)$ 的部分随机性可以归因于一个样本函数 $\lambda(t)$ 到一个样本函数 $u(t)$ 的变换，而部分随机性则来自 $\lambda(t)$ 自身的统计不确定性.

最后，让我们注意到，在理论的绝大部分实际应用中，随机过程 $U(t)$ 不是由理想的单位面积脉冲构成，而是由大量有限宽度的脉冲构成. 于是每个点脉冲 $\delta(t-t_k)$ 要换成一个有限宽度脉冲 $h_k(t-t_k)$. 在许多情形下脉冲的形状相同，因此 $h_k(t-t_k) \to h(t-t_k)$. 可以认为这样的过程是由一个 Poisson 脉冲过程通过一个脉冲响应为 $h(t)$ 的线性时不变滤波器产生的. 我们称这样的一个过程为经过滤波的 Poisson 脉冲过程. 图 3.9 示出对单个脉冲的响应和两个典型的样本函数，一个的 $\bar{K}=10$，一个的 $\bar{K}=50$. 可以看到，随着 $\bar{K}$ 增大，分立的脉冲事件变得越来越分辨不清了.

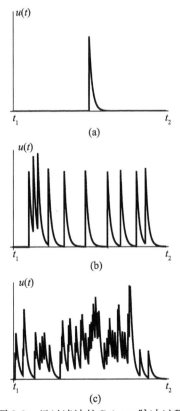

图 3.9　经过滤波的 Poisson 脉冲过程

（a）当时间区间 (t_1, t_2) 里只有单个脉冲时滤波器的响应；

（b）$\bar{K}=\int_{t_1}^{t_2}\lambda(t)\mathrm{d}t = 10$ 时的典型样本函数；（c）$\bar{K}=\int_{t_1}^{t_2}\lambda(t)\mathrm{d}t = 50$ 时的典型样本函数

对于有些现象（例如一个光电倍增管的输出），发射的脉冲的振幅和形状可以随时间变化，在这种情况下不能将输出看成一个经过一个时不变线性滤波器滤波的 Poisson 脉冲过程. 但是, 有可能将这样一个过程看成一个 Poisson 脉冲过程通过一个随机变化的时变滤波器滤波的结果, 这个滤波器的脉冲响应是 $h(t;\tau)$, τ 代表脉冲作用的时刻, t 是观察这个过程的时刻. 这个过程也可以叫做一个经过线性滤波的 Poisson 过程. 我们将在 3.7.6 节回顾这些过程.

为了对 Poisson 过程在实用中为什么如此重要有一个物理直观概念, 我们在下面两节讨论两组等效的导致 Poisson 统计的条件.

3.7.2　从基本假设推导 Poisson 统计

可以从好几组不同的假设得到上节所描述的统计模型 (见文献 [159], 7.2 节). 本节要讨论的一组假设也许是最基本的和物理上最有意义的. 在整个这一节和下一节中, 都假定变率函数 $\lambda(t)$ 是已知的. 随机的 $\lambda(t)$ 的情形将留到 3.7.5 节再讨论.

我们从以下三个基本假设出发:

(1) 对于充分小的 Δt, 在时间间隔 $(t, t + \Delta t)$ 内发生一个脉冲的概率等于 Δt 和一个非负实函数 $\lambda(t)$ 之积, 于是

$$P(1; t, t + \Delta t) = \lambda(t) \Delta t. \tag{3.7-4}$$

(2) 对于充分小的 Δt, 在 Δt 中发生多于一个脉冲的概率小到可以忽略 (即不发生 "多重" 事件), 从而

$$P(0; t, t + \Delta t) = 1 - \lambda(t) \Delta t. \tag{3.7-5}$$

(3) 不重叠的时间间隔中的脉冲数目统计独立.

有了这些假设, 我们现在可以问, 在时间间隔 $(t, t + \tau + \Delta\tau)$ 内发生 K 个脉冲的概率 $P(K; t, t + \tau + \Delta\tau)$ 是多大. 若 Δt 很小, 那么就只有两种方法在给定的时间间隔内得到 K 个脉冲. 具体地说就是, 我们可以在 $(t, t + \tau)$ 内有 K 个脉冲而在 $(t + \tau, t + \tau + \Delta\tau)$ 内没有脉冲, 或者在 $(t, t + \tau)$ 内有 $K - 1$ 个脉冲并在 $(t + \tau, t + \tau + \Delta\tau)$ 内有一个脉冲. 用上面三个假设, 我们写出

$$P(K; t, t + \tau + \Delta\tau) = P(K; t, t + \tau)[1 - \lambda(t + \tau)\Delta t] \\ + P(K - 1; t, t + \tau)[\lambda(t + \tau)\Delta\tau]. \tag{3.7-6}$$

重新集项并除以 $\Delta\tau$, 得到

$$\frac{P(K; t, t + \tau + \Delta\tau) - P(K; t, t + \tau)}{\Delta\tau} = \lambda(t + \tau)[P(K - 1; t, t + \tau) - P(K; t, t + \tau)].$$

令 $\Delta\tau$ 趋于零, 我们求得 $P(K; t, t + \tau)$ 必须满足下面的微分方程:

$$\frac{dP(K; t, t + \tau)}{d\tau} = \lambda(t + \tau)[P(K - 1; t, t + \tau) - P(K; t, t + \tau)]. \tag{3.7-7}$$

应用求解线性微分方程的标准方法, 加上边界条件 $P(0; t, t) = 1$, 我们得到唯一的解

$$P(K;t,t+\tau) = \frac{\left[\int_t^{t+\tau}\lambda(\xi)\,\mathrm{d}\xi\right]^K}{K!}\exp\left[-\int_t^{t+\tau}\lambda(\xi)\,\mathrm{d}\xi\right] \qquad (3.7\text{-}8)$$

上式与（3.7-1）式一致.

以后在同 Poisson 过程打交道时，我们将随意使用上面三个基本假设中的任意一个或全部，只要它们带来方便.

3.7.3　从随机事件时间推导 Poisson 统计

导致同一类 Poisson 过程的另一模型建立在关于脉冲或"事件"时间 t_k 的统计分布的一些假设上.

设有 N 个（N 是一个很大的数）事件时间的一个集合，我们将这 N 个事件随机地撒到无穷的时间间隔上. 在每一事件时间上安插一个脉冲，就能构建一个随机过程. 我们假定 N 个事件时间是按照以下的假设落到时间轴上的：N 个事件时间 $t_k(k=1,2,\cdots,N)$ 是①统计独立的及②具有相同的分布，其概率密度函数为 $p(t_k)$.

应用上面这两个性质，我们容易得到结论：在时间轴的任何子区间（t_1,t_2）内的事件数目 K 服从二项式分布

$$P(K;t_1,t_2) = \frac{N!}{K!(N-K)!}\left[\int_{t_1}^{t_2}p(\xi)\,\mathrm{d}\xi\right]^K\left[1-\int_{t_1}^{t_2}p(\xi)\,\mathrm{d}\xi\right]^{N-K}.$$

现在我们令 $N\to\infty$ 及 $p(t)\to 0$，受该约束则对每一 t 都有

$$Np(t) = \lambda(t) \qquad (3.7\text{-}9)$$

于是对任何固定的 N，在（t_1,t_2）内得到 K 个事件的概率变成

$$P(K;t_1,t_2) = \frac{N(N-1)\cdots(N-K+1)}{K!N^K}$$

$$\times\left[\int_{t_1}^{t_2}\lambda(\xi)\,\mathrm{d}\xi\right]^K\left[1-\frac{1}{N}\int_{t_1}^{t_2}\lambda(\xi)\,\mathrm{d}\xi\right]^{N-K}.$$

令 N 变大但保持 K 不变，

$$\left[1-\frac{1}{N}\int_{t_1}^{t_2}\lambda(\xi)\,\mathrm{d}\xi\right]^{N-K}\approx\left[1-\frac{1}{N}\int_{t_1}^{t_2}\lambda(\xi)\,\mathrm{d}\xi\right]^N\to\exp\left[-\int_{t_1}^{t_2}\lambda(\xi)\,\mathrm{d}\xi\right],$$

$$\frac{N(N-1)\cdots(N-K+1)}{N^K}\to 1.$$

于是

$$\lim_{N\to\infty}P(K;t_1,t_2) = \frac{\left[\int_{t_1}^{t_2}\lambda(\xi)\,\mathrm{d}\xi\right]^K}{K!}\exp\left[-\int_{t_1}^{t_2}\lambda(\xi)\,\mathrm{d}\xi\right],$$

这又是 Poisson 分布. 此外，由于事件时间 t_k 是统计独立的，并且事件的供应来

源无穷无尽 ($N \to \infty$)，在一个区间内发生的事件数目并不带有关于在另一个不连通的区间内发生的事件数目的信息. 因此，不重叠的区间内发生的事件数目是统计独立的.

于是，我们殊途同归，从两组不同的假设得到了相同的随机过程模型. 以后我们将随意使用最符合我们目的的那组假设.

3.7.4 Poisson 过程的能谱密度和功率谱密度

这一节我们要研究 Poisson 脉冲过程的能谱密度和功率谱密度. 由于这种过程是由理想的 δ 函数构成，而一个理想的 δ 函数包含无穷大的能量，似乎这时只有功率谱密度才是有意义的量. 但是下面我们将看到，当变率函数 $\lambda(t)$ 可以作 Fourier 变换时[①]，即当 $\int_{-\infty}^{\infty} \lambda(t) \mathrm{d}t < \infty$ 时，能谱密度仍是有效的. 反之，若变率函数不能作 Fourier 变换，但是具有有限的平均功率，即当 $\int_{-\infty}^{\infty} \lambda(t) \mathrm{d}t = \infty$ 但 $\lim_{T \to \infty} (1/T) \int_{-T/2}^{T/2} x^2(t) \mathrm{d}t < \infty$ 时，功率谱密度是最要紧的量. 我们仍然假设 $\lambda(t)$ 是一个完全确定的函数，对这一点的推广留到 3.7.5 节再讨论.

能谱密度，确定的变率函数 令 $\lambda(t)$ 是一个确定的可以作 Fourier 变换的函数. 对应的 Poisson 脉冲过程的一个样本函数可以表示为

$$u(t) = \sum_{k=1}^{K} \delta(t - t_k), \qquad (3.7\text{-}10)$$

它依赖于 $K+1$ 个随机变量 t_1, t_2, $\cdots$, t_K 和 K. 这个样本函数的 Fourier 变换为

$$\mathcal{U}(\nu) = \sum_{k=1}^{K} \exp(\mathrm{j}2\pi\nu t_k). \qquad (3.7\text{-}11)$$

这一个样本函数对应的能量谱为

$$|\mathcal{U}(\nu)|^2 = \sum_{k=1}^{K} \sum_{q=1}^{K} \exp[\mathrm{j}2\pi\nu(t_k - t_q)].$$

随机过程 $U(t)$ 的能谱密度是它的样本函数的能谱密度的系综平均，

$$\mathcal{E}_U(\nu) = E[|\mathcal{U}(\nu)|^2] = E\left[\sum_{k=1}^{K} \sum_{q=1}^{K} \exp[\mathrm{j}2\pi\nu(t_k - t_q)]\right]. \qquad (3.7\text{-}12)$$

对 t_1, t_2, $\cdots$, t_K 和 K 求数学期望可以分两步进行. 首先假定 K 是给定的，对各个 t_k 求平均；然后再对 K 求平均. 这一求平均手续的根据是注意到

$$p(t_1, t_2, \cdots, t_K, K) = p(t_1, t_2, \cdots, t_K \mid K) P(K).$$

于是我们将 (3.7-12) 式改写为

---

① 注意 $\lambda(t)$ 是非负的.

$$\mathcal{E}_U(\nu) = E_K\left[\sum_{k=1}^{K}\sum_{q=1}^{K}E_{t\mid K}\left[\exp\left[j2\pi\nu(t_k-t_q)\right]\right]\right], \tag{3.7-13}$$

其中 E_K 表示对 K 的平均值，而 $E_{t\mid K}$ 代表在给定 K 值下对各个 t_k 的平均值.

我们还记得，各个时刻 t_k 是具有相同分布的独立随机变量. 而且，由 $p(t)$ 与 $\lambda(t)$ 之间的正比关系（3.7-9），必定有

$$p(t_k) = \frac{\lambda(t_k)}{\displaystyle\int_{-\infty}^{\infty}\lambda(t)\,dt}, \tag{3.7-14}$$

式中选择归一化为保证单位面积. 为了进行对 t_k 求平均的运算，最好是把求平均的项分成不同的两组来考虑. 一组是 K 个 $k=q$ 的项，每项的贡献为 1. 此外还有 K^2-K 个 $k\neq q$ 的项. 用（3.7-14）式及 t_k 与 t_q 的独立性，我们有

$$E_{t\mid K}\left[\exp\left[j2\pi\nu(t_k-t_q)\right]\right] = \frac{\displaystyle\int_{-\infty}^{\infty}\lambda(t_k)e^{j2\pi\nu t_k}\,dt_k}{\displaystyle\int_{-\infty}^{\infty}\lambda(t)\,dt}\times\frac{\displaystyle\int_{-\infty}^{\infty}\lambda(t_q)e^{-j2\pi\nu t_q}\,dt_q}{\displaystyle\int_{-\infty}^{\infty}\lambda(t)\,dt}$$

$$= \frac{|\mathcal{L}(\nu)|^2}{(\overline{K})^2} = \frac{\mathcal{E}_\lambda(\nu)}{(\overline{K})^2} \quad (k\neq q), \tag{3.7-15}$$

其中 $\mathcal{L}(\nu)$ 是 $\lambda(t)$ 的 Fourier 变换，$E_\lambda(\nu)$ 是确定的函数 $\lambda(t)$ 的能谱密度，并且用了以下事实（见（3.7-2）式）：

$$\int_{-\infty}^{\infty}\lambda(t)\,dt = \overline{K}. \tag{3.7-16}$$

最后再对 K 求平均，我们得到

$$\mathcal{E}_U(\nu) = \overline{K} + \frac{\overline{K^2}-\overline{K}}{(\overline{K})^2}\mathcal{E}_\lambda(\nu). \tag{3.7-17}$$

但是对于 Poisson 分布的变量 K，$\overline{K^2} = (\overline{K})^2 + \overline{K}$，因此

$$\mathcal{E}_U(\nu) = \overline{K} + \mathcal{E}_\lambda(\nu). \tag{3.7-18}$$

若我们对能谱 $\mathcal{E}_\lambda(\nu)$ 这样归一化，使它在原点上之值为 1，则可以得到一个方便一些的形式. 定义归一化谱为[①]

$$\hat{\mathcal{E}}_\lambda(\nu) = \frac{\mathcal{E}_\lambda(\nu)}{\mathcal{E}_\lambda(0)} \tag{3.7-19}$$

并且注意到 $\mathcal{E}_\lambda(0) = (\overline{K})^2$，我们得到

$$\mathcal{E}_U(\nu) = \overline{K} + (\overline{K})^2\hat{\mathcal{E}}_\lambda(\nu). \tag{3.7-20}$$

于是 Poisson 脉冲过程的能谱密度由一常数 $\overline{K}$ 加上 $(\overline{K})^2$ 乘上变率函数的归一化能

---

① 注意由关系式（3.7-14），归一化的能谱是 $p(t_k)$ 的特征函数的模的平方. 由于 $\lambda(t)$ 的非负性，$\hat{\mathcal{E}}_\lambda(n)$ 在原点达到其极大值 1.

谱构成. 常数项 $\overline{K}$ 常常叫做散粒噪声. 随着 $\overline{K}$ 变大, 常数项的意义下降. 注意因为有常数项 $\overline{K}$, 随机过程 $U(t)$ 的总能量为无穷大, 即使 $\lambda(t)$ 的能量为有限大小.

功率谱密度, 确定的变率函数　当已知的变率函数不能作 Fourier 变换但是具有有限的平均功率时, 必须对上面的论证作一些更改. 首先, 我们把随机过程 $U(t)$ 和变率函数 $\lambda(t)$ 加以截断, 使它们在区间 $(-T/2, T/2)$ 之外恒等于零. 截断的随机过程用 $U_T(t)$ 表示, 它的每个样本函数 $u_T(t)$ 是可以作 Fourier 变换的. 截断的样本函数的 Fourier 变换式用 $\mathcal{U}_T(\nu)$ 表示, 截断的变率函数的 Fourier 变换式用 $\mathcal{L}_T(\nu)$ 表示. 然后我们用下面的期望值的极限来求 $U(t)$ 的功率谱:

$$\mathcal{G}_U(\nu) = \lim_{T\to\infty} \frac{1}{T} E\left[|\mathcal{U}_T(\nu)|^2 \right],$$

用下式求确定函数 $\lambda(t)$ 的功率谱:

$$\mathcal{G}_\lambda(\nu) = \lim_{T\to\infty} \frac{1}{T} |\mathcal{L}_T(\nu)|^2,$$

假定后一极限 (不含期望值, 因为 $\lambda(t)$ 是确定的) 至少在 δ 函数的意义上存在. 于是整个分析就是前面当变率函数的能量有限时所用的论据的直接推广, 这里不重复. 结果是

$$\mathcal{G}_U(\nu) = \langle \lambda \rangle + \mathcal{G}_\lambda(\nu) \tag{3.7-21}$$

其中 $\langle \lambda \rangle$ 是 $\lambda(t)$ 的时间平均, 即

$$\langle \lambda \rangle = \lim_{T\to\infty} \frac{1}{T} \int_{-T/2}^{T/2} \lambda(t)\,\mathrm{d}t. \tag{3.7-22}$$

3.7.5　双重随机 Poisson 过程

设 $\lambda(t)$ 不是一个已知函数, 而是一个广义平稳的随机过程 $\Lambda(t)$ 的一个样本函数. 这时, 可以把前面计算的随机过程 $U(t)$ 的各阶矩看成条件矩, 以一个具体的实现 $\lambda(t)$ 为条件. Poisson 过程的各种矩, 可以简单地通过在随机过程 $\Lambda(t)$ 上对早先的结果 (3.7-2) 求统计平均算出.

考虑事件数目 K 的一阶矩. 前面在 (3.7-2) 式中说过, 对于已知的 $\lambda(t)$, 区间 (t_1, t_2) 内的平均事件数为

$$E_{K/\lambda}(K) = \int_{t_1}^{t_2} \lambda(t)\,\mathrm{d}t.$$

我们现在必须在 $\Lambda(t)$ 上求统计平均以得到无条件的均值, 这得出

$$\overline{K} = \int_{t_1}^{t_2} \overline{\lambda(t)}\,\mathrm{d}t = \overline{\lambda}\tau, \tag{3.7-23}$$

上面的最后一步用了 $\Lambda(t)$ 的平稳性, 并且 $\tau = t_2 - t_1$.

要求 K 的二阶矩, 我们再次从 K 对一个已知的 $\lambda(t)$ 的条件统计出发,

$$
\begin{aligned}
E_{K|\lambda}[K^2] &= E_{K|\lambda}[K] + (E_{K|\lambda}(K))^2 \\
&= \int_{t_1}^{t_2} \lambda(t)\,\mathrm{d}t + \left(\int_{t_1}^{t_2} \lambda(t)\,\mathrm{d}t \right)^2 \qquad (3.7\text{-}24) \\
&= \int_{t_1}^{t_2} \lambda(t)\,\mathrm{d}t + \iint_{t_1}^{t_2} \lambda(\xi)\lambda(\eta)\,\mathrm{d}\xi\mathrm{d}\eta .
\end{aligned}
$$

在 $\Lambda(t)$ 上求统计平均, 得到

$$
\overline{K^2} = \bar{\lambda}\tau + \iint_{t_1}^{t_2} \Gamma_\Lambda(\xi - \eta)\,\mathrm{d}\xi\mathrm{d}\eta, \qquad (3.7\text{-}25)
$$

其中 Γ_Λ 是 $\Lambda(t)$ 的自相关函数.

类似 (3.7-25) 式的相关函数的积分在本书中经常出现, 因此我们花一点时间来简化它的形式. 由于相关函数的自变量只依赖于 ξ 与 η 之差, 不失普遍性, 我们可以取积分限为 $(0,\tau)$. 下一步, 我们将积分变量从 (ξ,η) 变为 $(\alpha = \xi - \eta, \beta = \eta)$. 图 3.10 示出新变量 (α,β) 的积分区域. 由于积分 Γ_Λ 是其自变量的偶函数, 对称性表明, 我们可以只在图中涂有阴影的面积上积分, 然后将结果加倍即可. 于是

$$
\begin{aligned}
\iint_{t_1}^{t_2} \Gamma_\Lambda(\xi - \eta)\,\mathrm{d}\xi\mathrm{d}\eta &= 2\int_0^\tau \left[\Gamma_\Lambda(\alpha) \int_0^{\tau-\alpha} \mathrm{d}\beta \right]\mathrm{d}\alpha \\
&= 2\int_0^\tau (\tau - \alpha)\Gamma_\Lambda(\alpha)\,\mathrm{d}\alpha \qquad (3.7\text{-}26) \\
&= 2\tau\int_0^\tau \left(1 - \frac{\alpha}{\tau}\right)\Gamma_\Lambda(\alpha)\,\mathrm{d}\alpha .
\end{aligned}
$$

这个结果我们将在这里和后面几处地方用到.

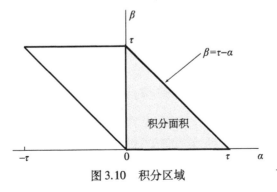

图 3.10 积分区域

注意 $\Gamma_\Lambda(\alpha) = (\bar{\lambda})^2 + C_\Lambda(\alpha)$, 其中 $C_\Lambda(\alpha)$ 是 $\Lambda(t)$ 的自协方差函数, 于是展开 (3.7-25) 式后得

$$\overline{K^2} = \overline{K} + (\overline{K})^2 + 2\tau \int_0^{\tau} \left(1 - \frac{\alpha}{\tau}\right) C_{\Lambda}(\alpha) \, d\alpha .\qquad (3.7\text{-}27)$$

若现在减去均值的平方，我们便得到 K 的方差

$$\sigma_K^2 = \overline{K} + 2\tau \int_0^{\tau} \left(1 - \frac{\alpha}{\tau}\right) C_{\Lambda}(\alpha) \, d\alpha ,\qquad (3.7\text{-}28)$$

它大于具有确定的变率函数 $\lambda(t)$ 的 Poisson 脉冲过程的方差 $\sigma_K^2 = \overline{K}$. 方差更大是由于随机过程 $\Lambda(t)$ 的统计涨落而生. 我们到第九章再来进一步讨论这种"额外噪声"现象.

最后，我们考虑当 $\lambda(t)$ 是一个随机过程的样本函数时 Poisson 脉冲过程的能谱密度和功率谱密度①. 根据定义，随机过程 $U(t)$ 的能谱密度和功率谱密度为

$$\mathcal{E}_U(\nu) = \lim_{T \to \infty} E\big[\,|\mathcal{U}_T(\nu)|^2\,\big]$$

$$\mathcal{G}_U(\nu) = \lim_{T \to \infty} \frac{E\big[\,|\mathcal{U}_T(\nu)|^2\,\big]}{T}\qquad (3.7\text{-}29)$$

其中 $\mathcal{U}_T(\nu)$ 仍是一个被截断的样本函数的 Fourier 变换，这个函数在区间（$-T/2 \leqslant t < T/2$）之外被切断为零. 对于确定的变率函数的情形，已经用了对事件时间求和来计算期望值. 最后的期望值是对截断的变率函数 $\lambda_T(t)$ 统计求和，得出

$$\mathcal{E}_U(\nu) = \lim_{T \to \infty} \big\{ \overline{K_T} + E\big[\,|\mathcal{L}_T(\nu)|^2\,\big] \big\}$$

$$\mathcal{G}_U(\nu) = \lim_{T \to \infty} \left\{ \frac{\overline{K_T}}{T} + \frac{E\big[\,|\mathcal{L}_T(\nu)|^2\,\big]}{T} \right\}.$$

最后，允许 T 变得任意大，得到

$$\mathcal{E}_U(\nu) = \overline{K} + \mathcal{E}_{\Lambda}(\nu)$$

$$\mathcal{G}_U(\nu) = \overline{\lambda} + \mathcal{G}_{\Lambda}(\nu),\qquad (3.7\text{-}30)$$

其中 $\overline{\lambda} \triangleq \langle E[\lambda(t)] \rangle$ ，时间平均只是对具有一个随时间变化的期望变化率的非平稳变率函数才是必需的. 于是在随机的变率函数的情形，两种谱密度都由一个常量加上对应的变率函数的谱密度构成.

3.7.6　经过线性滤波的 Poisson 脉冲过程

最后我们考虑一个经过线性滤波的 Poisson 脉冲过程，特别是这种过程的能谱密度或功率谱密度. 我们先假定这个过程是由同样形状和面积的脉冲组成，于是任何受到截断的样本函数的形式为

---

① 只有当随机过程的样本函数具有的有限能量意味着非平稳性时，随机过程的能谱密度才是一个有用的概念. 对于一切平稳过程，要紧的是功率谱密度概念.

$$u_T(t) = \text{rect}\frac{t}{T} \cdot \sum_{k=1}^{K} h(t - t_k). \tag{3.7-31}$$

我们在 3.7.1 节讨论过, 并且如图 3.9 所示, 可以把这样的过程看成一个 Poisson 脉冲过程通过一个线性时不变滤波器所引起. 若 $\mathcal{H}(\nu)$ 代表所需的滤波器的传递函数, 即

$$\mathcal{H}(\nu) = \int_{-\infty}^{\infty} h(t) e^{j2\pi\nu t} dt. \tag{3.7-32}$$

于是 (3.3-11) 式和 (3.3-13) 式允许我们将经过线性滤波的 Poisson 过程的谱密度表示为 $|\mathcal{H}(\nu)|^2$ 与原来的 Poisson 脉冲过程的谱密度之积. 结果能谱密度是

$$\mathcal{E}_U(\nu) = \overline{K}|\mathcal{H}(\nu)|^2 + |\mathcal{H}(\nu)|^2 \mathcal{E}_\Lambda(\nu) \tag{3.7-33}$$

功率谱密度是

$$\mathcal{G}_U(\nu) = \overline{\lambda}|\mathcal{H}(\nu)|^2 + |\mathcal{H}(\nu)|^2 \mathcal{G}_\Lambda(\nu) \tag{3.7-34}$$

如果组成 $U(t)$ 的脉冲的形状和/或面积是随机的, 那么就必须作修正. 我们就能谱密度的情形来说明这一点. 这时我们有典型的形状如下的样本函数:

$$u(t) = \sum_{k=1}^{K} h_k(t; t_k) \tag{3.7-35}$$

及

$$|\mathcal{U}(\nu)|^2 = \sum_{k=1}^{K} \sum_{q=1}^{K} \mathcal{H}_k(\nu; t_k) \mathcal{H}_q^*(\nu; tq) \exp[j2\pi\nu(t_k - t_q)] \tag{3.7-36}$$

其中 $\mathcal{H}_k(\nu; t_k)$ 是第 k 个脉冲的 Fourier 变换

$$\mathcal{H}_k(\nu; t_k) = \int_{-\infty}^{\infty} h(t; t_k) e^{j2\pi\nu(t-t_k)} d(t - t_k). \tag{3.7-37}$$

现在必须对 (3.7-36) 式求期望值, 对 t_1, t_2, $\cdots$, t_k, K 和 $\mathcal{H}_k$ $(\nu; t_k)$ 求统计平均, 假设后者的统计性质与 k 无关.

分开考虑 K 个 $k = q$ 的项和 $K^2 - K$ 个 $k \neq q$ 的项同样有好处. 对于前面那 K 项, 早先求出的对能谱的贡献 $\overline{K}$ 必须乘以 $\overline{|\mathcal{H}_k(\nu; t_k)|^2}$, 我们假定它是与 k 无关的, 可以表示为 $\overline{|\mathcal{H}(\nu)|^2}$. 对于 $k \neq q$ 的 $K^2 - K$ 项, 我们必须乘以 $\overline{\mathcal{H}_k(\nu; t_k)\mathcal{H}_q^*(\nu; t_q)}$. 如果不同脉冲的统计是独立的, 这个乘数简化为 $[\overline{\mathcal{H}(\nu)}]^2$. 我们得到的结论是, 这时的能谱密度和功率谱密度为

$$\mathcal{E}_U(\nu) = \overline{K}\,\overline{|\mathcal{H}(\nu)|^2} + [\overline{\mathcal{H}(\nu)}]^2 \mathcal{E}_\Lambda(\nu) \tag{3.7-38}$$

及

$$\mathcal{G}_U(\nu) = \overline{\lambda}\,\overline{|\mathcal{H}(\nu)|^2} + [\overline{\mathcal{H}(\nu)}]^2 \mathcal{G}_\Lambda(\nu). \tag{3.7-39}$$

结束本节时, 我们注意到, 这些结果中隐含了下述假设: $\mathcal{H}(\nu; t_k)$ 的统计与 $\Lambda(t)$ 的统计相互独立.

3.8　从解析信号导出的随机过程

在物理学和工程中，用一个相联系的复数值信号来表示一个实值信号，是一个通用的实际方法．这样选择复数表示，使它的实部就是原来的实值信号；于是，若对复值信号只进行线性运算，那么取对复信号响应的实部就可以求得对实信号的响应．

我们之所以更喜欢用一个复数表示而不用实值信号本身，可以追溯到线性时不变系统的一个基本性质．具体地说，这种系统的本征函数是形式为 $\exp(-j2\pi\nu t)$ 的复指数函数．因此，若我们用一个算符 $\mathcal{L}\{\ \}$ 代表线性时不变系统，那么可以证明

$$\mathcal{L}\{\exp(-j2\pi\nu t)\} = \mathcal{H}(\nu)\exp(-j2\pi\nu t),$$

其中 $\mathcal{H}(\nu)$ 是系统的传递函数在频率 ν 上的值（这一性质的证明见文献［24］第9章）．要让一个实值信号通过这个系统，需要对正频的和负频的复指数函数都作运算，因而需要大量的代数运算．

在对采用复信号表示的动机作以上说明之后，我们现在更详细地考察复信号表示的数学细节．

3.8.1　单色信号的复信号表示

考虑一个单色（即单一频率）的实值信号 $u^{(r)}(t)$，它由下式描述：

$$u^{(r)}(t) = A\cos(2\pi\nu_0 t - \phi), \tag{3.8-1}$$

式中 A，ν_0 和 ϕ 分别代表恒定的振幅、频率和相位．这个信号的复数表示为

$$\mathbf{u}(t) = A\exp[-j(2\pi\nu_0 t - \phi)], \tag{3.8-2}$$

它的实部等于原来的实值信号 $u^{(r)}(t)$．同这个复数表示有关联的是 $\mathbf{u}(t)$ 的相矢量振幅，由下面的复常量定义：

$$\mathbf{A} \triangleq A\exp(+j\phi) \tag{3.8-3}$$

它代表该单色信号的振幅和相位．注意复数表示 $\mathbf{u}(t)$ 的虚部不是任意选定的，而是和原来的实值信号有密切的关系．

为了得出具体的复数表示（3.8-2）式，究竟牵涉哪些运算？这个问题用频域推理最好回答．将实值函数展开为两个复指数分量，

$$u^{(r)}(t) = \frac{A}{2}e^{-j\phi}e^{j2\pi\nu_0 t} + \frac{A}{2}e^{j\phi}e^{-j2\pi\nu_0 t}.$$

用一个算符 $\mathcal{F}\{\cdot\}$ 表示 Fourier 变换运算，并进一步注意到

$$\mathcal{F}\{e^{j2\pi\nu_0 t}\} = \delta(\nu + \nu_0)$$

$$\mathcal{F}\{e^{-j2\pi\nu_0 t}\} = \delta(\nu - \nu_0).$$

因此，$u^{(r)}(t)$ 的 Fourier 谱是

$$\mathcal{U}(\nu) = \frac{A}{2}e^{-j\phi}\delta(\nu + \nu_0) + \frac{A}{2}e^{j\phi}\delta(\nu - \nu_0).$$

但是，对于复数表示 $\mathbf{u}(t)$，我们有

$$\mathcal{F}\{\mathbf{u}(t)\} = Ae^{j\phi}\delta(\nu - \nu_0). \tag{3.8-4}$$

于是 $u^{(r)}(t)$ 与 $\mathbf{u}(t)$ 之间的关系可以表述如下：为了得到一个实数值的余弦函数的复数表示，我们将其正频分量的强度加倍，同时去掉其负频分量．对于单色情况，这一关系示于图 3.11 中．正是这种特定的运算，在 $\mathbf{u}(t)$ 的实部和虚部之间规定了一个固定的关系．

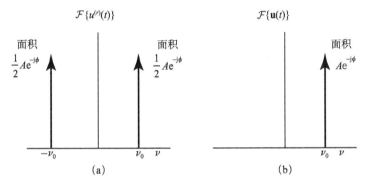

图 3.11　（a）一个单色实值信号的 Fourier 谱；（b）它的复数表示的 Fourier 谱

3.8.2　非单色信号的复信号表示

设给出一个实值的非单色信号 $u^{(r)}(t)$，其 Fourier 谱为 $\mathcal{U}(\nu)$．怎样用一个复信号 $\mathbf{u}(t)$ 表示 $u^{(r)}(t)$？我们可以完全照搬单色情况下那一套做法，将正频分量加倍，同时去掉负频分量．于是我们的定义是

$$\mathbf{u}(t) \triangleq 2\int_0^\infty \mathcal{U}(\nu)e^{-j2\pi\nu t}d\nu. \tag{3.8-5}$$

这样定义的函数 $\mathbf{u}(t)$ 称为 $u^{(r)}(t)$ 的解析信号表示．对解析信号的性质的更详尽的讨论，见文献［48］和［65］．

在转而讨论解析信号的性质之前，应当澄清数学上的一个微妙之处．这就是从 $u^{(r)}_{(t)}$ 过渡到 $\mathbf{u}(t)$ 时对 $\nu = 0$ 处的谱值如何处理．如果 $u^{(r)}(t)$ 在 $\nu = 0$ 处不包含 δ 函数分量，这个问题无关紧要，因为在单个点上将谱值改变一个有限大小将不会影响 $\mathbf{u}(t)$．如果 $u^{(r)}(t)$ 在 $\nu = 0$ 处含有 δ 函数分量，那我们将采用这样的约定：这个 δ 函数分量保持不变．这个约定能够使我们在频域中将从 $u^{(r)}(t)$ 过渡到 $\mathbf{u}(t)$ 的运算表示为

$$\mathcal{U}(\nu) \to [1 + \operatorname{sgn}\nu]\mathcal{U}(\nu), \tag{3.8-6}$$

其中

$$\text{sgn}\nu \triangleq \begin{cases} +1 & \nu > 0 \\ 0 & \nu = 0. \\ -1 & \nu < 0 \end{cases} \tag{3.8-7}$$

于是

$$\mathbf{u}(t) = \int_{-\infty}^{\infty} [1 + \text{sgn}\nu] \mathcal{U}(\nu) \text{e}^{-\text{j}2\pi\nu t} \text{d}\nu. \tag{3.8-8}$$

上面的 $\mathbf{u}(t)$ 的 Fourier 积分表示使我们能够看出解析信号的一些重要性质. 用一个算符 $\mathcal{F}^{-1}\{\ \}$ 代表 Fourier 逆变换, 我们看到, $\mathbf{u}(t)$ 可以表示为两项之和:

$$\mathbf{u}(t) = \mathcal{F}^{-1}\{\mathcal{U}(\nu)\} + \mathcal{F}^{-1}\{\text{sgn}\nu\mathcal{U}(\nu)\}.$$

第一项就是 $u^{(r)}(t)$, 原来的实值信号. 用卷积定理, 第二项可表示为

$$\mathcal{F}^{-1}\{\text{sgn}\nu\mathcal{U}(\nu)\} = \mathcal{F}^{-1}\{\text{sgn}\nu\} \otimes \mathcal{F}^{-1}\{\mathcal{U}(\nu)\}.$$

注意 $\mathcal{F}^{-1}\{\text{sgn}\nu\} = (-\text{j}/\pi t)$ (见表 A.1), 我们得到

$$\mathbf{u}(t) = u^{(r)}(t) + \frac{\text{j}}{\pi}\int_{-\infty}^{\infty}\frac{u^{(r)}(\xi)}{\xi - t}\text{d}\xi, \tag{3.8-9}$$

式中的第二项这时必须解释为以下积分的 Cauchy 主值:

$$\frac{1}{\pi}\int_{-\infty}^{\infty}\frac{u^{(r)}(\xi)}{\xi - t}\text{d}\xi \triangleq \frac{1}{\pi}\lim_{\varepsilon \to 0}\left[\int_{-\infty}^{t-\varepsilon}\frac{u^{(r)}(\xi)}{\xi - t}\text{d}\xi + \int_{t+\varepsilon}^{\infty}\frac{u^{(r)}(\xi)}{\xi - t}\text{d}\xi\right]. \tag{3.8-10}$$

(3.8-10) 式的积分变换叫做 $u^{(r)}(t)$ 的 Hibert 变换 (对 Hibert 变换的更详细的讨论, 见文献 [24], 第 12 章).

现在我们可以在 (3.8-8) 式和 (3.8-9) 式的基础上来讲述解析信号的重要性质了:

$$u^{(r)}(t) = \text{Re}\{\mathbf{u}(t)\} \tag{3.8-11}$$

$$u^{(i)}(t) = \text{Im}\{\mathbf{u}(t)\} = \frac{1}{\pi}\int_{-\infty}^{\infty}\frac{u^{(r)}(\xi)}{\xi - t}\text{d}\xi \tag{3.8-12}$$

$$\mathcal{F}\{u^{(i)}(t)\} = -\text{jsgn}\nu\mathcal{F}\{u^{(r)}(t)\} = -\text{jsgn}\nu\mathcal{U}(\nu). \tag{3.8-13}$$

因此, 解析信号的实部的确就是原来我们讨论的实值信号. 解析信号的虚部则只不过是原来的信号的 Hibert 变换. 最后, 解析信号的虚部的谱可以从实部的频谱乘以 $-\text{jsgn}\nu$ 得出.

(3.8-13) 式表示的最后一个性质有一个有用的解释. 解析信号的虚部可以将实部通过一个线性时不变滤波器得到, 滤波器的传递函数为

$$\mathcal{H}(\nu) = -\text{jsgn}\ \nu. \tag{3.8-14}$$

我们称这样的滤波器为 "Hibert 变换" 滤波器. 于是, 从实信号构建出解析信号可以用图表示出来, 如图 3.12 所示.

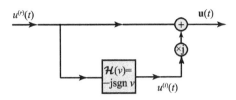

图 3.12 从实信号构建解析信号

3.8.3 复包络或随时间变化的相矢量

考虑一个实值波形 $u^{(r)}(t)$，它是非单色的，但仍具有"窄带"谱。如图 3.13 所示，若 $\Delta\nu$ 代表谱在其中心频率 $\bar{\nu}$ 两侧的标称宽度，我们要求 $\Delta\nu \ll \bar{\nu}$。

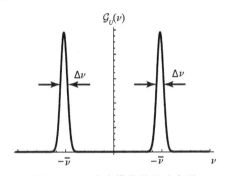

图 3.13 一个窄带信号的功率谱

这种信号可以写成一个缓变的包络 $A(t)$ 和一个缓变的相位 $\phi(t)$ 的形式：

$$u^{(r)}(t) = A(t)\cos[2\pi\bar{\nu}t - \phi(t)]. \tag{3.8-15}$$

在很好的近似程度上，若左边和右边的频谱"岛"被限制于不覆盖零频率的区域里，则上式变成一个精确等式。让正频分量加倍并去掉负频分量，得出只具有余弦信号的一个复指数分量的解析信号：

$$\mathbf{u}(t) = A(t)\,\mathrm{e}^{\mathrm{j}\phi(t)}\,\mathrm{e}^{-\mathrm{j}2\pi\bar{\nu}t}. \tag{3.8-16}$$

类比于单色情况，我们定义 $\mathbf{u}(t)$ 的时变相矢量振幅或 $\mathbf{u}(t)$ 的复包络为

$$\mathbf{A}(t) \triangleq A(t)\,\mathrm{e}^{\mathrm{j}\phi(t)}. \tag{3.8-17}$$

若信号的确是窄带的，则复包络 $\mathbf{A}(t)$ 的变化要比复载波 $\exp(-\mathrm{j}2\pi\bar{\nu}t)$ 慢得多，而 $|A(t)|$ 则在很好的近似程度上与 $\mathbf{A}(t)$ 相同。同样，复包络的相位变化 $\phi(t)$ 是载波的相位调制。

3.8.4 解析信号作为一复数值随机过程

若实值信号 $u^{(r)}(t)$ 是随机过程 $U(t)$ 的样本函数，那么其解析信号 $\mathbf{u}(t)$ 可以看成复值随机过程 $\mathbf{U}(t)$ 的样本函数。我们在本小节考虑这种随机过程的一些

基本性质.

读者也许会对下面这种情况感到关切：我们前面是通过实值信号的 Fourier 变换来定义解析信号的，但对于随机过程这样的谱并不存在. 不过，我们也可以换一种方式将解析信号定义为

$$\mathbf{u}(t) \triangleq \left[\delta(t) - \frac{\mathrm{j}}{\pi t} \right] \otimes u^{(r)}(t), \tag{3.8-18}$$

这个定义和定义（3.8-18）完全一致，但是根本不引入 Fourier 变换.

作为另一种可供选用的观点，当一个平稳随机过程的样本函数不存在 Fourier 变换时，随机过程无论如何还是有一个功率谱密度，永远可以通过一个合适的线性滤波过程消去这个谱密度的负频率分量. 这时这样一个滤波器的输出便是一个复值随机过程，其样本函数是解析信号.

为了完备地描述随机过程 $\mathbf{U}(t)$，必须对一切可能的时刻的集合，确定过程的实部和虚部的联合统计. 但是，即使是要确定 $\mathbf{U}(t)$ 在时间中单个点的统计，一般来说也是很困难的，因为我们必须在只知道实部的统计和 Hilbert 变换关系

$$u^{(i)}(t) = \frac{1}{\pi} \int_{-\infty}^{\infty} \frac{u^{(r)}(\xi)}{\xi - t} \mathrm{d}\xi. \tag{3.8-19}$$

的基础上，求出实部和虚部的联合统计. 这是一个很困难的问题，只有 $U(t)$ 是 Gauss 过程的情况是例外，这种情况将在下节讨论.

虽然详细说明 $\mathbf{U}(t)$ 的细致的统计一般而言是非常困难的，但是求出随机过程 $U(t) = U^{(r)}(t)$ 和 $U^{(i)}(t)$ 的自相关函数、交叉相关函数、功率谱密度和交叉谱密度之间的关系却是比较容易做到的. 为了得到进展，我们用（3.8-14）式代表的 Hilbert 过程的线性滤波解释. 令函数 $\Gamma_U^{(r,r)}(\tau)$ 代表实过程 $U(t)$ 的自相关函数，我们假定 $U(t)$ 至少是广义平衡的，但在其他方面可以任意. 对应的实过程的功率谱密度是

$$\mathcal{G}_U^{(r,r)}(\nu) = \int_{-\infty}^{\infty} \Gamma_U^{(r,r)}(\tau) \mathrm{e}^{\mathrm{j}2\pi\nu\tau} \mathrm{d}\tau. \tag{3.8-20}$$

复过程的虚部的功率谱密度用 $\mathcal{G}_U^{(i,i)}(\nu)$ 表示. 应用（3.3-13）式和（3.8-14）式，我们求得

$$\mathcal{G}_U^{(i,i)}(\nu) = |-\mathrm{j}\mathrm{sgn}\nu|^2 \mathcal{G}_U^{(r,r)}(\nu). \tag{3.8-21}$$

更进一步，若随机过程 $U(t)$ 有零均值，因而在 $\nu = 0$ 没有 δ 函数分量，则有

$$|-\mathrm{j}\mathrm{sgn}\nu|^2 = 1. \tag{3.8-22}$$

结果，$\mathbf{U}(t)$ 的实部和虚部的功率谱密度相等，

$$\mathcal{G}_U^{(i,i)}(\nu) = \mathcal{G}_U^{(r,r)}(\nu), \tag{3.8-23}$$

自相关函数同样也相等，

$$\Gamma_U^{(i,i)}(\tau) = \Gamma_U^{(r,r)}(\tau). \tag{3.8-24}$$

至于交叉相关函数

$$\Gamma_U^{(r,i)}(\tau) \triangleq \overline{u^{(r)}(t+\tau)u^{(i)}(t)}$$

$$\Gamma_U^{(i,r)}(\tau) \triangleq \overline{u^{(i)}(t+\tau)u^{(r)}(t)}, \tag{3.8-25}$$

我们用 (3.5-7) 式和 (3.8-14) 式，两个滤波器，一个传递函数为 1，另一个传递函数为 $-\mathrm{jsgn}\nu$. 结果为

$$\mathcal{G}_U^{(r,i)}(\nu) \triangleq \mathcal{F}\{\Gamma_U^{(r,i)}(\tau)\}$$

$$= 1 \cdot (+\mathrm{jsgn}\,\nu)\mathcal{G}_U^{(r,r)}(\nu) = \mathrm{jsgn}\,\nu\mathcal{G}_U^{(r,r)}(\nu), \tag{3.8-26}$$

类似地

$$\mathcal{G}_U^{(i,r)}(\nu) \triangleq \mathcal{F}\{\Gamma_U^{(i,r)}(\tau)\}$$

$$= 1 \cdot (-\mathrm{jsgn}\,\nu)\mathcal{G}_U^{(r,r)}(\nu) = -\mathrm{jsgn}\,\nu\mathcal{G}_U^{(r,r)}(\nu). \tag{3.8-27}$$

由这些结果，我们得出结论：对于任何有解析信号为样本函数的随机过程，

$$\mathcal{G}_U^{(i,r)}(\nu) = -\mathcal{G}_U^{(r,i)}(\nu) \tag{3.8-28}$$

$$\Gamma_U^{(i,r)}(\tau) = -\Gamma_U^{(r,i)}(\tau). \tag{3.8-29}$$

此外，由 (3.8-27) 式可得，$\Gamma_U^{(i,r)}(\tau)$ 由 $\Gamma_U^{(r,r)}(\tau)$ 的 Hilbert 变换给出：

$$\Gamma_U^{(i,r)}(\tau) = \frac{1}{\pi}\int_{-\infty}^{\infty}\frac{\Gamma_U^{(r,r)}(\xi)}{\xi-\tau}\mathrm{d}\xi. \tag{3.8-30}$$

为了以后应用的方便，定义复值随机过程 $\mathbf{U}(t)$ 的自相关函数

$$\Gamma_U(t_2,t_1) = \overline{\mathbf{u}(t_2)\mathbf{u}^*(t_1)}. \tag{3.8-31}$$

当 $\mathbf{U}(t)$ 的实部和虚部至少是广义平稳过程时，这样定义的 $\Gamma_U(\tau)$ 具有以下基本性质：

(i) $\Gamma_U(0) = \overline{[u^{(r)}(t)]^2} + \overline{[u^{(i)}(t)]^2}$

(ii) $\Gamma_U(-\tau) = \Gamma_U^*(\tau)$

(iii) $|\Gamma_U(\tau)| \leqslant |\Gamma_U(0)|$.

实际上，这些是任何复值随机过程的性质，不论其样本函数是不是解析信号.

回到解析信号的情形，将 $\mathbf{u}(t_2)$ 和 $\mathbf{u}^*(t_1)$ 展开成它们的实部和虚部之和，我们从 (3.8-31) 式容易看出

$$\Gamma_U(\tau) = [\Gamma_U^{(r,r)}(\tau) + \Gamma_U^{(i,i)}(\tau)] + \mathrm{j}[\Gamma_U^{(i,r)}(\tau) - \Gamma_U^{(r,i)}(\tau)]. \tag{3.8-32}$$

用 (3.8-24) 式和 (3.8-29) 式，我们立即看到

$$\Gamma_U(\tau) = 2\Gamma_U^{(r,r)}(\tau) + \mathrm{j}2\Gamma_U^{(i,r)}(\tau). \tag{3.8-33}$$

于是复自相关函数的实部正好是原来的实值随机过程的自相关函数的两倍. 而且用 (3.8-30) 式我们还看到，$\Gamma_U(\tau)$ 的虚部正好是实随机过程的自相关函数的 Hilbert 变换的两倍.

下面我们考虑 $\Gamma_U(\tau)$ 的 Fourier 变换，我们称它为复值随机过程 $\mathbf{U}(t)$ 的功率谱密度. 直接演算就有

$$\begin{aligned}
\mathcal{G}_U(\nu) &\triangleq \mathcal{F}\{\Gamma_U(\tau)\} = 2\mathcal{F}\{\Gamma_U^{(r,r)}(\tau)\} + 2j\mathcal{F}\{\Gamma_U^{(i,r)}(\tau)\} \\
&= 2\mathcal{G}_U^{(r,r)}(\nu) + 2\operatorname{sgn}\nu\,\mathcal{G}_U^{(r,r)}(\nu) \\
&= \begin{cases} 4\mathcal{G}_U^{(r,r)}(\nu) & \nu > 0 \\ 0 & \nu < 0. \end{cases}
\end{aligned} \tag{3.8-34}$$

于是由解析信号样本函数构成的随机过程的自相关函数 $\Gamma_U(\tau)$ 自身也是一个解析信号.

最后,我们考虑两个联合广义平衡的复值随机过程 $\mathbf{U}(t)$ 和 $\mathbf{V}(t)$(它们的全部样本函数都是解析信号)的交叉相关函数,

$$\Gamma_{UV}(\tau) \triangleq E[\mathbf{u}(t+\tau)\mathbf{v}^*(t)]. \tag{3.8-35}$$

这个函数在部分相干性理论中起着核心作用. 用记号

$$\mathbf{u}(t) = u^{(r)}(t) + ju^{(i)}(t)$$
$$\mathbf{v}(t) = u^{(r)}(t) + jv^{(i)}(t),$$

直接代入(3.8-35)式,得到 $\Gamma_{UV}(\tau)$ 的展开形式

$$\begin{aligned}
\Gamma_{UV}(\tau) = &\left[\Gamma_{UV}^{(r,r)}(\tau) + \Gamma_{UV}^{(i,i)}(\tau)\right] \\
&+ j\left[\Gamma_{UV}^{(i,r)}(\tau) - \Gamma_{UV}^{(r,i)}(\tau)\right].
\end{aligned} \tag{3.8-36}$$

用得出(3.8-33)式时用的完全相同的方式,我们容易把上式化成更简单的形式

$$\Gamma_{UV}(\tau) = 2\Gamma_{UV}^{(r,r)}(\tau) + j2\Gamma_{UV}^{(i,r)}(\tau). \tag{3.8-37}$$

同自相关函数的情形一样,两个由解析信号组成的随机过程的交叉相关函数具有单侧频谱,因此它自身也是一个解析信号,这可用(3.5-7)式证明.

3.9 圆形复数 Gauss 型随机过程

用最一般的话来说,一个复数随机过程 $\mathbf{U}(t)$,如果它的实部和虚部是联合 Gauss 型过程,则称 $\mathbf{U}(t)$ 是一个复数 Gauss 型随机过程. 这种随机过程的一个特殊的子类是:其样本函数是解析信号,其实部得自一个实值 Gauss 型随机过程. 注意:如果组成随机过程的解析信号的实部遵从 Gauss 型统计,那么它的虚部也必遵从 Gauss 型统计,因为虚部是由实部通过一个线性、时不变的 Hilbert 变换滤波器得出的,而时不变线性滤波永远保留着 Gauss 型统计性质. 虽然并非所有复数 Gauss 型随机过程都是这种类型,但无论如何,它是我们将要打交道的复数 Gauss 型随机过程中最重要的一类.

可以证明,一个这种类型的零均值复数 Gauss 型随机过程在任何 t 下都具有圆形 Gauss 型统计性质,因此叫做圆形复数 Gauss 型随机过程. (3.8-24)式意味着,过程的实部和虚部的方差相等,不难证明 $\Gamma^{(i,r)}(\tau)$ 是一个奇函数,这意味着复过程的实部和虚部在任何 t 都不相关. 这些是圆形性质所需要的条件.

在以后各章中，我们常常会对计算一个圆形复数 Gauss 型随机过程的形如 $\mathbf{u}^*(t_1)\,\mathbf{u}^*(t_2)\mathbf{u}(t_3)\mathbf{u}(t_4)$ 的四阶矩感兴趣. 这种求平均计算可以依靠复数 Gauss 型矩定理来完成（见 2.8.3 节），倘若以下的圆形性质所需的条件得到满足：

$$
\begin{array}{lll}
(\text{i}) & \overline{u^{(r)}(t_m)} = \overline{u^{(i)}(t_m)} = 0 & m = 1,2,3,4 \\[2mm]
(\text{ii}) & \overline{u^{(r)}(t_m)u^{(r)}(t_n)} = \overline{u^{(i)}(t_m)u^{(i)}(t_n)m} & m,n = 1,2,3,4 \quad (3.9\text{-}1) \\[2mm]
(\text{iii}) & \overline{u^{(r)}(t_m)u^{(i)}(t_n)} = -\overline{u^{(r)}(t_n)u^{(i)}(t_m)} & m,n = 1,2,3,4.
\end{array}
$$

在这些条件得到满足后，可以用四阶复 Gauss 矩定理，得到

$$
E[\mathbf{u}^*(t_1)\,\mathbf{u}^*(t_2)\,\mathbf{u}(t_3)\,\mathbf{u}(t_4)] = \Gamma_U(t_3,t_1)\,\Gamma_U(t_4,t_2) + \Gamma_U(t_3,t_2)\,\Gamma_U(t_4,t_1),
\tag{3.9-2}
$$

其中和往常一样，符号 $\Gamma_U(t_n,t_m) = \overline{\mathbf{u}(t_n)\,\mathbf{u}^*(t_m)}$ 代表复自相关函数.

在以后的工作中有特殊意义的是 $t_3 = t_1$，$t_4 = t_2$ 的情形，这时

$$
E[\,|\mathbf{u}(t_1)|^2\,|\mathbf{u}(t_2)|^2\,] = \Gamma_U(t_1,t_1)\,\Gamma_U(t_2,t_2) + |\Gamma_U(t_2,t_1)|^2
\tag{3.9-3}
$$

这里我们用了 $\Gamma_U(t_2,t_1)$ 等于 $\Gamma_U^*(t_1,t_2)$ 的事实. 再一次提醒读者，这些关系只对圆形复数 Gauss 型随机过程才成立.

3.10 Karhunen-Loève 展开

在后面各章将遇到的某些应用中，如果能够将一个复数随机过程 $\mathbf{u}(t)$ 的样本函数 $U(t)$ 用一组在区间 $(-T/2, T/2)$ 上正交归一的函数展开，那将会带来好处. 如果展开系数在系综上是不相关的随机变量，好处就更大了. 现在我们就来求这样一种展开.

令一组复值函数 $\{\phi_1(t), \phi_2(t), \cdots, \phi_n(t), \cdots\}$ 在区间 $(-T/2, T/2)$ 上正交归一而且完备. 于是任何适度良性的样本函数 $\mathbf{u}(t)$ 可以在这个区间上展开为以下形式：

$$
\mathbf{u}(t) = \sum_{n=0}^{\infty} \mathbf{b}_n \phi_n(t) \quad |t| \leqslant \frac{T}{2},
\tag{3.10-1}
$$

其中

$$
\int_{-T/2}^{T/2} \phi_m(t)\phi_n^*(t)\,\mathrm{d}t = \begin{cases} 1 & n = m \\ 0 & n \neq m, \end{cases}
\tag{3.10-2}
$$

展开系数 $\mathbf{b}_n$ 由下式给出：

$$
\mathbf{b}_n = \int_{-T/2}^{T/2} \mathbf{u}(t)\phi_n^*(t)\,\mathrm{d}t \qquad n = 0,1,2,\cdots
\tag{3.10-3}
$$

现在我们要问，对于一个给定自相关函数 $\Gamma_U(t_2,t_1)$ 的随机过程，是否确实能够找到一个特殊的正交归一函数组，使得展开系数 $\{\mathbf{b}_n\}$ 是不相关的.

为简单起见，我们假定随机过程 $\mathbf{U}(t)$ 在一切时刻都有零均值，但是这个过程在其他方面可以是非平稳的. 现在可以看出，每一个展开系数的平均值为零，因为

$$E[\mathbf{b}_n] = \int_{-T/2}^{T/2} E[\mathbf{u}_{(t)}]\phi_n^*(t)\mathrm{d}t = 0 . \qquad (3.10\text{-}4)$$

于是为了要让各个展开系数不相关，我们要求

$$E[\mathbf{b}_n\mathbf{b}_m^*] = \begin{cases} \lambda_m & m = n \\ 0 & m \neq n. \end{cases} \qquad (3.10\text{-}5)$$

要满足不相关条件，必须适当选择正交归一组 $\{\phi_n(t)\}$. 为了找出这些函数所应满足的条件，将（3.10-3）式代入（3.10-5）式，得到

$$E[\mathbf{b}_n\mathbf{b}_m^*] = \iint_{-T/2}^{T/2} E[\mathbf{u}^*(t_1)\mathbf{u}(t_2)]\phi_n^*(t_2)\phi_m(t_1)\mathrm{d}t_1\mathrm{d}t_2$$

$$= \int_{-T/2}^{T/2} \Big[\int_{-T/2}^{T/2} \mathbf{\Gamma}_U(t_2,t_1)\phi_m(t_1)\mathrm{d}t_1\Big]\phi_n^*(t_2)\mathrm{d}t_2 .$$

设现在我们这样选定函数组 $\{\phi_m(t)\}$，使它满足积分方程

$$\int_{-T/2}^{T/2} \mathbf{\Gamma}_U(t_2,t_1)\phi_m(t_1)\mathrm{d}t_1 = \lambda_m\phi_m(t_2) . \qquad (3.10\text{-}6)$$

这时各个展开系数的相关变为

$$E[\mathbf{b}_n\mathbf{b}_m^*] = \int_{-T/2}^{T/2} \lambda_m\phi_m(t_2)\phi_n^*(t_2)\mathrm{d}t_2 = \begin{cases} \lambda_m & m = n \\ 0 & m \neq n \end{cases} \qquad (3.10\text{-}7)$$

满足我们的要求.

这个表示式的另一个重要用途是将相关函数 $\mathbf{\Gamma}(t_2,t_1)$ 表示为模式的无穷级数. 将级数表示式（3.10-1）代入 $\mathbf{\Gamma}(t_2,t_1)$ 的定义，得

$$\mathbf{\Gamma}(t_2,t_1) = E[\mathbf{u}(t_2)\mathbf{u}^*(t_1)]$$

$$= E\Big[\sum_{n=0}^{\infty}\sum_{m=0}^{\infty} b_n\phi_n(t_2)b_m^*\phi_m^*(t_1)\Big]$$

$$= \sum_{n=0}^{\infty}\sum_{m=0}^{\infty} E[b_n b_m^*]\phi_n(t_2)\phi_m^*(t_1) \qquad (3.10\text{-}8)$$

$$= \sum_{n=0}^{\infty} \lambda_n\phi_n(t_2)\phi_n^*(t_1) .$$

每一项 $\lambda_n\phi_n(t_2)\phi_n^*(t_1)$ 被当作相关函数 $\mathbf{\Gamma}(t_2,t_1)$ 的一个模式. 这样的表示式在后面 5.5.5 节会有用处.

积分方程（3.10-6）对函数组 $\{\phi_m(t)\}$ 所提的要求可以用人们熟悉的数学语言表述为：所需要的函数组 $\{\phi_m(t)\}$ 是以 $\mathbf{\Gamma}_U(t_2,t_1)$ 为核的积分方程的本征

函数组，而一组非负的实系数 $\{\lambda_m\}$ 就是对应的一组本征值[①].

在有关广义平稳的随机过程的文献中，对（3.10-6）式这个本征值方程有广泛的讨论．与此关系最密切的是 Slepian 关于核为 $\mathrm{sinc}(\tau)$ 时的工作[194,195]和 Barakat 关于核为 Gauss 函数时的工作[7]．若是对核进行了数字化并求出了本征值矩阵[118]，有可能用台式计算机对本征值作数值计算．与这种方法相联系的近似程度来自有限的抽样和本征值计算的有限数值精度．

习 题

3-1 设实值随机过程 $U(t)$ 由下式定义：
$$U(t) = A\cos(2\pi\nu t - \Phi),$$
其中 ν 是一个已知常数，Φ 是均匀分布在 $(-\pi,\pi)$ 上的随机变量，A 是一个以相同的概率 1/2 取值 1 和 2 的随机变量，并且 A 和 Φ 统计独立．
(a) 对一个振幅为 1 的样本函数和一个振幅为 2 的样本函数计算时间平均值 $\langle u^2(t)\rangle$.
(b) 计算 $\overline{u^2}$.
(c) 证明
$$\overline{u^2} = \frac{1}{2}\langle u^2(t)\rangle_1 + \frac{1}{2}\langle u^2(t)\rangle_2,$$
其中 $\langle u^2(t)\rangle_1$ 和 $\langle u^2(t)\rangle_2$ 分别代表（a）中对振幅 1 和 2 的结果．

3-2 考虑随机过程 $U(t) = A$，其中 A 是一个在 $(-1,1)$ 上均匀分布的随机变量．
(a) 粗略画出这个过程的几个样本函数．
(b) 求 $U(t)$ 的时间自相关函数．
(c) 求 $U(t)$ 的统计自相关函数．
(d) $U(t)$ 是广义平衡过程吗？它是严格平衡过程吗？
(e) $U(t)$ 是遍历随机过程吗？解释之．

3-3 一个遍历实值随机过程 $U(t)$ 的自相关函数 $\Gamma_U(\tau) = (N_0/2)\delta(\tau)$．将这个随机过程作用在一个脉冲响应为 $h(t)$ 的线性时不变滤波器的输入端．滤波器输出 $V(t)$ 乘以受到延迟的 $U(t)$，生成一个新的随机过程 $Z(t)$，如图 3-3p 所示．证明滤波器的脉冲响应可以通过测量 $\langle z(t)\rangle$ 作为延迟量 Δ 的函数而确定．

---

① 在得出这一结果的讨论中，忽略了许多数学上的微妙之处．更详尽的数学讨论，读者可看文献[130]．

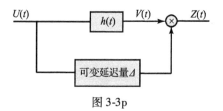

图 3-3p

3-4　考虑随机过程 $Z(t) = U\cos\pi t$，其中 U 是一个随机变量，其概率密度函数为

$$p_U(u) = \frac{1}{\sqrt{2\pi}}\exp\left(-\frac{u^2}{2}\right).$$

（a）求随机变量 $Z(0)$ 的概率密度函数.

（b）求 $Z(0)$ 和 $Z(1)$ 的联合概率密度函数.

（c）这个随机过程是严格平稳过程吗？是广义平稳过程吗？是遍历过程吗？

3-5　求下述随机过程的统计自相关函数：

$U(t) = a_1\cos(2\pi\nu_1 t - \Phi_1) + a_2\cos(2\pi\nu_2 t - \Phi_2)$，

其中 a_1，a_2，ν_1 和 ν_2 是已知常数，而 Φ_1 和 Φ_2 是在 $(-\pi,\pi)$ 上均匀分布的独立随机变量，$U(t)$ 的功率谱密度是什么？

3-6　某一随机过程 $U(t)$ 以同样的概率取值 $+1$ 和 0，取值变化在时间中随机发生. 已知在时间 t 内发生 n 次变化的概率为

$$P_N(n) = \frac{1}{1 + \alpha|\tau|}\left(\frac{\alpha|\tau|}{1 + \alpha|\tau|}\right)^n \quad n = 0,1,2,\cdots$$

（a）证明 n 之平均值为 $\alpha|\tau|$.

（b）求并大致画出 $U(t)$ 的自相关函数.

提示：$|r < 1|$ 时有 $\displaystyle\sum_{k=0}^{\infty} r^k = \frac{1}{1 - r}$.

3-7　某一随机过程 $U(t)$ 由形式为 $p(t-t_k) = \text{rect}((t-t_k)/b)$ 的脉冲（可能相互重叠）的和构成，脉冲的平均发生率为每秒 $\bar{n}$ 个. 脉冲发生的时刻是完全随机的，在 T 秒间隔内发射的脉冲数目服从 Poisson 分布，均值为 $\bar{n}T$. 这个随机输入加到一个非线性器件上，该器件的输入输出特性为

$$z = \begin{cases} 1 & u > 0 \\ 0 & u = 0. \end{cases}$$

求 $\bar{z}$ 和 $\Gamma z(\tau)$.

3-8　设 $U(t)$ 为一广义平稳随机过程，均值为 $\bar{u}$，方差为 σ^2. 下述函数中哪一个可能是 $U(t)$ 的结构函数？请对每一个回答予以解释.

（a）$D_U(\tau) = 2\sigma^2[1 - \exp(-\alpha|\tau|)]$，

（b）$D_U(\tau) = 2\sigma^2[1 - \alpha|\tau|\cos\alpha|\tau|)]$，

(c) $D_U(\tau) = 2\sigma^2[1 - \sin \alpha\tau]$,

(d) $D_U(\tau) = 2\sigma^2[1 - \cos \alpha\tau]$,

(e) $D_U(\tau) = 2\sigma^2[1 - \mathrm{rect}\, \alpha\tau]$.

3-9 证明一个函数 $u(t)$ 的 Hilbert 变换的 Hilbert 变换为 $-u(t)$,除掉一个可能的附加常数.

3-10 广义形式的 Parseval 定理如下:对任何两个可以作 Fourier 变换的函数 $\mathbf{f}(t)$ 和 $\mathbf{g}(t)$,若其变换为 $\mathcal{F}(\nu)$ 和 $\mathcal{G}(\nu)$,则有

$$\int_{-\infty}^{\infty} \mathbf{f}(t)\mathbf{g}^*(t)\mathrm{d}t = \int_{-\infty}^{\infty} \mathcal{F}(t)\mathcal{G}_U^*(\nu)\mathrm{d}\nu.$$

若 $\mathbf{f}(t)$ 和 $\mathbf{g}(t)$ 是解析信号,证明

$$\int_{-\infty}^{\infty} \mathbf{f}(t)\mathbf{g}(t)\mathrm{d}t = 0.$$

3-11 若一个解析信号 $u(t)$ 的自相关函数是 $\boldsymbol{\Gamma}_U(\tau)$,证明 $(\mathrm{d}/\mathrm{d}t)\mathbf{u}(t)$ 的自相关函数为 $-(\partial^2/\partial t^2)\boldsymbol{\Gamma}_U(\tau)$.

提示:用频域推理.

3-12 求下面的函数的解析信号表示:

$$u(t) = \mathrm{rect}\, t.$$

3-13 (a) 证明对于一个实值窄带随机过程的解析信号表示,生成的复过程 $\mathbf{U}(t)$(假定是广义平稳的)的自相关函数可以写成

$$\boldsymbol{\Gamma}_U(\tau) = \mathbf{g}(\tau)\mathrm{e}^{-\mathrm{j}2\pi\bar{\nu}\tau}$$

其中 $\mathbf{g}(\tau)$ 同指数载波相比是 τ 的缓慢变化函数.

(b) 进一步证明若 $\mathbf{U}(t)$ 的功率谱相对于中心频率 $\bar{\nu}$ 是偶函数,则 $\mathbf{g}(\tau)$ 完全取实值.

3-14 设 $\mathbf{V}(t)$ 是一个经过线性滤波的复值广义平稳的随机过程,其样本函数为

$$\mathbf{v}(t) = \int_{-\infty}^{\infty} \mathbf{h}(t - \tau)\mathbf{u}(\tau)\mathrm{d}\tau,$$

这里 $\mathbf{U}(t)$ 是复值输入过程,$\mathbf{h}(t)$ 是一个时不变线性滤波器的脉冲响应.

(a) 证明

$$\boldsymbol{\Gamma}_V(\tau) = \mathbf{H}(\tau) \otimes \boldsymbol{\Gamma}_U(\tau)$$

其中

$$\mathbf{H}(\tau) = \int_{-\infty}^{\infty} \mathbf{h}(\xi + \tau)\mathbf{h}^*(\xi)\mathrm{d}\xi$$

而 $\otimes$ 代表卷积运算.

(b) 证明输出的均方值 $\overline{|\mathbf{v}|^2}$ 由下式给出:

$$\overline{|\mathbf{v}|^2} = \int_{-\infty}^{\infty} \mathbf{H}(-\eta)\boldsymbol{\Gamma}_U(\eta)\mathrm{d}\eta.$$

3-15　一个双重随机 Poisson 脉冲过程，它的变率过程 $\Lambda(t)$ 为

$$\Lambda(t) = \lambda_0[1 + \cos(2\pi\bar{\nu}t + \Phi)],$$

其中 Φ 是一个在 $(-\pi, \pi)$ 上均匀分布的随机变量，λ_0 和 $\bar{\nu}$ 是常数．求这个双重随机 Poisson 脉冲过程的功率谱密度．

第四章 光的某些一阶统计性质

对光辐射的统计特性的讨论,应当包括一阶性质(即在单个时刻或空间一点的性质)、二阶性质(时间或空间中两点的性质)和高阶性质(时间或空间中三点或更多个点的性质).本章限于考虑光波的一阶性质.我们的讨论从一个非统计的题目开始,这个题目是带宽受到各种不同限制的光波的传播.然后转而讨论偏振的、非偏振的和部分偏振的热光的振幅和强度的一阶统计.最后我们要考虑理想激光器发射的光的各种统计模型.

本章的讨论完全是在经典框架内进行的.读者应当知道,同光场涨落的经典理论相平行,还存在一个严格的量子力学理论(例如,见文献 [163] 和 [132]).我们这里不讨论量子力学处理方法,部分是因为它需要相当多的量子力学背景知识,部分是因为从实际观点来看,经典理论(连同第九章的半经典理论),对于一个光学系统工程师感兴趣的大多数问题,已完全够用了.

在本章中,实际上是在整本书中,我们都讨论光波的标量理论.可以将所讨论的标量看作电场或磁场的一个偏振分量,用到的近似是所有这些分量可以独立处理.这一近似忽略了 Maxwell 方程所规定的各个电场和磁场分量之间的耦合.好在许多实验已经表明,若问题中的衍射角不大,标量理论将给出精确的结果.

4.1 光 的 传 播

作为讨论本章和后面各章内容所必需的背景知识,我们先讨论一个非统计性的题目,即光波的传播.这一讨论只是简短地复习和列举一些重要结果.对这个问题更详细的讨论,可参看文献 [21](第 8 章)或文献 [80](第 3 章).结束本节时我们简短地讨论一下波场的强度.

4.1.1 单色光

令 $u(P,t)$ 代表[1]一个单色光波的电场或磁场的一个偏振分量的标量振幅

---

[1] 从本章开始并且以后一直如此,我们弃去了随机过程与其样本函数之间的记号上的区别.虽然在纯统计学讨论中用大写字母代表过程而用小写字母代表一个样本函数是有用的,在物理应用中却没有多大必要.一个例外是概率密度函数的记号,它一般带有一个大写字母的下标,表示它所属的随机变量.

（按照标量理论的基本思想，场的每一分量可以独立处理），这里 P 代表空间中一个特殊位置，t 代表时间中特定的一点. $u(P,t)$ 对应的解析信号为

$$\mathbf{u}(p,t) = \mathbf{U}(P,\nu)\exp(-\mathrm{j}2C\pi\nu t),\qquad(4.1\text{-}1)$$

其中 ν 是光波的频率，$\mathbf{U}(P,\nu)$ 是它的相矢量振幅（复振幅）.

设这个光波从左方照射到一个无穷大表面上，如图 4.1 所示. 我们希望用 Σ 上各点的光场来表示表面右方一点 P_0 的光场的复振幅. 这个问题的解答可以在大部分标准光学教材中找到（仍请参阅文献［21］和［80］）. 我们这里把这个解表示为所谓 Huygens-Fresnel 原理的形式，这个原理说，若距离 r（图4.1）比光波波长 λ 大得多，则

$$\mathbf{U}(P_0,\nu) = \frac{1}{\mathrm{j}\lambda}\iint\limits_{\Sigma}\mathbf{U}(P_1,\nu)\frac{\mathrm{e}^{\mathrm{j}2\pi(r/\lambda)}}{r}\chi(\theta)\,\mathrm{d}S,\qquad(4.1\text{-}2)$$

其中 $\lambda = c/\nu$ 是光的波长，c 是 Σ 和 P_0 之间的介质中的光速，r 是 P_1 到 P_0 的距离，θ 是 P_0 到 P_1 的连线同 P_1 点上曲面 Σ 的法线的夹角，而 $\chi(\theta)$ 是一个"倾斜因子"，它具有性质 $\chi(\theta) = 1$ 及 $0 \leq \chi(\theta) \leq 1$.

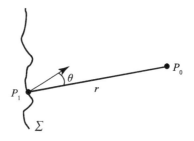

图 4.1　光传播的几何状况

Huygens-Fresnel 原理可用准物理的方式解释如下：面 Σ 上每一点的作用都好像是球面波的一个新的"次级波源". P_1 点上的次级波源的强度与 $(\mathrm{j}\lambda)^{-1}\mathbf{U}(P_1,\nu)$ 成正比，这个波源向外辐射的方向分布图样为 $\chi(\theta)$.

(4.1-2) 式表示的 Huygens-Fresnel 原理是单色光的传播遵从的基本物理定律. 此外，我们下面即将看到，它还可用来求非单色光的相应关系.

4.1.2 非单色光

设 $u(P,t)$ 是一个非单色光波，其解析信号为 $\mathbf{u}(P,t)$. 虽然在一般情况下，如果 $u(P,t)$ 是一个平稳随机过程的一个样本函数，它有可能不可以作 Fourier 变换，但是无论如何我们可以在区间 $(-T/2, T/2)$ 上截断它，得出一个可以作 Fourier 变换的函数 $u_T(P,t)$. 这时 $u_T(P,t)$ 可以用一个解析信号 $\mathbf{u}_T(P,t)$ 表示，$\mathbf{u}_T(P,t)$ 是可以作 Fourier 变换的，尽管它的虚部并未截断.

从（3.8-6）式，解析信号可以用它的单侧 Fourier 谱通过下式表示为

$$\mathbf{u}_T(P,t) = \int_0^\infty 2\mathcal{U}_T(P,\nu)\,\mathrm{e}^{-\mathrm{j}2\pi\nu t}\,\mathrm{d}\nu, \tag{4.1-3}$$

其中 $\mathcal{U}_T(P,\nu)$ 是截断的实信号 $u_T(P,t)$ 的 Fourier 变换. 用这个关系，下面来推导用 $\mathbf{u}(P_1,t)$ 表示 $\mathbf{u}(P_0,t)$ 的表达式，其中 P_0 和 P_1 示于图 4.1 中.

下面开始，我们注意到

$$\mathbf{u}(p_0,t) = \lim_{T\to\infty}\mathbf{u}_T(P_0,t) = \lim_{T\to\infty}\int_0^\infty 2\mathcal{U}_T(P_0,\nu)\,\mathrm{e}^{-\mathrm{j}2\pi\nu t}\,\mathrm{d}\nu. \tag{4.1-4}$$

但是由（4.1-2）式表示的 Huygens-Fresnel 原理，

$$\mathcal{U}_T(P_0,\nu) = \frac{1}{\mathrm{j}\lambda}\iint_\Sigma \mathcal{U}_T(P_1,\nu)\frac{\mathrm{e}^{\mathrm{j}2\pi(r/\lambda)}}{r}\chi(\theta)\,\mathrm{d}S. \tag{4.1-5}$$

注意 $\lambda = c/\nu$，我们用（4.1-3）式并改变积分次序，得

$$\mathbf{u}_T(P_0,t) = \int_0^\infty 2\mathcal{U}_T(P_0,\nu)\,\mathrm{e}^{-\mathrm{j}2\pi\nu t}\,\mathrm{d}\nu$$

$$= \iint_\Sigma \frac{2\chi(\theta)}{2\pi cr}\Big[\int_0^\infty(-\mathrm{j}2\pi\nu)\mathcal{U}_T(P_1,\nu)\,\mathrm{e}^{-\mathrm{j}2\pi\nu[t-(r/c)]}\,\mathrm{d}\nu\Big]\mathrm{d}S. \tag{4.1-6}$$

将（4.1-3）式对 t 求微商，得

$$\frac{\mathrm{d}}{\mathrm{d}t}\mathbf{u}(P_1,t) = 2\int_0^\infty(-\mathrm{j}2\pi\nu)\mathcal{U}_T(P_1,\nu)\,\mathrm{e}^{-\mathrm{j}2\pi\nu t}\,\mathrm{d}\nu, \tag{4.1-7}$$

因此，（4.1-6）式中方括号内的量可以用一个时间导数表示. 结果为

$$\mathbf{u}_T(P_0,t) = \iint_\Sigma \frac{(\mathrm{d}/\mathrm{d}t)\mathbf{u}_T(P_1,t-(r/c))}{2\pi cr}\chi(\theta)\,\mathrm{d}S. \tag{4.1-8}$$

最后，令 $T\to\infty$，我们得到描述非单色波传播的基本关系式：

$$\mathbf{u}(P_0,t) = \iint_\Sigma \frac{(\mathrm{d}/\mathrm{d}t)\mathbf{u}(P_1,t-(r/c))}{2\pi cr}\chi(\theta)\,\mathrm{d}S. \tag{4.1-9}$$

这个结果加强了这一观念：是场的变化驱使波穿过空间传播，这些变化的效果是从 P_1 传播到 P_0 要用 r/c 的时间.

在结束时，我们要提醒读者，上面的推导中用到的 Huygens-Fresnel 原理的形式，只是在传播距离 r 永远比波长 λ 大时才成立，对（4.1-9）式也有同样的限制. 这个条件在本书感兴趣的所有问题中都会得到很好的满足.

4.1.3 窄带光

最后一个以后要用到的关系式，是我们下面要推导的对于非单色光成立的（4.1-9）式的一个特殊形式，它是窄带的，指的是带宽 $\Delta\nu$ 比中心频率 $\bar\nu$ 小得多

的光①.

根据 (4.1-6) 式，我们可以写出

$$\mathbf{u}_T(P_0,t) = \iint\limits_{\Sigma} \frac{2\chi(\theta)}{jcr} \int_0^\infty \nu\mathcal{U}_T(P_1,\nu) e^{-j2\pi\nu[t-(r/c)]} d\nu dS. \qquad (4.1\text{-}10)$$

注意到 $\Delta\nu \ll \bar\nu$，可以以良好的精度作以下近似：

$$\mathbf{u}_T(P_0,t) \approx \iint\limits_{\Sigma} \frac{\bar\nu}{jcr}\Big\{\int_0^\infty 2\mathcal{U}_T(P_1,\nu) e^{-j2\pi\nu[t-(r/c)]} d\nu\Big\}\chi(\theta) dS.$$

花括号中的量就是 $\mathbf{u}_T(P_1,t-(r/c))$. 于是，定义 $\bar\lambda \triangleq c/\bar\nu$，并令 T 无限增大，就得到

$$\mathbf{u}(P_0,t) \approx \iint\limits_{\Sigma} \frac{1}{j\bar\lambda r}\mathbf{u}\Big(P_1,t-\frac{r}{c}\Big)\chi(\theta) dS. \qquad (4.1\text{-}11)$$

这个关系式将作为我们讨论窄带光扰动传播的基本定律. 它也只在 $r\gg\bar\lambda$ 时严格成立.

4.1.4 强度或辐照度

光辐射探测器响应的不是场强，而是光功率. 考虑一个电场矢量 $\boldsymbol{\varepsilon}$，它的局域行为就像是各向同性介质中的单色横波平面波，即

$$\boldsymbol{\varepsilon} = \mathrm{Re}\{\mathbf{E}_0\exp[-j(2\pi\bar\nu t - \mathbf{k}\cdot\mathbf{r})]\}.$$

这里 $\mathbf{r}$ 是空间中的一个任意位置，$\mathbf{k}$ 是波矢量，大小为 $2\pi/\lambda$，方向垂直于局域波前. 功率在 $\mathbf{k}$ 的方向流动，功率密度（W/m²）由下式给出：

$$p = \frac{\mathbf{E}_0\cdot\mathbf{E}_0^*}{2\eta} = \frac{|\mathbf{E}_0|^2}{2\eta}, \qquad (4.1\text{-}12)$$

其中 η 是介质的特征阻抗（自由空间为 377Ω），$|\mathbf{E}_0|$ 是相矢量电场的大小. 这个结果使我们用空间 P 点相矢量振幅 $\mathbf{U}(P)$ 将波场的强度（或辐照度）定义为

$$I(P) = |\mathbf{U}(P)|^2. \qquad (4.1\text{-}13)$$

注意，虽然我们通常认为强度等价于功率密度，但事实上二者之间还是有差别，即一个与用两倍特征阻抗进行归一化相关的简单差别. 通常这个差别可以忽略.

当感兴趣的光波不是单色波而是窄带波时，强度概念的一个直接推广由下式给出：

$$I(P) = \langle|\mathbf{u}(P,t)|^2\rangle, \qquad (4.1\text{-}14)$$

① 对于任何关于一个中心频率为偶函数的单边谱，如何选择 $\bar\nu$ 是显而易见的. 当谱不是关于一个中心频率的偶函数时，可选 $\bar\nu$ 为归一化功率谱密度的重心，$\bar\nu = \int_0^\infty \nu G(\nu)d\nu / \int_0^\infty G(\nu)d\nu$，这个定义对任何形状的谱都能用. 然后定义平均波长为 $\bar\lambda = c/\bar\nu$，c 是光速.

上式中的尖括号代表无穷时间平均，$\mathbf{u}(P,t)$ 是波的解析信号表示．在有些情形下，考虑瞬时强度的概念是有用的，它求时间平均的时间间隔同光波的中心频率的周期比非常长，但是同光波带宽的倒数比却很短．瞬时强度由下式定义：

$$I(P,t) = |\mathbf{u}(P,t)|^2 = |\mathbf{A}(P,t)|^2, \tag{4.1-15}$$

其中 $\mathbf{A}(P,t)$ 是（3.8-17）式中定义的窄带波形的时变复包络．

以后，我们保留不加修饰语的"强度"一词作为瞬时强度的时间平均（或者在某些情形下是系综平均）．

4.2　热　　光

绝大部分光源，包括自然光源和人造光源，都是通过一群受激原子或分子的自发辐射而发光．例如，太阳、白炽灯泡、气体放电管都属于这种情形．大量原子或分子，依靠热、电或其他手段被激发到高能态，然后随机地、各自独立地掉到较低的能态，在这个过程中发光．这种光常常被称为热光．

通过在直接带隙半导体材料中的注入发光的手段，可以发出具有与自发辐射相似的涨落的光（例如，见文献［185］，17.1 节）．例如，在发光二极管（LED）中，在加了正向偏压的 pn 结中产生电子-空穴对；许多个电子-空穴对的随机而且独立复合将会发光，所发的光的特性在极多方面与自发辐射相似[①]．这里我们把由大量随机、独立的贡献组成的任何辐射称为热光，即使在有些情形下，光产生的机制并不是严格地由于发热．

同热光的高度随机的波成对比的，是受激发射产生的（例如激光器发射的）比较有序的波．这时，受激的原子或分子（或结合成的电子-空穴对）被限制在一个谐振腔内，以一种有序的和高度相互依赖的方式同步地、一致地辐射．这种光将简单地称为激光，将在 4.4 节讨论．

热光和激光都显示了随时间的随机涨落．因此不论哪种光最终都必须当作随机过程处理．本节我们集中考虑热光的振幅、相位和强度的一阶统计．

4.2.1　偏振热光

考虑一个热光源发出的光，它沿正 z 方向传播，通过一个起偏器，起偏器的取向是让在 x 方向偏振的光分量通过．实值函数 $u_X(P,t)$ 代表在 P 点和 t 时刻观察到的电场（或磁场）矢量的 x 分量．由于起偏器的出现，穿过起偏器的场没有 y 分量，即 $u_Y(P,t) = 0$．我们称这样的光为偏振热光，尽管偏振光还有一个更普

[①]　真正的热光（如黑体辐射发的光）与 LED 发的光的主要差别在光谱的宽度和形状．LED 发的光的光谱一般要比真正的热光窄得多．这是光的二阶统计性质的差别，而不是一阶统计性质的差别．

遍的定义，将在后面的讨论中给出（见4.3节）.

由于我们讨论的光源发热光，时间波形 $u_X(P,t)$ 是由极其大量的独立贡献相加而成，

$$u_X(P,t) = \sum_{\text{所有基元光源}} u_i(P,t), \tag{4.2-1}$$

其中 $u_i(P,t)$ 是第 i 个受激原子对光场的贡献的 x 分量. 由于独立的基元辐射源的数目通常是很大的，由中心极限定理我们可得出结论：一个偏振热光光源的 $u_X(P,t)$ 是一个 Gauss 型随机过程.

通常用实数波的解析信号表示 $u_X(P,t)$ 或是用其复包络[1]表示

$$\mathbf{A}_X(P,t) = \mathbf{u}_X(P,t)\mathrm{e}^{\mathrm{j}2\pi\bar{\nu}t},$$

开展研究会更方便，其中 $\bar{\nu}$ 是这个波的中心频率. 对于这些表示，我们有

$$\mathbf{u}_X(P,t) = \sum_{\text{所有基元光源}} \mathbf{u}_i(P,t) \tag{4.2-2}$$

$$\mathbf{A}_X(P,t) = \sum_{\text{所有基元光源}} \mathbf{A}_i(P,t), \tag{4.2-3}$$

其中 $\mathbf{u}_i(P,t)$ 和 $\mathbf{A}_i(P,t)$ 分别是第 i 个基元辐射体贡献的波分量的解析信号表示和复包络表示. 对 $\mathbf{u}_X(P,t)$ 和 $\mathbf{A}_X(P,t)$ 应用中心极限定理，我们看到，在各个基元贡献具有随机相位并且独立的假定下，这两个量都是圆形复数 Gauss 型随机过程. 于是和式 $\mathbf{A}_X(P,t)$ 具有 2.9 节讨论的随机相矢量和的一切性质. 特别是，在空间和时间的任意一点，它的实部和虚部是独立的、有相同分布的零均值 Gauss 型随机变量.

由于光学探测器是对功率而不是对场的振幅发生响应，我们有兴趣知道一个偏振热光光波的瞬时强度的统计性质. $\mathbf{u}_X(P,t)$ 的瞬时强度由下式给出：

$$I_X(P,t) = |\mathbf{u}_X(P,t)^2| = |\mathbf{A}_X(P,t)|^2. \tag{4.2-4}$$

我们可以导出 $I_X(P,t)$ 的概率密度函数的形式，这首先要考虑 $|\mathbf{A}_X(P,t)|$ 的统计特性，$|\mathbf{A}_X(P,t)|$ 代表（4.2-3）式表示的随机相矢量和的合矢量的长度.

瞬时强度当然是一个随机过程. 由于 $I_X(P,t)$ 是随机相矢量和的合矢量长度的平方，我们容易用 2.9 节得到的知识来求它的概率密度函数. 为了简短，我们在下面的讨论中采用以下记号：

$$A \triangleq |\mathbf{A}_X(P,t)|, \quad I \triangleq I_X(P,t)$$

我们从 2.9 节得知，A 遵从 Rayleigh 概率密度函数

$$p_A(A) = \begin{cases} (A/\sigma^2)\exp(-A^2/2\sigma^2), & A \geq 0 \\ 0, & \text{其他}, \end{cases} \tag{4.2-5}$$

其中 σ^2 代表 $\mathbf{A}_X(P,t)$ 的实部和虚部的共同的方差. 变换

---

[1] 记住 $\mathbf{u}_X(P,t)$ 含有一个因子 $\mathrm{e}^{-\mathrm{j}2\pi\bar{\nu}t}$，它和因子 $\mathrm{e}^{\mathrm{j}2\pi\bar{\nu}t}$ 相抵消，只留下复包络 $\mathbf{A}_X(P,t)$.

$$I = A^2 \quad A = \sqrt{I}$$

在 $(0, \infty)$ 上是单调的，于是我们可以用（2.5-13）式写出

$$p_I(I) = p_A(\sqrt{I}) \left| \frac{\mathrm{d}A}{\mathrm{d}I} \right|$$

$$= (\sqrt{I}/\sigma^2) \, \mathrm{e}^{-I/2\sigma^2} \cdot \frac{1}{2\sqrt{I}}$$

$$= \begin{cases} \dfrac{1}{2\sigma^2} \exp\left(-\dfrac{I}{2\sigma^2}\right) & I \geq 0 \\ 0 & \text{其他}. \end{cases} \tag{4.2-6}$$

于是一个偏振热光光束的瞬时光强服从负指数统计. 这个分布有一个重要性质，那就是它的标准偏差 σ_I 等于它的平均值 $\bar{I}$，二者都等于 $2\sigma^2$，即

$$\sigma_I = \bar{I} = 2\sigma^2 . \tag{4.2-7}$$

用更简洁的记号，有

$$p_I(I) = \begin{cases} (1/\bar{I}) \exp(-I/\bar{I}) & I \geq 0 \\ 0 & \text{其他}. \end{cases} \tag{4.2-8}$$

这个密度函数画在图 4.2 中.

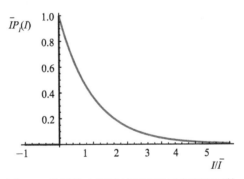

图 4.2　偏振热光的瞬时强度的概率密度函数

服从负指数统计分布的随机变量在光学中非常重要，因此，我们来讲述这种分布的几个重要性质. 直接积分，可以证明，这个分布的 q 阶矩由下式给出：

$$\overline{I^q} = (\bar{I})^q q! . \tag{4.2-9}$$

特别要注意，对这种随机变量，标准偏差与平均值之比为 1. 累积分布函数 $F_I(I)$（即强度小于等于 I 的概率）如下：

$$F_I(I) = \int_0^I (1/\bar{I}) \exp(-\xi/\bar{I}) \mathrm{d}\xi = 1 - \exp(-I/\bar{I}) . \tag{4.2-10}$$

最后，负指数随机变量的特征函数为

$$\mathbf{M}_I(\omega) = \int_0^\infty \mathrm{e}^{\mathrm{j}\omega I} p_I(I) \mathrm{d}I = \frac{1}{1 - \mathrm{j}\omega\bar{I}} . \tag{4.2-11}$$

知道了偏振热光的性质，我们转而考虑非偏振热光.

4.2.2　非偏振热光

从一个热光源发出的光，若满足下面两个条件，我们就认为它是非偏振的. 首先，把一个检偏器放置在垂直于波的传播方向的平面内，我们要求通过这个检偏器的光的强度，同检偏器的旋转取向无关. 其次，我们要求任何两个正交的场分量 $\mathbf{u}_X(P,t)$ 和 $\mathbf{u}_Y(P,t)$ 具有以下性质：对于 X-Y 坐标轴的一切旋转取向和一切时间延迟 τ，$\langle\mathbf{u}_X(P,t+\tau)\mathbf{u}_Y^*(P,t)\rangle$ 恒等于零（在4.3节会清楚需要满足这两个要求的理由）. 这种光有时被称为"自然"光.

由于这种光是由热光源发出的，上节的统计分析可以应用于每个单独的偏振分量，从而得出结论：$\mathbf{u}_X(P,t)$ 和 $\mathbf{u}_Y(P,t)$ 是圆形复数 Gauss 型随机过程. 而且，由于上述的第二个性质，它们对一切相对时间延迟都不相关，两个过程必定是统计独立的.

这个光波的瞬时强度为

$$I(P,t) = |\mathbf{u}_X(P,t)|^2 + |\mathbf{u}_Y(p,t)|^2$$
$$= I_X(P,t) + I_Y(P,t). \tag{4.2-12}$$

由上节得知，$I_X(P,t)$ 和 $I_Y(P,t)$ 都服从负指数统计. 由非偏振光的定义，$I_X(P,t)$ 和 $I_Y(P,t)$ 有相等的均值，即

$$\bar{I}_X(P) = \bar{I}_Y(P) = \frac{1}{2}\bar{I}(P), \tag{4.2-13}$$

而且二者是统计独立的，由于它们的场是统计独立的. 为了求出总瞬时强度的一阶概率密度函数，我们必须求两个独立的随机变量之和的密度函数，这两个随机变量各自的密度函数完全相同

$$p_{I_X}(I_X) = (2/\bar{I})\exp(-2I_X/\bar{I})$$
$$p_{I_Y}(I_Y) = (2/\bar{I})\exp(-2I_Y/\bar{I}), \tag{4.2-14}$$

上式在 $I_X\geq0$ 及 $I_Y\geq0$ 时成立，在其他地方为零. 借助（2.6-11）式，我们将所要的卷积写为①

$$p_I(I) = \begin{cases} \int_0^I (2/\bar{I})^2\exp(-2\xi/\bar{I})\exp(-(2/\bar{I})(I-\xi))\mathrm{d}\xi & I\geq0 \\ 0 & \text{其他}, \end{cases} \tag{4.2-15}$$

或

---

① 由卷积的定义，考虑两个负指数分布的卷积，一个反过来并滑过另一个. 由这些考虑容易确定积分限.

$$p_I(I) = \begin{cases} (2/\overline{I})^2 I\exp(-2I/\overline{I}) & I \geqslant 0 \\ 0 & \text{其他}. \end{cases} \qquad (4.2\text{-}16)$$

这个密度函数画在图4.3中. 注意, 非偏振热光的瞬时强度取一个很小的值的概率, 要比偏振热光取同一值的概率小很多. 此外, 对于非偏振热光, 瞬时强度的标准偏差与平均值的比值减小为 $\sqrt{1/2}$, 而对偏振热光它是等于 1 的.

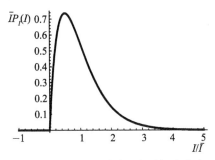

图4.3　非偏振热光的瞬时强度的概率密度函数

4.3　部分偏振热光

讨论了偏振热光和非偏振热光的瞬时光强的统计性质, 我们自然要问, 是否存在一个更普遍的理论, 能够处理中间的部分偏振的情况. 这样的理论的确存在, 下面我们就用一些篇幅来叙述它. 为此, 需要对一个能够方便地描述部分偏振光的矩阵理论以及它可以服从的变换先作一些初步说明. 对部分偏振理论的进一步讨论, 读者可参看文献 [230] 的第 8 章或文献 [21] 的 10.9 节.

4.3.1　窄带光通过偏振敏感系统

我们现在来考虑一个用来描述各种光学仪器 (即器件或系统) 对透射光的偏振状态的效应的数学方法. R. C. Jones 在一系列论文中 (见文献 [111] ～ [118]) 最早对单色波发展了一种方便的处理方法. 这种方法也可用于窄带光, 只要光的带宽非常窄, 使仪器对一切光谱分量的作用完全相同[228].

令 $\mathbf{u}_X(t)$ 和 $\mathbf{u}_Y(t)$ 代表空间一特定点 P 上的电场或磁场的 X 和 Y 分量. 这个场的状态可以方便地用一个二元素的列矩阵 $\underline{\mathbf{U}}$ 表示,

$$\underline{\mathbf{U}} = \begin{bmatrix} \mathbf{u}_X(t) \\ \mathbf{u}_Y(t) \end{bmatrix}. \qquad (4.3\text{-}1)$$

现在设光穿过一个光学系统, 这个系统可能包含对偏振敏感的元件 (起偏器、相位延迟片等), 并考虑在一点 P' 离开这个系统的场, P' 是 P 通过这个系统的几何投影. 出射场的状态由一个矩阵 $\underline{\mathbf{U}}'$ 表示, $\underline{\mathbf{U}}'$ 与 (4.3-1) 式类似, 其元素为

$\mathbf{u}'_X(t)$ 和 $\mathbf{u}'_Y(t)$. 若仪器只包含线性元件（这是最常见的情况），那么矩阵 $\underline{\mathbf{U}}'$ 可以通过简单的矩阵公式用 $\underline{\mathbf{U}}$ 表示出来.

$$\underline{\mathbf{U}}' = \begin{bmatrix} \mathbf{u}'_X(t) \\ \mathbf{u}'_Y(t) \end{bmatrix} = \begin{bmatrix} 1_{11} & 1_{12} \\ 1_{21} & 1_{22} \end{bmatrix} \begin{bmatrix} \mathbf{u}_X(t) \\ \mathbf{u}_Y(t) \end{bmatrix} = \underline{\mathbf{L}}\,\underline{\mathbf{U}}, \qquad (4.3\text{-}2)$$

其中 $\underline{\mathbf{L}}$ 是 2×2 偏振矩阵或 Jones 矩阵，代表仪器的效应.

有几种非常简单的偏振操作的矩阵表示对我们下面的讨论很有用处. 首先和最简单的是，我们考虑 X-Y 坐标系旋转的效应. 这种简单操作可以看成一种"仪器"，它把原来的场分量 $\mathbf{u}_X(t)$ 和 $\mathbf{u}_Y(t)$ 遵照矩阵算符

$$\underline{\mathbf{L}} = \begin{bmatrix} \cos\theta & \sin\theta \\ -\sin\theta & \cos\theta \end{bmatrix}, \qquad (4.3\text{-}3)$$

变换为新的分量 $\mathbf{u}'_X(t)$ 和 $\mathbf{u}'_Y(t)$，其中 θ 是旋转角，如图 4.4 所示.

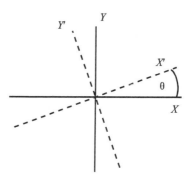

图 4.4   老坐标系 (X, Y) 和旋转一个角度 θ 后的新坐标系 (X', Y')

第二种重要的简单仪器是相位延迟片，它利用一块双折射材料，在 X 偏振分量和 Y 偏振分量之间引入一个相对延迟. 若两个偏振分量的传播速率分别为 v_X 和 v_Y，那么一块厚度为 d 的板引入的 X 分量相对于 Y 分量时间延迟为

$$\tau_d = d\left(\frac{1}{v_X} - \frac{1}{v_Y}\right) \qquad (4.3\text{-}4)$$

根据窄带条件，我们要求 τ_d 比带宽的倒数 $1/\Delta\nu$ 小得多. 这时，相位延迟片可以用一个矩阵（为简单起见写成对称形式）表示，

$$\underline{\mathbf{L}} = \begin{bmatrix} \mathrm{e}^{\mathrm{j}\delta/2} & 0 \\ 0 & \mathrm{e}^{-\mathrm{j}\delta/2} \end{bmatrix} \qquad (4.3\text{-}5)$$

其中

$$\delta = \frac{2\pi dc}{\lambda}\left(\frac{1}{u_X} - \frac{1}{u_Y}\right) = \frac{2\pi d}{\overline{\lambda}}(n_X - n_Y), \qquad (4.3\text{-}6)$$

c 是真空中的光速，$\overline{\lambda} = c/\overline{\nu}$ 是真空中光的中心波长，n_X 是 X 偏振分量的折射率，n_Y 是 Y 偏振分量的折射率. 于是量 δ 表示 X 偏振分量相对于 Y 分量的相位延迟.

我们顺便注意到，旋转矩阵(4.3-3)式和推迟矩阵(4.3-5)式都是幺正矩阵，即它们具有性质 $\underline{\mathbf{L}}\underline{\mathbf{L}}^{\dagger} = \mathcal{I}$，其中 $\underline{\mathbf{L}}^{\dagger}$ 是 $\underline{\mathbf{L}}$ 的厄密共轭，$\mathcal{I}$ 是单位矩阵，

$$\underline{\mathbf{L}}^{\dagger} = \begin{bmatrix} 1_{11}^{*} & 1_{21}^{*} \\ 1_{12}^{*} & 1_{22}^{*} \end{bmatrix}, \quad \mathcal{I} = \begin{bmatrix} 1 & 0 \\ 0 & 1 \end{bmatrix}. \tag{4.3-7}$$

任何无损的偏振变换的偏振矩阵必具有此性质.

作为最后一个例子，一个指向与 X 轴成 α 角的检偏器的矩阵表示为（见习题4-2）

$$\underline{\mathbf{L}}(\alpha) = \begin{bmatrix} \cos^{2}\alpha & \sin\alpha\cos\alpha \\ \sin\alpha\cos\alpha & \sin^{2}\alpha \end{bmatrix}. \tag{4.3-8}$$

注意这种偏振仪器不是无损的.

于是，每种偏振仪器有自己独有的矩阵表示. 而且，如果光通过一系列这样的仪器，那么它们的联合效应可以用各个仪器单独的矩阵相乘得到的单个矩阵来表示. 比如，若光顺序通过矩阵为 $\underline{\mathbf{L}}_{1}$，$\underline{\mathbf{L}}_{2}$，$\cdots$，$\underline{\mathbf{L}}_{N}$ 的仪器，就有

$$\underline{\mathbf{U}}' = \underline{\mathbf{L}}_{N}\cdots\underline{\mathbf{L}}_{2}\underline{\mathbf{L}}_{1}\underline{\mathbf{U}}, \tag{4.3-9}$$

并且总的效应对于这个系统是和一个单一偏振矩阵等价的

$$\underline{\mathbf{L}} = \underline{\mathbf{L}}_{N}\cdots\underline{\mathbf{L}}_{2}\underline{\mathbf{L}}_{1}, \tag{4.3-10}$$

这里我们观察到的是通常的矩阵乘法规则.

4.3.2　相干矩阵

现在我们回到如何描述光的偏振态的问题. 一般说来，电场向量的方向既可以按照一种复杂的确定性的方式，也可以以随机的方式随时间变化. 对这样的光的一种有用的描述方式是由 Wiener[224] 和 Wolf[228] 引入的相干矩阵.

考虑一个 2×2 矩阵，其定义为

$$\underline{\mathbf{J}} \triangleq \langle \underline{\mathbf{U}}\underline{\mathbf{U}}^{\dagger} \rangle, \tag{4.3-11}$$

其中无穷长时间的时间平均应施行于乘积矩阵的每一元素. $\underline{\mathbf{J}}$ 可以等价地表示为

$$\underline{\mathbf{J}} = \begin{bmatrix} \mathbf{J}_{xx} & \mathbf{J}_{xy} \\ \mathbf{J}_{yx} & \mathbf{J}_{yy} \end{bmatrix}, \tag{4.3-12}$$

其中

$$\begin{aligned} \mathbf{J}_{xx} &\triangleq \langle \mathbf{u}_{X}(t)\mathbf{u}_{X}^{*}(t) \rangle & \mathbf{J}_{xy} &\triangleq \langle \mathbf{u}_{X}(t)\mathbf{u}_{Y}^{*}(t) \rangle \\ \mathbf{J}_{yx} &\triangleq \langle \mathbf{u}_{Y}(t)\mathbf{u}_{X}^{*}(t) \rangle & \mathbf{J}_{yy} &\triangleq \langle \mathbf{u}_{Y}(t)\mathbf{u}_{Y}^{*}(t) \rangle. \end{aligned} \tag{4.3-13}$$

矩阵 $\underline{\mathbf{J}}$ 就是上面提到的相干矩阵. 注意，$\underline{\mathbf{J}}$ 的主对角线上的元素是光的 X 和 Y 偏振分量的平均强度，而非对角元素则是两个偏振分量的交叉相关.

从纯数学的观点，我们可以确定相干矩阵的一些基本性质. 首先，由(4.3-13)式显然有，$\mathbf{J}_{xx}$ 和 $\mathbf{J}_{yy}$ 永远是非负的实数. 其次，矩阵元 $\mathbf{J}_{yx}$ 是矩阵元 $\mathbf{J}_{xy}$ 的

复共轭. 于是, $\underline{J}$ 是一个厄密矩阵, 可以写成以下形式:

$$\underline{J} = \begin{bmatrix} J_{xx} & J_{xy} \\ J_{xy}^* & J_{yy} \end{bmatrix}. \tag{4.3-14}$$

并且, 对 $\mathbf{J}_{xy}$ 的定义直接应用 Schwarz 不等式, 可以证明

$$|J_{xy}| \le |J_{xx}J_{yy}|^{1/2}, \tag{4.3-15}$$

因而 $\underline{J}$ 的行列式是非负的,

$$\det|\underline{J}| = J_{xx}J_{yy} - |J_{xy}|^2 \ge 0. \tag{4.3-16}$$

等价的说法是, $\underline{J}$ 是非负定的. 最后, $\underline{J}$ 矩阵有一个重要性质: 它的迹等于波的时间平均强度

$$\operatorname{tr}[\underline{J}] = J_{xx} + J_{yy} = \langle I \rangle. \tag{4.3-17}$$

若真实的光扰动是一个遍历的随机过程, 则时间平均可以用统计平均代替, 具体地说就是 $\langle I \rangle = \bar{I}$. 我们下面将假定光扰动有遍历性.

当一个光波通过一个偏振仪器时, 它的相干矩阵一般会有变化. 令 $\underline{J}'$ 代表仪器输出端上的相干矩阵, $\underline{J}$ 代表输入端上的相干矩阵. $\underline{J}'$ 和 $\underline{J}$ 有什么关系? 对于窄带光, 很容易找到答案, 只要将描述波的两个偏振分量如何变换的 (4.3-2) 式代入相干矩阵的定义 (4.3-11) 式就行了. 结果为

$$\underline{J}' = \underline{L}\,\underline{J}\,\underline{L}^\dagger, \tag{4.3-18}$$

其中我们用了 $(\underline{L}\,\underline{U})^\dagger = \underline{U}^\dagger\underline{L}^\dagger$.

不同偏振状态下相干矩阵的具体形式, 可从它的矩阵元的定义推出. 下面是一些明显的例子:

$$X \text{ 方向线偏振} \qquad \underline{J} = \bar{I}\begin{bmatrix} 1 & 0 \\ 0 & 0 \end{bmatrix} \tag{4.3-19}$$

$$Y \text{ 方向线偏振} \qquad \underline{J} = \bar{I}\begin{bmatrix} 0 & 0 \\ 0 & 1 \end{bmatrix} \tag{4.3-20}$$

$$\text{与 } X \text{ 轴成 } 45° \text{ 方向线偏振} \qquad \underline{J} = \frac{\bar{I}}{2}\begin{bmatrix} 1 & 1 \\ 1 & 1 \end{bmatrix}. \tag{4.3-21}$$

圆偏振光的情况没有这样明显. 一个波若是通过一个检偏器后的平均强度与检偏器的角取向无关, 并且若其电场矢量的方向以恒定的角速度旋转, 周期为 $1/\bar{\nu}$, $\bar{\nu}$ 仍是波的中心频率, 则这个波是圆偏振的. 迎着波传来的方向看 (也就是对着波源看), 若矢量场的方向随时间顺时针方向转动, 则为右旋圆偏振. 如果反时针方向转动, 则为左旋圆偏振.

对于右旋圆偏振, 解析信号 $\mathbf{u}_X(t)$ 和 $\mathbf{u}_Y(t)$ 之形式为

$$\begin{aligned} \mathbf{u}_X(t) &= \mathbf{A}(t)e^{-j2\pi\bar{\nu}t} \\ \mathbf{u}_Y(t) &= \mathbf{A}(t)e^{-j[2\pi\bar{\nu}t + (\pi/2)]} \end{aligned} \tag{4.3-22}$$

其中 $\mathbf{A}(t)$ 是缓慢变化的复包络. 注意, 在时间间隔 $\Delta t \ll 1/\Delta\nu$ 内, $\mathbf{A}(t)$ 近似为常数, 电场矢量只是在其右旋方向上迅速旋转. 将 (4.3-22) 式代入定义 (4.3-13) 式, 容易求出这种光的相干矩阵, 结果为

$$\text{右旋圆偏振} \qquad \underline{\mathbf{J}} = \frac{\bar{I}}{2}\begin{bmatrix} 1 & j \\ -j & 1 \end{bmatrix}. \qquad (4.3\text{-}23)$$

对于左旋圆偏振, 对应的关系是

$$\begin{aligned} \mathbf{u}_X(t) &= \mathbf{A}(t)\mathrm{e}^{-\mathrm{j}2\pi\bar{\nu}t} \\ \mathbf{u}_Y(t) &= \mathbf{A}(t)\mathrm{e}^{-\mathrm{j}[2\pi\bar{\nu}t-(\pi/2)]} \end{aligned} \qquad (4.3\text{-}24)$$

及

$$\text{左旋圆偏振} \qquad \underline{\mathbf{J}} = \frac{\bar{I}}{2}\begin{bmatrix} 1 & -j \\ j & 1 \end{bmatrix}. \qquad (4.3\text{-}25)$$

特别要注意, 对于两种圆偏振, 两个偏振方向的平均强度相等, 此外, 这两个分量还完全相关, 因为它们的相关系数的大小为 1,

$$|\boldsymbol{\mu}_{xy}| \triangleq \frac{|\mathbf{J}_{xy}|}{|\mathbf{J}_{xx}\mathbf{J}_{yy}|^{1/2}} = 1. \qquad (4.3\text{-}26)$$

下面考虑"自然"光的重要情形. 所谓自然光, 指的是光具有两个重要性质. 第一, 像圆偏振光一样, 自然光在一切方向上的强度相等; 这就是说, 如果令光波通过一个检偏器, 通过的光的平均强度与检偏器的角取向无关. 但是, 和圆偏振情况不同, 自然光的特征是, 其偏振方向随时间完全随机地涨落, 一切角方向都同等可能. 代表自然光的两个偏振分量的解析信号可以写成下面的形式:

$$\begin{aligned} \mathbf{u}_X(t) &= \mathbf{A}(t)\cos\theta(t)\mathrm{e}^{-\mathrm{j}2\pi\bar{\nu}t} \\ \mathbf{u}_Y(t) &= \mathbf{A}(t)\sin\theta(t)\mathrm{e}^{-\mathrm{j}2\pi\bar{\nu}t}, \end{aligned} \qquad (4.3\text{-}27)$$

其中 $\mathbf{A}(t)$ 仍是缓变的复包络, $\theta(t)$ 是缓变的相对于 X 轴的偏振角. 给的时间足够长时, 角 θ 将在区间 $(-\pi,\pi)$ 上以均匀概率分布. 这时容易求出相干矩阵为

$$\underline{\mathbf{J}} = \frac{\bar{I}}{2}\begin{bmatrix} 1 & 0 \\ 0 & 1 \end{bmatrix} = \frac{\bar{I}}{2}\boldsymbol{\mathcal{I}}, \qquad (4.3\text{-}28)$$

其中 $\boldsymbol{\mathcal{I}}$ 仍为单位矩阵. 注意, 不像圆偏振光的情形, 自然光的两个偏振分量之间不存在相关.

容易证明 (见习题4-3), 若使自然光穿过任何无光能损失的仪器 (即具有幺正偏振矩阵的任何仪器) 时, 其相干矩阵保持不变. 因此, 不可能用一种无损的仪器, 在自然光的两偏振分量之间重新引入相关关系.

在结束对相干矩阵的这一初等讨论时, 值得指出的是, 这个矩阵的矩阵元具有一个优点, 即它们是可测量的量. $\mathbf{J}_{xx}$ 和 $\mathbf{J}_{yy}$ 代表 X 和 Y 方向偏振分量的平均强度, 显然可以用一个检偏器依次置于 X 和 Y 方向直接测量. 为了测出复数值元素

$\mathbf{J}_{xy}$，需要做两次测量．先将一个检偏器置于与 X 轴成 $+45°$ 的方向，透过的光强是（见习题 4-4）

$$\overline{I}_1 = \frac{1}{2}\left[\mathbf{J}_{xx} + \mathbf{J}_{yy} + \mathbf{J}_{xy} + \mathbf{J}_{xy}^*\right]$$

$$= \frac{1}{2}\left[\mathbf{J}_{xx} + \mathbf{J}_{yy}\right] + \mathrm{Re}\{\mathbf{J}_{xy}\}. \tag{4.3-29}$$

由于 $\mathbf{J}_{xx}$ 和 $\mathbf{J}_{yy}$ 已知，于是 $\mathbf{J}_{xy}$ 的实部就确定了．再用一个四分之一波片将 Y 分量相对于 X 分量推迟 $90°$，后面再跟一个方向与 X 轴成 $+45°$ 的检偏器，这时通过的光强为（见习题 4-5）

$$\overline{I}_2 = \frac{1}{2}\left[\mathbf{J}_{xx} + \mathbf{J}_{yy} - j\mathbf{J}_{xy} + j\mathbf{J}_{xy}^*\right]$$

$$= \frac{1}{2}\left[\mathbf{J}_{xx} + \mathbf{J}_{yy}\right] + \mathrm{Im}\{\mathbf{J}_{xy}\}. \tag{4.3-30}$$

于是又测定了 $\mathbf{J}_{xy}$ 的虚部，$\mathbf{J}_{xy}$ 现在就完全知道了．由于 $\mathbf{J}_{yx} = \mathbf{J}_{xy}^*$，入射光的整个相干矩阵就知道了．

4.3.3　偏振度

不论是美学考虑还是从实用出发，我们都很想找到单个参量，能够刻画一个波的偏振程度．对于线偏振波，这个参量应当取其最大的可能值（为方便定为 1），因为从任何合理的定义来看，这个波都是完全偏振的．对于圆偏振光，这个参量也应当取其极大值，因为圆偏振光可以被一块四分之一波长延迟片变成线偏振光，而不损失功率．对于自然光的情形，这个参量应当取值零，因为这时的偏振方向是全然随机的和不能预告的，并且在任何无损的偏振变换下保持这种状态．

一个度量两个偏振分量之间统计依赖程度的参量，将很理想地适合于我们的目标．但是一般说来，要求出这样一个参量需要有关于 $\mathbf{u}_X(t)$ 和 $\mathbf{u}_Y(t)$ 的联合统计的完整知识．为简单起见，我们采用对偏振度的一种更为有限的测度，它只依赖于相干矩阵的各个相关参量 $\mathbf{J}_{xx}$、$\mathbf{J}_{yy}$ 和 $\mathbf{J}_{xy}$．这样的定义在大多数应用中是很合适的，特别是对热光，这时 Gauss 型统计保证了没有相关就等价于统计独立．不过，也不难找出这样的反例：一个光波的相干矩阵和自然光的相干矩阵完全相同，然而它的偏振方向却是完全决定性的和可以预言的（见习题 4-6）．在指出这些可能的陷阱之后，我们来考虑基于相干矩阵性质的偏振度 P 的定义．

那些我们可以合乎逻辑地称为完全偏振的光（如线偏振光或圆偏振光），同那些我们合乎逻辑地称为非偏振的光（如自然光），它们的相干矩阵之间最关键的差别是什么呢？差别并不仅仅在于有没有非对角元素，只要比较沿 X 轴方向的线偏振光和与 X 轴成 $+45°$ 的线偏振光就可以看出，它们都是完全偏振光．

下面的物理考察能够提供一些帮助. 对于在与 X 轴成 $+45°$ 角方向上的线偏振光, 可以使坐标系简单地旋转 $+45°$, 消去相干矩阵的非对角分量, 这是一个无损变换. 相仿地, 对于圆偏振光, 一个四分之一波片后面接一个 $45°$ 的坐标旋转, 将得出沿 X 轴线偏振的光, 从而使相干矩阵对角化, 这又是一个无损变换. 于是, 偏振光和非偏振光之间的关键差别, 也许在于无损对角化之后相干矩阵的形式.

对这一想法的进一步支持来自矩阵理论的某些普遍结果. 能够证明, 对每个厄密矩阵 $\underline{\mathbf{J}}$, 存在一个么正矩阵变换 $\underline{\mathbf{P}}$, 使得

$$\underline{\mathbf{P}}\,\underline{\mathbf{J}}\,\underline{\mathbf{P}}^{\dagger} = \begin{bmatrix} \lambda_1 & 0 \\ 0 & \lambda_2 \end{bmatrix}, \qquad (4.3\text{-}31)$$

其中 λ_1 和 λ_2 是 $\underline{\mathbf{J}}$ 的 (实值) 本征值 (见文献 [196], 第 5 章). 而且, 如上所述, 任何相干矩阵都是非负定的, 因此, λ_1 和 λ_2 都是非负的. 用物理语言来解释这些事实, 那就是对每个波都存在一个无损耗的偏振仪器, 它将消去 X 偏振分量和 Y 偏振分量之间的任何关联. 所需要的仪器 (即所需要的 $\underline{\mathbf{P}}$) 依赖于初始相干矩阵 $\underline{\mathbf{J}}$, 但是总可以通过一个坐标旋转和一块延迟片的组合来实现[160].

若 λ_1 和 λ_2 完全相同 (像自然光那样), 显然偏振度 (不论我们怎样定义它) 必定为零. 如果 λ_1 和 λ_2 之中有一个为零 (像沿 X 轴或 Y 轴的线偏振光那样), 那么偏振度显然必定为 1. 为了得到偏振度的一个合乎逻辑的定义, 我们注意到对角化的相干矩阵总可以写成下面的形式:

$$\begin{bmatrix} \lambda_1 & 0 \\ 0 & \lambda_2 \end{bmatrix} = \begin{bmatrix} \lambda_2 & 0 \\ 0 & \lambda_2 \end{bmatrix} + \begin{bmatrix} \lambda_1 - \lambda_2 & 0 \\ 0 & 0 \end{bmatrix}, \qquad (4.3\text{-}32)$$

其中我们不失普遍性地假设 $\lambda_1 \geqslant \lambda_2$. 我们认出右边第一个矩阵代表平均强度为 $2\lambda_2$ 的非偏振光, 而第二个矩阵则代表强度为 $\lambda_1 \geqslant \lambda_2$ 的沿 X 轴方向的线偏振光. 于是具有任意偏振性质的光可以表示为偏振分量和非振分量之和. 我们定义这个波的偏振度为偏振分量的平均强度与总平均强度之比, 即

$$\mathcal{P} \triangleq \frac{\lambda_1 - \lambda_2}{\lambda_1 + \lambda_2}. \qquad (4.3\text{-}33)$$

于是就得到了一个一般的定义.

偏振度还可以用原来的相干矩阵的元素表示出来. 为此, 我们注意到, 按照定义, 本征值 λ_1 和 λ_2 是方程

$$\det[\underline{\mathbf{J}} - \lambda\boldsymbol{\mathcal{I}}] = 0. \qquad (4.3\text{-}34)$$

的解. 对得到的关于 λ 的二次方程直接求解得到

$$\lambda_{1,2} = \frac{1}{2}\mathrm{tr}[\underline{\mathbf{J}}]\left[1 \pm \sqrt{1 - 4\frac{\det[\underline{\mathbf{J}}]}{(\mathrm{tr}[\underline{\mathbf{J}}])^2}}\right], \qquad (4.3\text{-}35)$$

其中 $\mathrm{tr}[\underline{\mathbf{J}}]$ 仍代表矩阵 $\underline{\mathbf{J}}$ 的迹. 于是偏振度可以写为

$$\mathcal{P} = \sqrt{1 - 4\frac{\det[\mathbf{J}]}{(\text{tr}[\mathbf{J}])^2}}. \tag{4.3-36}$$

不难证明，对相干矩阵的任何幺正变换，不会影响该矩阵的迹．结果，我们总是可以认为，部分偏振波的强度是两个不相关的场分量的强度 λ_1 和 λ_2 之和．这两个分量的平均强度可以通过偏振度表示如下：

$$\bar{I}_1 = \lambda_1 = \frac{1}{2}(1 + \mathcal{P})\bar{I}$$
$$\bar{I}_2 = \lambda_2 = \frac{1}{2}(1 - \mathcal{P})\bar{I}, \tag{4.3-37}$$

其中我们注意到了 $\text{tr}[\mathbf{J}] = \bar{I}$，并且将（4.3-36）式代入了（4.3-35）式中．若光来自热光源，那么相联系的 Gauss 型统计就意味着，不相关就等同于统计独立．对于场分量和对应的强度，都是如此，因为不相关的场分量都是由使相干矩阵对角化的幺正变换得到的[①]．

上面对部分偏振光的讨论并没有包罗一切，许多有趣的题目都被忽略了．我们特别要提到 Stokes 参量、Mueller 矩阵和 Poincaré 球，它们都未在此提及．不过，我们要把讨论限于对以后的内容特别有用的那些方面．因此，读者若想要讨论这里忽略的那些概念，请参看文献 [230]（8.2.4 节）和 [155]（9.4 节）．

4.3.4　瞬时强度的一阶统计

我们现在来推导偏振度 P 任意的热光的瞬时强度的概率密度函数，以此结束对部分偏振光的讨论．我们在上一节已看到，总可以把一个部分偏振光波的瞬时强度表示成两个不相关的强度分量之和，

$$I(P,t) = I_1(P,t) + I_2(P,t). \tag{4.3-38}$$

并且，若光是热源光，由于其基础的复数 Gauss 场的独立性，两个强度分量也是统计独立的．这两个分量的平均强度由（4.3-37）式给出．

由于 I_1 和 I_2 是圆形复数 Gauss 场的模的平方，它们每一个都服从负指数统计，即

$$p_{I_1}(I_1) = \frac{2}{(1 + \mathcal{P})\bar{I}} \exp\left(-\frac{2I_1}{(1 + \mathcal{P})\bar{I}}\right)$$
$$p_{I_2}(I_2) = \frac{2}{(1 - \mathcal{P})\bar{I}} \exp\left(-\frac{2I_2}{(1 - \mathcal{P})\bar{I}}\right) \tag{4.3-39}$$

其中 $I_1 \geq 0$，$I_2 \geq 0$. 总强度 I 的概率密度函数的最容易的求法，是先计算特征函数 $\mathbf{M}_I(\omega)$，然后对结果作 Fourier 反演．利用 I_1 和 I_2 的独立性，可将此特征函数表

---

① 我们隐晦地用了这一事实：圆形复 Gauss 型场统计在任何线性变换下保留原统计特性．其证明见文献 [81]，附录 A.

示为两个特征函数之积（见习题4-7）：

$$\mathbf{M}_I(\omega) = \left[\frac{1}{1 - j\frac{\omega}{2}(1 + \mathcal{P})\bar{I}}\right]\left[\frac{1}{1 - j\frac{\omega}{2}(1 - \mathcal{P})\bar{I}}\right]$$

$$= \frac{(1 + \mathcal{P})/2\mathcal{P}}{1 - j\frac{\omega}{2}(1 + \mathcal{P})\bar{I}} - \frac{(1 - \mathcal{P})/2\mathcal{P}}{1 - j\frac{\omega}{2}(1 - \mathcal{P})\bar{I}}, \tag{4.3-40}$$

其中最后一步用了部分分式展开. 然后一个 Fourier 变换反演就给出密度函数的形式为

$$p_I(I) = \begin{cases} \dfrac{1}{\mathcal{P}\bar{I}}\left(\exp\left[-\dfrac{2I}{(1 + \mathcal{P})\bar{I}}\right] - \exp\left[-\dfrac{2I}{(1 - \mathcal{P})\bar{I}}\right]\right) & I \geqslant 0 \\ 0 & I < 0. \end{cases} \tag{4.3-41}$$

对 $\mathcal{P}$ 的几个值的这个密度函数画在图 4.5 中. 我们看到, 结果在 $\mathcal{P} = 1$ 和 $\mathcal{P} = 0$ 的情形分别与图 4.2 和图 4.3 一致.

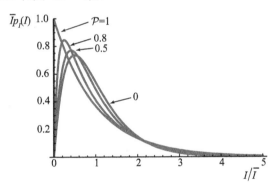

图 4.5 偏振度为 $\mathcal{P}$ 的热源光的瞬时强度的功率密度函数

最后, 容易证明（见习题4-8）, 对部分偏振热源光, 瞬时强度的标准偏差 σ_I 为

$$\sigma_I = \sqrt{\frac{1 + \mathcal{P}^2}{2}}\,\bar{I}. \tag{4.3-42}$$

注意极限情况：$\mathcal{P} = 1$ 时 $\sigma_I = I$, $\mathcal{P} = 0$ 时 $\sigma_I = \sqrt{1/2}\,\bar{I}.$

4.4 单模激光

考察了自然界中最常遇到的光——热光的一阶统计性质之后, 现在我们来关注一个更复杂的问题, 即为激光振荡器产生的光的一阶统计性质建立模型. 这个问题之所以困难, 不只是由于哪怕是描述最简单的激光器工作的物理机制也非常复杂, 而且还因为存在着大量的不同种类的激光器. 不能指望用一个模型就能够

精确描述一切可能情况下的激光的统计性质. 我们能够做到的充其量是提出几个越来越复杂的理想化的模型, 它们描述激光的某些理想化的性质.

作为背景知识, 我们用直观方式简要地描述一下激光器的作用原理. 激光器由原子、分子, 或者在半导体激光器的情形下, 则是载流子, 的集合构成, 它们被一个能源 ("泵") 激发, 并被封装在一个谐振腔中, 谐振腔提供了反馈. 被激发的介质的自发辐射被谐振腔的终端镜反射, 再次穿过激活介质, 在那里它被受激发射加强. 每次穿越激活介质的受激发射贡献, 只有对某些分立的频率或模式, 才会相长叠加. 一部分产生的光, 穿过谐振腔的微弱透射的终端反射镜漏出, 提供了激光器的输出光.

重要的是, 读者应当知道, 我们这里的讨论将限于激光器的 "经典" 模型, 而更复杂的量子力学模型也得到了广泛的研究 (例如, 见文献 [139], 18.4 节). 经典模型与量子力学模型的预言的分歧, 仅仅发生在低光子发射率的情形, 而对于这里感兴趣的应用, 经典模型已完全够用了. 一个给定模式是否会发生振荡, 取决于在这个特定的模式上激活介质的增益是否超过各种损耗. 若增益正好等于损耗, 我们就说 (不严格地) 此模式处于 "阈值" 上. 增大泵运功率可以增大增益. 但是当振荡发展起来之后, 过程的非线性最终会使增益饱和, 阻止增益随着泵运功率的增加而进一步增大. 不过我们将会看到, 发射的辐射的统计性质要受到泵运超出阈值的程度的影响. 此外, 随着泵运功率增大, 一般地说, 谐振腔将会有更多模式到达阈值, 输出中将包含不同频率上的好几条振荡谱线. 于是我们就可以分辨工作在单个振荡模式上的激光器和以多个振荡模式发光这两种情形. 我们在本节考虑单模激光器, 然后在下一节再考虑多模激光器.

4.4.1　理想振荡

激光的最理想化的模型是一个纯单色波, 它有已知的振幅 S, 已知的频率 $\bar{\nu}$, 以及固定然而未知的绝对相位 ϕ. 假设这个信号是线偏振的, 其实数值表示是

$$u(t) = S\cos(2\pi\bar{\nu}t - \phi). \tag{4.4-1}$$

为了包含我们完全不知道振荡的绝对相位的实际情况, 必须把 ϕ 看成一个随机变量, 均匀分布在 $(-\pi, \pi)$ 上. 其结果是一个随机过程表示, 它既是平稳的又是遍历的.

要求这种光的瞬时强度的一阶概率密度函数, 先计算它的特征函数. 由于过程是平稳的, 可以令 $t = 0$, 这时有

$$
\begin{aligned}
\mathbf{M}_U(\omega) &= E[\exp(j\omega S\cos\phi)] \\
&= \frac{1}{2\pi}\int_{-\pi}^{\pi}\exp(j\omega S\cos\phi)\,\mathrm{d}\phi = \mathrm{J}_0(\omega S),
\end{aligned}
\tag{4.4-2}
$$

其中 J_0 是一个第一类零阶 Bessel 函数. 这个特征函数的 Fourier 反演给出概率密度函数（见文献［24］，第 21 章）

$$p_U(u) = \begin{cases} (\pi \sqrt{S^2 - u^2})^{-1} & |u| \leqslant S \\ 0 & \text{其他,} \end{cases} \tag{4.4-3}$$

它画在图 4.6（a）中.

至于信号 $u(t)$ 的强度，我们有

$$I = |S\exp[-\mathrm{j}(2\pi\bar{\nu}t - \phi)]|^2 = S^2.$$

于是 I 的概率密度函数可以写成

$$p_I(I) = \delta(I - S^2) \tag{4.4-4}$$

或等价地

$$S^2 p_I(I) = \delta(I/S^2 - 1), \tag{4.4-5}$$

它画在图 4.6（b）中.

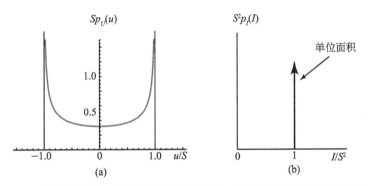

图 4.6　一个未知相位的理想单色波的振幅（a）和强度（b）的概率密度函数

4.4.2　具有随机的瞬时频率的振荡

建立一个更现实的模型的第一步，是将以下情况纳入进来：没有一个真实的振荡具有完全恒定的相位. 相反，相位在一定程度上与激光器的类型和为稳定性所采取的预防措施有关，它随时间随机涨落. 于是，我们将（4.4-1）式修改为

$$u(t) = S\cos[2\pi\bar{\nu}t - \theta(t)], \tag{4.4-6}$$

其中 $\theta(t)$ 代表相位的时间涨落，并且我们已将固定但随机的相位 ϕ 吸收进 $\theta(t)$ 的定义中.

随机涨落的相位分量可以有各种来源，包括激光器终端反射镜的声学耦合振动，或更重要的是，任何噪声驱动的振荡器输出中固有的噪声. 在一切情形下，相位涨落都可以视为等同于振荡频率的随机涨落.

为了使这些观念更精密，令振荡模式的总相位表示为 $\psi(t)$，

$$\psi(t) = 2\pi\bar{\nu}t - \theta(t). \tag{4.4-7}$$

于是可以定义振荡的瞬时频率为

$$\nu_i(t) \triangleq \frac{1}{2\pi}\frac{\mathrm{d}\psi(t)}{\mathrm{d}t} = \bar{\nu} - \frac{1}{2\pi}\frac{\mathrm{d}\theta(t)}{\mathrm{d}t} \tag{4.4-8}$$

我们看到，它的构成是一个平均频率 $\bar{\nu}$ 减去一个随机涨落分量

$$\nu_R(t) \triangleq \frac{1}{2\pi}\frac{\mathrm{d}\theta(t)}{\mathrm{d}t}. \tag{4.4-9}$$

在大多数感兴趣的情况下，可以认为产生频率涨落的物理过程产生了瞬时频率的一个零均值的平稳涨落 $\nu_R(t)$，由此可知

$$\theta(t) = 2\pi\int_{-\infty}^{t}\nu_R(\xi)\mathrm{d}\xi \tag{4.4-10}$$

是一个非平稳随机过程，虽然下面的论据表明它是一阶增量平稳的. $\theta(t)$ 的结构函数（见 3.4.4 节）与时间原点无关，证明如下：

$$\begin{aligned} D_\theta(t_2,t_1) &= \overline{[\theta(t_2) - \theta(t_1)]^2} = \overline{\left[2\pi\int_{t_1}^{t_2}\nu_R(\xi)\mathrm{d}\xi\right]^2} \\ &= 4\pi^2\overline{\left\{\int_{-\infty}^{\infty}\mathrm{rect}\left[\frac{\xi - \left(\frac{t_1 + t_2}{2}\right)}{t_2 - t_1}\right]\nu_R(\xi)\mathrm{d}\xi\right\}^2} \\ &= 8\pi^2\tau\int_0^\tau\left(1 - \frac{\eta}{\tau}\right)\Gamma_\nu(\eta)\mathrm{d}\eta? \end{aligned} \tag{4.4-11}$$

其中 Γ_ν 是 $\nu_R(t)$ 的自相关函数，$\tau = t_2 - t_1$，并且进行了与用来得到（3.7-28）式的演算相类似的演算. 若时间延迟 τ 比 $\nu_R(t)$ 的相关时间长得多，那么结构函数可以简化为

$$D_\theta(\tau) \approx 8\pi^2\tau\int_0^\infty\Gamma_\nu(\eta)\mathrm{d}\eta, \tag{4.4-12}$$

或者用文字表述，方均相位差与时间间隔 τ 成正比. 这一性质也是扩散过程和自由粒子的 Brown 运动的特征.

至于振幅恒定而相位随机变化的波的振幅和强度的概率密度函数，它们与图 4.6 中所示的概率密度函数相同，因为相位仍然是均匀分布在区间 $(-\pi, \pi)$ 上，强度仍为常数.

4.4.3 Van der Pol 振子模型

进一步增加模型的复杂程度，是允许一个模式的振幅在时间中随机涨落，在实际中这永远会在某种程度上发生. 将这些涨落包括进来的一个方法，是将激光器描述为一个噪声驱动的振荡器[4,34].

Van der Pol 振子方程　作为背景知识，一个噪声驱动的串联 *RLC* 电路的输

出电压 $u(t)$ 遵从非齐次微分方程

$$\frac{\mathrm{d}^2 u}{\mathrm{d}t^2} + \gamma \frac{\mathrm{d}u}{\mathrm{d}t} + \overline{\omega}^2 u = \overline{\omega}^2 N(t), \tag{4.4-13}$$

其中 $\gamma = R/L$ 与耗损成正比，$\overline{\omega} = 2\pi\overline{\nu}$，$N(t)$ 是噪声驱动电压，它是一个随机过程的样本函数. 虽然这个方程非常明显地对一个电子振荡器成立，它也对一个光振荡器成立，这时 $u(t)$ 是振子的场强，$N(t)$ 是驱动噪声项的场强，可以认为它是自发发射噪声. 由于自发发射是热光，可以认为 $N(t)$ 是 Gauss 型噪声，它的谱的中心在 $\overline{\nu}$，带宽由与激光器的工作介质相联系的线宽决定.

若振荡器既包含耗损元件又包含增益元件，这个模型的形式就变为

$$\frac{\mathrm{d}^2 u}{\mathrm{d}t^2} + (\gamma - \alpha) \frac{\mathrm{d}u}{\mathrm{d}t} + \overline{\omega}^2 u = \overline{\omega}^2 N(t), \tag{4.4-14}$$

其中 α 是一个与增益成正比的系数. 但是，这个模型仍是不完备的，因为若 $\alpha > \gamma$，输出将无限增大，而对于一个实际的振荡器，增益终将饱和. Van der Pol 振子方程是一个模型，它通过纳入一个随振荡器输出功率的增大而增长的损耗项，将这种饱和效应考虑进来. 这样的振荡器可以用 Van der Pol 振子方程的一种形式描述：

$$\frac{\mathrm{d}^2 u}{\mathrm{d}t^2} + (\gamma - \alpha) \frac{\mathrm{d}u}{\mathrm{d}t} + \beta \left(u^2 \frac{\mathrm{d}u}{\mathrm{d}t} \right)_{l.f.} + \overline{\omega}^2 u = \overline{\omega}^2 N(t), \tag{4.4-15}$$

其中 β 是一个非线性系数，$(\ )_{l.f.}$ 表示只保留这一项的低频部分，即只保留在频率 $\overline{\omega}$ 上的项，而以更高的频率为中心的项则弃去.

方程的线性化　当增益等于损耗时，我们说激光器振子达到了阈值. 当增益超出损耗很多时，我们说激光器牢靠地高于阈值，其输出可以合理地表示为一个强的相位调制正弦波加上一个弱的以 $\overline{\omega} = 2\pi\overline{\nu}$ 为中心频率或靠近该频率的窄带噪声，即

$$u(t) = S\cos[\overline{\omega}t - \theta(t)] + u_n(t), \tag{4.4-16}$$

其中 S 是固定的振幅，$\theta(t)$ 是随时间变化的相位(与 $\overline{\omega}t$ 相比变化很缓慢)，而 $u_n(t)$ 是振荡器输出中的一个随时间变化的小的窄带噪声分量. 我们把余弦项称为激光器输出的"信号"分量，$u_n(t)$ 项称为输出的"噪声"分量. 特别要注意的是，与噪声 $u_n(t)$ 的时间变化率相比，$\theta(t)$ 变化非常慢，这是由于输出的信号分量的非常窄的带宽. 假设了这样的输出并将它代入方程，由于 $\theta(t)$ 的变化率很小和 $u_n(t)$ 很小，可以作一些简化. 我们弃去 $\ddot{\theta}$，$(\dot{\theta})^2$，$\dot{\theta}\dot{u}_n$ 和关于 $\dot{\theta}$ 为线性的项，除非这类项与 $\overline{\omega}$ 相乘①. 细节有点冗长乏味，但是可以从符号运算软件如 Mathematica 得到帮助，结果是

---

① $\ddot{\theta}$ 代表 $\mathrm{d}^2\theta/\mathrm{d}t^2$，$\dot{\theta}$ 代表 $\mathrm{d}\theta/\mathrm{d}t$，$\dot{u}$ 代表 $\mathrm{d}u_n/\mathrm{d}t$.

$$\ddot{u}_n(t) + \left(-\alpha + \frac{S^2\beta}{2} + \gamma\right)\dot{u}_n(t) + \overline{\omega}^2 u_n(t)$$

$$+ 2S\overline{\omega}\dot{\theta}(t)\cos[\overline{\omega}t - \theta(t)]$$

$$+ \left(S\overline{\omega}\alpha - \frac{1}{4}S^3\overline{\omega}\beta - S\overline{\omega}\gamma - \langle u_n^2(t)\rangle S\overline{\omega}\beta\right)\sin[\overline{\omega}t - \theta(t)]$$ (4.4-17)

$$= \overline{\omega}^2 N(t),$$

其中 $\langle\cdot\rangle$ 代表一个无穷时间平均. 在遍历性假定下, 当振荡器工作在完全饱和状态下时, 在下面的表示式中, 可以将 $\langle u_n^2(t)\rangle$ 换成噪声 $u_n(t)$ 的方差 σ_n^2.

注意到 $N(t)$ 的中心频率在 $\overline{\omega}$ 上, 并且它随时间的变化比 $\theta(t)$ 快得多, 有助于我们进一步作简化. 这允许我们将 $\theta(t)$ 当作准常量处理, 并且将 $N(t)$ 展开为与这个输出信号同相位和正交的两个分量,

$$N(t) = N_c(t)\cos[\overline{\omega}t - \theta(t)] + N_s(t)\sin[\overline{\omega}t - \theta(t)].$$ (4.4-18)

注意在 $N(t)$ 里, 一半的平均功率包含在第一项中, 一半在第二项中. $N_c(t)$ 和 $N_s(t)$ 都有低通功率谱, 并且若 $N(t)$ 是 Gauss 型随机过程, 那么 $N_c(t)$ 和 $N_s(t)$ 也是. 将这个 $N(t)$ 的表示式代入 (4.4-17) 式, 我们可以看出在这一个方程里实际上包含了三个分开的方程. 注意到 (4.4-17) 式的左边包含准周期项和随机项而右边仅含随机项, 就得出了这个结论. 这使我们将这个总的方程分解成三个分开的方程, 如下所示:

$$(\alpha - \gamma) - \beta\left(\frac{S^2}{4} + \sigma_n^2\right) = 0$$ (4.4-19)

$$2S\overline{\omega}\dot{\theta} = \overline{\omega}^2 N_c(t)$$ (4.4-20)

$$\ddot{u}_n(t) + \left(\gamma - \alpha + \frac{\beta}{2}S^2\right)\dot{u}_n(t) + \overline{\omega}^2 u_n(t) = \overline{\omega}^2 N_s(t)\sin[\overline{\omega}t - \theta(t)].$$ (4.4-21)

第一个方程 (4.4-19) 可以对 S^2 求解, S^2 代表与振荡器输出的信号部分相联系的饱和功率水平的两倍,

$$S^2 = 4\left(\frac{\alpha - \gamma}{\beta} - \sigma_n^2\right).$$ (4.4-22)

类似地, 同一方程也可以对 σ_n^2 求解,

$$\sigma_n^2 = \frac{\alpha - \gamma}{\beta} - \frac{S^2}{4},$$ (4.4-23)

它表明, 对于固定的抽运水平, 输出的噪声分量的功率随着信号功率的增大而减小, 这是增益饱和的结果.

第二个方程 (4.4-20) 提供了关于输出的信号分量的相位 $\theta(t)$ 的统计性质的信息. 为了简单, 假设在 $t = -\infty$ 时达到饱和, 这个简单方程的解为

$$\theta(t) = \frac{\overline{\omega}}{2S}\int_{-\infty}^t N_c(\xi)\,\mathrm{d}\xi.$$ (4.4-24)

由于 $N_c(t)$ 是 Gauss 型的, 我们看到, 这个模型预言的 $\theta(t)$ 是一个上一节假设的那种扩散型相位. 信号分量的瞬时频率为

$$\omega_i(t) = 2\pi\nu_i = \overline{\omega} + \frac{\mathrm{d}\theta(t)}{\mathrm{d}t} = \overline{\omega}\left(1 + \frac{N_c(t)}{2S}\right), \qquad (4.4\text{-}25)$$

我们看到, 它是一个 Gauss 型随机过程, 在 $\overline{\omega}$ 的周围涨落, 对于 $N_c(t)$ 中的固定功率, 涨落的幅度随着输出信号分量的增大而减小.

输出噪声功率和噪声带宽 第三个方程 (4.4-21) 提供了激光器输出的噪声分量与驱动激光器的自发发射噪声的正交分量之间的关系. 对于激光器的输出信号分量的一个固定水平 S, 这个方程是一个简单的二阶非齐次线性微分方程. 求出联系驱动信号 $N_s(t)\sin[\overline{\omega}t - \theta(t)]$ 与响应 $u_n(t)$ 的传递函数, 将得到许多关于 $u_n(t)$ 的性质的深入知识. 将 $N_s(t)\sin[\overline{\omega}t - \theta(t)]$ 换成一个驱动项 $\mathrm{e}^{-\mathrm{j}\omega t}$, 假设一个 $\mathbf{H}(\omega)\mathrm{e}^{-\mathrm{j}\omega t}$ 形式的解, 并消掉指数项, 允许我们求出传递函数

$$\mathbf{H}(\omega) = \frac{\overline{\omega}^2}{(\overline{\omega}^2 - \omega^2) - \mathrm{j}b\omega}, \qquad (4.4\text{-}26)$$

其中

$$b \triangleq \gamma - \alpha + \frac{\beta}{2}S^2 > 0. \qquad (4.4\text{-}27)$$

还应当说明的是, 由于驱动噪声和激光器输出的噪声分量由 (4.4-21) 式线性地相联系, $N_s(t)$ 遵从 Gauss 型统计就意味着, 在我们所作的为得到三个重要方程的线性化假设下, $u_n(t)$ 也遵从 Gauss 型统计.

输出中的噪声功率 σ_n^2 可以从驱动项 $N_s(t)\sin[\overline{\omega}t - \theta(t)]$ 的 (双边) 功率谱密度 $\mathcal{G}_s(\nu)$ 来计算. 我们可以合理地假设自发发射噪声的功率谱密度在由 $H(\omega)$ 描述的滤波器的窄通带上是白噪声. 于是取 $N(t)$ 的双边功率谱密度为 $N_0/2$ (W/Hz). 它等价于每单位角频率 ω (2πHz) 上 πN_0 W. $N_s(t)\sin[\overline{\omega}t - \theta(t)]$ 项仅携带总功率的一半, 另一半是由同相分量 $N_c(t)\cos[\overline{\omega}t - \theta(t)]$ 携带的, 因此在角频率空间中由正交分量携带的双侧功率谱密度为 $\pi N_0/2$. 因此, $u_n(t)$ 中的总噪声功率为

$$
\begin{aligned}
\sigma_n^2 &= \frac{\pi N_0}{2}\int_{-\infty}^{\infty} |\mathbf{H}(\omega)|^2 \mathrm{d}\omega \\
&= \frac{\pi N_0}{2}\int_{-\infty}^{\infty} \frac{\overline{\omega}^4}{b^2\omega^2 + \omega^4 - 2\omega^2\overline{\omega}^2 + \overline{\omega}^4}\,\mathrm{d}\omega \qquad (4.4\text{-}28)\\
&= \pi N_0\overline{\omega}\int_0^{\infty} \frac{1}{\dfrac{b^2}{\overline{\omega}^2}x^2 + x^4 - 2x^2 + 1}\,\mathrm{d}x = \frac{\pi^2\overline{\omega}^2 N_0}{2b}.
\end{aligned}
$$

由于 σ_n^2 与 b 成反比, 而 b 又随着信号功率 S^2 增大, 我们看到, 输出的噪声分量中的功率随着输出信号功率的增大而减小, 与 (4.4-23) 式一致.

通过求归一化量 $|\mathbf{H}(\omega)/\mathbf{H}(\overline{\omega})|^2$ 之下的面积，我们求得输出的噪声分量的有效带宽为

$$\Delta\omega = \pi b/2, \tag{4.4-29}$$

于是输出的噪声分量的带宽随着输出信号功率的增大而增加.

噪声输出的同相分量和正交分量　不过，当 $u_n(t)$ 被自发发射噪声（提供了相位参考的输出的信号分量）的正交分量驱动时，在输出噪声里既有同相分量，又有正交分量. 使问题进一步复杂化的是，$\mathbf{H}(\omega)$ 的实部产生一个噪声输出分量，它同输出的信号分量是正交的（由于驱动项是 $N(t)$ 的正交分量），而 $\mathbf{H}(\omega)$ 的虚部产生一个噪声输出分量，它同输出的信号分量是同相的. 令 $H_R(\omega)$ 表示 $\mathbf{H}(\omega)$ 的实部，$H_I(\omega)$ 表示虚部. 由于 $|\mathbf{H}(\omega)|^2 = H_R^2(\omega) + H_I^2(\omega)$，量 $H_R^2(\omega)$ 和 $H_I^2(\omega)$ 分别决定了功率从 $N(t)$ 到输出噪声的正交分量和同相分量的传递. 容易求出量 $H_R(\omega)$ 和 $H_I(\omega)$ 为

$$H_R(\omega) = \frac{\overline{\omega}^2(\overline{\omega}^2 - \omega^2)}{b^2\omega^2 + (\overline{\omega}^2 - \omega^2)^2} \tag{4.4-30}$$

$$H_I(\omega) = \frac{b\omega\overline{\omega}^2}{b^2\omega^2 + (\overline{\omega}^2 - \omega^2)^2}. \tag{4.4-31}$$

令 σ_R^2 和 σ_I^2 分别代表被 H_R^2 和 H_I^2 通过的噪声分量的方差，我们求出这些项中的每一项对 $u_n(t)$ 的功率做出同样大小的贡献，

$$\sigma_R^2 = \sigma_I^2 = \frac{\pi^2\overline{\omega}^2 N_0}{4b}. \tag{4.4-32}$$

此外，求出这两个噪声分量之间的相关为

$$\mu = \frac{\int_{-\infty}^{\infty} H_R(\omega) H_I(\omega)\,\mathrm{d}\omega}{\sqrt{\int_{-\infty}^{\infty} H_R^2(\omega)\,\mathrm{d}\omega \int_{-\infty}^{\infty} H_I^2(\omega)\,\mathrm{d}\omega}} = 0, \tag{4.4-33}$$

上式之值为零可以这样导出，即注意到 $H_R(\omega)$ 在 $\omega = \overline{\omega}$ 周边为奇函数，而 $H_I(\omega)$ 在 $\omega = \overline{\omega}$ 周边为偶函数.

到此为止，我们对远远超出阈值的激光器输出中的噪声场 $u_n(t)$ 已经知道很多. 特别是，我们知道这个场的同相部分和正交部分是 Gauss 型的，有相同的方差，是不相关的因而是独立的. 现在我们转而用这些知识来描述激光器输出上的总场和强度的统计性质，激光器仍然远在阈值之上，这里我们对 Van der Pol 振子方程的线性化是成立的.

总输出的场和强度的统计性质　为了理解这个模型描述的激光器辐射的统计性质，将实值解转换为解析信号表示会带来方便，后者取如下形式：

$$\begin{aligned}\mathbf{u}(t) &= \mathbf{U}(t)\exp(-\mathrm{j}2\pi\overline{\nu}t) = \mathbf{S}(t)\exp(-\mathrm{j}2\pi\overline{\nu}t) + \mathbf{u}_n(t)\\ &= [\mathbf{S}(t) + \mathbf{U}_n(t)]\exp(-\mathrm{j}2\pi\overline{\nu}t),\end{aligned} \tag{4.4-34}$$

或者等价地

$$\mathbf{U}(t) = \mathbf{S}(t) + \mathbf{U}_n(t) . \qquad (4.4\text{-}35)$$

其中 $\mathbf{U}(t)$ 是激光器总输出的相矢量表示，$\mathbf{S}(t)$ 是随时间变化的相矢量或复包络，代表输出的信号分量，

$$\mathbf{S}(t) = S\exp[-\mathrm{j}\theta(t)] , \qquad (4.4\text{-}36)$$

而由于输出的噪声分量具有分布完全相同且相互独立的 Gauss 型同相和正交分量，$\mathbf{U}_n(t)$ 是一个圆形复 Gauss 型噪声相矢量，代表窄带噪声 $\mathbf{u}_n(t)$.

　　回想起得到解的一个假设是 $\overline{|\mathbf{U}_n(t)|^2} \ll |\mathbf{S}(t)|^2$，我们的结论是，复包络 $\mathbf{U}(t)$ 的一阶统计乃是一个大的恒定长度的相矢量加上一个小的复数圆形 Gauss 型噪声分量的一阶统计，与 2.9.5 节讨论的情形完全相同. 由于我们感兴趣的是时间中一点的场和强度的统计，相位 $\theta(t)$ 的具体值并不重要，我们永远可以这样挑选相位参考值，使得在这一特定时刻与 $\theta(t)$ 之值重合.

　　改写 2.9.5 节的结果，并令 $U = |\mathbf{U}|$，我们得到总输出场 U 的振幅的概率密度函数为

$$p_U(U) \approx \frac{1}{\sqrt{2\pi}\sigma_n} \exp\left[-\frac{(U-S)^2}{2\sigma_n^2}\right] , \quad S \gg \sigma_n , \qquad (4.4\text{-}37)$$

其中 σ_n 是实值噪声 $u_n(t)$ 的标准偏差. 于是激光器的输出的振幅有一个随机涨落，主要由输出噪声的同相分量引起，并且在很好的近似程度上遵从 Gauss 型统计，均值为 S，标准偏差为 σ_n. 再次采用 2.9.5 节的结果，与结果联系的相位 ϕ（它与随机相位 $\theta(t)$ 相关），主要是受与信号正交的输出噪声分量的干扰，也服从 Gauss 型统计，

$$p_\Phi(\phi) \approx \frac{S}{\sqrt{2\pi}\sigma_n} \exp\left(-\frac{S^2\phi^2}{2\sigma_n^2}\right) . \qquad (4.4\text{-}38)$$

　　总结以上结果，在远高于阈值的稳恒状态，激光器的总输出 $\mathbf{U}(t)$ 的实部可以写为

$$\mathrm{Re}\{\mathbf{U}(t)\} = U(t)\cos[\overline{\omega}t - \theta(t) - \phi(t)] , \qquad (4.4\text{-}39)$$

其中：

　　(1) $U(t)$ 近似是一个平稳 Gauss 型随机过程，均值为 S，方差为 σ_n^2，它由自发发射噪声的正交分量（相对于相位为 $\theta(t)$ 的信号相矢量）驱动；

　　(2) $\phi(t)$ 近似是一个平稳 Gauss 型随机过程，均值为零，方差为 σ_n^2/S^2，它也是由自发发射噪声的正交分量驱动；

　　(3) $\theta(t)$ 是一个缓慢变化的零均值 Gauss 型随机过程，它是非平稳过程，但是有平稳增量，并且是由自发发射噪声的同相分量驱动.

　　至于这种模式的强度，注意它是一个强的振幅恒定、相位随机的相矢量 $\mathbf{S}$ 加

统 计 光 学

·112·

上一个弱的圆形复数 Gauss 型噪声项 $\mathbf{U}_n$ 的长度平方. 总的输出强度 I 的概率密度函数可以如下求出, 记作

$$I = |\mathbf{S} + \mathbf{U}_n|^2 \approx |\mathbf{S}|^2 + 2\mathrm{Re}\{\mathbf{S}^*\mathbf{U}_n\}. \tag{4.4-40}$$

现在令

$$\mathbf{S} = Se^{\mathrm{j}\theta}, \quad \mathbf{U}_n = U_n e^{\mathrm{j}\phi_n}, \tag{4.4-41}$$

其中 $\mathbf{U}_n$、θ 和 ϕ_n 是独立的[①], θ 和 ϕ 均匀分布在 $(-\pi, \pi)$ 上. $\mathbf{S}^*\mathbf{U}_n$ 的实部是一个零均值 Gauss 型随机变量, 这来自以下事实: U_n 是 Rayleigh 分布的, ϕ_n 是均匀分布的. I 的方差是

$$\sigma_I^2 = 4S^2\,\overline{U_n^2}\,\overline{\cos^2(\theta - \phi_n)} = 2S^2\sigma_n^2 \tag{4.4-42}$$

I 的均值是 S^2. 我们的结论是, 若是激光器工作在远超出阈值处 (这里 $S^2 \gg \sigma_n^2$), 则其输出强度 I (近似) 服从 Gauss 型概率密度函数

$$p_I(I) \approx \frac{1}{\sqrt{4\pi S^2 \sigma_n^2}} \exp\left[-\frac{(I - S^2)^2}{4S^2\sigma_n^2}\right], \tag{4.4-43}$$

4.4.4 激光器输出强度统计的一个更完备的解

Risken 用一个人们称为 Fokker-Planck 方程的统计模型, 求出了一个单模激光器工作在高于、等于或低于阈值时发射的强度的概率密度的更完整的解. 在本节中, 我们向读者简短地介绍这些结果. 这些结果的详细推导是复杂的, 可以在文献 [173] 和 [174] 中找到, 这里不赘述.

用这种方法求得的强度的概率密度函数是

$$p_I(I) = \begin{cases} \dfrac{2}{\pi I_0} \dfrac{1}{1 + \mathrm{erf}\,w} \exp\left[-\left(\dfrac{I}{\sqrt{\pi}I_0} - w\right)^2\right] & I \geqslant 0 \\ 0 & \text{其他} \end{cases} \tag{4.4-44}$$

其中 I_0 是阈值上的平均光强; w 是一个参量, 其值是变的: 阈值之下取负值, 在阈值处取值零, 阈值之上取正值; $\mathrm{erf}\,w$ 是误差函数, 其定义为

$$\mathrm{erf}\,w = \frac{2}{\sqrt{\pi}}\int_0^w \exp(-x^2)\,\mathrm{d}x, \quad \mathrm{erf}(-w) = -\mathrm{erf}\,w. \tag{4.4-45}$$

激光器输出的平均强度 $\bar{I}$ 与阈值上的平均强度 I_0 通过下式相联系:

$$\bar{I} = I_0\left[\sqrt{\pi}w + \frac{e^{-w^2}}{1 + \mathrm{erf}\,w}\right], \tag{4.4-46}$$

它作为抽运参量 w 的函数画在图 4.7 中. 注意当抽运超过阈值时强度随抽运参量

---

① U_n 和 ϕ_n 独立于 θ, 因为前两个量是自发发射噪声的正交分量驱动的, 而后一个量是同相分量驱动的.

的增加率的猛增. 强度涨落的标准偏差 σ_I 为

$$\sigma_I = I_0 \left[\frac{\pi}{2} - \frac{e^{-2w^2}}{(1 + \mathrm{erf}\,w)^2} - \frac{\sqrt{\pi}\,w e^{-w^2}}{1 + \mathrm{erf}\,w} \right]^{1/2}. \tag{4.4-47}$$

图 4.8 上画的是由 I_0 归一化的强度涨落的标准偏差与抽运参量 w 的函数关系. 注意当 w 大于大约 2 时标准偏差已经饱和, 但平均输出强度则迅速上升, 于是造成当抽运参量增大时信噪比迅速增大.

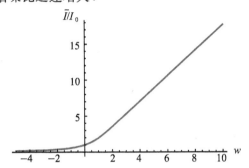

图 4.7　单模激光器的归一化平均输出强度与抽运参量 w 的函数关系

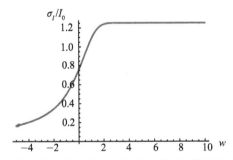

图 4.8　单模激光器的输出强度的归一化标准偏差与抽运参量 w 的函数关系

当 $w \ll 0$ 时, 激光器远低于阈值, 输出主要是自发发射噪声. 于是这个解预言的强度的概率密度函数为

$$p_I(I) \approx \frac{2\,|w|}{\sqrt{\pi}\,I_0} \exp\left(-\frac{2\,|w|}{\sqrt{\pi}\,I_0}, I \right) \quad I \geqslant 0, \tag{4.4-48}$$

别处为 0. 这是对热噪声期望的负指数概率密度函数. 当 $w = 0$ 时, 激光器正好在阈值上, $p_I(I)$ 的形状是单侧的 Gauss 曲线,

$$p_I(I) = \frac{2}{\pi I_0} \exp\left(-\frac{I^2}{\pi I_0^2} \right) \quad I \geqslant 0, \tag{4.4-49}$$

别处为 0. 最后, 对于激光器工作在远高于阈值这一最常见的情况, $w \gg 0$, 输出强度的概率密度函数的形状是均值为 $\bar{I} = w\sqrt{\pi}\,I_0$ 的 Gauss 密度

$$p_I(I) \approx \frac{1}{\pi I_0} \exp\left[-\left(\frac{I - w\sqrt{\pi}I_0}{\sqrt{\pi}I_0} \right)^2 \right] \quad I \geqslant 0 \qquad (4.4\text{-}50)$$

别处为 0. 我们还记得，前面建立在线性化的 Van der Pol 振子基础上的近似 (4.4-43) 式也给出类似的结果，它提示在 $w \gg 0$ 时下面的组合成立：

$$I_S = w\sqrt{\pi}I_0$$

$$\bar{I}_N = \frac{\sqrt{\pi}I_0}{4w}, \qquad (4.4\text{-}51)$$

图 4.9 中画的是，在抽运参量 w 的几个不同的值下，激光器输出强度的概率密度函数与归一化强度的函数关系.

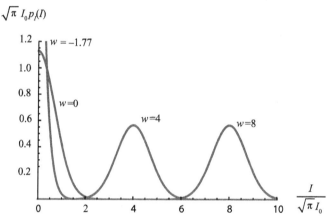

图 4.9　对抽运参量的几个不同的值，单模激光振荡器的
输出强度的概率密度函数的 Risken 解

在下面的讨论中，假定激光器工作在阈值之上足够远处，使得光强涨落微不足道，常常会带来方便. 于是最常用相位受到随机调制的余弦函数 (4.4-6) 式来表示一个单模激光器发出的光.

4.5　多 模 激 光

虽然许多激光器可以做到单模运作，但是振荡常常在多个模式中同时发生. 模式可以有纵向结构或横向结构，或者在有些情形下，两种模式结构都出现. 假定激光器在阈值以上很远处振荡，在特定的 P 点的稳态输出的一个合理模型是实值信号

$$u(P,t) = \sum_{n=1}^{N} S_n(P) \cos[2\pi\nu_n t - \theta_n(P,t)], \qquad (4.5\text{-}1)$$

其中 N 是模式的个数，$S_n(P)$ 和 ν_n 分别是第 n 个模式的振幅和中心频率，$\theta_n(P,t)$

是第 n 个模式的相位变化，包括任何常数初始相位 ϕ_n.

通常假定，随机相位变化 $\theta_n(P,t)$ 和 $\theta_m(P,t)$ 当 $m \neq n$ 时是统计独立的. 但是，在有些情形下，各个模式的完全或部分相位耦合可能会出现，可能是偶然发生，也可能是有意引进. 例如，激光器的终端反射镜的振动将引起一切纵向模式统计相关地改变相位. 而且，激光器从根本上说是一个非线性器件，如果两个模式的交互调制产生的频率分量碰巧和第三个模式的频率相合，那么可能发生模式耦合.

下面我们首先考察当多个模式独立振荡时激光器输出的统计性质. 在接下来的讨论中，为了简单，我们弃去对观察点 P 的明显依赖.

4.5.1　振幅统计

虽然我们承认这个模型在许多情况下并不成立，但是还是来研究在多个独立模式上振荡的激光器发射的光的统计性质. 按照（4.4-2）式，单个模式的振幅的特征函数为

$$\mathbf{M}_n(\omega) = \mathrm{J}_0(\omega S_n). \tag{4.5-2}$$

对于 N 个独立模式之和，总振幅的特征函数为

$$\mathbf{M}_U(\omega) = \prod_{n=1}^{N} \mathrm{J}_0(\omega S_n). \tag{4.5-3}$$

这个特征函数的 Fourier 逆变换将给出振幅的概率密度函数. 等价的做法是，N 个形如图 4.6（a）中曲线的概率密度函数，每个有不同的 S 值，可以作卷积以得到所要的概率密度函数. 可惜的是，只是在不多的情形下才有解析解. 对于 $n=1$，振幅的概率密度函数就是单个相位随机的正弦曲线的概率密度函数，如（4.4-3）式所给出的. 对于两个等强的正弦振动，已知密度函数为[98,136]

$$p_U(u) = \begin{cases} \dfrac{1}{\pi^2}\sqrt{\dfrac{2}{\bar I}}K\left(\sqrt{1-\dfrac{u^2}{2\bar I}}\right) & |u| < \sqrt{2\bar I} \\ 0 & \text{其他,} \end{cases} \tag{4.5-4}$$

其中 $K(\cdot)$ 是一个第一类完全椭圆积分，总平均强度为 $\bar I$. 更一般地，对于 N 个独立模式，每一个有相同的振幅 $\sqrt{I/N}$，总振幅的特征函数是

$$\mathbf{M}_U(\omega) = \mathrm{J}_0^N\left(\omega \sqrt{\dfrac{\bar I}{N}}\right), \tag{4.5-5}$$

总振幅的概率密度函数，作一数字 Fourier 反演即可求得. 图 4.10 中对 $N=1$，2，3 和 5 画出了 N 个振幅完全相同但是相位独立的正弦波之和的振幅的概率密度函数.

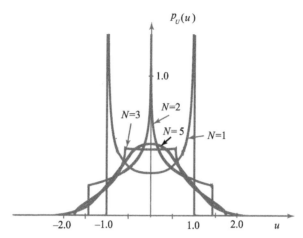

图 4.10　由 N 个等强度的独立正弦波模式组成的一个波的振幅的概率密度函数

总平均强度 I 保持不变并等于 1. 图中的 $N=5$ 的曲线与 Gauss 型曲线已经分不出来了

随着越来越多个独立的等强度的模式相加, 总概率密度函数趋于 Gauss 型, 这是中心极限定理所预言的. N 才等于 5, 在真正的密度函数和 Gauss 密度函数之间就只有微小的可以看出的区别了. 从经典的、一阶统计的观点来看, 若各个模式独立, 这个主要假设得到满足, 模式数目 $N \geqslant 5$ 的 (等强度) 多模激光和热光之间便没有多大差别了.

4.5.2　强度统计

多模激光强度的概度密度函数, 常常比振幅的概率密度函数更使人感兴趣. 为了研究这个量, 我们先求总的复合场的幅值的概率密度函数表达式, 再从这个结果求强度的概率密度函数表达式. 作为对这一努力的一个帮助, 我们先将 (4.5-1) 式改写为解析信号形式,

$$\mathbf{u}(t) = r(t) + \mathrm{j}i(t) = \sum_{n=1}^{N} S_n \mathrm{e}^{\mathrm{j}\theta_n(t)} \mathrm{e}^{-\mathrm{j}2\pi\nu_n t} = \sum_{n=1}^{N} \mathbf{S}_n(t), \qquad (4.5\text{-}6)$$

其中

$$|\mathbf{S}_n(t)| = S_n$$
$$\arg\{\mathbf{S}_n(t)\} = -2\pi\nu_n t + \theta_n(t)$$
$$r(t) = \mathrm{Re}\{\mathbf{u}(t)\} = u^{(r)}(t) \qquad (4.5\text{-}7)$$
$$i(t) = \mathrm{Im}\{\mathbf{u}(t)\} = u^{(i)}(t),$$

由于各个 $\mathbf{S}_n(t)$ 的相位是独立的并且均匀分布在 $(-\pi, \pi)$ 上, $\mathbf{u}(t)$ 的实部和虚部的联合特征函数必定在复平面上是圆形对称的. 但是我们已经知道实部的特征函数由 (4.5-3) 式给出. 结果, $\mathbf{u}(t)$ 的实部和虚部的联合特征函数必定是

$$\mathbf{M}_U(\omega_r,\omega_i) = \prod_{n=1}^{N} \mathrm{J}_0(\omega S_n), \tag{4.5-8}$$

其中 $\omega = \sqrt{\omega_r^2 + \omega_i^2}$ 这时代表联合特征函数在其上定义的平面内的半径. 为了求 r 和 i 的联合概率密度函数, 必须对这个特征函数作二维 Fourier 变换; 由于特征函数的圆对称性, 这可以用 Fourier-Bessel 变换或者零阶 Hankel 变换来做到 (见文献 [80], 2.1.5 节), 这时我们得到

$$f(\rho) = \frac{1}{2\pi}\int_0^{\infty} \omega \mathrm{J}_0(\omega \rho)\prod_{n=1}^{N} \mathrm{J}_0(\omega S_n)\,\mathrm{d}\omega, \tag{4.5-9}$$

其中 $\rho = \sqrt{r^2 + i^2} = |\mathbf{u}| = u$. 可以把 $f(\rho)$ 想象为 r 和 i 的联合概率密度函数的径向剖面, 作为复平面内半径 ρ 的函数. u 的概率密度函数可由这个径向剖面求出, 具体做法是在恒定的半径 $\rho = u$ 上将 $f(\rho)$ 在 $2\pi\mathrm{rad}$ 上积分, 得出

$$p_U(u) = u\int_0^{\infty} \omega \mathrm{J}_0(\omega u)\prod_{n=1}^{N} \mathrm{J}_0(\omega S_n)\,\mathrm{d}\omega. \tag{4.5-10}$$

强度 $I = |u|^2$ 的概率密度函数由变量变换求得, 结果为

$$p_I(I) = \frac{1}{2}\int_0^{\infty} \omega \mathrm{J}_0(\omega \sqrt{I})\prod_{n=1}^{N} \mathrm{J}_0(\omega S_n)\,\mathrm{d}\omega. \tag{4.5-11}$$

在等强度模式的情形下, 若对一切 n 都有 $S_n = \sqrt{(I/N)}$, 这个结果就变成

$$p_I(I) = \frac{1}{2}\int_0^{\infty} \omega \mathrm{J}_0(\omega \sqrt{I})\,\mathrm{J}_0^N\!\left(\omega\sqrt{\frac{I}{N}}\right)\mathrm{d}\omega, \tag{4.5-12}$$

有时称这个结果为 Kluyver/Pearson 公式[119,164].

图 4.11 中画的是由 N 个振幅相同的不同模式相加而得出的总强度的概率密度函数, 画出 $N=1$, 2, 3 和 5 的情形. 曲线是用 Kluyver/Pearson 公式作数值积分算出的. $N=\infty$ 的情形给出负指数分布, 因为中心极限定理保证了场服从圆形 Gauss 型统计.

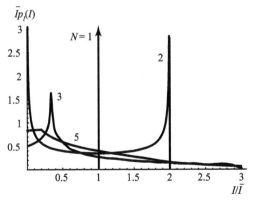

图 4.11 N 个独立的等强度模式相加得到的强度概率密度函数

在所有情形下假设总的平均强度为 1. 当 $N=\infty$ 时, 概率密度函数为负指数密度

最后，关于强度将趋于负指数分布的一个更深刻的看法可以这样得到．考虑强度的标准偏差和平均强度之比 $\sigma_I / \bar{I}$ 与 N 的函数关系．请读者在习题4-10中证明这个比值为

$$\frac{\sigma_I}{\bar{I}} = \sqrt{1 - \frac{1}{N}}. \tag{4.5-13}$$

对 N 的这一依赖关系在图4.12中画出．注意随着 N 增大，比值 $\sigma_I / \bar{I}$ 趋于 1，这是偏振热光的特征．这个结果也是 N 变大时复场近似服从圆形 Gauss 型概率密度函数的结果，中心极限定理保证了这一点．

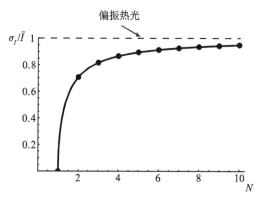

图 4.12　振荡在 N 个等强度的独立模式里的激光器发射的
光的标准偏差 σ_I 与平均强度 $\bar{I}$ 的比值

最后，我们再次强调，上面预言高度多模式的激光器的统计性质将会趋近热光的统计性质的分析，只有在各个振荡模式独立或非耦合时才严格成立．但是，如果各个模式耦合成不同的组，并且有大量的独立的组，中心极限定理仍然适用，这里给出的结果仍然成立．在实际中，满足独立性假设的情形也许相当有限，但的确是存在的．

4.6　激光通过变动的漫射体产生的赝热光

让激光（单模或多模）通过一个运动漫射体，可以产生出一种光波，它的一阶统计性质同偏振热光无法区别．我们管这种光叫赝热光，它同真正的热光的区别，主要在于它在每一时间相关区间里具有大得多的能量，这一点到第九章更详细讨论．

图4.13画的是产生这种赝热光的实验装置．一束激光照到一个漫射体例如毛玻璃上．在很细的空间尺度上，漫射体使入射波前发生极其复杂和不规则的变形．其相位变化一般是 2πrad 的许多倍．在远处的一点 P_0 上，可以认为光是由来

自漫射体不同"相关面积"上的许多独立贡献组成的. 将这个漫射体看成从具有相同统计的随机漫射体系综中抽出的一个具体的实现. 这些散射光的贡献的相位是随机的, 因而在 P_0 点观察到的复数场可以看成由一个随机相矢量和生成. 因此, 若假设这个漫射体不使透射光退偏振, 则这个场在微观上不同的漫射体的系综上服从圆形 Gauss 型统计, 强度服从负指数统计.

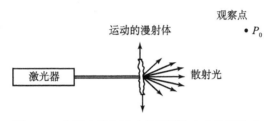

图 4.13　由激光器和运动的漫射体产生的赝热光

若现在使漫射体不断地运动, 那么光场和强度都会随时间涨落, 承担各自的统计分布中的许多独立的实现. 于是观察到的光强在时间域中随机涨落, 和偏振热光一样服从负指数统计, 但是带宽要比真正的热光窄得多. 对这种光和通常的热光之间的关系的更详细讨论, 见文献 [140].

习　题

4-1　从 (4.1-10) 式出发证明, 若 $\Delta\nu\ll\bar{\nu}$ 并且对一切 P_1 都有 $r\ll 2c/\Delta\nu$, 则可以用

$$\mathbf{u}(P_0,t) \approx \iint_\Sigma \frac{\mathrm{e}^{\mathrm{j}2\pi(r/\bar{\lambda})}}{\mathrm{j}\bar{\lambda}r}\mathbf{u}(P_1,t)\chi(\theta)\,\mathrm{d}S$$

描述 $\mathbf{u}(P,t)$ 的传播. 这里 $\bar{\lambda} = c/\bar{\nu}$.

4-2　(a) 证明一个摆在与 X 轴成 α 角方向的检偏器的 Jones 矩阵为

$$\underline{\mathbf{L}}(\alpha) = \begin{bmatrix} \cos^2\alpha & \sin\alpha\cos\alpha \\ \sin\alpha\cos\alpha & \sin^2\alpha \end{bmatrix}.$$

(b) 证明这个矩阵不是幺正的.

4-3　证明自然光的相干矩阵在通过任何无损耗仪器时都不受影响.

4-4　通过求适当的相干矩阵的迹, 证明置于与 X 轴成 $+45°$ 角方向的检偏器的透射光强度可以表示为

$$\bar{I} = \frac{1}{2}[\mathbf{J}_{xx} + \mathbf{J}_{yy}] + \mathrm{Re}\{\mathbf{J}_{xy}\}.$$

其中 $\mathbf{J}_{xx}$, $\mathbf{J}_{yy}$ 和 $\mathbf{J}_{xy}$ 是入射光的相干矩阵的元素.

4-5　通过求适当的相干矩阵的迹, 证明透射通过一个四分之一波片及一个与 X

轴成 $+45°$ 角的检偏器的平均光强可以表示为

$$\bar{I} = \frac{1}{2}[\mathbf{J}_{xx} + \mathbf{J}_{yy}] + \mathrm{Im}\{\mathbf{J}_{xy}\},$$

其中 $\mathbf{J}_{xx}$，$\mathbf{J}_{yy}$ 和 $\mathbf{J}_{xy}$ 仍是入射光的相干矩阵的元素，并设四分之一波片使 $\mathbf{u}_y$ 相对于 $\mathbf{u}_x$ 延迟 $90°$.

4-6　考虑一个光波，它在 P 点的电场的 X 和 Y 偏振分量分别为

$$\mathbf{u}_X(t) = \exp\left[-\mathrm{j}2\pi\left(\bar{\nu} - \frac{\Delta\nu}{2}\right)t\right]$$

$$\mathbf{u}_Y(t) = \exp\left[-\mathrm{j}2\pi\left(\bar{\nu} + \frac{\Delta\nu}{2}\right)t\right].$$

（a）证明在 t 时刻电场矢量和 X 轴成一角度

$$\theta(t) = \arctan\left\{\frac{\cos\left[2\pi\left(\bar{\nu} + \frac{\Delta\nu}{2}\right)t\right]}{\cos\left[2\pi\left(\bar{\nu} - \frac{\Delta\nu}{2}\right)t\right]}\right\}$$

因此，偏振方向是完全确定的.

（b）证明这种光的相干矩阵同偏振方向完全随机的自然光的相干矩阵相同.

4-7　证明偏振热光的强度的特征函数为

$$\mathbf{M}_I(\omega) = \frac{1}{1 - \mathrm{j}\omega\bar{I}}.$$

4-8　证明部分偏振热光的瞬时强度的标准偏差 σ_I 为

$$\sigma_I = \sqrt{\frac{1 + \mathcal{P}^2}{2}}\,\bar{I}.$$

4-9　当光落在一个平衡探测器（即一对探测器，其总输出是两个探测器的输出相减）上时，输出电流正比于入射在两个探测器上的光强之差. 两个独立的偏振热光光束，其平均强度相等，求这两个光束的瞬时强度之差的概率密度函数.

4-10　令振荡在 N 个等强度的独立模式中的多模激光器发射的场之表示式为

$$\mathbf{u}(t) = \sum_{n=1}^{N}\exp[-\mathrm{j}(2\pi\nu_n t - \theta_k(t))],$$

其中各个 $\theta_k(t)$ 是统计独立的，并均匀分布在 $(-\pi, \pi)$ 上. 证明总强度的标准偏差与平均强度之比为

$$\frac{\sigma_I}{I} = \sqrt{1 - \frac{1}{N}}.\qquad\qquad(\mathrm{p.4\text{-}1})$$

4-11　考虑一个单模激光器，它发射的光由下面的解析信号描述：

$$\mathbf{u}(t) = \exp(-\mathrm{j}[2\pi\bar{\nu}t - \theta(t)]).$$

（a）假定 $\Delta\theta = \theta(t_2) - \theta(t_1)$ 是一个遍历的随机过程，证明 $u(t)$ 的自相关函数为

$$\Gamma_U(t_2, t_1) = e^{-j2\pi\bar{\nu}\tau}\mathbf{M}_{\Delta\theta}(1),$$

其中 $\mathbf{M}_{\Delta\theta}(\omega)$ 是 $\Delta\theta$ 的特征函数.

（b）证明对于从一个平稳的瞬时频率过程产生的零均值 Gauss 过程 $\theta(t)$，有

$$\Gamma_U(\tau) = e^{-j2\pi\bar{\nu}\tau}e^{-(1/2)D_\theta(\tau)},$$

其中 $\tau = t_2 - t_1$，$D_\theta(\tau)$ 是相位过程 $\theta(t)$ 的结构函数.

4-12　证明一个波的强度的二阶矩 $\overline{I^2}$ 不等于这个波的实振幅的四阶矩 $\overline{[u^{(r)}]^4}$，它们的差别来源于强度定义中隐含的低通滤波操作及一个因子为 2 的标度.

第五章 光波的时间相干性和空间相干性

　　光的统计性质对决定大多数光学实验的结果起重要作用. 虽然完备描述光的统计性质可能显得很理想, 但是在许多实际重要的情形下, 用远非完备的统计模型就可以对实验作出满意的描述. 极为常见的是, 光场的相关函数, 或者在光学中所说的相干函数, 已足以预言一个光学实验的结果. 本章专门讨论光学实验中遇到的这些二阶矩的性质.

　　在 19 世纪晚期和 20 世纪初的科学文献里, 已可找到现代的相干性概念的起源. 特别值得注意的早期贡献如下: Verdet[214], Von Laue (例如文献 [216]、[217]), Berek[14-17], Van Cittert[212,213], Zernike[232,233] 等. 更近的年代里的重要发展有 Hopkins[101] 和 Blane-Lapieerre 及 Dumontet[19] 的工作. 但是从 20 世纪中期以来, 对光学相干性理论作出最突出贡献的科学家是 Wolf, 他的贡献多得难以列举 (他的一些早期贡献见文献 [225]~[227]). Wolf 最近在文献 [230] 中对相干性理论作了一个完美的综述, 更详细的讨论见文献 [139].

　　在这里, 区分相干性的两个不同的方面即时间相干性和空间相干性是很重要的. 考察时间相干性时, 我们关心的是一束光与其自身的时间延迟波前 (但在空间不移动) 产生干涉的能力. 我们称这种光束分割为分振幅. 另一方面, 考察空间相干性时, 我们关心的是一束光与其自身在空间移动后的波前 (但时间上不延迟) 发生干涉的能力. 这种光束分割称为分波前. 显然, 可以将这些概念推广到既有时间移动又有空间移动的情形, 导致互相干函数的概念. 在某一具体情况下需要用哪一种相干性, 取决于我们想要讨论的具体实验. 我们将在下面各节详尽展开这些概念.

5.1 时间相干性

　　设 $\mathbf{u}(P,t)$ 是光扰动在空间的 P 点和时刻 t 的复标量值. $\mathbf{u}(P,t)$ 与一个复包络 $\mathbf{A}(P,t)$ 相联系. 由于 $\mathbf{u}(P,t)$ 具有有限带宽 $\Delta\nu$, 我们预期 $\mathbf{A}(P,t)$ 的振幅和相位会以一个正比于 $\Delta\nu$ 的速率变化. 更具体地说, 我们预期, 在一个比 $1/\Delta\nu$ 小得多的时间间隔 τ 内, $\mathbf{A}(P,t)$ 保持相对不变. 换言之, 时间函数 $\mathbf{A}(P,t)$ 和 $\mathbf{A}(P,t+\tau)$ 是高度相关的, 或者用光学语言说就是, 当 τ 比 "相干时间" $\tau_c \approx 1/\Delta\nu$ 小得多时, 它们是相干的.

5.1.1　测量时间相干性的干涉仪

最普通的用来测量时间相干性的干涉仪是图5.1所示的 Michelson 干涉仪. 点光源 S 发出的光被透镜 L_1 准直（即光线变为平行光束）并射到分束器 BS（一个部分反射镜）上. 一部分入射光被反射到可动的反射镜 M_1 上. 这部分光被 M_1 反射, 再一次投射到分束器, 其中一部分光再次透射, 这一次是射到透镜 L_2, 被聚焦到探测器 D 上. 与此同时, S 发出的另一部分初始光透射射过分束器, 穿过补偿板 C, 射到固定的反射镜 M_2 上被反射, 反射回的光再次穿过补偿板. 这束光的一部分被分束器反射, 最后被透镜 L_2 聚焦到探测器 D 上. 于是, 射到探测器上的光强, 由来自干涉仪两臂的光的干涉决定.

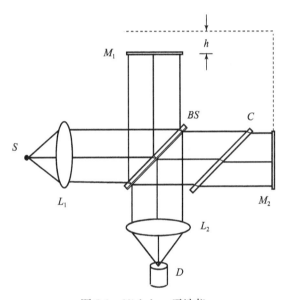

图 5.1　Michelson 干涉仪

包括光源 S, 透镜 L_1 和 L_2, 反射镜 M_1 和 M_2, 分束器 BS, 补偿板 C, 探测器 D

补偿板 C 必须与分束器理想地完全一样, 但没有反射面, 它用来确保干涉仪两臂的光束在玻璃中走过相同的距离, 从而保证两束光在从光源到探测器的行程中经受相同的色散.

若移动反射镜 M_1 离开干涉仪两臂等光程的位置, 就会在发生干涉的两束光之间引入一个相对时间延迟. 随着反射镜移动, 射到探测器上的光从相长干涉状态转到相消干涉状态, 再回复到相长干涉状态, 周而复始, 在两条亮纹之间反射镜移动 $\bar{\lambda}/2$（光程差为 $\bar{\lambda}$）. 叠加在这一快速的强度振荡上的是一个逐渐减弱的干涉条纹调制包络, 它是由光源的有限带宽以及光的复包络随着光程差增加而逐渐退相关引起的. 图 5.2 示出典型的干涉图样, 图中给出了归一化强度与反射镜离开等光程位置的归一化距离 h 的关系. 强度与光程差之间的这种关系图叫做干涉图.

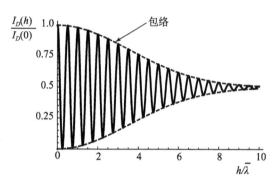

图 5.2　落到探测器 D 上的归一化强度与归一化的反射镜位移 $h/\bar{\lambda}$ 的关系

假设光的光谱形状是 Gauss 型的, 中心位于 $\bar{\lambda}$. 虚线为干涉条纹的包络线

干涉图的一般行为可以用简单的物理术语来说明. 光源的频谱可以认为是由许多单色分量组成的. 每个这样的分量都对干涉图产生一个理想的周期性贡献, 其周期决定于该分量具体的光学波长. 这些"基元"分量都在强度基础上相加, 得出干涉图. 在光程差接近于零处 ($h \approx 0$), 所有这些基元条纹同相相加, 在干涉图中产生一个很大的条纹深度. 随着反射镜离开零延迟位置, 每个基元单色条纹受到一个相移, 这个相移与具体的时间频率或波长有关. 结果这些基元条纹部分相消, 从而干涉图中总的条纹深度减小. 当两束光的相对延迟足够大时, 基元条纹的相加几乎是完全抵消, 干涉图上光强趋于一个恒定值.

从上面的讨论明显看出, 可以用两个等价的方法说明干涉条纹深度的减小: 一个是不同周期的基元条纹的"退相" (dephasing), 另一个是由有限的光程差引起的相关度的下降. 将条纹深度减小看成去相关的结果看来是更普遍的做法; 在下面的分析中, 将使光束的自相关函数的作用变得更明显.

但是, 在结束这些定性讨论之前, 我们要在图 5.3 中示出干涉仪的另一种更现代的形式, 它用单模光纤而不是在自由空间传送光. 在早期的结构中, 2×2 的光纤耦合器起了分束器的作用. 如果光源发出的光有效地耦合到单模光纤中, 光源本身必须很小, 而且有高度的方向性. 激光器或者超级发光二极管一般能满足这一要求.

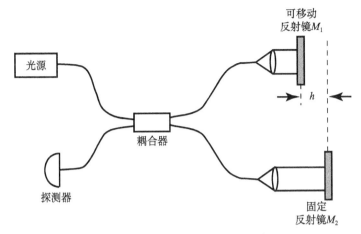

图 5.3 单模光纤 Michelson 干涉仪

5.1.2 自相关函数对预言干涉图的作用

Michelson 干涉仪中探测器 D 的响应与照在其上的光波的强度成正比. 对于实际上一切涉及真正热光的应用，可以假定探测器是对无穷长的时间间隔求平均（对膚热光可能很重要的有限平均时间效应，将在 6.2 节中讨论）. 考虑到光在可动反射镜的一臂上受到相对时间延迟 $2h/c$，入射到探测器上的强度可以写为

$$I_D(h) = \left\langle \left| K_1 \mathbf{u}(t) + K_2 \mathbf{u}\left(t + \frac{2h}{c}\right) \right|^2 \right\rangle, \tag{5.1-1}$$

式中 K_1 和 K_2 是由两条光路上的损耗确定的实数，c 是光速，尖括号表示无限长时间平均，而 $\mathbf{u}(t)$ 是光源发的光的解析信号表示. 将上式展开，得

$$I_D(h) = K_1^2 \left\langle |\mathbf{u}(t)|^2 \right\rangle + K_2^2 \left\langle \left| \mathbf{u}\left(t + \frac{2h}{c}\right) \right|^2 \right\rangle$$
$$+ K_1 K_2 \left\langle \mathbf{u}\left(t + \frac{2h}{c}\right) \mathbf{u}^*(t) \right\rangle + K_1 K_2 \left\langle \mathbf{u}^*\left(t + \frac{2h}{c}\right) \mathbf{u}(t) \right\rangle. \tag{5.1-2}$$

在上式中可以清楚地看到光波的自相关函数的重要作用.

由于时间平均在（5.1-2）式中起的基本作用，我们对它们采用特别的符号. 特别地，我们用下面的记号：

$$I_0 \triangleq \left\langle |\mathbf{u}(t)|^2 \right\rangle = \left\langle \left| u\left(t + \frac{2h}{c}\right) \right|^2 \right\rangle \tag{5.1-3}$$

和

$$\Gamma(\tau) = \left\langle \mathbf{u}(t + \tau) \mathbf{u}^*(t) \right\rangle \tag{5.1-4}$$

函数 $\Gamma(\tau)$ 是解析信号 $\mathbf{u}(t)$ 的自相关函数，叫做光扰动的时间相干函数. 采用这些缩写，可以把检测到的强度写为

$$I_D(h) = (K_1^2 + K_2^2)I_0 + K_1K_2\Gamma\left(\frac{2h}{c}\right) + K_1K_2\Gamma^*\left(\frac{2h}{c}\right)$$

$$= (K_1^2 + K_2^2)I_0 + 2K_1K_2\mathrm{Re}\left\{\Gamma\left(\frac{2h}{c}\right)\right\}, \qquad (5.1\text{-}5)$$

其中 $\mathrm{Re}\{\ \}$ 表示括号中的量的实部.

在许多情况下,用归一化的时间相干函数比用时间自相干函数自身更方便. 注意 $\Gamma(0) = I_0$,我们选用这样的归一化:

$$\boldsymbol{\gamma}(\tau) = \frac{\Gamma(\tau)}{\Gamma(0)}. \qquad (5.1\text{-}6)$$

$\boldsymbol{\gamma}(\tau)$ 叫做光的复(时间)相干度,它具有性质

$$\boldsymbol{\gamma}(0) = 1 \quad \text{和} \quad |\boldsymbol{\gamma}(\tau)| \leqslant 1. \qquad (5.1\text{-}7)$$

用这个量,探测器上的强度可以表示为

$$I_D(h) = (K_1^2 + K_2^2)I_0\left[1 + \frac{2K_1K_2}{K_1^2 + K_2^2}\mathrm{Re}\left\{\boldsymbol{\gamma}\left(\frac{2h}{c}\right)\right\}\right]. \qquad (5.1\text{-}8)$$

为了得到一个清晰描述图 5.2 中画的那种干涉图的解析表达式,我们把复相干度表示为下面的一般形式:

$$\boldsymbol{\gamma}(\tau) = \gamma(\tau)\exp\{-\mathrm{j}[2\pi\bar{\nu}\tau - \alpha(\tau)]\}, \qquad (5.1\text{-}9)$$

式中 $\gamma(\tau) = |\boldsymbol{\gamma}(\tau)|$,$\bar{\nu}$ 是光的中心频率,并且[①]

$$\alpha(\tau) = \arg\{\boldsymbol{\gamma}(\tau)\} + 2\pi\bar{\nu}\tau.$$

用这个式子,假定干涉仪的两臂中损耗相等($K_1 = K_2 = K$),并注意到 $\bar{\nu}/c = 1/\bar{\lambda}$,可以把干涉图表示为以下形式:

$$I_D(h) = 2K^2I_0\left\{1 + \gamma\left(\frac{2h}{c}\right)\cos\left[2\pi\left(\frac{2h}{\bar{\lambda}}\right) - \alpha\left(\frac{2h}{c}\right)\right]\right\}. \qquad (5.1\text{-}10)$$

现在可以比较 (5.1-10) 式与图 5.2 (它是典型的干涉图). 从 (5.1-7) 式可得,在相对光程差为零的邻域 ($2h \approx 0$),$\gamma \approx 1$ 并且 $\alpha \approx 1$. 因此,在原点附近,干涉图由受到完全调制的余弦函数构成,其强度围绕一个平均值 $2K^2I_0$ 从 $4K^2I_0$ 变到 0. 随着光程差 $2h$ 增大,振幅调制度 $\gamma(2h/c)$ 从 1 降到 0,并且与光的光谱特性有关,条纹还可能受到一个相位调制 $\alpha(2h/c)$ (对于图 5.2 中假设的 Gauss 型光谱的情况,对所有的 h 有 $\alpha = 0$,因此看不到相位调制).

在任何光程差 $2h$ 附近观测到的条纹深度,可以用由 Michelson 首先引入的条纹可见度的概念来描述. 正弦条纹图样的可见度的定义是

$$\mathcal{V} \triangleq \frac{I_{\max} - I_{\min}}{I_{\max} + I_{\min}} \qquad (5.1\text{-}11)$$

---

① 注意 $\alpha(\tau)$ 是 $\arg\{\boldsymbol{\gamma}(\tau)\}$ 中的缓变部分.

式中 $I_{\max}$ 和 $I_{\min}$ 是干涉图中在测量可见度 $\mathcal{V}$ 处的邻域里的极大和极小强度. 在反射镜位移 h 的附近, 在干涉仪两臂中损耗相等时, 可以看到 (5.1-10) 式的干涉图的可见度为

$$\mathcal{V}(\tau) = \left| \boldsymbol{\gamma}\left(\frac{2h}{c}\right) \right| = \gamma\left(\frac{2h}{c}\right) \qquad (5.1\text{-}12)$$

容易证明, 损耗不相等时, 可见度为

$$\mathcal{V}(\tau) = \frac{2K_1 K_2}{K_1^2 + K_2^2} \gamma\left(\frac{2h}{c}\right). \qquad (5.1\text{-}13)$$

随着光程差 $2h$ 变大, 干涉图中的条纹可见度下降, 我们说两光束的相对时间相干度减小. 当干涉条纹可见度减小到几乎为零时, 我们说光程差已经超出了光的相干长度, 或者等价地, 相对时间延迟已经超出了相干时间.

显然, 时间相干性的概念必定同光波与它自身的时间延迟波前之间发生相长或相消干涉的能力有关. 注意, 上面所有的定义用的都是无限长时间平均. 若我们关心的随机过程是遍历的, 时间平均可以用系综平均替代. 此外, 还有若干情况, 我们必须和非遍历的波场打交道. 对这些情况, 我们只能用系综平均 (见 5.9 节). 在 5.1.3 节里, 我们将探讨干涉图与光的功率谱密度 (或功率谱) 的关系.

5.1.3　干涉图与光的功率谱密度的关系

我们已经看到, 从 Michelson 干涉仪得到的干涉图由干涉仪接收到的光的时间自相干函数 $\Gamma(\tau)$ 决定, 或等价地由复数的时间相干度 $\boldsymbol{\gamma}(\tau)$ 决定. 此外, 由 3.4.2 节和 3.8.4 节有

$$\Gamma(\tau) = \int_0^{\infty} 4\mathcal{G}^{(r,r)}(\nu)\, e^{-j2\pi\nu\tau}\, d\nu , \qquad (5.1\text{-}14)$$

式中 $\mathcal{G}^{(r,r)}(\nu)$ 是实值扰动 $u^{(r)}(t)$ 的功率谱密度. 等效地, 我们可以用 $\mathcal{G}^{(r,r)}(\nu)$ 把复时间相干度 $\boldsymbol{\gamma}(\tau)$ 表示为

$$\boldsymbol{\gamma}(\tau) = \frac{\displaystyle\int_0^{\infty} 4\mathcal{G}^{(r,r)}(\nu)\, e^{-j2\pi\nu\tau}\, d\nu}{\displaystyle\int_0^{\infty} 4\mathcal{G}^{(r,r)}(\nu)\, d\nu} = \int_0^{\infty} \hat{\mathcal{G}}(\nu)\, e^{-j2\pi\nu\tau}\, d\nu , \qquad (5.1\text{-}15)$$

其中 $\hat{\mathcal{G}}(\nu)$ 是 $u^{(r)}(t)$ 的归一化功率谱密度

$$\hat{\mathcal{G}}(\nu) \triangleq \begin{cases} \dfrac{\mathcal{G}^{(r,r)}(\nu)}{\displaystyle\int_0^{\infty} \mathcal{G}^{(r,r)}(\nu)\, d\nu} & \nu > 0 \\[4mm] 0 & \text{其他.} \end{cases} \qquad (5.1\text{-}16)$$

我们注意到，归一化的功率谱密度具有单位面积

$$\int_0^\infty \hat{\mathcal{G}}(\nu)\,\mathrm{d}\nu = 1 . \tag{5.1-17}$$

知道上面的 $\boldsymbol{\gamma}(\tau)$ 和 $\hat{\mathcal{G}}(\nu)$ 之间的关系之后，我们很容易预言用不同形状的功率谱密度的光所得到的干涉图的形式. 现在来考察一些具体例子. 对于低压气体放电灯，一条单谱线的功率谱的形状主要决定于从偶尔发生碰撞的运动辐射体发出的光的 Doppler 频移. 在这种情况下，已知道谱线近似地具有 Gauss 型形状（见文献［99］，p.36）

$$\hat{\mathcal{G}}(\nu) \approx \frac{2\sqrt{\ln 2}}{\sqrt{\pi}\,\Delta\nu}\exp\Big[-\Big(2\sqrt{\ln 2}\,\frac{\nu-\bar{\nu}}{\Delta\nu}\Big)^2\Big], \tag{5.1-18}$$

式中这样选取归一化，使得（5.1-17）式近似满足，$\Delta\nu$ 是半功率带宽，或者说是 Gauss 型光谱的半最大功率全带宽. 图 5.4 中示出这种光谱线和其他几种线型的频谱. 通过简单的 Fourier 逆变换，我们得到对应的复相干度[①]

$$\boldsymbol{\gamma}(\tau) = \exp\Big[-\Big(\frac{\pi\Delta\nu\tau}{2\sqrt{\ln 2}}\Big)^2\Big]\exp(-\mathrm{j}2\pi\bar{\nu}\tau) . \tag{5.1-19}$$

注意这时相位 $\alpha(\tau)$ 为零，所以干涉图由恒定相位的条纹组成，但可见度随着 $\boldsymbol{\gamma}(\tau)$ 的模的减小而减小. 定义条纹的能见度函数为

$$\mathcal{V}(\tau) = |\boldsymbol{\gamma}(\tau)|, \tag{5.1-20}$$

这时的能见度函数由下式给出：

$$\mathcal{V}(\tau) = \exp\Big[-\Big(\frac{\pi\Delta\nu\tau}{2\sqrt{\ln 2}}\Big)^2\Big], \tag{5.1-21}$$

如图 5.5 所示（图中还包括要讨论的其他几种情形）.

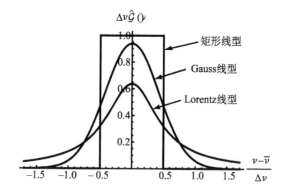

图 5.4　三种光谱线型的归一化功率谱密度

---

① 记住，时间延迟 τ 与可移动反射镜的位移 h 之间有关系 $\tau = 2h/c$，c 是光速.

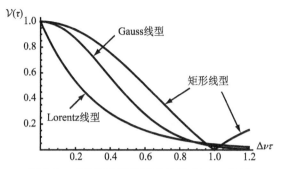

图 5.5 三种光谱线型的可见度 与 $\Delta\nu\tau$ 关系

对于高压气体放电灯,谱型主要由产生辐射的原子或分子的相对频繁的碰撞决定. 可以证明,这种情况下的光谱线具有 Lorentz 线型[99]

$$\hat{\mathcal{G}}(\nu) \approx \frac{2\,(\pi\Delta\nu)^{-1}}{1 + \left(2\dfrac{\nu - \bar{\nu}}{\Delta\nu}\right)^2},\tag{5.1-22}$$

式中 $\bar{\nu}$ 仍是谱线的中心频率,$\Delta\nu$ 仍是它的半功率宽度(图 5.4). 容易证明,相应的复时间相干度为

$$\boldsymbol{\gamma}(\tau) = \exp[-\pi\Delta\nu|\tau|]\exp[-\mathrm{j}2\pi\bar{\nu}\tau].\tag{5.1-23}$$

用 Michelson 干涉仪观测到的干涉图仍将显示出相位恒定的条纹,但现在其可见度按下述规律减小:

$$\mathcal{V}(\tau) = \exp[-\pi\Delta\nu|\tau|].\tag{5.1-24}$$

这个可见度函数如图 5.5 所示,仍是 $\Delta\nu\tau$ 的函数.

在理论计算中,有时假定矩形的功率谱密度函数会带来一些方便

$$\hat{\mathcal{G}}(\nu) = \frac{1}{\Delta\nu}\mathrm{rect}\left(\frac{\nu - \bar{\nu}}{\Delta\nu}\right).\tag{5.1-25}$$

简单的 Fourier 变换表明,对应的复时间相干度为

$$\boldsymbol{\gamma}(\tau) = \mathrm{sinc}(\Delta\nu\tau)\exp(-\mathrm{j}2\pi\bar{\nu}\tau),\tag{5.1-26}$$

其中 $\mathrm{sinc}\,x \triangleq \sin\pi x/\pi x$. 这时的可见度函数由下式给出:

$$\mathcal{V}(\tau) = |\mathrm{sinc}\,\Delta\nu\tau|\tag{5.1-27}$$

相位函数 $\alpha(\tau)$ 并不是对一切 τ 都为零,而是当我们从 sinc 函数的一瓣进到另一瓣时,$\alpha(\tau)$ 在 0 和 π rad 之间跳变:

$$\alpha(\tau) = \begin{cases} 0 & 2n < |\Delta\nu\tau| < 2n + 1 \\ \pi & 2n + 1 < |\Delta\nu\tau| < 2n + 2, \end{cases}\tag{5.1-28}$$

其中 $n = 0,1,2,\cdots$. 这种情形下的光谱线型也示于图 5.4 中,可见度函数示于图 5.5 中.

所有上面的例子给出的干涉图都是延迟 τ 的偶函数. 这是这种干涉图的普遍

性质, 它只是表明两束光中是哪一束相对于另一束延迟并不重要.

此外, 在所有这些例子中, 都可以把复时间相干度表示为 $\exp(-j2\pi\bar{\nu}\tau)$ 和 τ 的一个实值函数的乘积. 这一性质是我们选光谱线型为 $\nu-\bar{\nu}$ 的偶函数 (即关于 $\bar{\nu}$ 对称) 的结果. 对于更一般的情况, 选取不对称的谱线轮廓将给出 $\gamma(\tau)$ 是 $\exp(-j2\pi\bar{\nu}\tau)$ 和 τ 的一个复值函数的乘积. 这时, 相位函数 $\alpha(\tau)$ 可以取更一般的值, 而不仅是 0 或 π.

在许多应用中, 想要对"相干时间"这一术语有一个精准而确定的定义. 这样一个定义可以用复时间相干度给出, 不过此时仍有多种不同的定义可供选用 (见文献 [24], 第 8 章, 那里讨论了对 $\gamma(\tau)$ 这种函数的"宽度"的各种可能的测度). 但是, 在以后的讨论中有一种定义最自然而且最常用. 因此, 我们仿照 Mandel[134], 定义扰动 $\mathbf{u}(t)$ 的相干时间 τ_c 为

$$\tau_c \triangleq \int_{-\infty}^{\infty} |\gamma(\tau)|^2 d\tau = \int_{-\infty}^{\infty} \mathcal{V}^2(\tau) d\tau. \tag{5.1-29}$$

要这个定义有意义, τ_c 的值必须与带宽的倒数 $1/\Delta\nu$ 在同一数量级. 将上面的 $\nu(\tau)$ 的各种表达式代入 τ_c 的定义, 并在每种情形下完成要求的积分, 可以证明, 情况的确是这样. 结果如下:

$$\tau_c = \begin{cases} \sqrt{\dfrac{2\ln2}{\pi}}\dfrac{1}{\Delta\nu} \approx \dfrac{0.664}{\Delta\nu} & \text{Gauss 线型} \\[2ex] \dfrac{1}{\pi\Delta\nu} \approx \dfrac{0.318}{\Delta\nu} & \text{Lorentz 线型} \\[2ex] 1/\Delta\nu & \text{矩形线型}. \end{cases} \tag{5.1-30}$$

可以看出, τ_c 的数量级的确和我们的直观估计一致, 因此后面我们将用 (5.1-29) 式这个具体定义. 关于某些特种光源的相干时间的计算, 见习题 5-2.

5.1.4 Fourier 变换光谱学

我们已经看到, 已知入射光的功率谱密度, 就可以完全确定用 Michelson 干涉仪观测到的干涉图的特征. 当然, 反过来也对, 就是说, 通过测量干涉图, 能够确定入射光的未知功率谱密度. 这一原理构成了 Fourier 变换光谱学这个重要领域的基础. 对这个领域的评述请参阅文献 [144]、[12] 和 [35].

Michelson[146] 意识到干涉图与入射到干涉仪中的光的光谱之间的直接关系. 但是, 他是用自己的眼睛来测量条纹可见度的, 因此他不能完全开发干涉图里包含的信息. Rubens 和 Wood[183] 报道了对在远红外波段得到的真实干涉图的首次实验测量.

Fourier 变换光谱学的关键思想是: 如果干涉仪中的可动反射镜做匀速直线运动, 那么入射光谱中的每个单色分量被编码为干涉图的一个正弦分量, 具有唯一的时间频率. 于是, 干涉图的 Fourier 变换给出了该光谱的强度. 如果反射镜的

运动不是完全直线的，条纹图样会有些扭曲，光谱也会相应被歪曲．为了避免这种扭曲，可以监控反射镜的位置，例如，用一台分开的激光干涉仪修正干涉图，补偿这种误差．一旦得出修正的干涉图，就可以对结果取样、量化，并用快速Fourier 变换算法（FFT）[40] 作离散 Fourier 变换（DFT）．

图 5.6 给出一幅典型的干涉图，从这一干涉图得出的功率谱密度示于图 5.7.

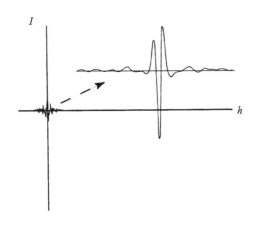

图 5.6　用两种不同的比例尺画出的典型的中远红外干涉图

纵轴代表检测到的强度，横轴代表光程差．最大光程差为 0.125cm

（致谢及版权声明从略——译者）．重印自文献 [89]

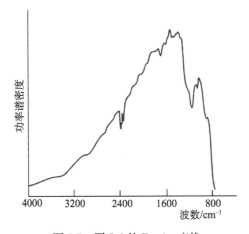

图 5.7　图 5.6 的 Fourier 变换

表示光源的光谱．纵轴代表功率谱密度，横轴代表光波波数 $2\pi/\lambda$，单位为 cm^{-1}

（致谢及版权声明从略——译者）．重印自文献 [89]

人们发现，Fourier 变换光谱仪与基于棱镜或光栅的光谱仪相比，具有一些优点．1954 年 Jacquinot[108] 证明，在同等分辨率条件下，将光栅、棱镜和 Fourier 变换三种光谱仪相比较，Fourier 变换光谱仪可接收的辐射量（radiant throughput 或 étendue）超过前两种更常用的光谱仪.

第二个没那么明显的优点是 1951 年 Fellgett 在他的博士论文中首先揭示的（更容易理解的阐述见文献［54］），一般称之为"Fellgett 优势"或"多路优势". 这个优点是，棱镜和光栅光谱仪通常是用一个狭缝扫描光谱，在一个时刻探测光谱的一个小区域. 狭缝宽度必须选得与光谱仪的分辨率匹配. 相比之下，Fourier 变换光谱仪可以在一次测量中测量全部干涉图（因而得到光谱）. 如果在两种情况下使用的探测器具有同样的加性噪声功率，总测量时间 T 相同，并且在所有情形下都有 M 个光谱分辨单元待测量，那么在 Fourier 变换光谱仪的情况下，噪声会在 M 倍长的时间内求平均，使光谱中的噪声减小到 $1/\sqrt{M}$. 这个优点总结为下式：

$$\frac{(S/N)_{\mathrm{i}}}{(S/N)_{\mathrm{p,g}}} = \sqrt{M} \tag{5.1-31}$$

其中$(S/N)_{\mathrm{i}}$是干涉仪式光谱仪达到的信噪比，而$(S/N)_{\mathrm{p,g}}$是棱镜或光栅光谱仪达到的信噪比. 这里一个重要的限制条件是我们假设了加性噪声. 当测量被光子噪声限制时，噪声的标准偏差正比于信号功率的平方根，这时可以证明 Fellgett 优势不再存在. 由于这个原因，Fourier 变换光谱仪更多地用于光谱的红外部分，在红外波段主要噪声是加性的探测器噪声.

5.1.5　光学相干层析术

由于激光器的发展，可以发射持续时间只有几飞秒（$1\mathrm{fs} = 10^{-15}\mathrm{s}$）的激光脉冲，这使用脉冲回声计时来得到像中深度方向的分辨率的想法变得很有吸引力[1]. 然而，不存在能够在飞秒时间里响应返回的光信号的电子电路，因而需要有一种别的方法来隔离从非常小的轴向体积返回的信号. 光学相干层析术（OCT）就是这样一种使用相对宽带的光源的有限的时间相干性来分离从非常小的轴向体积返回的信号的方法. 如果光源的相干长度很短，那么相对于参考光束相干性高的深度区域，就可以与相干性低乃至于为零的深度区域区分开来. 这些内容将在下面各节深入讨论. 在 OCT 方面比较全面的参考文献有文献［55］和［190］.

现在主要有两种重要的 OCT 系统. 我们先讨论一种叫做时域 OCT 的方法，然后简短地看一看称为 Fourier 域 OCT（也叫谱域 OCT）的方法.

图 5.8 所示为时域 OCT 系统，它是用光纤 Michelson 干涉仪实现的. 这样的系统使用宽带光源，例如，在 1310nm 波长下带宽为 20～40nm 的超辐射发光管[2].

---

① 本节这一部分取自文献［81］（经原作者和原出版者允许）.

② 在生物学应用中，使用一个红外波长以保证光能够最大程度地透射到所研究的生物组织.

该系统运作时，在轴向直线扫描参考反射镜，穿过物体的深度扫描高相干度区域（相对于指向物体的光束），并在物光臂扫描反射镜以沿着物体横截面方向改变测量区域．用这种方法，得到对物体的二维（2D）扫描，一维是轴向，另一维是横向．另一种方法是使用二维横向光栅式扫描，可以得到一幅三维（3D）图像．参考反射镜的直线运动使参考光产生 Doppler 频移，当参考光束和物光束同时照射到探测器上时，能够观察到拍频现象，但只发生在从物体发出的光和从参考反射镜反射来的光相干时．于是，从高相干性区域散射来的光的振幅就可以通过测量交流拍频强度来测量．随着参考反射镜的扫描，就能够得到从物体中相应的深度区域来的散射振幅．

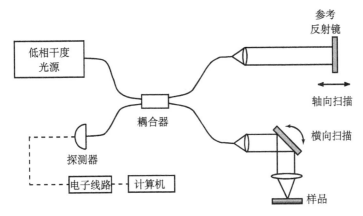

图 5.8　用在 OCT 中的基于光纤的 Michelson 干涉仪
轴向扫描反射镜改变参考臂内的光程长度延迟以选择轴向深度，
横向扫描反射镜选择成像点的横向坐标

　　为了更细致地理解这个过程，我们可以利用前面对 Michelson 干涉仪的分析，特别是（5.1-10）式，但要稍作改变．要理解轴向的成像，假设旋转反射镜停在一个固定位置，只考虑深度上的分辨率．假设光源发出的光用一个解析信号 $\mathbf{L}(t)$ 表示．进一步假设在物体中光的速度为 $c/\bar{n}$，其中 $\bar{n}$ 是这种物体介质的平均折射率．令可移动反射镜以速率 v 匀速运动．于是在探测器上发生干涉的信号可以表示为下述解析信号：

$$\mathbf{u}_{\mathrm{r}}(t) = a_{\mathrm{r}}\mathbf{L}\left(t - \tau_{\mathrm{r}} - \frac{l_{\mathrm{m}}}{v}\right)$$

$$\mathbf{u}_{\mathrm{o}}(z,t) = a_{\mathrm{o}}(z)\mathbf{L}\left(t - \tau_{\mathrm{o}} - 2\bar{n}\frac{z}{c}\right). \tag{5.1-32}$$

这里 $\mathbf{u}_{\mathrm{r}}(t)$ 表示参考信号，a_{r} 表示这个信号从光源到达探测器的光路上的衰减，τ_{r} 表示当假设反射镜没有位移时，光从光源到探测器往返的时间延迟，l_{m} 表示反射镜从它的初始位置以速度 v 在上述时间内运动的距离．类似地，对于物光束，

$\mathbf{u}_o(z,t)$ 表示通过散射从位于深度 z 的那部分物体体积传到探测器上的信号，$a_o(z)$ 表示物光束传到物体深度 z 再返回受到的衰减，τ_o 表示从光源到物体的深度 $z=0$ 的部分的时间延迟.

使用得到（5.1-10）式的同样的方法，我们得到探测出的强度为

$$I(z,t) = [a_r^2 + a_o^2(z)]I_L\Big\{1 + 2\,\frac{a_r a_o(z)}{a_r^2 + a_o^2(z)}$$

$$\times\,\gamma\Big(t - 2\bar{n}\,\frac{z}{c}\Big)\cos\Big[4\pi\,\frac{v}{\lambda}t - \alpha\Big(t - 2\bar{n}\,\frac{z}{c}\Big) - \phi\Big]\Big\} \tag{5.1-33}$$

其中 $I_L = \langle|\mathbf{L}(t)|^2\rangle$，$\gamma = |\boldsymbol{\gamma}|$，$\phi$ 是考虑到两光程之间可能有一固定相位差，我们已经用了 $l_m/v = t$ 的事实，并假设了在参考反射镜的初始位置上，干涉仪是两臂平衡的，即 $\tau_r = \tau_0$. 注意在探测到的强度中交流拍频的时间频率是 $2v/\bar{\lambda}$. 此外，决定了被成像的深度位置的相干性窗口是以 γ 的最大值位置为中心，即

$$z = \frac{ct}{2\bar{n}}. \tag{5.1-34}$$

因此随着时间 t 向前推进，成像的深度位置得到扫描.

由于光的相干时间 τ_c 近似为 $1/\Delta\nu$（见（5.1-30）式），包络函数 $\gamma(t - 2\bar{n}z/c)$ 的宽度近似为 $1/\Delta\nu$，并且系统的深度分辨率 Δz（即对于某一具体的 t 值对 $I(z,t)$ 有贡献的深度范围的宽度）为 $c\tau_c/\bar{n}$，或

$$\Delta z = \frac{c\tau_c}{\bar{n}} \approx \frac{c}{\bar{n}\Delta\nu}. \tag{5.1-35}$$

在物体介质中

$$\Delta\nu = \frac{c}{\bar{n}}\Big(\frac{1}{\bar{\lambda} - \Delta\lambda/2} - \frac{1}{\bar{\lambda} + \Delta\lambda/2}\Big) \approx \frac{c}{\bar{n}}\,\frac{\Delta\lambda}{\bar{\lambda}^2}, \tag{5.1-36}$$

这里已经假设 $\Delta\lambda \ll \bar{\lambda}$. 于是深度分辨率也可以表示为

$$\Delta z \approx \bar{\lambda}^2/\Delta\lambda. \tag{5.1-37}$$

这个式子对具有宽度为 $\Delta\nu$ 的矩形功率谱密度的光源是准确的，但是，当光源的谱密度不是矩形时，在这个式子前面可以有一个数值常数（比较（5.1-30）式并见习题 5-3）.

横向分辨率是在一次直线扫描中将被聚焦的点横越被测物体运动得到的. 这个维度上的分辨率由通常的光学成像规则支配，特别是决定于波长和跟在扫描反射镜后面的透镜的数值孔径. 这样就得到一"片"二维的像，一维是深度 z，另一维是横向维度 x. 在 (x,y) 面内以光栅图样扫描，就能得到一组二维像.

图 5.9 中所示为用时域 OCT 成像得到的大鼠的皮肤及皮下组织的像. 从图像的顶部到底部，一层层结缔组织、脂肪和真皮/表皮清晰可见. 中间隔断脂肪层的小区域有一条流着血液的小血管.

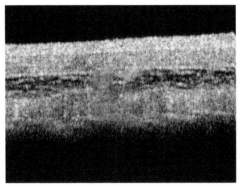

图 5.9　用时域 OCT 得到的大鼠皮肤及皮下组织的像

由 Arizona 大学的 Jennifer Kehlet Barton 教授提供，经美国光学学会允许从文献［9］复印

　　在上面的分析中隐含了两个假设．第一，我们假设了在物体的全部扫描深度上有相同的局域折射率，而实际上局域折射率可能有小变化，这样的变化会扭曲从时间 t 到深度 z 的映射．第二，我们完全忽略了制作物体的材料可以有色散的可能性，这就是说，折射率有可能是波长的函数．在这种情况下，相干性窗口会扭曲并变宽．不过，我们在这里不对这两个现象的后果作详细研究．

　　在结束本节之前，简单讨论一下叫做 Fourier 域 OCT 的方法．这种方法只用一个固定参考反射镜，在检测到必需的信息之后，用计算方法定出各个时间延迟．图 5.10 示出一个 Fourier 域 OCT 系统的简图．这个系统由大块的光学元器件表示，但是基于光纤的系统同样是可能的．时域 OCT 系统和 Fourier 域 OCT 系统之间的主要区别有两方面：①Fourier 域 OCT 系统有固定的参考反射镜；②Fourier 域 OCT 系统输出的光在光谱上是散开的，投射在一个进行时间积分的多单元探测器阵列上，每个探测单元在比光源的全谱宽要窄很多的带宽中测量光的相干性．

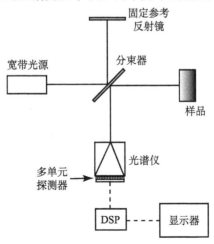

图 5.10　Fourier 域 OCT 系统的图示

Fourier 域 OCT 的基本原理可以解释如下. 设到达光谱仪的信号包括两个分量, 一个来自固定参考反射镜, 一个从处于深度 z 的特别的反射面反射而来. 两个信号在光谱仪的输出臂加在一起, 生成一个复合光信号

$$u(t) = a_r \mathbf{L}(t - \tau_r) + a_o(z)\mathbf{L}\Big(t - \tau_o - 2\frac{\bar{n}z}{c}\Big), \tag{5.1-38}$$

式中所有符号前面都已定义. 我们想要求出总的光场 $\mathbf{u}(t)$ 的功率谱 $\mathcal{G}_u(\nu)$, 可以通过先求 $\mathbf{u}(t)$ 的自相关函数 $\mathbf{\Gamma}_U(\tau)$, 再按照 Wiener-Khinchin 定理作 Fourier 变换得到. 沿着这条思路,

$$\begin{aligned}
\mathbf{\Gamma}_U(\tau) &= \langle \mathbf{u}(t+\tau)\mathbf{u}^*(t)\rangle \\
&= \Big\langle \Big[a_r\mathbf{L}(t+\tau-\tau_r) + a_o(z)\mathbf{L}\Big(t+\tau-\tau_o-2\frac{\bar{n}z}{c}\Big)\Big] \\
&\quad \times \Big[a_r\mathbf{L}^*(t-\tau_r) + a_o(z)\mathbf{L}^*\Big(t-\tau_o-2\frac{\bar{n}z}{c}\Big)\Big]\Big\rangle \\
&= (a_r^2 + a_o^2(z))\mathbf{\Gamma}_L(t+\tau) + a_r a_o(z)\mathbf{\Gamma}_L\Big(\tau+\tau_r-\tau_o-2\frac{\bar{n}z}{c}\Big) \\
&\quad + a_r a_o(z)\mathbf{\Gamma}_L^*\Big(\tau+\tau_r-\tau_o-2\frac{\bar{n}z}{c}\Big).
\end{aligned} \tag{5.1-39}$$

对这个自相关函数作 Fourier 变换, 得到落到光谱仪上的功率谱密度

$$\begin{aligned}
\mathcal{G}_U(\nu) &= (a_r^2+a_o^2(z))\mathcal{G}_L(\nu) + a_r a_o(z)\mathcal{G}_L(\nu)e^{-j2\pi(\tau_r-\tau_o-2\frac{\bar{n}z}{c})\nu} \\
&\quad + a_r a_o(z)\mathcal{G}_L(\nu)e^{j2\pi(\tau_r-\tau_o-2\frac{\bar{n}z}{c})\nu} \\
&= (a_r^2+a_o^2(z))\mathcal{G}_L(\nu)\Big\{1 + 2\frac{a_r a_o(z)}{a_r^2+a_o^2(z)}\cos\Big[2\pi\Big(\tau_r-\tau_o-2\frac{\bar{n}z}{c}\Big)\nu\Big]\Big\}.
\end{aligned} \tag{5.1-40}$$

于是进入光谱仪的信号的谱包含有叠加在背景上的一组余弦条纹, 这组条纹在频率空间中的周期是参考光束与物光束之间的总相对时间延迟的倒数.

如果在物体中我们想要分辨的不同深度 z 的位置上有多个散射平面, 而且物体散射主要是单次散射 (即被一个平面散射的光不会被另一平面散射), 那么每个这样的平面将产生具有不同周期的一组光谱条纹, 在探测器阵列上探测到的信号的离散 Fourier 变换, 有可能分辨这些不同的条纹, 得出关于物体中散射强度作为深度的函数的信息.

上述讨论中忽略了许多实际细节. 光谱仪将光散开射到不同的角度上, 这个角度与波长成非线性关系, 因此在做离散 Fourier 变换之前, 应当先对与波长的依赖关系进行线性化, 并由波长空间映射到频率空间, 得到频率空间中一组等间隔的样本. 此外, 探测器阵列的组元是在有限面积上积分, 而不是在理想的点上采样, 而且探测器阵列不能覆盖全部波长的谱. 对理解这些细节感兴趣的读者, 应参阅别的参考文献, 如文献 [22] 和 [26]. 对时域 OCT 和 Fourier 域 OCT 的比较见文献 [128].

5.1.6 相干复用技术

具有有限的时间相干性的光源已经用来在传感器网络和通信网络中推进信号复用技术.“复用技术”(multiplexing) 这个术语,指的是在一个光学网络(自由空间或者光纤网络)上将若干个信号叠加在一起,而后通过适当调节一个接收器,可以使叠加信号中的任何一个恢复出来,而没有受到其他信号的实质性干扰.当然存在着多种不同的信号复用技术,包括波分复用和偏振复用,但是在这里我们专注于利用光源的有限相干性的一些方法.已经给这些方法取了一个名字,叫做相干复用技术.讨论传感器相干性信号复用技术的一篇优秀的文献是文献 [28],在通信领域中讨论相干性信号复用技术的文献见文献 [143].

图 5.11 示出一个简单的相干性复用传感器系统.顶部的光源是一个短相干长度的激光二极管,它发的光聚焦到一根单模光纤里.光纤中的光被传送到一个集成光学四端耦合器的一个输入端上,在此被分为两束,分别送到耦合器的两个输出端.一束出射光直接进入下一个耦合器,另一束要通过一根长度为 l_1 的光纤环,走的路程比直接连接下一个耦合器的光束更长.选择这一额外长度 l_1 比光源的相干长度大很多.若用 l_c 代表光源的相干长度,就是要求 $l_1 \gg l_c$.光纤环除了在一支光路中引入光的延迟外,还有第二个用途——它是对周围环境(如温度、压力和应力)的变化作出响应的传感器,使得随着环境变化延迟有一个到几个波长的变化.第一个耦合器的两个输出进入第二个耦合器的两个输入端,构成一个 Mach-Zehnder 干涉仪.第二个耦合器顶上的输出端然后直接送到第三个耦合器的一个输入端,作为第二个光纤 Mach-Zehnder 干涉仪的输入(第二个耦合器的另一

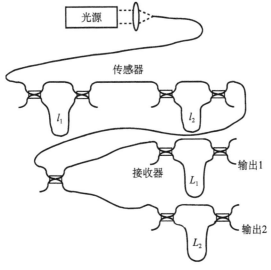

图 5.11 相干性信号复用传感器系统(根据文献 [28],图 1)

个输出端空置). 第二个 Mach-Zehnder 干涉仪包含一个光纤环, 其多出长度 l_2 与长度 l_1 之差大于光的相干长度 l_c. 这个光纤环用作其周围环境的传感器, 这个周围环境可以与第一个光纤环感知的周围环境有很大的不同. 然后将第二个 Mach-Zehnder 干涉仪 (即第四个耦合器) 的一个输出送到并行的一个接收器阵列, 这些接收器可能离传感器有一段距离. 每个接收器的功能是提取一个传感器感受到的有关环境变化的信息.

两个接收用的 Mach-Zehnder 干涉仪各自包含一个光纤环, 长度分别为 L_1 和 L_2. 如果在上面的干涉仪中, 选光纤环的多出长度 L_1 等于第一个传感器中的长度 l_1, 那么在这个接收器下输出端上合成的各个信号中, 只有一对信号是互相干的, 将会发生干涉, 那就是只通过有多出长度 l_1 的传感器环的信号和只通过接收器环 L_1 的信号. 随着这个传感器环周围的环境发生改变, 前一束产生干涉的光的相位将发生改变, 将传感器的相位调制转换为 #1 输出端上的强度调制. 类似地, 如果选第二个接收器的多出长度 L_2 等于第二个传感器的多出长度 l_2, 那么在 #2 输出端上干涉将只在通过多出长度 l_2 的传感器的光和只通过接收器环 L_2 的光之间发生. 结果, #2 输出端上的强度变化将只反映 #2 传感器环周边的环境变化. 当然, 检测这些输出强度的变化时必然存在不发生干涉的各种输出信号引入的噪声, 因而限制了可以复用的传感器的数量.

图 5.11 所示的系统结构只是许多可能结构中的一种. 有些别种结构要使用一切耦合器 (除最后一个耦合器外) 中的两个输出端口. 有些使用并联的传感器而不是上例中的将传感器串联. 对于通信上的应用, 光纤环中可以包含电子驱动的相位调制器. 有兴趣深入研究这个课题的读者可参阅文献 [28] 和 [143] 及那里列出的参考文献.

5.2　空间相干性

在讨论时间相干性时, 我们注意到每个实际的光源具有有限带宽; 因此, 对足够大的时间延迟 τ, 解析信号 $\mathbf{u}(t)$ 和 $\mathbf{u}(t+\tau)$ 变得不相关. 为了把注意力集中在时间相干性上, 我们假设发出辐射的光源是一个理想的点光源. 当然, 实际上任何真实的光源必定有一定的物理大小, 而这个有限的尺寸最终是一定要考虑的. 做这件事就把我们带进空间相干性的领域. 这时, 我们考察在空间两点 P_1 和 P_2 观测到的两个解析信号 $\mathbf{u}(P_1, t)$ 和 $\mathbf{u}(P_2, t)$, 其相对时间延迟理想地为零. 当 $P_1 = P_2$ 时, 两个波前当然完全相关. 然而, 当点 P_1 和 P_2 分开时, 一般可以预料, 相关性会有一定程度的损失. 因此我们说, 光源发射的波具有有限的空间相干性. 通过考察经典的 Young 氏实验中光的干涉[231], 可以把这些观念建立在更坚实的基础上.

5.2.1　Young 氏实验

考察图 5.12 所示的实验. 一个空间扩展光源照到不透明屏幕上, 屏幕上的点 P_1 和 P_2 处扎了两个小针孔. 在屏幕后的某一距离上放置一个观察屏, 在观察屏上 Q 点观察从两个针孔射来的光的强度.

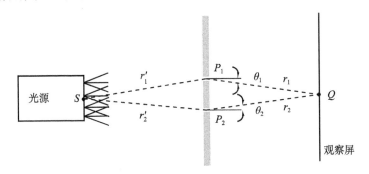

图 5.12　Young 氏干涉实验

离开光源上一点 S 的光, 经由两条不同的路径来到观察屏, 在这个过程中分别受到不同的时间延迟 $(r'_1 + r_1)/c$ 和 $(r'_2 + r_2)/c$. 如果时间延迟之差 $(r_1 + r'_1 - r_2 - r'_2)/c$ 比光源上一切点 S 发出的光的相干时间小很多, 可以预料会有干涉条纹. 这些条纹的可见度取决于从两个针孔 P_1 和 P_2 到达观察屏的光波的相关程度. 因此可以预期, 交叉相关函数 $\langle \mathbf{u}(P_1, t + \tau)\mathbf{u}^*(P_2, t)\rangle$ 在决定观察到的条纹的可见度时将起重要的作用.

就像 Michelson 干涉仪的情形, 还有另一个等价的观点能给出对观察到的条纹的特性的更深刻的认识. 如果光是近似单色的并来自单个点光源, 在观测屏上将会看到高可见度的正弦条纹. 若现在又加上独立发射的、波长与第一个点光源相同的第二个点光源, 就会在观察屏上加上第二组条纹图样. 这组条纹的周期与前一组相同, 但光程差为零的位置相对于第一组条纹的零光程差位置有一移动 (图 5.13).

若针孔间距很小, 那么条纹很粗, 一组条纹相对于另一组条纹的移动是条纹一个周期的很小一部分. 两组条纹多少能够接近同相位相加, 相加结果的条纹有很高的可见度. 但是, 若针孔间距很大, 那么每组条纹的周期就很小, 它们相加时相互间有一个大的空间相移, 相加得到的总体条纹的可见度就很低. 若光源是许多独立的辐射体集合而成的扩展光源, 在针孔间距大时, 条纹的相消可以使可见度几乎完全消失.

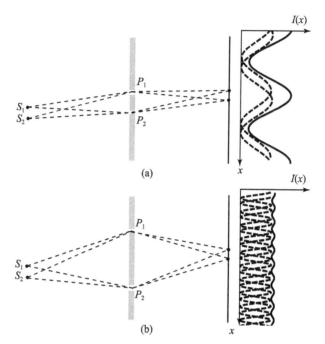

图 5.13　对针孔间距大时条纹可见度下降的物理解释
(a) 针孔间距小；(b) 针孔间距大

　　为了把上面讨论的概念建立在更坚实的基础上，并且揭示出可能被我们的直观解释所掩盖的假设，我们对 Young 氏实验作简单的数学分析.

5.2.2　实验的数学描述

　　仍请参看图 5.12，我们想要在数学上计算到达点 Q 的光的强度. 如同我们上面做的那样，仍然假定取平均的时间实际上是无穷长，对真实的热光，这是一个精确的假设. 因此所求的强度表示为

$$I(Q) = \langle \mathbf{u}^*(Q,t)\mathbf{u}(Q,t) \rangle. \tag{5.2-1}$$

　　为了继续算下去，必须把 $\mathbf{u}(Q,t)$ 更详尽地通过到达针孔 P_1 和 P_2 的解析信号 $\mathbf{u}(P_1,t)$ 和 $\mathbf{u}(P_2,t)$ 表示出来. 这时往往假设 $\mathbf{u}(Q,t)$ 可以表示为经适度延迟的 $\mathbf{u}(P_1,t)$ 和 $\mathbf{u}(P_2,t)$ 加权叠加

$$\mathbf{u}(Q,t) = \mathbf{K}_1\mathbf{u}\left(P_1, t - \frac{r_1}{c}\right) + \mathbf{K}_2\mathbf{u}\left(P_2, t - \frac{r_2}{c}\right), \tag{5.2-2}$$

其中 $\mathbf{K}_1$ 和 $\mathbf{K}_2$ 都是（可能是复值）常数. 参考（4.1-11）式，很清楚，若光的带宽窄而且针孔并不太大，这样一个表示式确实是可能的. 特别是，借助于（4.1-11）式，我们写出

$$\mathbf{K}_1 \approx \iint \frac{\chi(\theta_1)}{\mathrm{j}\bar{\lambda} r_1} \mathrm{d}S_1, \quad \mathbf{K}_2 \approx \iint \frac{\chi(\theta_2)}{\mathrm{j}\bar{\lambda} r_2} \mathrm{d}S_2, \tag{5.2-3}$$

这里积分在各自的针孔的面积上进行，参数 θ_1，θ_2，r_1 和 r_2 在图 5.12 中都已标明（要考虑宽带光的情况，读者可参看习题 5-6）. 在写出（5.2-3）式时，已经隐含着假定针孔极小，在针孔范围内入射场是恒定的，而且离开针孔的场和入射到针孔上的场相同. 对于前一假设，在直径为 δ 的圆形针孔和最大直径为 D 的光源的情形，可以证明这个假设精确成立的充分条件是

$$\delta \ll \bar{\lambda} z / D, \tag{5.2-4}$$

其中 z 是光源平面和针孔平面之间的垂直距离.

用（5.2-1）式和（5.2-2）式，容易证明 Q 点的光强为

$$I(Q) = |\mathbf{K}_1|^2 \langle |\mathbf{u}(P_1, t - r_1/c)|^2 \rangle + |\mathbf{K}_2|^2 \langle |\mathbf{u}(P_2, t - r_2/c)|^2 \rangle$$

$$+ \mathbf{K}_1 \mathbf{K}_2^* \langle \mathbf{u}(P_1, t - r_1/c) \mathbf{u}^*(P_2, t - r_2/c) \rangle \tag{5.2-5}$$

$$+ \mathbf{K}_1^* \mathbf{K}_2 \langle \mathbf{u}^*(P_1, t - r_1/c) \mathbf{u}(P_2, t - r_2/c) \rangle. \tag{5.2-6}$$

为了方便，对某些特别重要的量我们再次采用特殊的符号. 对于统计平稳的光源，我们定义

$$I^{(1)}(Q) \triangleq |\mathbf{K}_1|^2 \langle |\mathbf{u}(P_1, t - r_1/c|^2 \rangle$$

$$I^{(2)}(Q) \triangleq |\mathbf{K}_2|^2 \langle |\mathbf{u}(P_2, t - r_2/c)|^2 \rangle \tag{5.2-7}$$

分别代表来自针孔 P_1 和 P_2 的光单独在 Q 处产生的光强. 此外，为了讨论干涉效应，我们引进定义

$$\mathbf{\Gamma}(P_1, P_2; \tau) \triangleq \langle \mathbf{u}(P_1, t + \tau) \mathbf{u}^*(P_2, t) \rangle, \tag{5.2-8}$$

代表到达针孔 P_1 和 P_2 的光的交叉关联函数. 这个函数是 Wolf 首先引进的[225-227]，叫做光的互相干函数，它在部分相干性理论中起着基础性作用.

通过上面这些量，现在可以将 Q 点的光强表示为较简短的形式

$$I(Q) = I^{(1)}(Q) + I^{(2)}(Q) + \mathbf{K}_1 \mathbf{K}_2^* \mathbf{\Gamma}\left(P_1, P_2; \frac{r_2 - r_1}{c}\right)$$

$$+ \mathbf{K}_1^* \mathbf{K}_2 \mathbf{\Gamma}\left(P_2, P_1; \frac{r_1 - r_2}{c}\right).$$

现在容易证明，$\mathbf{\Gamma}(P_1, P_2; \tau)$ 具有性质 $\mathbf{\Gamma}(P_2, P_1; -\tau) = \mathbf{\Gamma}^*(P_1, P_2; \tau)$. 而且，由于 $\mathbf{K}_1$ 和 $\mathbf{K}_2$ 都是纯虚数（见（5.2-3）式），我们看到 $\mathbf{K}_1 \mathbf{K}_2^* = \mathbf{K}_1^* \mathbf{K}_2 = K_1 K_2$，其中 $K_1 = |\mathbf{K}_1|$，$K_2 = |\mathbf{K}_2|$. 于是 Q 点的光强的表达式变为

$$I(Q) = I^{(1)}(Q) + I^{(2)}(Q) + K_1 K_2 \mathbf{\Gamma}\left(P_1, P_2; \frac{r_2 - r_1}{c}\right)$$

$$+ K_1 K_2 \mathbf{\Gamma}^*\left(P_1, P_2; \frac{r_2 - r_1}{c}\right), \tag{5.2-9}$$

或等价地

$$I(Q) = I^{(1)}(Q) + I^{(2)}(Q) + 2K_1 K_2 \mathrm{Re}\left\{ \boldsymbol{\Gamma}\left(P_1, P_2; \frac{r_2 - r_1}{c}\right)\right\}. \quad (5.2\text{-}10)$$

如果我们像讨论 Michelson 干涉仪时所做的那样, 也引进相干函数的归一化, 就会得到进一步的简化. 由 Schwarz 不等式, 这时我们有

$$\left| \boldsymbol{\Gamma}(P_1, P_2; \tau) \right| \leqslant \left[\boldsymbol{\Gamma}(P_1, P_1; 0) \boldsymbol{\Gamma}(P_2, P_2; 0)\right]^{1/2} = \left[I(P_1) I(P_2)\right]^{1/2},$$
$$(5.2\text{-}11)$$

式中 $I(P_1)$ 和 $I(P_2)$ 分别是照在针孔 P_1 和 P_2 上的光强. 这个不等式引导我们定义以下形式的归一化相干函数:

$$\boldsymbol{\gamma}(P_1, P_2; \tau) \triangleq \frac{\boldsymbol{\Gamma}(P_1, P_2; \tau)}{\left[I(P_1) I(P_2)\right]^{1/2}}, \quad (5.2\text{-}12)$$

它称为复相干度①. 从不等式 (5.2-11) 容易看出

$$0 \leqslant \left| \boldsymbol{\gamma}(\mathrm{P}_1, \mathrm{P}_2; \tau)\right| \leqslant 1. \quad (5.2\text{-}13)$$

此外注意到

$$I^{(1)}(Q) = K_1^2 I(P_1)$$
$$I^{(2)}(Q) = K_2^2 I(P_2), \quad (5.2\text{-}14)$$

我们可以立即把 $I(Q)$ 的表示式 (5.2-10) 改写成更方便的形式

$$I(Q) = I^{(1)}(Q) + I^{(2)}(Q) + 2\sqrt{I^{(1)}(Q) I^{(2)}(Q)}\, \mathrm{Re}\left\{ \boldsymbol{\gamma}\left(\mathrm{P}_1, \mathrm{P}_2; \frac{r_2 - r_1}{c}\right)\right\}.$$
$$(5.2\text{-}15)$$

为了进一步揭示条纹图样的基本性质, 我们注意到, 复相干度是两个随机过程的归一化互相关函数, 两个随机过程的中心频率都是 $\bar{\nu}$. 于是, 复相干度可以写成

$$\boldsymbol{\gamma}(P_1, P_2; \tau) = \gamma(P_1, P_2; \tau) \exp\left\{ -\mathrm{j}\left[2\pi\bar{\nu}t - \alpha(P_1, P_2; \tau)\right]\right\}. \quad (5.2\text{-}16)$$

将上式代入 (5.2-15) 式, 我们得到

$$\begin{aligned}
I(Q) = {} & I^{(1)}(Q) + I^{(2)}(Q) \\
& + 2\sqrt{I^{(1)}(Q) I^{(2)}(Q)}\, \gamma\left(P_1, P_2; \frac{r_2 - r_1}{c}\right) \\
& \times \cos\left[2\pi\bar{\nu}\left(\frac{r_2 - r_1}{c}\right) - \alpha\left(P_1, P_2; \frac{r_2 - r_1}{c}\right)\right].
\end{aligned} \quad (5.2\text{-}17)$$

虽然我们在此还不能精确说明干涉图样的几何特征, 但是已经可以得出一些一般的结论. (5.2-17) 式中的前两项代表两个针孔单独对强度的贡献. 对于有

---

① 严格地说, $\boldsymbol{\gamma}(P_1, P_2; \tau)$ 也许也应该叫复互相干度, 而 5.1 节中的 $\boldsymbol{\gamma}(\tau)$ 应该叫复自相干度, 但是不太值得作这一区别.

限大小的针孔，$I^{(1)}(Q)$ 和 $I^{(2)}(Q)$ 在观察平面上将按照针孔孔径的衍射图样变化，不过此刻，我们假设针孔是如此之小，使得在整个观察区域强度是常数. 在这个恒定的偏置值上，叠加着一幅条纹图样，其周期由 $\bar{\nu}$ 和其他几何因数决定，并具有缓变的包络和相位调制. 在零光程差（$r_2 - r_1 = 0$）的位置附近，条纹有经典的可见度

$$\mathcal{V} = \frac{2\sqrt{I^{(1)}(Q)I^{(2)}(Q)}}{I^{(1)}(Q) + I^{(2)}(Q)}\gamma(P_1, P_2; 0).\tag{5.2-18}$$

由于 $\gamma(P_1, P_2; 0)$ 代表波形 $\mathbf{u}(P_1, t)$ 和 $\mathbf{u}(P_2, t)$ 的交叉关联系数，我们得出结论：$\gamma(P_1, P_2; 0)$（或当 $I^{(1)}(Q) = I^{(2)}(Q)$ 时的 $\mathcal{V}$）是两个光振动的相干性的测度. 因此，描述 $\gamma(P_1, P_2; 0)$ 如何随 P_1 和 P_2 之间的距离而变，就是对投射到针孔平面上的光场的空间相干性的描述.

注意，在迄今所讨论的 Young 氏实验的一般形式中，时间相干性和空间相干性都起作用. 零光程差处的条纹包络是空间相干性效应的表征，而条纹包络在光程差变大时逐渐减小乃至消失则是时间相干性效应的表征. 最终，我们将把这两种效应分开，但我们首先要作某些几何考虑，让我们能够更详细地描述条纹图样的特征.

5.2.3　若干几何因素的考虑

为了更精确地说明条纹的几何结构，需要把时间延迟之差 $r_2 - r_1/c$ 与各种几何因素联系起来，这些几何因素包括针孔的间隔、到观察平面的距离及观察点 Q 的坐标. 这样的几何关系可用图 5.14 得到. 令针孔 P_1 在横截面内的坐标为（ξ_1, η_1），针孔 P_2 的坐标（ξ_2, η_2），两者都在不透明屏幕的平面上. 假定观察屏平行于不透明屏幕并且与它的距离为 z. 观察点 Q 在观察屏上的坐标用（x, y）代表. 这样定义光轴：用一虚线连接针孔 P_1 和 P_2，在虚线的中点作不透明屏幕平面的垂线. 在这个定义下，P_1 和 P_2 与光轴是等距的.

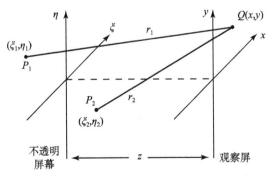

图 5.14　Young 氏实验中影响干涉的几何因素

距离 r_1 和 r_2 由下面的表示式精确给出：

$$r_1 = \sqrt{z^2 + (\xi_1 - x)^2 + (\eta_1 - y)^2}$$
$$r_2 = \sqrt{z^2 + (\xi_2 - x)^2 + (\eta_2 - y)^2}. \quad (5.2\text{-}19)$$

为了得到简单的结果，我们作通常的旁轴近似，这种近似在针孔与观察点离光轴不太远时成立．特别是，我们假定

$$z \gg \sqrt{x^2 + y^2}, \quad z \gg \sqrt{\xi_1^2 + \eta_1^2} = \rho, \quad z \gg \sqrt{\xi_2^2 + \eta_2^2} = \rho, \quad (5.2\text{-}20)$$

这里我们注意到，由于我们对光轴的选择，$\sqrt{\xi_1^2 + \eta_1^2} = \sqrt{\xi_2^2 + \eta_2^2} \triangleq \rho$．由这些近似，我们得到

$$r_1 = z\sqrt{1 + \frac{(\xi_1 - x)^2}{z^2} + \frac{(\eta_1 - y)^2}{z^2}}$$
$$\approx z + \frac{(\xi_1 - x)^2}{2z} + \frac{(\eta_1 - y)^2}{2z}, \quad (5.2\text{-}21)$$

类似地

$$r_2 \approx z + \frac{(\xi_2 - x)^2}{2z} + \frac{(\eta_2 - y)^2}{2z}. \quad (5.2\text{-}22)$$

用这些结果，光程差可写为

$$r_2 - r_1 \approx \frac{(\xi_2 - x)^2 + (\eta_2 - y)^2 - (\xi_1 - x)^2 - (\eta_1 - y)^2}{2z} \quad (5.2\text{-}23)$$

或者，在简化后

$$r_2 - r_1 \approx \frac{-1}{z}(\Delta\xi x + \Delta\eta y), \quad (5.2\text{-}24)$$

其中 $\Delta\xi = \xi_2 - \xi_1$, $\Delta\eta = \eta_2 - \eta_1$.

回到观察平面上强度分布的一般表示式（5.2-17）上来，可以用（5.2-24）式来求这个平面上条纹图样的近似形式．参看图 5.15（a），图中直线表示条纹峰值的位置，此时假定相位 $\alpha(P_1, P_2, \tau) = 0$．条纹的峰值线与零值线都垂直于 P_1 和 P_2 的连线，条纹的空间周期为

$$L = \frac{\bar{\lambda}z}{d}, \quad (5.2\text{-}25)$$

式中 $\bar{\lambda} = c/\bar{\nu}$, $d = \sqrt{(\Delta\xi)^2 + (\Delta\eta)^2}$ 是两个针孔之间的距离．

图 5.15（b）表示一幅典型的沿 x' 轴的条纹剖面图，图中假定在显示的区域中 $I^{(1)}(Q)$ 和 $I^{(2)}(Q)$ 是恒定的，而 $\alpha(P_1, P_2, \tau)$ 恒为零．我们来注意这些条纹的几个性质．条纹包络的中心在对应于相对光程差为零的点上，取这一点为 x' 轴的零点．它处于条纹图样的中心，在这里时间相干效应被消除掉，使我们

能够决定光的空间相干性质. 这些条纹加了偏置值, 叠加在强度 $I^{(1)}(Q)$ + $I^{(2)}(Q)$ 上. 条纹的周期由 (5.2-25) 式给出, 条纹图样的半宽度由光的时间相干性决定, 为

$$\Delta l \approx \frac{zc}{\Delta \nu d}. \tag{5.2-26}$$

逐渐减弱的包络下的条纹总数为

$$N \approx 2 \frac{\Delta l}{L} = 2 \frac{\bar{\nu}}{\Delta \nu}. \tag{5.2-27}$$

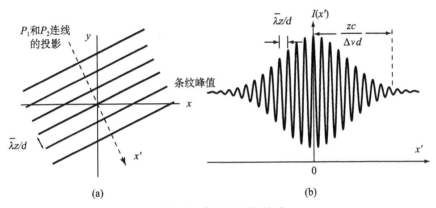

图 5.15　条纹的几何性质

从上面的讨论很明显看出, Young 氏干涉实验的结果既依赖于时间相干性效应, 又依赖于空间相干性效应. 因为我们当前想要集中讨论空间相干性的效应, 这就必须对光加上更多的限制, 使时间相干性效应可以忽略不计.

5.2.4　准单色条件下的干涉

为了把射到观察点 Q 上的场表示为射在针孔上的 (经适当延迟的) 场的简单的加权和, 必须假定光是窄带光. 然而这个假设还不足以从实验中消除时间相干性的效应. 我们现在加上第二个假定, 即光的相干长度 $l_c = c\tau_c$ 远大于光从光源到针孔平面和从针孔平面到观察屏所遇到的最大光程差. 用数学语言表述, 我们要求光源上所有的点和所有的观察点都有

$$\Delta \nu \ll \bar{\nu}, \quad \frac{r_2' - r_1'}{c} \ll \tau_c, \quad \frac{r_2 - r_1}{c} \ll \tau_c, \tag{5.2-28}$$

这里的各个距离的定义见图 5.12. 我们称这样的光满足准单色条件.

在 (5.2-28) 式里加上第二个假设, 结果将保证在感兴趣的观察区域内条纹反衬度为常数, 不会有由时间相干性效应引起的条纹反衬度逐渐减小. 利用这一事实, 有可能使互相干函数和复相干度得到很大的简化. 这些函数现在可以写成

$$\mathbf{\Gamma}(P_1,P_2;\tau) \approx \mathbf{J}(P_1,P_2)\exp(-\mathrm{j}2\pi\bar{\nu}\tau)$$
$$\boldsymbol{\gamma}(P_1,P_2;\tau) \approx \boldsymbol{\mu}(P_1,P_2)\exp(-\mathrm{j}2\pi\bar{\nu}\tau),\tag{5.2-29}$$

式中

$$\mathbf{J}(P_1,P_2) \triangleq \mathbf{\Gamma}(P_1,P_2;0) = \langle \mathbf{u}(P_1,t)\mathbf{u}^*(P_2,t)\rangle\tag{5.2-30}$$

叫做针孔 P_1 和 P_2 上的光的互强度,

$$\boldsymbol{\mu}(P_1,P_2) \triangleq \boldsymbol{\gamma}(P_1,P_2;0) = \frac{\mathbf{J}(P_1,P_2)}{[I(P_1)I(P_2)]^{1/2}}\tag{5.2-31}$$

叫做光的复相干因子. 实际上, 可以把 $\mathbf{J}(P_1,P_2)$ 看成空间正弦型条纹的复相矢量振幅, 而 $\boldsymbol{\mu}(P_1,P_2)$ 只不过是 $\mathbf{J}(P_1,P_2)$ 的归一化形式, 具有性质

$$0 \leqslant |\boldsymbol{\mu}(P_1,P_2)| \leqslant 1.\tag{5.2-32}$$

将 (5.2-29) 式代入 (5.2-10) 式和 (5.2-15) 式, 可以更明显地看出准单色条件下条纹图样的特征. 在旁轴条件及微小针孔 ($I^{(1)}(Q) = I^{(1)}$, $I^{(2)}(Q) = I^{(2)}$, $I^{(1)}$ 和 $I^{(2)}$ 为常数) 的情形下, 可以把 (x,y) 平面上的干涉图样表示为

$$I(x,y) = I^{(1)} + I^{(2)} + 2K_1K_2J(P_1,P_2)\cos\left[\frac{2\pi}{\lambda z}(\Delta\xi x + \Delta\eta y) + \phi(P_1,P_2)\right],$$
$$\tag{5.2-33}$$

或

$$I(x,y) = I^{(1)} + I^{(2)} + 2\sqrt{I^{(1)}I^{(2)}}\mu(P_1,P_2)\cos\left[\frac{2\pi}{\lambda z}(\Delta\xi x + \Delta\eta y) + \phi(P_1,P_2)\right]$$
$$\tag{5.2-34}$$

式中 $J(P_1,P_2) = |\mathbf{J}(P_1,P_2)|$, $\mu(P_1,P_2) = |\boldsymbol{\mu}(P_1,P_2)|$, 而且

$$\phi(P_1,P_2) = \arg\{\mathbf{J}(P_1,P_2)\} = \alpha(P_1,P_2;0).$$

在准单色条件下, 并假设 $I^{(1)}$ 和 $I^{(2)}$ 为常数, 观察到的干涉图样在观测区域中具有恒定的可见度和恒定的相位. 可见度 $\mathcal{V}$ 可以通过复相干因子的模 $\mu(P_1,P_2)$ 用下式表示:

$$\mathcal{V} = \frac{2\sqrt{I^{(1)}I^{(2)}}}{I^{(1)} + I^{(2)}}\mu(P_1,P_2)\tag{5.2-35}$$

当 $\mu(P_1,P_2) = 0$ 时, 条纹消失, 这时就说两个针孔贡献的光波是不相干的. 当 $\mu(P_1,P_2) = 1$ 时, 两束光波完全相关, 这时两个波就叫做互相干. 对于 $\mu(P_1,P_2)$ 的中间值, 两个波部分相干.

图 5.16 显示的是, 在 $\mu(P_1,P_2)$ 和 $\phi(P_1,P_2)$ 的不同条件下, 并假定 $I^{(1)} = I^{(2)}$ 时, 观察到的条纹图样的特征.

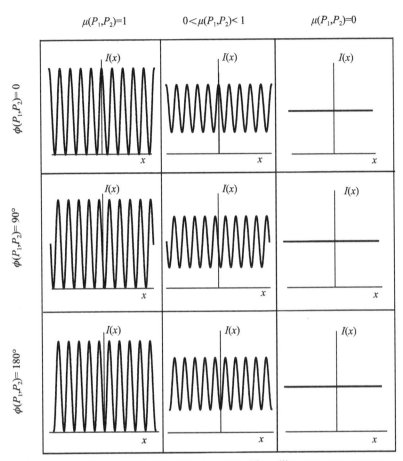

图 5.16　对于复相干因子不同的值（并假设 $I^{(1)} = I^{(2)}$）得到的条纹图样

我们看到，准单色条件对数学和结果作了极大的简化．在下一小节里，我们要描述得出这些简化的另一种方法．

5.2.5　交叉谱密度和谱相干度

我们前面对 Young 氏实验的分析中用了互相干函数 $\mathbf{\Gamma}(P_1, P_2, \tau)$，遇到了时间相干效应与空间相干效应的混合效应．准单色条件允许我们集中注意空间相干效应．达到同一目标的另一方法是使用互相干函数的谱表示，它正是 $\mathbf{u}(P_1, t)$ 和 $\mathbf{u}(P_2, t)$ 的交叉谱密度，在 3.5 节中曾对实函数定义过．

我们感兴趣的两个复值随机过程的交叉谱密度之定义为

$$\mathcal{G}(P_1, P_2; \nu) \triangleq \int_{-\infty}^{\infty} \mathbf{\Gamma}(P_1, P_2; \tau) \exp[\mathrm{j}2\pi\nu\tau] \mathrm{d}\tau \qquad (5.2\text{-}36)$$

它一般是一个复值的量．如果 $\mathbf{u}(P_1, t)$ 和 $\mathbf{u}(P_2, t)$ 是平稳随机过程，那么严格说来它们没有 Fourier 变换，但是我们可以把 $\mathcal{G}(P_1,P_2,\nu)$ 与这些时间函数的截断形式的 Fourier 变换的极限联系起来，

$$\mathcal{G}(P_1,P_2;\nu) = \lim_{T\to\infty} \frac{E[\,\mathcal{U}_T(P_1,\nu)\,\mathcal{U}_T^*(P_2,\nu)\,]}{T}, \tag{5.2-37}$$

式中 $E[\ ]$ 的意思是对可能的时间函数的系综取统计平均（统计期望值），而 $\mathcal{U}_T(P_1,\nu)$ 和 $\mathcal{U}_T(P_2,\nu)$ 则分别是截断的波形 $\mathbf{u}_T(P_1,t)$ 和 $\mathbf{u}_T(P_2,t)$ 的 Fourier 变换. 对这个极限过程的更详细的讨论参阅 3.5 节. 于是，在上面定义的意义下，交叉谱密度是两个随机过程 $\mathbf{u}(P_1,t)$ 和 $\mathbf{u}(P_2,t)$ 的交叉相关性在每个频率 ν 下的度量.

由于它自身是一个交叉关联函数，自然可以定义它的归一化形式

$$\mathbf{g}(P_1,P_2;\nu) = \frac{\mathcal{G}(P_1,P_2;\nu)}{[\,\mathcal{G}(P_1,\nu)\mathcal{G}(P_2,\nu)\,]^{1/2}} \tag{5.2-38}$$

它叫做谱相干度①. 这个定义中的 $\mathcal{G}(P_1,\nu)$ 和 $\mathcal{G}(P_2,\nu)$ 两个量是有关的两个信号的实值功率谱密度，谱相干度一般是一个复值的量. 可以用 Schwarz 不等式证明

$$0 \leqslant |\mathbf{g}(P_1,P_2;\nu)| \leqslant 1. \tag{5.2-39}$$

现在来考虑在 Young 氏干涉实验中由 $\mathcal{G}(P_1,P_2;\nu)$ 的单个频率分量产生的条纹图样的本性. 由于在这个假想实验中只有单个频率分量，这个光分量的相干时间为无限长，在这幅条纹图样中观察不到时间相干效应. 这就是说，在全部测量区域内，条纹的可见度和相位是恒定的. 实际上，基元条纹图样将有形式

$$\begin{aligned}\mathcal{G}(Q,\nu) =\ & \mathcal{G}^{(1)}(Q,\nu) + \mathcal{G}^{(2)}(Q,\nu)\\ & + 2\sqrt{\mathcal{G}^{(1)}(Q,\nu)\mathcal{G}^{(2)}(Q,\nu)}\,\mathrm{Re}\{g(P_1,P_2;\nu)\mathrm{e}^{-\mathrm{j}2\pi(r_2-r_1)/\lambda}\}\\ =\ & \mathcal{G}^{(1)}(Q,\nu) + \mathcal{G}^{(2)}(Q,\nu)\\ & + \sqrt{\mathcal{G}^{(1)}(Q,\nu)\mathcal{G}^{(2)}(Q,\nu)}\,g(P_1,P_2;\nu)\cos\Big[2\pi\frac{r_2-r_1}{\lambda}-\psi(P_1,P_2;\nu)\Big],\end{aligned}$$
$$\tag{5.2-40}$$

式中 $g(P_1,P_2;\nu) = |\mathbf{g}(P_1,P_2;\nu)|$ 并且 $\psi(P_1,P_2;\nu) = \arg\{\mathbf{g}(P_1,P_2;\nu)\}$. 这里，$\mathcal{G}(Q,\nu)$ 是 $\mathbf{u}(Q,t)$ 的功率谱密度在频率 ν 上的值，而 $\mathcal{G}^{(1)}(Q,\nu)$ 和 $\mathcal{G}^{(2)}(Q,\nu)$ 分别是从 P_1 和 P_2 两个针孔到达 Q 点的光波的功率谱密度的值，仍然是频率 ν 上的值. 在旁轴条件下，(5.2-24) 式允许将 r_2-r_1 换成 $(-1/z)(\Delta\xi x + \Delta\eta y)$，得到在观察空间具有不变的空间周期 L 的条纹，这个周期与波长 λ 有关，因而与频率 ν 有关

$$L = \frac{z\lambda}{d} = \frac{cz}{\nu d}, \tag{5.2-41}$$

式中 d 仍是两个针孔之间的距离.

---

① 注意，$\mathcal{G}(P_1,P_2;\nu)$，$\mathcal{G}(P_1,\nu)$ 和 $\mathcal{G}(P_2,\nu)$ 对于负频率都是零，因为它们都是来自解析信号.

以后分析涉及相干性的问题时，我们可以选择或者与互相干函数 $\Gamma(P_1, P_2; T)$ 打交道，或者用交叉谱密度 $\mathcal{G}(P_1, P_2; \nu)$ 来处理．乍看之下，也许会以为后一选择比较好，因为它似乎可以在主要对空间相干性感兴趣的实验中避免出现时间相干性效应的麻烦．然而，这个印象是错的．用交叉谱密度分析任何实际实验，都必须接着对频率 ν 积分以得到可以测量的量的强度，而这个积分又会再次将时间相干性效应引入分析过程，见下面的解释．

在观察点 Q 的场强可以通过在一切正频率上对 $\mathbf{u}(Q, t)$ 的功率谱密度积分得出

$$I(Q) = \int_0^\infty \mathcal{G}(Q, \nu)\,\mathrm{d}\nu. \tag{5.2-42}$$

要求出这个量，需要对（5.2-40）式的右边各项进行积分．前两项积分给出 $I^{(1)}(Q) + I^{(2)}(Q)$．对于最后一项的积分重新引入了时间相干性效应，

$$\int_0^\infty \sqrt{\mathcal{G}^{(1)}(Q, \nu)\mathcal{G}^{(2)}(Q, \nu)}\, g(P_1, P_2; \nu)\cos\left[2\pi\frac{r_2 - r_1}{\lambda} - \psi(P_1, P_2; \nu)\right]\mathrm{d}\nu$$

$$= K_1 K_2 \int_0^\infty \mathcal{G}(P_1, P_2; \nu)\cos\left[2\pi\frac{r_2 - r_1}{\lambda} - \psi(P_1, P_2; \nu)\right]\mathrm{d}\nu$$

$$= K_1 K_2 \int_0^\infty \mathcal{G}(P_1, P_2; \nu)\cos\left[2\pi\nu\frac{r_2 - r_1}{c} - \psi(P_1, P_2; \nu)\right]\mathrm{d}\nu,$$

$$\tag{5.2-43}$$

式中 $\mathcal{G}(P_1, P_2; \nu) = |\mathcal{G}(P_1, P_2; \nu)|$ 并且 $\psi(P_1, P_2; \nu) = \arg\{\mathcal{G}(P_1, P_2; \nu)\}$．

对最后一项积分得到

$$K_1 K_2 \int_0^\infty \mathcal{G}(P_1, P_2; \nu)\cos\left[2\pi\nu\frac{r_2 - r_1}{c} - \psi(P_1, P_2; \nu)\right]\mathrm{d}\nu$$

$$\tag{5.2-44}$$

$$= K_1 K_2 \mathrm{Re}\left\{\Gamma(P_1, P_2); \frac{r_2 - r_1}{c}\right\},$$

我们看到，上式既包含了空间相干性效应，也包含了时间相干性效应，理应如此．于是时间相干性效应偷偷进入空间相干性实验的问题依然存在，但是只在最后对频率积分后出现．

最后，是用互相干函数还是用交叉谱密度来分析相干性问题，这是个人的爱好．每个方法得出对这些问题的一些看法和理解．在本书中，我们更喜欢用互相干函数，因为这时时间相干性和空间相干性效应要比在谱空间里讨论更明显一些．我们将常常假设满足准单色条件，但是通常也附有为此必须满足哪些条件的说明．

5.2.6　相干性的各种度量的小结

前几小节里引入了大量关于相干性本质的新名称．为了对读者有帮助，我们在表5.1中总结了这些量的名称和定义．

表 5.1　相干性的各种度量的名称和定义

符号	定义	名称	相干性类型
$\Gamma(P_1,\tau)$ 或 $\Gamma_{11}(\tau)$	$\langle \mathbf{u}(P_1,t+\tau)\mathbf{u}^*(P_1,t)\rangle$	自相干函数	时间
$\gamma(P_1,\tau)$ 或 $\gamma_{11}(\tau)$	$\Gamma(P_1,\tau)/\Gamma(P_1,0)$	复（自）相干度	时间
$\Gamma(P_1,P_2;\tau)$ 或 $\Gamma_{12}(\tau)$	$\langle \mathbf{u}(P_1,t+\tau)\mathbf{u}^*(P_2,t)\rangle$	互相干函数	空间和时间
$\gamma(P_1,P_2;\tau)$ 或 $\gamma_{12}(\tau)$	$\dfrac{\Gamma(P_1,P_2;\tau)}{[\Gamma(P_1,0)\Gamma(P_2,0)]^{1/2}}$	复相干度	空间和时间
$\mathbf{J}(P_1,P_2)$ 或 $\mathbf{J}_{12}$	$\Gamma(P_1,P_2;0)$	互强度	时间
$\boldsymbol{\mu}(P_1,P_2)$ 或 $\boldsymbol{\mu}_{12}$	$\gamma(P_1,P_2;0)$	复相干因子	时间
$\mathcal{G}(P_1,P_2;\nu)$ 或 $\mathcal{G}_{12}(\nu)$	$\mathcal{F}_\tau\{\Gamma(P_1,P_2;\tau)\}$	交叉谱密度	空间和谱
$\mathbf{g}(P_1,P_2;\nu)$ 或 $\mathbf{g}_{12}(\nu)$	$\dfrac{\mathcal{G}(P_1,P_2;\nu)}{[\mathcal{G}(P_1,\nu)\mathcal{G}(P_2,\nu)]^{1/2}}$	谱相干度	空间和谱

注：每个量可以有两个符号代表．

5.2.7　针孔有限大小的效应

迄今我们一直假设，Young 氏干涉实验中所用的针孔是如此之小，以致它们的衍射图样的中心部分覆盖整个观察区域．在准单色条件下，衍射结果是一组振幅恒定的条纹，叠加在一个偏置值上，这个偏置值在我们关心的视场内为常数．使用这样小的针孔的缺点当然是，只有很少的光到达观察平面．了解加大针孔以接收更多的光的后果是重要的．

当光源足够小时，扩大的针孔在观察区域产生互相干涉的衍射图样，但是如图 5.17 所示，这些图样不完全重叠[①]．结果，条纹可见度在观察区域上变化，只是在两个图样之间的中点有最大值．显然，随着两个衍射图样之间距离增大，得到准确的可见度测量变得越来越困难．

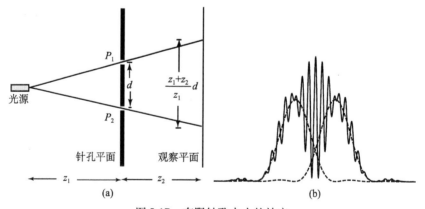

图 5.17　有限针孔大小的效应

（a）实验的几何示意图；（b）部分重叠的衍射图样．单个针孔的衍射图样用虚线表示，

实线表示的是来自两个针孔的光干涉的结果．已假设 $\mu(P_1,P_2)$ 之值为 1

---

① 这里假设光源足够小，使光源引起的衍射图样不散开．

如果用图 5.18 所示的稍有不同的光学系统进行干涉测量，能够减轻这些困难．这时，将一个正透镜放在离光源一个焦距的位置上，将第二个正透镜放在离观察屏一个焦距的地方，针孔平面放在两个透镜之间．这个光学系统能够产生两个完美重叠并且相互干涉的衍射图样，在观察平面上条纹可见度是常数，在两个第一零点之间的距离上是 $2.44\overline{\lambda}f/\delta$ 大小的 Airy 衍射图样，其中 δ 是针孔的直径．图 5.19 为这种情况下的干涉图样．

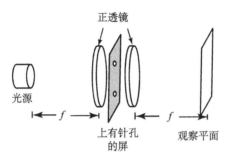

图 5.18　干涉实验的光学系统

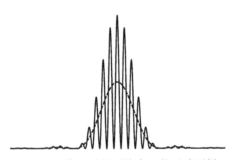

图 5.19　修正后的系统产生的干涉图样

两个针孔的衍射图样重叠，用虚线表示，而干涉图样则用实线表示．已假设 $\mu(P_1,P_2)$ 为 1

5.3　空间相干性与时间相干性的可分离性

互相干函数 $\mathbf{\Gamma}(P_1,P_2;\tau)$ 包含关于空间相干效应和时间相干效应二者的信息．我们有兴趣知道空间相干效应和时间相干效应分解为两个因子得出

$$\mathbf{\Gamma}(P_1,P_2;\tau) = \mathbf{J}(P_1,P_2)\boldsymbol{\gamma}(\tau), \tag{5.3-1}$$

所需要的条件，上式中复自相干度 $\boldsymbol{\gamma}(\tau)$ 与空间位置无关．这时我们说互相干函数是可分离的．如果我们对上述表达式相对于时间延迟 τ 作 Fourier 变换，进入频域，就得到关于交叉谱密度的一个等价的表达式

$$\mathcal{G}(P_1, P_2; \nu) = \mathbf{J}(P_1, P_2)\hat{\mathcal{G}}(\nu)$$

$$= \sqrt{I(P_1)I(P_2)}\,\boldsymbol{\mu}(P_1, P_2)\hat{\mathcal{G}}(\nu), \tag{5.3-2}$$

式中 $\hat{\mathcal{G}}(\nu)$ 是功率谱密度，它已归一化为具有单位面积．我们将上述频谱表示式解释为，它意味着若光的交叉谱密度在空间一切点上都有相同的归一化谱 $\hat{\mathcal{G}}(\nu)$ 的形状，则互相干函数能够分解为空间与时间两个分量．对交叉谱密度函数的这种因式分解引出说明这一性质的名称"交叉光谱纯"．

为了更细致地了解这一结果，我们来考虑互相干函数不能分解的一个例子．用一个连续波（CW）激光器发出的一束扩束光照射一块运动的漫射体（例如一块毛玻璃），如图 5.20 所示，这时照明光基本上是单色光．假设针孔 P_1，P_2 足够小，保证它们的衍射图样完全重叠．假设漫射体沿垂直（η）方向以恒定速度 v 运动．紧接漫射体之后放了一块不透明屏，它在 η 方向上扎了距离为 $\Delta\eta$ 的两个针孔，可以用穿过漫射体的光完成 Young 氏干涉实验．我们的目的是要发现，在这个实验中互相干函数 $\boldsymbol{\Gamma}(P_1, P_2; \tau)$ 是否能分解为空间因子和时间因子．

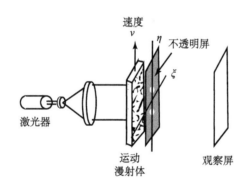

图 5.20　透过运动漫射体的光的互相干函数的测量

漫射体可以用其振幅透射比 $\mathbf{t}_A(\xi, \eta)$ 表示．为简单起见，我们假设针孔沿 η 轴在竖直方向上分开，因此 $\mathbf{t}_A$ 对 ξ 的依赖关系可以不计．假设针孔比漫射体上最精细的结构还小很多．并假设用单位强度的平面波照明，漫射体产生的单位强度平面波光场有下述振幅分布：

$$\mathbf{u}(\eta, t) = \mathbf{t}_A(\eta - vt)\exp(-\mathrm{j}2\pi\bar{\nu}t), \tag{5.3-3}$$

其中 $\bar{\nu}$ 是理想单色激光的频率．

考虑位置为 η_1 和 η_2 的针孔，我们有兴趣的互相干函数为

$$\boldsymbol{\Gamma}(\eta_1, \eta_2; \tau) = \langle \mathbf{t}_A(\eta_1 - vt - v\tau)\mathbf{t}_A^*(\eta_2 - vt)\rangle \mathrm{e}^{-\mathrm{j}2\pi\bar{\nu}\tau}. \tag{5.3-4}$$

漫射体的随机结构（漫射体的细致结构事先不知道，因此用一个二维随机过程为其模型）引起透射光场随时间涨落．我们假设运动的漫射体产生一个具有遍

历性①的场，其统计自相关函数为

$$\boldsymbol{\Gamma}_t(\Delta\eta) \triangleq \overline{\mathbf{t}_A(\eta + \Delta\eta)\mathbf{t}_A^*(\eta)}, \tag{5.3-5}$$

其中 $\Delta\eta$ 为针孔的间隔. 用这个量，针孔 P_1 和 P_2 处的场之间的互相干函数可以表示为

$$\Gamma(\eta_1, \eta_2; \tau) = \Gamma_t(\Delta\eta - v\tau)e^{-j2\pi\bar{\nu}\tau}. \tag{5.3-6}$$

这个互强度函数一般不能分解为空间因子和时间因子之积. 例如，当漫射体透射比的自相关函数为 Gauss 形式时，

$$\Gamma_t(\Delta\eta) = \exp[-a(\Delta\eta)^2], \tag{5.3-7}$$

得到透射光的互相干函数为

$$\Gamma(\eta_1, \eta_2; \tau) = e^{-a(\Delta\eta-v\tau)^2}e^{-j2\pi\bar{\nu}\tau}, \tag{5.3-8}$$

其中对空间的依赖关系和对时间的依赖关系不能再分解因子.

结束本节时，请注意从 P_1 和 P_2 到达观察平面上 Q 点的光贡献的功率谱密度是不完全相同的. 由于漫射体的运动，每一光贡献都发生 Doppler 频移，这个频移因孔的位置（以及 Q 的位置）而异. 可以证明光的交叉谱密度由下式给出：

$$\mathcal{G}(P_1, P_2; \nu) = \frac{1}{\nu}\sqrt{\frac{\pi}{a}}\exp\left[-\frac{\pi^2}{a}\left(\frac{\nu - \bar{\nu}}{v}\right)^2\right]\exp\left[j2\pi\Delta\eta\left(\frac{\nu - \bar{\nu}}{v}\right)\right]. \tag{5.3-9}$$

于是，由于这个表示式对 $\Delta\eta$ 的依赖关系，交叉谱密度作为频率 ν 的函数，其形状不独立于 P_1 和 P_2，这是互相干函数不可分离变量在频域中的等价形式.

作为一个有趣的练习，请读者证明（见图 5-10p），若同样的激光穿过两块以相同速度反方向运动的紧挨着的漫射体，当两块漫射体的振幅透射比的相关函数具有完全相同的 Gauss 形式时，透射光的互相干函数的确分解为空间因子与时间因子的乘积.

5.4 互相干的传播

随着波穿过空间传播，光波的细致结构会发生变化. 以相似的方式，互相干函数的细致结构也发生变化，在此意义上，我们说互相干函数也在传播. 对这两种情况，传播的基础物理原因都在于光波自身满足的波动方程. 本节中，我们先推导互相干遵从的一些基本传播定律，然后证明互相干函数遵从一对标量波动方程.

5.4.1 基于 Huygens-Fresnel 原理的解

找出互相干遵从的传播定律的最简单的方法，是像前面 4.1 节中那样从 Huygens-Fresnel 原理出发. 知道了复值光场满足这些方程，容易导出互相干满足的

---

① 这里遍历性指的是统计平均等于空间平均.

对应关系式.

图 5.21 画的是我们感兴趣的一般问题. 一个具有任意相干性的光波从左向右传播. 已知它在曲面 Σ_1 上的互相干函数 $\boldsymbol{\Gamma}(P_1,P_2;\tau)$, 想要求出它在曲面 Σ_2 上的互相干函数 $\boldsymbol{\Gamma}(Q_1,Q_2;\tau)$. 用更物理的语言说, 我们的目的是, 已知用曲面 Σ_1 上一切可能的针孔 P_1 和 P_2 的 Young 氏干涉实验的结果, 要预言曲面 Σ_2 上任意一对针孔 Q_1 和 Q_2 的 Young 氏干涉实验的结果.

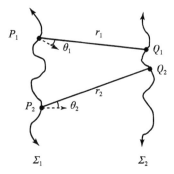

图 5.21 互相干传播的几何示意图

图中 θ_1 和 θ_2 分别表示 P_1Q_1 连线与曲面在 P_1 点的法线之间的夹角和 P_2Q_2 连线与曲面法线之间的夹角

我们的分析集中于 4.1.3 节讨论的窄带光的情况; 对宽带光的结果在本节后面也会讲到. 首先注意, 曲面 Σ_2 上的互相干函数按定义为

$$\boldsymbol{\Gamma}(Q_1,Q_2;\tau) = \langle \mathbf{u}(Q_1,t+\tau)\mathbf{u}^*(Q_2,t) \rangle. \tag{5.4-1}$$

Σ_2 上的光场可以通过对窄带光成立的 (4.1-11) 式与 Σ_1 上的光场相联系. 具体地说, 我们有

$$\mathbf{u}(Q_1,t+\tau) = \iint\limits_{\Sigma_1} \frac{1}{\mathrm{j}\bar{\lambda}r_1}\mathbf{u}\Big(P_1,t+\tau-\frac{r_1}{c}\Big)\chi(\theta_1)\,\mathrm{d}S_1$$

$$\mathbf{u}^*(Q_2,t) = \iint\limits_{\Sigma_1} \frac{-1}{\mathrm{j}\bar{\lambda}r_2}\mathbf{u}^*\Big(P_2,t-\frac{r_2}{c}\Big)\chi(\theta_2)\,\mathrm{d}S_2. \tag{5.4-2}$$

将 (5.4-2) 式代入 (5.4-1) 式, 并交换积分与求平均的顺序, 我们得到

$$\boldsymbol{\Gamma}(Q_1,Q_2;\tau) = \iint\limits_{\Sigma_1}\iint\limits_{\Sigma_1} \frac{\langle \mathbf{u}(P_1,t+\tau-r_1/c)\mathbf{u}^*(P_2,t-r_2/c) \rangle}{\bar{\lambda}^2 r_1 r_2}$$

$$\times\chi(\theta_1)\chi(\theta_2)\,\mathrm{d}S_1\,\mathrm{d}S_2. \tag{5.4-3}$$

被积函数中的时间平均可以用 Σ_1 面上的互相干函数表示, 得出窄带光假设下互相干的基本传播规律

$$\boldsymbol{\Gamma}(Q_1,Q_2;\tau) = \iint\limits_{\Sigma_1}\iint\limits_{\Sigma_1}\boldsymbol{\Gamma}\Big(P_1,P_2;\tau+\frac{r_2-r_1}{c}\Big)\frac{\chi(\theta_1)}{\bar{\lambda}r_1}\frac{\chi(\theta_2)}{\bar{\lambda}r_2}\,\mathrm{d}S_1\,\mathrm{d}S_2. \tag{5.4-4}$$

从 (4.1-9) 式出发, 读者能够验证 (见习题 5-11), 对于宽带光相应的关系是

$$\boldsymbol{\Gamma}(Q_1, Q_2; \tau) = -\iint_{\Sigma_1} \iint_{\Sigma_1} \frac{\partial^2}{\partial \tau^2} \boldsymbol{\Gamma}\left(P_1, P_2; \tau + \frac{r_2 - r_1}{c}\right)$$

$$\times \frac{\chi(\theta_1)\chi(\theta_2)}{4\pi^2 c^2 r_1 r_2} dS_1 dS_2. \tag{5.4-5}$$

回到窄带光情形, 我们现在引用第二个准单色条件, 即最大光程差远小于光的相干长度. 用这一假设, 我们能求出互强度的传播定律. 我们还记得

$$\mathbf{J}(Q_1, Q_2) = \boldsymbol{\Gamma}(Q_1, Q_2; 0), \tag{5.4-6}$$

利用 (5.4-4) 式, 并进一步注意 (见 (5.2-29) 式)

$$\boldsymbol{\Gamma}\left(P_1, P_2; \frac{r_2 - r_1}{c}\right) = \mathbf{J}(P_1, P_2) \exp\left[-j\frac{2\pi}{\lambda}(r_2 - r_1)\right], \tag{5.4-7}$$

我们得到

$$\mathbf{J}(Q_1, Q_2) = \iint_{\Sigma_1} \iint_{\Sigma_1} \mathbf{J}(P_1, P_2) \exp\left[-j\frac{2\pi}{\bar{\lambda}}(r_2 - r_1)\right] \frac{\chi(\theta_1)}{\bar{\lambda} r_1} \frac{\chi(\theta_2)}{\bar{\lambda} r_2} dS_1 dS_2, \tag{5.4-8}$$

它就是互强度的基本传播规律.

在 (5.4-8) 式中令 $Q_1 \to Q_2$, 容易得到曲面 $\boldsymbol{\Sigma}_2$ 上的强度分布

$$I(Q) = \iint_{\Sigma_1} \iint_{\Sigma_1} \mathbf{J}(P_1, P_2) \exp\left[-j\frac{2\pi}{\bar{\lambda}}(r_2' - r_1')\right] \frac{\chi(\theta_1')}{\bar{\lambda} r_1'} \frac{\chi(\theta_2')}{\bar{\lambda} r_2'} dS_1 dS_2, \tag{5.4-9}$$

其中 r_1', r_2', θ_1' 和 θ_2' 表示 Q_1 和 Q_2 在 Q 点融合后的 r_1, r_2, θ_1 和 θ_2 诸量.

于是我们导出了互相干和互强度的基本传播定律. 要提醒读者的是, 由于这些结果是用 Huygens-Fresnel 原理导出的, 推导 Huygens-Fresnel 原理时用到的那些假设也隐含在这里. 特别是, 距离 r_1 和 r_2 (或 r_1' 和 r_2') 必须远大于一个波长, 这个条件在我们感兴趣的一切应用中都满足.

5.4.2　支配互相干性传播的波动方程

上面已从 Huygens-Fresnel 原理得出了互相干的基本传播定律, 但是人们对在更基础的层级上考察传播问题仍有某种普遍的兴趣. 本节我们从支配光场传播的波动方程出发, 证明互相干函数服从一对波动方程.

在自由空间里, 实数波扰动 $u^{(r)}(P, t)$ 服从偏微分方程

$$\nabla^2 u^{(r)}(P, t) - \frac{1}{c^2} \frac{\partial^2}{\partial t^2} u^{(r)}(P, t) = 0, \tag{5.4-10}$$

式中 $\nabla^2 = \partial^2/\partial x^2 + \partial^2/\partial y^2 + \partial^2/\partial z^2$ 是 Laplace 算符. 现在若对等式两边作 Hilbert 变换, 再交换算符顺序后, 得到

$$\nabla^2 u^{(i)}(P,t) - \frac{1}{c^2}\frac{\partial^2}{\partial t^2}u^{(i)}(P,t) = 0, \tag{5.4-11}$$

其中 $u^{(i)}(P,t)$ 是 $u^{(r)}(P,t)$ 的 Hilbert 变换. 我们得到结论, 解析信号的实部和虚部服从同一波动方程, 因此

$$\nabla^2 \mathbf{u}(P,t) - \frac{1}{c^2}\frac{\partial^2}{\partial t^2}\mathbf{u}(P,t) = 0, \tag{5.4-12}$$

根据定义, $\boldsymbol{\Gamma}(P_1,P_2;\tau) = \langle \mathbf{u}_1(t+\tau)\mathbf{u}_2^*(t)\rangle$, 其中 $\mathbf{u}_1(t) \triangleq \mathbf{u}(P_1,t)$, $\mathbf{u}_2(t) \triangleq \mathbf{u}(P_2,t)$. 令算符 ∇_1^2 被定义为

$$\nabla_1^2 \triangleq \frac{\partial^2}{\partial x_1^2} + \frac{\partial^2}{\partial y_1^2} + \frac{\partial^2}{\partial z_1^2}, \tag{5.4-13}$$

其中 P_1 的坐标为 (x_1,y_1,z_1). 我们将算符 ∇_1^2 直接作用于 $\boldsymbol{\Gamma}(P_1,P_2;\tau)$ 的定义, 得到

$$\begin{aligned}\nabla_1^2 \boldsymbol{\Gamma}(P_1,P_2;\tau) &= \nabla_1^2 \langle \mathbf{u}_1(t+\tau)\mathbf{u}_2^*(t)\rangle\\ &= \langle \nabla_1^2 \mathbf{u}_1(t+\tau)\mathbf{u}_2^*(t)\rangle,\end{aligned} \tag{5.4-14}$$

但是由于[①]

$$\nabla_1^2 \mathbf{u}_1(t+\tau) = \frac{1}{c^2}\frac{\partial^2 \mathbf{u}_1(t+\tau)}{\partial(t+\tau)^2} = \frac{1}{c^2}\frac{\partial^2 \mathbf{u}_1(t+\tau)}{\partial \tau^2}, \tag{5.4-15}$$

我们看到

$$\begin{aligned}\nabla_1^2 \boldsymbol{\Gamma}(P_1,P_2;\tau) &= \langle \frac{1}{c^2}\frac{\partial^2 \mathbf{u}_1(t+\tau)}{\partial \tau^2}\mathbf{u}_2^*(t)\rangle\\ &= \frac{1}{c^2}\frac{\partial^2}{\partial \tau^2}\langle \mathbf{u}_1(t+\tau)\mathbf{u}_2^*(t)\rangle.\end{aligned} \tag{5.4-16}$$

上式最后的时间平均就是互相干函数, 因此

$$\nabla_1^2 \boldsymbol{\Gamma}(P_1,P_2;\tau) = \frac{1}{c^2}\frac{\partial^2}{\partial \tau^2}\boldsymbol{\Gamma}(P_1,P_2;\tau). \tag{5.4-17}$$

以类似的方式, 可以将算符 $\nabla_2^2 = \partial^2/\partial x_2^2 + \partial^2/\partial y_2^2 + \partial^2/\partial z_2^2$ 作用在 $\boldsymbol{\Gamma}(P_1,P_2;\tau)$ 的定义上, 得到第二个方程

$$\nabla_2^2 \boldsymbol{\Gamma}(P_1,P_2;\tau) = \frac{1}{c^2}\frac{\partial^2}{\partial \tau^2}\boldsymbol{\Gamma}(P_1,P_2;\tau), \tag{5.4-18}$$

$\boldsymbol{\Gamma}(P_1,P_2;\tau)$ 必须也满足这个方程. 5.4.1 节导出的关系事实上是这一对方程的某个特解.

作为一个练习 (见习题 5-12), 请读者证实, 互强度 $\mathbf{J}(P_1,P_2)$ 的传播遵照一对 Helmholtz 方程

---

① 这个等式的最后一步可以从导数的定义证明.

$$\nabla_1^2 \mathbf{J}(P_1,P_2) + \bar{k}^2 \mathbf{J}(P_1,P_2) = 0$$

$$\nabla_2^2 \mathbf{J}(P_1,P_2) + \bar{k}^2 \mathbf{J}(P_1,P_2) = 0, \tag{5.4-19}$$

这里 $\bar{k} = 2\pi/\bar{\lambda}$.

5.4.3　交叉谱密度的传播

互相干函数可以表示为交叉谱密度的 Fourier 逆变换

$$\mathbf{\Gamma}(P_1,P_2;\tau) = \int_0^\infty \mathcal{G}(P_1,P_2;\nu)\, e^{-j2\pi\nu\tau}\, d\nu, \tag{5.4-20}$$

其中已注意到对负频率交叉谱密度为零. 知道了互相干函数遵从的传播定律, 我们可将它用于上面这个方程, 导出交叉谱密度遵从的传播定律. 交换积分和微分运算的顺序, 新方程组可以写成

$$\int_0^\infty \left[\nabla_1^2 - \frac{1}{c^2}\frac{\partial^2}{\partial\tau^2} \right] \mathcal{G}(P_1,P_2;\nu)\, e^{-j2\pi\nu\tau}\, d\nu = 0$$

$$\int_0^\infty \left[\nabla_2^2 - \frac{1}{c^2}\frac{\partial^2}{\partial\tau^2} \right] \mathcal{G}(P_1,P_2;\nu)\, e^{-j2\pi\nu\tau}\, d\nu = 0. \tag{5.4-21}$$

为了使这一对方程对一切时间延迟 τ 和一切交叉谱密度成立, 两个积分中的被积函数必须为零. 只有指数项与时间延迟 τ 有关, 我们将指数项对 τ 微分, 得到交叉谱密度满足的一对 Helmholtz 方程.

$$\nabla_1^2 \mathcal{G}(P_1,P_2;\nu) + k^2 \mathcal{G}(P_1,P_2;\nu) = 0$$

$$\nabla_2^2 \mathcal{G}(P_1,P_2;\nu) + k^2 \mathcal{G}(P_1,P_2;\nu) = 0, \tag{5.4-22}$$

其中 $k = 2\pi\nu/c$.

于是我们看到, 只要用波数变量 $k = 2\pi\nu/c$ 代替平均波数 $\bar{k}$, 交叉谱密度与互强度遵从相同的传播定律.

5.5　互相干函数的特殊形式

在本节里, 我们考虑互相干函数和互强度的各种特殊形式, 这些形式在实际问题中很重要. 特别是两种极限形式, 它们是表示相干波场和非相干波场情况的理想模型. 另外两种是表示部分相干光波场时特别有用的特殊形式, 即 Schell 模型和准均匀模型.

在开始讨论之前, 请读者注意, 我们常常说一个光源有某种相干性质, 但是这实际上是指离开这个波源的光波场具有这些性质, 而不是光源自身. 因此本节的主题是波场的相干性质的特殊形式, 不管场是处于光源的紧邻区域还是离光源更远的区域. 我们仍然可以说一个光源具有某种相干性质, 只要记住, 这实际上指的是由我们说的光源产生的光波场.

5.5.1　相干光场

用已引入的相干性定义，只要满足

$$|\boldsymbol{\gamma}(P_1,P_2;\tau)| = 1 \quad \text{对一切}(P_1,P_2)\text{和一切}\tau\text{成立}. \tag{5.5-1}$$

我们自然就可以说，在点 P_1 和 P_2 观察到的光波波形是完全相干的．但是，这样一个定义过于苛刻，因为没有一个真实的实验同时涉及一切时间延迟 τ．而且可以证明，只有完美的单色波才能满足这个条件，这使我们得寻求一个较弱的并且能够更广泛应用的定义．

Mandel 和 Wolf 引入了一个没那么严厉的条件[138]．按照他们的定义，若是对每一对点 (P_1,P_2) 存在一个时间延迟 τ_{12}（点对 (P_1,P_2) 的函数），使得 $|\boldsymbol{\gamma}(P_1,P_2;\tau_{12})| = 1$，则这个光波场叫做完全相干的．用数学语言表示，就是要求

$$\max_{\tau}|\boldsymbol{\gamma}(P_1,P_2;\tau)| = 1 \quad \text{对一切点对}(P_1,P_2). \tag{5.5-2}$$

若光场是准单色的，并且互相干函数可分离变量，那么一个等价的定义是

$$|\boldsymbol{\mu}(P_1,P_2)| = 1 \quad \text{对一切点对}(P_1,P_2). \tag{5.5-3}$$

通过用点 P_1 和 P_2 的波形的复包络表示 $|\boldsymbol{\gamma}(P_1,P_2;\tau_{12})| = 1$ 这个条件，能够深入领悟完全相干性的更多的物理内涵．我们还记得，一个波扰动 $\mathbf{u}(P,t)$ 可以表示为以下形式：

$$\mathbf{u}(P,t) = \mathbf{A}(P,t)\mathrm{e}^{-\mathrm{j}2\pi\bar{\nu}t}. \tag{5.5-4}$$

其中 $\mathbf{A}(P,t)$ 是这个扰动的复包络，并且包含与该扰动相关联的振幅和相位变化．时间延迟为 τ_{12} 时的复相干度的模可以写成

$$
\begin{aligned}
|\gamma(P_1;P_2;\tau_{12})| &= \frac{\left|\left\langle \mathbf{u}(P_1,t+\tau_{12})\mathbf{u}^*(P_2,t)\right\rangle\right|}{\left[\left\langle|\mathbf{u}(P_1,t+\tau_{12})|^2\right\rangle\left\langle|\mathbf{u}^*(P_2,t)|^2\right\rangle\right]^{1/2}} \\
&= \frac{\left|\left\langle \mathbf{A}(P_1,t+\tau_{12})\mathbf{A}^*(P_2,t)\right\rangle\right|}{\left[\left\langle|\mathbf{A}(P_1,t+\tau_{12})|^2\right\rangle\left\langle|\mathbf{A}^*(P_2,t)|^2\right\rangle\right]^{1/2}}.
\end{aligned}
\tag{5.5-5}
$$

这时用 Schwarz 不等式：

$$\left|\int \mathbf{f}(t)\mathbf{g}^*(t)\,\mathrm{d}t\right| \leqslant \left[\int|\mathbf{f}(t)|^2\mathrm{d}t\int|\mathbf{g}(t)|^2\mathrm{d}t\right]^{1/2}, \tag{5.5-6}$$

当且仅当

$$\mathbf{g}(t) = \mathbf{k}\mathbf{f}(t), \tag{5.5-7}$$

时不等式中等号成立，这里 $\mathbf{k}$ 是个复常数．

将 (5.5-7) 式用于 (5.5-5) 式，我们看到 $|\boldsymbol{\gamma}(P_1;P_2;\tau_{12})| = 1$，当且仅当

$$\mathbf{A}(P_2,t) = \mathbf{k}_{12}\mathbf{A}(P_1,t+\tau_{12}), \tag{5.5-8}$$

时才有 $|\boldsymbol{\gamma}(P_1,P_2;\tau_{12})| = 1$，其中 $\mathbf{k}_{12}$ 是一个复常数，一般依赖于点 P_1 和 P_2．这个结果用文字来描述就是，当而且仅当对每一对点 P_1 和 P_2 都存在一个时间延迟

τ_{12}，使得从这两点发出的波形的复包络在相对延迟所要求的 τ_{12} 之后，只相差一个与时间无关的常数，这个光波场就是完全相干的.

在对所讨论的波场加上准单色条件后，情况会有所简化. 在任何一个实验中，常常会涉及大量不同的针孔间距. 如果我们坚持必须满足准单色条件，这就意味着我们认为对实验中涉及的一切点对得同时满足此条件，从而意味着对一切点对 (P_1, P_2)，需要有同样的时间延迟 τ_{12} 来消除时间相干效应. 而且，如果我们让针孔 P_1 趋近针孔 P_2，因而包括了我们的实验中可以忽略的微小（或零）间距，那么很清楚，要使 $|\boldsymbol{\gamma}(P_1, P_2; \tau)|$ 达到最大值所要求的唯一时间延迟必定恒为零. 由此可得，点 P_1 和 P_2 处的复包络现在必须由下式联系：

$$\mathbf{A}(P_2, t) = \mathbf{k}_{12} \mathbf{A}(P_1, t), \tag{5.5-9}$$

其中 $\mathbf{k}_{12}$ 仍是一个依赖于具体点对 (P_1, P_2) 的复常数. 于是在完全相干的情况下，光波场上一切点的复包络都同步变化，彼此之间只相差一个不随时间变化的幅度和相位因子.

通过用事先选定的任意参考点 P_0 处的复包络 $\mathbf{A}(P_0, t)$ 来表示复包络 $\mathbf{A}(P_1, t)$ 和 $\mathbf{A}(P_2, t)$，我们能得到互强度的一种有用的特殊形式，它对完全相干的准单色光成立. 我们以点 P_0 的复包络来定义时不变矢量振幅 $\mathbf{A}(P_1)$ 和 $\mathbf{A}(P_2)$ 如下：

$$\begin{aligned} \mathbf{A}(P_1, t) &= \mathbf{A}(P_1) \frac{\mathbf{A}(P_0, t)}{[I(P_0)]^{1/2}} \\ \mathbf{A}(P_2, t) &= \mathbf{A}(P_2) \frac{\mathbf{A}(P_0, t)}{[I(P_0)]^{1/2}}. \end{aligned} \tag{5.5-10}$$

注意 $\mathbf{A}(P_1)$ 只是一个代表 $\mathbf{A}(P_1, t)$ 和 $\mathbf{A}(P_0, t)$ 之间的振幅与相位差异的复常数，$\mathbf{A}(P_2)$ 的意义类似. 互强度现在可以表示为

$$\mathbf{J}(P_1, P_2) = \langle \mathbf{A}(P_1, t) \mathbf{A}^*(P_2, t) \rangle = \mathbf{A}(P_1) \mathbf{A}^*(P_2). \tag{5.5-11}$$

这个方程可以用来作为准单色完全相干光场的定义.

与 (5.5-11) 式对应的是复相干因子的一个表示式，它此时的形式为

$$\begin{aligned} \boldsymbol{\mu}(P_1, P_2) &= \frac{\langle \mathbf{A}(P_1, t) \mathbf{A}^*(P_2, t) \rangle}{[I(P_1)I(P_2)]^{1/2}} = \frac{\mathbf{A}(P_1) \mathbf{A}^*(P_2)}{[I(P_1)I(P_2)]^{1/2}} \\ &= \exp\{j[\phi(P_1) - \phi(P_2)]\}, \end{aligned} \tag{5.5-12}$$

式中

$$\phi(P_1) = \arg\{\mathbf{A}(P_1)\} \quad \phi(P_2) = \arg\{\mathbf{A}(P_2)\}. \tag{5.5-13}$$

对于完全相干的准单色光，在 Young 氏实验中生成的条纹图样对每一对针孔 (P_1, P_2) 都取以下形式：

$$I(Q) = I^{(1)}(Q) + I^{(2)}(Q)$$
$$+ 2\sqrt{I^{(1)}(Q)I^{(2)}(Q)} \cos\left[\frac{2\pi(r_2 - r_1)}{\lambda} + \phi(P_2) - \phi(P_1)\right] \quad (5.5\text{-}14)$$

当波的强度均匀时，条纹的可见度总是 1，但是条纹图样的空间相位则随 P_1 和 P_2 改变而改变.

5.5.2 非相干光场

对于完全相干光场，只要引入适当的时间延迟，在点 P_1 和 P_2 的波的复包络的涨落是完全相关的. 完全相干光场的逻辑对立面是所谓非相干光场. 我们也许有理由这样定义一个非相干光场：一个光场是非相干的，若是

$$|\gamma(P_1, P_2; \tau)| = 0 \quad \text{对一切 } P_1 \neq P_2 \text{ 和一切 } \tau. \quad (5.5\text{-}15)$$

虽然这样一个定义的确是完全相干场的反面，但它在实践中却没有什么用处. 将式 $\Gamma(P_1, P_2; \tau + (r_2 - r_1)/c) = 0$ 代入 (5.4-4) 式，就可看出其原因. 在对表面 Σ_1 的第一次积分中，在除 $P_1 = P_2$ 外的任何地点，被积函数之值为零，而在该位置被积函数取有限值. 于是积分结果准确为零，我们得到以下结果：

$$\Gamma(Q_1, Q_2; \tau) = 0. \quad (5.5\text{-}16)$$

令 $\tau = 0$ 并且 $Q_2 = Q_1$，我们看到上式隐含着 $I(Q_1) = I(Q_2) = 0$. 于是，若射到 Σ_1 的光波场在前面定义的意义上是非相干的，它就不能传播到 Σ_2 上！

上面这个似乎是非物理的结果的物理解释在于隐失波现象. 在 (5.5-15) 式意义上非相干的光场具有无限小的精细空间结构. 然而，比光波波长还精细的空间结构对应于不传播的隐失波（参阅文献 [80]，3.10.2 节）. 因此，完全的非相干光是不传播的.

当充分考虑了隐失波现象时，可以证明，对于一列传播的波，相干性必须存在于至少一个波长的线度上. 对于准单色光，可以求得，最接近于非相干场但仍对应于一列传播的波的互强度为（文献 [13]，p.57-60）

$$\mathbf{J}(P_1, P_2) = \sqrt{I(P_1)I(P_2)}\left[2\,\frac{\mathrm{J}_1\!\left(\bar{k}\sqrt{(\xi_1 - \xi_2)^2 + (\eta_1 - \eta_2)^2}\right)}{\bar{k}\sqrt{(\xi_1 - \xi_2)^2 + (\eta_1 - \eta_2)^2}}\right], \quad (5.5\text{-}17)$$

其中假设 P_1 和 P_2 在一个平面内，坐标分别为 (ξ_1, η_1) 和 (ξ_2, η_2). $\mathrm{J}_1(x)$ 是第一类一阶 Bessel 函数，$\bar{k} = 2\pi/\bar{\lambda}$.

在实际的解析计算中，(5.5-17) 式这种形式用起来很麻烦. 如果具有这样的互强度的波通过一个光学系统，而这个光学系统的分辨率（投影回到 (ξ, η) 平面）要比 λ 粗糙得多，则 $\mathbf{J}(P_1, P_2)$ 的准确形状就不重要了. 这时与非相干对应的互强度可以近似为

$$\mathbf{J}(P_1, P_2) = \kappa I(P_1)\delta(\xi_1 - \xi_2, \eta_1 - \eta_2), \quad (5.5\text{-}18)$$

式中 $\delta(.,.)$ 是一个二维 Dirac δ 函数. 常数 κ 的选取应当保证 (5.5-18) 式中函数 $\mathbf{J}(P_1,P_2)$ 的体积与 (5.5-17) 式中的相同. 所要求的值为

$$\kappa = \bar{\lambda}^2/\pi. \tag{5.5-19}$$

若相干性扩展到大于一个波长的尺度上，但是后随的光学系统仍不能分辨相干区域，那么 $\mathbf{J}(P_1,P_2)$ 的 δ 函数表示式仍然成立，尽管常数 κ 的恰当值不再是 $\bar{\lambda}^2/\pi$. 由于常数 κ 最终影响的是强度水平而非空间结构，为了简单常常把它换成 1. 但是，由于这个常数的量纲是长度的平方（见 (5.5-19) 式），我们在下面的非相干场的数学表示式中保留它，以保证量纲前后一致.

5.5.3 Schell 模型光场

我们发现，表示部分相干光场的互强度函数的好几种特殊形式很有用. 这里我们考虑一种这样的模型，称之为 Schell 模型场，Schell 是第一个提出这种模型的科学家[188,189].

Schell 模型场在 (ξ,η) 平面上有以下形式的互强度函数：

$$\begin{aligned}\mathbf{J}(\xi_1,\eta_1;\xi_2,\eta_2) &= \sqrt{I(\xi_1,\eta_1)}\,\sqrt{I(\xi_2,\eta_2)}\,\boldsymbol{\mu}(\xi_2-\xi_1,\eta_2-\eta_1)\\ &= A(\xi_1,\eta_1)A(\xi_2,\eta_2)\boldsymbol{\mu}(\xi_2-\xi_1,\eta_2-\eta_1),\end{aligned} \tag{5.5-20}$$

其中 $A(\xi,\eta) = \sqrt{I(\xi,\eta)}$. 式中空间变化的两项 $I(\xi_1,\eta_1)$ 和 $I(\xi_2,\eta_2)$ 一般表示光强在光波场上的变化，例如，由有限孔径或者由不均匀的强度截面引起的变化. 这个互强度公式的另一个等价的形式为

$$\mathbf{J}(\bar{\xi},\bar{\eta};\Delta\xi,\Delta\eta) = A\left(\bar{\xi}-\frac{\Delta\xi}{2},\bar{\eta}-\frac{\Delta\eta}{2}\right)A\left(\bar{\xi}+\frac{\Delta\xi}{2},\bar{\eta}+\frac{\Delta\eta}{2}\right)\boldsymbol{\mu}(\Delta\xi,\Delta\eta), \tag{5.5-21}$$

其中 $\bar{\xi} = (\xi_1+\xi_2)/2, \bar{\eta} = (\eta_1+\eta_2)/2, \Delta\xi = \xi_2-\xi_1, \Delta\eta = \eta_2-\eta_1$.

Schell 模型场的一个特殊情况是 Gauss 型 Schell 模型场，在这种光场里，假设光束的强度截面分布 $I(\xi,\eta)$ 和复相干因子 $\boldsymbol{\mu}(\Delta\xi,\Delta\eta)$ 之形式为

$$\begin{aligned}I(\xi,\eta) &= I_0\exp[-\rho^2/(2\sigma_s)^2]\\ \boldsymbol{\mu}(\Delta\xi,\Delta\eta) &= \exp[-\rho'^2/(2\sigma_\mu)^2],\end{aligned} \tag{5.5-22}$$

式中 $\rho = \sqrt{\xi^2+\eta^2}$ 及 $\rho' = \sqrt{\Delta\xi^2+\Delta\eta^2}$. 这种形式的模型过去已广泛用于相干性计算中.

5.5.4 准均匀光场

Schell 模型场的一个重要的子类是所谓准均匀光场. 当一个部分相干光源上的强度分布与复相干因子的宽度相比缓慢变化时，这类光场的互强度可以近似为

$$\mathbf{J}(\xi_1,\eta_1;\xi_2\eta_2) = I(\bar{\xi},\bar{\eta})\boldsymbol{\mu}(\Delta\xi,\Delta\eta), \tag{5.5-23}$$

其中仍有

$$\Delta \xi = \xi_2 - \xi_1, \qquad \bar{\xi} = (\xi_1 + \xi_2)/2$$
$$\Delta \eta = \eta_2 - \eta_1, \qquad \bar{\eta} = (\eta_1 + \eta_2)/2 . \qquad (5.5\text{-}24)$$

这种形式的互相干函数以后在推导广义 Van Cittert-Zernike 定理时将会有用.

5.5.5 互强度函数的相干模式展开

借助于 3.10 节中的 Karhunen-Loève 展开法的二维形式,能够将一个部分相干光场用一组相干模式来表示. 令 $\mathbf{A}(P,t)$ 是一个准单色部分相干光场的复包络表示,这个光场在有限的二维区域 S 上不为零,并且互强度为 $\mathbf{J}(P_1, P_2)$. 这时能够找到一组无穷个复值正交函数 $\phi_n(P)$,$n = 1$,2,…,使得

$$\iint_S \mathbf{J}(P_1, P_2) \phi_n(P_1) \mathrm{d}^2 P_1 = \lambda_n \phi_n(P_2) , \qquad (5.5\text{-}25)$$

其中 λ_n 是一组非负的实值特征值. 用得出的这一组函数 $\phi_n(P)$,可以把互强度函数 $\mathbf{J}(P_1, P_2)$ 展开为一个无穷级数[①]

$$\mathbf{J}(P_1, P_2) = \sum_{m=0}^{\infty} \lambda_m \phi_m^*(P_1) \phi_m(P_2) . \qquad (5.5\text{-}26)$$

我们还记得(见(5.5-11)式),对完全相干场,互强度函数的形式为

$$\mathbf{J}(P_1, P_2) = \mathbf{A}(P_1) \mathbf{A}^*(P_2) . \qquad (5.5\text{-}27)$$

将这个式子与(5.5-26)式比较,我们看到,具有任何部分相干状态的准单色光波的互强度 $\mathbf{J}(P_1, P_2)$ 都在域 S 上表示为一组完全相干光波场的互强度函数的和. 互强度函数相加的这一事实意味着,这些模式相互之间是不相干的.

5.6 部分相干光被一个透射结构衍射

Schell 模型最重要的应用之一,是对部分相干准单色光通过有限孔径衍射的分析. 图 5.22 示出衍射光路的几何关系. 图中所示的衍射结构可以用一个振幅透射比函数表示

$$\mathbf{t}_A(\xi, \eta) = \begin{cases} 1 & (\xi, \eta) \text{ 在 } \Sigma \text{ 内} \\ 0 & \text{其他} . \end{cases} \qquad (5.6\text{-}1)$$

更一般地,这个孔径可以包含吸收和/或相移结构,它们可以用孔径内的一个任意复值振幅透射比函数[②]表示,只需受一约束 $0 \leqslant |\mathbf{t}_A| \leqslant 1$.

---

① 注意这个方程与它之前那个等价,因为在方程(5.5-25)中在 $\mathbf{J}(P_1, P_2)$ 后面乘 $\phi_n(P_1)$ 并在域 S 内积分后,由于 $\phi_n(P)$ 的正交性,方程的右边化为 $\lambda_m \phi_m(P_2)$.

② 我们假设振幅透射比函数与入射光的窄带宽中的波长无关.

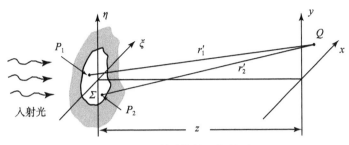

图 5.22 衍射计算的几何关系

5.6.1 薄透射结构对互强度的作用

设已知入射到透射结构上的光的互强度是 $\mathbf{J}_i(\xi_1,\eta_1;\xi_2,\eta_2)$. 我们能够求出这个结构透射的光的互强度 $\mathbf{J}_t(\xi_1,\eta_1;\xi_2,\eta_2)$. 若入射光的复包络为 $\mathbf{A}_i(\xi,\eta,t)$, 透射光的复包络为 $\mathbf{A}_t(\xi,\eta,t)$, 二者可以通过振幅透射比相联系

$$\mathbf{A}_t(\xi,\eta,t) = \mathbf{t}_A(\xi,\eta)\mathbf{A}_i(\xi,\eta,t-\tau_0), \tag{5.6-2}$$

式中 τ_0 是穿过透射结构传播的平均时间延迟. 于是透射光的互强度为

$$\begin{aligned}
\mathbf{J}_t(\xi_1,\eta_1;\xi_2,\eta_2) &= \langle\mathbf{A}_t(\xi_1,\eta_1,t)\mathbf{A}_t^*(\xi_2,\eta_2,t)\rangle \\
&= \mathbf{t}_A(\xi_1,\eta_1)\mathbf{t}_A^*(\xi_2,\eta_2) \\
&\times \langle\mathbf{A}_i(\xi_1,\eta_1,t-\tau_0)\mathbf{A}_i^*(\xi_2,\eta_2,t-\tau_0)\rangle.
\end{aligned} \tag{5.6-3}$$

透射光的互强度可用入射光的互强度表示为

$$\mathbf{J}_t(\xi_1,\eta_1;\xi_2,\eta_2) = \mathbf{t}_A(\xi_1,\eta_1)\mathbf{t}_A^*(\xi_2,\eta_2)\mathbf{J}_i(\xi_1,\eta_1;\xi_2,\eta_2). \tag{5.6-4}$$

5.6.2 观察到的强度图样的计算

我们从 (5.4-9) 式出发, 来计算图 5.22 中的 (x,y) 平面上观察到的强度图样. 为了简化, 我们假设衍射孔径和观察区域的尺寸远小于距离 z. 于是观察强度由下式给出:

$$\begin{aligned}
I(x,y) &\approx \frac{1}{(\bar{\lambda}z)^2}\int\!\!\int\!\!\int\!\!\int_{-\infty}^{\infty}\mathbf{J}_t(\xi_1,\eta_1;\xi_2,\eta_2) \\
&\times \exp\left[-\mathrm{j}\frac{2\pi}{\lambda}(r_2'-r_1')\right]\mathrm{d}\xi_1\mathrm{d}\eta_1\mathrm{d}\xi_2\mathrm{d}\eta_2.
\end{aligned} \tag{5.6-5}$$

我们假设入射到孔径上的光是 Schell 模型光场,

$$\mathbf{J}_i(\xi_1,\eta_1;\xi_2,\eta_2) = A(\xi_1,\eta_1)A(\xi_2,\eta_2)\boldsymbol{\mu}(\xi_2-\xi_1,\eta_2-\eta_1), \tag{5.6-6}$$

这时透射的互强度可以表示为

$$\mathbf{J}_t(\xi_1,\eta_1;\xi_2,\eta_2) = A(\xi_1,\eta_1)\mathbf{t}_A(\xi_1,\eta_1)A(\xi_2,\eta_2)\mathbf{t}_A^*(\xi_2,\eta_2)\boldsymbol{\mu}(\xi_2-\xi_1,\eta_2-\eta_1).$$

$$\tag{5.6-7}$$

我们用一个光瞳函数（可能是复数值）来表示孔径

$$\mathbf{P}(\xi,\eta) \triangleq \mathbf{t}_A(\xi,\eta),$$

在这种情况下，衍射图样中的强度可以表示为

$$I(x,y) \approx \frac{1}{(\bar{\lambda}z)^2} \int\!\!\int_{-\infty}^{\infty}\!\!\int\!\!\int A(\xi_1,\eta_1)A(\xi_2,\eta_2)\mathbf{P}(\xi_1,\eta_1)\mathbf{P}^*(\xi_2,\eta_2)\boldsymbol{\mu}(\xi_2-\xi_1,\eta_2-\eta_1)$$

$$\times \exp\Big[-j\frac{2\pi}{\lambda}(r_2'-r_1')\Big]d\xi_1 d\eta_1 d\xi_2 d\eta_2.$$

$$(5.6\text{-}8)$$

为简单起见，现在我们假设入射到孔径上的光场是一个均匀的平面波，强度为 I_0，并采用通常的旁轴近似，

$$r_2'-r_1' \approx \frac{1}{2z}\big[(\xi_2^2+\eta_2^2)-(\xi_1^2+\eta_1^2)-2(x\Delta\xi+y\Delta\eta)\big]$$

$$= \frac{1}{z}\big[\bar{\xi}\Delta\xi+\bar{\eta}\Delta\eta-x\Delta\xi-y\Delta\eta\big],$$

$$(5.6\text{-}9)$$

这里用到了（5.5-21）式之后的对 $\bar{\xi}$，$\bar{\eta}$，$\Delta\xi$ 和 $\Delta\eta$ 的定义. 衍射图样中的强度现在可以表示为

$$I(x,y) \approx \frac{I_0}{(\bar{\lambda}z)^2} \int\!\!\int_{-\infty}^{\infty}\!\!\int\!\!\int \mathbf{P}\Big(\bar{\xi}-\frac{\Delta\xi}{2},\bar{\eta}-\frac{\Delta\eta}{2}\Big)\mathbf{P}^*\Big(\bar{\xi}+\frac{\Delta\xi}{2},\bar{\eta}+\frac{\Delta\eta}{2}\Big)$$

$$\times \boldsymbol{\mu}(\Delta\xi,\Delta\eta)\exp\Big[-j\frac{2\pi}{\lambda z}(\bar{\xi}\Delta\xi+\bar{\eta}\Delta\eta)\Big]$$

$$(5.6\text{-}10)$$

$$\times \exp\Big[j\frac{2\pi}{\lambda z}(x\Delta\xi+y\Delta\eta)\Big]d\bar{\xi}d\bar{\eta}d\Delta\xi d\Delta\eta.$$

为了简化这个表示式，现在我们应用下面的假设，并很快就会对这个假设做更详细讨论：

$$z \gg \frac{\bar{\xi}\Delta\xi+\bar{\eta}\Delta\eta}{\bar{\lambda}}.$$

$$(5.6\text{-}11)$$

这个假设使得我们可以忽略（5.6-10）式中的第一个指数因子，这时对 $(\bar{\xi},\bar{\eta})$ 的积分和对 $(\Delta\xi,\Delta\eta)$ 的积分可以分离，得到

$$I(x,y) = \frac{I_0}{(\bar{\lambda}z)^2} \int\!\!\int_{-\infty}^{\infty} \mathcal{P}(\Delta\xi,\Delta\eta)\boldsymbol{\mu}(\Delta\xi,\Delta\eta)$$

$$\times \exp\Big[j\frac{2\pi}{\lambda z}(x\Delta\xi+y\Delta\eta)\Big]d\Delta\xi d\Delta\eta,$$

$$(5.6\text{-}12)$$

式中 $\mathcal{P}$ 是复光瞳函数 $\mathbf{P}$ 的自相关函数，

$$\mathcal{P}(\Delta\xi,\Delta\eta) \triangleq \int\!\!\int_{-\infty}^{\infty} \mathbf{P}\Big(\bar{\xi}-\frac{\Delta\xi}{2},\bar{\eta}-\frac{\Delta\eta}{2}\Big)\mathbf{P}^*\Big(\bar{\xi}+\frac{\Delta\xi}{2},\bar{\eta}+\frac{\Delta\eta}{2}\Big)d\bar{\xi}d\bar{\eta}.$$

$$(5.6\text{-}13)$$

于是光强分布 $I(x,y)$ 可以从 $\mathcal{P}$ 和 μ 的乘积的二维 Fourier 变换求得. 这个结果有时候被称为 Schell 定理. 在下一节里, 我们将提供这一结果的某些物理意义, 但是, 在此之前, 应当对关键假设 (5.6-11) 式作进一步讨论.

首先, 可以直截了当地证明, 若将一块焦距 $f=z$ 的正透镜紧贴着放在孔径平面上, 就不必加这个条件了. 但是, 我们假设并没有这样一块透镜. 注意, 对于一个直径为 D 的孔径, 距离 z 为远场的条件是

$$z > 2\frac{D^2}{\lambda}, \tag{5.6-14}$$

这里 D 是平面 (ξ,η) 上的孔径的最大宽度的尺度. 于是 $(\overline{\xi}^2 + \overline{\eta}^2)$ 的最大可能值是 $(D/2)^2$. 此外, 若复相干因子 μ 的近似宽度为 d_c, 那么 $(\Delta\xi^2 + \Delta\eta^2)$ 的最大可能值 (在其中 μ 取有意义的值) 是 $(d_c/2)^2$. 由此得到一个实质上与 (5.6-11) 式等价的条件

$$z > \sqrt{z_D z_d}, \tag{5.6-15}$$

其中 z_D 是对一个最大宽度为 D 的相干照明孔径的远场距离, 而 z_d 是直径为 d_c 的相干照明孔径的远场距离,

$$z_D = 2\frac{D^2}{\lambda} \quad 并且 \quad z_d = 2\frac{d_c^2}{\lambda}. \tag{5.6-16}$$

上述关于 z 的条件在 $D > d_c$ 的假定下成立. 当 $d_c > D$ 时, 条件就简单变为

$$z > z_D. \tag{5.6-17}$$

5.6.3 讨论

只要满足关于 z 的必要条件, Schell 定理便提供了计算一个被部分相干照明的孔径生成的衍射图样的普遍方法. 这个结果的物理意义通过考虑两个极限情况最好理解.

首先, 设孔径被一束垂直入射的均匀平面波照明. 这种照明当然是完全相干的. 这种情况下的复相干因子 μ 对一切参数都是 1, 衍射图样的表示式变为

$$I(x,y) \approx \frac{I_0}{(\overline{\lambda}z)^2} \iint\limits_{-\infty}^{\infty} \mathcal{P}(\Delta\xi, \Delta\eta) \exp\left[j\frac{2\pi}{\lambda z}(\Delta\xi x + \Delta\eta y) \right] d\Delta\xi d\Delta\eta, \tag{5.6-18}$$

其中 $\mathcal{P}$ 是光瞳函数 $\mathbf{P}$ 的自相关函数. 利用 Fourier 分析的自相关定理 (见附录 (A-24) 式) 的进一步分析表明, 这一结果与更常见的 Fraunhofer 衍射公式

$$I(x,y) \approx \frac{I_0}{(\overline{\lambda}z)^2} \left| \iint\limits_{-\infty}^{\infty} \mathbf{P}(\xi,\eta) \exp\left[j\frac{2\pi}{\lambda z}(\xi x + \eta y) \right] d\xi d\eta \right|^2. \tag{5.6-19}$$

完全等价.

下面考虑相反的极端情况, 即照明光的相干宽度远小于孔径尺寸. 这时 $\mathcal{P}$

在整个积分区域内的值近似为 $\mathcal{P}(0,0) = I_0\mathcal{A}$（其中 I_0 是孔径中心处的照明强度，$\mathcal{A}$ 是孔径的面积），由此得到

$$I(x,y) \approx \frac{I_0\mathcal{A}}{(\bar{\lambda}z)^2} \iint_{-\infty}^{\infty} \mu(\Delta\xi,\Delta\eta) \exp\left[\mathrm{j}\frac{2\pi}{\lambda z}(\Delta\xi x + \Delta\eta y)\right]\mathrm{d}\Delta\xi\mathrm{d}\Delta\eta . \quad (5.6\text{-}20)$$

因此在这个极限下，观察到的强度图样主要由复相干因子 μ 决定，不受孔径形状影响（如果 $D \gg d_c$）.

在中间情况下，$\mathcal{P}$ 和 μ 二者对决定 $I(x,y)$ 形状都起作用. 注意，由于 $I(x,y)$ 依赖于 $\mathcal{P}$ 和 μ 的乘积的 Fourier 变换，衍射图样的形状由 $\mathcal{P}$ 和 μ 分别的 Fourier 变换的卷积决定. 总的结果是孔径的衍射花样随着相干面积的减小逐渐"平滑". 应当注意，如果部分相干照明是由离孔径一定距离的非相干光源产生的，用另一种解决问题的方法可以得到一个完全等价的结果. 可以认为光源上的每一点产生一个完全相干衍射图样，但是衍射图样的中心依赖于相应的点源的位置. 真实的光源是非相干的，由光源的不同点产生的衍射图样可以在强度基础上相加，得出一个新的衍射花样，它被有限的光源尺寸部分平滑化.

这一光源平滑计算方法的优点是概念简单，缺点是没有用 Schell 定理那样更为普遍化. 特别是，若光源是部分相干的而不是非相干的，Schell 定理仍然可以用，而后一方法却不能用了，除非能够加以修正，修正的方法是，首先找到一个"等价"的非相干光源，它能够产生与真正的部分相干光源一样的复相干因子.

5.6.4　一个实例

我们用一个例子来说明上面的结果，考虑一个半径为 r_0 的圆形孔径，被一个在孔径上强度恒定为 I_0 的部分相干光波照明，照明光有一个圆对称的 Gauss 型复相干因子

$$\mu(r) = \exp[-(r/r_c)^2], \quad (5.6\text{-}21)$$

式中 r_c 为 μ 降到 $1/e$ 的半径，并且 $r = \sqrt{\xi^2 + \eta^2}$. 我们想要计算在离孔径距离 z 处观察到的强度. 我们假设（5.6-16）式的条件成立，光谱是以 $\bar{\lambda}$ 为中心波长的准单色光.

对于半径为 r_0 的圆孔径，函数 $\mathcal{P}$ 是圆对称的，由下式给出：

$$\mathcal{P}(r) = \pi r_0^2 \mathrm{chat}\left(\frac{r}{2r_0}\right), \quad (5.6\text{-}22)$$

其中

$$\mathrm{chat}(x) \triangleq \begin{cases} \dfrac{2}{\pi}\left[\arccos(x) - x\sqrt{1-x^2}\right] & x \le 1 \\ 0 & \text{其他} \end{cases} \quad (5.6\text{-}23)$$

这是所谓"草帽"函数，它是直径为 1 的圆的归一化自相关函数. 将（5.6-21）

式和（5.6-22）式代入等价于（5.6-12）式的 Fourier-Bessel 变换，用通过孔径的
总能量 $\pi r_0^2 I^2$ 进行归一化，我们得到

$$\hat{I}(\rho) = \frac{2\pi}{(\bar{\lambda}z)^2}\int_0^\infty r\,\mathrm{chat}\left(\frac{r}{2r_0}\right)\exp\left[-\left(\frac{r}{r_c}\right)^2\right]J_0\left(2\pi\frac{r}{\lambda z}\rho\right)\mathrm{d}r. \quad (5.6\text{-}24)$$

将积分变量改为 $r' = r/(2r_0)$，并定义 $\alpha = r_0/r_c$，即孔径半径与相干性参数半径之
比，我们得到

$$\hat{I}(\rho) = 2\pi\left(\frac{2r_0}{\lambda z}\right)^2\int_0^1 r'\mathrm{chat}(r')\exp\left[-(2\alpha r')^2\right]J_0\left(2\pi r'\frac{\rho}{\lambda z/2r_0}\right)\mathrm{d}r'. \quad (5.6\text{-}25)$$

图 5.23 画的是对于参数 α 的不同的值，归一化强度 $\hat{I}$ 与归一化坐标 $\dfrac{\rho}{\lambda z/2r_0}$ 的函数

关系曲线．

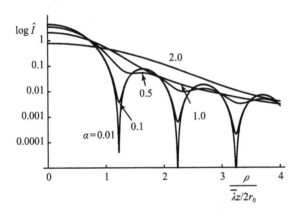

图 5.23　对于照明光的不同相干性，圆形孔径的衍射图样的归一化强度 $\hat{I}$ 的对数曲线
假设光束具有 Gauss 型复相干因子，其 $1/e$ 半径为 r_c，圆形孔径的半径为 r_0．强度归一化以保持
总能量恒定．参数 α 代表 r_0/r_c．α 的数值小意味着高度相干照明，数值大意味着低相干性照明

这类计算的其他例子，读者可参阅文献［191］．

5.7　Van Cittert-Zernike 定理

在大多数光学问题中，涉及的光不是来自激光，原始的光源是扩展的独立辐
射物的集合．在前面定义的意义上，这样一种光源可以合理地模拟为非相干的．
然而，等到光从光源传播任意一段距离后，它就会变成部分相干的——相干面积
会随着传播距离而成长[1]．相应地，准确了解互强度如何从这样一个光源传播出
来是很有些意义的．Van Cittert-Zernike 定理回答了这个问题，毫无疑问，这个定

---

① 注意，这个规则存在一些例外，相干面积不随距离增长的情况之一例，可见文献［72］．

理是现代光学中最重要的结果之一．正如定理的名称所预示的，该定理首先是由 Van Cittert[213] 和 Zernike[233] 的论文所证明．

5.7.1　定理的数学推导

将注意力集中于准单色光，我们前面已经证明了，不管由 $\mathbf{J}(P_1, P_2)$ 表示的相干性（参阅（5.4-8）式）的初始状态如何，互强度按照以下规律传播：

$$\mathbf{J}(Q_1, Q_2) = \iiint_{\Sigma} \mathbf{J}(P_1, P_2) \exp\left[-\mathrm{j}\frac{2\pi}{\lambda}(r_2 - r_1) \right] \frac{\chi(\theta_1)}{\bar{\lambda} r_1} \frac{\chi(\theta_2)}{\bar{\lambda} r_2} \mathrm{d}S_1 \mathrm{d}S_2, \quad (5.7\text{-}1)$$

对于非相干光源的特殊情况，我们进一步有（参阅（5.5-18）式）

$$\mathbf{J}(P_1, P_2) = \kappa I(P_1) \delta(|P_1 - P_2|). \quad (5.7\text{-}2)$$

简单代入并利用 δ 函数的"筛选"性质得到互强度为

$$\mathbf{J}(Q_1, Q_2) = \frac{\kappa}{(\bar{\lambda})^2} \iint_{\Sigma} I(P_1) \exp\left[-\mathrm{j}\frac{2\pi(r_2 - r_1)}{\bar{\lambda}} \right] \frac{\chi(\theta_1)}{r_1} \frac{\chi(\theta_2)}{r_2} \mathrm{d}S, \quad (5.7\text{-}3)$$

其中的几何因子示于图 5.24 中．

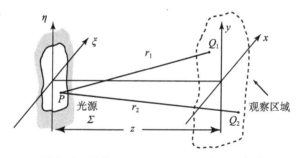

图 5.24　推导 Van Cittert-Zernike 定理几何简图

为了进一步简化表达式，我们做如下一些假设和近似：

（1）光源和观察区域的尺度比两者之间距离 z 小很多．因此

$$\frac{1}{r_1 r_2} \approx \frac{1}{z^2}; \quad (5.7\text{-}4)$$

（2）涉及的只有小角度，因此

$$\chi(\theta_1) \approx \chi(\theta_2) \approx 1. \quad (5.7\text{-}5)$$

在观察区域的互强度现在变为下述形式：

$$\mathbf{J}(Q_1, Q_2) = \frac{\kappa}{(\bar{\lambda}z)^2} \iint_{\Sigma} I(P_1) \exp\left[-\mathrm{j}\frac{2\pi}{\lambda}(r_2 - r_1) \right] \mathrm{d}S. \quad (5.7\text{-}6)$$

在这一点上，我们特别假设如图 5.24 所示的平面几何布局，就是说，假设光源和观察平面相互平行而且分开距离 z．进一步，我们对于涉及的距离引入"旁轴"近似

$$r_1 = \sqrt{z^2 + (x_1 - \xi)^2 + (y_1 - \eta)^2} \approx z + \frac{(x_1 - \xi)^2 + (y_1 - \eta)^2}{2z}$$

$$r_2 = \sqrt{z^2 + (x_2 - \xi)^2 + (y_2 - \eta)^2} \approx z + \frac{(x_2 - \xi)^2 + (y_2 - \eta)^2}{2z}. \tag{5.7-7}$$

最后,我们还采用定义 $\Delta x = x_2 - x_1$, $\Delta y = y_2 - y_1$, 以及当 (ξ, η) 位于有限的光源区域 Σ 外时, $I(\xi, \eta)$ 等于零的惯例. 这样, Van Cittert-Zernike 定理的最终形式如下:

$$\mathbf{J}(x_1, y_1; x_2, y_2) = \frac{\kappa e^{-j\psi}}{(\bar{\lambda}z)^2} \iint_{-\infty}^{\infty} I(\xi, \eta) \exp\left[j\frac{2\pi}{\lambda z}(\Delta x\xi + \Delta y\eta) \right] d\xi d\eta. \tag{5.7-8}$$

在该表达式中相位因子 ψ 由下式给出:

$$\psi = \frac{\pi}{\lambda z}[(x_2^2 + y_2^2) - (x_1^2 + y_1^2)] = \frac{\pi}{\lambda z}(\rho_2^2 - \rho_1^2), \tag{5.7-9}$$

式中 ρ_2 和 ρ_1 分别表示点 (x_2, y_2) 和 (x_1, y_1) 到光轴的距离.

该定理用归一化形式表示通常更为方便, 将复相干因子写成

$$\mu(x_1, y_1; x_2, y_2) = \frac{e^{-j\psi} \iint_{-\infty}^{\infty} I(\xi, \eta) \exp\left[j\frac{2\pi}{\lambda z}(\Delta x\xi + \Delta y\eta) \right] d\xi d\eta}{\iint_{-\infty}^{\infty} I(\xi, \eta) d\xi d\eta}, \tag{5.7-10}$$

这样可以省略掉那些不方便的缩放比例因子. 在更实际的涉及非相干光源的应用中, $I(x_1, y_1) \approx I(x_2, y_2)$ 是一个很好的近似, 因而, $|\mu(x_1, y_1; x_2, y_2)|$ 也代表位于这样两点的针孔在 Young 氏实验中生成的条纹的经典对比度.

5.7.2　讨论

在 (5.7-8) 式中用数学方法表达的 Van Cittert-Zernike 定理可以用文字表达如下:除了因子 $e^{-j\psi}$ 和标度常数, 可以发现互强度 $\mathbf{J}(x_1, y_1; x_2, y_2)$ 是光源表面强度分布 $I(\xi, \eta)$ 的二维 Fourier 变换. 这一关系可以当作完全相干照明孔径的光场和该孔径的 Fraunhofer 衍射花样上被观察到的场之间的关系, 尽管它们涉及的物理量是完全不同的. 在这个模拟中, 我们把强度分布 $I(\xi, \eta)$ 看作孔径上场的模拟量, 把互强度 $\mathbf{J}$ 看作 Fraunhofer 衍射图样上的场的模拟量. 关系 (5.7-8) 式和对应的 Fraunhofer 衍射公式完全一样. 我们再次强调这个相似性仅仅是数学上的, 因为用同样方程描述的物理情况是完全不同的, 所涉及的物理量也是完全不同的. (5.7-7) 式意味着, 我们还必须注意的是, 在 $\mathbf{J}(x_1, y_1; x_2, y_2)$ 和 $I(\xi, \eta)$ 之间的 Fourier 变换关系在比类似 Fraunhofer 衍射方程条件更宽的范围内成立, 因为旁轴近似条件在 Fresnel 和 Fraunhofer 两种衍射情况下都成立 (参阅文献 [80], 第四章).

注意到复相干因子的模 $|\boldsymbol{\mu}|$ 只与在 (x,y) 平面上的坐标差 $(\Delta x, \Delta y)$ 有关,就可能以在 (5.1-29) 式中用来定义相干时间 τ_c 的方式定义光的相干面积 A_c. 为了我们的目的,相干面积定义为

$$A_c \triangleq \iint_{-\infty}^{\infty} |\boldsymbol{\mu}(\Delta x, \Delta y)|^2 \mathrm{d}\Delta x \mathrm{d}\Delta y. \tag{5.7-11}$$

在习题 5-13 的帮助下,读者可能愿意去证明,对于一个均匀的面积为 A_s 的任意形状的非相干自发光光源,在离开光源距离 z 上,相干面积 A_c 为

$$A_c = \frac{(\bar{\lambda}z)^2}{A_s} \approx \frac{(\bar{\lambda})^2}{\Omega_s}, \tag{5.7-12}$$

其中 Ω_s 为从观察平面的中心原点观察光源所张开的立体角.

回到 $\boldsymbol{\mu}$ 的一般表达式 (5.7-10),我们来考虑因子 $\exp(-\mathrm{j}\psi)$ 可以在复相干因子表达式中省略的条件. 因为

$$\psi = \frac{\pi}{\bar{\lambda}z}(\rho_2^2 - \rho_1^2), \tag{5.7-13}$$

这样的条件可以确定有三个,每一个都可以单独满足要求:

(1) 如果距离 z 如此之大使得 $z \gg 2[(\rho_2^2 - \rho_1^2)/\bar{\lambda}]$,那么 $\psi \ll \pi/2$ 并且 $\exp(-\mathrm{j}\psi) \approx 1$.

(2) 如果测量点 Q_1 和 Q_2 有意地保持与光轴等距离(尽管它们的间距在大小和方向上都可能变化),ψ 总等于零.

(3) 如果点 Q_1 和 Q_2 不是在一个平面上而是在一个以光源为中心的半径为 z 的参考球面上,相位因子自动消失.

如果上面任何一个条件是满足的,相位因子 $\exp(-\mathrm{j}\psi)$ 都可以舍去.

最后,我们提醒读者,联系 $\boldsymbol{\mu}$ 和光源强度分布的数学结果可以考虑用一个扩展光源做的 Young 氏实验而得到定性的理解. 正像一个点光源在观察区将会产生具有最佳可见度的干涉条纹,而一个扩展非相干光源上每一个点都会产生一组具有高可见度的分离的条纹. 如果光源的尺寸太大,这些元条纹图案将会带着非常不同的空间相位进行叠加,结果总的条纹图样的对比度将会降低. Van Cittert-Zernike 定理的数学表述,不过是对于在非相干光源上强度分布与给定位置针孔在观察面上产生的条纹对比度之间关系的精确说明.

5.7.3 一个实例

作为应用 Van Cittert-Zernike 定理的一个例子,我们来计算由半径为 a 的一个亮度均匀、准单色的非相干圆盘光源所产生光的复相干因子 $\boldsymbol{\mu}$ 与该光源相关的强度分布由此可假设为

$$I(\xi, \eta) = I_0 \mathrm{circ}\left(\frac{\sqrt{\xi^2 + \eta^2}}{a}\right), \tag{5.7-14}$$

其中符号 circ（·）代表圆函数，定义为

$$\mathrm{circ}(w) \triangleq \begin{cases} 1 & w < 1 \\ 1/2 & w = 1 \\ 0 & w > 1. \end{cases} \tag{5.7-15}$$

为了求互强度 $\mathbf{J}(x_1, y_1; x_2, y_2)$，首先我们必须对这个强度分布进行 Fourier 变换．首先注意（文献［80］，p15）

$$\mathcal{F}\left\{\mathrm{circ}\left(\frac{\sqrt{\xi^2 + \eta^2}}{a}\right)\right\} = a^2 \frac{J_1(2\pi a \sqrt{\nu_X^2 + \nu_Y^2})}{a \sqrt{\nu_X^2 + \nu_Y^2}}, \tag{5.7-16}$$

其中 $\mathcal{F}\{\cdot\}$ 是二维 Fourier 变换算符，

$$\mathcal{F}\{\mathbf{g}(\xi, \eta)\} \triangleq \iint_{-\infty}^{\infty} \mathbf{g}(\xi, \eta) \, \mathrm{e}^{\mathrm{j}2\pi(\xi\nu_X + \eta\nu_Y)} \, \mathrm{d}\xi \mathrm{d}\eta, \tag{5.7-17}$$

还有 $J_1(\cdot)$ 是第一类一阶 Bessel 函数．进而，为了和（5.7-8）式的指数项中的标度因子一致，我们必须代入

$$\nu_X = \frac{\Delta x}{\bar{\lambda} z}, \quad \nu_Y = \frac{\Delta y}{\bar{\lambda} z}. \tag{5.7-18}$$

结果互强度函数为

$$\mathbf{J}(x_1, y_1; x_2, y_2) = \frac{\pi a^2 I_0 \kappa}{(\bar{\lambda} z)^2} \mathrm{e}^{-\mathrm{j}\psi} \left[2 \frac{J_1\left(\frac{2\pi a}{\bar{\lambda} z} \sqrt{\Delta x^2 + \Delta y^2}\right)}{\frac{2\pi a}{\bar{\lambda} z} \sqrt{\Delta x^2 + \Delta y^2}} \right] \tag{5.7-19}$$

而对应的复相干因子是

$$\boldsymbol{\mu}(x_1, y_1; x_2, y_2) = \mathrm{e}^{-\mathrm{j}\psi} \left[2 \frac{J_1\left(\frac{2\pi a}{\bar{\lambda} z} \sqrt{\Delta x^2 + \Delta y^2}\right)}{\frac{2\pi a}{\bar{\lambda} z} \sqrt{\Delta x^2 + \Delta y^2}} \right]. \tag{5.7-20}$$

注意第一个因子 $\mathrm{e}^{-\mathrm{j}\psi}$ 依赖于 (x_1, y_1) 和 (x_2, y_2) 两个点坐标，但第二个因子只依赖于两点之间的距离．假设相位因子 ψ 为零或者可以忽略，则复相干因子 $\boldsymbol{\mu}$ 只依赖于 $\rho = \sqrt{\Delta x^2 + \Delta y^2}$，并在图 5.25 中示出．$J_1(2\pi a\rho)$ 的第一个零点出现在 $\rho = 0.610/a$ 处，因此，$|\boldsymbol{\mu}|$ 的第一个零点出现在

$$s_0 = 0.610 \frac{\bar{\lambda} z}{a} = 1.22 \frac{\bar{\lambda} z}{D}, \tag{5.7-21}$$

式中 D 为圆形非相干光源的直径．回顾我们的小角度近似，从 (x, y) 平面的原点观察光源的角直径为 $\theta \approx D/z$．从而，$|\boldsymbol{\mu}|$ 的第一个零点的间距也可以表示为

$$s_0 = 1.22 \frac{\bar{\lambda}}{\theta}. \tag{5.7-22}$$

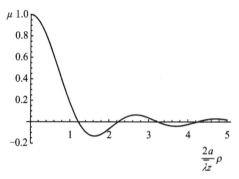

图 5.25 假设 $\psi = 0$ 情况下，复相干因子与归一化间距的关系

光源发出的光的相干面积，可以用习题5-13的结果求出．对于半径 a 的圆形非相干光源，在距离 z 处的相干面积为

$$A_c = \frac{\overline{\lambda}^2 z^2}{\pi a^2}. \tag{5.7-23}$$

认识到我们的分析中只涉及小角度情况，我们注意到，从 (x, y) 平面原点出发观察光源的立体角是

$$\Omega_S \approx \frac{\pi a^2}{z^2}. \tag{5.7-24}$$

因此，相干面积能够表示为

$$A_c \approx \frac{\overline{\lambda}^2}{\Omega_S}, \tag{5.7-25}$$

如同在前面（5.7-12）式中表达的那样．

从 μ 表现为间距的函数（再一次假设 $\psi = 0$）的知识，我们可以预测 Young 氏双针孔实验产生的条纹特点是光源大小的函数．这样一个预测表现在图 5.26 中，假设一个焦距 $f = z$ 的正透镜直接放置在针孔平面之后，以保证针孔的衍射花样完全重叠．注意到当光源尺寸为 $1.22\overline{\lambda}z/\Delta x$ 时，条纹对比度会完全消失．还要注意到，当光源尺寸稍大于 $1.22\overline{\lambda}z/\Delta x$ 时，条纹相位会移动180°（对比度会反转），这是由于对于光源尺寸的这种值，复相干因子是负的．这样一种条纹花样的实验照片可以参阅文献［207］．

在结束本节时，我们应该注意到，我们的讨论一直假设圆形孔径的中心在光轴上．如果光源偏离中心位置 $(\Delta\xi, \Delta\eta)$，Fourier 分析的位移定理意味着，新的复相干因子 $\boldsymbol{\mu}'$ 可以用原先的复相干因子（光源中心在光轴上的）$\boldsymbol{\mu}$ 表达为

$$\boldsymbol{\mu}' = \boldsymbol{\mu}\exp\left[j\frac{2\pi}{\overline{\lambda}z}(\Delta\xi\Delta x + \Delta\eta\Delta y)\right]. \tag{5.7-26}$$

这样一来复相干因子的模不受光源平移的影响，但是条纹的相位会正比于光源平移量 $(\Delta\xi, \Delta\eta)$ 和针孔分离量 $(\Delta x, \Delta y)$ 的大小而改变．

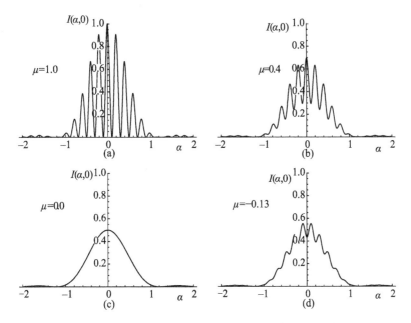

图 5.26 在平行于 x 轴方向分离的两个圆形针孔产生的条纹花样的归一化强度分布
在条纹面上的坐标假设是 (α, β). 坐标 α 归一化使得对于 $\alpha = 1.22$ 时单一针孔的衍射花样
降到其第一个零点. 针孔间距离 Δx 保持为常数, 非相干光源直径 D 可以变化. 在图示的
四种情况下光源的直径是: (a) $D \to 0$ (一个点光源); (b) $D = 0.8\bar{\lambda}z/\Delta x$;
(c) $D = 1.22\bar{\lambda}z/\Delta x$; (d) $D = 1.6\bar{\lambda}z/\Delta x$. 由光源发射出的总光功率是常数

5.8 广义 Van Cittert-Zernike 定理

在推导 Van Cittert-Zernike 定理时, 曾用 δ 函数形式的光源互强度函数来表示一个非相干光源. 我们现在考虑 Van Cittert-Zernike 定理的更一般的形式, 它适用于更宽泛的一类光源, 并包括理想非相干光源作为一个特例. 从这些结果可以明显看出光源上一个小而非零的相干面积的效应. 对此讨论的结果的初始形式首先是在文献 [75] 中推导的, 这一关系后来的推导请参阅文献 [33].

推导出的定理对于准单色、平面光源成立, 从 (5.5-23) 式看出这意味着互强度函数,

$$\mathbf{J}(\bar{\xi}, \bar{\eta}; \Delta\xi, \Delta\eta) = I(\bar{\xi}, \bar{\eta})\mu(\Delta\xi, \Delta\eta), \qquad (5.8\text{-}1)$$

其中仍然有

$$\Delta\xi = \xi_2 - \xi_1, \quad \bar{\xi} = (\xi_1 + \xi_2)/2$$
$$\Delta\eta = \eta_2 - \eta_1, \quad \bar{\eta} = (\eta_1 + \eta_2)/2. \qquad (5.8\text{-}2)$$

这一光源互强度现在可以代入互强度传播的普遍公式 (5.4-8), 得出

$$\mathbf{J}(x_1,y_1;x_2,y_2) = \iint\limits_{-\infty}^{\infty}\!\!\!\iint I(\bar{\xi},\bar{\eta})\mu(\Delta\xi,\Delta\eta)$$

$$\times \exp\Big[-\mathrm{j}\frac{2\pi}{\lambda}(r_2-r_1)\Big]\frac{\chi(\theta_1)}{\bar{\lambda}r_1}\frac{\chi(\theta_2)}{\bar{\lambda}r_2}\mathrm{d}\bar{\xi}\mathrm{d}\bar{\eta}\mathrm{d}\Delta\xi\mathrm{d}\Delta\eta.$$

$$(5.8\text{-}3)$$

在近轴条件下,

$$\frac{\chi(\theta_1)}{\bar{\lambda}r_1}\frac{\chi(\theta_2)}{\bar{\lambda}r_2} \approx \frac{1}{(\bar{\lambda}z)^2}.$$

同样条件, 再定义

$$\Delta x = x_2 - x_1, \quad \bar{x} = (x_1+x_2)/2$$
$$\Delta y = y_2 - y_1, \quad \bar{y} = (y_1+y_2)/2,$$

$$(5.8\text{-}4)$$

指数中的参数可以写作 (经过一些代数计算)

$$r_2 - r_1 \approx \frac{1}{z}\big[\bar{x}\Delta x + \bar{y}\Delta y + \bar{\xi}\Delta\xi + \bar{\eta}\Delta\eta$$
$$- \Delta x\bar{\xi} - \bar{x}\Delta\xi - \Delta y\bar{\eta} - \bar{y}\Delta\eta\big].$$

$$(5.8\text{-}5)$$

　　到这一步, 我们来作一个近似, 它与在 (5.6-11) 式中所作过的近似完全类似. 也就是说, 令光源的最大线度是 D, 而在光源上相干面积的最大线度是 d. 令距离 z 足够大以满足

$$z > \sqrt{z_D z_d},$$

$$(5.8\text{-}6)$$

这里

$$z_D = 2D^2/\bar{\lambda} \quad \text{和} \quad z_d = 2d_c^2/\bar{\lambda}$$

$$(5.8\text{-}7)$$

分别是光源和相干性宽度尺寸的 Fraunhofer 距离[①]. 利用这个假设, 我们可以舍去 (5.8-5) 式中的第三与第四项, 得到观察到的互强度的一个表达式,

$$\mathbf{J}(x_1,y_1;x_2,y_2) = \frac{\mathrm{e}^{-\mathrm{j}\psi}}{(\bar{\lambda}z)^2}\iint\limits_{-\infty}^{\infty} I(\bar{\xi},\bar{\eta})\exp\Big[\mathrm{j}\frac{2\pi}{\lambda z}(\Delta x\bar{\xi}+\Delta y\bar{\eta})\Big]\mathrm{d}\bar{\xi}\mathrm{d}\bar{\eta}$$

$$(5.8\text{-}8)$$

$$\times \iint\limits_{-\infty}^{\infty}\mu(\Delta\xi,\Delta\eta)\exp\Big[\mathrm{j}\frac{2\pi}{\lambda z}(\bar{x}\Delta\xi+\bar{y}\Delta\eta)\Big]\mathrm{d}\Delta\xi\mathrm{d}\Delta\eta,$$

此处 ψ 由 $(2\pi/\bar{\lambda}z)(\bar{x}\Delta x + \bar{y}\Delta y)$ 给出, 与我们前面对 ψ 的定义是等价的.

　　为了易于与前面形式的 Van Cittert-Zernike 定理作比较, 我们采用一个特殊的符号表示后一个二重积分,

$$\kappa(\bar{x},\bar{y}) = \iint\limits_{-\infty}^{\infty}\mu(\Delta\xi,\Delta\eta)\exp\Big[\mathrm{j}\frac{2\pi}{\lambda z}(\bar{x}\Delta\xi+\bar{y}\Delta\eta)\Big]\mathrm{d}\Delta\xi\mathrm{d}\Delta\eta,$$

$$(5.8\text{-}9)$$

---

① 这些条件假设 $D > d_c$, 一般情况都能满足.

这时可以把互强度表示为

$$\mathbf{J}(x_1,y_1;x_2,y_2) = \frac{\kappa(\bar{x},\bar{y})\,\mathrm{e}^{-\mathrm{j}\psi}}{(\bar{\lambda}z)^2} \iint\limits_{-\infty}^{\infty} I(\bar{\xi},\bar{\eta}) \exp\left[\mathrm{j}\frac{2\pi}{\bar{\lambda}z}(\Delta x\bar{\xi} + \Delta y\bar{\eta})\right]\mathrm{d}\bar{\xi}\mathrm{d}\bar{\eta}. \quad (5.8\text{-}10)$$

因此，前面的 Van Cittert-Zernike 定理中的常数 κ 变成了广义 Van Cittert-Zernike 定理的观察平面坐标 $(\bar{x},\bar{y})$ 的函数.

我们对广义 Van Cittert-Zernike 定理作如下物理解释. 由于 $\mu(\Delta\xi,\Delta\eta)$ 在 $(\Delta\xi,\Delta\eta)$ 平面上比 $I(\bar{\xi},\bar{\eta})$ 在 $(\bar{\xi},\bar{\eta})$ 平面上要窄得多，那么由 Fourier 变换对的倒易宽度关系，$\kappa(\bar{x},\bar{y})$ 这个因子在平面 $(\bar{x},\bar{y})$ 上将会很宽，而积分在平面 $(\Delta x,\Delta y)$ 上会变得很窄. 我们把积分因子解释为代表光的相关，它是两个探测点 (x_1,y_1) 和 (x_2,y_2) 的间距的函数，而这个因子 $\kappa(\bar{x},\bar{y})$ 代表平面 (x,y) 上的粗变化. 正如理想的非相干光的情况，光源的大小确定了被观察波的相干面积，但是此外，光源的相干面积还会影响平面 (x,y) 上的平均强度分布. 这些关系显示在图 5.27 中. 它们也可以看成相干性的倒易关系——如果时间倒置，散射斑上的强度分布变成观察区域互强度的 Fourier 变换.

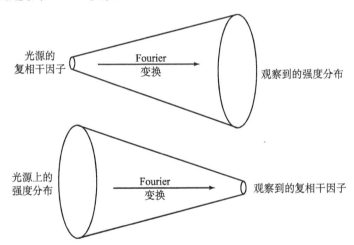

图 5.27　对于广义 Van Cittert-Zernike 定理的 Fourier 变换关系，
(ξ,η) 平面在左边，(x,y) 平面在右边

读者可能还想验证（习题 5-17），当焦距为 f 的正透镜置于准均匀光源之前，而且观察平面在该透镜的后焦面上时，(5.8-6) 式的限制就不再需要，因而，广义 Van Cittert-Zernike 定理会在比前面分析中假设的条件更为宽松的情况下成立.

5.9　统计平均相干性

将一个非激光的光源模拟成为一个在时间上平稳而且具有遍历性的随机过程

是很普遍的方法. 相干性测量于是由无限长时间平均来定义, 尽管在需要时可以用统计平均, 并且能够得到与时间平均同样的结果. 实际上存在着很重要的一类问题, 对于这类情况, 光实际上并不在感兴趣的集合内具有遍历性, 就是说, 时间平均与统计平均不再得到同样的结果. 对于这样的问题, 相干性概念必须用统计平均来定义. 在这一节, 我们为读者简要介绍这个问题.

我们用高度相干的激光发出的光照明一个平稳的散射体, 并且考虑散射体后一段距离远处的光的相干性. 除了散射物是不动的, 光路的几何示意图与前面图 4.13 相同. 由于散射体本身极复杂而且其微观结构完全不知道, 在散射物后面观察到的光场及其强度分布极其复杂, 在一个极度不可预测的图样中具有许多峰值和零点. 这是相干光, 部分相干光还是非相干光? 如果散射体在运动, 散射体后的场强度会随着时间涨落, 一般用时间平均表示的相干性定义是合适的. 然而, 在我们已经确定的情况下, 散射体没有在运动.

因为散射体后面的光的振幅与强度极端复杂又不可预测, 把它们看成随机过程似乎是合适的. 然而, 基于时间平均, 用我们通常的定义, 证明在散射体后的光是完全相干的并不困难, 只要给定散射物由完全相干光照明——假设在 Young 氏干涉实验的两个针孔处光强相同, 实验结果总能够得到可见度为 1 的条纹.

对这种光的统计处理似乎是合适的而且也确实有用. 问题然后就变成在什么统计集合上这种光是个随机过程, 如何为这种光修改我们的相干性定义. 应该考虑的这个集合是不同散射体的集合, 每个散射体都具有不同的微观结构, 但是所有的散射体在该集合中都是统计意义上类似的. 这样就可以在散射体集合上完成统计平均, 允许定义相干性概念.

对于单个散射体, 观察到的光在时间平均意义上是完全相干的, 在观察平面上的光场可以由下式代表:

$$\mathbf{u}(P,t) = \mathbf{A}(P)\exp(-\mathrm{j}2\pi\nu t), \tag{5.9-1}$$

这里 ν 是单色光源的频率. 注意复包络 $\mathbf{A}(P)$ 与时间无关, 并且实际上表示了光场相矢量的振幅. 使用相干性的时间平均定义, 这样的光的互强度取如下形式:

$$\mathbf{J}(P_1,P_2) = \langle \mathbf{u}(P_1,t)\mathbf{u}^*(P_2,t) \rangle = \mathbf{A}(P_1)\mathbf{A}^*(P_2). \tag{5.9-2}$$

这是我们期待的对于完全相干光波的互强度的形式.

然而假设我们不是对于时间作平均, 而是对于统计上类似的散射体集合作平均, 在符号 $\mathbf{J}$ 的顶上加一小横杠, 提醒我们是对于集合作平均. 这样的互强度定义采用如下形式:

$$\bar{\mathbf{J}}(P_1,P_2) = E[\mathbf{u}(P_1,t)\mathbf{u}^*(P_2,t)] = \overline{\mathbf{A}(P_1)\mathbf{A}^*(P_2)}, \tag{5.9-3}$$

这里如同平常那样, $E[\cdot]$ 和上加一杠两者都表示统计期望. 一般讲, 在这里所感兴趣的情况下, $\bar{\mathbf{J}}(P_1,P_2) \neq \mathbf{J}(P_1,P_2)$.

这样一种相干性概念在研究散斑现象时得到特别的应用, 散斑就是给予当相干光通过散射体或者从粗糙表面散射时观察到的强度涨落的名称. 为了深入讨论散斑的性质和它的应用, 请参阅文献［81］. 散斑的表达中统计平均相干性的概念首先是在文献［79］中明确引入的, 尽管之前它在这个领域中已经为许多研究者含蓄地使用过. 在第七章中考虑相干光成像时, 我们还会回到散斑的问题上.

习　题

5-1　在 N 个等强度轴向模式中振荡的气体激光器的归一化功率谱密度的理想化模型为

$$\hat{\mathcal{G}}(\nu) = \frac{1}{N} \sum_{n=-(N-1)/2}^{(N-1)/2} \delta(\nu - \bar{\nu} + n\Delta\nu),$$

式中 $\Delta\nu$ 是模式间隔（等于光速 $/$（$2 \times$ 轴向模式的腔长）），$\bar{\nu}$ 是中心模式的频率, N 为了简化假设为奇数.

（a）证明这种光的可见度函数的包络由下式给出:

$$\mathcal{V}(\tau) = \left| \frac{\sin(N\pi\Delta\nu\tau)}{N\sin(\pi\Delta\nu\tau)} \right|$$

（b）对 $N=3$ 且 $0 \leqslant \tau \leqslant 1/\Delta\nu$ 画出 $\mathcal{V}(\tau)$ 和 $\Delta\nu\tau$ 之间的关系曲线.

5-2　氦氖激光器（移去端面反射镜）中混合气体发射波长 633nm 的光, 其光谱 Doppler 展宽约为 1.5×10^9 Hz, 试计算这种光的相干时间 τ_c 和相干长度 $l_c = c\tau_c$（$c =$ 光速）. 对于氩离子激光器的 488nm 谱线重复计算这些结果, 但这时 Doppler 展宽约为 7.5×10^9 Hz.

5-3　在一个相干层析实验中, 假设我们定义窄带 Gauss 光谱（中心频率 $\bar{\nu}$）的带宽 $\Delta\nu$ 为当光谱减小到其最大值的一半时的两点之间的谱宽.

（a）试证明这种光的功率谱密度的下列表达式满足上述这个定义:

$$\mathcal{G}(\nu) \approx \mathcal{G}_0 \exp[-(2(\nu - \bar{\nu})/\Delta\nu)^2].$$

（b）利用在附录 A 中 Fourier 变换表格中的相似性定理和相移定理, 证明对应的复相干度为

$$\gamma(\tau) = \exp\left[-\frac{\pi^2}{4}\Delta\nu^2\tau^2\right]\exp(-j2\pi\bar{\nu}\tau).$$

（c）试证明相干时间 τ_c 可以用带宽 $\Delta\nu$（如在本题中所定义的）表示为

$$\tau_c = \sqrt{\frac{2}{\pi}}\frac{1}{\Delta\nu} = \frac{0.798}{\Delta\nu}.$$

（d）利用在本题中定义的带宽计算出这样一种系统的深度分辨率 Δz.

5-4　(Llayd 镜) 将一个窄带点光源置于一块完善的平面反射镜的上方距离 s 处, 如图 5-4p 所示, 在距离 d 以外的屏幕上观察干涉条纹. 光的复（自）相干度为

$$\gamma_0(\tau) = e^{-\pi\Delta\nu|\tau|}e^{-j2\pi\bar{\nu}\tau}.$$

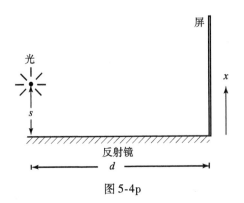

图 5-4p

假设 $s \ll d$ 而且 $x \ll d$，考虑到在反射时光场的符号改变（假设偏振方向平行与反射镜），求

（a）条纹的空间频率.

（b）假设相干光束具有相等的强度，作为 x 函数的经典条纹可见度.

5-5　考虑如图 5-5p 所示对于习题 5-4 的推广. 在反射镜上的光源是非相干、强度 I_0 均匀照明而且是准单色光（时间相干效应可以忽略）. 反射镜是完善的，电矢量平行于反射镜表面，近轴近似可以应用.

（a）试求出在 (α,β) 平面上，包括光源的反射的互强度 $\mathbf{J}(\alpha_1,\beta_1;\alpha_2,\beta_2)$ 的表达式.

（b）对于这种情况，修正 Van Cittert-Zernike 定理，假设 $x \geqslant 0$，求入射到接收屏上的光的互强度 $\mathbf{J}(x_1,y_1;x_2,y_2)$.

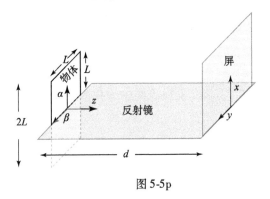

图 5-5p

5-6　考察用宽带光源做的 Young 氏干涉实验.

（a）求证入射到观察屏上的光场可以表达为

$$\mathbf{u}(Q,t) = \tilde{K}_1 \frac{\mathrm{d}}{\mathrm{d}t}\mathbf{u}(P_1, t - r_1/c) + \tilde{K}_2 \frac{\mathrm{d}}{\mathrm{d}t}\mathbf{u}(P_2, t - r_2/c),$$

其中

$$\tilde{K}_i \triangleq \iint \frac{\chi(\theta_i)}{2\pi c r_i} \mathrm{d}S_i \approx \frac{\chi(\theta_i) A_i}{2\pi c r_i}, \quad i = 1, 2,$$

积分域覆盖第 i 个针孔的面积 A_i.

（b）用（a）的结果证明入射到屏上的光强度可以表示为

$$I(Q) = I^{(1)}(Q) + I^{(2)}(Q) - 2\tilde{K}_1\tilde{K}_2 \mathrm{Re}\left\{ \frac{\partial^2}{\partial\tau^2} \Gamma\left(\frac{r_2 - r_1}{c}\right) \right\}$$

其中

$$I^{(i)}(Q) = \tilde{K}_i^2 \left\langle \left| \frac{\mathrm{d}}{\mathrm{d}t}\mathbf{u}\left(P_i, t - \frac{r_i}{c}\right) \right|^2 \right\rangle, \quad i = 1, 2.$$

（c）求证当光是窄带时，上述对于 $I(Q)$ 的表达式可以简化以得到（5.2-10）式.

5-7 如图 5-7p 所示，一个焦距 f 的正透镜紧贴在 Young 氏实验中的针孔屏后. 透镜和针孔平面与光源相距 z_1 而观察屏位于离开透镜和针孔平面距离 z_2 的位置. 对于准单色光和旁轴条件，透镜可以用下述振幅透过因子来模拟：

$$\mathbf{t}_l = \exp\left(-\mathrm{j}\frac{\pi}{\lambda f}\rho^2 \right).$$

假设光源是空间非相干的，试求出在 z_1，z_2 和 f 之间的关系，以保证观察到的条纹空间相位仅与两孔之间的矢量间隔有关，与它们相对于光轴的绝对位置无关.

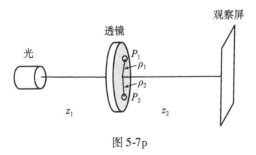

图 5-7p

5-8 考察在 Fourier 光谱学实验中使用的 Michelson 干涉仪. 为了在计算光谱的时候能够得到很高的分辨率，必须要测量干涉图到很大的光程差，这时干涉图的强度已经降低到很小的值.

（a）试说明在这样的条件下，落在探测器上的光的光谱可以与进入干涉仪的光的光谱有显著区别.

（b）如果进入干涉仪的光的光谱是

$$\hat{\mathcal{G}}(\nu) = \frac{1}{\pi\nu}\mathrm{rect}\frac{\nu - \bar{\nu}}{\Delta\nu},$$

请计算作为光程差延迟的函数的落在探测器上的光的光谱. 试问，在什么条件下输出的光谱才能与输入的光谱有显著不同?

5-9　　在图 5-9p 所示的 Young 氏干涉实验中，光的归一化功率谱密度 $\hat{\mathcal{G}}(\nu)$ 是用在点 Q 处的光谱仪来测量的. 已知光的互相干函数是可分离的

$$\boldsymbol{\Gamma}(P_1, P_2, \tau) = \boldsymbol{\mu}(P_1, P_2) \boldsymbol{\Gamma}(\tau).$$

试证明在 $(r_2 - r_1)/c \gg \tau_c$ 条件下，当观察不到条纹时，假设从点 P_1 和点 P_2 到点 Q 的光的强度相同，可以从在点 Q 的光的归一化频谱 $\hat{\mathcal{G}}_Q(\nu)$ 中存在的条纹测定 $\boldsymbol{\mu}(P_1, P_2)$. 详细说明如何确定 $\boldsymbol{\mu}(P_1, P_2)$ 的模和相位.

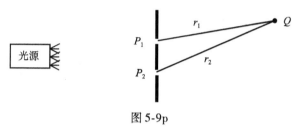

图 5-9p

5-10　一束单色平面波垂直投射到由两块散射体构成的"三明治夹层"上. 如图 5-10p 所示，这两块散射体以相同大小的速度沿相反方向运动. 这对散射体的振幅透过率可以表示为

$$\mathbf{t}_A(\xi, \eta) = \mathbf{t}_1(\xi, \eta - \nu t) \mathbf{t}_2(\xi, \eta + \nu t),$$

式中 $\mathbf{t}_1$ 和 $\mathbf{t}_2$ 可以假设为从统计独立的两组散射物中抽取的采样（因为关于其中一组的知识不能提供关于另一组的任何信息）. 试证明如果散射体具有完全相同的 Gauss 型自相关函数，

$$\gamma_t(\Delta\xi, \Delta\eta) = \exp\{-a[(\Delta\xi)^2 + (\Delta\eta)^2]\},$$

则透过光的互相干函数是可分离的.

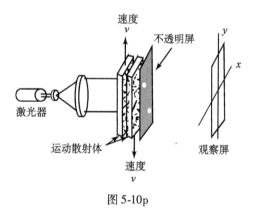

图 5-10p

5-11　从 (4.1-9) 式出发，证明对于宽带光在图 5.21 的 Σ_2 表面上的互相干函数 $\boldsymbol{\Gamma}(Q_1, Q_2; \tau)$ 可以表示为

$$\Gamma(Q_1,Q_2;\tau) = -\iint_{\Sigma_1\Sigma_2}\frac{\partial^2}{\partial\tau^2}\Gamma\Big(P_1,P_2;\tau+\frac{r_2-r_1}{c}\Big)$$

$$\times \frac{\chi(\theta_1)\chi(\theta_2)}{4\pi^2c^2r_1r_2}\mathrm{d}S_1\mathrm{d}S_2 \qquad\qquad (\text{p.}5\text{-}1)$$

5-12　求证在准单色条件下，互强度服从一对 Helmholtz 方程

$$\nabla_1^2\mathbf{J}(P_1,P_2)+\bar{k}^2\mathbf{J}(P_1,P_2) = 0$$

$$\nabla_2^2\mathbf{J}(P_1,P_2)+\bar{k}^2\mathbf{J}(P_1,P_2) = 0,$$

其中 $\bar{k}=2\pi/\bar{\lambda}$ ，并且

$$\nabla_1^2 = \frac{\partial^2}{\partial x_1^2}+\frac{\partial^2}{\partial y_1^2}+\frac{\partial^2}{\partial z_1^2}, \qquad \nabla_2^2 = \frac{\partial^2}{\partial x_2^2}+\frac{\partial^2}{\partial y_2^2}+\frac{\partial^2}{\partial z_2^2}.$$

5-13　考察空间强度分布 $I(\xi,\eta)$ 辐射的一个非相干光源.

（a）利用 Van Cittert-Zernike 定理，证明从光源到离开光源距离 z 的光（平均波长为 $\bar{\lambda}$）的相干面积可以表示为

$$A_c = (\bar{\lambda}z)^2\frac{\displaystyle\iint_{-\infty}^{\infty}I^2(\xi,\eta)\,\mathrm{d}\xi\mathrm{d}\eta}{\Big[\displaystyle\iint_{-\infty}^{\infty}I(\xi,\eta)\,\mathrm{d}\xi\mathrm{d}\eta\Big]^2}.$$

（b）证明如果一个非相干光源具有的光强分布可以描述为

$$I(\xi,\eta) = I_0P(\xi,\eta),$$

式中 $P(\xi,\eta)$ 是一个非 1 即 0 的函数，那么

$$A_c = \frac{(\bar{\lambda}z)^2}{A_s},$$

其中 A_s 是光源的相干面积.

5-14　在图 5-14p 所示的几何光路中，完成了一次 Young 氏干涉实验. 针孔是圆形的并具有有限的直径 δ 和间距 s. 光源的带宽为 $\Delta\nu$，平均频率为 $\bar{\nu}$，透镜的焦距是 f. 有下列两种效应会引起干涉条纹随着远离光轴而减弱：

（a）针孔的有限大小；

（b）光源的有限带宽.

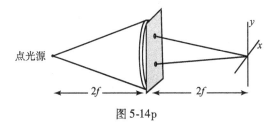

图 5-14p

给定 δ, s, f 之后，相对带宽 $\Delta\nu/\bar{\nu}$ 必须多小才能使（a）的效应压倒（b）的效应？

5-15　在地球上太阳所张的立体角大约是 32′（0.0093rad）. 设平均波长为 550nm，请计算在地球上观察到的太阳光的相干直径和相干面积（假设准单色条件成立）.

5-16　把一个 1mm 直径的针孔紧贴着放在一个非相干光源之前. 通过这个孔的光用于做一个衍射实验，为此，要求它能够给予远处直径 1mm 的孔径以相干照明. 给定 $\bar{\lambda} = 550$nm，试计算为了保证照明近似是相干的，在针孔光源和衍射孔径之间的最小距离.

5-17　用振幅透过率函数

$$t_A(\xi,\eta) = \exp\left[-j\frac{\pi}{\lambda f}(\xi^2 + \eta^2)\right],$$

代表一个焦距为 f 的正透镜，并假设该透镜紧贴着一个准均匀的光源放置，试证明，在该透镜后焦面上观察时，广义 Van Cittert-Zernike 定理成立而不受（5.8-6）式的限制.

5-18　利用旁轴近似，建立一个用于准单色点光源生成的复相干因子 $\mu(P_1, P_2)$ 的表达式，其中点 P_1 和点 P_2 位于与光源距离为 z 的同一平面上.

第六章 涉及高阶相干性的一些问题

第五章中我们只研究涉及二阶相干性的问题，也就是互相干函数 $\Gamma(p_1, p_2; \tau)$ 和它的相关概念．这样的相干函数对基础的波场的统计性质只提供了有限的统计描述．对于两个基本上不同的波场，具有无法区分的互相干函数是完全可能的，在这种情况下，就需要高于二阶的相干函数来区分这两类波．此外我们还将看到，在某些物理问题中很自然地需要引进高于二阶的相干函数．

作为介绍，先将一个列波 $\mathbf{u}(P, t)$ 的 $(n + m)$ 阶相干函数定义为

$$\Gamma(P_1, P_2, \cdots, P_{n+m}; t_1, t_2, \cdots, t_{n+m})$$
$$\triangleq \langle \mathbf{u}(P_1, t_1) \cdots \mathbf{u}(P_n, t_n) \mathbf{u}^*(P_{n+1}, t_{n+1}) \cdots \mathbf{u}^*(P_{n+m}, t_{n+m}) \rangle, \tag{6.0-1}$$

或者，对于具有遍历性的随机过程，用相应的统计平均来定义．计算高于二阶的平均值，一般来说在数学上是困难的，因为这需要知道 $(n + m)$ 阶的概率密度函数而且往往难以求最后的积分．幸好，对于热光这一非常重要的场合，出现了上述情况的一个例外．对于热光，可以利用复数圆形 Gauss 随机变量的矩定理（参阅 2.8.3 节），写出

$$\Gamma(P_1, P_2, \cdots, P_{n+m}; t_1, t_2, \cdots, t_{n+m})$$
$$= \sum_{\Pi} \Gamma(P_1, P_p; t_1, t_p) \Gamma(P_2, P_q; t_2, t_q) \cdots \Gamma(P_n, P_r; t_n, t_r), \tag{6.0-2}$$

式中 $\sum_{\Pi}$ 代表对 $(1, 2, \cdots, n)$ 的 $n!$ 个可能的置换排列 $(p, q, \cdots, r)$ 的 n 项乘积求和．

对于热光或者膺热光利用这个因式分解定理，常常能够使一个极其困难的问题简化．对于一定的非 Gauss 过程，不同形式的因式分解定理也存在（参阅文献 [166] 及习题 6-3）．在下面几小节，我们会提供涉及高于二阶相干性问题的三个实例．首先我们考虑热光时间积分强度的某些统计特性．在我们今后研究光子计数统计学（第九章）时，这些结果是十分有用的．然后我们研究用有限平均时间测量互强度的统计特性．最后，我们会提供强度干涉仪的一个完全经典的分析．

注意在本章余下的部分中，我们采用互相干函数的简写形式，用 $\Gamma_{12\cdots n}(t_1, t_2, \cdots, t_n)$ 代表 $\Gamma(P_1, P_2, \cdots, P_n; t_1, t_2, \cdots, t_n)$．

6.1 热光或赝热光的积分强度的统计性质

在许多问题中，包括对于光子计数统计的研究，都要出现瞬时强度的有限时间积分. 此外，完全类似的问题也会出现在考察瞬时光强和光学散斑的有限空间平均的统计性质时. 这里我们把问题放在时间积分的框架内来讨论，但是这种分析在空间上积分几乎完全相同.

令 $I(t)$ 表示在某一特定点 P 所观察的波的瞬时强度. 这里我们的主要兴趣在于下面这个有关量：

$$W(t) = \int_{t-T}^{t} I(\xi) \, d\xi, \tag{6.1-1}$$

它代表了在有限观察时间间隔 $(t - T, t)$ 内的积分强度. 注意，在实践中，对于一列波的平均强度的估计都必须是在有限时间积分的基础之上，并且由平均时间 T 归一化的 W 测量值给出.

在下面讨论中，我们从头到尾都将假设所研究问题中的光一开始就是热光或赝热光，并且它们可以用遍历性（因而也是平稳的）随机过程来准确模拟. 因此，W 的统计特性不再与特别的观察时间 t 有关. 为了数学上的方便，我们选择令 $t = T/2$，这个情况下 (6.1-1) 式可以表示成

$$W = \int_{-T/2}^{T/2} I(\xi) \, d\xi. \tag{6.1-2}$$

我们的讨论首先假设针对偏振光，然后处理非偏振光和部分偏振光的情况.

接下来的内容分为三个部分：①推导出积分光强 W 的均值和方差的准确表达式；②计算出 W 的一阶概率密度函数的表达式；③找到这个概率密度函数的一个准确的表达式.

6.1.1 积分强度的均值与方差

我们的第一个目的是求出积分强度的均值 $\overline{W}$ 和方差 σ_W^2 的表达式. 我们也对均方根信噪比及其倒数，有时叫做积分强度涨落的"对比度"，感兴趣：

$$\left(\frac{S}{N}\right)_{\text{rms}} = \overline{W}/\sigma_W, \quad C = \sigma_W/\overline{W}. \tag{6.1-3}$$

计算的均值是相当简单的. (6.1-2) 式的期望值用交换计算积分和求期望值的顺序就可以得到，即

$$\overline{W} = \int_{-T/2}^{T/2} \overline{I} \, d\xi = \overline{I} T, \tag{6.1-4}$$

该式与波的偏振状态完全无关.

计算方差要稍微多费点力. 我们得到

$$\sigma_W^2 = E\Big[\Big(\int_{-T/2}^{T/2} I(\xi)\,\mathrm{d}\xi\Big)^2\Big] - (\overline{W})^2$$

$$= \iint_{-T/2}^{T/2} \overline{I(\xi)I(\eta)}\,\mathrm{d}\xi\mathrm{d}\eta - (\overline{W})^2 \qquad (6.1\text{-}5)$$

$$= \iint_{-T/2}^{T/2} \Gamma_I(\xi - \eta)\,\mathrm{d}\xi\mathrm{d}\eta - (\overline{W})^2,$$

其中 Γ_I 表示瞬时光强的自相关函数. 由于积分是 $(\xi - \eta)$ 的偶函数, 二重积分可以简化为单重积分, 就像我们在论证 (3.7-26) 式时所做的完全一样. 然后我们得到

$$\sigma_W^2 = T\int_{-\infty}^{\infty} \Lambda\Big(\frac{\tau}{T}\Big)\Gamma_I(\tau)\,\mathrm{d}\tau - (\overline{W})^2, \qquad (6.1\text{-}6)$$

其中

$$\Lambda(\tau) \triangleq \begin{cases} 1 - |\tau| & |\tau| \leqslant 1 \\ 0 & \text{其他.} \end{cases} \qquad (6.1\text{-}7)$$

到了这里, 就必须要充分利用我们所考察的光场是来自于热 (或赝热) 光源这个条件. 光强相关函数 $\Gamma_I(\tau)$ 实际上是基础光场的四阶相干函数,

$$\Gamma_I(\tau) = E[u(t)u^*(t)u(t+\tau)u^*(t+\tau)], \qquad (6.1\text{-}8)$$

在这种情况下可以用场的二阶相干函数来表示. 对于完全偏振光波情况, 利用 (6.1-6) 式我们得到

$$\Gamma_I(\tau) = (\bar{I})^2[1 + |\boldsymbol{\gamma}(\tau)|^2], \qquad (6.1\text{-}9)$$

其中 $\boldsymbol{\gamma}(\tau)$ 为光的复相干度. 把这个关系代入 (6.1-6) 式得到对于完全偏振光波情况的如下结果:

$$\sigma_W^2 = (\overline{W})^2\Big[\frac{1}{T}\int_{-\infty}^{\infty} \Lambda\Big(\frac{\tau}{T}\Big)|\boldsymbol{\gamma}(\tau)|^2\mathrm{d}\tau\Big] \qquad (6.1\text{-}10)$$

对于部分偏振光波, 我们知道其瞬时光强总是可以用两个不相关的光强来表示,

$$I(t) = I_1(t) + I_2(t), \qquad (6.1\text{-}11)$$

其中 $I_1(t)$ 和 $I_2(t)$ 的平均值是

$$\bar{I}_1 = \frac{1}{2}\bar{I}(1 + \mathcal{P})$$

$$\bar{I}_2 = \frac{1}{2}\bar{I}(1 - \mathcal{P}), \qquad (6.1\text{-}12)$$

而 $\mathcal{P}$ 是偏振度. 在 $\Gamma_I(\tau)$ 的定义中利用这些关系我们得到

$$\Gamma_I(\tau) = 2\bar{I}_1\bar{I}_2 + (\bar{I}_1)^2[1 + |\boldsymbol{\gamma}(\tau)|^2] + (\bar{I}_2)^2[1 + |\boldsymbol{\gamma}(\tau)|^2]$$

$$= (\bar{I})^2 + \frac{1}{2}(\bar{I})^2(1 + \mathcal{P}^2)|\boldsymbol{\gamma}(\tau)|^2. \qquad (6.1\text{-}13)$$

最后对于偏振度是 $\mathcal{P}$ 的部分偏振光波, 方差 σ_W^2 由下式给出:

$$\sigma_W^2 = \frac{1 + \mathcal{P}^2}{2} (\overline{W})^2 \Big[\frac{1}{T} \int_{-\infty}^{\infty} \Lambda\Big(\frac{\tau}{T}\Big) | \boldsymbol{\gamma}(\tau) |^2 \mathrm{d}\tau \Big] \tag{6.1-14}$$

为了一个下述的明显原因, 我们定义一个参数 $\mathcal{M}$ 如下:

$$\mathcal{M} = \Big[\frac{1}{T} \int_{-\infty}^{\infty} \Lambda\Big(\frac{\tau}{T}\Big) | \boldsymbol{\gamma}(\tau) |^2 \mathrm{d}\tau \Big]^{-1}, \tag{6.1-15}$$

该参数常常被我们称为包含在积分光强的时间间隔 T 中的有限 "自由度数". 如果我们考虑两种极端情况, 一种是积分时间与光波的相干时间相比较非常长, 另一种是积分时间 T 比相干时间短得多, 用这个名称的原因将会很清楚. 当积分时间 T 比光波的相干时间 τ_c 长得多时, 在 $| \boldsymbol{\gamma}(\tau) |^2$ 的值足够大而有意义的 τ 的范围内, $\Lambda(\tau/T) \approx 1$, 并且

$$\mathcal{M} = \Big[\frac{1}{T} \int_{-\infty}^{\infty} | \boldsymbol{\gamma}(\tau) |^2 \mathrm{d}\tau \Big]^{-1} = T/\tau_c \quad T \gg \tau_c. \tag{6.1-16}$$

因此, 在这个极端情况下, 参数 $\mathcal{M}$ 是在测量时间内包含的相干间隔的数目. 因为一个波的相干时间差不多就是这样一个时间区间, 过了这个时间区间, 光场会改变其值成为有意义的另一个与之无关的值, "自由度" 这个名称似乎是合适的.

对于相反情况下, $T \ll \tau_c$, $| \boldsymbol{\gamma}(\tau) |^2$ 可以用 1 来代替, 得出

$$\mathcal{M} \approx \Big[\frac{1}{T} \int_{-\infty}^{\infty} \Lambda\Big(\frac{\tau}{T}\Big) \mathrm{d}\tau \Big]^{-1} = 1 \quad T \ll \tau_c. \tag{6.1-17}$$

这个结果可以解释为随着测量时间的缩短, 影响测量结果的相干区间的数目渐近地趋近于 1. $\mathcal{M}$ 的值小于 1 是不可能的, 因为实验结果总是要受至少一个相干区间的影响. 将 $\mathcal{M}$ 解释为影响测量的自由度数看上去是不存在矛盾的.

注意对于完全偏振光波, 均方根信噪比与涨落对比度能够通过下两式用参数 $\mathcal{M}$ 表示出来:

$$\Big(\frac{S}{N}\Big)_{\mathrm{rms}} = \sqrt{\mathcal{M}} \quad C = \frac{1}{\sqrt{\mathcal{M}}}, \tag{6.1-18}$$

同时, 对于部分相干光波有

$$\Big(\frac{S}{N}\Big)_{\mathrm{rms}} = \sqrt{\frac{2\mathcal{M}}{1 + \mathcal{P}^2}} \quad C = \sqrt{\frac{1 + \mathcal{P}^2}{2\mathcal{M}}}. \tag{6.1-19}$$

在任意特殊情况下, 确定 $\mathcal{M}$ 的值首先必须知道 $| \boldsymbol{\gamma}(\tau) |^2$, 或者等价地, 需要知道光的功率谱密度. 当光波具有 Gauss 谱型 (参阅习题 6-4) 或者 Lorentz 谱型 (参阅习题 6-5) 时, 解析解是可能存在的, 其结果是

Gauss 谱型　　　$\mathcal{M} = \Big[\frac{1}{r} \mathrm{erf}(\sqrt{\pi}r) - \frac{1}{\pi}\Big(\frac{1}{r}\Big)^2 (1 - \mathrm{e}^{-\pi r^2}) \Big]^{-1}$

$$\tag{6.1-20}$$

Lorentz 谱型　　　$\mathcal{M} = \Big[\frac{1}{r} + \frac{1}{2}\Big(\frac{1}{r}\Big)^2 (\mathrm{e}^{-2r} - 1) \Big]^{-1},$

式中 $r = T/\tau_c$ 并且 erf (x) 是标准误差积分

$$\mathrm{erf}(x) \frac{2}{\sqrt{\pi}} \int_0^x \mathrm{e}^{-z^2}\mathrm{d}z.$$

对于宽度为 $\Delta\nu = 1/\tau_c$ 的矩形谱型的情况有一点困难，但是在如同 Mathematica 这样的符号运算程序的协助下，可以得到下列结果：

$$\mathcal{M} = \left[\frac{\mathrm{Ci}(2\pi r) + 2\pi r\mathrm{Si}(2\pi r) - \log(2\pi r) + \cos(2\pi r) - \gamma - 1}{\pi^2 r^2}\right]^{-1},$$

$$(6.1\text{-}21)$$

其中 Ci (x) 是余弦积分，Si (x) 是正弦积分，而且 γ 是 Euler 常数．所有上述这三种关系曲线都绘制在图 6.1 中．当测量时间比相干时间长得多时，它们都趋近于共同的渐近线．注意在这些曲线间的差别都很小，其差别最大值出现在 $T/\tau_c = 1$ 的邻域．

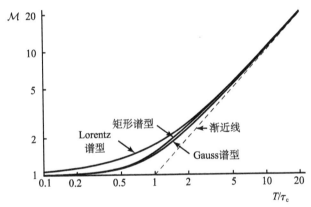

图 6.1　Gauss 谱型、Lorentz 谱型和矩形谱型的 $\mathcal{M}$ 对于 T/τ_c 的精确解曲线

结束本小节之前，我们注意到，导致积分光强 W 的均值与方差的分析都是精确的．在下一小节中，我们要用近似方法计算 W 的概率密度函数，这个近似结果可以保证得到正确的均值与方差，但是终归它不是精确的．

6.1.2　积分光强概率密度函数的近似形式

在某些应用中（例如文献［134］和［75］），仅知道积分强度的均值和方差是不够的，而要知道积分强度的完整的概率密度函数．本节中，我们按照文献［171］和［134］的方法，推导这一概率密度函数的近似形式．

在着手推导这些近似结果之前，对概率密度函数的极限形式作一些说明也许是有益的．首先，对积分时间 T 远小于光波的相干时间 τ_c 的情形，积分强度仅是瞬时光强与积分时间 T 的乘积（这是非常好的近似），

$$W = \int_{-T/2}^{T/2} I(\xi) \, \mathrm{d}\xi \approx I(0)T. \qquad (6.1\text{-}22)$$

因此，在一个标度因子内，W 的概率密度函数近似地等于瞬时强度的概率密度函数，形如用于热光的（4.2-8）式、（4.2-16）式或（4.3-41）式，依偏振状态而定.

在相反的极端情况下，积分时间远大于相干时间，根据中心极限定理，在时间区间 T 内出现瞬时强度的许多独立的随机涨落这一现实意味着，W 的统计渐近地变为 Gauss 型. 对于偏振、非偏振和部分偏振都是这样的情况，与光源是不是一开始就是严格的热光无关；在时间区间 T 内强度一般都有许多独立的涨落，对这种极端情况是真实的. 但是，如同在所有涉及中心极限定理的情形中一样，务必避免使用 Gauss 密度函数的"尾部"，在那里，精度是很受限制的.

为了求对任意大小的 T 和 τ_c 都成立的积分强度的密度函数 $p_W(W)$ 的近似形式，我们借助一个如下半物理性的论证. 作为一个近似，在区间 $(-T/2, T/2)$ 上平滑地变化的瞬时强度曲线 $I(t)$，可以用一个如图 6.2 所示的"车厢（直方）"函数代替. 把区间 $(-T/2, T/2)$ 划分成 m 个等长的子区间，在每个子区间内，$I(t)$ 近似为常数；在每一个子区间的端点，近似波形跳变到一个新的常数值，假定这个值统计独立于所有以前和以后子区间的值. 在任一子区间内，直方函数的概率密度函数取作同一单个时刻 t 的概率密度函数（即用于热光的（4.2-8）式、（4.2-16）式或（4.3-41）式，具体用哪个公式依偏振状态而定）.

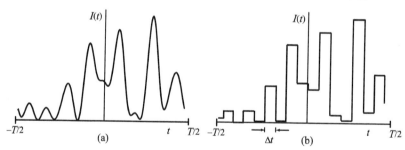

图 6.2　平滑变化的瞬时强度曲线 $I(t)$（a）用"直方"函数（b）近似

现在积分强度近似为与直方函数下的面积相同，

$$W = \int_{-T/2}^{T/2} I(t) \, \mathrm{d}t \approx \sum_{k=1}^{m} I_k \Delta t = \frac{T}{m} \sum_{k=1}^{m} I_k, \qquad (6.1\text{-}23)$$

其中 Δt 是直方函数下面一个子区间的宽度，I_k 是在第 k 个子区间的直方函数值（我们将会简短地讨论如何选择参数 m）. 根据假设，每个 I_k 的概率密度函数与单个点上瞬时强度的概率密度函数相同. 同样根据假设，不同的 I_k 是统计独立的.

对于偏振热光的情况，每个 I_k 的特征函数取作（根据习题6-4的结果）

$$M_I(w) = \frac{1}{1 - jw\bar{I}}.\tag{6.1-24}$$

从我们的假设直接得到，积分强度 W 的特征函数近似为

$$M_W(w) \approx \left[\frac{1}{1 - jw\dfrac{\bar{I}T}{m}}\right]^m.\tag{6.1-25}$$

从附录 A 中的一维 Fourier 变换对表格，我们找到相应的概率密度函数是

$$p_W(W) \approx \begin{cases} \left(\dfrac{m}{\bar{I}T}\right)^m \dfrac{W^{m-1}\exp\left(-m\dfrac{W}{\bar{I}T}\right)}{\Gamma(m)} & W \geqslant 0 \\ 0 & \text{其他,} \end{cases}\tag{6.1-26}$$

其中 $\Gamma(m)$ 为变量 m 的 gamma 函数. 这个特别的密度函数称为 Γ 概率密度函数，相应 W（近似地）称作 Γ 随机变量. 为了将来可能的参考应用，我们注意到该积分强度的 n 阶矩容易证明为

$$\overline{W^n} = \frac{\Gamma(m+n)}{\Gamma(m)}\left(\frac{\overline{W}}{m}\right)^n.\tag{6.1-27}$$

继续讨论偏振热光波的情形，还剩下一个问题：Γ 概率密度函数的参量必须这样选取，使得近似结果与 W 的真实密度函数能够好地匹配. 式中只有两个可调参数 $\bar{I}$ 和 m. 最常用方法是选取参量 $\bar{I}$ 和 m，使得近似密度函数的平均值和方差正好等于 W 的真实平均值和方差. 上述 Γ 密度函数的平均值和方差可以容易地证明为

$$\overline{W} = \bar{I}T$$
$$\sigma_W^2 = \frac{(\bar{I}T)^2}{m}.\tag{6.1-28}$$

于是 Γ 密度的平均值与由（6.1-4）式给出的真实密度函数的精确平均值一致. 为了使密度函数的方差与真实方差（参阅（6.1-10）式和（6.1-15）式）也一致，我们要求

$$m = \left[\frac{1}{T}\int_{-\infty}^{\infty}\Lambda\left(\frac{\tau}{T}\right)|\gamma(\tau)|^2 d\tau\right]^{-1} = \mathcal{M}.\tag{6.1-29}$$

用文字来陈述就是，应当选取直方函数中的子区间的数目等于影响积分强度测量的自由度的数目. 在这种选择下，偏振热光的积分强度的近似概率密度函数成为

$$p_W(W) \approx \begin{cases} \left(\dfrac{\mathcal{M}}{\overline{W}}\right)^{\mathcal{M}} \dfrac{W^{\mathcal{M}-1}\exp\left(-\mathcal{M}\dfrac{W}{\overline{W}}\right)}{\Gamma(\mathcal{M})} & W \geqslant 0 \\ 0 & \text{其他.} \end{cases}\tag{6.1-30}$$

对于不同 $\mathcal{M}$ 值的 $\overline{W}_{p_W}(W)$ 与 $W/\overline{W}$ 的函数曲线绘于图 6.3.

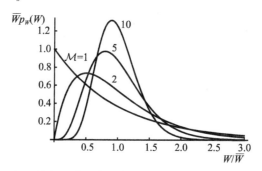

图 6.3　对于不同 $\mathcal{M}$ 值的偏振热光积分光强的近似概率密度函数

在这个关键点上，我们应当注意，根据定义计算 $\mathcal{M}$ 一般并不能够得到一个整数. 实际上可以是一个在 1 和无穷大之间的任意实数. 因此，我们把积分间隔 T 划分为 $\mathcal{M}$ 个相等宽度子区间的半物理性图像必须加以修正. 到这一步最好是简单地把 Γ 密度函数看成能够得到正确均值和方差的密度函数的一个简单的近似，无论 $\mathcal{M}$ 的值是多少.

有若干种方法可以计算，当光波是具有偏振度 $\mathcal{P}$ 的部分偏振光波时，积分光强的概率密度函数. 大概最简单的计算方法是作两个 Γ 密度函数的卷积，每个 Γ 密度函数代表一个相当的（由相干矩阵对角化得到的）独立光强分量的概率密度函数. 这两个 Γ 密度函数均值为

$$\overline{W}_1 = (1 + \mathcal{P})\overline{W}/2 \qquad (6.1\text{-}31)$$
$$\overline{W}_2 = (1 - \mathcal{P})\overline{W}/2, \qquad (6.1\text{-}32)$$

其中 $\overline{W}$ 是由两个偏振分量之和贡献的总平均积分强度. 这样一个卷积得到积分光强的概率密度函数的下述结果:

$$
\begin{aligned}
p_W(W) \approx &\frac{(2\mathcal{M})^{2\mathcal{M}}}{\overline{W}\,(1-\mathcal{P}^2)^{\mathcal{M}}}\left(\frac{W}{\overline{W}}\right)^{2\mathcal{M}-1}\exp\left(-\frac{2\mathcal{M}W}{(1-\mathcal{P})\overline{W}}\right)\\
&\times {}_1\widetilde{F}_1\left(\mathcal{M};2\mathcal{M};\frac{4\mathcal{M}\mathcal{P}W}{\overline{W}(1-\mathcal{P}^2)}\right)
\end{aligned}
\qquad (6.1\text{-}33)
$$

对于 $W \geqslant 0$，其中 ${}_1\widetilde{F}_1(a;b;x)$ 是正则超几何函数. 对于非偏振光，这个表达式简化为

$$
p_W(W) \approx
\begin{cases}
\left(\dfrac{2\mathcal{M}}{\overline{W}}\right)^{2\mathcal{M}}\dfrac{W^{2\mathcal{M}-1}\exp\left(-2\mathcal{M}\dfrac{W}{\overline{W}}\right)}{\Gamma(2\mathcal{M})} & W \geqslant 0 \\
0 & \text{其他}
\end{cases}
\qquad (6.1\text{-}34)
$$

图 6.4 所示为对于不同的 $\mathcal{M}$ 值，非偏振光的 $\overline{W}_{p_W}(W)$ 曲线. 注意，密度函数也是 Γ 密度函数，但是自由度为 $2\mathcal{M}$，这个事实的结果是，每个强度相关元胞贡献

两个自由度. 因此, 对于非偏振光 $\mathcal{M}=1$ 的曲线与对于偏振光 $\mathcal{M}=2$ 得到的曲线完全相同.

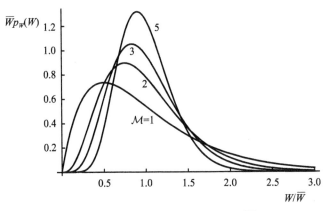

图 6.4 对于具有不同 $\mathcal{M}$ 值的非偏振热光的 $\overline{W} p_W(W)$ 曲线

6.1.3 积分光强概率密度函数的"精确"解

前一小节中, 我们推导并研究了积分光强的概率密度函数的近似解. 这个解保存了积分光强的均值和方差的精确值, 虽然如此, 也包含了一些显著的近似, 特别是用直方函数近似作为时间连续函数的瞬时光强. 在本小节, 我们推导概率密度函数的"精确"解, 在精确两字旁的引号是因为这个解最终还是涉及了数值近似. 然而, 这个解毫无疑问是比我们刚刚已讨论过的那个解更精确.

这一更加精确的解基于 3.10 节介绍的 Karhunen-Loeve 展开. 这里我们仅考虑完全偏振热光, 部分偏振光可以处理为这里提出的分析方法的推广.

前面, 我们已经用解析函数 $\mathbf{u}(t)$ 来表示积分强度 W 为

$$W = \int_{-T/2}^{T/2} \mathbf{u}(t)\mathbf{u}^*(t)\,dt; \qquad (6.1\text{-}35)$$

然而, 这里将 W 写成 $\mathbf{u}(t)$ 的复包络的形式更为方便,

$$W = \int_{-T/2}^{T/2} \mathbf{A}(t)\mathbf{A}^*(t)\,dt, \qquad (6.1\text{-}36)$$

这是简单将下式代入 (6.1-35) 式的表达式得到的.

$$\mathbf{u}(t) = \mathbf{A}(t)e^{-j2\pi\overline{\nu}t} \qquad (6.1\text{-}37)$$

利用 (3.10-1) 式的 Karhunen-Loeve 展开方法, 我们把复包络 $\mathbf{A}(t)$ 展开到 $(-T/2, T/2)$ 中,

$$\mathbf{A}(t) = \sum_{n=-\infty}^{\infty} \mathbf{b}_n \phi_n(t), \quad |t| \leqslant \frac{T}{2}. \qquad (6.1\text{-}38)$$

将这个展开式代入 (6.1-36) 式再利用函数 $\varphi_n(t)$ 的正交性质, 我们得到

$$W = \sum_{n=0}^{\infty} \sum_{m=0}^{\infty} \mathbf{b}_n \mathbf{b}_m^* \int_{-T/2}^{T/2} \phi_n(t) \phi_m^*(t) \, dt = \sum_{n=0}^{\infty} |\mathbf{b}_n|^2. \qquad (6.1\text{-}39)$$

这样随机变量 W 就已经准确地表示为随机变量 $|\mathbf{b}_n|^2$ 的无穷级数. 现在我们转而研究 $\mathbf{b}_n$ 的统计性质.

注意从 (3.10-3) 式有

$$\mathbf{b}_n = \int_{-T/2}^{T/2} \mathbf{A}(t) \phi_n^*(t) \, dt, \qquad (6.1\text{-}40)$$

读者也许希望证明 (参阅习题 6-6), 由于偏振热光的复包络 $\mathbf{A}(t)$ 服从圆形复 Gauss 统计, 因而系数 $\mathbf{b}_n$ 也服从该统计. 进而, 假设函数 $\phi_n(t)$ 是积分方程

$$\int_{-T/2}^{T/2} \Gamma_A(t_2 - t_1) \phi_n(t_2) \, dt_2 = \lambda_n \phi_n(t_1), \qquad (6.1\text{-}41)$$

的解, 系数 $\mathbf{b}_n$ 是不相关的, 而且根据 Gauss 统计的性质, 还是相互独立的. 至于系数 $|\mathbf{b}_n|^2$, 它们也必须是相互独立的. 因为是圆形复 Gauss 随机变量的模平方, 它必须服从负指数统计. 由 (3.10-5) 式我们有

$$E\big[|\mathbf{b}_n|^2\big] = \lambda_n, \qquad (6.1\text{-}42)$$

而且 $|\mathbf{b}_n|^2$ 的概率密度函数和特征函数应该是

$$p_{|\mathbf{b}_n|^2}(|\mathbf{b}_n|^2) = \begin{cases} \dfrac{1}{\lambda_n} e^{-|\mathbf{b}_n|^2/\lambda_n} & |\mathbf{b}_n|^2 \geq 0 \\ 0 & \text{其他,} \end{cases} \qquad (6.1\text{-}43)$$

$$\mathbf{M}_{|\mathbf{b}_n|^2}(w) = [1 - jw\lambda_n]^{-1}. \qquad (6.1\text{-}44)$$

我们已经成功地把积分强度 W 表示为一个统计独立随机变量的无穷级数的和, 而且知道其中每一个随机变量的特征函数 (假设特征值 λ_n 已经求出). 相应地, W 的特征函数由下式给出:

$$\mathbf{M}_W(w) = \prod_{n=0}^{\infty} [1 - jw\lambda_n]^{-1}. \qquad (6.1\text{-}45)$$

特征函数的逆变换给出如下形式的精确概率密度函数:

$$p_W(W) = \begin{cases} \displaystyle\sum_{n=0}^{\infty} \lambda_n^{-1} d_n \exp(-W/\lambda_n) & W \geq 0 \\ 0 & \text{其他,} \end{cases} \qquad (6.1\text{-}46)$$

其中

$$d_n = \prod_{\substack{m=0 \\ m \neq n}}^{\infty} \left(1 - \frac{\lambda_m}{\lambda_n}\right)^{-1}. \qquad (6.1\text{-}47)$$

注意由于 $p_W(W)$ 是概率密度函数, 它的面积是 1, 因此可得

$$\sum_{n=1}^{\infty} d_n = 1. \qquad (6.1\text{-}48)$$

可以马上证明 W 的 k 阶矩是

$$\overline{W^k} = \sum_{n=0}^{\infty} d_n \lambda_n^k k!, \qquad (6.1\text{-}49)$$

因而其均值与方差为

$$\overline{W} = \sum_{n=0}^{\infty} d_n \lambda_n$$

$$\qquad (6.1\text{-}50)$$

$$\sigma_W^2 = \sum_{n=0}^{\infty} 2 d_n \lambda_n^2 - \left(\sum_{n=0}^{\infty} d_n \lambda_n \right)^2.$$

为了进一步演算出 $p_W(W)$，需要计算特征值 λ_n，也就要求轮流假设复包络 $\mathbf{A}(t)$ 的相关函数或等价的功率密度函数. 对于光的解析信号表达式来讲，矩形功率谱密度是所研究的最广泛的一种情况，

$$\mathcal{G}(\nu) = 2 N_0 \text{rect} \frac{\nu - \bar{\nu}}{\Delta \nu}, \qquad (6.1\text{-}51)$$

对于这种情况，复包络的相关函数由下式给出：

$$\Gamma_A(\tau) = 2 N_0 \frac{\sin \pi \Delta \nu \tau}{\pi \tau}. \qquad (6.1\text{-}52)$$

相对应地，函数 $\phi_n(t)$ 和常数 λ_n 必须是以下积分方程的特征函数和特征值：

$$2 N_0 \int_{-T/2}^{T/2} \frac{\sin \pi \Delta \nu (t_2 - t_1)}{\pi (t_2 - t_1)} \phi_n(t_2) \, dt_2 = \lambda_n \phi_n(t_1). \qquad (6.1\text{-}53)$$

幸运的是，下列积分方程的解：

$$\int_{-T/2}^{T/2} \frac{\sin \pi \Delta \nu (t_2 - t_1)}{\pi (t_2 - t_1)} \phi_n(t_2) \, dt_2 = \bar{\lambda}_n \phi_n(t_1) \qquad (6.1\text{-}54)$$

已经被广泛地研究过并发表于许多文献之中，特别是 Slepian 和他的同事们的工作（参阅文献［194］和［195］）. 特征函数是实函数，并被称为椭球函数（prolate spheroidal functions）. 特征值（也是实数）已经被计算出来并列成了表格，有图形和表格两种形式提供. $\phi_n(t)$ 和 $\bar{\lambda}_n$ 两者不仅取决于 n 而且取决于下列参数：

$$c = \frac{\pi}{2} \Delta \nu T = \frac{\pi}{2} \frac{T}{\tau_c}. \qquad (6.1\text{-}55)$$

对于特征值没有被列在表中的功率密度函数，问题可以离散化，其特征值可以用数值计算得到. 正是在问题被离散化处理过程中，产生所得到解的近似. 我们将矩形功率密度函数情况下的求解过程描述于下，用于将我们的结果与 Slepian 的结果进行比较. 对于这个程序的深入讨论请参阅文献［118］. 计算程序步骤如下：

（1）对于函数 $\frac{\sin[c(t_2 - t_1)]}{\pi(t_2 - t_1)}$ 在 t_1 和 t_2 两点采样. 该函数需要在两个变量采

样时保证采样间距为 $1/N$. 我们因而得到 $(2N+1) \times (2N+1)$ 矩阵.

$$\underline{K} = \frac{\sin[c(k-n)/N]}{\pi(k-n)/N}, \qquad \begin{array}{l} k = (-N, -N+1, \cdots, N) \\ n = (-N, -N+1, \cdots, N). \end{array} \tag{6.1-56}$$

（2）利用矩阵特征值标准程序计算特征值.

（3）这样得到的矩阵特征值乘以 $1/N$ 得到 $\overline{\lambda}_n$.

与这个方法相关的近似来自于特征值计算过的数值精度和在计算概率密度时使用多少特征值（我们不可能使用无穷多个特征值）.

图 6.5 为用 4000×4000 矩阵得到的上述结果所示的前五个特征值曲线. 这些值与 Slepian 得到的那些特征值的一致性很好.

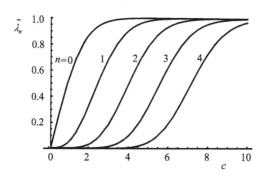

图 6.5　从 (6.1-54) 式的离散形式计算得到的前五个特征值曲线

一旦手中有了特征值，就有可能画出（6.1-46）式表示的积分强度的概率密度函数并将其用于与在早先近似分析中得到的相对应的 Γ 型密度函数相比较. 然后我们把下面定义的这些密度函数画在同一张图上：

$$p_W(W) = \sum_{n=0}^{\infty} \frac{d_n}{\tilde{\lambda}_n} \exp(-W/\tilde{\lambda}_n)$$

$$p_W(W) = \frac{(\mathcal{M}/\overline{W})^{\mathcal{M}} W^{\mathcal{M}-1} \exp(-\mathcal{M}W/\overline{W})}{\Gamma(\mathcal{M})}, \tag{6.1-57}$$

式中与给定参数 c 对应的参数 $\mathcal{M}$ 由下式给出：

$$\mathcal{M} = \frac{1}{2} \left[\int_0^1 (1-y) \operatorname{sinc}^2(2cy/\pi) \, dy \right]^{-1}, \tag{6.1-58}$$

并且可以用（6.1-21）式计算. 这里我们考虑 $c = \dfrac{\pi}{2} \dfrac{T}{\tau_c}$. 显示于图 6.6 中的结果类似于 Scribot 计算的结果[191]. 从图 6.6 我们看出，当 c（或等价的，T/τ_c）很小时，两个概率密度函数趋近于负指数密度函数，而当 c 很大时，由于中心极限定理的结果，两个概率密度函数趋近于 W 的 Gauss 密度函数，因此，在 c 接近 1 时，这两种密度函数才存在显著差别. 记住，这两种密度函数有相同的均值和方差，在大多数问题中，使用近似的密度函数是对的.

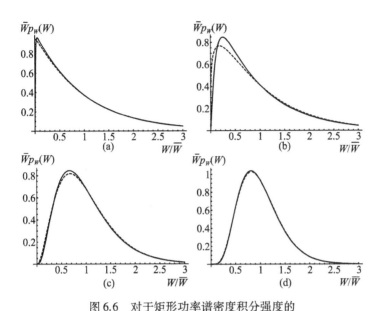

图 6.6　对于矩形功率谱密度积分强度的

近似（虚线）概率密度函数和"精确"（实线）概率密度函数

（a）$c = 0.25$，$\mathcal{M} = 1.01$，$T/\tau_c = 0.16$；（b）$c = 1.0$，$\mathcal{M} = 1.22$，$T/\tau_c = 0.64$；（c）$c = 4.0$，$\mathcal{M} = 3.08$，$T/\tau_c = 2.54$；（d）$c = 8.0$，$\mathcal{M} = 5.66$，$T/\tau_c = 5.10$

最后，我们要指出在近似解和"精确"解之间关系的深入理解是 Condie[39]，Scribot[191] 和 Barakat[7] 提供的，他们都指出近似解本质上都假设对于整数参数 $\mathcal{M}$，指数（特征值序号）比参数 $\mathcal{M}$ 小的所有特征值都取 1，而对所有其他指数或更大指数的 $\mathcal{M}$ 的特征值都取为 0. 另一方面，"精确"解使用了计算出的不同的特征值，而得到的解是大量（理想为无穷多）的负指数分量的和.

6.2　有限测量时间下互强度的统计特性

准单色光波的复值互强度总可以在物理上解释为条纹图样的振幅和空间相位. 一个在理论上和实践中都有意义的问题是，这种条纹的参量的实验测量精度的最终限制是什么. 等价地，我们可以问，什么是测量复值互强度的精度的基本限制.

这一精度的两种基本限制是可以确定的. 一种是由入射光波与测量仪器的相互作用的离散本性引起的. 这一限制我们称之为"量子噪声"，将在第九章中详细讨论. 另一种限制是由光波场本身的经典统计涨落和（必然的）有限测量时间引入的. 后一限制往往是使用赝热光时的主要误差来源，是现在我们感兴趣的主题.

在接下来的分析里，我们将考察有限时间平均互强度

$$\mathbf{J}_{12}(T) \equiv \mathbf{J}(P_1, P_2; T) \triangleq \frac{1}{T} \int_{-T/2}^{T/2} \mathbf{u}(P_1, t)\, \mathbf{u}^*(P_2, t)\, \mathrm{d}t, \qquad (6.2\text{-}1)$$

的统计性质，特别是要研究这些统计性质对测量时间 T 和（有限时间平均）光的复相干因子 $\boldsymbol{\mu}_{12}$ 的依赖关系．当然，$\mathbf{J}_{12}(T)$ 仅仅是我们用 $\mathbf{J}_{12}$ 表示的真实互强度的一个估计．很清楚，当测量时间 T 无限增大时，由 $\mathbf{J}_{12}$ 的定义，我们有

$$\lim_{T \to \infty} \mathbf{J}_{12}(T) = \mathbf{J}_{12}. \qquad (6.2\text{-}2)$$

在分析的全过程中，我们都假定，基本上光波场都是偏振的，并且都来源于热光或赝热光．因此我们将这个场模拟为一个平均值为零、遍历的圆形复数 Gauss 过程．

$\mathbf{J}_{12}(T)$ 的振幅和相位的统计涨落一般是我们最终感兴趣的，因为它们直接表明了我们感兴趣的被测条纹的振幅和相位的统计涨落．但是，首先讨论 $\mathbf{J}_{12}(T)$ 的实部和虚部的统计性质更为方便．

$$\mathfrak{R}_{12}(T) \triangleq \mathrm{Re}\{\mathbf{J}_{12}(T)\}$$
$$\mathfrak{I}_{12}(T) \triangleq \mathrm{Im}\{\mathbf{J}_{12}(T)\}. \qquad (6.2\text{-}3)$$

为便于分析，我们把实部 $\mathfrak{R}_{12}(T)$ 和虚部 $\mathfrak{I}_{12}(T)$ 通过 $\mathbf{J}_{12}(T)$ 和光波场表示如下[1]：

$$\begin{aligned} \mathfrak{R}_{12}(T) &= \frac{1}{2}[\mathbf{J}_{12}(T) + \mathbf{J}_{12}^*(T)] \\ &= \frac{1}{2T} \int_{-T/2}^{T/2} [\mathbf{u}(P_1,t)\,\mathbf{u}^*(P_2,t) + \mathbf{u}^*(P_1,t)\mathbf{u}(P_2,t)]\mathrm{d}t. \end{aligned} \qquad (6.2\text{-}4)$$

类似地，对 $\mathfrak{I}_{12}(T)$ 我们有

$$\begin{aligned} \mathfrak{I}_{12}(T) &= \frac{1}{2\mathrm{j}}[\mathbf{J}_{12}(T) - \mathbf{J}_{12}^*(T)] \\ &= \frac{1}{2\mathrm{j}T} \int_{-T/2}^{T/2} [\mathbf{u}(P_1,t)\,\mathbf{u}^*(P_2,t) - \mathbf{u}^*(P_1,t)\mathbf{u}(P_2,t)]\mathrm{d}t. \end{aligned} \qquad (6.2\text{-}5)$$

我们第一个任务是求出 $\mathfrak{R}_{12}(T)$ 和 $\mathfrak{I}_{12}(T)$ 的各阶矩．

6.2.1 $\mathbf{J}_{12}(T)$ 的实部和虚部的矩

为了理解 $\mathbf{J}_{12}(T)$ 的统计性质，首先必须知道其实部 $\mathfrak{R}_{12}(T)$ 和虚部 $\mathfrak{I}_{12}(T)$ 的某些简单的矩的值．特别重要的是下面这些矩：

（1）均值 $\overline{\mathfrak{R}_{12}(T)}$ 和 $\overline{\mathfrak{I}_{12}(T)}$；

（2）方差

---

① 另一种分析方法见文献 [77]．

$$\sigma_{\mathfrak{R}}^2 = \overline{\mathfrak{R}_{12}^2(T)} - \left[\overline{\mathfrak{R}_{12}(T)}\right]^2$$

$$\sigma_{\mathfrak{I}}^2 = \overline{\mathfrak{I}_{12}^2(T)} - \left[\overline{\mathfrak{I}_{12}(T)}\right]^2, \tag{6.2-6}$$

（3）协方差

$$C_{\mathfrak{R}\mathfrak{I}} = \overline{\left[\mathfrak{R}_{12}(T) - \overline{\mathfrak{R}_{12}(T)}\right]\left[\mathfrak{I}_{12}(T) - \overline{\mathfrak{I}_{12}(T)}\right]}. \tag{6.2-7}$$

均值可以很快并且很容易地求出来．我们只要把（6.2-5）式和（6.2-6）式对统计系综求平均，得出

$$\overline{\mathfrak{R}_{12}(T)} = \frac{1}{2T}\int_{-T/2}^{T/2}\left[\overline{\mathbf{u}(P_1,t)\,\mathbf{u}^*(P_2,t)} + \overline{\mathbf{u}^*(P_1,t)\mathbf{u}(P_2,t)}\right]\mathrm{d}t$$

$$\overline{\mathfrak{I}_{12}(T)} = \frac{1}{2T\mathrm{j}}\int_{-T/2}^{T/2}\left[\overline{\mathbf{u}(P_1,t)\,\mathbf{u}^*(P_2,t)} - \overline{\mathbf{u}^*(P_1,t)\mathbf{u}(P_2,t)}\right]\mathrm{d}t. \tag{6.2-8}$$

注意

$$\overline{\mathbf{u}(P_1,t)\,\mathbf{u}^*(P_2,t)} = \mathbf{J}_{12}, \tag{6.2-9}$$

我们就得到

$$\overline{\mathfrak{R}_{12}(T)} = \frac{1}{2}\left[\mathbf{J}_{12} + \mathbf{J}_{12}^*\right] = \mathrm{Re}\left\{\mathbf{J}_{12}\right\}$$

$$\overline{\mathfrak{I}_{12}(T)} = \frac{1}{2\mathrm{j}}\left[\mathbf{J}_{12} - \mathbf{J}_{12}^*\right] = \mathrm{Im}\left\{\mathbf{J}_{12}\right\}. \tag{6.2-10}$$

于是有限时间平均得出的互强度的实部和虚部的均值等于实际的互强度的实部和虚部．

计算方差和协方差的工作量要多一些．我们描述 $\sigma_{\mathfrak{R}}^2$ 的计算过程，但是仅介绍 $\sigma_{\mathfrak{I}}^2$ 和 $C_{\mathfrak{R}\mathfrak{I}}$ 的结果．首先计算二阶矩 $\overline{\mathfrak{R}_{12}^2(T)}$，然后减去平均值的平方 $\left[\overline{\mathfrak{R}_{12}(T)}\right]^2$；我们从计算下式开始：

$$\mathfrak{R}_{12}^2(T) = \frac{1}{4T^2}\iint_{-T/2}^{T/2}\left[\mathbf{u}(P_1,\xi)\,\mathbf{u}^*(P_2,\xi) + \mathbf{u}^*(P_1,\xi)\mathbf{u}(P_2,\xi)\right]$$

$$\times\left[\mathbf{u}(P_1,\eta)\,\mathbf{u}^*(P_2,\eta) + \mathbf{u}^*(P_1,\eta)\mathbf{u}(P_2,\eta)\right]\mathrm{d}\xi\mathrm{d}\eta. \tag{6.2-11}$$

式子两端取平均，就得到

$$\overline{\mathfrak{R}_{12}^2(T)} = \frac{1}{4T^2}\iint_{-T/2}^{T/2}\big[\,\overline{\mathbf{u}(P_1,\xi)\,\mathbf{u}^*(P_2,\xi)\mathbf{u}(P_1,\eta)\,\mathbf{u}^*(P_2,\eta)}$$

$$+ \overline{\mathbf{u}(P_1,\xi)\,\mathbf{u}^*(P_2,\xi)\mathbf{u}^*(P_1,\eta)\mathbf{u}(P_2,\eta)}$$

$$+ \overline{\mathbf{u}^*(P_1,\xi)\mathbf{u}(P_2,\xi)\mathbf{u}(P_1,\eta)\,\mathbf{u}^*(P_2,\eta)}$$

$$+ \overline{\mathbf{u}^*(P_1,\xi)\mathbf{u}(P_2,\xi)\,\mathbf{u}^*(P_1,\eta)\mathbf{u}(P_2,\eta)}\,\big]\mathrm{d}\xi\mathrm{d}\eta. \tag{6.2-12}$$

每一个四阶矩可以通过复 Gauss 随机变量的矩定理展开，有

$$
\overline{\mathfrak{R}_{12}^2(T)} = \frac{1}{4T^2} \iint\limits_{-T/2}^{T/2} \big[\boldsymbol{\Gamma}_{12}(0)\boldsymbol{\Gamma}_{12}(0) + \boldsymbol{\Gamma}_{12}(\xi - \eta)\boldsymbol{\Gamma}_{12}(\eta - \xi)
$$

$$
+ |\boldsymbol{\Gamma}_{12}(0)|^2 + \boldsymbol{\Gamma}_{11}(\xi - \eta)\boldsymbol{\Gamma}_{22}(\eta - \xi) \tag{6.2-13}
$$

$$
+ |\boldsymbol{\Gamma}_{12}(0)|^2 + \boldsymbol{\Gamma}_{11}(\eta - \xi)\boldsymbol{\Gamma}_{22}(\xi - \eta)
$$

$$
+ \boldsymbol{\Gamma}_{12}^*(0)\boldsymbol{\Gamma}_{12}^*(0) + \boldsymbol{\Gamma}_{12}^*(\xi - \eta)\boldsymbol{\Gamma}_{12}^*(\eta - \xi) \big] \mathrm{d}\xi \mathrm{d}\eta,
$$

式中 $\boldsymbol{\Gamma}_{11}(\tau)$，$\boldsymbol{\Gamma}_{22}(\tau)$，$\boldsymbol{\Gamma}_{12}(\tau)$ 是 $\mathbf{u}(P_1,t)$ 和 $\mathbf{u}(P_2,t)$ 的自相干函数和互相干函数.

分析到这点时，对互相干函数 $\boldsymbol{\Gamma}_{12}(\tau)$ 的性质作一些特定的假设是有好处的. 我们首先假定光具有时间和空间的可分离性，在这种情况下，有

$$
\boldsymbol{\Gamma}_{12}(\tau) = \sqrt{\overline{I_1}\,\overline{I_2}}\,\boldsymbol{\mu}_{12}\boldsymbol{\gamma}(\tau), \tag{6.2-14}
$$

其中 $\overline{I_1}$ 和 $\overline{I_2}$ 是在 P_1 和 P_2 处的平均光强. 其次，不失一般性，我们可以假定复相干因子 $\boldsymbol{\mu}_{12}$ 是纯实数（$\boldsymbol{\mu}_{12} = \mu_{12}$）. 这一假定只不过相当于选取相位参考点和 $\boldsymbol{\mu}_{12}$ 的相位重合. 把 (6.2-14) 式代入 (6.2-13) 式，二阶矩 $\mathfrak{R}_{12}(T)$ 变为

$$
\overline{\mathfrak{R}_{12}^2(T)} = \frac{\overline{I_1}\,\overline{I_2}}{4T^2} \iint\limits_{-T/2}^{T/2} \big[\mu_{12}^2 + \mu_{12}^2 \gamma(\xi - \eta)\gamma(\eta - \xi)
$$

$$
+ \mu_{12}^2 + \gamma(\xi - \eta)\gamma(\eta - \xi) \tag{6.2-15}
$$

$$
+ \mu_{12}^2 + \gamma(\eta - \xi)\gamma(\xi - \eta)
$$

$$
+ \mu_{12}^2 + \mu_{12}^2 \gamma(\xi - \eta)\gamma(\eta - \xi) \big] \mathrm{d}\xi \mathrm{d}\eta.
$$

注意到 $\gamma(\eta - \xi) = \gamma^*(\xi - \eta)$，并且合并同类项，我们得到

$$
\overline{\mathfrak{R}_{12}^2(T)} = \overline{I_1}\,\overline{I_2}\mu_{12}^2 + \frac{\overline{I_1}\,\overline{I_2}}{2T^2}\big[1 + \mu_{12}^2\big] \iint\limits_{-T/2}^{T/2} |\gamma(\xi - \eta)|^2 \mathrm{d}\xi \mathrm{d}\eta. \tag{6.2-16}
$$

$\mathfrak{R}_{12}^2(T)$ 的平均值简单地是 $\sqrt{\overline{I_1}\,\overline{I_2}}\mu_{12}$，因此，减去平均值的平方，我们就得到方差为

$$
\sigma_{\mathfrak{R}}^2 = \frac{\overline{I_1}\,\overline{I_2}}{2T^2}\big[1 + \mu_{12}^2\big] \iint\limits_{-T/2}^{T/2} |\gamma(\xi - \eta)|^2 \mathrm{d}\xi \mathrm{d}\eta. \tag{6.2-17}
$$

注意到 $|\gamma|^2$ 是其自变量的偶函数，就得到最后的简化，把二重积分化为单重积分（参阅 (6.1-6) 式）

$$
\sigma_{\mathfrak{R}}^2(T) = \overline{I_1}\,\overline{I_2}\frac{1 + \mu_{12}^2}{2}\Big[\frac{1}{T}\int_{-\infty}^{\infty}\Lambda\Big(\frac{\tau}{T}\Big)|\gamma(\tau)|^2\mathrm{d}\tau\Big], \tag{6.2-18}
$$

其中仍然定义，对于 $\Lambda(x) = 1 - |x|$，$|x| \leqslant 1$；其他情况为 0.

注意，从 (6.1-15) 式得知，括号中的量就是 $\mathcal{M}^1$，我们得到最后的结果

$$
\sigma_{\mathfrak{R}}^2 = \overline{I_1}\,\overline{I_2}\frac{1 + \mu_{12}^2}{2\mathcal{M}}. \tag{6.2-19}
$$

以完全相同的方式继续计算虚部的方差 $\sigma_{\mathfrak{I}}^2$，我们得到

$$\sigma_{\mathfrak{I}}^2 = \overline{I_1}\,\overline{I_2}\frac{1-\mu_{12}^2}{2\mathcal{M}}. \tag{6.2-20}$$

最后，类似的计算表明，实部和虚部的协方差 $C_{\mathfrak{R}\mathfrak{I}}$ 总是等于零，即

$$C_{\mathfrak{R}\mathfrak{I}} = 0. \tag{6.2-21}$$

总结这些结果，我们已经计算过的各种统计量罗列如下：

$$\overline{\mathfrak{R}_{12}(T)} = \sqrt{\overline{I_1}\,\overline{I_2}}\,\mu_{12}, \quad \overline{\mathfrak{I}_{12}(T)} = 0,$$

$$\sigma_{\mathfrak{R}}^2 = \overline{I_1}\,\overline{I_2}\frac{1+\mu_{12}^2}{2\mathcal{M}}, \quad \sigma_{\mathfrak{I}}^2 = \overline{I_1}\,\overline{I_2}\frac{1-\mu_{12}^2}{2\mathcal{M}},$$

$$C_{\mathfrak{R}\mathfrak{I}} = 0.$$

把 $\mathbf{J}_{12}(T)$ 的测量值表示为这样一幅图像：一个沿实轴的、长度为 $\sqrt{\overline{I_1}\,\overline{I_2}}\,\mu_{12}$ 的固定相矢量，其端点被一团"噪声云"所围，会使上面得到的这些结果的物理图像更清楚．$\mathbf{J}_{12}(T)$ 的测量值落在噪声云里，因此 $\mathbf{J}_{12}(T)$ 与实际的互强度有所不同．在大多数实际问题中，测量时间 T 远远超过光的相干时间 τ_c，结果有

$$\mathcal{M} \approx T/\tau_c \gg 1 \tag{6.2-22}$$

并且

$$\sigma_{\mathfrak{R}}^2 \approx \overline{I_1}\,\overline{I_2}\frac{1+\mu_{12}^2}{2}\frac{\tau_c}{T}$$

$$\sigma_{\mathfrak{I}}^2 \approx \overline{I_1}\,\overline{I_2}\frac{1-\mu_{12}^2}{2}\frac{\tau_c}{T}. \tag{6.2-23}$$

图 6.7 表明 $\hat{\sigma}_{\mathfrak{R}}^2 = \dfrac{\mathcal{M}}{\overline{I_1}\,\overline{I_2}}\sigma_{\mathfrak{R}}^2$ 以及 $\hat{\sigma}_{\mathfrak{I}}^2 = \dfrac{\mathcal{M}}{\overline{I_1}\,\overline{I_2}}\sigma_{\mathfrak{I}}^2$ 是 μ_{12} 的函数．图 6.8 表明当 $T/\tau_c = 20$ 时对于 $\mu_{12}=0$ 和 $\mu_{12}=0.99$，代表 $\mathbf{J}_{12}(T)$ 可能值的概率云．

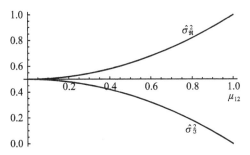

图 6.7 作为 μ_{12} 函数的 $\mathbf{J}_{12}(T)$ 的实部和虚部的归一化方差

● 有限测量时间 $\mathbf{J}_{12}(T)$ 的数学期望值总是和无限时间平均值 $\mathbf{J}_{12}$ 相同．

● 当 $T/\tau_c \to \infty$ 时，$\mathbf{J}_{12}(T) \to \mathbf{J}_{12}$；就是说，当测量时间没有限制时，测量的有限时间互强度逐步逼近统计平均互强度．

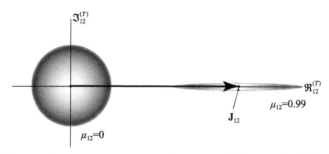

图 6.8　当 $\mu_{12}=0$，$\mu_{12}=0.99$，而 $T/\tau_c=20$ 时的 $\mathbf{J}_{12}(T)$ 的概率云

● 当 $T\gg\tau_c$ 时，积分覆盖了许多倍的 $\mathbf{u}(P,t)$ 的相干时间，结果，$\mathbf{J}_{12}(T)$ 的实部 $\mathfrak{R}_{12}(T)$ 和虚部 $\mathfrak{I}_{12}(T)$ 都近似是 Gauss 随机变量.

● 仅当 $\mu_{12}=0$ 时，$\mathbf{J}_{12}(T)$ 是圆形随机变量.

● $\mathbf{J}_{12}(T)$ 的实部和虚部不具有相等的标准差（除非 $\mu_{12}=0$ 时），实部的标准差比虚部的标准差大 $\sqrt{\dfrac{1+\mu_{12}^2}{1-\mu_{12}^2}}$ 倍.

● 当 $\mu_{12}=1$ 时，就是说，在点 P_1 和 P_2 的光波是完全相干的，那么 $\mathbf{J}_{12}(T)$ 的虚部就没有误差，结果有限时间互强度的相位也没有误差，或者说，在 Young 氏实验中条纹的相位没有误差.

上述结论总结了我们对于有限测量时间的互强度的统计性质的基本讨论. 更多的信息可以参阅文献［77］，以及习题 6-8 和习题 6-9.

6.3　强度干涉仪的经典分析

我们已经看到，在研究涉及两光束干涉的实验中，光波的空间相干性和时间相干性的概念很自然地出现了. 相干性效应也可以在一种不那么直接的（但在某些方面更方便的）干涉测量仪器中观察到，这种仪器称为强度干涉仪. 这种仪器首先是由 Hanbury Brown 和 Twiss 构思并验证的，为了理解仪器的工作原理，要用到高于二阶的光的相干性. Hanbury Brown 写了一本书[31]，描述了产生这种干涉仪的想法的引人入胜的历程和技术的发展. 这些发展最后导致在澳大利亚的 Narrabri 建造了一台这种类型的大型天文仪器.

下面的内容中，我们首先定性地讨论强度干涉仪，主要聚焦于这种干涉仪的基本形式. 然后转而分析强度干涉仪是怎样提取到关于复相干因子的模的信息的. 最后简短地讨论与干涉仪输出有关的一部分噪声成分. 在本章中对强度干涉仪的全部讨论都是用经典术语表达的. 这样一种分析可以直接用于电磁频谱的微波区域. 然而，读者应当了解，想要充分理解这种干涉仪在光学频段的能力和限制，必须对探测器如何把光束转变为光电流的过程提供一个详细的模型. 对光与物质相互间离散作用的模型的讨论要推迟到第九章中, 在那里要再次讨论强度干涉仪的问题.

6.3.1 振幅干涉度量学和强度干涉度量学

前面 (5.2 节) 我们已经看到, 对于准单色光, 入射到空间两点 P_1 和 P_2 的复相干因子 μ_{12} 可以用 Young 式干涉实验的方法来测量. 投射到 P_1 和 P_2 的光波被一对针孔分出, 穿过针孔后这些波的贡献扩展为球面波, 最终叠加在一个观察屏幕上或具有一定空间分辨率的光测器上 (如照相底片或者像素化的电荷耦合器件 (CCD) 阵列). 这两个波在振幅基础上相加, 然后服从于强度敏感探测器的平方律作用. 与探测过程相联系的时间常数很长, 它引入一个平均运算. 人们发现, 时间平均强度的空间分布是一组正弦条纹, 其可见度给出有关复相干因子 μ_{12} 模的信息, 而其空间位置则给出有关 μ_{12} 的相位信息.

现在自然会出现这样的问题, 即是否有可能交换 Young 氏干涉实验中的某些操作的先后次序. 特别是, 如果直接在 P_1 和 P_2 两点探测入射到这两点上的光波, 把两个涨落的光电流汇集在一起并通过一个非线性电子器件迫使其相互作用, 再对这一相互作用结果施加时间平均运算, 是否仍然能够提取有关 μ_{12} 的信息呢? 正如我们在下面几节里将会详细看到的, 这个问题的答案是肯定的, 尽管这必须满足一些限制条件, 而且可恢复的信息一般是不完全的.

图 6.9 以简化的形式描绘了强度干涉仪的一般结构. 高灵敏的宽带探测器 (通常是光电倍增管) 直接检测检测到 P_1 和 P_2 两点的光强. 检测过程有一个简单的经典模型, 它不考虑光与探测器相互作用的离散本性 (以及其他可能的噪声源), 并且认为两个探测器产生的光电流正比于照射到它们上面的瞬时光强. 由于光电倍增管结构及后面的电子线路的非无限小的响应时间 (或有限带宽), 这些光电流受到时间平滑作用. 这些不可避免的平滑操作可用脉冲响应为 $h(t)$ 的线性滤波器表示, 为简单计, 假设干涉仪两臂上的脉冲响应 $h(t)$ 相同.

因为只有两个光电流围绕它们的直流分量 (DC) 或平均值的涨落才携带关于两光束的相关或相干性的信息, 在汇集两个光电流之前先将直流分量去掉. 通过具有在很长的积分时间上求平均的脉冲响应 $a(t)$ (即 $a(t)$ 具有比 $h(t)$ 窄得多的带宽) 的线性滤波器, 生成光电流直流分量的估计值, 并把它们从两个电信号中减去, 如图 6.9 所示. 这两个直流分量在后面还需要用于归一化目的, 所以它们出现在电子线路的输出端上.

剩下的涨落分量 $\Delta i_1(t)$ 和 $\Delta i_2(t)$ 汇集到一起, 并用一个非线性电子器件进行相乘. 两个光电流的乘积 $\Delta i_1(t)\Delta i_2(t)$ 再次用脉冲响应为 $a(t)$ 的电子滤波器作长时间平均. 于是干涉仪有三个输出, 两个代表对平均光电流的估计值, 而第三个

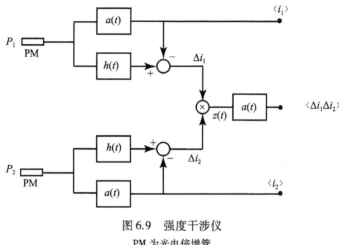

图 6.9 强度干涉仪

PM 为光电倍增管

是两个光电流之间的协方差的估计值.

下面两小节我们会用纯经典的光电流表示方法，提供对于强度干涉仪的数学分析. 第九章将详尽地讨论强度干涉度量术同更直接的振幅干涉度量术相比较的优缺点. 我们在这里仅指出，比起振幅干涉仪来说，强度干涉仪对非理想光学元件、光程不严格相等，大气的"成像"效应（参阅第八章）要宽容得多. 强度干涉仪的主要缺点是不能够直接确定复相干因子的相位，而且它的测量结果信噪比性能相对较差，一般需要长的测量时间.

6.3.2 强度干涉仪的理想输出

本节我们的目的是求出强度干涉仪的理想输出的数学表示式. 我们的结果是理想的，其中不考虑所有的噪声源（一种噪声在下一节考虑，另一种在 9.5 节讨论）. 在这一部分的分析中，假设具有脉冲响应为 $a(t)$ 的滤波器的求平均时间为无穷长.

按照图 6.9 所示的结构以及我们的分析的完全经典的性质，涨落的电流 $\Delta i_1(t)$ 和 $\Delta i_2(t)$ 由

$$
\begin{aligned}
\Delta i_1(t) &= \alpha_1 \int_{-\infty}^{\infty} h(t-\xi) I_1(\xi)\,\mathrm{d}\xi - \langle i_1(t) \rangle \\
\Delta i_2(t) &= \alpha_2 \int_{-\infty}^{\infty} h(t-\xi) I_2(\xi)\,\mathrm{d}\xi - \langle i_2(t) \rangle,
\end{aligned}
\tag{6.3-1}
$$

两个式子代表，式中 α_1 和 α_2 是与两个探测器灵敏度相联系的常数，$I_1(t)$ 和 $I_2(t)$ 是照到点 P_1 和 P_2 的瞬时强度，而脉冲响应 $h(t)$ 前面已定义过. 我们假设随机过程 $i_1(t)$ 和 $i_2(t)$ 是遍历过程，这样就可用统计平均代替无穷长的时间平均. 我们的目的是要求出在电子相乘器的输出端上电流的期望值 $z(t)$，因为正是这个量会

给出有关复相干因子的信息.

电流涨落 $\Delta i_1(t)$ 和 $\Delta i_2(t)$ 乘积的统计平均可以写成下述形式:

$$\bar{z} = \overline{\Delta i_1(t)\Delta i_2(t)}$$

$$= \alpha_1\alpha_2\iint_{-\infty}^{\infty}h(t-\xi)h(t-\eta)\overline{I_1(\xi)I_2(\eta)}\mathrm{d}\xi\mathrm{d}\eta - \overline{i_1}\,\overline{i_2}, \qquad (6.3\text{-}2)$$

式中已交换了求平均和求积分的顺序. 要进一步计算, 我们必须估算瞬时强度的二阶矩.

现在我们要作一个主要的假设, 即假设照到探测器上的光是偏振热光, 在这种情况下, 可以利用复 Gauss 矩定理证明

$$\overline{I_1(\xi)I_2(\eta)} = \overline{\mathbf{u}_1(\xi)\,\mathbf{u}_1^*(\xi)\,\mathbf{u}_2(\eta)\,\mathbf{u}_2^*(\eta)}$$

$$= \Gamma_{11}(0)\Gamma_{22}(0) + |\Gamma_{12}(\xi-\eta)|^2, \qquad (6.3\text{-}3)$$

其中 $\Gamma_{11}(\tau)$, $\Gamma_{22}(\tau)$ 和 $\Gamma_{12}(\tau)$ 是入射光场的自相干函数和互相干函数. 把 (6.3-3) 式代入 (6.3-2) 式, 并且认识到

$$\alpha_1\alpha_2\iint_{-\infty}^{\infty}h(t-\xi)h(t-\eta)\Gamma_{11}(0)\Gamma_{22}(0)\mathrm{d}\xi\mathrm{d}\eta = \overline{i_1}\,\overline{i_2} \qquad (6.3\text{-}4)$$

就得到下述结果:

$$\bar{z} = \alpha_1\alpha_2\iint_{-\infty}^{\infty}h(t-\xi)h(t-\eta)|\Gamma_{12}(\xi-\eta)|^2\mathrm{d}\xi\mathrm{d}\eta. \qquad (6.3\text{-}5)$$

如果我们假设互相干函数是可分离的, 即可以分离为与空间变量有关的因子 $\mathbf{J}_{12} = \sqrt{\overline{I_1}\,\overline{I_2}}\mu_{12}$ 和与时间变量有关的因子 $\gamma(\tau)$ 的乘积, 就会得到进一步的化简, 这种情况下

$$\bar{z} = \alpha_1\alpha_2\,\overline{i_1}\,\overline{i_2}\mu_{12}^2\iint_{-\infty}^{\infty}h(t-\xi)h(t-\eta)|\gamma(\xi-\eta)|^2\mathrm{d}\xi\mathrm{d}\eta, \qquad (6.3\text{-}6)$$

其中再一次用到 $\mu_{12} = |\boldsymbol{\mu}_{12}|$. 到了这一步, 我们已经证明乘法器输出的平均值或者说是 DC 分量正比于复相干因子的模平方. 余下来的任务就是计算出比例常数.

要计算 (6.3-6) 式中的二重积分, 我们首先作变量代换 $\zeta = \xi - \eta$, 得到 (参阅习题 3-14)

$$\iint_{-\infty}^{\infty}h(t-\xi)h(t-\eta)|\gamma(\xi-\eta)|^2\mathrm{d}\xi\mathrm{d}\eta = \int_{-\infty}^{\infty}H(\zeta)|\gamma(\zeta)|^2\mathrm{d}\zeta, \qquad (6.3\text{-}7)$$

其中 $H(\zeta)$ 是 $h(\xi)$ 的自相关函数,

$$H(\zeta) = \int_{-\infty}^{\infty}h(\xi+\zeta)h(\xi)\mathrm{d}\xi. \qquad (6.3\text{-}8)$$

进一步往下计算要求作一些相当特殊的假设, 即与光的功率谱密度有关的假

设和与脉冲响应为 $h(t)$ 的滤波器的传递函数 $\mathcal{H}(\nu)$ 有关的假设. 为简单起见, 我们假定光的归一化功率谱密度是矩形的, 其中心频率为 $\bar{\nu}$, 带宽为 $\Delta\nu$,

$$\hat{\mathcal{G}}(\nu) = \frac{1}{\Delta\nu}\mathrm{rect}\left(\frac{\nu - \bar{\nu}}{\Delta\nu}\right). \tag{6.3-9}$$

还假定电子滤波器的传递函数也是矩形的, 中心频率为零, 截止频率为 $\pm B\,\mathrm{Hz}$,

$$\mathcal{F}\{h(t)\} = \mathcal{H}(\nu) = \mathrm{rect}\left(\frac{\nu}{2B}\right). \tag{6.3-10}$$

对于实际光学频段的热光, 光学带宽 $\Delta\nu$ 的典型值为 $10^{13}\,\mathrm{Hz}$ 量级或更高, 电子学线路的带宽很少超过大约 $10^9\,\mathrm{Hz}$. 因此, 我们假定 $\Delta\nu \gg B$ 是很合理的.

计算 (6.3-7) 式中的积分, 我们利用 Fourier 分析中的 Parseval 定理, 换成计算 $H(\tau)$ 和 $|\gamma(\tau)|^2$ 的 Fourier 变换式的乘积下的面积. 利用 Fourier 分析的自相关定理可以证明

$$\mathcal{F}\{H(\tau)\} = |\mathcal{H}(\nu)|^2 = \mathrm{rect}\left(\frac{\nu}{2B}\right)$$

$$\mathcal{F}\{|\gamma(\tau)|^2\} = \int_{-\infty}^{\infty}\hat{\mathcal{G}}(\beta+\nu)\hat{\mathcal{G}}(\beta)\mathrm{d}\beta = \frac{1}{\Delta\nu}\Lambda\left(\frac{\nu}{\Delta\nu}\right), \tag{6.3-11}$$

其中对于 $|x| \leq 1$, $\Lambda(x) = 1 - |x|$, 否则为零. 这样一来, 要算的积分可以改写为

$$\int_{-\infty}^{\infty}H(\zeta)|\gamma(\zeta)|^2\mathrm{d}\zeta = \frac{1}{\Delta\nu}\int_{-\infty}^{\infty}\mathrm{rect}\left(\frac{\nu}{2B}\right)\Lambda\left(\frac{\nu}{\Delta\nu}\right)\mathrm{d}\nu \approx \frac{2B}{\Delta\nu}, \tag{6.3-12}$$

其中近似式对于 $\Delta\nu \gg B$ 成立.

现在可以把我们的分析结果小结如下. 在我们所作的假设条件下, 乘法器输出的平均值或直流值由下式给出:

$$\bar{z} = \alpha_1\alpha_2\,\overline{i_1}\,\overline{i_2}\,\mu_{12}^2\frac{2B}{\Delta\nu}. \tag{6.3-13}$$

输出的这一分量不加改变地通过最后的平均滤波器. 在输出端上我们还可以得到 $\overline{i_1}$ 和 $\overline{i_2}$ 的分离的测量值, 在我们所作的假定下, 它们可以表示为 (参见 (6.3-4) 式)[1]

$$\overline{i_1} = \alpha_1\,\overline{I_1}\int_{-\infty}^{\infty}h(t-\xi)\mathrm{d}\xi = \alpha_1\,\overline{I_1}$$

$$\overline{i_2} = \alpha_2\,\overline{I_2}. \tag{6.3-14}$$

这两个量对相关器的输出进行归一化, 得到下述结果:

$$\hat{\bar{z}} \triangleq \frac{\bar{z}}{\overline{i_1}\,\overline{i_2}} = \mu_{12}^2\frac{2B}{\Delta\nu}. \tag{6.3-15}$$

知道了 B 和 $\Delta\nu$ 的值, 可以推出 μ_{12} 的值. 特别要注意, μ_{12} 的相位不能简单地从

---

[1] 在 $h(t)$ 下面的面积和当 $\nu = 0$ 时 $H(\nu)$ 的值完全相同, 或者说, 在现在情况下为 1.

干涉仪的输出得到．在第七章里讨论干涉度量数据成像的各种方法时，我们将考察相位信息损失的含义．

6.3.3　干涉仪输出中的"经典"噪声或"自"噪声

存在各种不同的噪声源，它们限制着强度干涉仪的性能．对于光学波段中的真正的热光，主要的噪声源几乎总是与光探测器的输出相联系的散粒噪声．这种噪声将在第九章讨论．第二类噪声是由平均滤波器的有限带宽引起的"经典"噪声或"自"噪声，这类噪声在微波波段占主要地位，对准热光一般不能忽略．这种噪声的来源是光波本身的随机涨落．

有限平均时间的效应的完整分析，应包括同所有三个平均量 $\langle i_1 \rangle$，$\langle i_2 \rangle$，$\langle \Delta i_1 \Delta i_2 \rangle$ 的估值相联系的不确定性．为了简单起见，我们不考虑与 $\langle i_1 \rangle$ 和 $\langle i_2 \rangle$ 相联系的不确定性．假设我们对 $\langle i_1 \rangle$ 和 $\langle i_2 \rangle$ 的测量结果比 $\langle \Delta i_1 \Delta i_2 \rangle$ 精确得多常常是合理的，因为通常必须考察几个或许多探测间隔，所以比起观测任何一个间隔的 $\langle \Delta i_1 \Delta i_2 \rangle$，对 $\langle i_1 \rangle$ 和 $\langle i_2 \rangle$ 要在多得多的区间上求平均进行观测．

计算输出信噪比的一般方法如下．首先我们要计算乘法器输出信号的自相关函数 $\Gamma_z(\tau)$．然后对这个量作 Fourier 变换就得出 z 的功率谱密度，接着把这个谱通过平均滤波器，以求出输出信号和自噪声功率．这两个量平方根的比值就给出所要的均方根信噪比．

乘法器输出的自相关函数由下式给出：

$$\Gamma_z(\tau) = \overline{\Delta i_1(t) \Delta i_2(t) \Delta i_1(t+\tau) \Delta i_2(t+\tau)} . \tag{6.3-16}$$

由于 $\Delta i_k(t) = i_k(t) - \overline{i_k(t)}$ $(k=1,2)$，$\Gamma_z(\tau)$ 的求值需要确定 $i_k(t)$ 的四阶、三阶和二阶的联合矩．而且，因为

$$i_k(t) = \alpha_k \int_{-\infty}^{\infty} h(t-\xi) |\mathbf{u}_k(\xi)|^2 \mathrm{d}\xi , \tag{6.3-17}$$

$\Gamma_z(\tau)$ 的求值最终还要用到光场的八阶、六阶、四阶和二阶联合矩．对热光，这些矩可以用复数 Gauss 矩定理求出，但在计算中所含的代数运算是极其冗繁的，所以这里我们采用一种较简单的近似方法．

简化计算的关键，在于假定入射波的光学带宽 $\Delta\nu$ 远远超过到达相乘器的电流的带宽 B．在上一节里，为了一个不同的理由，已经作了这一假设；对真正的热光源，这个假设是很好地满足的，但是在赝热光源的情况下务必仔细检验．若确实有 $\Delta\nu \gg B$，那么我们从 (6.3-17) 式看到，任一特定时刻的电流 $i_k(t)$ 是入射光场瞬时强度在许多个相关区间上的积分．由于已经假定入射光场为来自热光，光场是圆形复 Gauss 随机变量，不相关就意味着统计独立．实际上，每一电流是大量的统计独立贡献之和，因此根据中心极限定理，电流 $i_k(t)$ 在很好的近似程度上是一个实值 Gauss 随机过程．

一旦认识到 $i_k(t)$ 的统计性质近似地是一个 Gauss 型的，就可以用实值 Gauss 随机变量的矩定理（参阅式（2.7-12））化简 $\Gamma_z(\tau)$ 的表达式，利用对于第 j 个电流和第 k 个电流（$j = 1, 2, k = 1, 2$）的协方差函数的定义

$$C_{jk}(\tau) = \overline{\Delta i_j(t) \Delta i_k(t + \tau)} \qquad (6.3\text{-}18)$$

我们感兴趣的自相关函数变为

$$\Gamma_z(\tau) = C_{12}^2(0) + C_{11}(\tau) C_{22}(\tau) + C_{12}^2(\tau), \qquad (6.3\text{-}19)$$

其中已用到了 $C_{21}(\tau) = C_{12}(-\tau) = C_{12}(\tau)$，因为电流是实值的.

$C_{jk}(\tau)$ 的计算则按照以前计算 $\bar{z}$ 所用的方法进行. 由于 $\bar{z} = C_{12}(0)$，只需在适当的地方将 τ 代入重复计算，我们就得到

$$C_{jk}(\tau) = \alpha_j \alpha_k \overline{I_j}\ \overline{I_k} \mu_{jk}^2 \int_{-\infty}^{\infty} H(\zeta + \tau) |\gamma(\zeta)|^2 \mathrm{d}\zeta, \qquad (6.3\text{-}20)$$

其中 H 仍由（6.3-8）式给定. 把 $C_{jk}(\tau)$ 代入 $\Gamma_z(\tau)$ 的表示式，我们求得

$$\begin{aligned}
\Gamma_z(\tau) = &\left[\alpha_1 \alpha_2 \overline{I_1}\ \overline{I_2} \mu_{12}^2 \int_{-\infty}^{\infty} H(\zeta) |\gamma(\zeta)|^2 \mathrm{d}\zeta \right]^2 \\
&+ \left[\alpha_1 \alpha_2 \overline{I_1}\ \overline{I_2} \int_{-\infty}^{\infty} H(\zeta) |\gamma(\zeta)|^2 \mathrm{d}\zeta \right]^2 \\
&+ \left[\alpha_1 \alpha_2 \overline{I_1}\ \overline{I_2} \mu_{12}^2 \int_{-\infty}^{\infty} H(\zeta + \tau) |\gamma(\zeta)|^2 \mathrm{d}\zeta \right]^2.
\end{aligned} \qquad (6.3\text{-}21)$$

$\Gamma_z(\tau)$ 的这个表示式的第一项代表 z 的均值的平方；由于它与 τ 无关，它对功率谱密度 $\mathcal{G}(\nu)$ 的贡献是一个位于原点处的 δ 函数成分. 这个 δ 函数下的面积是与输出的"信号"或理想分量相联系的功率. 利用同上一节所用的相同的假设和近似，我们将输出信号的功率表示为（参阅（6.3-13）式）

$$P_S = \left[\alpha_1 \alpha_2 \overline{I_1}\ \overline{I_2} \mu_{12}^2 \frac{2B}{\Delta\nu} \right]^2. \qquad (6.3\text{-}22)$$

为了计算出平均滤波器输出端上的噪声功率，我们必须对（6.3-21）式的后两项进行 Fourier 变换，并把得出的谱分布乘以平均滤波器的传递函数的模的平方. 首先我们注意，对于（6.3-9）式的频谱以及（6.3-10）式的传递函数，Parseval 定理使我们能够写出（参阅（6.3-12）式）

$$\int_{-\infty}^{\infty} H(\zeta + \tau) |\gamma(\zeta)|^2 \mathrm{d}\zeta = \frac{1}{\Delta\nu} \int_{-\infty}^{\infty} \mathrm{rect}\left(\frac{\nu}{2B}\right) \Lambda\left(\frac{\nu}{\Delta\nu}\right) \mathrm{e}^{-\mathrm{j}2\pi\nu\tau} \mathrm{d}\nu. \qquad (6.3\text{-}23)$$

这个量对 τ 的 Fourier 变换给出

$$\begin{aligned}
&\mathcal{F}_\tau \left\{ \int_{-\infty}^{\infty} H(\zeta + \tau) |\gamma(\zeta)|^2 \mathrm{d}\xi \right\} \\
&= \left[\frac{1}{\Delta\nu} \mathrm{rect}\left(\frac{\nu}{2B}\right) \right] \Lambda\left(\frac{\nu}{\Delta\nu}\right) \approx \frac{1}{\Delta\nu} \mathrm{rect}\left(\frac{\nu}{2B}\right), \quad \Delta\nu \gg B.
\end{aligned} \qquad (6.3\text{-}24)$$

根据 Fourier 分析的自相关定理，积分的平方的 Fourier 变换一定由下式给出：

$$\mathcal{F}_\tau \left\{ \left[\int_{-\infty}^{\infty} H(\zeta + \tau) \mid \boldsymbol{\gamma}(\zeta) \mid^2 \mathrm{d}\zeta \right]^2 \right\}$$

$$= \left(\frac{1}{\Delta\nu} \right)^2 \int_{-\infty}^{\infty} \mathrm{rect}\left(\frac{\beta + \nu}{2B} \right) \mathrm{rect}\left(\frac{\beta}{2B} \right) \mathrm{d}\beta \qquad (6.3\text{-}25)$$

$$= \left(\frac{2B}{\Delta\nu} \right)^2 \Lambda\left(\frac{\nu}{2B} \right).$$

因此，乘法器输出的噪声成分的功率谱密度由下式给出：

$$\left[\mathcal{G}_z(\nu) \right]_N = \alpha_1^2 \alpha_2^2 \, \overline{I_1}^2 \, \overline{I_2}^2 (1 + \mu_{12}^4) \frac{2B}{(\Delta\nu)^2} \Lambda\left(\frac{\nu}{2B} \right). \qquad (6.3\text{-}26)$$

这个噪声谱现在通过传递函数为 $\mathcal{A}(\nu)$ 的平均滤波器，其传递函数形式设为

$$\mathcal{A}(\nu) = \mathrm{rect}\left(\frac{\nu}{2b} \right), \quad b \leqslant B. \qquad (6.3\text{-}27)$$

通过该滤波器的噪声功率可以由计算积分

$$P_N = \int_{-\infty}^{\infty} \mid \mathcal{A}(\nu) \mid^2 \left[\mathcal{G}_z(\nu) \right]_N \mathrm{d}\nu, \qquad (6.3\text{-}28)$$

而求得. 借助于积分恒等式

$$\int_{-\infty}^{\infty} \mathrm{rect}\left(\frac{\nu}{2b} \right) \Lambda\left(\frac{\nu}{2B} \right) \mathrm{d}\nu = 2b\left(1 - \frac{b}{4B} \right) \qquad (6.3\text{-}29)$$

（对 $b \leqslant B$ 成立），得出

$$P_N = \alpha_1^2 \alpha_2^2 \, \overline{I_1}^2 \, \overline{I_2}^2 (1 + \mu_{12}^4) \frac{4bB}{\Delta\nu^2}\left(1 - \frac{b}{4B} \right). \qquad (6.3\text{-}30)$$

因此在所作的假定 $b \leqslant B \ll \Delta\nu$ 下，功率信噪比为

$$\frac{P_S}{P_N} = \frac{\mu_{12}^4}{1 + \mu_{12}^4} \frac{B/b}{\left(1 - \frac{b}{4B} \right)}, \qquad (6.3\text{-}31)$$

输出端上的均方根信噪比是这个功率信噪比的平方根

$$\left(\frac{S}{N} \right)_{\mathrm{rms}} = \frac{\mu_{12}^2}{\sqrt{1 + \mu_{12}^4}} \sqrt{\frac{B/b}{\left(1 - \frac{b}{4B} \right)}}. \qquad (6.3\text{-}32)$$

如果平均滤波器的带宽比乘法器之前的电路带宽小很多（一般都是这种情况），这个关系可以简化为

$$\left(\frac{S}{N} \right)_{\mathrm{rms}} = \frac{\mu_{12}^2}{\sqrt{1 + \mu_{12}^4}} \sqrt{B/b}. \qquad (6.3\text{-}33)$$

显然，相乘之前的带宽 B 越宽并且平均滤波器的带宽 b 越窄，则最后的信噪比越好. 进而我们看到，在 $B \ll \Delta\nu$ 的假定下，光学带宽对于信噪比没有影响.

最后要提醒读者，上面的信噪比表示式只包含经典噪声或自噪声. 光学频段

的信噪比通常是由光子引起的涨落占支配地位，这种噪声将在第九章讨论．对强度干涉仪的进一步讨论也要推迟到该章．

习　　题

6-1　证明对准单色的平稳热光，四阶相干函数

$$\Gamma_{1234}(t_1, t_2, t_3, t_4) = E[\mathbf{u}(P_1, t_1)\mathbf{u}(P_2, t_2)\mathbf{u}^*(P_3, t_3)\mathbf{u}^*(P_4, t_4)]$$

可以表示为

$$\Gamma_{1234}(t_1, t_2, t_3, t_4) = \sqrt{I_1 I_2 I_3 I_4}[\boldsymbol{\mu}_{13}\boldsymbol{\mu}_{24} + \boldsymbol{\mu}_{14}\boldsymbol{\mu}_{23}]e^{-j2\pi\nu_0(t_1 + t_2 - t_3 - t_4)},$$

其中

$$\boldsymbol{\mu}_{mn} = \frac{E[\mathbf{u}(P_m, t)\mathbf{u}^*(P_n, t)]}{\sqrt{E[|\mathbf{u}(P_m, t)|^2]E[|\mathbf{u}(P_n, t)|^2]}}.$$

6-2　一台很稳定的单模激光器的输出通过一个空间分布相位调制器（或者是一个仅相位随时间变化的空间光调制器）．在空间光调制器输出端的点 P_k 上观察到的光场的形式为

$$\mathbf{u}(P_k, t) = \sqrt{I_k}\exp[-\mathrm{j}(2\pi\nu_0 t - \phi(P_k, t))],$$

其中 ν_0 是激光频率，I_k 是点 P_k 的光强度，而 $\phi(P_k, t)$ 是于点 P_k 处光波受到的相位调制．选择相位调制是均值为零的平稳 Gauss 随机过程．注意到 $\Delta\phi = \phi(P_1, t) - \phi(P_2, t)$ 也是均值为零的平稳 Gauss 过程，试证明调制波的二阶相干函数为

$$\Gamma_{12}(t_1 - t_2) = \sqrt{I_1 I_2}\,e^{-j2\pi\nu_0(t_1 - t_2)}\,e^{-\sigma_\phi^2[1 - \gamma_\phi(P_1, P_2; t_1 - t_2)]}$$

式中 σ_ϕ^2 是 $\phi(P, t)$ 的方差（假设它和 P 的位置无关），而 γ_ϕ 是 $\phi(P_1, t)$ 和 $\phi(P_2, t)$ 的归一化的交叉相关函数．

6-3　对习题 6-2 中所描述的同样的光，证明四阶相干函数服从如下因式分解定理：

$$\Gamma_{1234}(t_1, t_2, t_3, t_4) = \sqrt{I_1 I_2 I_3 I_4}\exp[-\mathrm{j}2\pi\nu_0(t_1 + t_2 - t_3 - t_4)]$$

$$\times \left|\frac{\gamma_{23}(t_2 - t_3)\gamma_{13}(t_1 - t_3)\gamma_{24}(t_2 - t_4)\gamma_{14}(t_1 - t_4)}{\gamma_{12}(t_1 - t_2)\gamma_{34}(t_3 - t_4)}\right|$$

6-4　证明对于具有 Gauss 谱分布的光，(6.1-15) 式中参数 $\mathcal{M}$ 由下式准确给出：

$$\mathcal{M} = \left[\frac{\tau_c}{T}\mathrm{erf}\left(\sqrt{\pi}\,\frac{T}{\tau_c}\right) - \frac{1}{\pi}\left(\frac{\tau_c}{T}\right)^2\left(1 - e^{-\pi(T/\tau_c)^2}\right)\right]^{-1}.$$

6-5　证明对于具有 Lorentz 谱分布的光，参数 $\mathcal{M}$ 由下式准确给出：

$$\mathcal{M} = \left[\frac{\tau_c}{T} + \frac{1}{2}\left(\frac{T_c}{T}\right)^2(e^{-2T/T_c} - 1)\right]^{-1}.$$

6-6　考虑由 (6.1-40) 式定义的系数 $\mathbf{b}_n$ 的统计特性

$$\mathbf{b}_n = \int_{-T/2}^{T/2} \mathbf{A}(t)\phi_n^*(t)\mathrm{d}t,$$

式中 $\mathbf{A}(t)$ 是平稳的复数圆形 Gauss 随机过程，而 $\phi_n(t)$ 是任意的权重函数.

（a）在什么条件下，我们能够论证 $\mathbf{b}_n$ 的实部和虚部都是 Gauss 随机变量？

（b）利用 $\mathbf{A}(t)$ 的圆形性质，证明

$$E[\mathrm{Re}\{\mathbf{b}_n\}] = E[\mathrm{Im}\{\mathbf{b}_n\}] = 0.$$

（c）利用 $\mathbf{A}(t)$ 的圆形性质，证明

$$E[(\mathrm{Re}\{\mathbf{b}_n\})^2] = E[(\mathrm{Im}\{\mathbf{b}_n\})^2].$$

（d）利用 $\mathbf{A}(t)$ 的圆形性质，证明

$$E[\mathrm{Re}\{\mathbf{b}_n\}\mathrm{Im}\{\mathbf{b}_n\}] = 0.$$

6-7 对图 6.5 的考察表明，当 n 变化时，$\tilde{\lambda}_n$ 的值中有一个比较陡峭的阈值. 特别是，作为一种粗略的近似，

$$\tilde{\lambda}_n = \begin{cases} 1 & n < n_{\mathrm{crit}} \\ 0 & n > n_{\mathrm{crit}}, \end{cases}$$

其中 $n_{\mathrm{crit}} = 2c/\pi$，证明 $\tilde{\lambda}_n$ 的这种近似分布导致积分光强 W 有一个 Γ 概率密度函数. 比较 n_{crit} 这个数与参数 $\mathcal{M}$.

6-8 假设在测量时间 T 与入射到点 P_1 和点 P_2 处的光波的相关时间 τ_c 相比较足够长，使得围绕着 $|\mathbf{J}_{12}|$ 的噪声概率云与 $|\mathbf{J}_{12}|$ 的长度（参阅图 6.8）相比在实轴与虚轴两个方向上都非常小的条件下，我们希望知道 $\mathbf{J}_{12}(T)$ 的相位的标准偏差. 为了上述条件能够满足，我们又特别假设 $T/\tau_c \gg 1/\mu_{12}^2$. 在这些条件下，相位涨落相当小. 如果有 $\theta = \arg\{\mathbf{J}_{12}\}$，试证明

$$\sigma_\theta \approx \sqrt{\frac{1-\mu_{12}^2}{2\mu_{12}^2}\frac{\tau_c}{T}}.$$

6-9 在上一个题目同样的条件下，假设 $\mathbf{J}_{12}(T)$ 的长度的涨落主要是由噪声的实部引起的，试计算与测量 $|\mathbf{J}_{12}|$ 有关的均方根信（自）噪比由下式给出：

$$\left(\frac{S}{N}\right)_{\mathrm{rms}} \approx \frac{|\mathbf{J}_{12}|}{\sigma_\mathfrak{R}} = \sqrt{\frac{2\mu_{12}^2}{1+\mu_{12}^2}\frac{T}{\tau_c}}.$$

注意，这是一个在该信（自）噪比下，Young 氏实验（即振幅干涉术）的条纹可见度还可以被测量出来的信（自）噪比，此外还要假设 $\bar{I}_1$ 和 $\bar{I}_2$ 被准确地知道，且噪声主要是自噪声（在光学频段这个条件并不总是成立的）.

6-10 假设 $T/\tau_c \gg 1/\mu_{12}^2$，试比较分别使用振幅干涉术和强度干涉术测量 μ_{12} 时，两者能够达到的均方根信噪（自噪声）比. 请问哪一种方法灵敏度更高？
提示：假设 $b \approx 1/T$ 以及 $\Delta\nu \approx 1/\tau_c$.

6-11 如果射到探测器上的光是非偏振的热光，那么（6.3-32）式需要做什么修正？

第七章　部分相干性对成像系统的影响

成像系统的通常功能是为观察者提供比用肉眼所能直接看到更精细并且（或者）更准确的视觉信息．在其他情况下，系统的功能可能只提供人们感兴趣的物体的半永久性记录（例如，照片或者数字图像）．在这两种情况下，图像提供有关物体的信息的保真度都是最重要的事情．

为了充分了解物体和它的像之间的定量关系，仅仅知道物体透射光、反射光或发射光的性质以及光波通过光学仪器所服从的规律是不够的．重要的是还要知道离开物体时光场的相干性，这是因为相干性对最终观察到的像的特点有深刻的影响．

本章首要的目的是合乎逻辑地推导出物体与其像之间的关系，在该过程中要充分考虑离开物体时光场的相干性，而这一相干性又相应依赖于照明物体的光场的相干性．第二个目的是了解何时能将成像系统看成非相干系统（对强度为线性），何时能将它看成相干系统（对复振幅为线性），以及何时成像系统取中间形式．第三个目的是我们要发展并解释某些类型的干涉度量型的成像系统，这类系统能够有效地测量照射到其中辐射场的相干性，并由这些信息导出图像（这种成像系统常用于射电天文学并且在光学频段引起了持续增长的兴趣）．最后，我们将向读者介绍相干成像系统中的"散斑"概念，并将研究统计平均相干性用来描述斑纹性质的方法．

7.1　预 备 知 识

7.1.1　部分相干光通过薄透射结构

为了下面的应用，我们首先考虑部分相干光通过薄透射结构的过程．我们感兴趣的结构可以是一片薄透射物体，或者，在某些情况下，是作为成像系统一部分的薄透镜．

参阅图 7.1，我们定义透射物体是"薄"的，是指入射到物体上点 (x, y) 的光线将在实际上同一个横向坐标的点处从物体射出．在这个定义的意义上，不可能有任何真实理想的薄的物体，因为以不同角度在同一个坐标点入射的光线出射时，由于物体的有限厚度，必将在不同的横向坐标点处射出．此外，如果物体厚度不是理想均匀，或者如果折射率逐点变化，物体内的折射也将改变给定光线出射点的位置. 然而即便如此，许多物体还是可以近似地在上述意义上看成是薄的，并且这个概念还可作为一个有用的理想情况来使用.

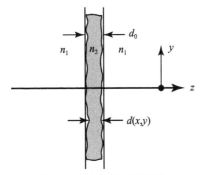

图 7.1　一个薄透射物体

x 轴指向纸面. n_1 和 n_2 表示折射率，$d(x,y)$ 是该物体在坐标 (x,y) 处的厚度而 d_0 是在两个
平行边界平面之间的垂直距离

为了分析这样的物体对互相干性的作用，我们首先推导入射场与透射场之间的关系. 如图 7.1 所示，假定物体周围介质均匀而无吸收，且（实值）折射率为 n_1. 物体本身具有逐点变化的厚度 $d(x,y)$，逐点变化的折射率 $n_2(x,y)$（它通过 $v = c/n_2$ 导致光波在物体中具有可变的传播速度），以及可变的吸收部分，这部分吸收是由实值乘性吸收率 $B(x,y)$ 产生的，它使透射场的振幅减小. 为简单起见，假定 n_2 和 B 皆与入射波长无关.

我们的目的首先是确定在图 7.1 中入射到左侧边界平面的场 $\mathbf{u}_i(x,y;t)$ 与右侧边界平面上的透射场 $\mathbf{u}_t(x,y;t)$ 之间的关系. 光波在点 (x,y) 处经历的延迟可表示为

$$\delta(x,y) = \frac{d(x,y)}{c/n_2(x,y)} + \frac{d_0 - d(x,y)}{c/n_1} = \frac{[n_2(x,y) - n_1]d(x,y)}{c}, \quad (7.1\text{-}1)$$

其中一个与物体无关的常数项 $d_0 n_1/c$ 在最后的表达式中已略去. 考虑到光的振幅被因子 $B(x,y)$ 所减弱，我们看到入射场与透射场由下式相联系：

$$\mathbf{u}_t(x,y;t) = B(x,y)\mathbf{u}_i(x,y;t - \delta(x,y)). \quad (7.1\text{-}2)$$

为了找到透射物体对光的互相干函数的影响，我们将（7.1-2）式代入互相干函数的定义式，

$$\begin{aligned}\boldsymbol{\Gamma}_t(P_1,P_2;\tau) &= \langle \mathbf{u}_t(P_1,t+\tau)\mathbf{u}_t^*(P_2,t)\rangle \\ &= B(P_1)B(P_2)\langle \mathbf{u}_i(P_1,t+\tau-\delta(P_1))\mathbf{u}_i^*(P_2,t-\delta(P_2))\rangle.\end{aligned} \quad (7.1\text{-}3)$$

其中 $P_1 = (x_1,y_1)$，$P_2 = (x_2,y_2)$. 用入射光的互相干函数表示上式中的时间平均值，我们就得到下列入射互相干函数与透射互相干函数间的基本关系式：

$$\boldsymbol{\Gamma}_t(P_1,P_2;\tau) = B(P_1)B(P_2)\boldsymbol{\Gamma}_i(P_1,P_2;\tau - \delta(P_1) + \delta(P_2)). \quad (7.1\text{-}4)$$

当光是窄带的，则方便的做法是用随时间变化的相矢量将解析信号表达式写为

$$\mathbf{u}_i(P,t) = \mathbf{A}_i(P,t)\mathrm{e}^{-\mathrm{j}2\pi\bar{\nu}t}, \tag{7.1-5}$$

式中 $\bar{\nu}$ 为光波的标称中心频率．使用对光场的这种表示方法，我们把入射光场的互相干函数 $\mathbf{\Gamma}_i$ 表示为

$$\mathbf{\Gamma}_i(P_1,P_2;\tau) = \langle \mathbf{A}_i(P_1,t+\tau)\mathbf{A}_i^*(P_2,t)\rangle\mathrm{e}^{-\mathrm{j}2\pi\bar{\nu}\tau}. \tag{7.1-6}$$

在 (7.1-4) 式中采用这一形式，我们得到

$$\mathbf{\Gamma}_t(P_1,P_2;\tau) = B(P_1)\mathrm{e}^{\mathrm{j}2\pi\bar{\nu}\delta(P_1)}B(P_2)\mathrm{e}^{-\mathrm{j}2\pi\bar{\nu}\delta(P_2)}$$
$$\times \langle \mathbf{A}_i(P_1,t+\tau-\delta(P_1)+\delta(P_2))\mathbf{A}_i^*(P_2,t)\rangle\mathrm{e}^{\mathrm{j}2\pi\bar{\nu}\tau}. \tag{7.1-7}$$

如果对所有 P_1 和 P_2 都有

$$|\delta(P_1) - \delta(P_2)| \ll \frac{1}{\Delta\nu} \approx \tau_c \tag{7.1-8}$$

则时间平均值将与 $\delta(P_1)$ 和 $\delta(P_2)$ 无关．在这一条件下，我们得到

$$\mathbf{\Gamma}_t(P_1,P_2;\tau) = \mathbf{t}(P_1)\mathbf{t}^*(P_2)\mathbf{\Gamma}_i(P_1,P_2;\tau), \tag{7.1-9}$$

式中 $\mathbf{t}(P)$ 是物体在点 P 的振幅透射率，它由下式定义：

$$\mathbf{t}(P) \triangleq B(P)\mathrm{e}^{\mathrm{j}2\pi\bar{\nu}\delta(P)}. \tag{7.1-10}$$

因为我们已经假设在 (7.1-8) 式中，通过所有点对 P_1 和 P_2 时造成的时间延迟差远小于光的相干时间，我们可以将入射光和出射光互强度之间用 (7.1-9) 式的方式联系起来

$$\mathbf{J}_t(P_1,P_2) = \mathbf{t}(P_1)\mathbf{t}^*(P_2)J_i(P_1,P_2). \tag{7.1-11}$$

在下一小节中，我们不仅假设通过物体的时间延迟差足够小从而可以使用互强度，而且将假设在所考虑的实验中遇到的所有时间延迟都满足准单色条件，以使得互强度自始至终都可以应用．对于宽带光来说，将中心频率作为频率变量，再对光谱的全波段的准单色光的结果进行积分，总是可以得到使用宽带光时的结果．

7.1.2　Hopkins 公式

1951 年，Hopkins 发表了一篇论文[101]，在这篇论文中，他提出了一个简单的计算一般线性光学系统输出端互强度的公式，把输出端互强度表示为输入端互强度和系统的振幅脉冲相应或者复值点扩散函数．正如我们将要看到的，这个公式提供了分析更加复杂的光学系统的一个基础模块．在本小节我们给出 Hopkins 公式的推导．

图 7.2 所示为我们感兴趣的光路简图．任意互强度 $\mathbf{J}_1(P_1,P_2)$ 的光波入射到振幅脉冲响应 $\mathbf{K}(Q,P)$（一般是空间变）的光学系统上，我们希望计算在输出端的互强度 $\mathbf{J}_2(Q_1;Q_2)$．

图7.2 计算 Hopkins 公式的光路简图

把到达输出端上点 Q 处的解析信号用从输入端上点 P 处的元面积（d^2P）离开的光场表示，开始我们的分析，

$$\mathbf{A}_2(P;Q;t) = \mathbf{K}(Q,P)\mathbf{A}_1(P;t-\delta)\mathrm{d}^2P, \qquad (7.1\text{-}12)$$

其中 δ 是光波从点 P 到点 Q 传播引起的时间延迟，而点扩散函数 $\mathbf{K}$ 具有长度平方倒数的量纲．对于面元（d^2P_1）和（d^2P_2），输出端上光波的互强度由下式给定：

$$\mathbf{J}_2(Q_1,Q_2;P_1,P_2) = \langle\mathbf{A}_2(Q_1,P_1;t)\mathbf{A}_2^*(Q_2,P_2;t)\rangle. \qquad (7.1\text{-}13)$$

将（7.1-12）式代入（7.1-13）式，我们得到

$$\begin{aligned}\mathbf{J}_2(Q_1,Q_2;P_1,P_2) &= \mathbf{K}(Q_1,P_1)\mathbf{K}^*(Q_2,P_2)\\ &\times\langle\mathbf{A}_1(Q_1,P_1,t-\delta_1)\mathbf{A}_1^*(Q_2,P_2;t-\delta_2)\rangle\mathrm{d}^2P_1\mathrm{d}^2P_2,\end{aligned}$$
$$(7.1\text{-}14)$$

这里 δ_i 表示从点 P_1 到点 Q_1 传播时间延迟．如果准单色光条件成立，特别是如果

$$|\delta_2-\delta_1|\ll\tau_c, \qquad (7.1\text{-}15)$$

则有角括号中的量就是输入的互强度，得到

$$\mathbf{J}_2(Q_1,Q_2;P_1,P_2) = \mathbf{K}(Q_1,P_1)\mathbf{K}^*(Q_2,P_2)\mathbf{J}_1(P_1,P_2)\mathrm{d}^2P_1\mathrm{d}^2P_2. \qquad (7.1\text{-}16)$$

为了计算对于所有在输入平面上点对 P_1 和 P_2 取平均的互强度 $\mathbf{J}_2(Q_1,Q_2)$，我们必须在输入平面上将对应于 P_1 和 P_2 所有的 $\mathbf{J}_2(Q_1,Q_2;P_1,P_2)$ 进行积分

$$\mathbf{J}_2(Q_1,Q_2) = \iint\mathbf{K}(Q_1,P_1)\mathbf{K}^*(Q_2,P_2)\mathbf{J}_1(P_1,P_2)\mathrm{d}^2P_1\mathrm{d}^2P_2, \qquad (7.1\text{-}17)$$

上述方程中每一个积分号都对应着一个在空间中的 2D 积分．这个结果就是我们找到的 Hopkins 公式．

在我们要计算输出面上光强的时候，将 Q_1 和 Q_2 两点合并为一点 Q，得到

$$I(Q) = \iint\mathbf{K}(Q_1,P_1)\mathbf{K}^*(Q,P_2)\mathbf{J}_1(P_1,P_2)\mathrm{d}^2P_1\mathrm{d}^2P_2. \qquad (7.1\text{-}18)$$

作为我们感兴趣的附加的一个特殊情况，考虑输入平面上的光场是完全非相干时的一般结果形式．这种情况下，输入光场的互强度由下式给出（参阅（5.5-18）式）：

$$\mathbf{J}_1(P_1,P_2) = \kappa I(P_1)\delta(|P_1-P_2|), \qquad (7.1\text{-}19)$$

其中 $\delta(|P_1 - P_2|)$ 是 2D Dirac δ 函数，而 κ 具有长度平方的量纲. 输出面上的互强度成为

$$\mathbf{J}_2(Q_1, Q_2) = \kappa \iint \mathbf{K}(Q_1, P_1)\mathbf{K}^*(Q_2, P_2)I(P_1)\delta(|P_1 - P_2|)\mathrm{d}^2P_1\mathrm{d}^2P_2$$

$$= \kappa \int \mathbf{K}(Q_1, P)\mathbf{K}^*(Q_2, P)I(P)\mathrm{d}^2P, \tag{7.1-20}$$

这里我们已经省略了 P 的下标，并且已经使用了 δ 函数的位移性质①. 最后，在输入光场是完全非相干情况下，只感兴趣的输出光强度为

$$I(Q) = \kappa \int |\mathbf{K}(Q, P)|^2 I(P)\mathrm{d}^2P. \tag{7.1-21}$$

7.1.3　焦平面到焦平面之间相干性的关系

下面考虑单个薄透镜前后焦平面上的互强度之间的关系. 对于这样的几何结构，我们知道，在假设准单色光条件满足的情况下，透镜后焦面上的复光场是其前焦面上复光场的二维 Fourier 变换. 根据 Hopkins 公式中的映射函数 $\mathbf{K}(Q, P)$（参阅文献 [80]，p. 107）

$$\mathbf{K}(Q, P) = \frac{1}{\lambda f}\exp\left[-\mathrm{j}\frac{2\pi}{\lambda f}(x\xi + y\eta)\right], \tag{7.1-22}$$

式中 $P = (\xi, \eta)$，$Q = (x, y)$，而且 f 是透镜的焦距. 代入 Hopkins 公式（(7.1-17) 式），我们得到

$$\mathbf{J}_f(x_1, y_1; x_2, y_2) = \frac{1}{(\bar{\lambda}f)^2}\iiiint_{-\infty}^{\infty}\mathbf{J}_o(\xi_1, \eta_1; \xi_2, \eta_2)$$

$$\times \exp\left[\mathrm{j}\frac{2\pi}{\lambda f}(x_2\xi_2 + y_2\eta_2 - x_1\xi_1 - y_1\eta_1)\right]\mathrm{d}\xi_1\mathrm{d}\eta_1\mathrm{d}\xi_2\mathrm{d}\eta_2, \tag{7.1-23}$$

其中 $\mathbf{J}_f$ 表示后焦面上的互强度而 $\mathbf{J}_o$ 表示前焦面上的互强度.

7.1.4　一般光学成像系统

考虑图 7.3 所示的一般光学成像系统. 光源假设用互强度分布 $\mathbf{J}_s(P_1, P_2)$ 来描述. 照明光学系统（也称作聚光光学系统）假设用振幅点扩散函数（脉冲相应）$\mathbf{F}(Q, P)$ 来表示，一般讲该函数是空间变的. 物体用它的复振幅透过率 $\mathbf{t}_o(Q)$ 表示. 成像光学系统表示为一般是空间变的振幅点扩散函数 $\mathbf{K}(R, Q)$，其中 R 是在像空间的任意点. 注意，$\mathbf{F}$ 和 $\mathbf{K}$ 两者都具有长度平方倒数量纲，而 $\mathbf{t}_o$ 是无量纲的.

---

① 二维 δ 函数具有长度平方倒数的量纲，从它的位移性质可以看出.

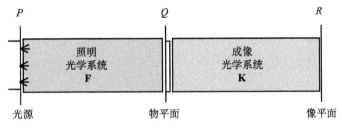

图 7.3 一般光学成像系统

首先考虑从离开光源的光场到入射到物体上的光场之间的映射. 应用 Hopkins 公式（（7.1-17）式），我们知道落在物体透明片上的互强度 $\mathbf{J}_o$ 由下式给出：

$$\mathbf{J}_o(Q_1, Q_2) = \iint \mathbf{F}(Q_1, P_1)\mathbf{F}^*(Q_2, P_2)\mathbf{J}_s(P_1, P_2)\mathrm{d}^2 P_1 \mathrm{d}^2 P_2. \quad (7.1\text{-}24)$$

接着光波透过振幅透过率为 $\mathbf{t}_o(Q)$ 的物体. 这样，根据（7.1-11）式，离开物体时光波的互强度为

$$\mathbf{J}'_o(Q_1, Q_2) = \mathbf{t}_o(Q_1)\mathbf{t}_o^*(Q_2)\mathbf{J}_o(Q_1, Q_2), \quad (7.1\text{-}25)$$

最后，我们第二次应用 Hopkins 公式，这次用到标注为"成像光学系统"的区域，该系统假设用振幅点扩散函数 $\mathbf{K}(R, Q)$ 表征，也具有长度平方倒数量纲. 该系统要求满足的关系为

$$\mathbf{J}_i(R_1, R_2) = \iint \mathbf{K}(R_1, Q_1)\mathbf{K}^*(R_2, Q_2)\mathbf{J}'_o(Q_1, Q_2)\mathrm{d}^2 Q_1 \mathrm{d}^2 Q_2$$

$$= \iint \mathbf{K}(R_1, Q_1)\mathbf{K}^*(R_2, Q_2)\mathbf{t}_o(Q_1)\mathbf{t}_o^*(Q_2)\mathbf{J}_o(Q_1, Q_2)\mathrm{d}^2 Q_1 \mathrm{d}^2 Q_2$$

$$(7.1\text{-}26)$$

现在我们要把（7.1-24）式代入（7.1-25）式，结果再代入（7.1-26）式. 最后结果是

$$\mathbf{J}_i(R_1, R_2) = \iiiint \mathbf{K}(R_1, Q_1)\mathbf{K}^*(R_2, Q_2)\mathbf{t}_o(Q_1)\mathbf{t}_o^*(Q_2)$$

$$\times \mathbf{F}(Q_1, P_1)\mathbf{F}^*(Q_2, P_2)\mathbf{J}_s(P_1, P_2)\mathrm{d}^2 P_1 \mathrm{d}^2 P_2 \mathrm{d}^2 Q_1 \mathrm{d}^2 Q_2. \quad (7.1\text{-}27)$$

这个极其复杂的结果需要做八次积分，如果一定要使用它，必须简化. 如果我们假设左边的光源是完全非相干的，其互强度为

$$\mathbf{J}_s(P_1, P_2) = \kappa I(P_1)\delta(|P_1 - P_2|), \quad (7.1\text{-}28)$$

它能够使用 δ 函数的位移性质，实现第一次简化.

$$\mathbf{J}_i(R_1, R_2) = \kappa \iiint \mathbf{K}(R_1, Q_1)\mathbf{K}^*(R_2, Q_2)\mathbf{t}_o(Q_1)\mathbf{t}_o^*(Q_2)$$

$$\times \mathbf{F}(Q_1, P)\mathbf{F}^*(Q_2, P)I(P)\mathrm{d}^2 P\mathrm{d}^2 Q_1 \mathrm{d}^2 Q_2. \quad (7.1\text{-}29)$$

现在我们留下了六次积分，仍然是一个严峻的挑战. 如果我们像通常那样，仅

对于像的强度而不是像的互强度感兴趣，会得到一个稍微进一步的简化结果，即

$$I(R) = \kappa \iiint \mathbf{K}(R,Q_1) \mathbf{K}^*(R,Q_2) \mathbf{t}_o(Q_1) \mathbf{t}_o^*(Q_2)$$
$$\times \mathbf{F}(Q_1,P) \mathbf{F}^*(Q_2,P) I(P) \mathrm{d}^2 P \mathrm{d}^2 Q_1 \mathrm{d}^2 Q_2. \tag{7.1-30}$$

这个结果仍然是极其繁琐的，但是如同下一节我们讨论的，存在一些途径可以将其进一步简化.

7.2 像强度的空间域计算

借助于把照明光路和成像光路改变得越来越具体，我们就可以朝着成像表达式简化进一步前进. 我们可以把典型照明系统的点扩散函数 $\mathbf{F}$ 表示出来，看看是否可以完成在全光源面上要求的积分. 然而，确实存在一个在通常很准确的近似的基础上进行简化的途径. 为了向前推演到保证这个近似的解的形式，我们把 (7.1-30) 式改写为假设光源为非相干突出在光源上对光强积分的形式，则有

$$I(R) = \iint \mathbf{K}(R,Q_1) \mathbf{K}^*(R,Q_2) \mathbf{t}_o(Q_1) \mathbf{t}_o^*(Q_2)$$
$$\times \left[\kappa \int \mathbf{F}(Q_1,P) \mathbf{F}^*(Q_2,P) I(P) \mathrm{d}^2 P \right] \mathrm{d}^2 Q_1 \mathrm{d}^2 Q_2. \tag{7.2-1}$$

其中括号中的量表示照明物体的光源及其系统. 实际上，回头看一下 (7.1-24) 式，当假设光源是非相干时，括号中的方程只是表示了射入物体的光的互强度 $\mathbf{J}_o(Q_1,Q_2)$. 这样我们可以从 (7.1-30) 式返回写出

$$I(R) = \iint \mathbf{K}(R,Q_1) \mathbf{K}^*(R,Q_2) \mathbf{t}_o(Q_1) \mathbf{t}_o^*(Q_2) \mathbf{J}_o(Q_1,Q_2) \mathrm{d}^2 Q_1 \mathrm{d}^2 Q_2. \tag{7.2-2}$$

如果我们假设坐标系统 (u,v) 在像空间，而简化坐标系统 (ξ,η) 在物空间，也就是说，在物空间坐标系中，放大率和像的正倒已经归一化了，同时假设入射到物体上的互强度 $\mathbf{J}_o$ 只与物体上的坐标差[①] $(\Delta\xi, \Delta\eta)$ 有关，我们可以写出像强度的表达式如下：

$$I_i(u,v) = \iiiint_{-\infty}^{\infty} \mathbf{K}(u-\xi, v-\eta) \mathbf{K}^*(u-\xi-\Delta\xi, v-\eta-\Delta\eta)$$
$$\times \mathbf{t}_o(\xi,\eta) \mathbf{t}_o^*(\xi+\Delta\xi, \eta+\Delta\eta) \mathbf{J}_o(\Delta\xi,\Delta\eta) \mathrm{d}\xi \mathrm{d}\eta \mathrm{d}\Delta\xi \mathrm{d}\Delta\eta \tag{7.2-3}$$

现在我们已经处于允许做任何近似的优势地位，使得我们可以以一种简单的

---

① 通常都会做这样的假设，在某些情况下，比如 7.2.2 节和 7.2.3 节中，会对其合理性给出证明. 另请参阅关于 Schell 模型光源的 5.5.3 节.

方式计算出互强度 J_o.

7.2.1　计算照射到物体上互强度的一种方法

我们考虑在一些场合下计算入射到物体上的互强度 $J_o(Q_1,Q_2)$ 的途径. 最通用的方法表述在图 7.4 中. 在这种情况下, 一个非相干光源置于一个正透镜前任意距离 z_1 的位置, 而物体置于透镜后任意距离 z_2 的位置. 假设光源对于透镜张角足够大, 以至于如同 Van Cittert-Zernike 定理所确定的, 入射到透镜上的光的相干面积比透镜本身的面积小得多. 参阅 (5.7-24) 式和 (5.7-25) 式, 这个要求可以表达为

$$A_L A_S \gg (\overline{\lambda} z_1)^2, \tag{7.2-4}$$

这里 A_L 和 A_S 分别是透镜和光源的面积. 如同 Zernike 原先提出的, 我们下面认为 (在下节确定的适当条件下), 可以把透镜的孔径本身看作一个近似的非相干照明光源, 而应用 Van Cittert-Zernike 定理把透镜孔径看作光源, 计算照明物体的光场互强度 J_o 相当简单. 下面小节里, 我们将详细验证这个思路.

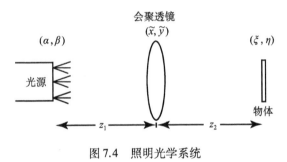

图 7.4　照明光学系统

7.2.2　Zernike 近似

为了对于上节提出的计算 $\mathbf{J}_o$ 的方法做关键的验证, 首先我们对于强度分布为 $I_S(\alpha,\beta)$ 的非相干光源应用 Van Cittert-Zernike 定理, 射到透镜上的光场互强度 $\mathbf{J}_L$ 由下式给出:

$$\mathbf{J}_L(\tilde{x}_1,\tilde{y}_1;\tilde{x}_2,\tilde{y}_2) = \frac{\kappa' \exp\left(-\mathrm{j}\dfrac{\pi}{\lambda z_1}\left[(\tilde{x}_2^2+\tilde{y}_2^2)-(\tilde{x}_1^2+\tilde{y}_1^2)\right]\right)}{(\overline{\lambda} z_1)^2}$$

$$\times \iint\limits_{-\infty}^{\infty} I_S(\alpha,\beta)\exp\left[\mathrm{j}\dfrac{2\pi}{\lambda z_1}(\Delta\tilde{x}\,\alpha+\Delta\tilde{y}\,\beta)\right]\mathrm{d}\alpha\mathrm{d}\beta, \tag{7.2-5}$$

式中 κ' 具有长度平方量纲, $\Delta\tilde{x}=\tilde{x}_2-\tilde{x}_1$, $\Delta\tilde{y}=\tilde{y}_2-\tilde{y}_1$, 穿过透镜的光场互强度形如

$$\mathbf{J}'_L(\tilde{x}_1, \tilde{y}_1; \tilde{x}_2, \tilde{y}_2) = P_c(\tilde{x}_1, \tilde{y}_1) P_c^*(\tilde{x}_2, \tilde{y}_2)$$

$$\times \exp\left[-\mathrm{j} \frac{\pi}{\lambda f} \left((\tilde{x}_1^2 + \tilde{y}_1^2) - (\tilde{x}_2^2 + \tilde{y}_2^2) \right) \right] \mathbf{J}_L(\tilde{x}_1, \tilde{y}_1; \tilde{x}_2, \tilde{y}_2),$$

$$(7.2\text{-}6)$$

式中 $\mathbf{P}_c(x, y) = P_c(x, y) \exp[-\mathrm{j}W(x, y)]$ 表示聚光镜的复光瞳函数, 而 $W(x, y)$ 表示描述偏离精确 Gauss 参考球面的缓慢变化的像差相位.

现在, 正如在 (7.2-5) 式中, 当光源足够大时, Fourier 变换的很窄的宽度所确定的那样, 因为入射到透镜上的光场互相干函数非常窄, 透过光的互强度只有对于非常小的 $\Delta\tilde{x}$ 和 $\Delta\tilde{y}$ 才不是零. 因此我们可以做对于足够小的 $\Delta\tilde{x}$ 和 $\Delta\tilde{y}$ 成立的下述假设 (参阅习题 7-1):

$$\exp\left[-\mathrm{j} \frac{\pi}{\lambda} \left(\frac{1}{z_1} - \frac{1}{f} \right) \left[(\tilde{x}_2^2 + \tilde{y}_2^2) - (\tilde{x}_1^2 + \tilde{y}_1^2) \right] \right] \approx 1 \qquad (7.2\text{-}7)$$

$$\mathbf{P}_c(\tilde{x}_1, \tilde{y}_1) \mathbf{P}_c^*(\tilde{x}_2, \tilde{y}_2) \approx |\mathbf{P}_c(\tilde{x}_1, \tilde{y}_1)|^2, \qquad (7.2\text{-}8)$$

得到形如下式的穿过透镜光场互强度的结果:

$$\mathbf{J}'_L(\tilde{x}_1, \tilde{y}_1; \tilde{x}_2, \tilde{y}_2) \approx \frac{\kappa'}{(\overline{\lambda} z_1)^2} |\mathbf{P}_c(\tilde{x}_1, \tilde{y}_1)|^2 \mathcal{I}_S\left(\frac{\Delta\tilde{x}}{\overline{\lambda} z_1}, \frac{\Delta\tilde{y}}{\overline{\lambda} z_1} \right), \qquad (7.2\text{-}9)$$

式中 $\mathcal{I}_S(\nu_X, \nu_Y)$ 是光源强度分布 $I_S(\alpha, \beta)$ 的二维 Fourier 变换.

根据我们的假设 (7.2-4), 函数 $\mathcal{I}_S(\Delta\tilde{x}/\overline{\lambda} z_1, \Delta\tilde{y}/\overline{\lambda} z_1)$ 是参数 $(\Delta\tilde{x}, \Delta\tilde{y})$ 极其窄的函数. 结果穿过透镜的光场相干性只在如此小的一个面积上存在, 以至于我们可以把透镜看作等价于一个非相干光源, 其强度分布等于

$$I_L(\tilde{x}_1, \tilde{y}_1) = \mathbf{J}'_L(\tilde{x}_1, \tilde{y}_1; \tilde{x}_1, \tilde{y}_1) = \frac{\kappa'}{(\overline{\lambda} z_1)^2} \mathcal{I}_S(0, 0) |\mathbf{P}_c(\tilde{x}_1, \tilde{y}_1)|^2. \qquad (7.2\text{-}10)$$

量 $(\kappa/(\overline{\lambda} z_1)^2 \mathcal{I}(0, 0))$ 具有强度量纲, 我们用常数 I_c 表示它. 现在对于这个新的光源我们可以用 Van Cittert-Zernike 定理, 把射到物体上的互强度详细表示为

$$\mathbf{J}_o(\xi_1, \eta_1; \xi_2, \eta_2) = \frac{\kappa' I_c}{(\overline{\lambda} z_2)^2} \exp\left(-\mathrm{j} \frac{\pi}{\overline{\lambda} z_2} \left[(\xi_2^2 + \eta_2^2) - (\xi_1^2 + \eta_1^2) \right] \right)$$

$$\times \iint\limits_{-\infty}^{\infty} |\mathbf{P}_c(\tilde{x}_1, \tilde{y}_1)|^2 \exp\left[\mathrm{j} \frac{2\pi}{\lambda z_2} (\Delta\xi \tilde{x}_1 + \Delta\eta \tilde{y}_1) \right] \mathrm{d}\tilde{x}_1 \mathrm{d}\tilde{y}_1.$$

$$(7.2\text{-}11)$$

特别要注意到, 满足近似式 (7.2-8) 时, 照射物体的光场互强度与在照明光学系统中可能存在的任何像差没有任何关系, 这个事实是 Zernike 首先注意到的[232]. 射到物体上的互强度的函数的计算已经简化成复光瞳函数模平方的 Fourier 变换问题. 若聚光透镜不是切趾的 (即 $|\mathbf{P}_c| = 0$ 或 1), 则 $|\mathbf{P}_c|^2 = |\mathbf{P}_c|$ 并

且对于光瞳函数本身作 Fourier 变换就足够了. 另外,注意到,为保证在推导 (7.2-11) 式用到的假设有效,照射物体光场互强度 $\mathbf{J}_o$ 仅通过常数强度 I_c,取决于光源和透镜之间距离 z_1.

当然,(7.2-9) 式中的函数 $\mathcal{I}_S$ 从来就不会是无限窄的. 运用广义 Van Cittert-Zernike 定理可以证明,我们的结论仍然成立,只要满足(参阅习题7-2)

$$\left(\frac{z_2}{z_1}\right)^2 A_S \gg A_o, \tag{7.2-12}$$

式中 A_o 是物体面积,A_S 是光源面积.

7.2.3 临界照明和科勒照明

本小节考虑两种最普通形式的聚光照明系统. 第一种叫做临界照明,代表非相干光源被聚光系统成像到物体上的情况. 最简单的形式下,这种情况对应着图 7.4 所示的几何结构,但是其中的距离 z_1 和 z_2 需要满足透镜定律

$$1/z_1 + 1/z_2 = 1/f, \tag{7.2-13}$$

这里 f 是透镜焦距. 这种情况下计算照射到物体上的光场互强度的最简单途径是上一小节描述的方法. 就是说,我们把透镜光瞳(或者更普遍地讲,聚光系统的出瞳)当成非相干光源并且利用 Van Cittert-Zernike 定理计算在物体上的照明光场互强度. 作为聚光系统,临界照明的主要缺点是非相干光源光强的空间变化直接成像到物体之上,这个事实在物体结构上留下了重叠于其上的一个不均匀的照明图案. 然后,光源强度的结构可能就与物体的透过结构混淆在一起.

另一类替代聚光系统叫做科勒照明,这种情况下,图 7.4 所示的 z_1 和 z_2 两者都选为聚光透镜的焦距 f. 这样一来,非相干光源是在聚光透镜的前焦面上,而物体在其后焦面上. 因为光源上每一个点都映射为以某一特殊角度照射物体的一束平面波,任何光源强度的空间变化都不会影响照明的均匀性. 从前焦面到后焦面的系统复值点扩散函数由下式给出(参阅 (7.1-22) 式):

$$\mathbf{F}(Q,P) = \mathbf{F}(\xi,\eta;\alpha,\beta) = \frac{1}{\lambda f}\exp\left[-\mathrm{j}\frac{2\pi}{\lambda f}(\alpha\xi + \beta\eta)\right]. \tag{7.2-14}$$

进一步从 (7.1-20) 式导出

$$J_o(\Delta\xi,\Delta\eta) = \kappa'\iint\limits_{-\infty}^{\infty}\mathbf{F}(\xi_1,\eta_1;\alpha,\beta)\mathbf{F}^*(\xi_2,\eta_2;\alpha,\beta)I_S(\alpha,\beta)\mathrm{d}\alpha\mathrm{d}\beta$$

$$\tag{7.2-15}$$

$$= \frac{\kappa'}{(\lambda f)^2}\iint\limits_{-\infty}^{\infty}I_S(\alpha,\beta)\exp\left[\mathrm{j}\frac{2\pi}{\lambda f}(\alpha\Delta\xi + \beta\Delta\eta)\right]\mathrm{d}\alpha\mathrm{d}\beta,$$

式中 $\Delta\xi = \xi_2 - \xi_1$ 且 $\Delta\eta = \eta_2 - \eta_1$. 然而,前面的分析已经忽略了透镜孔径的有限尺寸,一般来讲它会引起有效光源大小的渐晕现象. 为此,我们宁可使用 Zernike 近似把聚光系统的出瞳处理为一个非相干光源.

7.3　像强度谱的频率域计算

分析部分相干光成像系统的另一个替代途径是四维频率域方法. 从一开始我们就假设光是准单色的. 我们从将像面互强度与透过物体的互强度联系起来的 (7.1-26) 式开始. 为此重新写出该方程

$$\mathbf{J}_i(u_1,v_1;u_2,v_2) = \iiiint_{-\infty}^{\infty}\mathbf{J}_o'(\xi_1,\eta_1;\xi_2,\eta_2)$$

$$\times \mathbf{K}(u_1,v_1;\xi_1,\eta_1)\mathbf{K}^*(u_2,v_2;\xi_2,\eta_2)\mathrm{d}\xi_1\mathrm{d}\eta_1\mathrm{d}\xi_2\mathrm{d}\eta_2 \tag{7.3-1}$$

式中 $\mathbf{J}_i$ 是像空间的互强度而 $\mathbf{J}_o'$ 是透过物体的互强度. 实际上这个方程描述了四维线性系统的一个四维叠加积分. 积分中的函数 $\mathbf{K}(u_1,v_1;\xi_1,\eta_1)\mathbf{K}^*(u_2,v_2;\xi_2,\eta_2)$ 是这个系统的四维脉冲响应, 也就是对于在物坐标对 $(\xi_1,\eta_1;\xi_2,\eta_2)$ 处一个四维 δ 函数构成的物互强度的响应, 在图像坐标对 $(u_1,v_1;u_2,v_2)$ 处观察到的互强度.

在许多情况下有可能将一般的上述叠加积分化为简单的卷积, 其形式为

$$\mathbf{J}_i(u_1,v_1;u_2,v_2) = \iiiint_{-\infty}^{\infty}\mathbf{J}_o'(\xi_1,\eta_1;\xi_2,\eta_2)$$

$$\times \mathbf{K}(u_1-\xi_1,v_1-\eta_1)\mathbf{K}^*(u_2-\xi_2,v_2-\eta_2)\mathrm{d}\xi_1\mathrm{d}\eta_1\mathrm{d}\xi_2\mathrm{d}\eta_2$$

$$\tag{7.3-2}$$

式中脉冲响应 $\mathbf{K}(u_1-\xi_1,v_1-\eta_1)\mathbf{K}^*(u_2-\xi_2,v_2-\eta_2)$ 仅与坐标差有关. 这种情况下的系统称为等晕的或空间不变的. 显然, 如果振幅点扩散函数 $\mathbf{K}$ 是二维空间不变的, 则四维系统的脉冲响应同样也是空间不变的.

7.3.1　在频率域中互强度的关系

对于上面描述的系统, 我们很自然地应该研究两个互强度的 Fourier 变换之间的等价关系, 就是在下述两式:

$$\mathcal{J}_i(\nu_1,\nu_2,\nu_3,\nu_4) \equiv \mathcal{F}\{\mathbf{J}_i\}$$

$$\mathcal{J}_o(\nu_1,\nu_2,\nu_3,\nu_4) \equiv \mathcal{F}\{\mathbf{J}_o'\}, \tag{7.3-3}$$

之间的关系, 其中算子 $\mathcal{F}\{\ \}$ 定义为

$$\mathcal{F}\{\ \} = \iiiint_{-\infty}^{\infty}\{\ \}\exp[\mathrm{j}2\pi(\nu_1 x_1 + \nu_2 x_2 + \nu_3 x_3 + \nu_4 x_4)]\mathrm{d}x_1\mathrm{d}x_2\mathrm{d}x_3\mathrm{d}x_4 \quad (7.3-4)$$

而 (x_1,x_2,x_3,x_4) 是四重积分的隐变量, 按照出现的顺序分别代表了互强度的四个变量.

按照相仿的方式, 我们将空间不变线性系统的四维传递函数定义为

$$\mathcal{H}(\nu_1, \nu_2, \nu_3, \nu_4) = \mathcal{F}\{\mathbf{K}(x_1, x_2)\mathbf{K}^*(x_3, x_4)\}, \tag{7.3-5}$$

它可以分离为一对二维频率函数,

$$\mathcal{H}(\nu_1, \nu_2, \nu_3, \nu_4) = \mathcal{K}(\nu_1, \nu_2)\mathcal{K}^*(-\nu_3, -\nu_4), \tag{7.3-6}$$

式中 $\mathcal{K}$ 表示二维振幅点扩散函数的（无量纲的）二维 Fourier 变换

$$\mathcal{K}(\nu_1, \nu_2) = \iint_{-\infty}^{\infty}\mathbf{K}(x_1, x_2)\,\mathrm{e}^{\mathrm{j}2\pi(\nu_1 x_1 + \nu_2 x_2)}\,\mathrm{d}x_1\mathrm{d}x_2, \tag{7.3-7}$$

于是, 在四维频率域中成像系统的作用可表示为

$$\mathcal{J}_i(\nu_1, \nu_2, \nu_3, \nu_4) = \mathcal{K}(\nu_1, \nu_2)\mathcal{K}^*(-\nu_3, -\nu_4)\mathcal{J}_o(\nu_1, \nu_2, \nu_3, \nu_4), \tag{7.3-8}$$

现在我们来关注如何将物体和照明的性质与 Fourier 变换联系起来. 我们假设物体是透明的（意味着从后面照明）, 还有照明物体的光场互强度只和物体坐标差有关 ($\Delta\xi = \xi_2 - \xi_1, \Delta\eta = \eta_2 - \eta_1$). 这样透过物体的互强度变成（参阅 (7.1-26) 式）

$$\mathbf{J}_o'(\xi_1, \eta_1; \xi_2, \eta_2) = \mathbf{J}_o(\Delta\xi, \Delta\eta)\mathbf{t}_o(\xi_1, \eta_1)\mathbf{t}_o^*(\xi_2, \eta_2). \tag{7.3-9}$$

在频率域等价的表达式为

$$\mathcal{J}_o(\nu_1, \nu_2, \nu_3, \nu_4) = \iiiint_{-\infty}^{\infty}\mathbf{J}_o(\Delta\xi, \Delta\eta)\mathbf{t}_o(\xi_1, \eta_1)\mathbf{t}_o^*(\xi_2, \eta_2)$$
$$\times \exp\left[\mathrm{j}2\pi(\nu_1\xi_1 + \nu_2\eta_1 + \nu_3\xi_2 + \nu_4\eta_2)\right]\mathrm{d}\xi_1\mathrm{d}\eta_1\mathrm{d}\xi_2\mathrm{d}\eta_2. \tag{7.3-10}$$

做一次变量代换 $\xi_2 = \Delta\xi + \xi_1$, $\eta_2 = \Delta\eta + \eta_1$, 变换可以写成

$$\mathcal{J}_o(\nu_1, \nu_2, \nu_3, \nu_4) = \iint_{-\infty}^{\infty}\mathrm{d}\xi_1\mathrm{d}\eta_1\mathbf{t}_o(\xi_1, \eta_1)\,\mathrm{e}^{\mathrm{j}2\pi[(\nu_1+\nu_3)\xi_1 + (\nu_2+\nu_4)\eta_1]}$$
$$\times \iint_{-\infty}^{\infty}\mathrm{d}\Delta\xi\mathrm{d}\Delta\eta\mathbf{J}_o(\Delta\xi, \Delta\eta)\mathbf{t}_o^*(\xi_1 + \Delta\xi, \eta_1 + \Delta\eta)\,\mathrm{e}^{\mathrm{j}2\pi(\nu_3\Delta\xi + \nu_4\Delta\eta)}. \tag{7.3-11}$$

可以看出第二个重积分是两个函数乘积的 Fourier 变换, 从而它能够通过它们独自的变换的卷积来计算. 经过适当的运算, 我们可以将第二个重积分表示为

$$\iint_{-\infty}^{\infty}\mathcal{J}_o(p, q)\mathcal{T}_o^*(p - \nu_3, q - \nu_4)\,\mathrm{e}^{-\mathrm{j}2\pi[\xi_1(\nu_3-p) + \eta_1(\nu_4-q)]}\,\mathrm{d}p\mathrm{d}q, \tag{7.3-12}$$

式中 $\mathcal{J}_o$ 是 $\mathbf{J}_o$ 的二维 Fourier 变换, 而 $\mathcal{T}_o$ 是 $\mathbf{t}_o$ 的类似的 Fourier 变换. 将这个结果代入 (7.3-11) 式得到

$$\mathcal{J}_o(\nu_1, \nu_2, \nu_3, \nu_4) = \iint_{-\infty}^{\infty}\mathcal{T}_o(p + \nu_1, q + \nu_2)\mathcal{T}_o^*(p - \nu_3, q - \nu_4)\mathcal{J}_o(p, q)\mathrm{d}p\mathrm{d}q. \tag{7.3-13}$$

如果现在我们把 (7.3-8) 式和 (7.3-13) 式结合到一起, 就得到了在频率

域中完整的成像关系

$$\mathcal{J}_i(\nu_1, \nu_2, \nu_3, \nu_4) = \mathcal{K}(\nu_1, \nu_2)\mathcal{K}^*(-\nu_3, -\nu_4)$$

$$\times \iint_{-\infty}^{\infty}\mathcal{T}_o(p+\nu_1, q+\nu_2)\mathcal{T}_o^*(p-\nu_3, q-\nu_4)\mathcal{J}_o(p,q)\mathrm{d}p\mathrm{d}q.$$

$$(7.3\text{-}14)$$

这个关系本身就很有意思，但是更重要的是它提供了一条理解在部分相干成像系统中像的强度谱的路径，正如下一小节中我们要详细说明的.

7.3.2　传递交叉系数

称作传递交叉系数的量提供了一个计算像强度谱（以及图像强度本身）的方法，这时成像系统工作在部分相干条件下. 为了领会传递交叉系数的含义，首先考虑理想成像系统像强度谱是有益的. 如果成像的物体的振幅透过率是 $\mathbf{t}_o(x,y)$，理想成像系统会产生一个像强度

$$I_i(u,v) = I_0\,|\mathbf{t}_o(u,v)|^2, \tag{7.3-15}$$

式中 I_0 为物体的均匀照明强度，而且我们还假设大小为一个单位，成像没有倒置. 在频率域，在 Fourier 分析的自相关定理的帮助下，可以得到一个等效的关系

$$\mathcal{I}_i(\nu_U, \nu_V) = I_0\iint_{-\infty}^{\infty}\mathcal{T}_o(p,q)\mathcal{T}_o^*(p-\nu_U, q-\nu_V)\mathrm{d}p\mathrm{d}q. \tag{7.3-16}$$

因此，对于一个理想系统来说，成像的强度谱是其透过率谱的自相关.

对于非理想系统像的强度 $I_i(u,v)$，可以从像的互强度 $\mathbf{J}_i(u_1,v_1;u_2,v_2)$ 通过将点 (u_1,v_1) 和点 (u_2,v_2) 合并成为一个公共点 (u,v) 得到. 现在回想一下，像的互强度可以从其四维 Fourier 谱通过逆 Fourier 变换计算出来

$$\mathbf{J}_i(u_1,v_1;u_2,v_2) = \iiiint_{-\infty}^{\infty}\mathcal{J}_i(\nu_1,\nu_2,\nu_3,\nu_4) \tag{7.3-17}$$

$$\times\, \mathrm{e}^{-\mathrm{j}2\pi(u_1\nu_1+u_1\nu_2+u_2\nu_3+u_2\nu_4)}\,\mathrm{d}\nu_1\mathrm{d}\nu_2\mathrm{d}\nu_3\mathrm{d}\nu_4.$$

如果现在令 (u_1,v_1) 和 (u_2,v_2) 合并为单一的点 (u,v)，并对其像强度作二维 Fourier 变换，我们得到

$$\mathcal{F}\{I_i(u,v)\} = \mathcal{I}_i(\nu_U, \nu_V) = \iiiint_{-\infty}^{\infty}\mathcal{J}_i(\nu_1,\nu_2,\nu_3,\nu_4) \tag{7.3-18}$$

$$\times\, \mathcal{F}\{\mathrm{e}^{-\mathrm{j}2\pi[u(\nu_1+\nu_3)+v(\nu_2+\nu_4)]}\}\mathrm{d}\nu_1\mathrm{d}\nu_2\mathrm{d}\nu_3\mathrm{d}\nu_4.$$

式中的二维 Fourier 变换得到一个 δ 函数

$$\mathcal{F}\{\mathrm{e}^{-\mathrm{j}2\pi[u(\nu_1+\nu_3)+v(\nu_2+\nu_4)]}\} = \delta(\nu_3+\nu_1-\nu_U, \nu_4+\nu_2-\nu_V), \tag{7.3-19}$$

当对于 ν_3 和 ν_4 积分时利用 δ 函数的位移性质，得到

$$\mathcal{I}_i(\nu_U,\nu_V) = \iint\limits_{-\infty}^{\infty}\mathcal{J}_i(\nu_1,\nu_2,\nu_U-\nu_1,\nu_V-\nu_2)\,\mathrm{d}\nu_1\mathrm{d}\nu_2. \tag{7.3-20}$$

最后我们将（7.3-14）式代入这个方程，得到

$$\begin{aligned}\mathcal{I}_i(\nu_U,\nu_V) &= \iiiint\limits_{-\infty}^{\infty}\mathrm{d}\nu_1\mathrm{d}\nu_2\mathrm{d}p\mathrm{d}q\,\mathcal{T}_o(p+\nu_1,q+\nu_2)\\ &\times \mathcal{T}_o^*(p-\nu_U+\nu_1,q-\nu_V+\nu_2)\mathcal{K}(\nu_1,\nu_2)\mathcal{K}^*(\nu_1-\nu_U,\nu_2-\nu_V)\mathcal{J}_o(p,q)\end{aligned} \tag{7.3-21}$$

做变量代换 $\nu_1 \rightarrow s-p, \nu_2 \rightarrow t-q$，该关系变成

$$\begin{aligned}\mathcal{I}_i(\nu_U,\nu_V) &= \iint\limits_{-\infty}^{\infty}\mathrm{d}s\mathrm{d}t\,\mathcal{T}_o(s,t)\mathcal{T}_o^*(s-\nu_U,t-\nu_V)\\ &\times \left[\iint\limits_{-\infty}^{\infty}\mathrm{d}p\mathrm{d}q\,\mathcal{K}(s-p,t-q)\mathcal{K}^*(s-p-\nu_U,t-q-\nu_V)\mathcal{J}_o(p,q)\right].\end{aligned} \tag{7.3-22}$$

上式括号里的量仅与光学系统有关，与物体没有关系，称为传递交叉系数．它看上去修正了理想像强度的谱，代表了照明的相干性的作用，以及光学系统衍射和像差的作用．我们采用符号 **TCC** $(s, t; \nu_U, \nu_V)$ 表示它，写作

$$\begin{aligned}&\mathbf{TCC}(s,t;\nu_U,\nu_V)\\ &= \iint\limits_{-\infty}^{\infty}\mathrm{d}p\mathrm{d}q\,\mathcal{K}(s-p,t-q)\mathcal{K}^*(s-p-\nu_U,t-q-\nu_V)\mathcal{J}_o(p,q).\end{aligned} \tag{7.3-23}$$

代入（7.3-22）式有

$$\begin{aligned}\mathcal{I}_i(\nu_U,\nu_V) &= \iint\limits_{-\infty}^{\infty}\mathcal{T}_o(s,t)\mathcal{T}_o^*(s-\nu_U,t-\nu_V)\\ &\times \mathbf{TCC}(s,t;\nu_U,\nu_V)\mathrm{d}s\mathrm{d}t.\end{aligned} \tag{7.3-24}$$

作为通向这些结果的物理解释的一步，我们注意到振幅扩散函数 **K** 本身是成像光学系统出瞳的光瞳函数 **P** 的标定 Fourier 逆变换（参阅文献［80］，p. 131）[①]

$$\mathbf{K}(u,v) = \frac{1}{(\bar\lambda z_i)^2}\iint\limits_{-\infty}^{\infty}\mathbf{P}(x,y)\exp\left[-\mathrm{j}2\pi\left(\frac{ux}{\lambda z_i}+\frac{vy}{\lambda z_i}\right)\right]\mathrm{d}x\mathrm{d}y, \tag{7.3-25}$$

其中 z_i 是从出瞳到像平面的距离[②]．接着有

---

① 由于在物坐标和像坐标两边都存在二次相位因子，相干光学成像系统的振幅点扩散函数经常是空间变的．如果关注点只限制在物空间围绕光轴的一个小区域，可以证明这些相位因子可忽略不计，得到由此公式给出的结果．参阅文献［80］5.3.2 节以及文献［208］．在非相干情况下，这些相位因子能够忽略，因为它们不会影响成像的强度．

② 如果 **K** 的 Fourier 变换是无量纲的，在积分前的比例因子是必需的．

$$\mathcal{K}(\nu_1, \nu_2) = \mathbf{P}(\overline{\lambda}z_i\nu_1, \overline{\lambda}z_i\nu_2). \tag{7.3-26}$$

注意到当照明来自一个大面积非相干光源时，还能得到进一步简化．这时聚光镜的出瞳能够看成均匀非相干光源，这种情况下，Van Cittert-Zernike 定理意味着

$$\mathcal{J}_o(p, q) = \kappa I_o \left| \mathbf{P}_c(-\overline{\lambda}z_c p, -\overline{\lambda}z_c q) \right|^2, \tag{7.3-27}$$

其中 $\mathbf{P}_c$ 表示聚光系统的出瞳函数，z_c 是从聚光透镜的出瞳到物体的距离，κ 是量纲为长度平方的一个常数，而 I_o 是常数光强．忽略乘性常数，假设圆形聚光透镜半径为 r_c 和圆形成像透镜半径为 r_i，传递交叉系数可以通过计算如图 7.5 所示作为 (s, t) 和 (ν_U, ν_V) 函数的三个圆的重叠区域面积得到．

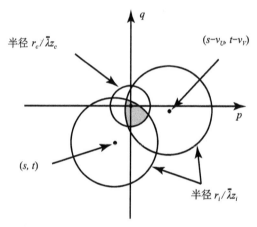

图 7.5 除了乘性常数，参数 (ν_U, ν_V) 和 (s, t) 的传递交叉系数
等于图中所示的三个圆的重叠面积

r_c 是聚光镜的半径，r_i 是成像透镜的半径，圆都是在频率空间画的，因此它们的半径量纲都是长度的倒数

注意：为了计算部分相干光情况下的像强度，我们必须算出影响结果的对于所有 (s, t) 和 (ν_U, ν_V) 的重叠面积（即算出 **TCC**）．这并不是一件微不足道的任务．将会看到，在一维情况下，或者在完全相干和完全非相干的极限情况下，计算容易处理得多．

本节发展的理论是一个背景，下面我们转而考虑相干与非相干照明的两个特殊情况．传递交叉系数扮演中心角色的实例将推迟到 7.5.4 节去讨论．

7.4 非相干极限和相干极限

本节我们研究在对物体的照明是完全非相干和完全相干的极限情况下，由前述理论所预言的像的性质．我们计算了用空间域结果得到的成像光强 I_i 的形式以及用频率域结果求出的像强度的谱 $\mathcal{I}_i$ 的表示式．

7.4.1 非相干情况

物体照明完全非相干情况可以用下述物体照明互强度形式来表示:

$$\mathbf{J}_o(\Delta\xi,\Delta\eta) = \kappa I_o \delta(\Delta\xi,\Delta\eta), \tag{7.4-1}$$

式中 κ 还是一个量纲为长度平方的常数; I_o 是等于 $\dfrac{\kappa' I_c}{(\bar{\lambda}z_2)^2}\mathcal{I}(0,0)$ 的常数强度; δ 是一个二维 Dirac δ 函数.

将这个表达式代入 (7.2-3) 式, 在空间不变 (等晕) 系统的假设中①, 我们可以得到

$$I_i(u,v) = \kappa I_o \iint_{-\infty}^{\infty} |\mathbf{K}(u-\xi,v-\eta)|^2 |\mathbf{t}_o(\xi,\eta)|^2 \mathrm{d}\xi\mathrm{d}\eta, \tag{7.4-2}$$

或者用简写符号 $\otimes$ 表示卷积,

$$I_i = \kappa I_o (|\mathbf{K}|^2 \otimes |\mathbf{t}_o|^2). \tag{7.4-3}$$

这样就发现像的光强 (除去一个常数因子) 是物体强度透过率 $|\mathbf{t}_o|^2$ 与强度扩散函数 $|\mathbf{K}|^2$ 的卷积. 显然, 非相干系统是强度线性的.

为了得到像强度的谱, 我们只要简单地对上述结果作 Fourier 变换. 然而, 为了详细说明, 我们宁可借助于 (7.3-24) 式和传递交叉系数. 因为 $\mathcal{J}_o = \kappa I_o$, 传递交叉系数由下式给出:

$$\mathbf{TCC}(s,t;\nu_U,\nu_V) = \kappa I_o \iint_{-\infty}^{\infty} \mathrm{d}p\mathrm{d}q \mathcal{K}(s-p,t-q)\mathcal{K}^*(s-p-\nu_U,t-q-\nu_V)$$

$$= \kappa I_o \iint_{-\infty}^{\infty} \mathcal{K}(p',q')\mathcal{K}^*(p'-\nu_U,q'-\nu_V)\mathrm{d}p'\mathrm{d}q', \tag{7.4-4}$$

其中我们已经用到了 $\mathcal{K}$ 的自相关函数与任何偏离 (s,t) 无关这个事实. 注意图 7.5 中在这个情况下, 较小的圆已经变成无限大, 留下积分的面积为两个分离的圆瞳函数的重叠面积.

利用上述结果, 像强度谱变成

$$\mathcal{I}_o(\nu_U,\nu_V) = \kappa I_o \left[\iint_{-\infty}^{\infty} \mathcal{T}_o(s,t)\mathcal{T}_o^*(s-\nu_U,t-\nu_V)\mathrm{d}s\mathrm{d}t \right]$$

$$\times \left[\iint_{-\infty}^{\infty} \mathcal{K}(p',q')\mathcal{K}^*(p'-\nu_U,q'-\nu_V)\mathrm{d}p'\mathrm{d}q' \right]. \tag{7.4-5}$$

利用方便的简单记号, 令 $\star$ 表示自相关运算 (包括第二个函数的共轭), 写成

$$\mathcal{I}_o = \kappa I_o (\mathcal{T}_o \star \mathcal{T}_o)(\mathcal{K} \star \mathcal{K}). \tag{7.4-6}$$

---

① 这里以及在下面的一些相关部分, 物体坐标假设为已经归一化而除了放大率与成像倒置的作用.

物强度的频率分量到像强度的频率分量的变换决定于（7.4-5）式中的第二个括号中的表达式．按照惯例我们把这个变换因子表示成归一化形式

$$\mathcal{H}(\nu_U,\nu_V) = \frac{\iint\limits_{-\infty}^{\infty}\mathcal{K}(p',q')\mathcal{K}^*(p'-\nu_U,q'-\nu_V)\mathrm{d}p'\mathrm{d}q'}{\iint\limits_{-\infty}^{\infty}|\mathcal{K}(p',q')|^2\mathrm{d}p'\mathrm{d}q'}, \tag{7.4-7}$$

它被称为光学传递函数或 OTF. 这个量第一次是由 Duffieux 引入的，代表了光学成像系统相对于用于零频分量的乘数因子，用于频率为（ν_U，ν_V）的物光强复指数分量的复乘数因子．正如（7.3-26）式所指出的，函数 $\mathcal{K}$ 正比于成像系统的出瞳的复光瞳函数 **P** 的归一化形式．

$$\mathcal{H}(\nu_U,\nu_V) = \frac{\iint\limits_{-\infty}^{\infty}\mathbf{P}(p',q')\mathbf{P}^*(p'-\overline{\lambda}z_i\nu_U,q'-\overline{\lambda}z_i\nu_V)\mathrm{d}p'\mathrm{d}q'}{\iint\limits_{-\infty}^{\infty}|\mathbf{P}(p',q')|^2\mathrm{d}p'\mathrm{d}q'}, \tag{7.4-8}$$

这是一个众所周知的重要结果．

7.4.2　相干情况

下面研究完全相干的情况，我们把物照明的光场互强度取作
$$\mathbf{J}_o(\Delta\xi,\Delta\eta) = I_o, \tag{7.4-9}$$
这就意味着是平面波垂直照明在物体平面上．将其代入（7.2-3）式，并且再一次假设是空间不变光学系统，我们得到

$$I_i(u,v) = I_o\left|\iint\limits_{-\infty}^{\infty}\mathbf{K}(u-\xi,v-\eta)\mathbf{t}_o(\xi,\eta)\mathrm{d}\xi\mathrm{d}\eta\right|^2. \tag{7.4-10}$$

如果现在我们定义一个时不变像的相矢量振幅分布为

$$\mathbf{A}_i(u,v) = \sqrt{I_o}\iint\limits_{-\infty}^{\infty}\mathbf{K}(u-\xi,v-\eta)\mathbf{t}_o(\xi,\eta)\mathrm{d}\xi\mathrm{d}\eta, \tag{7.4-11}$$

发现像的振幅分布 $\mathbf{A}_i$ 正比于振幅扩散函数 **K** 与物的振幅透过率 $\mathbf{t}_o$ 的卷积．用简化记法为

$$\mathbf{A}_i = \sqrt{I_o}(\mathbf{K}\otimes\mathbf{t}_o). \tag{7.4-12}$$

很清楚，完全相干系统是对复振幅线性的．对于这个结论的推广请参阅习题7-3.

为了求得像强度的 Fourier 谱，我们再次选用为传递交叉系数发展出来的形式．（7.4-9）式的互强度的 Fourier 变换由下式给定：
$$\mathcal{J}_o(p,q) = I_o\delta(p,q). \tag{7.4-13}$$
将其代入（7.3-23）式并且利用 δ 函数的位移性质

$$\text{TCC}(s,t;\nu_U,\nu_V) = I_o\mathcal{K}(s,t)\mathcal{K}(s-\nu_U,t-\nu_V). \tag{7.4-14}$$

请注意在图 7.5 中的小圆已经收缩成一个位于原点处的 δ 函数,并且只是对于在原点处重叠的两个大圆的振幅乘积简单进行采样.

如果现在将 (7.4-14) 式代入 (7.3-24) 式,我们得到

$$\mathcal{I}_i(\nu_U,\nu_V) = I_o\iint\limits_{-\infty}^{\infty}\mathcal{T}_o(s,t)\mathcal{K}(s,t)$$
$$\times\ \mathcal{T}_o^*(s-\nu_U,t-\nu_V)\mathcal{K}^*(s-\nu_U,t-\nu_V)\mathrm{d}s\mathrm{d}t. \tag{7.4-15}$$

可以看出这个表达式是一个自相关函数,而且用简化记法可以写成

$$\mathcal{I}_i = I_o(\mathcal{K}\mathcal{T}_o)\star(\mathcal{K}\mathcal{T}_o). \tag{7.4-16}$$

回想前面,$\mathcal{T}_o$ 是物体振幅透过率的 Fourier 谱,我们把量 $\mathcal{K}$ 称作振幅传递函数,因为它确定了物体振幅谱到像振幅谱的映射.

从上面的结果我们可以看出,完全相干和完全非相干成像系统是本质上不同的,非相干系统对于强度是线性的而相干系统对于复振幅是线性的. 光源和照明光学系统的性质决定了这些条件之一是否成立,或者系统处于这两个极端之间,必须作为部分相干系统来处理.

7.4.3　光学成像系统何时是完全相干的或者是完全非相干的?

现在我们来探讨一个光学成像系统可以被假设表现为一个完全相干的或者是完全非相干的系统的条件. 答案的线索可以从 (7.2-3) 式中去找,为了方便我们在这里重写一下,

$$I_i(u,v) = \iiiint\limits_{-\infty}^{\infty}\mathbf{K}(u-\xi,v-\eta)\mathbf{K}^*(u-\xi-\Delta\xi,v-\eta-\Delta\eta)$$
$$\times\ \mathbf{t}_o(\xi,\eta)\mathbf{t}_o^*(\xi+\Delta\xi,\eta+\Delta\eta)\mathbf{J}_o(\Delta\xi,\Delta\eta)\mathrm{d}\xi\mathrm{d}\eta\mathrm{d}\Delta\xi\mathrm{d}\Delta\eta. \tag{7.4-17}$$

对于相干照明的情况,我们要求 $\mathbf{J}_o(\Delta\xi,\Delta\eta)$ 在使 (7.4-17) 式的积分值明显大于零的整个 $(\Delta\xi,\Delta\eta)$ 区域内基本是常量. 因为在所有感兴趣的情况下振幅点扩散函数 $\mathbf{K}$ 的宽度将会比 $\mathbf{t}_o$ 表示的物体宽度小很多,我们得出结论当 $\Delta\xi$ 和 $\Delta\eta$ 超过 $\mathbf{K}$ 的宽度时,积分变得非常小,如同下述结果:

$$\mathbf{K}(u-\xi,v-\eta)\mathbf{K}^*(u-\xi-\Delta\xi,v-\eta-\Delta\eta) \approx 0. \tag{7.4-18}$$

我们得到的结论是,系统看做完全相干系统是要求非相干光源如此之小以至于在物体上产生的相干面积明显超过振幅扩散函数覆盖的面积(折算到物平面). 或者等效地说,我们要求由物体看到的光源的张角必须明显地小于成像系统入瞳的张角,这也是从物体上看到的.

对于非相干情形,我们要求仅当 $(\Delta\xi,\Delta\eta)$ 如此之小以至于

$$\mathbf{K}(u - \xi, v - \eta)\mathbf{K}^*(u - \xi - \Delta\xi, v - \eta - \Delta\eta)\mathbf{t}_o(\xi, \eta)\mathbf{t}^*(\xi - \Delta\xi, \eta - \Delta\eta)$$
$$\approx |\mathbf{K}(u - \xi, v - \eta)|^2 |\mathbf{t}_o(\xi, \eta)|^2.$$

$$(7.4\text{-}19)$$

成立时，$\mathbf{J}_o(\Delta\xi, \Delta\eta)$ 才不为零．显然，必要条件是物体照明相干面积既要小于振幅扩散函数覆盖面积，又要小于物体振幅透射率 $\mathbf{t}_o$ 的最小结构的面积．换句话说就是，从物体照明所张的半角 θ_s 必须明显既大于成像系统入瞳所张半角 θ_p，也大于物体在正入射平面波照明下产生的角锥所张的半角 θ_o（亦即物体的角谱的角锥所张的半角）．在所有的情况下，角度都是从物体看到的．于是，我们要求

$$\theta_s > \theta_p \text{ 和 } \theta_s > \theta_o. \qquad (7.4\text{-}20)$$

前面的条件是必要的，还不是充分的．因为涉及 $\mathbf{K}$ 和 $\mathbf{t}_o$ 的项是要乘到一起的，它们的角谱必然会卷积起来以决定非相干的充分条件．当这一点完成了，对于非相干成像的单一充分必要条件就达到了

$$\theta_s \geq \theta_p + \theta_o. \qquad (7.4\text{-}21)$$

用物理术语来说，当以物体造成的最高衍射角为中心时，光源所张的半角必须至少填满成像系统的入瞳所张的半角．在一特殊情况下对这一概念的深入讨论见习题 7-7.

从图 7.5 可以做些进一步思考．对于非相干成像，图中心的小圆代表 $\mathbf{J}_o$ 的谱 $\mathcal{J}_o$，它必须长大到可以完全覆盖图中代表分离的成像光瞳函数的两个大圆的重叠区域．当两个光瞳函数完全重叠时（即当 $(\nu_U, \nu_V) = (0, 0)$ 时），要求光源的半径达到最大，可以用下列方程描述：

$$r_c / \overline{\lambda} z_c = r_i / \overline{\lambda} z_i + \max\{\sqrt{s^2 + t^2}\}. \qquad (7.4\text{-}22)$$

其中影响到结果的 $\sqrt{s^2 + t^2}$ 的最大值是确定的．要确定这个最大值，先回到 (7.3-24) 式．如果物体振幅透过率的谱用 $\mathcal{T}_o$ 表示，是围在以 ν_0 为半径的圆中，那么对于 $(\nu_U, \nu_V) = (0, 0)$ 来说，在 $\sqrt{s^2 + t^2} > \nu_0$ 时，$|\mathcal{T}_o|^2$ 项会消失．因此，

$$\max\{\sqrt{s^2 + t^2}\} = \nu_0,$$

而且对于完全非相干，我们要求聚光镜的半径满足

$$\frac{r_c}{z_c} \geq \frac{r_p}{z_i} + \overline{\lambda}\nu_0. \qquad (7.4\text{-}23)$$

鉴于我们的分析是并列进行的，这个条件等价于下面的表述：

$$\theta_c \geq \theta_p + \theta_o \qquad (7.4\text{-}24)$$

对于完全非相干成立．当我们认识到 $\theta_s = \theta_c$ 时，这个结果看起来就和 (7.4-21) 式相同了．

在微电子光刻术中，有一个参数 σ 是用来评估系统是接近于完全相干还是完全非相干的，这个参数定义为

$$\sigma = \frac{\text{NA}_c}{\text{NA}_i}, \tag{7.4-25}$$

式中符号 NA 代表数值孔径，通常定义为

$$\text{NA} = n\sin\theta. \tag{7.4-26}$$

这里 n 是物空间的折射率，而 θ 是从物方观察光学系统所张的半角. 下标 c 和 i 分别指的是从物方看到的聚光镜的出瞳和成像光学系统的入瞳. 很清楚，$\sigma = 0$ 对应着相干光学系统的情况，因为此时有效光源尺寸已经收缩到了零. 有时在微电子光刻术的文献中，也会说 $\sigma = 1$ 对应着非相干成像的另一个极端，正如我们前面已经看到的，这样说并不准确. 当一个系统能够看作一个完全非相干系统时，在物方取决于它分辨的最精致的细节，或者等价地说物振幅谱所对角的边长，而且，一般说，取决于有效的非相干性，这就要求 $\sigma > 1$，无论比 1 大多少，这取决于物的结构. 如果我们定义把物的谱和入瞳结合起来的等价的 NA，

$$\text{NA}_{o+i} = n\sin(\theta_o + \theta_i), \tag{7.4-27}$$

式中 θ_o 是在正入射平面波照明下物体振幅透过率谱所张的半角，这时可以得到一个更有意义的定义

$$\sigma' = \frac{\text{NA}_c}{\text{NA}_{o+i}}. \tag{7.4-28}$$

现在，当 $\sigma' = 0$ 时，系统是完全相干的，而且当 $\sigma' = 1$ 时系统是非相干的.

要注意到在某些情况下，比如电子光刻和显微镜，成像透镜设计 NA 接近甚至超过 1.0（超过 1.0 可以通过把系统浸没到高折射率液体中达到），在这些情况下可能很难或者不可能实现聚光镜的 NA 比成像系统的 NA 大许多. 在这种情况下参数 σ' 不可能比 1 大很多. 在下面某些实例中，假设 $\sigma' = 10$，这个数量只有相对低的 NA 成像透镜，相对低频率的图像内容，以及高 NA 的聚光镜才能达到.

7.5　若干实例

现在我们转向讨论若干使用本章前几节发展的理论方法的实例.

7.5.1　两个相距很近的点的像

考察由两个小针孔构成的物体，每个面积为 a，并且在物平面上方向 ξ 上分开相距 S. 假定物体被透射照明，其振幅透射率可以很好地近似表示为

$$\mathbf{t}_o(\xi,\eta) = a\delta\left(\xi - \frac{S}{2},\eta\right) + a\delta\left(\xi + \frac{S}{2},\eta\right). \tag{7.5-1}$$

假定物体由互强度为 $\mathbf{J}_o(\Delta\xi,\Delta\eta)$ 的部分相干光照明，并通过图 7.6 所示的空

间不变系统成像（成像的倒置由于对称性在这个实例中不予考虑）. 将（7.5-1）式代入（7.3-2）式得到（经过一些运算）

$$I_i(u,v) = I_o a^2 \Big[\Big| \mathbf{K}\Big(u - \frac{S}{2},v\Big)\Big|^2 + \Big| \mathbf{K}\Big(u + \frac{S}{2},v\Big)\Big|^2$$

$$+ 2\mathrm{Re}\Big\{\mu \mathbf{K}\Big(u - \frac{S}{2},v\Big)\mathbf{K}^*\Big(u + \frac{S}{2},v\Big)\Big\}\Big], \tag{7.5-2}$$

其中

$$\mu = \frac{\mathbf{J}_o(S,0)}{\mathbf{J}_o(0,0)}. \tag{7.5-3}$$

在导出这一结果时，我们利用了下述事实：光源强度分布是实值，因而以它的 Fourier 变换满足

$$\mathbf{J}_o(-S,0) = \mathbf{J}_o^*(S,0). \tag{7.5-4}$$

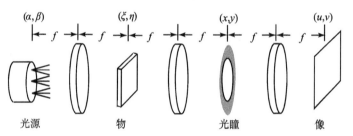

图 7.6 远心光学成像系统

所有的透镜焦距都假设为 f

振幅扩散函数 $\mathbf{K}$ 与复光瞳函数 $\mathbf{P}$ 由下式相联系：

$$\mathbf{K}(u,v) = \frac{1}{(\bar{\lambda}f)^2} \iint_{-\infty}^{\infty} \mathbf{P}(x,y)\exp\Big[-\mathrm{j}\frac{2\pi}{\bar{\lambda}f}(ux + vy)\Big]\mathrm{d}x\mathrm{d}y. \tag{7.5-5}$$

如果光瞳函数具有 Hermit 对称性（即 $\mathbf{P}(-x,-y) = \mathbf{P}^*(x,y)$），如无像差圆形光瞳就是这样，则 $\mathbf{K}(u,v)$ 完全是实函数（$\mathbf{K} = K$）. 于是像强度取如下形式：

$$I_i(u,v) = I_o a^2 \Big[K^2\Big(u - \frac{S}{2},v\Big) + K^2\Big(u + \frac{S}{2},v\Big)$$

$$+ 2\mu K\Big(u - \frac{S}{2},v\Big)K\Big(u + \frac{S}{2},v\Big)\cos\phi\Big], \tag{7.5-6}$$

式中 $\mu = |\boldsymbol{\mu}|$，并且 $\phi = arg\{\boldsymbol{\mu}\}$. 在圆形光瞳的特殊情况下，振幅扩散函数取如下形式：

$$K(u,v) = K(\rho) = \frac{\pi r_p^2}{(\bar{\lambda}f)^2}\Bigg[2\frac{\mathrm{J}_1\Big(\dfrac{2\pi r_p\rho}{\bar{\lambda}f}\Big)}{\dfrac{2\pi r_p\rho}{\bar{\lambda}f}}\Bigg] \tag{7.5-7}$$

式中 $\rho = \sqrt{u^2 + v^2}$，而且 r_p 为出瞳半径.

Grimes 和 Thompson[90] 就两点之间的各种间隔和各种复相干因子计算了像强度分布. 图 7.7 中显示的是对于无像差圆形瞳孔情况下的计算结果，其中复相干因子范围由 1.0 到 -1.0，两点的间隔为所谓的 Raileigh 分辨率极限，

$$S = 0.61\overline{\lambda}f/r_p = 1.22\overline{\lambda}f/(2r_p). \qquad (7.5\text{-}8)$$

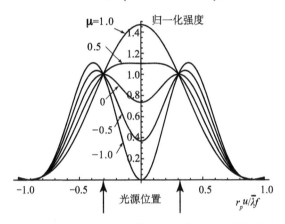

图 7.7　两个针孔组成的物体的归一化像强度分布，两孔分离为 Rayleigh 分辨率极限 $S = 0.6098\overline{\lambda}f/r_p$，照明两孔的光波具有不同的复相干度

注意，若 $\mu = -1.0$，两点的照明是相干的，但有 180° 的相位差，则它们之间中点处的强度下降到零，而与它们之间分离无关. 如果用非相干光源通过聚光系统照明物体则存在一个特定的有效光源尺寸，它给出 μ 的可能的最负值，从而使像平面强在中点有尽可能大的下陷. 最佳有效光源尺寸与两点的间隔以及有效光源对应的强度分布有关（某些光源分布不能产生负的 μ）. 这些问题将在习题 7-4 和习题 7-5 中进一步讨论.

最后我们指出，两个离得很近的点光源何时才能勉强分辨是个复杂的问题，它有种种颇为主观的答案. 我们已经间接提到了一个，所谓 Rayleigh 判据，它认为，对两个等亮度的点来说，当一个点的像的 Airy 图样的第一个零值点与另一个点的像的 Airy 图样的中央最大值点正好重合时，这两个点光源勉强能被分辨. 在这一条件下，像强度分布中点处的强度，比其两侧峰值小 26.5%. 另一种定义是所谓 Sparrow 判据，它规定如果像强度图样的二阶导数在两个高斯像点之间的中点等于零，则称这两个点光源刚好被分辨. 事实上，分辨两个点光源的能力，从根本上说，取决于所检测的像强度图样对应的信噪比，因而从这个原因出发，不考虑噪声的判据是主观的. 无论怎么说，这些判据还是为工程实践给出了有用的重要规则.

7.5.2 振幅阶跃的像

第二个实例，我们讨论一个简单的振幅阶跃的像，其振幅透过率描述为

$$\mathbf{t}_o(\xi,\eta) = \begin{cases} 0 & \xi < 0 \\ 1 & \xi \geqslant 0. \end{cases} \tag{7.5-9}$$

为了计算简单，我们假设用一个方形的出瞳和一个方形的有效光源（聚光镜），以便让我们能够把像强度积分分离变量. 光学系统如图 7.6 所示，除了几个光瞳改为方形，聚光镜不需要和两个成像透镜有一样的尺寸. 系统放大率设为 1，且忽略成像的倒置. 对于一个宽度为 w 的方形孔径有

$$\mathbf{K}(u) = \frac{w}{\lambda f}\mathrm{sinc}\left(\frac{wu}{\lambda f}\right), \tag{7.5-10}$$

其中 f 为透镜的共同焦距. 对于边宽为 L 的聚光镜，

$$\mathbf{J}_o(\Delta\xi) = I_o\mathrm{sinc}\left(\frac{L\Delta\xi}{\lambda f}\right). \tag{7.5-11}$$

然后我们将上述 $\mathbf{t}_o$，$\mathbf{K}$ 和 $\mathbf{J}_o$ 的表达式代入成像强度的方程，

$$I_i(u) = \iint\limits_{-\infty}^{\infty}\mathbf{K}(u-\xi_1)\mathbf{K}^*(u-\xi_2)\mathbf{t}_o(\xi_1)\mathbf{t}_o^*(\xi_2)\mathbf{J}_o(\xi_1-\xi_2)\mathrm{d}\xi_1\mathrm{d}\xi_2. \tag{7.5-12}$$

对于不同的 σ 值（（7.5-13）式）结果的像强度描绘在图 7.8 中

$$\sigma = \frac{\mathrm{NA}_c}{\mathrm{NA}_i}, \tag{7.5-13}$$

其中 NA 都是从物方所观察的聚光镜和第一个成像透镜的数值孔径.

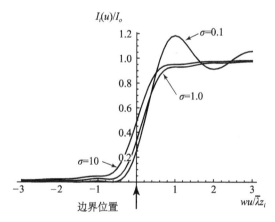

图 7.8　阶跃物体对于各种相干性条件下成像的归一化强度
σ 表示从物方观察聚光透镜的 NA 与第一个成像透镜的 NA 之比

对于 $\sigma=10$，有效光源是非常大的，而且成像规律非常接近于完全非相干情况．从图中可以看出归一化强度在 1/2 处穿过阶跃边界．对于 $\sigma=0.1$，有效光源非常小，成像规律非常接近于完全相干光的情况，结果出现强度的振铃现象而在阶跃边界上的归一化强度值为 1/4．$\sigma=1.0$ 时是部分相干情况，在阶跃边界处，归一化强度值近似为 0.35．

7.5.3 π 弧度相位阶跃的像

我们仍然假设光学系统如图 7.6 所示，除了光瞳是方形的而且聚光镜不需要和两个成像透镜尺寸相同．现在物体是一个 π 弧度相位台阶，数学上描述为

$$\mathbf{t}_o(\xi,\eta) = \begin{cases} 1 & \xi < 0 \\ -1 & \xi \geq 0. \end{cases} \tag{7.5-14}$$

所有其他光学系统参数与前面实例中的完全一样．图 7.9 显示了对于三种不同 σ 的值沿着 u 轴的归一化像强度．对于 $\sigma=0.1$ 仍然是接近于完全相干的情况，并且在边界处强度看起来是掉到了零，这是从边缘相反的两侧来的光相消干涉的结果．对于 $\sigma=10$，照明非常接近于非相干光，干涉程度是最小的，并且我们只能看到勉强可以感觉的下陷．最后，对于 $\sigma=1.0$ 时，光场是部分相干的，而在相位阶跃处看到的是较完全掉落到零位小的下陷．

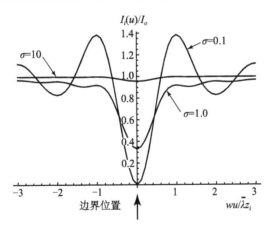

图 7.9 π 弧度相位阶跃的物体对于 $\sigma=0.1$，1 和 10 时成像沿着 u 轴的归一化强度分布仍然有 $\sigma=\mathrm{NA}_c/\mathrm{NA}_i$

7.5.4 正弦振幅物体的像

部分相干成像系统一般是非线性系统，而且也没有在一般意义上的传递函数．虽然如此，将一个正弦振幅物体置于其输入端，测量其周期性输出还是可能的．然而，不像线性系统，系统对于正弦输入的响应的知识并不足以让人能够预见

对于其他种类输入的系统输出. 现在我们来计算部分相干成像系统对于如下形式的正弦振幅物体:

$$\mathbf{t}_o(\xi) = \frac{1}{2}[1 + \cos(2\pi\nu_0\xi)], \tag{7.5-15}$$

的响应, 假设忽略掉限制该物体大小的任何空间边界. 这样一个物体可以称为正弦振幅光栅. 注意, 这样一种光栅的强度透射率为

$$\begin{aligned}
|\mathbf{t}_o|^2 &= \frac{1}{4} + \frac{1}{2}\cos(2\pi\nu_0\xi) + \frac{1}{4}\cos^2(2\pi\nu_0\xi) \\
&= \frac{3}{8} + \frac{1}{2}\cos(2\pi\nu_0\xi) + \frac{1}{8}\cos(4\pi\nu_0\xi).
\end{aligned} \tag{7.5-16}$$

我们要在考虑对物体照明的部分相干性的条件下, 比较这个物体所成的像的强度分布和上述的强度透射率 (参阅文献 [10]).

对这个特定问题来说, 频域分析方法是最方便的. 在这个实例中, 我们假设用方形光瞳, 因而成为可分离变量系统, 使我们可以利用解一维问题的方法. 从物体的振幅透过率的 Fourier 变换看手, 我们得到

$$\mathcal{T}_o(s) = \frac{1}{2}\delta(s) + \frac{1}{4}\delta(s - \nu_0) + \frac{1}{4}\delta(s + \nu_0), \tag{7.5-17}$$

为了下面方便, 式中符号 s 已经用作频率变量. 现在来考虑 (7.3-22) 式的一维形式

$$\begin{aligned}
\mathcal{I}_i(\nu_U) = \int_{-\infty}^{\infty} \mathrm{d}s\, \mathcal{T}_o(s)\mathcal{T}_o^*(s - \nu_U) \\
\times \Big[\int_{-\infty}^{\infty} \mathrm{d}p\, \mathcal{K}(s - p)\mathcal{K}^*(s - p - \nu_U)\mathcal{J}_o(p)\Big].
\end{aligned} \tag{7.5-18}$$

我们认出对于 p 的积分就是传递交叉系数 $\mathbf{TCC}(s, \nu_U)$. 像的强度又得用 $\mathcal{I}_i$ 的 Fourier 逆变换给出

$$I_i(u) = \int_{-\infty}^{\infty} \mathrm{d}\nu_U \mathrm{e}^{-\mathrm{j}2\pi\nu_U u} \int_{-\infty}^{\infty} \mathrm{d}s\, \mathcal{T}_o(s)\mathcal{T}_o^*(s - \nu_U)\mathbf{TCC}(s, \nu_U). \tag{7.5-19}$$

现在将 (7.5-17) 式代入 $I_i(u)$ 的表达式并且先对 ν_U 再对 s 积分. 结果是

$$I_i(u) = A + B\cos(2\pi\nu_0 u) + C\cos(4\pi\nu_0 u) \tag{7.5-20}$$

其中

$$\begin{aligned}
A &= \frac{1}{4}TCC(0,0) + \frac{1}{16}[TCC(-\nu_0, 0) + TCC(\nu_0, 0)] \\
&= \frac{1}{4}TCC(0,0) + \frac{1}{8}TCC(\nu_0, 0)
\end{aligned} \tag{7.5-21}$$

$$\begin{aligned}
B &= \frac{1}{8}[TCC(0, -\nu_0) + TCC(0, \nu_0) + TCC(-\nu_0, -\nu_0) + TCC(\nu_0, \nu_0)] \\
&= \frac{1}{4}TCC(0, \nu_0) + \frac{1}{4}TCC(\nu_0, \nu_0)
\end{aligned}$$

$$C = \frac{1}{16} \left[TCC(-\nu_0, -2\nu_0) + TCC(\nu_0, 2\nu_0) \right].$$

$$= \frac{1}{8} TCC(\nu_0, 2\nu_0).$$

这里我们已经用到了这样的事实,即 $I_i(u)$ 必须是实值的并且注意到传递交叉系数对于无像差共轴光学系统也是完全实值的. 此外,问题的对称性使 A、B 和 C 的第二行表达式得以再简化.

对于频率 ν_0 和 $2\nu_0$ 的强度正弦分量,现在定义一个表观传递函数是可能的. 通常用的这个定义是

$$\mathcal{H}_A(\nu) = \frac{\text{输出中频率 } \nu \text{ 的强度调制}}{\text{输入中频率 } \nu \text{ 的强度调制}}, \tag{7.5-22}$$

其中术语"调制度" M 意思是正弦条纹峰值振幅对于常数背景的比值. 对于 (7.5-16) 式表示的物来讲,在频率 ν_0 输入的调制度是 $M_{\nu_0} = 4/3$,而在频率 $2\nu_0$ 处输入的调制度是 $M_{2\nu_0} = 1/3$. 在输出端的调制度是

$$M_{\nu_0} = \frac{B}{A} = \frac{TCC(0, \nu_0) + TCC(\nu_0, \nu_0)}{TCC(0,0) + \frac{1}{2} TCC(\nu_0, 0)} \tag{7.5-23}$$

$$M_{2\nu_0} = \frac{C}{A} = \frac{\frac{1}{2} TCC(\nu_0, 2\nu_0)}{TCC(0,0) + \frac{1}{2} TCC(\nu_0, 0)}. \tag{7.5-24}$$

这样我们算出在频率 ν_0 和 $2\nu_0$ 处的表观传递函数是

$$\mathcal{H}_A(\nu_0) = \frac{3B}{4A} = \frac{3}{4} \frac{TCC(0, \nu_0) + TCC(\nu_0, \nu_0)}{TCC(0,0) + \frac{1}{2} TCC(\nu_0, 0)} \tag{7.5-25}$$

$$\mathcal{H}_A(2\nu_0) = \frac{3C}{A} = \frac{\frac{3}{2} TCC(\nu_0, 2\nu_0)}{TCC(0,0) + \frac{1}{2} TCC(\nu_0, 0)}. \tag{7.5-26}$$

图7.10 给出了以 σ 作为参数的两种余弦分量的表观传递函数曲线. 请注意,对于频率 ν_0 的分量,当 $\nu_0 < \nu_c$ 时完全相干照明得到比完全非相干照明更高的对比度,对于 $\nu_0 < \nu_c$ 则相反. 对于频率 $2\nu_0$ 的分量,完全相干照明总是得到比完全非相干照明更高的对比度. 这些结论仅对于正弦振幅光栅是准确的. 对于其他类型的物体,那种照明的类型更加优越的结论,一般是不同的.

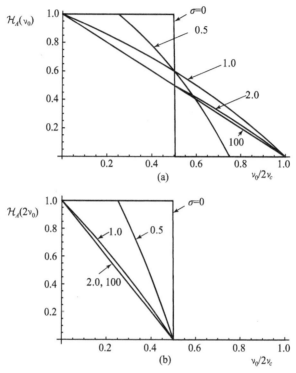

图 7.10　对于强度项 $\cos(2\pi\nu_0 u)$（a）和 $\cos(4\pi\nu_0 u)$（b），作为参数 $\sigma = \mathrm{NA}_c/\mathrm{NA}_i$ 的函数的

表观传递函数

参数 ν_c 是相干截止频率，$w/\overline{\lambda}f$，这里 w 是成像光瞳的半宽度

7.6　在干涉度量过程中像的形成

采用成像是一个干涉度量过程的观点，可对在各种照明条件下形成的像的特点得到深入的认识．这种方法也提出了收集像的数据的各种手段．因为射电源的最高分辨率图像在大多数情况下是用干涉仪而不是用连续的反射天线来收集，干涉度量方法已在射电天文学中用了多年[206]．另外，类似的成像技术现在也开始用在光学天文观测中[185]．干涉度量观点在光学中的价值，很早就由 Rogers[180] 对完全非相干物体的情形指出了．

7.6.1　成像系统作为一个干涉仪

我们都熟悉这样一个思想，在 Young 氏干涉实验中，通过两个小针孔的光最后能发生干涉产生正弦条纹，其空间频率与针孔间隔有关．现在成像系统的出瞳可看成由大量（虚拟的）针孔对并排组成，而观察到的像强度分布可看成是由所有可能包含在出瞳中的这种针孔对所产生的大量正弦条纹构成的.

空间频率为 (ν_U, ν_V) 的像的频率成分必定由出瞳上至少一对针孔产生,其出瞳分离间距为

$$\Delta x = \bar{\lambda} z_i \nu_U$$
$$\Delta y = \bar{\lambda} z_i \nu_V, \qquad (7.6\text{-}1)$$

式中 z_i 是从出瞳到像之间的距离. 坐标为 (x_1, y_1) 和 (x_2, y_2) 的一对针孔贡献的正弦条纹的振幅和相位决定于由出瞳透射的互强度 $\mathbf{J}_p'(x_1, y_1; x_2, y_2)$ 振幅和相位[1]. 一般讲因为出瞳内有着许多间隔为 $(\Delta x, \Delta y)$ 的针孔对,所以像强度的谱成分 $\mathcal{I}_i(\nu_U, \nu_V)$ 的总振幅和相位必须通过对频率为 (ν_U, ν_V) 的所有条纹求和来计算,求和时要合理地考虑它们的振幅和空间相位. 因为 $\mathbf{J}_p'$ 的振幅和相位是与从两个针孔发出的光场产生的正弦条纹的振幅和相位一致的,在频率 (ν_U, ν_V) 处图像 Fourier 变换的总值由下式给出:

$$\mathcal{I}_i(\nu_U, \nu_V) = \iint_{-\infty}^{\infty} \mathbf{J}_p'(x_1, x_2; x_1 - \bar{\lambda} z_i \nu_U, y_1 - \bar{\lambda} s \nu_V) \, dx_1 dx_2, \qquad (7.6\text{-}2)$$

它代表了所有间距为 $(\Delta x, \Delta y)$ 并且处于有限出瞳之中的针孔对产生的所有条纹的叠加.

当然,出瞳只有有限的范围,因此离开出瞳的互强度 $\mathbf{J}_p'$ 可以用入射到出瞳上的互强度 $\mathbf{J}_p$ 表示为

$$\mathbf{J}_p'(x_1, y_1; x_2, y_2) = \mathbf{P}(x_1, y_1)\mathbf{P}^*(x_2, y_2)\mathbf{J}_p(x_1, y_1; x_2, y_2), \qquad (7.6\text{-}3)$$

式中复光瞳函数 $\mathbf{P}$ 是由出瞳的空间边界决定的,也是由任何可能存在的切趾效应,以及任何与系统有关的相位差或像差决定的. 出瞳的有限大小限制了在其中得到任意固定的 $(\bar{\lambda} z_i \nu_U, \bar{\lambda} z_i \nu_V)$ 坐标点 (x_1, y_1) 活动的面积,如果将 (7.6-3) 式代入 (7.6-2) 式这个事实变得更加明显,得到

$$\mathcal{I}_i(\nu_U, \nu_V) = \iint_{-\infty}^{\infty} \mathbf{P}(x_1, y_1)\mathbf{P}^*(x_1 - \bar{\lambda} z_i \nu_U, y_1 - \bar{\lambda} z_i \nu_V)$$
$$\times \mathbf{J}_p(x_1, y_1; x_1 - \bar{\lambda} z_i \nu_U, y_1 - \bar{\lambda} z_i \nu_V) \, dx_1 dy_1. \qquad (7.6\text{-}4)$$

对于半径为 r_p 的没有障碍的圆形出瞳,在 (x_1, y_1) 面上的积分区域就是如同图 7.11 所示的斜线阴影重叠面积. 这样在图 7.11 中实线表示的固定分离可以看作在重叠区域内滑动到所有包含它的位置,但是两针孔的相对指向(即它们的矢量间距)保持不变. 对于固定矢量间隔在重叠区域中的每个可能位置,在成像中产生一组强度条纹. 对于在重叠区域中这一固定矢量间隔的所有位置,条纹的空

---

[1] 我们用 $\mathbf{J}_p$ 代表入射到出瞳上的互强度,用 $\mathbf{J}_p'$ 代表离开出瞳的互强度. 入瞳和出瞳的定义可参阅文献 [80],附件 B.5.

间频率是相同的，但是在部分相干的情况下，条纹的可见度和空间相位随着矢量间隔的中心位置而改变（更详细的内容请参阅文献［49］）.

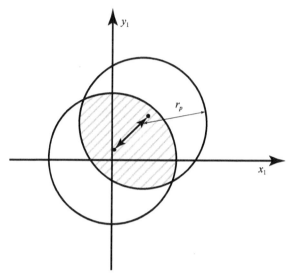

图 7.11　在频率 (ν_U,ν_V) 处计算成像强度谱的积分区域

两个圆都具有半径 r_p，即出瞳的半径．上面圆中心离开下面圆中心位移矢量距离为 $(\bar\lambda z_i\nu_U,\bar\lambda z_i\nu_V)$，而且两个针孔（图示为在实线两端的小黑圈）间也分开同样的矢量距离间隔

这样我们看出所成的像可以看作是具有产生不同频率的不同针孔分离量、在出瞳中成对针孔产生的干涉条纹图样叠加起来综合而成的，并且特别的空间频率的产生是由同样空间频率但是可能具有不同的可见度和空间相位的强度条纹图样重叠而成的.

7.6.2　非相干物体的情况

当原来的物体照明是完全非相干时，$\mathcal{I}_i(\nu_U,\nu_V)$ 的计算变得特别简单．根据 Van Cittert-Zernike 定理，入射到入瞳内半径为 z_o 的参考球面上（图 7.12）的互强度分布仅仅是该光瞳上间隔 $(\Delta x,\Delta y)$ 的函数（与 Van Citter-Zernike 定理相联系的二次相位由于使用该参考球面而消失）．出瞳只不过是入瞳的像．于是，在光瞳范围内，出瞳内球面上的互强度 $\mathbf{J}_p$ 与入射到入瞳内参考球面上的互强度相同（略去可能的放大或缩小）．为了简化，我们假设系统放大率为 1，就是说 $z_i=z_o=z$．接下去得到，$\mathbf{J}_p$ 仅仅是坐标差 $(\Delta x,\Delta y)$ 的函数而与 (x_1,y_1) 无关．这种情况下，$\mathcal{I}(\nu_U,\nu_V)$ 的表示式（7.6-4）变为

$$\mathcal{I}_i(\nu_U,\nu_V) = \mathbf{J}_p(\bar\lambda z\nu_U,\bar\lambda z\nu_V)$$
$$\times \iint_{-\infty}^{\infty}\mathbf{P}(x_1,y_1)\mathbf{P}^*(x_1-\bar\lambda z\nu_U,y_1-\bar\lambda z\nu_V)\,\mathrm{d}x_1\mathrm{d}y_1. \tag{7.6-5}$$

这一结果意味着，对于非相干物体和无像差光学系统（即对于一个非负的实值光瞳函数），当一对针孔以固定的间隔在出瞳内到处滑移时，各 Young 氏条纹贡献的相位在任何位置都相同．于是，这些"基元条纹"相长叠加，产生一个更大振幅的条纹．如果光学系统有像差，基元条纹的相位一般是变化的，结果条纹的振幅就会减小．

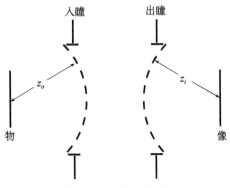

图 7.12　入瞳和出瞳

为了将上面的结果向前推进一点点，我们利用这个事实，即对于非相干物体并满足近轴近似的情况，Van Cittert-Zernike 定理意味着，$\mathbf{J}_p$ 是物体 Fourier 谱的定标形式 $\mathcal{I}_o(\nu_U, \nu_V)$．为了弄清这一点，请考虑（5.7-8）式，在选择好的参考球面上作适当的代换，它可以写成下式[①]：

$$\mathbf{J}_p(\bar\lambda z\nu_U, \bar\lambda z\nu_V) = \frac{\kappa}{(\bar\lambda z)^2} \iint_{-\infty}^{\infty} I_o(\xi, \eta) \exp[\,j2\pi(\nu_U\xi + \nu_V\eta)\,]\,d\xi d\eta$$

$$(7.6\text{-}6)$$

$$= \frac{\kappa}{(\bar\lambda z)^2} \mathcal{I}_o(\nu_U, \nu_V).$$

将（7.6-6）式代入（7.6-5）式并用在 (ν_U, ν_V) 平面原点处的值对所有的量做归一化，我们得到

$$\hat{\mathcal{I}}_i(\nu_U, \nu_V) = \hat{\mathcal{I}}_o(\nu_U, \nu_V) \mathcal{H}(\nu_U, \nu_V),$$

$$(7.6\text{-}7)$$

其中

$$\hat{\mathcal{I}}_i(\nu_U, \nu_V) = \frac{\mathcal{I}_i(\nu_U, \nu_V)}{\mathcal{I}_i(0,0)}, \quad \hat{\mathcal{I}}_o(\nu_U, \nu_V) = \frac{\mathcal{I}_o(\nu_U, \nu_V)}{\mathcal{I}_o(0,0)}$$

$$(7.6\text{-}8)$$

并且

---

①　读者可能怀疑这个方程量纲是否正确．很清楚 $\mathbf{J}_p$ 和 I_o 具有同样的量纲，因为它们两者都是两个复光场乘积的平均值．由于积分中两次微分的量纲，谱 $\mathcal{I}_o$ 具有长度平方的量纲．在 5.5.2 节中看出 κ 具有长度平方的量纲．最后，与积分相乘的常数具有长度四次方倒数的量纲．这样一来方程左边和右边的量纲就匹配了．

$$\mathcal{H}(\nu_U,\nu_V) = \frac{\iint\limits_{-\infty}^{\infty}\mathbf{P}(x_1,y_1)\mathbf{P}^*(x_1 - \bar{\lambda}z\nu_U, y_1 - \bar{\lambda}z\nu_V)\,\mathrm{d}x_1\mathrm{d}y_1}{\iint\limits_{-\infty}^{\infty}|\mathbf{P}(x_1,y_1)|^2\mathrm{d}x_1\mathrm{d}y_1}. \tag{7.6-9}$$

函数 $\mathcal{H}(\nu_U,\nu_V)$ 是前面在 （7.4-8） 式中遇到的 OTF，表示成像系统对于非相干物体每一个 Fourier 分量给予的对比度权重和相位移动. 这里我们把它看作，光学系统对于在出瞳中作为针孔分离量函数的、针孔对产生的元条纹，所施加的相对振幅和相位权重因子. 对于在孔径中取值为 1 而在孔径外取值为 0 的光瞳函数 $\mathbf{P}$，这种简单而又常见的情况下，系统用于强度频率分量 (ν_U,ν_V) 的权重函数 $\mathcal{H}(\nu_U,\nu_V)$，将是相互分离矢量距离 $(\bar{\lambda}z_i\nu_U, \bar{\lambda}z_i\nu_V)$ 的两光瞳的归一化重叠面积 （如同在图 7.11 中所示的相互交叉重叠的圆形孔径）. 这一归一化面积表示了出瞳包容的每一个针孔对的数量.

7.6.3　用干涉仪收集像的信息

在本小节中，自始至终我们假设感兴趣的物体都是完全非相干照明的. 用于本小节的附加文献在文献［74］中可以找到. 前面我们已经看到对于这样一种物体和无像差的光学系统，在出瞳面上矢量间隔 $(\bar{\lambda}z_i\nu_U, \bar{\lambda}z_i\nu_V)$ 的单一针孔对将得到在像面上具有一定可见度和相位的一组条纹，这些可见度和相位等于在矢量频率 (ν_U,ν_V) 处物强度的 Fourier 谱的特殊分量的可见度和相位. 具有同样矢量间隔的不同针孔对产生完全相同的条纹，因而该系统可以说是具有冗余的. 这种冗余度起到提高测量信噪比的作用，但并不以任何其他方式贡献新的信息.

当光学系统包含像差，或者当它处于产生像差的非均匀介质中时，冗余度的存在实际上可能有害. 这种情况下，同一空间频率的 Young 氏条纹以不同的空间相位叠加减少了反差，从而也降低了条纹振幅和相位测量的精确度. 这一事实建议我们，有的时候利用在出瞳内不同间隔的非冗余针孔对序列，一个接一个频率地测量有更多优越性[184].

更重要的是，在某些情况下，人们希望扩展系统观察到的矢量间隔 （因而也扩展空间频率） 的范围，但是并不想建造一个具有相应的大孔径的光学系统. 这种概念将把我们引到综合孔径或者用干涉仪成像的领域，就是说，用干涉仪收集物体信息.

在某些情况下，我们可能对提取到不如具有细节的图像那样完整的物体信息就已感到满意了. 例如，如果物体已知为均匀圆形发亮的光源 （比如一颗遥远的均匀发亮的星），只要确定出其角直径就可以满足我们的要求. 对一个已知为两个点光源组成的物体 （比如双星），也许我们主要关心的是它们的角距离和相对亮度. 在这些情况下，物体谱的模已可提供足够的信息，允许我们忽略相位信息.

用于获取空间信息的最简单的一种干涉仪是图 7.13 所示的 Fizeau 星体干涉仪[60]. 在应用这种干涉仪的天文测量问题中，物体离观察者极远而且角宽度极小. 它的像平面与反射或折射望远镜的后焦面重合. 为了建造一个 Fizeau 干涉仪，在望远镜的光瞳的像上放置一个带有两个开口的膜片，实际上只允许主镜上中心矢量间隔为 $(\Delta x, \Delta y)$ 的两小束光线通过，并在焦平面上发生干涉. 在焦平面上观察到的条纹的反差或可见度由入射到两个有效光瞳开孔上的光的复相干因子的模决定，

$$|\boldsymbol{\mu}_p(\Delta x, \Delta y)| = \left|\frac{\mathbf{J}_p(\Delta x, \Delta y)}{\mathbf{J}_p(0,0)}\right|, \tag{7.6-10}$$

式中 $\mathbf{J}_p$ 是入射到主镜孔阑上的光场的互强度.

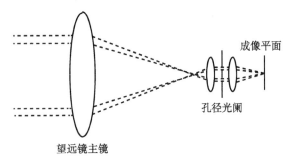

图 7.13   Fizeau 星体干涉仪

对于一个在距离 z 处、半径为 r_s 的亮度均匀的圆形光源，入射到望远镜主镜上的光场复相干因子形如

$$\boldsymbol{\mu}_p(\Delta x, \Delta y) = 2\frac{\mathrm{J}_1\left(\frac{2\pi r_s}{\lambda z}\sqrt{\Delta x^2 + \Delta y^2}\right)}{\frac{2\pi r_s}{\lambda z}\sqrt{\Delta x^2 + \Delta y^2}}, \tag{7.6-11}$$

其中 J_1 是第一类一阶 Bessel 函数. 等价地，该式可用光源角直径，$\theta_s \approx 2r_s/z$，表示为

$$\boldsymbol{\mu}_p(\Delta x, \Delta y) = 2\frac{\mathrm{J}_1\left(\frac{\pi\theta_s}{\lambda}s\right)}{\frac{\pi\theta_s}{\lambda}s}, \tag{7.6-12}$$

其中间隔 $s = \sqrt{\Delta x^2 + \Delta y^2}$ 可以在任意方向，但是具有固定的大小.

注意，当间隔 s 的大小使得 Bessel 函数出现一个零值时，条纹完全消失 ($|\boldsymbol{\mu}_p|$) = 0. 产生这一情况的最小间隔为

$$s_0 = 1.22 \frac{\overline{\lambda}}{\theta_s}. \tag{7.6-13}$$

于是通过逐渐增大两个开口的间隔直到条纹第一次消失, 就可能测出光源的角直径. 该角直径由下式给出:

$$\theta_s = 1.22 \frac{\overline{\lambda}}{s_0}. \tag{7.6-14}$$

读者可能很想知道, 在测量远方物体角直径的工作中, 为什么宁愿使用只利用望远镜孔阑的一部分的 Fizeau 星体干涉仪, 而不用望远镜的全部孔阑. 答案在于地球大气 (通过大气观察) 在空间和时间上的随机涨落效应, 这将在第八章更详细地讨论. 现在只要作如下说明就可以了, 因为在有大气涨落存在的情况下检测条纹反差消失, 比从物体严重模糊的图像去测量物体直径要容易.

Fizeau 星体干涉仪的主要缺点在于: ①它收集到的光功率大大少于全口径望远镜; ②用哪怕是最大的光学望远镜, 用最大的干涉间隔测量, 具有足够大的直径的星体光源的数目是极其有限的. 膜片制作的望远镜孔径仍然在天文科学上应用[94] (部分地以所谓非冗余阵列的形式), 并且非常大的望远镜现在还在工作的同时, 上面提及的缺点已经导致应用干涉仪的其他方法, 这些在下一节讨论.

7.6.4　Michelson 测星干涉仪

Michelson 发明的干涉仪[145], 即所谓 Michelson 测星干涉仪, 极大地扩展了无辅助装置的望远镜所能给出的有限的间隔范围. 如图 7.14 所示, 为最常见的反射望远镜, 在长长的刚性横臂上安装了两个可动的反射镜. 光从两个反射镜射入望远镜的主反射镜, 而两细光束在焦平面汇合, 就如 Fizeau 干涉仪的情形那样. 然而, 现在能被测的间隔范围并不是由望远镜反射镜的物理尺寸限定, 并且可以测量小得多的光源的直径. Michelson 与 Pease[147] 建造并成功地使用了一台 20 英尺的这种类型的干涉仪. 另一台 50 英尺的干涉仪也建造起来, 但由于机械的不稳定性一直未能很好地工作.

从 Michelson 工作的时代开始, 人们已经知道这种仪器在技术上的先进性, 形式更加精密的干涉仪能够并且已经建造出来. 例如, 我们提到欧洲南天文台的 Very Large Telescope Interferometer (VLTI), 它将 4 台 8.2m 直径望远镜和 4 台 1.8m 望远镜连接到一起[92], 在 Wilson 山上的 CHARA 望远镜阵列连接了 6 台 1m 望远镜[204], 而 Keck 干涉仪现在已经不工作了, 但是它连接了两个大望远镜[38,167]. 在所有这些情况里, 大望远镜代替了图 7.14 中所示的简单的分离反射镜, 而且精密可变延迟线用来使形成干涉条纹的位置的光程相等. 还可参阅文献 [126], 它描述了第一台使用 "减弱" 反射镜的望远镜, 即一种被分块的放射镜, 在望远镜中只有部分望远镜孔径为分块的集光器所填充.

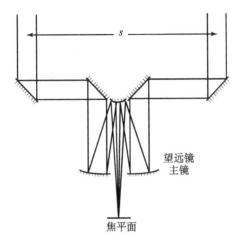

图 7.14　Michelson 测星干涉仪

7.6.5　相位信息的重要性

Michelson 星体干涉仪的最简单的可能用途是确定条纹第一次消失时的特定间隔 s_0，从而确定远方圆形均匀亮度光源的角直径. 一项更雄心勃勃的任务是当光程长度全等时测量条纹的可见度（即复相干因子的模 $|\mu_p|$），而且对于间隔的全部范围重复完成这一测量. 这并不是一件易于完成的任务，因为发现条纹第一次出现时在干涉仪的一臂中加入的滞后常常是很困难的，更不用说要确定使条纹可见度达到最大值的滞后. 然而，如果能够找到这个最大值，这些测量就使我们能够揭示比仅仅是角直径更为详细的信息. 最为雄心勃勃的任务将是试图对于间隔的全部范围，不仅测量条纹的可见度，而且测量其空间相位（完整的复相干因子 μ_p），并且将这一更加完备的数据用来成像.

显然，如果 μ_p 的模和相位都被测出，我们就能知道物体的 Fourier 谱，虽然仅仅是对于与所探索的最大间距相对应的有限的空间频率. 然后对测得的数据作一次 Fourier 逆变换，就会得出物体的像，其分辨率由测量用的最大间隔限定.

在现代的实践中，从干涉仪中抽取真实的相位信号是很困难的，但也并非不可能. 这种任务需要精密可变的延迟线和常常被称作相位闭合的处理技术. 尽管条纹相对于参考点的位置是可以测量的，这个峰值位置实际上随着时间随机漂移，不仅由于穿过抖动的大气光程的长度有随机涨落，而且由于干涉仪本身任何机械的不稳定性. 相位闭合技术使用三组（或许更复杂的）干涉仪得到的短曝光测量结果的组合，它们用不同的矢量间隔以使得大气引起的相位漂移相互抵消. 更详细的内容可以参阅文献［182］和［93］.

现在假设我们试图在二维间隔阵列上只测量 μ_p 的模（即条纹可见度的最大

值），无论是通过一系列测量，或者用多元件阵列来完成测量．于是自然发生了下述的问题，从对一个物体的 Fourier 谱的模的测量中，能导出有关物体的哪些准确信息（这个问题有关的早期工作的综述，请参阅文献［156］和［223］）？我们要为丢失相位信息付出什么代价？

　　一个简单的模拟就可以验证相位信息对成像一般是极端重要的．参看图 7.15，考察一个有矩形强度截面分布的非相干一维物体（图 7.15（a））．相应的相干因子是一个简单的 sinc 函数（图 7.15（b））．注意，sinc 函数的负瓣对应于干涉仪产生的条纹的相位反转 180°，按照早先解释过的理由，这个相位变化是不能检测到的．于是我们测得的数据相应于 sinc 函数的模（图 7.15（c））．如果我们把这个模信息当成物体真正的谱那样对待，对它取 Fourier 逆变换后，我们将得到图 7.15（d）所示的"像"．显然，它与原物体没有什么相似之处！

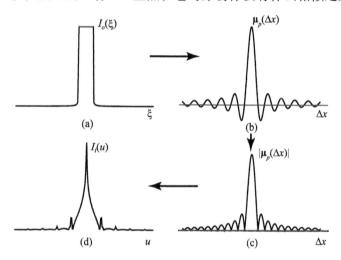

图 7.15　相位信息重要性图示

（a）原始物体强度分布（一个实函数）；（b）该物体强度分布的复相干因子；（c）sinc 函数的模；
（d）用复相干因子模信息而非完整复相干因子反变换的像

　　确实存在一些情况，没有相位信息并不要紧．例如，如果物体强度分布的 Fourier 谱（即复相干因子）完全是非负实数，则相位信息并不存在．具有 Gauss 强度分布（从而具有 Gauss 谱）的物体就是这种物体的一个例子，该强度分布为

$$I_o(\xi,\eta) = I\exp\left(-\frac{\xi^2 + \eta^2}{W^2}\right). \tag{7.6-15}$$

在习题 7-9 中要求读者证明，更一般地，任何空间有限的对称的一维强度分布都可以仅由有关其谱的模的知识来重现，只要做适当的数据处理．

　　如果我们考察 $|\mu_p(\Delta x,\Delta y)|^2$ 的 Fourier 逆变换，而不是 $|\mu_p|$ 的 Fourier 逆变换，就会对复相干因子的模所携带的关于物体的准确信息这个问题有较好的认

识. 这时, Fourier 分析的自相关定理意味着可重现的"像"具有如下形式:

$$I_i(u,v) \propto \iint\limits_{-\infty}^{\infty} I_o(\xi,\eta) I_o(\xi - u, \eta - v) \, \mathrm{d}\xi \mathrm{d}\eta. \tag{7.6-16}$$

就是说, 重现的数据正比于物体强度分布的自相关函数. 这种信息可能是有用的, 例如, 在图 7.16 所示测量两个小星体的间隔的情形. 两颗星的间隔能够很容易地由物体光强分布的自相关函数来确定.

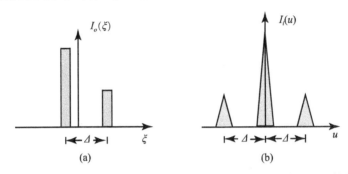

图 7.16　从两个小光源联合光强分布的自相关函数确定两个小光源之间的分离量 Δ
（a）物体强度分布；（b）该物体强度分布的自相关函数

还存在着一个特殊情况, 在该情况下, 全部像信息能由自相关函数取得, 而无需物体的对称性 (参阅文献 [121] 和 [76]). 这一条件发生在所研究的物体附近刚好有一个互不相干的点光源, 但又与之分开一个足够大的距离. 如同图 7.17 所示, 这种情况下的物强度的自相关函数包含了物体的两个像, 以及用完全类似于全息术的形式包含着物体额外的信息. 然而, 应该想到, 在这种情况下物体是非相干的, 可是在常规全息术中物体必须是相干的.

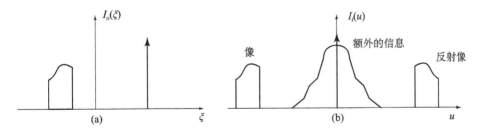

图 7.17　从物体光强分布的自相关函数完全恢复原物体的特殊情况
（a）物体强度分布；（b）该物体强度分布的自相关函数

7.6.6　一维情况下的相位信息恢复

在相位不能直接测量的情况下, Wolf[229] 在 1962 年提出了一个诱人的可能方法来解决丢失相位信息这个问题. 虽然他是就 Fourier 光谱仪提出的, 但这种概念同样适用于目前的空间干涉度量学的情形. 在本小节中，我们用单变量函数讨论这个方法，这是下一小节讨论在更高维度中的相同问题的基础.

我们开始先假定预先知道的非相干物体是空间有界的，就是说，物体的强度分布 $I_o(\xi)$ 仅在 ξ 轴上有限区间内不等于零. 不失一般性，我们可假定这样选取原点，使

$$I_o(\xi) = 0 \quad 对于 \ \xi \leq 0. \tag{7.6-17}$$

相对应的复相干因子为

$$\mathbf{\mu}(\Delta x) = \mathrm{Re}\{\mathbf{\mu}(\Delta x)\} + j\mathrm{Im}\{\mathbf{\mu}(\Delta x)\} = \mu_r(\Delta x) + j\mu_i(\Delta x), \tag{7.6-18}$$

是 I_o 的归一化 Fourier 变换. 从有关解析信号的知识，我们知道，满足 (7.6-17) 式的函数的 Fourier 变换的实部与虚部构成一个 Hilbert 变换对[①]

$$\mu_r(\Delta x) = \frac{1}{\pi}\int_{-\infty}^{\infty}\frac{\mu_i(\zeta)}{\zeta - \Delta x}\mathrm{d}\zeta. \tag{7.6-19}$$

现在来考察表示为复变量 $\mathbf{z} = z_r + jz_i$ 的函数的复相干因子，其中 $z_r = \Delta x$. 函数 $\mathbf{\mu}(\mathbf{z})$ 与 $I_o(\xi)$ 由单边 Laplace 变换相联系，

$$\mathbf{\mu}(\mathbf{z}) = b\int_0^{\infty} I_o(\xi)\mathrm{e}^{j2\pi\mathbf{z}\xi}\mathrm{d}\xi, \tag{7.6-20}$$

其中 $-j2\pi\mathbf{z}$ 代替了通常的 Laplace 变换的变量，而 b 是常数. 稍作考虑可知，由于 I_o 的单边性质，$\mathbf{\mu}(\mathbf{z})$ 必然在复 $\mathbf{z}$ 平面的上半部是解析的（即无极点）. 因此，用名字"解析信号"称呼这样一种函数[②].

显然，我们能用 (7.6-19) 式对给定的 $\mathbf{\mu}$ 的虚部导出它的实部，或者通过 Hilbert 逆变换关系式

$$\mu_i(\Delta x) = \frac{1}{\pi}\int_{-\infty}^{\infty}\frac{\mu_r(\zeta)}{\zeta - \Delta x}\mathrm{d}\zeta. \tag{7.6-21}$$

由实部导出虚部. 然而，这两个关系式都不能帮助我们解决手头的问题，即由有关 $\mathbf{\mu}$ 的模的知识确定其相位.

作为向解决这一问题前进的一步，我们考察对函数 $\mathbf{\mu}(\Delta x)$ 取复对数的结果. 如果

$$\mathbf{\mu}(\Delta x) = |\mathbf{\mu}(\Delta x)|\exp\left[j\phi(\Delta x)\right]. \tag{7.6-22}$$

则

$$\ln\left[\mathbf{\mu}(\Delta x)\right] = \ln|\mathbf{\mu}(\Delta x)| + j\phi(\Delta x). \tag{7.6-23}$$

现在如果能证明 $\ln\left[\mathbf{\mu}(\Delta x)\right]$ 是解析信号，则相位可通过 Hilbert 变换的关系由其

---

① 在比较 (3.8-19) 式和 (7.6-19) 式时要记住，前者涉及的是一个单边谱的函数，后者处理的是单边函数的谱.

② 如果当 ξ 大于某一上限时，也等于零，则 $\mathbf{\mu}(\mathbf{z})$ 在复 $\mathbf{z}$ 平面的下半部分也无极点.

幅值恢复：

$$\phi(\Delta x) = -\frac{1}{\pi} \int_{-\infty}^{\infty} \frac{\ln|\boldsymbol{\mu}(\zeta)|}{\zeta - \Delta x} d\zeta. \tag{7.6-24}$$

可惜的是，$\boldsymbol{\mu}(\mathbf{z})$ 在复 $\mathbf{z}$ 平面上半部的解析性并不是保证 $\ln[\boldsymbol{\mu}(\Delta x)]$ 在同一区域的解析性的充分条件，不具有解析性的最明显的理由就是 $\boldsymbol{\mu}(\Delta \mathbf{z})$ 在上半平面可能存在零值，这将使 $\ln[\boldsymbol{\mu}(\Delta x)]$ 有奇点.

这个问题在数学上的仔细考察（文献［152］）表明，如果 $\boldsymbol{\mu}(\Delta x)$ 是平方可积的，即

$$\int_{-\infty}^{\infty} |\boldsymbol{\mu}(\Delta x)|^2 d\Delta x < \infty, \tag{7.6-25}$$

并且进一步如果它满足 "Paley-Wiener 条件"

$$\int_{-\infty}^{\infty} \frac{\ln|\boldsymbol{\mu}(\Delta x)|}{(\Delta x)^2 + 1} d\Delta x < \infty, \tag{7.6-26}$$

则相位 $\phi(\Delta x)$ 由下式给定：

$$\phi(\Delta x) = -\frac{1}{\pi} \int_{-\infty}^{\infty} \frac{\ln|\boldsymbol{\mu}(\zeta)|}{\zeta - \Delta x} d\zeta + \sum_n \arg\left\{\frac{\Delta x - \mathbf{z}_n}{\Delta x - \mathbf{z}_n^*}\right\}, \tag{7.6-27}$$

其中 $\mathbf{z}_n$ 是 $\boldsymbol{\mu}(\mathbf{z})$ 在 $\mathbf{z}$ 平面上半部取零值的位置.

在某些情况下，函数 $\boldsymbol{\mu}(\mathbf{z})$ 在上半平面可能无零值，这时所谓最小相位解 (7.6-24) 式成立. 然而一般总会出现零值，而且它们的位置事先不会知道. 曾作了不少努力，利用进一步的物理约束（如光强的非负性），以消除有关零点位置的某些不确定性，但即使用了这些约束，歧义性在一般情况下还是存在. 结果，在一维情况下最小相位解一般仍然是不准确的.

可以证明一维情况的歧义性与代数的基本定理有关[32]，该基本定理是说，每一单一变量 x 的 N 阶多项式都有 N 个根（计数多样性），就是说，在 N 个 x 的值处多项式取值为零. 这个事实导致的结论是，具有最小相位解的一维物体是很少见的. 缺少关于多个零点位置信息时就会有多个解. 在二维或者更高维的情况下，这个代数基本定理并不成立，而且发现除了镜面反射和（或者）不影响 $\boldsymbol{\mu}$ 的模的平移的情况以外，解通常是唯一的. 下一小节我们的注意力就转向二维的问题和它的解.

7.6.7　二维情况下的相位信息恢复——迭代相位恢复

在二维情况下成功地从 Fourier 幅值恢复 Fourier 相位的一些相位恢复算法的能力是 Fienup 用实际经验的发现[56,57]. 参阅文献［58］可以得到对于这些努力历史的完美综述. 最早使用的方法是迭代的，并且与所谓 Gerchberg-Saxton 算法有关.

被称为"误差递减算法"的这种算法的最简单形式以下述假设为出发点：

(1) 复值 Fourier 谱 $\boldsymbol{\mu}$ 的模 $|\boldsymbol{\mu}(\Delta x, \Delta y)|$ 是已知的，是可用于推测的测

量结果.

（2）物体光强 $I_o(\xi, \eta)$ 在 (ξ, η) 平面上的一个已知区域之外恒等于零.

（3）物体光强 $I_o(\xi, \eta)$ 是非负函数 $I_o \geqslant 0$.

作为对 $\boldsymbol{\mu}$ 的相位的首次推测，可取一组随机相位（假定已知 $|\boldsymbol{\mu}|$ 在 $(\Delta x, \Delta y)$ 平面上一组离散采样点上的值）. 对这个记作 $\boldsymbol{\mu}^{(1)}$ 的初始推测，取 Fourier 逆变换得到谱（像）$I_o^{(1)}$，它在保持真正的 I_o 的已知区域以外一般是非零的，而且还有一些负值. 如果将负值去掉（例如，规定它们等于零），并将在保持真正的 I_o 的已知区域之外的非零值换为零，对这个经过修正的强度分布取 Fourier 变换将得到函数 $\tilde{\boldsymbol{\mu}}^{(2)}$，它具有一个新的相位分布，以及一个改变了的模分布. 如将模分布换为原来的（测量的）模信息但保持新的相位信息，我们就有了对复函数 $\boldsymbol{\mu}$ 的第二次推测 $\boldsymbol{\mu}^{(2)}$. 重复这一过程，我们希望 $\lim_{n \to \infty} I_o^{(n)} = I_o$.

的确可以证明，定义为偏离限制（成为负值或在保持真正的 I_o 的已知区域之外有非零值）的量的平方和的误差度量标准不会增加. 于是下一个估值 $I_o^{(k+1)}$ 不会相对于非负性与有限的已知区域限制比上一个估值 $I_o^{(k)}$ 有更大的均方根误差. 然而，这个算法常常收敛很慢，在估算的物体光强分布中留下相当大的误差. 与这个算法联合应用的修正算法已经设计出来. 当这个算法变得很慢的时候，一个新的算法可以引入来进一步减小误差. 关于这些巧妙的细节，读者可以参阅文献 [43]. 此外，现代非线性优化方法也可以用于某些相位恢复问题得到有用的结果（如参阅文献 [25]）.

图 7.18（引自文献 [57]）显示了应用与上面描述的算法相类似的方法以及当这个算法迟滞时用的另一个方法的例子. 图 7.18（a）所示为原物体，即一艘宇宙飞船的模拟像. 图 7.18（b）所示为该图像的 Fourier 模. 图 7.18（c）所示为应用迭代算法重建的图像. 图 7.18（a）和（c）之间的差别在这些图中难于辨认，差别的确相当小.

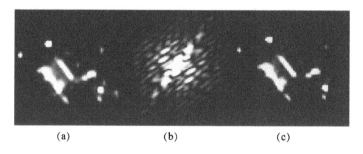

(a)　　　　　　　(b)　　　　　　　(c)

图 7.18　应用迭代相位恢复算法的结果图示（参阅文献 [57]）

（a）原物体（模拟的宇宙飞船）；（b）物体 Fourier 谱的模；（c）用迭代算法恢复的图像

7.7　相干成像中的散斑效应

　　7.6 节中物体的照明（或者物体发出的辐射）都假设是完全非相干的，现在我们转向其对立面，研究物体照明是完全相干光的情况．当使用由激光器产生的高度相干的光对复杂物体成像时，立即显现出一种很重要的像质缺陷．如果物体的表面与光波波长相比较是粗糙的（正如除了反射镜以外的大多数物体那样），则发现所成的像呈现颗粒状外观，具有大量的亮斑和暗斑，它们与物体的宏观散射性质并无明显的联系．这些混沌无序的图样称为散斑．这种图样也可在由通过静止的漫射体的相干光照明的透明物体的像中看到．包含了黑色字母特征阵列的明亮粗糙反射表面的像中出现的一幅典型斑纹图样如图 7.19 所示．在图 7.19（a）中，物体用完全非相干光照明——没有看到散斑．在图 7.19（b）中，物体用完全相干光照明——散斑极端明显．在图 7.19（c）中，用完全相干光照明物体的放大区域显示出单个字母和围绕着它的散斑．散斑对于我们提取信息的能力的负面影响是很明显的．

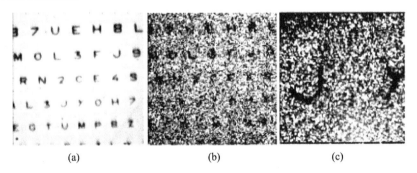

(a)　　　　　　　　(b)　　　　　　　　(c)

图 7.19　相干成像中的散斑（经 P. Chavel 和 T. Avignon 允许发表的图片）
（a）非相干光照明物体——没有可识别的散斑；（b）相干光照明物体——散斑非常明显；
（c）在相干情况下一个字母的放大图

　　对于激光产生的散斑图样性质的详细分析开始于 20 世纪 60 年代的初期．然而，在物理文献中能找到更早期的对与斑纹类似的现象的研究．特别要提到的是 Verdet[214] 和 Lord Rayleigh[169] 关于"晕"或 Fraunhofer 环的研究．稍后，Von Laue[218-220] 在研究由大量粒子造成的光的散射的一系列论文中，导出了许多斑纹类型现象的基本性质．

　　还有不少关于斑纹的内容相当广泛的现代文献，特别是由 Dainty 主编的经典书籍[42] 已经成为标准的参考文献．一本总结了散斑大多数重要性质的杂志已经常常被引用，而且最近已经出版了一本完全致力于讨论散斑性质和应用的书[81]．从根本上说，对斑纹的十分严格的了解需要对由粗糙表面散射或反射后的电磁波性质的详细考察[11]. 然而,从对这个问题的不太严格的研究中仍能得到有关斑纹性质的很直观的感觉.

散斑也可以在大多数其他相干成像系统,包括微波波段的综合孔径雷达、医学超声成像以及足够相干的 X 射线成像中观察到.

7.7.1 散斑的起源和一阶统计

激光最初运用时观察到的散斑的起源很快就为该领域早期工作者所认识(文献 [172] 和 [154]). 绝大多数表面,无论是自然的还是加工过的,与光的波长相比都是极粗糙的. 在单色光照明下,从这种表面反射(或者透过)的波,由来自许多不同的散射点或散射面积的贡献组成,每个这样的点或面都有一个随机的相位延迟. 如图 7.20 所示,像平面内给定一点处形成的像是由大量振幅点扩散函数组成的,每个振幅点扩散函数由物体表面上不同的散射点形成. 由于表面粗糙,不同的扩散函数叠加时具有显著不同的相位,从而造成极为复杂的干涉图样.

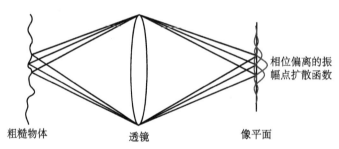

图 7.20 粗糙物体像中散斑的形成

前面的讨论也适用于由穿过散射体的相干光照明的透射物体. 由于漫射体的存在,离开物体的波前具有高度褶皱而极为复杂的结构. 在这种物体的像内,我们仍将看到由大量有相位差的振幅扩散函数叠加造成的强度的剧烈涨落.

由于我们不了解离开物体的复杂波面的细微结构,必须用统计的方法讨论散斑的性质. 有关的统计是定义在物体系综上的,这些物体的宏观性质相同,而微观细节不同. 于是,如果在像平面内一个特定位置上安放一个检测器,则事先完全不能预言测得的强度,即使物体的宏观性质是精确知道的. 相反,我们只能预言该强度在粗糙表面系综上的统计性质.

散斑图样最重要的统计性质也许是在像内某点观察到的强度 I 的概率密度函数. 我们观察到亮点或暗点的可能性有多大?注意到这个问题与 2.9 节比较详细讨论过的二维随机游走[164,170]这一经典问题的相似性,就能得到这个问题的答案. 这个问题完全类似于确定偏振热光强度一阶统计的性质(参阅 4.2.1 节),因为这个情况与在表面和光波长尺度相比较是粗糙的而产生的散斑的情况,都要求我们处理大量具有均匀分布于$(0,2\pi)$区间的随机相位的相矢量的和. 因此, 与像的任何一个偏振分量对应的场一定是圆形复 Gauss 随机变量, 而其强度必定服从负指数统计性质

$$p_I(I) = \begin{cases} \dfrac{1}{\bar{I}}\exp\left(-\dfrac{I}{\bar{I}}\right) & I \geqslant 0 \\ 0 & \text{其他,} \end{cases} \tag{7.7-1}$$

其中 $\bar{I}$ 是该偏振分量对应的强度的均值. 如果散射波是部分消偏振的, 使用类似于 4.3 节所用方法, 能够证明概率密度函数由两个负指数函数之差构成（参见(4.3-41) 式）. 然而这里我们集中讨论完全偏振的散斑的性质.

强度的概率密度函数是负指数函数这一事实意味着在它的均值上下的涨落是相当显著的. 如果我们把散斑图样的反差 C 定义为强度的标准差与其均值之比, 对完全偏振的情形, 我们有

$$C = \frac{\sigma_I}{\bar{I}} = 1, \tag{7.7-2}$$

就是说, 光强的涨落与其平均值大小可以比较. 由于这个高反差, 散斑对观察人员是极大的干扰, 特别是如果对图像的细节感兴趣, 散斑的存在会引起图像的实际分辨本领的明显下降.

结束有关一阶统计的讨论时, 应该指出, 相干照明的粗糙物体所成像内强度均值 $\bar{I}(x,y)$ 的分布, 与在与相干光具有同样的功率谱密度的空间非相干光照明下看到的这个物体的像的强度相同. 非相干光照明可以看作等效于空间相干波前的快速时间序列, 序列每个波前的实际相位结构极其复杂而且与其他每个波前的相位结构完全无关. 于是在空间非相干照明下看到的时间积分像强度与系综平均强度 $\bar{I}(x,y)$ 相同（假设涉及的带宽完全相同）. 于是任何用来分析非相干成像系统的像强度分布的方法都可用来预测相干照明的粗糙物体的像内的平均散斑强度分布.

7.7.2　统计平均 Van Cittert-Zernike 定理

5.9 节中, 我们引入了统计平均相干性的概念, 当涉及非遍历统计过程时, 这是一个很有用的概念. 一个平稳的散斑图样就是这样一个过程, 因为平稳的散斑强度图样的时间平均并不等于在可能的散斑图样的系综上的平均.

因为这种光波系综平均和时间平均之间有差别, 我们必须小心地区别时间平均相干性和统计平均相干性. 相应地, 我们将使用最初用时间平均定义的相干性度量符号, 而在同样的符号上加一条短横杠表示统计平均量. 这样我们来区分两种互相干函数为 $\boldsymbol{\Gamma}(P_1,P_2;\tau)$ 和 $\overline{\boldsymbol{\Gamma}}(P_1,P_2;\tau)$, 两种互强度为 $\mathbf{J}(P_1,P_2)$ 和 $\overline{\mathbf{J}}(P_1, P_2)$, 等等.

无论我们最终感兴趣的是光的时间平均性质还是系综平均性质, 支配光的传播的波动方程当然是一样的. 由这一事实得到下述重要结论: 相干函数传播的规律对时间平均量和统计平均量是相同的. 换言之, 尽管互相干性或互强度的函数形式可能与取平均是对时间取还是对系综取有关, 但同一类型的两相关性函数间的数学关系式与取哪种平均无关. 这一事实使我们可以把所有过去得到的有关普通相干性函数传播的全部知识用于涉及统计平均相干性传播的问题.

从系综平均观点出发, 由粗糙表面反射或散射, 以及很靠近该表面观察到的光波的互强度实质上与非相干光源的互强度相同. 理想粗糙表面 (即表面高度涨落的相关函数宽度十分短的表面) 的系综内, 由两个靠近的面元在其间隔小到接近一个照明光波长之前, 它们散射的光的相位之间很少有联系. 在数学上表述这一事实的方法是把刚刚离开表面散射出来的光波的统计平均互强度函数表示为

$$\bar{\mathbf{J}}(\xi_1, \eta_1; \xi_2, \eta_2) = \kappa \bar{I}(\xi_1, \eta_1)\delta(\xi_1 - \xi_2, \eta_1 - \eta_2), \tag{7.7-3}$$

式中 κ 为量纲为长度平方的常数, $\bar{I}$ 为统计平均强度分布, 而 δ 为二维 δ 函数. 与 (5.5-18) 式的比较显示, 在可能的反射或散射的光波系综上, 离开粗糙表面的光波具有的统计性质, 与完全空间非相干光波的时间平均性质相同. 实际上, 在这样的表面上反射的光波在系综上表现如同空间非相干光波, 哪怕用其时间平均性质来衡量, 这种光波是完全空间相干的.

这一事实允许我们用 Van Cittert-Zernike 定理计算远离这样一种粗糙表面的统计平均相干性的传播. 特别是, 对于自由空间传播, 与 (5.7-8) 式类比, 我们可以写出

$$\bar{\mathbf{J}}(x_1, y_1; x_2, y_2) = \frac{\kappa e^{-j\psi}}{(\bar{\lambda}z)^2} \iint_{-\infty}^{\infty} \bar{I}(\xi, \eta) \exp\left(j\frac{2\pi}{\lambda z}[\Delta x\xi + \Delta y\eta]\right) d\xi d\eta, \tag{7.7-4}$$

式中

$$\psi = \frac{\pi}{\lambda z}[(x_2^2 + y_2^2) - (x_1^2 + y_1^2)], \tag{7.7-5}$$

(x, y) 是离开粗糙表面一定距离的观察平面上的坐标, 而 $\bar{I}(\xi, \eta)$ 则为离开散射斑的光波的统计平均强度分布. 因此, 除了一个标定常数, 观察到的光场统计平均互强度由离开粗糙表面的平均强度分布的 Fourier 变换给定.

如果散斑是在一个成像系统的像平面上观察, 那么上述结果必须要修正. 我们把成像系统的出瞳等价于一个新的非相干光源, 并对该光源应用 Van Cittert-Zernike 定理 (参阅 7.2.2 节). 像平面上 (坐标为 (u, v)) 的统计平均互强度取如下形式:

$$\bar{\mathbf{J}}(u_1, v_1; u_2, v_2) = \frac{\kappa \bar{I} e^{-j\psi}}{(\bar{\lambda}z_2)^2} \iint_{-\infty}^{\infty} |P(x, y)|^2 \exp\left(j\frac{2\pi}{\lambda z_2}(\Delta ux + \Delta vy)\right) dxdy,$$

$$\tag{7.7-6}$$

其中

$$\tilde{\psi} = \frac{\pi}{\lambda z_2}[(u_2^2 + v_2^2) - (u_1^2 + v_1^2)] \tag{7.7-7}$$

并且这里 $\bar{I}$ 是在出瞳面上的平均强度（假设是常数），z_2 是从出瞳到像平面的距离，$\mathbf{P}(x,y)$ 是出瞳的复振幅透过率，κ 是早先定义过的常数，而 $\Delta u = u_2 - u_1$，$\Delta v = v_2 - v_1$.

因此在自由空间传播和成像的两种情况下，在观察平面上的统计平均互强度都可以借助于一个有效的光源强度分布的适当标定过的 Fourier 变换计算出来.

7.7.3 图像散斑的功率谱密度

我们现在已准备好研究散斑图样的第二个基本性质了，即其随机空间涨落的尺度大小的分布. 为了集中讨论散斑大小的涨落而不是由平均强度变化代表的信息，我们假定所研究的物体的亮度均匀，对这样的物体成像. 对斑纹尺度大小分布的一个合适的描述是散斑图样的空间*功率谱密度*，即我们以 $\bar{\mathcal{G}}_i(\nu_U, \nu_V)$ 表示的一个统计平均量. 通过对散斑图样的自相关函数作 Fourier 变换，根据 Wiener-Khinchin 定理来计算，

$$\bar{\mathcal{G}}_i(\nu_U, \nu_V) = \iint_{-\infty}^{\infty} \bar{\Gamma}_i(\Delta u, \Delta v) \exp[j2\pi(\Delta u \nu_U + \Delta u \nu_V)] d\Delta u d\Delta v \tag{7.7-8}$$

式中

$$\bar{\Gamma}_i(\Delta u, \Delta v) = \overline{I_i(u_1,v_1)I_i(u_1 + \Delta u, v_1 + \Delta v)}, \tag{7.7-9}$$

而且，$\bar{\Gamma}_i$ 只与坐标差 $(\Delta u, \Delta v)$ 有关这一点还需证明.

据前面的随机行走结论，散斑图样的复光场是圆形复 Gauss 随机过程. 由复 Gauss 矩定理可得

$$\bar{\Gamma}_i = (\bar{I}_i)^2[1 + |\bar{\mu}_i|^2], \tag{7.7-10}$$

其中 $|\bar{\mu}_i|$ 根据 (7.7-6) 式，由下式给出：

$$|\bar{\mu}_i(\Delta x, \Delta y)| = \frac{\left| \iint_{-\infty}^{\infty} |\mathbf{P}(x,y)|^2 \exp\left[j\frac{2\pi}{\lambda z_2}(\Delta u x + \Delta v y)\right] dx dy \right|}{\iint_{-\infty}^{\infty} |\mathbf{P}(x,y)|^2 dx dy}. \tag{7.7-11}$$

这一结果表明，$\bar{\Gamma}_i$ 的确只与坐标差 $(\Delta u, \Delta v)$ 有关，并且提供了足够的信息使我们能够计算散斑图样的功率谱密度. 通过下式定义一个归一化光瞳函数：

$$|\hat{\mathbf{P}}(x,y)|^2 = \frac{|\mathbf{P}(x,y)|^2}{\iint_{-\infty}^{\infty} |\mathbf{P}(x,y)|^2 dx dy} \tag{7.7-12}$$

将它和前面两式代入 (7.7-8) 式，得到

$$\overline{\mathcal{G}}_i(\nu_U, \nu_V) = (\overline{I}_i)^2 \delta(\nu_U, \nu_V)$$

$$+ (\overline{I}_i)^2 \mathcal{F}\left\{ \left| \iint_{-\infty}^{\infty} |\hat{\mathbf{P}}(x,y)|^2 \exp\left[\mathrm{j} \frac{2\pi}{\lambda z_2}(\Delta u x + \Delta v y) \right] \mathrm{d}x \mathrm{d}y \right|^2 \right\}$$

$$(7.7\text{-}13)$$

式中 $\mathcal{F}\{\cdot\}$ 是就 $(\Delta u + \Delta v)$ 而言的二维 Fourier 变换，而 z_2 还是从出瞳到像平面的距离. 使用 Fourier 分析的自相关定理和非负实函数的自相关函数的对称性质，我们可写出

$$\overline{\mathcal{G}}_i(\nu_U, \nu_V) = (\overline{I}_i)^2 \delta(\nu_U, \nu_V)$$

$$+ (\overline{I}_i)^2 (\overline{\lambda z_2})^2 \iint_{-\infty}^{\infty} |\hat{\mathbf{P}}(x,y)|^2 |\hat{\mathbf{P}}(x - \overline{\lambda} z_2 \nu_U, y - \overline{\lambda} z_2 \nu_V)|^2 \mathrm{d}x \mathrm{d}y$$

$$(7.7\text{-}14)$$

　　除掉由于散斑图样的平均值产生的位于空间频率为零处的 δ 函数，我们看到斑纹图样的功率谱密度具有归一化复光瞳函数的模平方的自相关函数的形式. 功率谱密度与成像系统可能存在的任何像差无关，而且对一个透明、无切趾效应的光瞳（$\mathbf{P} = 1$ 或 0）来说，$|\hat{\mathbf{P}}|^2$ 的自相关函数（在归一化常数内）就等价于光瞳 $\mathbf{P}$ 本身的自相关函数. 因此，功率谱密度的这一部分具有与无像差系统归一化 OTF 同样的形状.

　　对一个具有方形 $L \times L$、无切趾出瞳的成像系统来说，功率谱密度有如下形式：

$$\overline{\mathcal{G}}_i(\nu_U, \nu_V) = (\overline{I}_i)^2 \left[\delta(\nu_U, \nu_V) + \left(\frac{\overline{\lambda z_2}}{L} \right)^2 \Lambda\left(\frac{\overline{\lambda z_2}}{L} \nu_U \right) \Lambda\left(\frac{\overline{\lambda z_2}}{L} \nu_V \right) \right], \quad (7.7\text{-}15)$$

其中 $\Lambda(x) = 1 - |x|$（$|x| \leqslant 1$），其他情况均为 0. 对一个具有直径为 D 的圆形无切趾的光瞳来说，相应结果为

$$\overline{\mathcal{G}}_i(\nu_U, \nu_V) = (\overline{I}_i)^2 \left[\delta(\nu_U, \nu_V) \right.$$

$$\left. + \frac{4}{\pi} \left(\frac{\overline{\lambda z_2}}{D} \right)^2 \left(\arccos\left(\frac{\overline{\lambda z_2}}{D} \nu \right) - \left(\frac{\overline{\lambda z_2}}{D} \nu \right) \sqrt{1 - \left(\frac{\overline{\lambda z_2}}{D} \nu \right)^2} \right) \right] \quad (7.7\text{-}16)$$

对于 $\nu \leqslant D/\overline{\lambda z_2}$，其他情况均为 0，且 $\nu = \sqrt{\nu_U^2 + \nu_V^2}$. 在方形孔径下功率密度函数的截面曲线如图 7.21 所示.

　　我们的结论是，在任何散斑图样中，大尺寸（低频率）尺度是最普遍的，没有比一定的截止频率更大尺寸的散斑出现. 准确的功率谱函数取决于成像系统的出瞳函数 $|\hat{\mathbf{P}}|^2$ 的特性，对于无切趾光瞳，如果它是衍射受限系统，该特性与系统的 OTF 取相同形式.

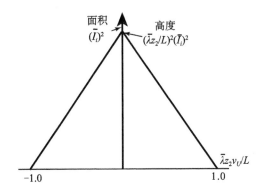

图 7.21　用一个具有无障碍宽度为 L 的方形出瞳的成像系统从一个均匀而明亮的
粗糙表面生成的散斑图样的功率谱密度的横截面

7.7.4　散斑的抑制

由于在使用相干照明成高质量像时散斑是如此严重的限制，因此抑制散斑的办法引起了很大的兴趣．很多至少能够部分抑制散斑的办法已经被发现．在文献 [81] 的第 5 和第 6 章中，对这些方法中的一些做了综述，同时也给了适当的参考文献．

在讨论抑制散斑的办法之前重要的是要认识到在振幅（复光场）的基础上把不同的散斑图样加起来不能实现抑制散斑．两个散斑场相加的结果是空间中每个点在复平面上两个随机游走的叠加，得到的结果是总游走步数为相加的两个随机游走的步数之和的另一个随机游走．作为其结果，散斑对比度不会由于独立的散斑图样在振幅基础上相加而减小．相反，为了减小散斑对比度，需要把独立的散斑图样在强度基础上相叠加．同样重要的是要强调在前面叙述中的"独立"这个词——相叠加的散斑图样中点连接着点完全相关的话，也不会减小散斑的对比度．

把抑制散斑的技术分成两类——时序法和非时序法，是有用的．时序法是这样一种方法，对于它产生散斑图样很快，在时间上一幅接着一幅，探测器（可以是人类的视网膜）把这些图样通过时间积分加起来．非时序法则是独立的散斑图样同时出现，但是由于一个物理原因或者其他物理原因，在强度基础上相加而不是在振幅基础上相加．下面我们将要看到这两种形式的实例．正如我们还要看到的，一个给定的散斑抑制方法经常可以既有时序的形式也有非时序的形式．

在这个讨论中的一个基本点是当 N 幅独立的具有相等平均强度的散斑图样相加时，散斑对比度 C 将从 1 减小到

$$C = 1/\sqrt{N}. \qquad (7.7\text{-}17)$$

这是任意一组 N 个独立并具有同样概率分布的随机变量的性质，并不是散斑图所特有的．我们把这 N 个贡献中的每一个都叫做一个独立的自由度．确定抑制散斑

效果的目标变成了评估在任何一个给定的实验中的自由度数量.

当相加的散斑图样分量（单个图样）的平均强度不相等时，对比度计算用下式取代：

$$C = \frac{\sqrt{\bar{I}_1^2 + \bar{I}_2^2 + \cdots + \bar{I}_N^2}}{\bar{I}_1 + \bar{I}_2 + \cdots + \bar{I}_N},\qquad(7.7\text{-}18)$$

这个公式只是对散斑统计使用，因为我们已经假设每个散斑图样的标准差都等于其平均值. 这样有效自由度数量由下式给出：

$$N_{\text{eff}} = \frac{(\bar{I}_1 + \bar{I}_2 + \cdots + \bar{I}_N)^2}{\bar{I}_1^2 + \bar{I}_2^2 + \cdots + \bar{I}_N^2}.\qquad(7.7\text{-}19)$$

下面我们将罗列并简单描述若干散斑抑制技术. 因为所描述的方法存在许多变化，罗列得并不完全.

偏振多样化　　偏振多样化能够在一般环境下提供少量的散斑抑制. 当线偏振相干光入射到粗糙表面上时，常常产生两个相互垂直偏振的散射分量，特别是在表面上发生多次散射时. 通常两个偏振分量的每一个包含着一个不同（不相关）的散斑图样，并且因为相互垂直的偏振光的强度（而不是振幅）相加，散斑对比度能够减小到 $1/\sqrt{2}$ 那么大的一个因子. 因为两个偏振分量是同时产生的，这是一个非时序散斑对比度抑制的例子. 如果入射偏振光与探测器积分时间相比较很快地扫过（或者转动）90°，就是时序方面相加. 在这种情况下，经常发生两个相互垂直的入射线偏振光的每一个都产生一对散斑图样，它们都是相互独立的，用这个结果可以实现 4 个自由度，散斑对比度就能减少 1/2 倍而不只是 $1/\sqrt{2}$ 倍.

动态散射器　　在一个成像系统中，如果物体是通过一个动态散射器照明（即与探测器积分时间相比较，很快转动或者其他变化）的，散斑可以得到抑制. 用一个微电子机械系统（MEMS）器件或者一个液晶器件就可以实现动态散射. 如果动态散射到达一个新的相互独立的相位分布用的时间是 τ，同时探测器的积分时间是 T，则实现的自由度是 $N = T/\tau$，散斑对比度将被抑制到 $\sqrt{\tau/T}$ 倍. 换句话说，如果散斑抑制机制使用一个转动的散射器，参数 τ 是它采集散射器运动通过一个图像散斑，或者等价地，运动通过该成像系统衍射受限成像分辨率单元所需要的时间，同时 T 仍然是探测器积分时间. 使用改变或者移动散射器很显然是一个时序散斑抑制的例子.

角度多样化　　随着散射表面照明角度的改变，表面生成的散斑图样也要改变. 在自由空间几何光路中散斑图样既要产生位移，也要产生内部的变化，后者的变化是由产生散斑的散射点的有效相位变化产生的．在自由空间，主要的变化来自图样的移动，而在成像几何光路中，变化主要来自图样结构内部的变化（文献 [81]，5.3 节）．在接近于表面法线方向上，用偏离一个小角度 $\Delta\theta$ 反射照明几何光路，照明表面高度涨落标准差为 σ_h 的 Gauss 统计分布的表面，成像散斑图样强度的去相关可以证明近似为一个由下式给出的因子：

$$d \approx \exp\Big[- \Big(2\pi \frac{\sigma_h}{\lambda}\Delta\theta\sin\theta_i \Big)^2 \Big], \tag{7.7-20}$$

其中 θ_i 是相对于表面法线的初始入射角度，而 λ 是光的波长．因此，要求使相关减小因子达到 $d = 1/\mathrm{e}^2$ 的入射角度变化为

$$\Delta\theta \approx \frac{\lambda}{\sqrt{2}\,\pi\sigma_h\sin\theta_i}. \tag{7.7-21}$$

注意，当入射光初始角度接近于表面法线时，相关性对于角度变化是不敏感的，当初始角度接近于 90° 时，对于角度的变化具有最大的敏感性．

如果两个图样依次在探测器上积分，对于入射角度明显偏离法线，改变一个由上述方程决定的角度量就能够使两个散斑图样去相关，而且使散斑对比度减小到 $1/\sqrt{2}$ 倍．N 次满足去相关的角度变化将会使顺序积分的散斑对比度减小到 $1/\sqrt{N}$ 倍．如果多个角度照明是由互不相干的光源提供的，则在强度基础上相加，非时序形式也可以实现．

波长多样化　粗糙表面上照明波长的改变也能够改变被观察散斑图样的结构．我们再一次假设用反射照明几何光路，也假设垂直入射到 Gauss 统计分布高度涨落的表面，而且接近垂直观察，照明波长从 λ_1 变到 λ_2 引起的散斑去相关因子 d 由下式给出（文献 [81]，5.3 节）：

$$d = \exp\Big[- \Big(4\pi \frac{\sigma_h}{\lambda} \frac{\Delta\lambda}{\lambda} \Big)^2 \Big], \tag{7.7-22}$$

式中 $\Delta\lambda = |\lambda_2 - \lambda_1|$ 而 $\lambda = (\lambda_1 + \lambda_2)/2$．因此，使光强相关减小到 $1/\mathrm{e}^2$ 倍要求的波长变化是

$$\Delta\lambda = \frac{\overline{\lambda^2}}{2\sqrt{2}\,\pi\sigma_h}. \tag{7.7-23}$$

注意，散射表面越粗糙，散斑的变化对于波长的改变越敏感．

这样就可能顺序改变超过前述公式计算的去相关间隔 N 次，使散斑对比度减小到 $1/\sqrt{N}$ 倍．换言之，如果所有这些波长同时出现并且满足 $\Delta\lambda \gg \overline{\lambda^2}/(cT)$，其中 λ 是平均波长，c 是光速，而 T 是探测器积分时间，那么在不同波长之间的所有拍频将会被探测器的积分时间平均掉，实现散斑的非时序抑制．最后，如果光源具备所有光波长同时出现的连续光谱，将光源光谱用 (7.7-23) 式定义的 $\Delta\lambda$

为间隔进行采样，再用（7.7-18）式计算对比度，可以算出散斑抑制量的一个很好的近似．

习　　题

7-1　给定图 7.4 中的聚光镜为直径 D 的圆形，试确定为了保证近似公式(7.2-7)成立所要求的圆形非相干光源的直径．

7-2　应用广义 Van Cittert-Zernike 定理证明 (7.2-12) 式．

7-3　修改 (7.4-9) 式和 (7.4-11) 式用于相干系统，该系统中物体用振幅分布为 $A_o(\xi,\eta)$ 的光波照明，从而得到比在教材中假设的平面波照明更加普遍的结果．

7-4　在图 7-4p 所示的光学系统中，方形非相干光源 ($Lm \times Lm$) 位于光源平面内，物体由两个在 ξ 方向上相距为

$$X = \frac{\overline{\lambda}f}{D},$$

的针孔组成，其中 $\overline{\lambda}$ 为平均光波长，f 为所有透镜的焦距，D 为方形的光瞳平面孔阑的宽度．在 (u,v) 平面上观察像强度．

（a）多大的光源尺寸 L 将使像中心产生最大的强度下凹？

（b）对（a）中求得的光源大小来说，在 $(u = X/2, v = 0)$ 处的强度与在 $(u = 0, v = 0)$ 处的强度之比值是多少？

（c）将（b）式中所得结果与两个针孔在完全非相干照明条件下得到的比值进行比较．

（d）计算当针孔被完全相干照明时 $I_i(X/2, 0)$ 与 $I_i(0, 0)$ 的比值．

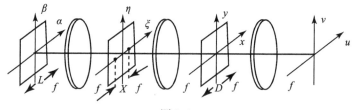

图 7-4p

7-5　在图 7-4p 中将光源换为细的非相干环，其平均半径为 ρ，径向宽度为 W．此外，将成像系统的光瞳换成直径为 D 的圆孔．假设两个针孔现由 Rayleigh 间隔 $X = 1.22\overline{\lambda}f/D$ 分开．

（a）试求当两个针孔被非相干照明时，环形光源的最小半径 ρ．

（b）求使像强度中心值相对于峰值下降到最小可能值的环状非相干光源半径 ρ．

提示：平均半径为 ρ，宽度为 W 的细均匀环的 Fourier 变换由下式近似给出

$$\mathbf{G}(\nu_X,\nu_Y) = 2\pi\rho W J_0(2\pi\rho\sqrt{\nu_X^2 + \nu_Y^2})$$

其中 J_0 为第一类零阶 Bessel 函数.

7-6　一个非相干准单色光源包含两条长长的自发光窄条,它们有相同的均匀亮度且相互平行.每个窄条宽度是 w,其中心距离为 s.相对于其间隔,两个窄条都很细($s\gg w$).这个光源照亮了一个透明的物体(从光源到物体之间自由空间距离为 z),该物体由大量在不透明背景下的间距均匀、窄窄的透明长条组成.物体长条的方向与照明长条的方向平行.物体的长条宽度为 d,而中心与中心之间的距离为 $\Delta(\Delta\gg d)$,它们的长度为 L.如果要求对于周期性物体长条的固定间隔 Δ,存在一个使得间隔 s 的两条照明长条,接近照明两条间距 2Δ 的物体长条(即每相隔一个条的另一个长条),使两个长条之间照明相对是非相干的.给定平均照明光波长是 $\bar{\lambda}$,试问能够近似实现这个要求的光源两长条之间的最小间隔 s 是多大?

7-7　考察图 7.6 所示的远心成像系统.注意,在不存在任何物体结构时,光源就成像在光瞳平面内.

(a) 证明物体透射率的一个分量为

$$\tilde{t}_o(\xi,\eta) = \cos(2\pi\nu_0\xi)$$

(为简单起见,假定物体具有无限广延尺寸),在光瞳平面上产生光源的两个像,其中心位置是

$$\bar{\xi} = \pm\bar{\lambda}f\nu_0.$$

(b) 证明为了使光源的这些像单个就完全覆盖住光瞳,必须有

$$r_s \geq r_p + \bar{\lambda}f\nu_0.$$

注意,如果实际情况就是这样,那么此光源无法与具有无限广延的光源区分开来,于是成像系统是非相干的.你可以假定光源谱很窄,以便忽略波长色散效应.

7-8　进一步考察图 7.6 所示的远心成像系统.均匀非相干光源是半径为 D 的圆形,中心在光轴上.平均波长为 $\bar{\lambda}$ 且准单色光条件成立.光瞳由一个不透明的直径为 D 的圆盘,其他位置都透明的物体组成.被成像的物体为振幅透过率为

$$\mathbf{t}(\xi,\eta) = \frac{1}{3}[1 + \cos(2\pi\nu_1\xi) + \cos(2\pi\nu_2\xi)],$$

的透明片,其中

$$\nu_1 = \frac{D}{4\bar{\lambda}f}, \quad \nu_2 = \frac{D}{\bar{\lambda}f}.$$

(a) 给出输入透明振幅透过率片的所有正弦分量的空间频率.

(b) 给出在最后所成像中光强分布的所有正弦分量的空间频率.

7-9 求证任一对称的一维物体强度分布能够仅由其 Fourier 谱的模的知识恢复，只要这些数据能够得到适当的处理．

提示：Fourier 谱的模的知识让我们能导出物体的自相关函数．假设一个空间受限物体由一组有限个分立样本值代表，并且证明这些采样可以从相应的自相关函数的采样得到．

7-10 要求用 Michelson 星体干涉仪确定双星的两个成员的相对亮度．已知每个成员都是均匀的亮圆盘．它们的角直径 α 和 β 以及角间隔 γ 都是已知的．还知道 $\gamma \gg \alpha$ 而且 $\gamma \gg \beta$. 我们怎样能由干涉仪测得的 μ_{12} 确定它们的相对亮度 I_α/I_β？

7-11 假设强度单位是 $\mathrm{W/m}^2$，试给出（7.7-14）式中每一项的单位．该方程的量纲还是对的吗？

7-12 一个 $1/e^2$ 全谱宽为 100nm 的发光二极管（LED）照明一个成像系统里的粗糙物体．LED 的光谱所取形状为中心位于 550nm 的 Gauss 型．物体被垂直照明并反射成像，其表面具有粗糙度标准差为 $10\mu\mathrm{m}$ 的 Gauss 型高度统计分布．试计算出在所成的像中观察到的散斑对比度的估值．

第八章　通过随机非均匀介质时的成像

在理想情况下，成像实验可达到的分辨率之所以受限制只是因为我们没有完善的能力来制作越来越大的光学元件，它们既无固有像差又价格合理．然而，这种理想情况在实践中很少遇到．波从物体传播到成像系统，所必须通过的介质本身常常就是光学不完善的，结果，即使是没有像差的光学系统，所能达到的实际分辨率也要比理论衍射极限差得多．

在本章中，不完善的光学介质的最重要的例子是地球大气本身，也就是我们周围的空气．由于太阳对地球表面不均匀地加热，由温度引起的空气折射率的不均匀性总是存在的，它对于在这种环境中工作的大光学系统所能达到的分辨率可以起破坏性的作用．

另一个常见的例子发生在光学系统必须通过一个厚度和/或折射率极不均匀的光学窗口成像时，这种不均匀是由不可控制的因素造成的．

在上述两个例子中，光学不完善性的细节是预先不知道的，因此必要而且恰当的做法是，将这种光学的失真（或畸变）作为随机过程来处理，并且对光学系统在这种条件下的平均性能规定一些度量标准．

在本章里，我们加了两个重要限制．第一，除了8.13节之外，假定感兴趣的物的辐射是非相干的．尽管部分相干的物体是有可能处理的，但是这种处理一般要比处理非相干物体麻烦得多（后者在许多情况下已经够复杂的了）．在绝大多数实际上感兴趣的实例中（例如在天文学中），假定物体的辐射是不相干的已足够精确．第二个重要的限制是关于所呈现的非均匀性的尺寸（即相关长度）．我们总是假定这个尺寸比所用的光的波长大得多．这一假定使我们可以不考虑诸如通过云或气悬体成像的问题．对于云或气悬体，其非均匀性的尺寸和一个光学波长相当甚至更小，其折射率的变化很陡峭而且剧烈．这一类问题可以叫做"通过混浊介质的成像"．我们在这里讨论的是"通过湍动介质的成像"，这时的折射率变化更为光滑和缓慢．地球上清澈的大气就是"湍动介质"的一个重要例子．

本章讨论的内容可以分成两个主要题目．第一个题目（8.1节和8.2节）是关于薄随机"屏"（即薄的失真结构）对光学系统性能的影响．第二个题目（8.3～8.12节）是关于厚的非均匀介质（地球大气）对成像系统性能的影响．

8.1　薄随机屏对像质的影响

引起失真的薄层对于电磁波传播的作用在许多文献（例如，参考文献［20］和［168］）中已讨论过.

8.1.1　假设和简化

在讨论薄随机屏对像质的影响时，我们将采用图 8.1 所示的简单的成像光路. 假定物体以空间不相干光的形式辐射，并由一个强度分布 $I_o(\xi, \eta)$ 来描述. 透镜 L_1 和 L_2 的焦距都是 f. 薄随机屏放在 L_1 的后焦面上，假定这也正好是 L_2 的前焦面. 物体的一个模糊或失真的像出现在 (u, v) 平面上，由强度分布 $I_i(u, v)$ 来描述.

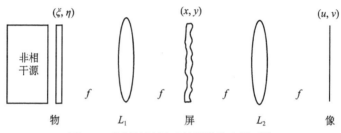

图 8.1　分析随机屏时所假设的光学系统

我们假定出现在系统孔径内的具体随机屏在数学上可以用一个相乘的振幅透过率 $t_s(x, y)$ 来表示，这种表示隐含着两个基本假设. 第一，我们假定屏足够薄，因此在坐标 (x, y) 处入射的光线基本上也在同一坐标上出射，由此推出由所有的物点 (ξ, η) 发射的光波都以同样的振幅透过率 $t_s(x, y)$ 通过. 第二，我们假定光波的频带充分窄，以致光的所有频率分量都有同样的振幅透过率 t_s.

不难找出一些违反上述假定或者其中一条的情况，但是，下面的简单理论比乍看所得的印象要普遍一些. 一旦知道了中心频率为 $\bar{\nu}$ 的窄带光学信号的结果，宽带光的结果就可以通过积分得到，积分时 $\bar{\nu}$ 在整个谱范围内变化，明显地，出现在积分式中的透过率 t_s 对频率可以有任意的依赖关系. 此外，考虑到"薄屏"假定，虽然 $t_s(x, y)$ 事实上可能依赖于所考虑的物点 (ξ, η)，但我们将看到，像质是由 t_s 的统计自相关函数决定的，而这个自相关函数可以与 (ξ, η) 无关，尽管与 t_s 有关（见习题 8-1）.

最后必须说明，从图 8.1 中假定的很特殊的光路所得出的结果可以用于更为一般的几何情况. 例如，如果将屏移出 L_1 和 L_2 的共同焦面，分析的结果将不会改变. 这种普遍性的基本原因在于系统的平均性能是由光瞳内波扰动的空间自相关函数决定的. 当扰动屏从图 8.1 所示的位置挪开后, 光瞳内场扰动的细微结构改变了, 但它们的自相关函数没有变 (见习题 8-2). 因此下面要推导的结果可适用于广泛的成像问题.

8.1.2　平均光学传递函数

如 7.4.1 节所述, 习惯上用光学传递函数 (OTF) 来描述一个非相关光学系统的空间频率响应. 我们用 $\mathcal{H}(\nu_U, \nu_V)$ 代表传递函数 (其中 ν_U 和 ν_V 是空间频率变量), 由下式给出:

$$\mathcal{H}(\nu_U, \nu_V) = \frac{\displaystyle\iint_{-\infty}^{\infty} \mathbf{P}(x,y)\mathbf{P}^*(x - \overline{\lambda}f\nu_U, y - \overline{\lambda}f\nu_V)\,\mathrm{d}x\mathrm{d}y}{\displaystyle\iint_{-\infty}^{\infty} |\mathbf{P}(x,y)|^2\mathrm{d}x\mathrm{d}y}, \tag{8.1-1}$$

式中 $\mathbf{P}$ 是复光瞳函数, f 仍是图 8.1 中透镜的焦距.

如果一个具有振幅透过率 $t_s(x,y)$ 的屏放在这个成像系统的光瞳内 (即在我们的例子中的共焦平面上), 瞳函数就被修正, 得出一个新的光瞳函数 $\mathbf{P}'(x,y)$, 由下式给出:

$$\mathbf{P}'(x,y) = \mathbf{P}(x,y)t_s(x,y). \tag{8.1-2}$$

放入这个屏后, OTF 变成

$$\mathcal{H}(\nu_U, \nu_V) = \frac{\displaystyle\iint_{-\infty}^{\infty} \mathbf{P}(x,y)\mathbf{P}^*(x - \overline{\lambda}f\nu_U, y - \overline{\lambda}f\nu_V)t_s(x,y)t_s^*(x - \overline{\lambda}f\nu_U, y - \overline{\lambda}f\nu_V)\,\mathrm{d}x\mathrm{d}y}{\displaystyle\iint_{-\infty}^{\infty} |\mathbf{P}(x,y)|^2 |t_s(x,y)|^2\mathrm{d}x\mathrm{d}y}. $$

$$\tag{8.1-3}$$

到此, 再要用纯确定性的分析来进行下一步是不可能的, 因为我们缺乏在每一点 (x,y) 上 $t_s(x,y)$ 值的信息. 我们有希望做到的充其量是利用关于 t_s 的统计知识去计算系统的平均频率响应的某种度量, 平均是对宏观上相似而微观上不同的屏的系综进行的. 当然, 一般地说, 成像系统的平均性能和系统有一个具体屏时的实际性能并不恰巧相符, 但是我们只能描述平均性能, 因为我们不具备这块具体屏的结构的知识.

在这样一种情况下, 怎样合理地定义一个 "平均 OTF" 呢? 首先想到的定义是对定义了 $\mathcal{H}(\nu_U, \nu_V)$ 的比来求平均. 可是, 这样的定义带来了麻烦, 因为我们必须求出两个相关的随机变量的比的平均值, 这是不易实现的. 幸好存在另一种定义, 使得问题比较好处理. 我们用分母的平均值除分子的平均值来定义平均 OTF (用 $\overline{\mathcal{H}}$ 表示), 平均是对屏的系综进行的, 因此

$$\overline{\mathcal{H}}(\nu_U, \nu_V) \triangleq \frac{E[\text{OTF 的分子}]}{E[\text{OTF 的分母}]}, \quad (8.1\text{-}4)$$

与通常一样，$E[\cdot]$是期望值算符.

可以论证，上面给出的两种定义在大多数我们感兴趣的情况下近于相同. 例如，在最重要的随机相位屏的情况（见8.2节），$|\mathbf{t}_s|^2 = 1$，这两种定义完全等同. 在更一般的情况下，可以论证，如果瞳函数的宽度比屏的相关宽度大得多，出现在 $\mathcal{H}$ 分母上的非负被积函数的空间平均值给出一个归一化因子，它接近于常数而且是已知的，因此，两个定义实质上相同.

在任何情况下，我们选什么作为平均光学传递函数的归一化因子是相当任意的，只要能够使频率平面的原点上该函数之值为1. 两个定义都满足这一要求. 通过采用第二个定义，我们实际上是选择了这样的方法：通过描述系统赋予频率分量 (ν_U, ν_V) 的平均权重来确定系统的性能，这种平均权重是用强度的零频分量的平均权重来归一化的.

如果将（8.1-3）式的分子和分母代入（8.1-4）式，交换积分与求平均的次序，可得

$$\overline{\mathcal{H}}(\nu_U, \nu_V) = \frac{\iint\limits_{-\infty}^{\infty} \mathbf{P}(x,y)\mathbf{P}^*(x - \overline{\lambda}f\nu_U, y - \overline{\lambda}f\nu_V) \overline{\mathbf{t}_s(x,y)\mathbf{t}_s^*(x - \overline{\lambda}f\nu_U, y - \overline{\lambda}f\nu_V)} \, dxdy}{\iint\limits_{-\infty}^{\infty} |\mathbf{P}(x,y)|^2 \, \overline{|\mathbf{t}_s(x,y)|^2} dxdy}.$$

$$(8.1\text{-}5)$$

如果我们假设屏的空间统计是广义平稳的，因此期望值与 x 和 y 无关，因而可以提出积分号，结果平均光学传递函数可由下式给出：

$$\overline{\mathcal{H}}(\nu_U, \nu_V) = \mathcal{H}_0(\nu_U, \nu_V)\overline{\mathcal{H}}_s(\nu_U, \nu_V), \quad (8.1\text{-}6)$$

式中 $\mathcal{H}_0$ 是无屏时系统的 OTF（(8.1-1) 式)，而 $\overline{\mathcal{H}}_s$ 可以看成屏的平均 OTF，它由下式给出：

$$\overline{\mathcal{H}}_s(\nu_U, \nu_V) \triangleq \frac{\Gamma_t(\overline{\lambda}f\nu_U, \overline{\lambda}f\nu_V)}{\Gamma_t(0,0)}, \quad (8.1\text{-}7)$$

式中 Γ_t 是屏的空间自相关函数，

$$\Gamma_t(\Delta x, \Delta y) \triangleq \overline{\mathbf{t}_s(x,y)\mathbf{t}_s^*(x - \Delta x, y - \Delta y)}. \quad (8.1\text{-}8)$$

（8.1-6）式和（8.1-7）式是本节的重要结果. 我们证明了一个在光瞳内具有空间平稳随机屏的非相干成像系统的平均光学传递函数可以分解成两个因子的乘积，一个是无屏时系统的 OTF，另一个是和屏关联的平均 OTF. 后者只不过是屏的振幅透过率的空间自相关函数.

8.1.3　平均点扩展函数

对所讨论的系统引入"平均点扩展函数（PSF）"常常是方便的. 为简单起见，我们定义这个 PSF 为

$$\bar{s}(u,v) \triangleq \mathcal{F}^{-1}\{\overline{\mathcal{H}}(\nu_U,\nu_V)\}, \tag{8.1-9}$$

式中 $\mathcal{F}^{-1}\{\cdot\}$ 是 Fourier 逆变换的符号. 这样定义的平均 PSF 永远是非负的实数. 此外，由于在原点的 $\overline{\mathcal{H}}$ 已经归一化为 1，因此（8.1-9）式中定义的 $\bar{s}(u,v)$ 总是具有单位体积.

由于平均 OTF 是系统的 OTF（没有屏）和一个与屏关联的 OTF 的乘积，所以平均 PSF 一定可以表示为系统的 PSF 和与屏关联的 PSF 的卷积. 于是

$$\bar{s}(u,v) = s_0(u,v) \otimes \bar{s}_s(u,v), \tag{8.1-10}$$

式中 $\otimes$ 表示二维卷积，

$$s_0(u,v) = \mathcal{F}^{-1}\{\mathcal{H}_0(\nu_U,\nu_V)\} \tag{8.1-11}$$

代表没有屏时系统的 PSF，而

$$\bar{s}_s(u,v) = \mathcal{F}^{-1}\{\overline{\mathcal{H}_s}(\nu_U,\nu_V)\} \tag{8.1-12}$$

代表与屏关联的平均点扩展函数.

8.2　随机相位屏

实际上最重要的一类随机屏是随机相位屏（要了解随机吸收屏，见习题 8-3 和习题 8-4）. 随机相位屏以随机的方式改变透射光的相位，但对光的衰减并不明显，这种屏的振幅透过率取为

$$\mathbf{t}_s(x,y) = \exp[\mathrm{j}\phi(x,y)], \tag{8.2-1}$$

式中 $\phi(x,y)$ 是在每个点 (x,y) 导入的随机相移.

在 7.1.1 节已讨论过，相位的改变 ϕ 在物理上可以由折射率或屏厚度的变化（或二者共同）引起. 不管这些变化的物理起源是什么，它们都与波长有关（即使不存在材料色散也如此），因为它们正比于波通过屏时所走过的波长个数. 因此，对于一个"薄屏"，ϕ 取相移为

$$\phi(x,y) = \frac{2\pi}{\lambda}[L(x,y) - L_0], \tag{8.2-2}$$

式中 $L(x,y)$ 是在点 (x,y) 通过屏的总光程（即折射率和厚度的乘积），而 L_0 是和屏关联的平均光程.

在以下的分析中，我们用平均波长来代替一般用 λ 表示的波长，从而略去了相移对波长 $\bar{\lambda}$ 的依赖关系，实际上是以假定光谱充分窄来确保这一近似成立. 在 7.1.1 节（尤其是在（7.1-10）式的推导过程中），已经表明倘若通过屏的光程差

不超过照明光的相干长度，这一近似是成立的.

8.2.1　一般表述

为了理解随机相位屏对非相干成像系统性能的影响，我们必须首先找出振幅透过率 t_s 的空间自相关函数，也就是必须求出

$$\mathbf{\Gamma}_t(x_1,y_1;x_2,y_2) = \overline{\mathbf{t}_s(x_1,y_1)\mathbf{t}_s^*(x_2,y_2)}. \tag{8.2-3}$$

将 (8.2-1) 式代入 (8.2-3) 式，我们看到

$$\mathbf{\Gamma}_t(x_1,y_1;x_2,y_2) = \overline{\exp[\mathrm{j}\phi(x_1,y_1) - \mathrm{j}\phi(x_2,y_2)]}. \tag{8.2-4}$$

方程 (8.2-4) 的两种不同的解释对进一步分析是有帮助的. 首先可以认出，这一方程的右边与联合随机变量 $\phi_1 = \phi(x_1,y_1)$ 和 $\phi_2 = \phi(x_2,y_2)$ 的二阶特征函数有密切的联系. 参看方程 (2.4-25)，我们看到

$$\mathbf{\Gamma}_t(x_1,y_1;x_2,y_2) = \mathbf{M}_\phi(1,-1), \tag{8.2-5}$$

式中

$$\mathbf{M}_\phi(\omega_1,\omega_2) = \overline{\exp(\mathrm{j}\omega_1\phi_1 + \mathrm{j}\omega_2\phi_2)} \tag{8.2-6}$$

是本问题中的特征函数. 另一种解释是，可以把 (8.2-4) 式看成用相位差 $\Delta\phi = \phi_1 - \phi_2$ 的一阶特征函数来表示 $\mathbf{\Gamma}_t$，即

$$\mathbf{\Gamma}_t(x_1,y_1;x_2,y_2) = \mathbf{M}_{\Delta\phi}(1). \tag{8.2-7}$$

根据一般性质 $\mathbf{M}_{\Delta\phi}(\omega) = \mathbf{M}_\phi(\omega,-\omega)$，这两种观点是完全等同的. 这一性质的证明留给读者作为一个练习.

如果不对相位 $\phi(x,y)$ 的统计性质作出具体的假定，那么上面就是我们能够得到的最后结果了. 现在我们转而考虑随机相位屏的最重要而特殊的类型，即相位分布服从 Gauss 统计的屏.

8.2.2　Gauss 随机相位屏

我们用一个零均值的 Gauss 的随机过程作为随机相位 $\phi(x,y)$ 的模型. 由于 ϕ_1 和 ϕ_2 均为 Gauss 变量，因此相位差 $\Delta\phi$ 也是 Gauss 变量；其他统计性质包括

$$\overline{\Delta\phi} = 0$$

$$\sigma^2_{\Delta\phi} = \overline{(\phi_1 - \phi_2)^2} = D_\phi(x_1,y_1;x_2,y_2), \tag{8.2-8}$$

式中 D_ϕ 是随机过程 $\phi(x,y)$ 的结构函数（参照 (3.4-16) 式）. 由于 Gauss 随机变量 $\Delta\phi$ 的一阶特征函数是

$$\mathbf{M}_{\Delta\phi}(\omega) = \exp\left(-\frac{1}{2}\sigma^2_{\Delta\theta}\omega^2\right), \tag{8.2-9}$$

经过适当代换，产生屏的自相关函数

$$\mathbf{\Gamma}_t(x_1,y_1;x_2,y_2) = \exp\left[-\frac{1}{2}D_\phi(x_1,y_1;x_2,y_2)\right] \tag{8.2-10}$$

如果随机过程 $\phi(x,y)$ 是一阶增量平稳过程（见3.2节），ϕ 的结构函数只与坐标差 $\Delta x = x_1 - x_2$ 和 $\Delta y = y_1 - y_2$ 有关，于是在此条件下，

$$\Gamma_t(\Delta x, \Delta y) = \exp\left[-\frac{1}{2}D_\phi(\Delta x, \Delta y)\right]. \tag{8.2-11}$$

因此，屏的平均OTF由下式给出：

$$\overline{\mathcal{H}}_s(\nu_U, \nu_V) = \exp\left[-\frac{1}{2}D_\phi(\overline{\lambda}f\nu_U, \overline{\lambda}f\nu_V)\right]. \tag{8.2-12}$$

在限制更严的相位为广义平稳的情况下，结构函数可以用相位的归一化自相关函数来表示（参看（3.4-18）式），有

$$D_\phi(\Delta x, \Delta y) = 2\sigma_\phi^2[1 - \gamma_\phi(\Delta x, \Delta y)]. \tag{8.2-13}$$

这时，屏的平均OTF的形式为

$$\overline{\mathcal{H}}_s(\nu_U, \nu_V) = \exp\left[-\sigma_\phi^2(1 - \gamma_\phi(\overline{\lambda}f\nu_U, \overline{\lambda}f\nu_V))\right]. \tag{8.2-14}$$

为了理解对一个有随机相位屏的成像系统所预言的平均OTF的行为，首先必须理解结构函数 D_ϕ 的行为．对于一个广义平稳的相位，我们可以考虑（8.2-13）式那样的结构函数．这一结构函数的两个重要性质是显而易见的：

$$D_\phi(0,0) = 0$$
$$\lim_{\substack{\Delta x \to \infty \\ \Delta y \to \infty}} D_\phi(\Delta x, \Delta y) = 2\sigma_\phi^2, \tag{8.2-15}$$

式中，当 Δx 或 Δy 中的任意一个增至很大时，$D_\phi(\Delta x, \Delta y)$ 趋于渐近线．后一性质的缘由是：对于一个平均值为零的随机过程，当两个点之间的间隔充分变大时，自相关函数降落到零．在图8.2中，对方差 σ_ϕ^2 的三个不同的值，示出了结构函数的典型行为．

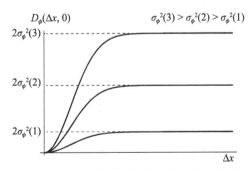

图8.2　在广义平稳情况下相位结构函数的典型行为

现在可以就我们所考虑的情况来阐述平均OTF的典型行为了．在图8.3中，对三个相位方差值给出了 $\mathcal{H}_0$，$\overline{\mathcal{H}}_s$ 与 $\overline{\mathcal{H}} = \mathcal{H}_0\overline{\mathcal{H}}_s$ 所对应的有代表性的曲线．注意，对于大的 ν_U 或 ν_V，屏的平均OTF $\overline{\mathcal{H}}_s$ 趋向一个渐近值，$\overline{\mathcal{H}}_s \to \exp(-\sigma_\phi^2)$．即使是不太大的 σ_ϕ^2，这一渐近值会是极其小的．

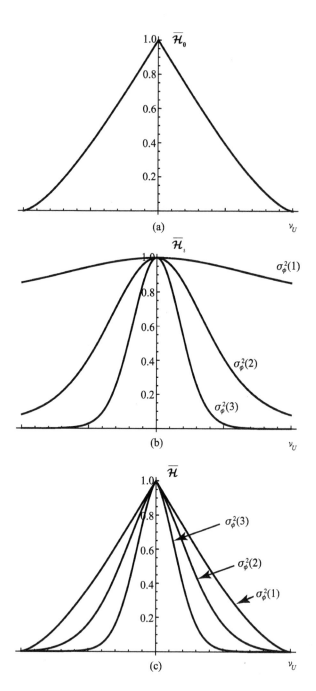

图 8.3　有随机相位屏的系统的典型 OTF

（a）衍射受限的 OTF；（b）屏的平均 OTF；

（c）系统的平均 OTF. 注意：$\sigma_\phi^2(1) < \sigma_\phi^2(2) < \sigma_\phi^2(3)$

对大的 σ_ϕ^2，$\overline{\mathcal{H}}_s$ 的宽度要比相位自相关函数 γ_ϕ 的宽度小很多. 最容易阐明这一事实的办法也许是考虑一个特殊形式的相位自相关函数. 因此，为了说明问题，我们考虑一个具有圆对称的自相关函数的相位随机过程，

$$\gamma_\phi(r) = \exp\left[-\left(\frac{r}{W}\right)^2\right], \tag{8.2-16}$$

式中 $r = \sqrt{(\Delta x^2 + \Delta y^2)}$. 于是屏的平均 OTF 变成

$$\overline{\mathcal{H}}_s(\nu) = \exp\left[-\sigma_\phi^2\left(1 - \exp\left[-\left(\frac{\overline{\lambda f}\nu}{W}\right)^2\right]\right)\right], \tag{8.2-17}$$

式中 $\nu = \sqrt{\nu_U^2 + \nu_V^2}$. 对于大的相位方差，当

$$\nu = \nu_{1/e} \approx \frac{W}{\overline{\lambda}f\sigma_\phi}. \tag{8.2-18}$$

时，可以证明这一 OTF 降至 $1/e$（见习题 8-6）. 因此，当相位方差大时，屏的平均 OTF 的宽度随着相位自相关函数的宽度 W 成正比变化，而随着相位的标准偏差 σ_ϕ 成反比变化.

回到一般的相位自相关函数 γ_ϕ 的情况，现在我们希望对平均 OTF 求出一个有用的近似表示式，它在原来的成像系统的 OTF（$\mathcal{H}_0$）比屏的平均 OTF 宽得多时成立. 把 $\overline{\mathcal{H}}_s$ 的近似表示式重写成下述形式：

$$\overline{\mathcal{H}}_s = e^{-\sigma_\phi^2[1-\gamma_\phi]} = e^{-\sigma_\phi^2} + e^{-\sigma_\phi^2}\left[e^{-\sigma_\phi^2\gamma_\phi} - 1\right]. \tag{8.2-19}$$

式中的第一项代表平均 OTF 在高频率时会降到的渐近值，而第二项代表它在低频率时从渐近值上的凸起部分. 现在假设衍射受限的 OTF（$\mathcal{H}_0$）比以上屏的平均 OTF 表达式中的第二项宽得多，于是我们可写出系统平均 OTF 为

$$\overline{\mathcal{H}}(\nu_U, \nu_V) \approx \mathcal{H}_0(\nu_U, \nu_V)e^{-\sigma_\phi^2} + e^{-\sigma_\phi^2}\left[e^{-\sigma_\phi^2\gamma_\phi(\overline{\lambda f}\nu_U, \overline{\lambda f}\nu_V)} - 1\right], \tag{8.2-20}$$

式中我们已把和第二项相乘的因子 $\mathcal{H}_0$ 换成了它在原点的值 1.

近似式（8.2-20）在我们要考虑整个系统的平均点扩展函数时特别有用. $s_0(u,v)$ 仍然代表原来系统（无屏）的 PSF，（8.2-20）式的 Fourier 逆变换给出平均 PSF 的形式为

$$\bar{s}(u,v) \approx s_0(u,v)e^{-\sigma_\phi^2} + s_h(u,v), \tag{8.2-21}$$

式中

$$s_h(u,v) = \mathcal{F}^{-1}\left\{e^{-\sigma_\phi^2}\left[e^{-\sigma_\phi^2\gamma_\phi(\overline{\lambda f}\nu_U, \overline{\lambda f}\nu_V)} - 1\right]\right\}. \tag{8.2-22}$$

我们把 $s_0(u,v)e^{-\sigma_\phi^2}$ 项解释为代表 PSF 的衍射受限"核"，而 $s_h(u,v)$ 项代表由屏造成的更宽的"晕圈". 图 8.4 描述了平均 PSF 的形式随相位屏方差的增加而变化. 尤其要注意平均 PSF 的核和晕这两部分，平均 PSF 的衍射受限"核"的强度随着相位屏方差的增大而减小.

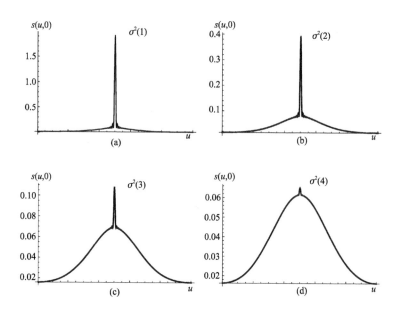

图 8.4　对不同相位方差 $\sigma^2(1) < \sigma^2(2) < \sigma^2(3) < \sigma^2(4)$ 的典型的平均点扩散函数

注意：随着相位方差增加，PSF 的窄核渐渐缩小

8.2.3　相位方差很大时平均 OTF 和平均 PSF 的极限形式

当一个系统有很大的波前像差时，PSF 和 OTF 的形式主要由几何光学决定，衍射限制的影响较小，这是在成像理论中已确立的结论（例如，见文献 [80]，p. 150）. 在本小节中，我们证明对于随机相位屏导入的像差，有同样的结论. 也就是说，在随机相位屏的相位方差很大时，我们会证明 PSF 和 OTF 取决于随机相位函数的斜率. 当然，几何光线总是垂直于光瞳波前的斜率，因此主导的是几何光学.

我们假定相位的偏微商

$$\phi_X(x,y) \triangleq \frac{\partial}{\partial x}\phi(x,y)$$

$$\phi_Y(x,y) \triangleq \frac{\partial}{\partial y}\phi(x,y)$$

$$(8.2\text{-}23)$$

是联合平稳（严格意义的）随机过程，屏的振幅透过率的自相关函数可写为

$$\Gamma_t = (x_1,y_1;x_2,y_2) = \overline{\exp[j(\phi(x_1,y_1) - \phi(x_1 - \Delta x, y_1 - \Delta y))]}. \quad (8.2\text{-}24)$$

现在若相位方差很大，我们可以预期自相关函数 Γ_t 的值在比相位 $\phi(x,y)$ 的相关宽度还要小的间隔 Δx 或 Δy 之内降至零.[①] 相应地，可以把相位差 $\phi(x_1,y_2) - \phi(x_1 - \Delta x, y_1 - \Delta y)$ 近似为同 Δx 和 Δy 有线性的依赖关系，于是

---

① （8.2-18）式是暗示这个事实的一个例子：对 Gauss 相位屏，它暗示了振幅透过率的相关宽度正比于相位相关长度除以 σ_ϕ. 对于相位的其他相关函数，它通常也是成立的.

$$\phi(x_1, y_1) - \phi(x_1 - \Delta x, y_1 - \Delta y) \approx \Delta x \frac{\partial}{\partial x_1} \phi(x_1, y_1) + \Delta y \frac{\partial}{\partial y_1} \phi(x_1, y_1),$$
(8.2-25)

式中我们弃去了$(\Delta x, \Delta y)$的所有高次项.

用了这个近似,屏的自相关函数就变成

$$\overline{\Gamma_t(x_1, y_1; x_1 - \Delta x, y_1 - \Delta y)}$$
$$\approx \overline{\exp\left[j\Delta x \frac{\partial}{\partial x_1} \phi(x_1, y_1) + j\Delta y \frac{\partial}{\partial y_1} \phi(x_1, y_1) \right]}$$
(8.2-26)
$$= \mathbf{M}_{\phi_X, \phi_Y}(\Delta x, \Delta y),$$

式中$\mathbf{M}_{\phi_X, \phi_Y}$表示相位的两个偏微商的联合特征函数,我们已假定这些偏微商联合平稳,这就意味着联合特征函数不是坐标(x_1, y_1)的函数.

屏的平均OTF现在可以表示为相关函数$\overline{\Gamma_t}(\Delta x, \Delta y)$经过适当标度后的形式,有

$$\overline{\mathcal{H}_s}(\nu_U, \nu_V) = \mathbf{M}_{\phi_X, \phi_Y}(\overline{\lambda} f \nu_U, \overline{\lambda} f \nu_V).$$
(8.2-27)

与屏关联的平均PSF只不过是这一表示式的Fourier逆变换,即

$$\overline{s}_s(u, v) = \frac{1}{(\overline{\lambda} f)^2} p_{\phi_X, \phi_Y}\left(\frac{u}{\overline{\lambda} f}, \frac{v}{\overline{\lambda} f} \right),$$
(8.2-28)

式中$p_{\phi_X, \phi_Y}(\cdot, \cdot)$标志偏微商$\phi_X$和$\phi_Y$的联合概率密度函数.

(8.2-28)式表明决定平均PSF中能量分布的是随机相位函数的斜率.事实上,当相位方差增大时,斜率(因此,几何光线的方向)的涨落变得如此之大,以至于光线的纯粹几何弯曲比任何可能出现的衍射效应都更占优势.

在零均值Gauss随机相位屏的特殊情形下,两个偏微商同样是Gauss随机变量,当两个偏微商有同样的方差σ_0^2以及零相关时,协方差矩阵$\underline{C}$的形式(参见(2.7-6)式)为

$$\underline{C} = \begin{bmatrix} \sigma_0^2 & 0 \\ 0 & \sigma_0^2 \end{bmatrix}.$$
(8.2-29)

(要考虑ϕ_X和ϕ_Y是相关的且有不同的方差的情况,见习题8-7.)联合特征函数变为

$$\mathbf{M}_{\phi_X, \phi_Y}(\omega_X, \omega_Y) = \exp\left[-\frac{\sigma_0^2}{2}(\omega_X^2 + \omega_Y^2) \right].$$
(8.2-30)

从而屏的平均OTF是(参见(8.2-27)式)

$$\overline{\mathcal{H}_s}(\nu_U, \nu_V) = \exp\left[-\frac{(\overline{\lambda} f \sigma_0)^2}{2}(\nu_U^2 + \nu_V^2) \right],$$
(8.2-31)

这是在(ν_U, ν_V)平面中的圆对称Gauss函数.相应的平均PSF通过对这个平均OTF求Fourier逆变换来得到,为

$$\bar{s}_s(u,v) = \frac{1}{2\pi(\bar{\lambda}f\sigma_0^2)^2}\exp\Big[-\frac{u^2+v^2}{2(\bar{\lambda}f\sigma_0)^2}\Big],\qquad(8.2\text{-}32)$$

这也在圆对称 Gauss 函数. 所以, Gauss 相位统计导致平均 OTF 和平均 PSF 也都是 Gauss 形状.

总之, 我们求出了相位屏的平均 OTF 在相位方差大时的极限形式. 结果表明, 平均 OTF 是相位偏微商 ϕ_X 和 ϕ_Y 的二阶特征函数经过适当标度过的形式. 在有可能假设或导出 ϕ_X 和 ϕ_Y 的联合统计的模型时, 这个极限结果可能有用. 这也表明了, 对于一个具有大相位方差的 Gauss 相位屏, 平均 OTF 和平均 PSF 的形状近似于 Gauss 函数.

8.3　当作厚相位屏的地球大气

在本章的前几节里, 我们已考虑了薄随机屏对光学成像系统平均性能的影响, 现在我们把注意力集中到更重要又困难的厚相位屏上, 特别是地球非均匀大气的情况. 如图 8.5 所示, 假设所感兴趣的物是非相干的, 在成像系统和物之间存在着广延的非均匀 (但不吸收) 介质 (如地球大气). 由于非均匀介质的存在, 这种系统所成像的像质将变坏. 我们要寻求一种数学手段来预言这种退化.

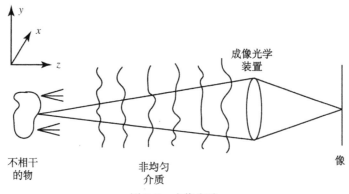

图 8.5　成像光路

如前所述, 广延随机非均匀介质最重要的例子是地球大气. 多少世纪以来 (直到应用自适应光学之前), 大气一直限制了人类在地面上对天体所能达到的分辨率. 我们的分析从一开始就对准这个特例. 正如在本章的前面强调过的, 在我们关心的问题中, 环绕四周的空气很清澈, 其折射率有微弱的涨落. 我们不考虑特殊物质和气悬体对光传播的影响, 这些影响要求研究散射现象 (例如, 见文献 [107] 的第 2 册和 [41]). 我们也只限于注意大气的一个适当的光谱 "窗口"（如光谱的可见区）内的光学传播．在这个窗口内大气吸收小得可以忽略．

有关通过湍流的光线与光场传播这一论题的文献非常之多，值得提到的早期工作包括几本书（文献[107]、[36]）和论文（文献[197]、[127]、[125]、[200]、[52] 和 [37]）．然而，关于这个论题的最重要而且最有影响的著作无疑是 V. I. Tatarski 的书[203]，它是大多数后继工作的基础．要了解关于这个课题的新而全面的工作，我极力推荐 Andrew 和 Phillips[3] 及 Roggemann 和 Welsh[181] 的书，他们的书中引证了大量的参考资料．

Taiarski 的工作对这一领域有着非常深刻的影响，以致有关这个论题的大多数著作都沿用他的符号．为了便于读者阅读这一领域的文献，我们将在本章余下的部分废弃前面用过的一些符号，而采用 Tatarski 的．为了协助读者转换到新的符号，我们专门用一小节来讨论定义和符号．

8.3.1 定义和符号

折射率对空间、时间和波长的依赖关系 地球大气的折射率随空间、时间和波长而变，就我们的目的而言，将这些依赖关系表示成下述形式最为方便：

$$n(\vec{r},t,\lambda) = n_0(\vec{r},t,\lambda) + n_1(\vec{r},t,\lambda), \tag{8.3-1}$$

式中 n_0 是 n 的确定性（非随机）部分，而 n_1 表示围绕着平均值 $\bar{n} = n_0 \approx 1$ 的随机涨落．

一般地说，n 的确定性的变化是以宏观的空间尺度十分缓慢地进行．例如，n_0 包含了 n 对距地面高度的依赖关系．因为 n_0 在比较长的时间尺度上才有变化，因此，这一项对时间的依赖关系在我们的讨论中可以忽略．

随机涨落 n_1 是由大气中存在着湍流而引起的．空气中的湍流旋涡的尺寸的范围很大，从几十米（或更大）到几毫米．这些随机涨落对波长的依赖关系一般可以略去，因此，可以将折射率写为

$$n(\vec{r},t,\lambda) = n_0(\vec{r},\lambda) + n_1(\vec{r},t). \tag{8.3-2}$$

我们还要注意到，n_1 的典型值比 1 小几个数量级[37]．

光穿过大气传播所需的时间仅仅是折射率的随机分量 n_1 的"涨落时间"的一小部分．由于这个原因，常常不考虑 n_1 对时间的依赖关系，而集中注意其空间性质．如果在给定的问题中对时间性质感兴趣，那么可借助于"冻结湍流流动"假设（又叫做 Taylor 假设）而将这些性质引入．这个假设认为，随机结构 n_1 的一个给定的实现以常速度（由局部的风的状态决定）漂过光学系统的聚光孔径，而没有任何其他结构变化．

折射率涨落的相关函数和功率谱密度 随机过程 $n_1(\vec{r})$ 最重要的统计性质之一是其空间自相关函数（对全部实现的一个系综计算的）

$$\boldsymbol{\Gamma}_n(\vec{r}_1,\vec{r}_2) = \overline{n_1(\vec{r}_1)n_1(\vec{r}_2)}. \tag{8.3-3}$$

当 n_1 在三维空间中是空间平稳时，我们就说它是统计均匀的，其自相关函数取比较简单的形式

$$\Gamma_n(\vec{r}) = \overline{n_1(\vec{r}_1)n_1(\vec{r}_1 - \vec{r})}, \qquad (8.3\text{-}4)$$

式中 $\vec{r} = \vec{r}_1 - \vec{r}_2 = (\Delta x, \Delta y, \Delta z)$.

n_1 的功率谱密度定义为 $\Gamma_n(\vec{r})$ 的三维 Fourier 变换，使用本章其余部分将用的符号，它可写为

$$\Phi_n(\vec{\kappa}) = \frac{1}{(2\pi)^3} \iiint_{-\infty}^{\infty} \Gamma_n(\vec{r}) e^{j\vec{\kappa} \cdot \vec{r}} d^3\vec{r}, \qquad (8.3\text{-}5)$$

式中 $\vec{\kappa} = (\kappa_X, \kappa_Y, \kappa_Z)$ 称为波数矢量，可以把它看成空间频率矢量，其各分量的单位是 rad/m. 相仿地，通过下式可以把自相关函数用功率谱密度表示出来：

$$\Gamma_n(\vec{r}) = \iiint_{-\infty}^{\infty} \Phi_n(\vec{\kappa}) e^{-j\vec{\kappa} \cdot \vec{r}} d^3\vec{\kappa}. \qquad (8.3\text{-}6)$$

如果进一步假设折射率涨落具有圆对称的自相关函数，我们就说 n_1 是各向同性，而前面的三维 Fourier 变换可以通过下式用对半径的单个积分来表示（见文献 [24]）：

$$\Phi_n(\kappa) = \frac{1}{2\pi^2\kappa} \int_0^{\infty} \Gamma_n(r) r \sin(\kappa r) dr$$

$$\Gamma_n(r) = \frac{4\pi}{r} \int_0^{\infty} \Phi_n(\kappa) \kappa \sin(\kappa r) d\kappa. \qquad (8.3\text{-}7)$$

折射率的结构函数 通常，折射率功率谱 Φ_n 在波数很小（即大尺度的湍流）时的行为是不确定的，人们应用的有些数学模型在这种极限（相当于 $\Gamma_n(0)$ 是未知或无限）处发散. 这时就有必要求助于使用折射率涨落的结构函数：

$$D_n(\vec{r}_1, \vec{r}_2) = \overline{[n_1(\vec{r}_1) - n_1(\vec{r}_2)]^2}, \qquad (8.3\text{-}8)$$

其有利之处是它对 Φ_n 在波数值接近原点时的行为不敏感. 通过先假设 $\Gamma_n(0)$ 确实存在，我们可以看到在这种情况下

$$D_n(\vec{r}) = 2[\Gamma_n(0) - \Gamma_n(\vec{r})]. \qquad (8.3\text{-}9)$$

现在将 (8.3-6) 式代入 (8.3-9) 式，并考虑任何功率谱密度都有的对称性 $\Phi_n(-\vec{\kappa}) = \Phi_n(\vec{\kappa})$，在这种情况下我们求得

$$D_n(\vec{r}) = 2 \iiint_{-\infty}^{\infty} [1 - \cos(\vec{\kappa} \cdot \vec{r})] \Phi_n(\vec{\kappa}) d^3\vec{\kappa}. \qquad (8.3\text{-}10)$$

随着 $\kappa = |\vec{\kappa}| \to 0$，余弦项趋于 1，积分中谱的权重趋于零. 因此，折射率的结构函数对于在原点或接近原点的 Φ_n 的特定行为是不敏感的. 当 n_1 的统计是各向同性时，积分化为

$$D_n(r) = 8\pi \int_0^{\infty} \Phi_n(\kappa) \kappa^2 \left[1 - \frac{\sin\kappa r}{\kappa r}\right] d\kappa. \qquad (8.3\text{-}11)$$

在一个平面上的折射率的自相关函数和功率谱　有时必须考虑 $n_1(\boldsymbol{r})$ 在一个垂直于传播方向（即垂直于 z 方向）的平面上的二维自相关函数和二维功率谱密度. 对局部统计均匀的湍流,[①] 这个二维功率谱密度由 $F_n(\check{q};z)$ 表示, 二维自相关函数用 $B_n(\check{p};z)$ 表示, 其中 $\check{q}=(\kappa_X,\kappa_Y)$, $\check{p}=(\Delta x,\Delta y)$. 因为 B_n 是 Γ_n 在垂直于 z 轴的一个截面, 由 Fourier 分析的投影薄片定理可知 F_n 是 Φ_n 在 z 轴上的投影:

$$F_n(\kappa_X,\kappa_Y;z) = \int_{-\infty}^{\infty} \Phi_n(\kappa_X,\kappa_Y,\kappa_Z;z)\mathrm{d}\kappa_Z. \tag{8.3-12}$$

二维自相关函数 $B_n(\check{p};z)$ 和二维功率谱密度 $F_n(\check{q};z)$ 通过下式相联系:

$$F_n(\check{q};z) = \frac{1}{(2\pi)^2}\iint_{-\infty}^{\infty} B_n(\check{p};z)\mathrm{e}^{\mathrm{j}\check{q}\cdot\check{p}}\mathrm{d}^2\check{p}$$

$$B_n(\check{p};z) = \iint_{-\infty}^{\infty} F_n(\check{q};z)\mathrm{e}^{-\mathrm{j}\check{q}\cdot\check{p}}\mathrm{d}^2\check{q}. \tag{8.3-13}$$

注意, 根据定义对于局部统计均匀的 n_1,

$$B_n(\check{p};z) = \overline{n_1(\check{p}_1;z)n_1(\check{p}_1-\check{p};z)}. \tag{8.3-14}$$

如果 n_1 的涨落在 z 为常数的平面上是统计上各向同性的, 那么 $B_n(\check{p};z)$ 和 $F_n(\check{q};z)$ 具有圆对称性, (8.3-13) 式可以化为

$$F_n(q;z) = \frac{1}{2\pi}\int_0^{\infty} B_n(p;z)\mathrm{J}_0(qp)p\mathrm{d}p$$

$$B_n(p;z) = 2\pi\int_0^{\infty} F_n(q;z)\mathrm{J}_0(qp)q\mathrm{d}q, \tag{8.3-15}$$

式中

$$p = |\check{p}| = \left[(\Delta x)^2 + (\Delta y)^2\right]^{1/2}, \quad q = |\check{q}| = \left[\kappa_X^2 + \kappa_Y^2\right]^{1/2}.$$

建立了本小节中的多个定义和符号之后, 我们就可以更详细地考虑湍动大气的光学性质了.

8.3.2　大气模型

温度不均匀引起的折射率不均匀　在光学频段, 空气的折射率由文献 [37] 给出为

$$n = 1 + 77.6(1 + 7.52\times10^{-3}\lambda^{-2})\frac{P}{T_k}\times10^{-6} \tag{8.3-16}$$

式中 λ 是以 μm 为单位的光波波长, P 是以 mbar (millibars) 为单位的大气气压, T_k 是以 K (kelvins) 为单位的绝对温度, 压力变化导致的 n 的变化相对较小, 可

---

① 注意谱密度 Φ_n 有可能是局部均匀但随传播途径的距离 z 而缓慢地变化, 见 8.5.3 节.

以忽略，所以温度涨落成了折射率涨落的主要原因. 对于 $\lambda = 0.5\mu m$，由温度增量 dT_k 而导致的折射率变化 dn 为

$$dn = -\frac{80P}{T_k^2} \times 10^{-6} dT_k, \tag{8.3-17}$$

式中 P 的单位仍然是 mbar，T_k 的单位是 K. 对在近海平面处的传播过程而言，$|dn/dT_k|$ 的数量级是 10^{-6}.

折射率的随机涨落 n_1 主要是由温度的空间分布中的随机微观结构引起的. 这种微观结构的起源在于地球表面不同区域受到太阳的加热有别，因而引起的极大尺度的温度非均匀性. 这种大尺度的温度非均匀性进而引起大尺度的折射率非均匀性，它们最终因湍流风和对流的冲击而破碎，其非均匀性的尺度也就变得越来越小.

折射率涨落的功率谱密度　通常把折射率的非均匀性称为湍流"旋涡"，可以把它们想象成一些空气包，每一个都有一个特征的折射率. 均匀湍流的功率谱密度 $\Phi_n(\vec{\kappa})$ 可以看成尺寸为 $L_X = 2\pi/\kappa_X$，$L_Y = 2\pi/\kappa_Y$ 和 $L_Z = 2\pi/\kappa_Z$ 的旋涡的相对丰度的一种度量. 在各向同性湍流的情况下，$\Phi_n(\kappa)$ 仅是波数 κ 的函数，κ 通过 $L = 2\pi/\kappa$ 与旋涡大小 L 相联系.

在 Kolmogorov 关于湍流理论的经典工作[122] 的基础上，人们相信功率谱密度 $\Phi_n(\kappa)$ 包括三个不同的区. 对于很小的 κ（很大尺寸旋涡），我们所考虑的区域是大部分非均匀性发生的区. 理论不能预言这个区内 Φ_n 的数学形式，因为它与大尺度的地理和气象条件有关. 此外，在这种规模的尺寸上，湍流既不太可能是各向同性的也不太可能是均匀的.

当 κ 大于某一临界波数 κ_0 时，$\Phi_n(\kappa)$ 的形状由制约着大湍流旋涡破碎为小旋涡的物理定律来决定. 大小为 $L_0 = 2\pi/\kappa_0$ 的尺度叫做湍流的外界尺寸. 靠近地面时，$L_0 \approx h/2$，h 是离地面的高度. L_0 的典型数值在 $1\sim 100m$ 变化，它与大气条件和考虑的实验的几何条件有关.

当 κ 大于 κ_0 时，我们就进入了谱的惯性小区. 这里的 Φ_n 的形式可以由已经确立的制约湍流的物理定律来预言. 在前面所引的 Kolmogorov 的工作的基础上，惯性小区内 Φ_n 的形式可由下式给出：

$$\Phi_n(\kappa) = 0.033 C_n^2 \kappa^{-11/3}, \tag{8.3-18}$$

式中 C_n^2 叫做折射率涨落的结构常数，它用来度量涨落的强度.

当 κ 达到了另一个临界值 κ_m 时，Φ_n 的形式再一次改变. 尺寸小于一定规模的旋涡，由于黏滞力而消耗了它们的能量，结果，当 $\kappa > \kappa_m$ 时 Φ_n 快速衰减. 尺寸 $l_0 = 2\pi/\kappa_m$ 叫做湍流的内界尺寸. 地面附近的 l_0 的典型值是几微米.

(8.3-18) 式中对 Φ_n 的表示是不完全的，因为它没有模型来说明当波数小于 κ_0 和大于 κ_m 时发生了什么. Tatarski 用对大的 κ 加一个 Gauss 尾巴来概括 $\kappa > \kappa_m$

时 Φ_n 的快速衰减:

$$\Phi_n(\kappa) = 0.033 C_n^2 \kappa^{-11/3} \exp\left(-\frac{\kappa^2}{\kappa_m^2}\right). \tag{8.3-19}$$

倘若 κ_m 选为 $5.92/l_0$,并且 $\kappa > \kappa_0$,上式是一个合理的近似.

最后,上面两个模型在 $\kappa = 0$ 均有个不可积的极点的问题.事实上,由于地球大气只包含有限量的空气,因此随着 $\kappa \to 0$,谱是不可能变为任意大的.为了克服模型的这一缺点,有时采用一种称为 von Kármán 谱的形式.这时谱取如下形式:

$$\Phi_n(\kappa) = \frac{0.033 C_n^2}{(\kappa^2 + \kappa_0^2)^{11/6}} \exp\left(-\frac{\kappa^2}{\kappa_m^2}\right). \tag{8.3-20}$$

注意,对于这个谱,有

$$\lim_{\kappa \to 0} \Phi_n(\kappa) = \frac{0.033 C_n^2}{\kappa_0^{11/3}}. \tag{8.3-21}$$

然而必须强调,对于波数极低的区间,其谱的实际形状我们知之甚少,而 von Kármán 谱仅仅是用人为的手段去避免在 $\kappa = 0$ 处的极点.我们还会看到,几乎没有哪一个光学实验会明显地受那些度量尺寸大于外界尺寸的旋涡的影响,因此实在没有必要把这一区间的谱表示为一种解析形式.

图 8.6 给出上面讨论的三种谱的曲线,包括了波数 κ_0 和 κ_m,在这两个值之间 $\kappa^{-11/3}$ 的行为成立.

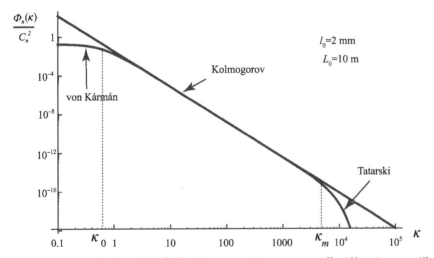

图 8.6 折射率涨落的归一化功率谱:用 Tatarski 和 von Kármán 修正的 Kolmogorov 谱

为说明起见,设内界尺寸为 2mm;外界尺寸为 10m

折射率结构函数 在研究大气湍流对成像系统的影响时我们会发现,正是折射率涨落的结构函数影响着这种系统的性能.对于各向同性的湍流,我们已从 (8.3-11)

式看到，结构函数 $D_n(r)$ 可以从对功率密度函数 $\Phi_n(\kappa)$ 的适当积分得到．在 Kolmogorov 谱的情况，该积分变成

$$D_n(r) = 8\pi \times 0.033 C_n^2 \int_0^\infty \kappa^{-5/3}\Big[1 - \frac{\sin\kappa r}{\kappa r}\Big]\mathrm{d}\kappa. \tag{8.3-22}$$

该积分可以用 Mathematic 来演算，得到结果为

$$D_n(r) = C_n^2 r^{2/3}. \tag{8.3-23}$$

在这个式子中出现的系数为 1 不是偶然的，实际上这是由常数 0.033 的选择以及 C_n^2 定义的方式而造成的．注意：这个结构函数的形式只对 $l_0 < r < L_0$ 成立，因为得到此结果所用的功率谱密度仅在 $\kappa_0 < \kappa < \kappa_m$ 时成立．图 8.7 表示了归一化的结构函数 $D_n(r)/C_n^2$ 随 r 变化的曲线．

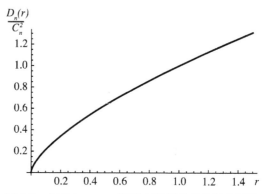

图 8.7 与 Kolmogorov 谱相应的折射率的结构函数

在结束本小节时，我们需要提一句，结构常数 C_n^2 的值与局部的大气条件和离地面的高度有关．近地面处它的典型值从 $10^{-13}\,\mathrm{m}^{-2/3}$（对于强湍流）到 $10^{-17}\,\mathrm{m}^{-2/3}$（对于弱湍流），常常引用 $10^{-15}\,\mathrm{m}^{-2/3}$ 作为典型的"平均"值．

8.4 电磁波通过非均匀大气的传播

在描述了大气中折射率非均匀性的统计性质的特征之后，我们现在来考虑这些非均匀性对电磁波传播的影响．

8.4.1 非均匀介质中的波动方程

我们考虑与时间的关系为 $\exp(-\mathrm{j}\omega t)$ 的单色电磁波在地球大气中的传播．把大气折射率表示为

$$n(\vec{r}) = n_0 + n_1(\vec{r}), \tag{8.4-1}$$

式中假设平均折射率 n_0 在我们传播的实验中是常数．注意：色散折射率 n 是 w 的函数．

我们假定大气的磁导率 μ 为常数,但是介电常量 e 是空间变化的.这时 Maxwall 方程组取以下形式:

$$\nabla \cdot \vec{H} = 0, \qquad \nabla \times \vec{H} = -j\omega\epsilon\vec{E}$$
$$\nabla \cdot (\epsilon\vec{E}) = 0, \qquad \nabla \times \vec{E} = j\omega\mu\vec{H}, \tag{8.4-2}$$

式中 $\vec{E}$ 是电场,$\vec{H}$ 是磁场,而 ∇ 矢量的分量为 $(\partial/\partial x, \partial/\partial y, \partial/\partial z)$.把 $\nabla \times$ 运算应用于上面的方程组中右下求 $\vec{E}$ 的方程,并将右上方程的 $\nabla \times \vec{H}$ 代入,我们得到

$$\nabla \times (\nabla \times \vec{E}) = \omega^2\mu\epsilon\vec{E}. \tag{8.4-3}$$

现在我们用矢量恒等式

$$\nabla \times (\nabla \times \vec{E}) = -\nabla^2\vec{E} + \nabla(\nabla \cdot \vec{E}), \tag{8.4-4}$$

而且展开左下的 Maxwell 方程有

$$\nabla \cdot (\epsilon\vec{E}) = \epsilon(\nabla \cdot \vec{E}) + \vec{E} \cdot \nabla_\epsilon = 0. \tag{8.4-5}$$

因此

$$\nabla \cdot \vec{E} = -\vec{E}\frac{\nabla\epsilon}{\epsilon} = -\vec{E} \cdot \nabla\ln\epsilon, \tag{8.4-6}$$

把上式代入 (8.4-4) 式和 (8.4-3) 式就得到

$$\nabla^2\vec{E} + \omega^2\mu\epsilon\vec{E} + \nabla(\vec{E} \cdot \nabla\ln\epsilon) = 0. \tag{8.4-7}$$

这里 ln 代表自然对数(以 e 为底).

波传播的局部速度是 $(\mu\epsilon)^{-1/2}$,它也等于 c/n,式中 c 是自由空间中的光速,而 n 是局部折射率,因此 $\mu\epsilon = n^2/c^2$.由于 μ 和 c 是常数,$\nabla\ln\epsilon = 2\nabla\ln n$,将这两个关系代入 (8.4-7) 式,我们得到

$$\nabla^2\vec{E} + \frac{\omega^2 n^2}{c^2}\vec{E} + 2\nabla(\vec{E} \cdot \nabla\ln(n)) = 0, \tag{8.4-8}$$

它在任何无源区都成立.

此方程左边的最后一项引入了 $\vec{E}$ 的三个分量之间的耦合,因此对应于一个消偏振项.前人的工作已经确定,在光谱的可见区这一项完全可以忽略,可以换成零[199].从物理上看,消偏振效应可以忽略是因为湍流的内界尺寸 l_0 大大超过波长 λ.因此波动方程变为

$$\nabla^2\vec{E} + \frac{\omega^2 n^2}{c^2}\vec{E} = 0. \tag{8.4-9}$$

这个方程和常规的波动方程不同之处仅在于第二项系数中的 n^2 是位置 $\vec{r}$ 的随机函数.因为电场的所有三个分量都服从同样的波动方程,我们可以用标量方程代替矢量方程

$$\nabla^2 U + \frac{\omega^2 n^2}{c^2}U = 0, \tag{8.4-10}$$

式中 U 可以代表 $\vec{E}_X$,$\vec{E}_Y$ 或 $\vec{E}_Z$.

我们现在来考虑这个标量方程的一些微扰解.

8.4.2　Born 近似

波动方程的微扰解的基础是 $n_1 \ll n_0$. 我们可以将标量方程的解表示为

$$\mathbf{U}(\check{r}) = \mathbf{U}_0(\check{r}) + \mathbf{U}_1(\check{r}) + \mathbf{U}_2(\check{r}) + \cdots, \qquad (8.4\text{-}11)$$

式中 $\mathbf{U}_0$ 表示场的无散射部分，$\mathbf{U}_1$ 是散射一次的场分量，$\mathbf{U}_2$ 是散射两次的场分量，…. 如果我们的注意力仅限于弱散射，可以预期 $|\mathbf{U}_0| \gg |\mathbf{U}_1| \gg |\mathbf{U}_2|$. 只保留第一级扰动，可得

$$\nabla^2(\mathbf{U}_0 + \mathbf{U}_1) + \frac{\omega^2}{c^2}(n_0 + n_1)^2(\mathbf{U}_0 + \mathbf{U}_1) = 0. \qquad (8.4\text{-}12)$$

因为 $\mathbf{U}_0$ 代表无扰动的解，它必然满足

$$\nabla^2\mathbf{U}_0 + k_0^2\mathbf{U}_0 = 0, \qquad (8.4\text{-}13)$$

式中 $k_0^2 = \omega^2 n_0^2 / C_n^2$，只保留 $\mathbf{U}_1$ 和 n_1 这些一级项，意味着 $\mathbf{U}_1$ 必定满足[①]

$$\nabla^2\mathbf{U}_1 + k_0^2\mathbf{U}_1 = \frac{-2k_0^2 n_1 \mathbf{U}_0}{n_0}. \qquad (8.4\text{-}14)$$

从此以后，我们假设平均折射率 n_0 是 1，这是在谱的光学区段的一个很好的近似.

（8.4-14）式是关于 $\mathbf{U}_1$ 的非齐次偏微分方程，带有一个场源项 $-2k_0^2 n_1\mathbf{U}_0$，其解很容易用自由空间的 Green 函数（脉冲响应），即 $\frac{1}{4\pi}\exp(\mathrm{j}k_0|\check{r}|)/|\check{r}|$，以及场源项的卷积来表示，结果是

$$\mathbf{U}_1(\check{r}) = \frac{1}{4\pi}\iiint_V \frac{e^{\mathrm{j}k_0|\check{r}-\check{r}'|}}{|\check{r}-\check{r}'|}[2k_0^2 n_1(\check{r}')\mathbf{U}_0(\check{r}')]\mathrm{d}^3\check{r}', \qquad (8.4\text{-}15)$$

式中 V 是散射体积.

$\mathbf{U}_1$ 的表达式说明散射一次的场 $\mathbf{U}_1$ 可以通过对散射体积 V 内的各不同点 $\check{r}'$ 产生的大量球面波求和而得到. 在 $\check{r}'$ 上产生的球面波的强度正比于入射的无散射的场和那一点上的一级微扰的乘积.

利用可见光通过大气传播的散射角很小这一事实，可进一步得到一个有用的近似. 由于最小的湍流旋涡的尺寸 $l_0 \sim 2\mathrm{mm}$ 的数量级，而波长的典型值是 $0.5\mu\mathrm{m}$，于是散射角不会大于 $\lambda/l_0 \approx 2.5 \times 10^{-4}\mathrm{rad}$. 因此，把光送到一个给定接收点的散射的最大横向位移要远小于从接收器到散射体的距离. 结果，可以对（8.4-41）式的被积函数应用 Fresnel 近似（文献[80]，第四章），得到

---

① 第 N 级散射波由第 $(N-1)$ 级散射波驱动，并满足一个类似的波动方程 $\nabla^2\mathbf{U}_N + k_0^2\mathbf{U}_N = \frac{-2k_0^2 n_N\mathbf{U}_{N-1}}{n_0}$.

$$\mathbf{U}_1(\check{r}) = \frac{k_0^2}{2\pi} \iiint_V \frac{\exp\left[jk_0\left((z-z') + \frac{|\check{\rho} - \check{\rho}'|^2}{2(z-z')}\right)\right]}{z - z'} n_1(\check{r}') \mathbf{U}_0(\check{r}') \mathrm{d}^3\check{r}', \quad (8.4\text{-}16)$$

式中 $\check{\rho}$ 和 $\check{\rho}'$ 表示 $\check{r}$ 和 $\check{r}'$ 离 z 轴的横向位移.

Born 近似在物理学中广泛地用来解决大量问题,但可惜的是对于我们现在研究的传播问题,除非是传播距离很短,它得不到精确的结果. 8.4.4 节中讨论了 Born 近似对于强度统计的预测. 对通过大气传播的光的强度涨落的测量证明,实验数据与理论预测匹配很差[161,165]. 我们可以指明该理论的一些缺陷:首先,它不能精确地考虑到 $\mathbf{U}_0$ 的强度随着 $\mathbf{U}_1$ 的强度的变强而减弱. 更重要的是,这个模型是加性的,也就是将所有的一级散射效应加起来得到近似结果. 事实上,相乘才是传播现象的一个更好的模型,在传播中光波相继和途中的多种湍流旋涡的效应相乘. 为此,已研发了另一种在微散射情况下能得到精确结果的处理微扰的方法,我们会在下一小节中讨论.

8.4.3　Rytov 近似

Tatarski 引入了一个弱湍流效应的极好的近似计算,叫做 Rytov 近似,它通过下式的变换得到:

$$\mathbf{U}(\check{r}) = \exp[\psi(\check{r})]. \quad (8.4\text{-}17)$$

可以将量 ψ 当作波的复对数振幅,一个数学理论得以在围绕 ψ 为近似的基础上建立起来. 注意,如果

$$\mathbf{U}(\check{r}) = A(\check{r})\mathrm{e}^{jS(\check{r})}, \quad (8.4\text{-}18)$$

于是

$$\psi(\check{r}) = \ln A(\check{r}) + jS(\check{r}). \quad (8.4\text{-}19)$$

替换式(8.4-17)立即将波动方程(8.4-10)转换为 Riccati 方程(见习题 8-12)

$$\nabla^2\psi(\check{r}) + \nabla\psi(\check{r}) \cdot \nabla\psi(\check{r}) + \frac{\omega^2}{c^2}n^2(\check{r}) = 0. \quad (8.4\text{-}20)$$

现在 Rjccati 方程可以通过如下假设求解:

$$\psi = \psi_0 + \psi_1, \quad (8.4\text{-}21)$$

式中 ψ_0 是无微扰的解,ψ_1 是由折射率 n 的一级扰动引起的微扰. 我们可以写出

$$\mathbf{U}_0 = \exp(\psi_0)$$
$$\mathbf{U} \approx \exp(\psi_0 + \psi_1) = \mathbf{U}_0\exp(\psi_1). \quad (8.4\text{-}22)$$

事实上,我们是将 $\mathbf{U}$ 表示为自由空间解的相乘微扰的形式,而不是如 Born 近似①用的是相加微扰的形式. 将 ψ 和 Born 近似的一级项 $\mathbf{U}_1$ 联系起来,

---

① 注意场 $\mathbf{U}_1$ 的一级扰动不等于 $\exp(\psi_1)$.

$$\frac{\mathbf{U}}{\mathbf{U}_0} = 1 + \frac{\mathbf{U}}{\mathbf{U}_0} = \exp(\psi_1), \tag{8.4-23}$$

和

$$\psi_1 = \ln\left(1 + \frac{\mathbf{U}_1}{\mathbf{U}_0}\right) \approx \frac{\mathbf{U}_1}{\mathbf{U}_0}. \tag{8.4-24}$$

由于 $|\mathbf{U}_1| \ll |\mathbf{U}_0|$，最后的近似成立．把求 $\mathbf{U}_1$ 的（8.4-16）式代入（8.4-24）式，我们得到

$$\psi_1(\vec{r}) = \frac{k_0^2}{2\pi U_0(\vec{r})} \iiint\limits_V \frac{\exp\left[jk_0\left((z - z') + \frac{|\vec{\rho} - \vec{\rho}\,'|^2}{2(z - z')}\right)\right]}{z - z'} n_1(\vec{r}\,') \mathbf{U}_0(\vec{r}\,') \mathrm{d}^3\vec{r}\,',$$
$$\tag{8.4-25}$$

借助于一些适当的定义，现在能够求出波扰动 ψ_1 的对数振幅和相位的表示式，令总波的振幅和相位分别为 A 和 S，而自由空间（无扰动）解的振幅和相位为 A_0 和 S_0，有

$$\begin{aligned} \mathbf{U} &= A \exp(jS) \\ \mathbf{U}_0 &= A_0 \exp(jS_0). \end{aligned} \tag{8.4-26}$$

于是

$$\psi_1 = \psi - \psi_0 = \ln\frac{A}{A_0} + j(S - S_0). \tag{8.4-27}$$

现在定义

$$\begin{aligned} \chi &\equiv \ln\frac{A}{A_0} \quad（对数振幅涨落）\\ S_\delta &\equiv S - S_0 \quad（相位涨落） \end{aligned} \tag{8.4-28}$$

我们有

$$\psi_1 = \chi + jS_\delta. \tag{8.4-29}$$

我们的结论是对数振幅 χ 和相位 S_δ 分别为（8.4-25）式的实部和虚部，是可以求得的．

在 Rytov 近似的基础上建立的理论仍然是一个弱散射理论，但是已经发现在很大的范围内它比 Born 近似精确．例如，在天文成像问题中，当垂直或在和垂直方向有一个小夹角的方向看天时，它十分精确．一般地说，对于当波在水平方向传播路径很长时，这个理论就不适用了，因为这时弱散射的假设就不再准确了．

这些结果概括了我们对 Rytov 近似的考虑，在后面讨论大气湍流对成像系统的影响时我们会用这些结果，但首先我们还要对传播的波的强度涨落的统计性质作细致深入的研究．

8.4.4　强度统计

从 Born 近似和 Rytov 近似得出的解所预言的传播的波的强度服从不同的概率密度函数. Born 近似，特别是（8.4-16）式，将场的微扰 $\mathbf{U}_1$ 表示为来自湍流介质不同部分的大量独立贡献的叠加. 根据中心极限定理，我们将预期 $\mathbf{U}_1$ 的实部与虚部服从零均值的 Gauss 统计. 所预言的总的波的强度统计性质依赖于 $\mathbf{U}_1$ 实部与虚部的方差以及它们的相关. 当这些方差相等并且相关是零时，$\mathbf{U}_0$ 和 $\mathbf{U}_1$ 的和等价于一个常数（非随机）相矢量和一个圆形复 Gauss 相矢量的和. 2.9.4 节中的结果意味着，在这些条件下，$A=|\mathbf{U}|$ 应该服从 Rice 统计. 通过变换 $A=\sqrt{I}$ 得到一个强度概率密度函数，叫做修正的 Rice 密度函数，

$$p_I(I) = \frac{1}{2\sigma^2}\exp\left(-\frac{I+A_0^2}{2\sigma^2}\right)\mathrm{I}_0\left(\frac{\sqrt{I}A_0}{\sigma^2}\right),\qquad(8.4\text{-}30)$$

它在 $I\geqslant0$ 时成立，$I<0$ 时为零. 因此，$A_0=|\mathbf{U}_0|$ 和 $2\sigma^2=\overline{|\mathbf{U}_1^2|}$. 然而请注意，尽管在某些条件下假设 $\mathbf{U}_1$ 是圆对称统计的可能很困难[①]，但还常常这样做. 于是请注意，这个密度函数的平均强度取如下形式：

$$\bar{I} = A_0^2 + 2\sigma^2 = |\mathbf{U}_0|^2 + \overline{|\mathbf{U}_1|^2},\qquad(8.4\text{-}31)$$

这意味着对一个在无损耗的介质中传播的平面波，这种解决方法会得到能量不守恒的结果，除非当 $\overline{\mathbf{U}_1^2}$ 随距离增加时 $|\mathbf{U}_0^2|$ 减小. 然而，因为 $|\mathbf{U}_1|\ll|\mathbf{U}_0|$，所以忽略这个矛盾，这正是此近似的一个方面.

对 Rytov 近似而言，（8.4-25）式将量 ψ_1 表示为大量独立贡献的叠加. 在这种情况下，对数振幅 $\chi=\mathrm{Re}\{\psi_1\}$ 服从平均值为 $\bar{\chi}$，标准偏差为 σ_χ 的 Gauss 统计（注意我们没有假设 ψ_1 是圆形的 Gauss 分布）. 因此

$$p_\chi(\chi) = \frac{1}{\sqrt{2\pi}\sigma_\chi}\exp\left[-\frac{(\chi-\bar{\chi})^2}{2\sigma_\chi^2}\right].\qquad(8.4\text{-}32)$$

为求出振幅 $A=A_0\exp(\chi)$ 的概率密度函数，我们必须引入一个概率变换，注意

$$p_A(A) = p_\chi(\chi=\ln A)\left|\frac{\mathrm{d}\chi}{\mathrm{d}A}\right|\qquad(8.4\text{-}33)$$

以及 $\mathrm{d}\chi/\mathrm{d}A=1/A$，我们求得

$$p_A(A) = \frac{1}{\sqrt{2\pi}\sigma_\chi A}\exp\left[-\frac{\left(\ln\frac{A}{A_0}-\bar{\chi}\right)^2}{2\sigma_\chi^2}\right],\quad A\geqslant0.\qquad(8.4\text{-}34)$$

---

① 特别要见习题 8-19，在该题中证明：在某种条件下，总场的实部和虚部是不同的，因此 $\mathbf{U}_1$ 的统计不是圆形的，强度统计也不是修正的 Rice 统计.

类似地，可求出强度 $I = A^2$ 的概率密度函数为

$$p_I(I) = \frac{1}{2\sqrt{2\pi}\,\sigma_\chi I}\exp\left[-\frac{\left(\ln\dfrac{I}{I_0} - 2\bar{\chi}\right)^2}{8\sigma_\chi^2}\right], \quad I \geq 0. \tag{8.4-35}$$

（8.4-34）式和（8.4-35）式都是对数正态的概率密度函数.

正如所述，强度的对数正态概率密度函数具有三个独立参数：$\bar{\chi}$、σ_χ 和 I_0. 然而，如果我们固定强度的均值，要求（比方说）$\bar{I} = I_0$，我们发现 $\bar{\chi}$ 和 σ_χ 就不再能独立选择了. 为了证明这个结论，令

$$\bar{I} = I_0\,\overline{\mathrm{e}^{2\chi}} = I_0. \tag{8.4-36}$$

现在我们用下面这个对任何实值 Gauss 随机变量 z 和任何复常数 $\mathbf{a}$ 都成立的关系：

$$E[\mathrm{e}^{\mathbf{a}z}] = \exp\left(\mathbf{a}\,\bar{z} + \frac{1}{2}a^2\sigma_z^2\right). \tag{8.4-37}$$

令式中 $z = \chi$ 以及 $\mathbf{a} = 2$，我们得到

$$\bar{I} = I_0\mathrm{e}^{2\bar{\chi}+2\sigma_\chi^2} = I_0, \tag{8.4-38}$$

或等价地

$$\bar{\chi} = -\sigma_\chi^2. \tag{8.4-39}$$

这里仍然有两个独立参数，但是如果我们选 I_0 为其中之一，那么 $\bar{\chi}$ 和 σ_χ^2 就不能独立选择了.

讨论传播问题得到上述关系时，我们都假定波传潘时没有显著的衰减，因此根据能量守恒，在 $z = 0$ 处进入大气的强度为 1 的平面波到达 $z = L$ 时它的平均强度仍为 1.

图 8.8 给出了参数 σ_χ 为几个不同值时的概率密度函数 $I_0 p(I)$ 随（I/I_0）变化的曲线. 可以看出，即使是对一个固定的平均值 I_0，它们的形状也极不相同.

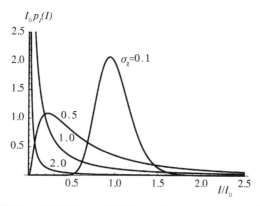

图 8.8　对不同的 σ_χ 值强度的对数正态概率密度函数

8.5　长曝光 OTF

大气折射率的非均匀性处于经常性的湍动之中，结果瞬时波前的退化也随时间迅速涨落．为了"冻结"这种大气引起的退化，从而消除任何时间平均效应，就必须用 10ms 到 1ms 甚至更短的曝光时间．图 8.9 给出在长曝光（$T \gg 10$ms）和短曝光（$T \ll 10$ms）条件下一颗星的照片的例子．

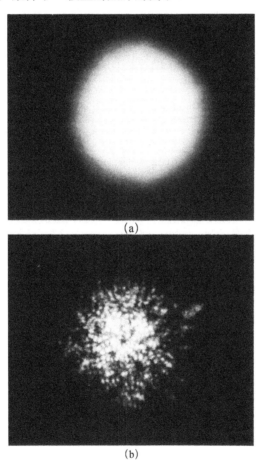

(a)

(b)

图 8.9　巨爵座 λ 星的长曝光（a）和短曝光（b）条件下的照片

（感谢 Erlangen 大学的 GerdWeight 和 GerhardBaier 提供）

从图 8.9 中两个像的外观可以预料用长曝光和短曝光所得到的两个 OTF 之间存在着明显的区别．本节我们仅考虑长曝光的情况．这种曝光适用于如昏暗的天体的成像，它需要几秒、几分钟甚至几小时的积分时间．我们的分析将建立在时间遍历假设的基础上，即长时间平均 OTF（它受到大气非均匀性的多个独立的实现的影响）和系综平均 OTF 等同．由于多种因素，人们对短曝光 OTF 产生了很大兴趣，我们将在下面几节讨论短曝光，而目前则集中注意长曝光这个课题．

8.5.1 用波结构函数表示长曝光 OTF

参考图 8.10，考虑一个非常远的准单色光源，它位于一个简单的成像系统的光轴上．在没有大气湍流时，这个光源将产生一个平面波垂直入射到透镜上．在有大气湍流时，入射到非均匀介质上的平面波在介质内传播，最终落到透镜上的是一个受到扰动的波．入射到透镜上的瞬时场可以表示为

$$\mathbf{U}(x,y) = \sqrt{I_0}\exp[\chi(x,y) + \mathrm{j}S(x,y)], \qquad (8.5\text{-}1)$$

式中 I_0 为入射平面波的强度，而且正如 Rytov 解预言的那样，χ 和 S 是 Gauss 随机变量．

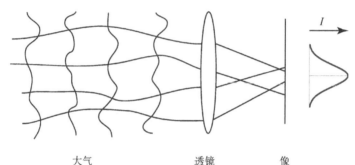

大气　　　　　　　　　透镜　　　　　　　像

图 8.10　远处的一个点光源通过大气成像

在右边的光滑曲线是像的长时间平均强度分布，而所示的大气非均匀性和光线途径是针对一个确定的瞬间的

按照导出（8.1-5）式的推理，系统的瞬时 OTF 可以表示为

$$\mathcal{H}(\nu_U,\nu_V) = \frac{\displaystyle\iint_{-\infty}^{\infty}\mathbf{P}(x,y)\mathbf{P}^*(x - \bar{\lambda}f\nu_U, y - \bar{\lambda}f\nu_V)\exp[(\chi_1 + \chi_2) + \mathrm{j}(S_1 - S_2)]\mathrm{d}x\mathrm{d}y}{\displaystyle\iint_{-\infty}^{\infty}\mathbf{P}(x,y)\mathbf{P}^*(x,y)\exp(2\chi)\mathrm{d}x\mathrm{d}y},$$

$$(8.5\text{-}2)$$

式中 $\mathbf{P}(x,y)$ 是系统没有大气湍流时的复光瞳函数，而

$$\begin{aligned}
\chi_1 &= \chi(x,y) \\
\chi_2 &= \chi(x - \bar{\lambda}f\nu_U, y - \bar{\lambda}f\nu_V) \\
S_1 &= S(x,y) \\
S_2 &= S(x - \bar{\lambda}f\nu_U, y - \bar{\lambda}f\nu_V).
\end{aligned} \qquad (8.5\text{-}3)$$

注意 χ_1，χ_2，S_1，S_2 是时间的函数，但是这一时间依赖关系在这次写瞬时 OTF 时

已被去掉了.

在我们的遍历假设下, 系综平均 OTF 与在无限长积分时间极限时的长曝光 OTF 相同, 因此我们想要求 (8.5-2) 式中的分子和分母的系综平均, 其结果可表示为[①]

$$\overline{\mathcal{H}}(\nu_U, \nu_V) = \mathcal{H}_0(\nu_U, \nu_V)\overline{\mathcal{H}}_{LE}(\nu_U, \nu_V), \tag{8.5-4}$$

式中 $\mathcal{H}_0$ 是不存在湍流时光学系统的 OTF, 而 $\overline{\mathcal{H}}_{LE}$ 可以认为是大气的长曝光 OTF, 它由下式给出:

$$\overline{\mathcal{H}}_{LE}(\nu_U, \nu_V) = \frac{\Gamma(\overline{\lambda}f\nu_U, \overline{\lambda}f\nu_V)}{\Gamma(0,0)}, \tag{8.5-5}$$

其中

$$\Gamma(\overline{\lambda}f\nu_U, \overline{\lambda}f\nu_V) = \overline{\exp[(\chi_1 + \chi_2) + j(S_1 - S_2)]}. \tag{8.5-6}$$

在将 Γ 写作 $(\overline{\lambda}f\nu_U, \overline{\lambda}f\nu_V)$ 的函数时, 我们已经假设了波前扰动服从均匀统计, 我们计算大气 OTF 的能力主要取决于我们对 χ 和 S 的统计性质的知识. χ 和 S 均服从 Gauss 统计这一点是 (推导) 成功的关键.

一般说来, 我们没有理由假设 χ 和 S 是独立的随机过程, 因为它们的涨落都来自折射率的涨落. 然而, 让我们考虑下述平均值:

$$\overline{(\chi_1 + \chi_2)(S_1 - S_2)} = \overline{\chi_1 S_1} - \overline{\chi_2 S_2} - \overline{\chi_1 S_2} + \overline{\chi_2 S_1}. \tag{8.5-7}$$

如果折射率涨落服从均匀统计, 则 χ 和 S 必须是联合均匀的, 这时有

$$\overline{\chi_1 S_1} = \overline{\chi_2 S_2}. \tag{8.5-8}$$

如果还加上 n 的统计性质各向同性, 则 χ 和 S 将是联合各向同性的, 结果

$$\overline{\chi_1 S_2} = \overline{\chi_2 S_1}. \tag{8.5-9}$$

由此可得

$$\overline{(\chi_1 + \chi_2)(S_1 - S_2)} = 0, \tag{8.5-10}$$

我们看到, 随机变量 $(\chi_1 + \chi_2)$ 与 $(S_1 - S_2)$ 不相关, 而且借助于 Gauss 统计性, 它们统计独立. 结果我们看到 Γ 成为分开的两项的乘积,

$$\Gamma(\overline{\lambda}f\nu_U, \overline{\lambda}f\nu_V) = \overline{\exp(\chi_1 + \chi_2)}\,\overline{\exp[j(S_1 - S_2)]}. \tag{8.5-11}$$

从我们前面对统计上各向同性的 Gauss 相位屏的讨论知道

$$\overline{\exp[j(S_1 - S_2)]} = \exp\left[-\frac{1}{2}D_S(\overline{\lambda}f\nu)\right] \tag{8.5-12}$$

式中 $\nu = \sqrt{(\nu_U^2 + \nu_V^2)}$ 和 D_S 是相位结构函数,

$$D_S = \overline{(S_1 - S_2)^2}. \tag{8.5-13}$$

---

① 我们用下标 "*LE*" 代表长曝光情况, "*SE*" 代表短曝光情况.

现在我们必须计算 $\exp(\chi_1 + \chi_2)$ 的平均值.

为了帮助进行这一计算, 我们再一次利用 (8.4-37) 式中表示的关系 (这个关系对任一 Gauss 随机变量 z 和常数 $\mathbf{a}$ 都成立):

$$\overline{\exp(\mathbf{a}z)} = \exp\left(\mathbf{a}\,\bar{z} + \frac{1}{2}\mathbf{a}^2\sigma_z^2\right). \tag{8.5-14}$$

选 $z = \chi_1 + \chi_2$ 及 $\mathbf{a} = 1$, 我们得到

$$\overline{\exp(\chi_1 + \chi_2)} = \exp\left[\frac{1}{2}\,\overline{(\chi_1 + \chi_2 - 2\bar{\chi})^2}\right]\exp(2\bar{\chi}). \tag{8.5-15}$$

注意

$$\begin{aligned}
\frac{1}{2}\,\overline{(\chi_1 + \chi_2 - 2\bar{\chi})^2} &= \frac{1}{2}\,\overline{\left[(\chi_1 - \bar{\chi}) + (\chi_2 - \bar{\chi})\right]^2} \\
&= \frac{1}{2}\,\overline{(\chi_1 - \bar{\chi})^2} + \frac{1}{2}\,\overline{(\chi_2 - \bar{\chi})^2} + \overline{(\chi_1 - \bar{\chi})(\chi_2 - \bar{\chi})} \\
&= C_\chi(0) + C_\chi(\overline{\lambda f\nu}), \tag{8.5-16}
\end{aligned}$$

式中 C_χ 是 χ 的自协方差, 于是

$$\overline{\exp(\chi_1 + \chi_2)} = \exp\left[C_\chi(0) + C_\chi(\overline{\lambda f\nu})\right]\exp(2\bar{\chi}). \tag{8.5-17}$$

在此, 我们要求助于能量守恒得出如下结论, 一个在无损耗非均匀介质中传播的无限平面波的平均强度必须保持恒定. 如 (8.4-39) 式所示, 结果为

$$\bar{\chi} = -\sigma_\chi^2 = -C_\chi(0). \tag{8.5-18}$$

把它代入 (8.5-17) 式, 我们得到

$$\overline{\exp(\chi_1 + \chi_2)} = \exp\left[-C_\chi(0) + C_\chi(\overline{\lambda f\nu})\right] = \exp\left[-\frac{1}{2}D_\chi(\overline{\lambda f\nu})\right], \tag{8.5-19}$$

式中 D_χ 是对数振幅结构函数

$$D_\chi = \overline{(\chi_1 - \chi_2)^2}. \tag{8.5-20}$$

有了这个结果, 我们可以写出 $\boldsymbol{\Gamma}$ 为

$$\boldsymbol{\Gamma} = \exp\left[-\frac{1}{2}(D_\chi + D_s)\right]. \tag{8.5-21}$$

我们现在引入一个新的量, 即波结构函数, 它组合了对数振幅和相位涨落的效应

$$D(\overline{\lambda f\nu}) \triangleq D_\chi(\overline{\lambda f\nu}) + D_s(\overline{\lambda f\nu}). \tag{8.5-22}$$

这样 $\boldsymbol{\Gamma}$ 的表达式就可以更简单

$$\boldsymbol{\Gamma}(\overline{\lambda f\nu}) = \overline{\mathcal{H}}_{LE}(\overline{\lambda f\nu}) = \exp\left[-\frac{1}{2}D(\overline{\lambda f\nu})\right]. \tag{8.5-23}$$

总平均 OTF 的形式为

$$\overline{\mathcal{H}}(\nu) = \mathcal{H}_0(\nu)\exp\left[-\frac{1}{2}D(\overline{\lambda f\nu})\right], \tag{8.5-24}$$

式中 $\mathcal{H}_0$ 还是在圆对称假设下，不存在大气引起形变的光学系统的 OTF.

8.5.2 波结构函数的近场计算

现在我们来考虑计算波结构函数的详细表示式，有了这个结果我们可以确定长曝光大气 OTF 的更详细的形式.

在对此问题的初步分析中，我们采用一些相当苛刻的简化假设，这些假设在实践中只是偶尔满足. 但是通过这一简化分析，我们在 8.5.6 节再证明结果的正确性如何可以推广到比原来设想的要广泛得多的情况.

我们采用的主要假设如下：

（1）物辐射的是非相干光.

（2）感兴趣的物离成像光瞳很远，并且非常小，以至于物的所有部分所受的大气影响相同.

（3）成像光瞳之前的一段有限距离 z 上存在湍流，并且在具有结构常数为 C_n^2 的区域内是均匀并且各向同性的.

（4）成像系统位于最重要的湍流旋涡近场之内很深处，因此每一条入射到非均匀介质上的射线仅被该介质延迟，没有显著的弯曲（这个假设仅当 $z \ll l_0^2 / \bar{\lambda}$ 时才严格成立）.

假设（1）是本章中一直设的. 假设（2）可以叫做"等晕"假设，对于长时间平均成像它不是一个限制性很强的假设. 假设（3）对于通过大气垂直观察不成立，在 8.5.3 节中将去掉这一假设. 关于假设（4），如果忽略了光线的弯曲，我们就忽略像中由光线引起的局部闪烁（这是由射到探测器上的光线的局部密度变化造成的），结果就没有对数振幅的涨落，也即，我们的注意力可以完全集中到相位涨落上. 此外，我们只计算光线所经受的相位延迟，因而略去了可能的衍射效应. 很清楚，这最后的假设看起来是限制最大的一个，但随后我们会证明它是可以放宽的.

图 8.11 给出了计算时所用的光路. 根据假设（2）我们只考虑光轴上的点光源产生一个平面波，入射到湍流上. 我们用假设（4）来表示在图中的两根平行光线各自受到的相位延迟 S_1 和 S_2 为

$$S_1 = \bar{k} \int_0^z [\, n_0 + n_1(\check{r}_1)\,]\,\mathrm{d}z'$$

$$S_2 = \bar{k} \int_0^z [\, n_0 + n_1(\check{r}_2)\,]\,\mathrm{d}z', \qquad (8.5\text{-}25)$$

式中 $\bar{k} = 2\pi/\bar{\lambda}$，$\bar{\lambda}$ 是光的平均真空波长. 此外，由于假设对数振幅涨落可以忽略，$\chi_1 = \chi_2$，$D_\chi = 0$，以及波结构函数等于相位结构函数，因此平均大气 OTF 由下式给出：

$$\overline{\mathcal{H}}_{LE}(\nu) = \exp\left[-\frac{1}{2}D_S(\overline{\lambda}f\nu)\right].\qquad (8.5\text{-}26)$$

显然，我们的主要任务是用（8.5-25）式来计算相位结构函数．

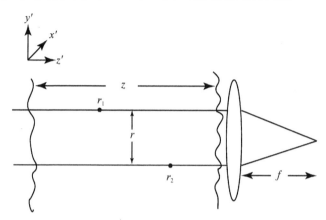

图 8.11 计算相位结构函数所用的光路

在计算相位结构函数时，我们选择坐标系的原点位于图 8.11 中下面一根光线进入湍流区的位置上，于是折射率 $n(\check{r}_1)$ 和 $n(\check{r}_2)$ 可以表示为

$$n(\check{r}_1) = n(z',r)$$
$$n(\check{r}_2) = n(z',0).\qquad (8.5\text{-}27)$$

为了求得相位结构函数，只要计算平均值：

$$\overline{(S_1 - S_2)^2} = (\overline{k})^2\left[\int_0^z \mathrm{d}z'[n_1(z',r) - n_1(z',0)]\right]^2.\qquad (8.5\text{-}28)$$

这个量可以表示为

$$\overline{(S_1 - S_2)^2} = (\overline{k})^2 \int_0^z\int_0^z \mathrm{d}z'\mathrm{d}z''[n_1(z',r) - n_1(z',0)] \times [n_1(z'',r) - n_1(z'',0)]$$

$$= (\overline{k})^2 \int_0^z \mathrm{d}z'\int_0^z \mathrm{d}z''\ \overline{[n_1(z',r)n_1(z'',r)]} + \overline{[n_1(z',0)n_1(z'',0)]}$$

$$- \overline{[n_1(z',r)n_1(z'',0)]} - \overline{[n_1(z',0)n_1(z'',r)]}.\qquad (8.5\text{-}29)$$

平均值可以用折射率涨落的协方差函数表示：

$$D_S(r) = (\overline{k})^2 \int_0^z \mathrm{d}z'\int_0^z \mathrm{d}z''[2C_n(z'-z'') - 2C_n(\sqrt{(z'-z'')^2 + r^2})],\qquad (8.5\text{-}30)$$

式中 $C_n(\cdot)$ 代表统计意义上各向同性的折射率涨落的协方差，不要和结构常数 C_n^2 相混．协方差函数之差可以表示为结构函数之差

$$2C_n(z'-z'') - 2C_n(\sqrt{(z'-z'')^2 + r^2})$$

$$= [2C_n(0) - 2C_n(\sqrt{(z'-z'')^2 + r^2})] - [2C_n(0) - 2C_n(z'-z'')]$$

$$= D_n(\sqrt{(z'-z'')^2 + r^2}) - D_n(z'-z'').\qquad (8.5\text{-}31)$$

联立 (8.5-30) 式和 (8.5-31) 式, 我们求出相位结构函数为

$$D_S(r) = (\bar{k})^2 \int_0^z dz' \int_0^z dz'' [D_n(\sqrt{(z'-z'')^2 + r^2}) - D_n(z'-z'')]. \quad (8.5\text{-}32)$$

注意到被积函数是 $z'-z''$ 的偶函数, 上式还可以进一步化简; 这个事实让我们能把二重积分化为一重积分. 对任意一个偶函数 $g(\cdot)$, 用直截了当的推演就可以证明[①]

$$\int_0^z dz' \int_0^z dz'' g(z'-z'') = 2 \int_0^z (z-\Delta z) g(\Delta z) d(\Delta z), \quad (8.5\text{-}33)$$

式中 $\Delta z = z' - z''$. 用这个关系我们得到如下相位结构函数的形式:

$$D_S(r) = 2(\bar{k})^2 \int_0^z (z-\Delta z)[D_n(\sqrt{(\Delta z)^2 + r^2}) - D_n(\Delta z)] d(\Delta z). \quad (8.5\text{-}34)$$

到这里, 我们必须采取折射率结构函数的一个特别的形式. 按照 Kolmogorov 理论, 这个结构函数由下式给出:

$$D_n(r) = C_n^2 r^{2/3} \quad l_0 < r < L_0. \quad (8.5\text{-}35)$$

将表达式中的形式代入相位结构函数, 得到

$$D_S(r) = 2(\bar{k})^2 C_n^2 z \int_0^z \left(1 - \frac{\Delta z}{z}\right)[(\Delta z^2 + r^2)^{1/3} - \Delta z^{2/3}] d(\Delta z). \quad (8.5\text{-}36)$$

注意, 由于 (8.5-35) 式中的 r 是有条件的, $D_S(r)$ 的这个表示式只有当 $\Delta z < L_0$ 时才严格成立, 其中 L_0 是湍流的外界尺寸. 于是可能以为, 这个表示式仅在路程 z 小于外界尺寸时才成立. 幸好两条路径的间隔 r 总比 L_0 小很多 (因为 r 是受成像光学系统的大小所限制的), 所以我们能证明当 $\Delta z \gg r$ 时, 被积函数消失. 我们的结论是: 当 Δz 大于 L_0 且 r 比 L_0 小很多时, 被积函数足够小以致它对积分的贡献可以忽略, 我们对 $D_S(r)$ 的表达式可以精确地使用于所有的程长, 只要这些程长不违背我们之前的更为基本的假设, 特别是近场的假设.

下面我们作变量变换: 令 $\Delta z = ru$ 和 $d(\Delta z) = rdu$, 再计算积分

$$h[z/r] = 2 \int_0^{z/r} \left(1 - \frac{r}{z}u\right)[(u^2 + 1)^{1/3} - u^{2/3}] du. \quad (8.5\text{-}37)$$

Mathematica 求得这个积分的解析式为

$$h(m) = \frac{15 - 9m^{8/3} - (15 - 9m^2)(1 + m^2)^{1/3} + 16m^2\,_2F_1(1/2, 2/3; 3/2; -m^2)}{20m},$$

$$(8.5\text{-}38)$$

式中 $m = z/r$, $_2F_1(a, b; c; x)$ 是超几何函数. 图 8.12 画的是 h 值作为 z/r 的函数的对数-线性曲线. 在图的右面我们看到积分值趋于常数 2.91. 用了这个常数导致 Fried 首先推得 $D_S(r)$ 的表达式

[①] 这类双重积分到一重积分的简化在本书前面已经用过多次, 如在得到 (3.7-26) 式时.

$$D_S(r) = 2.91(\bar{k})^2 C_n^2 z r^{5/3}. \tag{8.5-39}$$

值得注意，在两条光线之间的距离 r 和由它们干涉所产生的像强度条纹的空间频率 ν 之间有一个直接的关系 $r = \bar{\lambda} f\nu$. 因此，对一个固定的传播距离 z，在 $D_S(\bar{\lambda} f\nu)$ 的表达式中不同的空间频率有不同的前置常数. 我们应该确切地写成

$$D_S(\bar{\lambda} f\nu) = h\left[\frac{z}{\bar{\lambda} f\nu}\right](\bar{k})^2 C_n^2 z(\bar{\lambda} f\nu)^{5/3}. \tag{8.5-40}$$

显然，高空间频率时比低空间频率时的常数要小，因此受到的压制要比用渐近常数来预测的小. 然而，为简单起见，我们暂且将 2.91 这个常数用于所有的频率，很快再回到一个更全面的表达式.

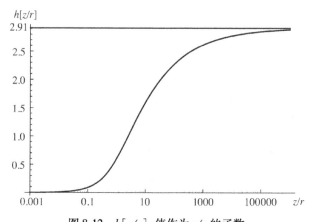

图 8.12 $h[z/r]$ 值作为 z/r 的函数
水平线代表常数 2.91，是当 $z/r \to \infty$ 时积分的渐近值

在算出相位结构函数之后，现在我们可以写出长时间平均大气 OTF 的表示式. 参考（8.5-26）式和（8.5-39）式，我们得到

$$\begin{aligned}\overline{\mathcal{H}}_{LE}(\nu) &= \exp\left[-\frac{1}{2} \times 2.91(\bar{k})^2 C_n^2 z(\bar{\lambda} f\nu)^{5/3}\right] \\ &= \exp\left[-57.4 C_n^2 \frac{z f^{5/3}}{\lambda^{1/3}} \nu^{5/3}\right],\end{aligned} \tag{8.5-41}$$

式中 f 还是光学系统的焦距.

如果我们将 OTF 表示为在天空中测得的每弧度内周数而不是每米内周数为单位的频率 Ω 的函数，就可以得到一个与光学系统的参量无关的更为方便的形式，Ω 和 ν 之间的关系是 $\Omega = f\nu$，因此

$$\begin{aligned}\overline{\mathcal{H}}_{LE}(\Omega) &= \exp\left[-\frac{1}{2} \times 2.91(\bar{k})^2 C_n^2 z(\bar{\lambda}\Omega)^{5/3}\right] \\ &= \exp\left[-57.4 C_n^2 \frac{z}{\lambda^{1/3}} \Omega^{5/3}\right].\end{aligned} \tag{8.5-42}$$

这个方程代表了我们的近场分析的主要结果. 当然, 要求出总的 OTF, 此结果给出的 OTF 必须乘以无大气扰动时光学系统的 OTF. 在衍射受限光学系统有圆形光瞳 D_0 时, 无扰动系统的 OTF 取如下形式:

$$\mathcal{H}_0(\Omega) = \begin{cases} \dfrac{2}{\pi}\left[\arccos\left(\dfrac{\Omega}{\Omega_0}\right) - \dfrac{\Omega}{\Omega_0}\sqrt{1 - \left(\dfrac{\Omega}{\Omega_0}\right)^2}\right] & \Omega \leqslant \Omega_0 \\ 0 & \text{其他}, \end{cases} \tag{8.5-43}$$

式中 $\Omega_0 = D_0/\overline{\lambda}$ 是以每弧度的周数为单位的截止频率.

特别注意, $\overline{\mathcal{H}}$ 降至 $1/e$ 处的空间角频率由下式给出:

$$\Omega_{1/e} = \frac{\overline{\lambda}^{1/5}}{(57.4C_n^2 z)^{3/5}}. \tag{8.5-44}$$

因此, 这样定义的 OTF 的带宽只依赖于波长的 $1/5$ 次方, 这种依赖关系很微弱.

图 8.13 中的实线表示 $\overline{\lambda} = 500\mathrm{nm}$, $z = 100\mathrm{m}$ 和不同的 C_n^2 值的长曝光大气 OTF. 虚线表示衍射受限的圆形光学系统的 OTF, 光学系统的直径分别是 2cm、40cm 和 5m. 比较实线和虚线, 可以感觉到有效地缩小孔径尺寸和大气限制分辨率的效应是可比拟的.

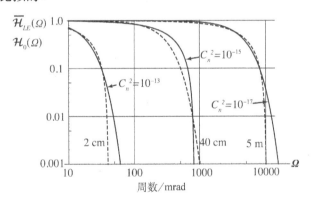

图 8.13　对不同的 C_n^2 值的长曝光大气变换函数 $\overline{\mathcal{H}}_{LE}(\Omega)$ （用实线表示）

和光瞳大小为 2cm, 40cm 和 5m 时衍射受限的变换函数 $\mathcal{H}_0(\Omega)$ （用虚线表示）

假设 $\overline{\lambda} = 500\mathrm{nm}$, $z = 100\mathrm{m}$

出于兴趣, 图 8.14 对两种情况下计算得到的长时间平均大气调制传递函数 （MTF） 作了比较, 它们都是在 C_n^2、z 和 $\overline{\lambda}$ 为特定值时求相位结构函数, 一个用了表达式 （8.5-38）, 另一个用了含常数 2.91 的 （8.5-39） 式.

可见, 与常数 2.91 相应的虚曲线在相应于全表达式 （8.5-38） 的实线之下. 对于小 C_n^2 值和大 Ω 值, 两者的区别更显著. 此后, 我们还会继续用这个常数 2.91.

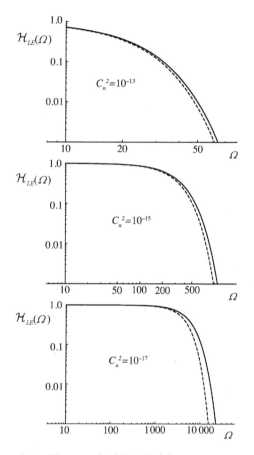

图 8.14　长时间平均大气 MTF

虚曲线是用了常数 2.91 的（8.5-39）式的结果，实曲线用了全表达式（8.5-38）.

假设了三个不同的 C_n^2 值．距离是 100m，波长是 500nm. 沿水平轴的值表示每毫弧度的周数

8.5.3　折射率结构常数 C_n^2 的平滑变化效应

在许多应用中，特别是通过大气往上或下看时，结构常数 C_n^2 不是常数，而是沿路程所走距离的函数．因此我们用地上的高度 z 的函数，即 $C_n^2(z)$ 来代表这个量．为此我们必须稍微改变 Kolmogorov 谱的形式，显现它随距离的变化

$$\Phi_n(\kappa;z) = 0.033 C_n^2(z)\kappa^{-11/3}. \tag{8.5-45}$$

初看一下，由于它单对 z 有依赖关系，这个谱好像不再是各向同性的．然而，如果 $C_n^2(z)$ 随 z 的变化比起外尺寸 L_0 是慢的，谱就维持局部各向同性，折射率结构函数可写为

$$D_n(r;z) = C_n^2(z) r^{2/3}. \tag{8.5-46}$$

当通过大气垂直成像时，结构函数在地面有最大值，随着高度增加而下降，

在10km高度附近在对流层顶经历了"隆起"，因为此处有一层湍流，其涨落比上下区域的都要强．图8.15表示一个C_n^2随高度变化的典型的剖面图．

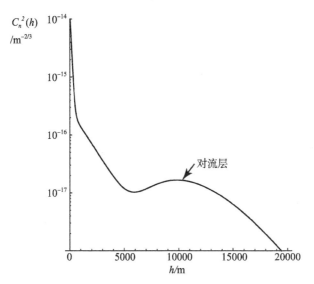

图8.15　结构常数C_n^2随高度变化的平均剖面图

h是m为单位的地面高度，是从"Hufnagel-谷"模型计算的[211]

可以想象用一个分层的模型来近似不断变化的z对折射率涨落的依赖关系，每层厚度为Δz，每层内的C_n^2近似为常数，但不同层的C_n^2是变的．选取Δz足够大，使得不同的层的对数振幅涨落和相位涨落可以近似地当成互不相干的．这样的模型允许我们将通过N层之后的波结构函数①表示为N个波结构函数（每层一个）之和．

$$D(r) = \sum_{i=1}^{N} D_i(r). \tag{8.5-47}$$

如果z_i表示第i层中间的z坐标，那么我们可以对每一层用（8.5-39）式写出

$$D(r) = 2.91(\bar{\kappa})^2 \sum_{i=1}^{N} C_n^2(z_i) \Delta z r^{2/3}. \tag{8.5-48}$$

如果我们进一步假设C_n^2的变化同长度Δz相比是缓慢的，那么式中的有限和可以用沿着传播路径的积分代替，得出

$$D(r) = 2.91(\bar{\kappa})^2 r^{2/3} \int_0^z C_n^2(\xi) \, d\xi, \tag{8.5-49}$$

---

① 到此为止，我们一直保持近场近似，因此波结构函数可以认为和相位结构函数一样．但在稍后的章节中可以看到此结果在更一般的情况下也适合．

式中 z 是总的路程①. 最后, 长曝光 OTF 的形式变成

$$\overline{\mathcal{H}}_{LE}(\Omega) = \exp\left[-57.4\frac{\int_0^z C_n^2(\xi)\,\mathrm{d}\xi}{\overline{\lambda}^{1/3}}\Omega^{5/3}\right]. \qquad (8.5\text{-}50)$$

用来得到这个结果的分析方法的不足之处是, 我们忽略了大于外界尺寸 L_0 的湍流. 湍流的谱在波数小 (尺度大) 时有最大值, 但是既然假定了由所有各层引起的折射率涨落互不相关, 我们就已经忽略了这些大尺寸的非均匀性的存在, 尽管如此, 我们所推出的结果和更为透彻的分析所得到的结果是完全一致的. 简化的分析之所以成功, 其原因在于波结构函数对大尺寸的非均匀性是不敏感的. 这种结构在成像孔径处既不带来重大的对数振幅变化又不带来重大的相位差变化, 因而对波结构函数或 OTF 的影响很小.

8.5.4　大气相干直径 r_0

由 Fried[61] 引入的表示为 r_0 的参数, 是对大气图像变坏效应非常有用的表征, r_0 有时叫做大气相干直径, 更频繁地称为 Fried 参数. 它表示了一个衍射受限系统的直径, 该系统能和被湍流退化的更大的系统有同样的角分辨率 (后面会讨论如何定义). 为了引入这一参数并解释其意义, 必须首先考虑成像系统所能达到的带宽的一个具体度量标准.

设传递函数 $\mathcal{H}(\Omega)$ 描述了一个特定的成像系统的性能, 又设 $\mathcal{H}(\Omega)$ 是纯实数而且圆对称 (在我们感兴趣的所有讨论中都将如此假设). 由于 $\mathcal{H}(0)=1$, 系统所达到的分辨率 (或更确切地说是角频率空间的带宽) 的一种可能的度量是传递函数下面的体积 $\mathcal{R}$:

$$\mathcal{R} = 2\pi\int_0^\infty \Omega\,\mathcal{H}(\Omega)\,\mathrm{d}\Omega. \qquad (8.5\text{-}51)$$

我们在此关心的是这样一种具体情况: 通过大气的长曝光像是由直径为 D_0 的圆形孔径的系统 (别的方面均完善) 采集的. 在这种情况下, 总的平均 OTF 是

$$\mathcal{H}(\Omega) = \mathcal{H}_0(\Omega)\,\overline{\mathcal{H}}_{LE}(\Omega). \qquad (8.5\text{-}52)$$

将 (8.5-43) 式和 (8.5-50) 式代入上式, 我们现在必须对此积分进行估值. 作变量置换 $u = \Omega/\Omega_0 = \overline{\lambda}\Omega/D_0$, 所求的积分取以下形式:

$$\mathcal{R} = 4\left(\frac{D_0}{\overline{\lambda}}\right)^2\int_0^1 u\left[\arccos u - u\sqrt{1-u^2}\right]\times\exp\left[-57.4\frac{\int_0^z C_n^2(\xi)\,\mathrm{d}\xi}{\overline{\lambda}^{1/3}}\left(\frac{D_0}{\overline{\lambda}}\right)^{5/3}u^{5/3}\right]\mathrm{d}u$$

$$(8.5\text{-}53)$$

---

① 当在天顶角 β 通过大气垂直观察时, 要在指数参数的分子上加一个 $\sec\beta$ 因子, 因为通过大气的路程长了.

到这一步，鉴于即将会明了的原因，定义大气相干半径 r_0 为

$$r_0 \triangleq 0.186 \left[\frac{\overline{\lambda}^2}{\int_0^z C_n^2(\xi) \mathrm{d}\xi} \right]^{3/5}. \tag{8.5-54}$$

将此式代入上积分，有

$$\begin{aligned}\mathcal{R} &= 4\left(\frac{D_0}{\overline{\lambda}}\right)^2 \int_0^1 u \left[\arccos u - u\sqrt{1-u^2} \right] \exp\left[-3.44\left(\frac{D_0}{r_0}\right)^{5/3} u^{5/3} \right] \mathrm{d}u \\ &= 4\Omega_0^2 \int_0^1 u \left[\arccos u - u\sqrt{1-u^2} \right] \exp\left[-3.44\left(\frac{\Omega_0}{\mathcal{R}_0}\right)^{5/3} u^{5/3} \right] \mathrm{d}u, \end{aligned} \tag{8.5-55}$$

式中 $\mathcal{R}_0 = (r_0/\overline{\lambda})^2$ 是一个光瞳尺寸为 r_0 的衍射受限系统能达到的角频率空间的带宽的平方. 如 Fried 所做过的，该积分可以通过数值积分来算出[62].

图 8.16 所示的是 R/R_0 对 D/r_0 的曲线. 从该图可以看到，当 $D_0 \ll r_0$，即光瞳直径小于大气的相干直径时，系统的带宽随光瞳直径的平方 D_0^2 而增大，这意味着大气对于带宽没有影响. 然而，当 D_0 继续增大，最终接近甚至大于大气相干直径时，带宽在值 $r_0/\overline{\lambda}$ 达到饱和，这正是在孔径尺寸是大气相干直径 r_0 时能达到的带宽.

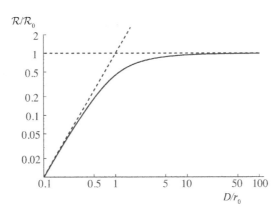

图 8.16 角频率空间中归一化的带宽与系统的光瞳直径 D_0 和大气相干直径 r_0 之比的函数关系

虚线表示当 $D/r_0 \ll$ 和 $\gg 1$ 时分辨率的渐近线

在大气传递函数表达式中用参数 r_0 会使这些式子的形式更简单，从而有助于理解它们的行为. 在一个好的山顶天文台，r_0 的典型值可以从不太好的视宁度①条件下的 5cm，到极好的视宁度条件下的 20cm，良好的视宁度下的平均值大约是 10cm，

---

① "视宁度"这个词在天文学中常用来描写由大气施加的分辨率极限. 好的视宁度意味着高分辨率，坏的视宁度则意味着低分辨率.

在水平的成像路径上达到的值小得多, 而通过大气垂直向下看时达到的值要大得多.

8.5.5　球面波的结构函数

从地球上观察天文物体, 可以精确地假设: 任一物点都产生一个平面波入射到大气中. 在这种情况下可以直接应用前几节中关于平面波传播的结果, 但是, 在许多别的应用中, 该假设可能有问题, 对采集地球大气中的物所成的像 (例如, 在大气中水平成像或向下垂直成像) 的系统, 就不能忽略单个物点所产生的理想波前的球面波本性, 图 8.17 说明这种情形.

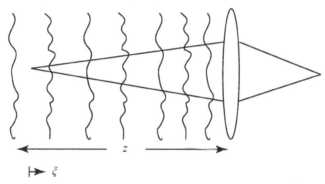

图 8.17　在大气中球面波传播的光路

Fried 首先推导了这种情形中的波结构函数. 我们不在此重复这个分析, 但其结果值得一述.

在球面传播的情况下, 求出波结构函数为

$$D(r) = 2.91(\bar{k})^2 r^{5/3} \int_0^z \left(\frac{\xi}{z}\right)^{5/3} C_n^2(\xi) \, \mathrm{d}\xi. \tag{8.5-56}$$

注意: 波结构函数在靠近成像系统聚光孔径时受湍流的影响比远离孔径时要大. 当结构常数 C_n^2 和沿着光程的距离无关时, 此结果变为

$$D(r) = \frac{3}{8}[2.91(\bar{k})^2 C_n^2 z r^{5/3}], \tag{8.5-57}$$

它和平面波的结果的不同只在于一个常数因子 3/8. 同前面一样, 大气长曝光 OTF 和结构函数通过下式相联系:

$$\overline{\mathcal{H}}_{LE}(\Omega) = \exp\left[-\frac{1}{2}D(\bar{\lambda}\Omega)\right]. \tag{8.5-58}$$

8.5.6　推广到更长的传播路程——对数振幅和相位滤波函数

8.5.2 节给出的长曝光大气光学传递函数的计算是在限制性很强的假设的基础上进行的, 这个假设是: 即使是对于最小的湍流旋涡, 折射率扰动的影响也只限于使通过旋涡的光线延迟. 于是光线的几何弯曲以及衍射效应都被忽略掉了.

这个假设能够严格成立的程长是如此之短，以致实际意义有限．然而，正如前几节在多处提到过的，在前面的分析中所隐含（的简单）的条件下得到的结果在更一般的条件下也成立．

这个更一般性的分析是 Tatarski[203] 首先进行的，我们将按其推导来讲述．不过分析中的一些细节很复杂，我们将它们移到了附录 C 中，在这里呈现分析的出发点以及最重要的结果．传播的几何布局如图 8.18 所示．

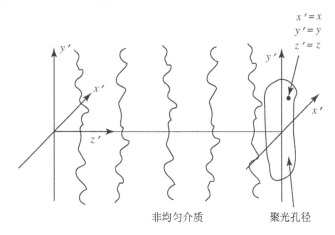

图 8.18　传播的光路用于滤波函数的分析，(x, y, z) 是聚光孔径中的一个个别点

我们的分析从（8.4-25）式出发，特别写出其实部和虚部为

$$\chi(x,y,z) = \frac{\bar{k}^2}{2\pi} \int_0^z dz' \int_{-\infty}^{\infty} dy' \int_{-\infty}^{\infty} dx' n_1(x',y',z') \times \frac{\cos\left[\dfrac{\bar{k}\left[(x-x')^2 + (y-y')^2\right]}{2(z-z')}\right]}{z-z'},$$

$$(8.5\text{-}59)$$

$$S_\delta(x,y,z) = \frac{\bar{k}^2}{2\pi} \int_0^z dz' \int_{-\infty}^{\infty} dy' \int_{-\infty}^{\infty} dx' n_1(x',y',z') \times \frac{\sin\left[\dfrac{\bar{k}\left[(x-x')^2 + (y-y')^2\right]}{2(z-z')}\right]}{z-z'}.$$

$$(8.5\text{-}60)$$

这些方程的基础是波动光学而不是几何光学，它们仅有的限制（除了对这里的问题很精确的标量理论之外）是近轴近似．

将这些方程写成如下形式颇有启发意义：

$$\chi(x,y,z) = \int_0^z q(x,y,z,z') dz'$$

$$S_\delta(x,y,z) = \int_0^z p(x,y,z,z') dz',$$

$$(8.5\text{-}61)$$

其中

$$q(x,y,z,z') = \frac{\overline{k}^2}{2\pi} \iint_{-\infty}^{\infty} n_1(x',y',z') \frac{\cos\left[\dfrac{\overline{k}\left[(x-x')^2+(y-y')^2\right]}{2(z-z')}\right]}{z-z'} dx'dy'$$

$$p(x,y,z,z') = \frac{\overline{k}^2}{2\pi} \iint_{-\infty}^{\infty} n_1(x',y',z') \frac{\sin\left[\dfrac{\overline{k}\left[(x-x')^2+(y-y')^2\right]}{2(z-z')}\right]}{z-z'} dx'dy'.$$

$$(8.5\text{-}62)$$

我们将看到 p 和 q 的方程是对横坐标 (x',y') 的空间卷积. 卷积在每个 z' 进行（在这两个方程中距离 z 可认为是固定常数），它们起了平滑横向平面中折射率 n_1 的作用，但是对对数振幅和相位有不同的平滑函数.

每当进行卷积时，在频域里处理问题往往更好，这里的确如此. 卷积核是

$$h_\chi(x,y;z,z') = \frac{\overline{k}^2}{2\pi} \frac{\cos\left[\dfrac{\overline{k}\left[x^2+y^2\right]}{2(z-z')}\right]}{z-z'}$$

$$(8.5\text{-}63)$$

$$h_S(x,y;z,z') = \frac{\overline{k}^2}{2\pi} \frac{\sin\left[\dfrac{\overline{k}\left[x^2+y^2\right]}{2(z-z')}\right]}{z-z'}$$

它们分别对 x 和 y 的 Fourier 变换得到传递函数

$$\mathbf{H}_\chi(\kappa_t;z,z') = \overline{k}\sin\left[\frac{\kappa_t^2}{2\overline{k}}(z-z')\right]$$

$$(8.5\text{-}64)$$

$$\mathbf{H}_S(\kappa_t;z,z') = \overline{k}\cos\left[\frac{\kappa_t^2}{2\overline{k}}(z-z')\right],$$

式中 $\kappa_t = \sqrt{\kappa_X^2 + \kappa_Y^2}$. 这些传递函数过滤了轴向坐标为 $z-z'$ 的横截面上的折射率的涨落. 我们现在可以具体写出 q 和 p 的二维功率谱密度 F_q 和 F_p 以及它们和 n_1 的二维功率谱密度 F_n 之间的关系，为简单计，假设折射率的涨落是统计各向同性的.

$$F_q(\kappa_t;z,z') = |\mathbf{H}_\chi(\kappa_t;z,z')|^2 F_n(\kappa_t;z')$$

$$= \overline{k}^2\sin^2\left[\frac{\kappa_t^2}{2\overline{k}}(z-z')\right] F_n(\kappa_t;z'),$$

$$(8.5\text{-}65)$$

$$F_p(\kappa_t;z,z') = |\mathbf{H}_S(\kappa_t;z,z')|^2 F_n(\kappa_t;z')$$

$$= \overline{k}^2\cos^2\left[\frac{\kappa_t^2}{2\overline{k}}(z-z')\right] F_n(\kappa_t;z'). \qquad (8.5\text{-}66)$$

图 8.19 描述了滤波函数的平方值和 $z-z'$ 的函数关系，亦即在坐标 z 的聚光孔径和在坐标 z' 的横向平面间距离的函数. 注意：对固定的 κ_t，折射率的涨落是纯正弦，当（因湍流）失真的层正好靠在聚光孔径上（即 $z-z'=0$）时，那么这个层只导入相位涨落. 但当这个层移到离开聚光孔径（即 $z-z'>0$）时，对数振

幅涨落出现了．当这个层离聚光孔径越来越远时，涨落在相位和对数振幅之间变化，通常是两者的混合．无论哪一个滤波函数的最大和最小之间分开的距离都与横波的波数 κ_t 有关．该行为和 Talbot 效应[202]有密切关系．

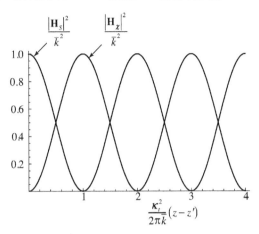

图 8.19 在湍流介质中的单个平面上的折射率的滤波函数
和单个横波数与介质中的距离 $z-z'$ 的函数关系

虽然我们已经求出了在 z' 处的一个特定湍流层对我们感兴趣的对数振幅和相位涨落的影响，但我们还没有说过如何将一切可能的距离 z' 上的湍流层的贡献加起来的问题．只有当在 z' 方向上湍流的相关长度为零时，用 F_q 和 F_p 沿 z' 的简单积分才会得出正确的结果．但是情况并非如此，因此需要作更小心的分析，这就是我们已经推迟到附录 C 的分析，在这里把精力集中于分析的结果．主要的结果是一对传递函数，它们作用于三维折射率功率谱密度 $\Phi_n(\kappa_t)$，在聚光孔径处产生二维功率谱 χ 和 S，结果为

$$F_\chi(\kappa_t;z) = \pi\,\overline{k}^2 z\left(1 - \frac{\overline{k}}{\kappa_t^2 z}\sin\frac{\kappa_t^2 z}{\overline{k}}\right)\Phi_n(\kappa_t) \tag{8.5-67}$$

$$F_S(\kappa_t;z) = \pi\,\overline{k}^2 z\left(1 + \frac{\overline{k}}{\kappa_t^2 z}\sin\frac{\kappa_t^2 z}{\overline{k}}\right)\Phi_n(\kappa_t). \tag{8.5-68}$$

这些结果给了我们 χ 和 S_δ 的涨落的相对大小与路程 z 和波数 κ_t 的函数关系的知识．这两个函数为

$$|\mathcal{H}_\chi(\kappa_t;z)|^2 = \pi\,\overline{k}^2 z\left(1 - \frac{\overline{k}}{\kappa_t^2 z}\sin\frac{\kappa_t^2 z}{\overline{k}}\right)$$

$$|\mathcal{H}_S(\kappa_t;z)|^2 = \pi\,\overline{k}^2 z\left(1 - \frac{\overline{k}}{\kappa_t^2 z}\sin\frac{\kappa_t^2 z}{\overline{k}}\right), \tag{8.5-69}$$

通常分别称为对数振幅和相位的"滤波函数"．它们同前面的（8.5-65）式和

（8.5-66）式中的滤波函数的不同之处在于它们适用于整个传播路程，而前面的滤波函数只适用于距离聚光孔径为 $z-z'$ 的单个平面．图 8.20 示出归一化的滤波函数的曲线，图中，z 和 $\bar{\lambda}$ 可看成固定的参量，而 κ_t 是我们感兴趣的变量．非归一化形式的滤波函数必然用到折射率涨落谱 Φ_n 上．

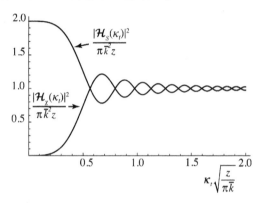

图 8.20 对一个确定的 z，在延展的湍流介质区域的
对数振幅和相位滤波函数对波数 κ_t 的依赖关系

另一种观点示于图 8.21 中．在这里，κ_t 应当看成一个固定的参数，而 z 是感兴趣的变量．可以认为各条曲线表示了对特定的 κ_t，对数振幅涨落和相位涨落的相对重要性同路程 z 的函数关系．对于很短的路程（$z \ll \pi\, \bar{k}/\kappa_t^2$），对数振幅涨落可以忽略，波的全部涨落基本上是相位涨落，这和前面的分析中用到的近场假设相应．注意 κ_t 越小（即湍流旋涡的尺寸越大），路程 z 可以越长，同时仍然满足这个不等式．对于长路程（$z \gg \pi\, \bar{k}/\kappa_t^2$），存在于对数振幅和相位中的涨落基本上同等重要．注意，从图 8.19 可见，对于特定的距离 $z = \pi\, \bar{k}/\kappa_t^2$，在路程的远端（$z'=0$）的相位光栅在聚光孔径上产生纯对数振幅涨落，而在路程的近端（$z'=z$）

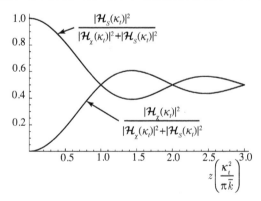

图 8.21 对一个确定的 κ_t，对数振幅和相位滤波函数对 z 的函数关系

的相位光栅则在该平面上产生纯相位涨落，因此对于这个特定的波数和程长，在聚光孔径处，产生了振幅效应和相位效应的等量的混合.

在这一处理中，我们的最终兴趣是预言长时间平均 OTF 的形式的普遍理论，从（8.5-58）式可知，这个 OTF 的形式完全取决于波结构函数 $D(r) = D_\chi(r) + D_S(r)$ 的形式. 由于对折射率涨落有统计各向同性的假设，结构函数 D_χ 和 D_S 分别同各自的二维功率谱 F_χ 和 F_S 通过下式联系：

$$D_\chi(r) = 4\pi \int_0^\infty \kappa_t [1 - J_0(\kappa_t r)] F_\chi(\kappa_t; z) d\kappa_t$$

$$(8.5\text{-}70)$$

$$D_S(r) = 4\pi \int_0^\infty \kappa_t [1 - J_0(\kappa_t r)] F_S(\kappa_t; z) d\kappa_t,$$

式中 $J_0(\cdot)$ 是第一类 Bessel 函数的零级，于是总的波结构函数是

$$D(r) = 4\pi \int_0^\infty \kappa_t [1 - J_0(\kappa_t r)][F_\chi(\kappa_t; z) + F_S(\kappa_t; z)] d\kappa_t$$

$$= 8\pi^2 \bar{k}^2 z \int_0^\infty \kappa_t [1 - J_0(\kappa_t r)] \Phi_n(\kappa_t) d\kappa_t,$$

$$(8.5\text{-}71)$$

式中我们已用了（8.5-67）式和（8.5-68）式. 将（8.3-18）式的 Kolmogorov 谱代入，可以得到波结构函数为

$$D(r) = 8\pi^2 \times (0.033) \bar{k}^2 z C_n^2 \int_0^\infty \kappa_t^{-8/3} [1 - J_0(\kappa_t r)] d\kappa_t. \quad (8.5\text{-}72)$$

Mathematica 可以演算要求的积分，在结构常数不随距离变化的情况下，结果是

$$D(r) = 2.91 \bar{k}^2 z C_n^2 r^{5/3}. \quad (8.5\text{-}73)$$

或者，在结构常数随 z 变化时得出

$$D(r) = 2.91 \bar{k}^2 \int_0^z C_n^2(\xi) d\xi r^{5/3}. \quad (8.5\text{-}74)$$

这些结果和由更简单的近场分析得到的结果完全相同. 因此，由近场分析推导所得的 OTF 的形式在这个更为小心的分析（包括了全标量（近轴）波光学处理）中仍然正确.

简单化的近场分析却得到具有普遍性的结果，其根本原因可以从振幅和相位滤波函数的表示式（8.5-69）推论出来. 对于很短的路程，简化分析成立，我们有

$$|\mathcal{H}_\chi|^2 = 0, \quad |\mathcal{H}_S|^2 = \pi \bar{k}^2 z.$$

正是在这种情况下，我们略去了对数振幅效应而只保留相位效应. 但是，从更一般的结果，我们可以看到，在任一程长（只要路程不长到引入使微扰分析失效的涨落），波结构函数依赖于两个滤波函数的和并且这个和仍然等于 $\pi \bar{k}^2 z$，这正是在近场情况下赋予相位滤波函数的值. 因此，在长路程情况下必须对对数振幅和相位滤波函数进行的修正，在两个传递函数相加时正好抵消！

我们的结论是：在 8.5.2 节中导出的大气长曝光 OTF 的表示式，在比原来的分析所隐含的（条件）更为一般的条件下也成立.

8.6　短曝光 OTF

我们对大气 OTF 的分析只针对于成像所用的积分时间比大气导致的波前失真的特征性涨落的时间长许多的情形, 在曝光过程中大气扰动的各自独立的实现在不断演化, 使我们可用系统平均来推断时间平均 OTF. 现在我们将注意力转向当积分时间短于大气特征性涨落时间时, 大气非均匀性对所得的像的影响.

8.6.1　长曝光和短曝光的比较

用长时间平均的方式成像时, 很难精确规定采集像所必需的曝光时间. 困难首先来自于所要求的积分时间和图像集成过程中呈现的大气状态有关, 其次在于所需时间和感兴趣的具体空间频率有关. 若采用 "冻结湍流" (即 Taylor 假设), 我们可以设想像质的退化是由不变的折射率扰动模式在局部风力条件的作用下漂移过成像路径而引起的. 如果我们考虑空间频率 ν, 它对应于成像孔径上的一个固定间隔 $s = \bar{\lambda} f \nu$, 我们知道对该特定的空间频率的贡献仅来自光瞳上的一个有限区域, 即图 8.22 中的阴影区域. 对于高空间频率, 光瞳上的这样的区域很小, 因而对给定的一组波前失真, 波前漂移出这个区域而其失真被更新只需要一个比较短的时间. 对低空间频率, 光瞳上有贡献的区域较大, 因此失真的替换需要更长的时间.

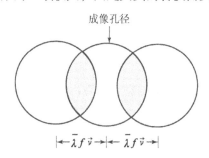

成像孔径

$\mid\!\leftarrow \bar{\lambda} f \bar{\nu} \rightarrow\!\mid\!\leftarrow \bar{\lambda} f \bar{\nu} \rightarrow\!\mid$

图 8.22　对强度的空间频率 $\bar{\nu} = \bar{s}/\bar{\lambda} f$ 有影响的出射光瞳的阴影区

为了保证长曝光模型的精准性所需要的时间, 必须确定对所成的像有用的所有空间频率分量关联的时间功率谱密度. 作为一般的经验规则 (绝不是普适的), 人们常说, 要确保长曝光假设的精准, 需要曝光时间大大超过 0.01s.

实际上在许多场合长曝光模型是不精准的, 例如, 只要物很亮以至于像的信噪比可以接受, 某些电荷耦合器件 (CCD) 照相机可以在很短时间 (可认为湍流凝固) 拍到像.

在短曝光成像中遇到的 PSF 和 OTF 与在长曝光时间中得到的有明显的不同, 如图 8.9 所示, 长曝光像的 PSF 是光滑的而且很宽, 意味着其相应的 OTF 是窄而平滑的. 反之, 短曝光像的 PSF 是较窄而且呈锯齿状, 意味着其相应的 OTF 的振幅和相位作为空间频率的函数有极大的起伏.

短曝光像一个最重要的事实是它们的像质不受波前失真的倾斜分量的影响, 入射波前的倾斜只是使像的中心位移, 而无其他影响, 倘若成像实验的目的是决定物亮度分布的结构, 而不是其绝对位置, 那么倾斜是无所谓的. 相反, 对于长曝光像, 入射波前的倾斜变化起了展宽 PSF 和压窄 OTF 的作用.

对于短曝光而言, 由于 OTF 的结构是统计性的, 我们对它的数学描述无非就是计算短曝光 OTF 的期望或平均值, 这个平均是在大气非均匀性的一个系综的实现上进行的.

8.6.2 平均短曝光 OTF 的计算

我们的计算紧跟 Fried[62] 的步骤, 单个短曝光像的 OTF 可以写出如 (8.5-2) 式, 我们在此重写为

$$\mathcal{H}(\nu_U,\nu_V) = \frac{\iint\limits_{-\infty}^{\infty}\mathbf{P}(x,y)\mathbf{P}^*(x-\overline{\lambda}f\nu_U,y-\overline{\lambda}f\nu_V)\exp\left[(\chi_1+\chi_2)+\mathrm{j}(S_1-S_2)\right]\mathrm{d}x\mathrm{d}y}{\iint\limits_{-\infty}^{\infty}\mathbf{P}(x,y)\mathbf{P}^*(x,y)\exp(2\chi)\mathrm{d}x\mathrm{d}y}.$$

(8.6-1)

对这个表达式的分子和分母分别求平均就得出我们前面关于长曝光 OTF 的表达式. 这里我们希望考虑到波前倾斜对短曝光像的像质没有影响这一事实, 于是, 我们的目的就是从上式的相位 S_1 和 S_2 中去掉波前的倾斜, 然后再进行平均. 在成像光学系统的聚光孔径内的一点 (x,y) 上的相位由 $S(x,y)$ 表示, 我们的目标是用最小二乘法求出对 $S(x,y)$ 的平面波拟合, 再将那个平面波的相位减去, 留下一个没有倾斜的剩余相位分布.

取 $S(x,y)$ 的线性分量为 $a_X x + a_Y y$ 的形式, 对任何给定的 $S(x,y)$, 我们选 a_X 和 a_Y 使下述均方误差极小:

$$\Delta = \iint\limits_{-\infty}^{\infty}P(x,y)\left[S(x,y)-(a_X x+a_Y y)\right]^2\mathrm{d}x\mathrm{d}y,$$

(8.6-2)

式中 $P(x,y)$ 表示系统的有限光瞳, 假设光学系统为无像差且无切趾的. 展开对 Δ 的表达式, 我们有

$$\Delta = \iint\limits_{-\infty}^{\infty}P(x,y)S^2(x,y)\mathrm{d}x\mathrm{d}y - 2\iint\limits_{-\infty}^{\infty}P(x,y)(a_X x+a_Y y)S(x,y)\mathrm{d}x\mathrm{d}y$$

$$+ \iint\limits_{-\infty}^{\infty}P(x,y)(a_X x+a_Y y)^2\mathrm{d}x\mathrm{d}y.$$

(8.6-3)

对于一个具有直径为 D_0 的清澈圆孔径的系统, 容易证明最后一项可以简化

为 $\pi D_0^4 (a_X^2 + a_Y^2)/64$. 现在我们来求偏微商 $\partial\Delta/\partial a_X$ 和 $\partial\Delta/\partial a_Y$, 并令它们为零. 交换积分和微分的次序, 并对 a_X 和 a_Y 求解, 我们得到

$$a_X = \frac{64}{\pi D_0^4} \iint\limits_{-\infty}^{\infty} x P(x,y) S(x,y) \, dx dy$$

$$a_Y = \frac{64}{\pi D_0^4} \iint\limits_{-\infty}^{\infty} y P(x,y) S(x,y) \, dx dy$$

(8.6-4)

为 a_X 和 a_Y 的最小二乘法解, a_X 和 a_Y 是 $S(x,y)$ 的线性泛函的事实意味着, 对于 Gauss 分布的相位 S, 两个倾斜系数也是 Gauss 随机变量.

如果我们从成像孔径上的相位分布中减去波前倾斜, OTF 的表达式 (8.6-1) 的分子可以写为

$$分子 = \iint\limits_{-\infty}^{\infty} dx dy \mathbf{P}(x_1,y_1) \mathbf{P}^*(x_2,y_2)$$

(8.6-5)

$$\times \exp\left[(\chi_1 + \chi_2) + j(S_1 - a_X x_1 - a_Y y_1) - j(S_2 - a_X x_2 - a_Y y_2) \right],$$

式中 $(x_1,y_1) = (x,y)$, $(x_2,y_2) = (x - \overline{\lambda} f \nu_U, y - \overline{\lambda} f \nu_V)$. 现在我们必须在大气扰动的一个系综上对上式求平均, 在进行这个求平均值的运算时, 需注意以下情况: 由于 S、a_X 和 a_Y 都是 Gauss 随机变量, 因此, $(S_1 - a_X x_1 - a_Y y_1)$ 和 $(S_2 - a_X x_2 - a_Y y_2)$ 也是 Gauss 随机变量.

为了简化所涉及的平均值的计算, 我们采用以下的假设:

(1) 在任一点 (x,y), 假定 $S(x,y) - a_X x - a_Y y$ 同 a_X 和 a_Y 不相关 (因此, 由于 Gauss 统计, 也独立于 a_X 和 a_Y). 这等同于我们在假定 S 围绕倾斜面的移动不受出现的是何种倾斜的影响, 详细的分析表明[96], 这个假定近似正确而不完全正确.

(2) 除掉倾斜后的剩余相位之差 $(S_1 - a_X x_1 - a_Y y_1) - (S_2 - a_X x_2 - a_Y y_2)$ 独立于对数振幅之和 $(\chi_1 + \chi_2)$. 由于前面我们已确立了 $(\chi_1 + \chi_2)$ 和 $(S_1 - S_2)$ 是独立的, 这里我们假设 $E[(a_X \overline{\lambda} f \nu_U + a_Y \overline{\lambda} f \nu_V)(\chi_1 + \chi_2)] = 0$, 这也必须看成只是一个近似.

现在我们求 OTF 的分子的期望值, 由于期望值和积分的次序可以交换, 我们需要计算的是 (8.6-5) 式中的指数式的平均值, 用上面的假设 (2), 利用 (8.5-19) 式和 (8.4-37) 式我们求出

$$\overline{\exp\left[(\chi_1 + \chi_2) + j(S_1 - a_X x_1 - a_Y y_1) - j(S_2 - a_X x_2 - a_Y y_2) \right]}$$

$$= \exp\left[-\frac{1}{2} D_\chi(\overline{\lambda} f \nu_U, \overline{\lambda} f \nu_V) \right.$$

(8.6-6)

$$\left. -\frac{1}{2} \overline{\left[(S_1 - a_X x_1 - a_Y y_1) - (S_2 - a_X x_2 - a_Y y_2) \right]^2} \right].$$

上式的进一步简化可以用下面的恒等式来完成:

$$[(S_1 - a_X x_1 - a_Y y_1) - (S_2 - a_X x_2 - a_Y y_2)]^2$$
$$= (S_1 - S_2)^2 + (a_X \overline{\lambda} f \nu_U + a_Y \overline{\lambda} f \nu_V)^2 \tag{8.6-7}$$
$$- 2[(S_1 - a_X x_1 - a_Y y_1) - (S_2 - a_X x_2 - a_Y y_2)](a_X \overline{\lambda} f \nu_U + a_Y \overline{\lambda} f \nu_V).$$

上面的假设 (1) 加上相位围绕倾斜平面的移动服从对称的 (Gauss) 概率密度函数, 这意味着最后一项平均值为零, 留给我们如下的结果:

$$\overline{\exp[(\chi_1 + \chi_2) + j(S_1 - a_X x_1 - a_Y y_1) - j(S_2 - a_X x_2 - a_Y y_2)]}$$
$$= \exp\left[-\frac{1}{2}D(\overline{\lambda} f \nu_U, \overline{\lambda} f \nu_V) + \frac{1}{2}\overline{(a_X \overline{\lambda} f \nu_U + a_Y \overline{\lambda} f \nu_V)^2} \right], \tag{8.6-8}$$

式中 $D = D_\chi + D_S$, 仍是波结构函数.

在此, 为简化结果, 我们再明确地求助于各向同性湍流, 以及 X 和 Y 的倾斜是不相干的假设, 即 $\overline{a_X a_Y} = 0$. 另外, 我们假设成像光学系统有一个圆光瞳, 所以我们可将结果表示为一个径向频率 $\nu = \sqrt{(\nu_U^2 + \nu_V^2)}$ 的函数, 大气短曝光 OTF 的平均值的表示式为如下形式:

$$\overline{\mathcal{H}}_{SE}(\nu) = \exp\left[-\frac{1}{2}D(\overline{\lambda} f \nu) + \frac{1}{2}(\overline{\lambda} f \nu)^2(\overline{a_X^2} + \overline{a_Y^2}) \right], \tag{8.6-9}$$

其中 $\overline{\mathcal{H}}_{SE}$ 的下标 SE 标志 "短曝光".

量 $a_X^2 + a_Y^2$ 的平均值已由 Fried[61] 算出. 他的分析相当复杂, 不在此处重复. Fried 求出

$$(\overline{\lambda} f \nu)^2(\overline{a_X^2} + \overline{a_Y^2}) = 6.88\alpha\left(\frac{\overline{\lambda} f \nu}{r_0}\right)^{5/3}\left(\frac{\overline{\lambda} f \nu}{D_0}\right)^{1/3}, \tag{8.6-10}$$

式中 D_0 表示所用的圆形光学系统入射光瞳的直径, r_0 是前面已计算过的大气相干直径 (Fried 参数), α 对 "近场" 传播 (当只有相位效应重要时成立) 取值为 1, 而对 "远场" 传播 (当振幅和相位效应同等重要时成立) 取值为 1/2.

把上式代入 (8.6-9) 式, 连同前几节求出的长曝光时波结构函数的表示式, 得到平均短曝光 OTF 的形式如下:

$$\overline{\mathcal{H}}_{SE}(\nu) = \exp\left[-3.44\left(\frac{\overline{\lambda} f \nu}{r_0}\right)^{5/3}\left[1 - \alpha\left(\frac{\overline{\lambda} f \nu}{D_0}\right)^{1/3}\right]\right]. \tag{8.6-11}$$

注意, 当参数 α 定为零时, 我们得到了一个和长曝光 OTF 相同的表示式:

$$\overline{\mathcal{H}}_{SE}(\nu) = \exp\left[-3.44\left(\frac{\overline{\lambda} f \nu}{r_0}\right)^{5/3}\right]. \tag{8.6-12}$$

如果以每弧度周数为单位的频率 Ω 来重写 $\overline{\mathcal{H}}_{SE}$ 的表示式, 相应的结果变为

$$\overline{\mathcal{H}}_{SE}(\Omega) = \exp\left[-3.44\left(\frac{\overline{\lambda} f \Omega}{r_0}\right)^{5/3}\left[1 - \alpha\left(\frac{\Omega}{\Omega_0}\right)^{1/3}\right]\right]$$
$$= \exp\left[-3.44\left(\frac{D_0}{r_0}\frac{\Omega}{\Omega_0}\right)^{5/3}\left[1 - \alpha\left(\frac{\Omega}{\Omega_0}\right)^{1/3}\right]\right], \tag{8.6-13}$$

式中 $\Omega_0 = \bar{\lambda}/D_0$，这或许是表示我们的分析结果的最方便的形式.

我们对前面的结果作几点评注：第一，我们注意到，在短曝光情况下，与大气关联的平均 OTF 依赖于成像光学系统的直径 D_0，而在长曝光情况下，对应的结果与 D_0 无关[①]. 短曝光情况下对 Ω_0 的依赖是由于均方倾斜对 $D_0^{1/3}$ 的倒数的依赖关系，见 (8.6-11) 式. 因此，成像孔径越大，波前失真的倾斜分量越小.

长曝光和短曝光结果的差别在于 $\left[1-\alpha\left(\Omega/\Omega_0\right)^{1/3}\right]$ 项的作用. 在长曝光情况下，$\alpha = 0$，此项化为 1. 在短曝光情况下，α 之值不为零，导致 OTF 增大（特别是当 Ω 趋于 Ω_0 时）. 在近场和远场的两种情况下 α 值不同只不过是下述事实的反映：相位的倾斜分量对 OTF 没有影响，而且相位在远场情况下所起的作用不如在近场情况下重要. 在近场情况下，波结构函数全都由相位效应引起；而在远场情况下，只有一半波结构函数由相位扰动引起，而另一半则来自对数振幅效应.

图 8.23 示出四条曲线：衍射受限系统的 OTF 的曲线，以及该 OTF 和当 $\alpha = 0$，1 和 2 时大气的 OTF 的乘积的曲线. 为便于说明，光学孔径 D_0 和大气相干直径 r_0 的比取为 10. 可以看到，在高空间频率段，短曝光的 OTF 相应比长曝光要好一点. 标为 $\alpha = 0$ 的曲线是长曝光平均 OTF，而那些标为 $\alpha = 1/2$ 和 1 的是短曝光的. 可见，在高频段，短曝光的频率响应比长曝光的好.

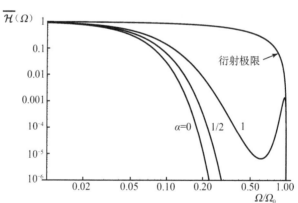

图 8.23　衍射受限系统的 OTF 的曲线，以及该 OTF 和当
$\alpha = 0$，1 和 2 时大气的 OTF 的乘积的曲线
D_0 和 r_0 的比取为 10

有个现象需要解释，当 Ω 接近衍射受限的截止频率 Ω_0 时，$\alpha = 1$（近场传播）的短曝光平均 OTF 升高了. 干涉成像的观点提供了一种物理解释：当空间

---

① 在 (8.6-13) 式的第二行看到的 D_0 被 Ω_0 的定义中的 D_0 抵消了.

频率趋于截止频率时，对 OTF 有贡献的望远镜孔径的面积（在孔径的边缘部分）越来越小，当这些面积小于相干直径 r_0 对应的面积时，所构成的高空间频率条纹因大气的非均匀性而仅有相位移动．平均的条纹还保持着正确的条纹位置，所以平均大气 OTF 不受大气扰动的影响，结果平均大气 OTF 在最高空间频率处趋于 1（从（8.6-13）式的数学可见）．因此，系统总的平均 OTF 升至衍射受限 OTF 然后随着衍射受限曲线下落．

按照 8.5.4 节的推演，我们仍可定义系统的带宽为平均 OTF 下面的体积，这一次用的是短曝光 OTF[62]．又要用到数值积分，得出的结果示于图 8.24 中．我们看到，对各种不同的情况，$D_0 \gg r_0$ 的极限带宽都相同，因为波前失真的倾斜分量随 D_0 增大而消失．当 D_0 稍大于 r_0 时，在短曝光情况下可以得到比长曝光大得多的带宽．

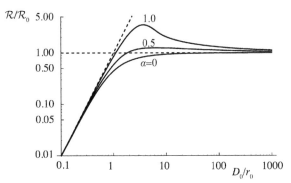

图 8.24　当大气湍流以相干长度为 r_0 来呈现时，
光瞳直径为 D_0 的衍射受限系统达到的归一化带宽

$\alpha = 0$ 对应于长曝光情况，$\alpha = 0.5$ 和 $\alpha = 1$ 对应于短曝光情况．归一化的常数 $\mathcal{R}_0$ 等于 $(r_0/\overline{\lambda})^2$

8.7　星体散斑干涉计量术

前几节我们研究了光学系统摄取长曝光和短曝光像时，存在着大气的非均匀性而引起的对像质的限制．大气的影响由平均传递函数描写，传递函数降低了高频段的空间频率响应，通常限制了分辨率，使分辨率比系统在无大气情况下工作时可能达到的分辨率小得多．现在我们来注意一种不同又重要的数据收集和处理技术，它可以从一系列的短曝光像中提取高频信息，它们的空间频率比前面研究的平均长曝光和短曝光传播函数所能通过的高得多．该成像技术叫做"星体散斑干涉计量术"，是 A. Labeyrie[124] 发明的，并且首先由 Gezari 等在天文观察中演示[70]．

在 8.7.1 节，我们要讨论这个方法的基本原理及用到的数据处理．在 8.7.2 节中，我们提出对这种方法的一个启发式的分析，这一节之后有一个模拟结果，然后再给出基于附录 D 的更详尽的分析.

8.7.1　方法的原理

我们再一次考虑图 8.9 所描述的长、短曝光的 PSF 的不同特征. 我们发现，一个点光源的短曝光像具有很丰富的高频结构，通常称之为"散斑"，而它的长曝光像则比较平滑规则. 这个事实表明短曝光 OTF 比长曝光 OTF 有更多的高频成分，这在同一图中已有充分说明.

单幅短曝光像的 OTF 和前面计算的期望或平均 OTF 之间有一个重要的区别，导出后一个 OTF 的系综平均运算本身就是一种抑制高频响应的运算，因为在高频段上 OTF 的复数值的振幅和相位都会逐幅有很大的变化，如果我们摄取一大批短曝光照片，而且将它们对中，以清除逐幅的纯粹像移效应. 这些对准的像的和将得出一个像，它同上一节中给出的平均短曝光 OTF 理论的预言符合得很好.

给定一批短曝光像，"移动和相加"步骤并不是可以想象到的唯一步骤. 事实上，Labcyrie 发明的方法就是用另一条途径从这些像提取信息. 这另一条途径是受以下的观察启发而得出的. 虽然已删除倾斜效应的短曝光 OTF 的系综平均随频率增大下降得比较快，但是 OTF 的模平方的系综平均却在高得多的频率上还有可观的值. 我们很快就要解释这一性质的原因，但是首先来详细描述 Labeyrie 的方法.

假设用一台天文望远镜摄取了我们感兴趣的物的很大数目的 K 幅短曝光照片. 为了防止光缺乏时间相干性而使精细的散斑状的像结构变模糊，应该使用一个窄带滤波器. 现在再对收集到的这些像（通常是数字形式）作下面处理：先来计算每一幅像的 Fourier 变换的模的平方（典型的做法是用快速 Fourier 变换），为简单计，忽略取样的像的离散性质，让 $I_i^{(k)}(u,v)$ 代表与第 k 幅像关联的强度，计算这些强度的二维 Fourier 变换，表示为连续形式如

$$\mathcal{I}_i^{(k)}(\nu_U,\nu_V) = \iint_{-\infty}^{\infty} I_i^{(k)}(u,v)\, e^{j2\pi(u\nu_U+v\nu_V)}\, du dv. \qquad (8.7\text{-}1)$$

当然，这个像的谱同物谱（它对每幅像都相同）和系统 OTF（随着大气湍流的变化而逐幅像都变化的）通过通常的相乘关系相联系：

$$\mathcal{I}_i^{(k)}(\nu_U,\nu_V) = \mathcal{H}^{(k)}(\nu_U,\nu_V)\mathcal{I}_0(\nu_U,\nu_V), \qquad (8.7\text{-}2)$$

式中 $\mathcal{I}_0$ 是物的 Fourier 变换，而 $\mathcal{H}^{(k)}$ 是同第 k 幅测得的像关联的总的 OTF.

现在，对每一个像的谱进行模平方的运算，产生一系列"能量谱"：

$$\mathcal{E}_I^{(k)}(\nu_U,\nu_V) = |\mathcal{I}_i^{(k)}(\nu_U,\nu_V)|^2. \qquad (8.7\text{-}3)$$

最后，我们对这些能量谱求平均，即将它们相加，再除以像的总幅数 K. 我们假

设像的幅数足够大，使得这样算出的平均值基本上和同一量的系综平均值一样．于是，上面描述的步骤产生了像的平均能量谱的一个估值，而它又依赖于短曝光OTF 的模的均方值，或者调制传递函数（MTF）的均方值[①]

$$\overline{|\mathcal{I}_i^{(k)}(\nu_U,\nu_V)|^2} = \overline{|\mathcal{H}^{(k)}(\nu_U,\nu_V)|^2} |\mathcal{I}_0(\nu_U,\nu_V)|^2. \qquad (8.7\text{-}4)$$

从上式可见，如果我们能够预料或者测量成像系统的 MTF 的均方值，而且该平均值在比平均短曝光 OTF 的截止高频更高的频域仍保持着可观的值，那么散斑干涉计量法就有可能提取到物的信息，这些信息不可能从单幅像或从简单地组合许多中心对齐的短曝光像而得的．然而，下面这一点也是清楚的：可以提取到的关于物的信息一般是不完全的，因为能够得到的是物谱的模的平方，而不是复谱本身．如同工作在大气湍流中的 Michelson 星体干涉仪以及 6.3 节所描述的强度干涉仪，除非使用了某种方式来恢复相位，它并没有提供谱的相位信息，因此，一般得不到物的完全的像．

尽管如此，在许多情形下，不够完全的信息也可能极为有用．Labeyric 和他的同事首先用这个方法来测量双星的间隔．特别感兴趣的是那样一些双星，它的两个成员过于靠近，以致不能在大气使像质退化的情况下被一个望远镜所分辨，但还可能被衍射受限的望远镜分辨．如果为了方便起见，我们把两颗星各自考虑成理想点光源，那么我们就可以用下述强度函数来表示它们的亮度分布：

$$I_0(x,y) = I_1\delta\left(x - \frac{\Delta x}{2},y\right) + I_2\delta\left(x + \frac{\Delta x}{2},y\right), \qquad (8.7\text{-}5)$$

式中 x 和 y 解释为角度变量，Δx 表示两个成员星的角间隔，我们保持两颗星有不同亮度的可能性．强度分布的 Fourier 变换的模的平方取如下形式：

$$|\mathcal{I}_0(\nu_X,\nu_Y)^2| = (I_1^2 + I_2^2)\left[1 + \frac{2I_1I_2}{I_1^2+I_2^2}\cos(2\pi\Delta x\nu_X)\right]. \qquad (8.7\text{-}6)$$

特别注意这个分布中的正弦"条纹"，条纹的空间频率唯一地确定了双星分量的间隔 Δx. 为了精确估值条纹的周期，我们要求成像系统的均方 MTF 在超出至少一个条纹（更多更好）的高频区还有可观的值．当然，我们恢复这个信息的能力完全取决于条纹的信噪比，这个题目我们要推迟到第九章讨论．图 8.25 示出用上述方法在实验中测得的条纹图样．

我们曾多次断言，在远超过平均长曝光或短曝光 OTF 的高频极限的高频率区，均方 MTF 会有可观的值．现在我们先用比较直观的方法证明这个断言是正确的，之后我们给出一个模拟，再概述一个更确切的分析，其细节可见附录 D.

---

①　注意由波倾斜造成的图像移动只在像谱引起了一个线性的相位移动，不影响像谱的大小，因此无需删除．

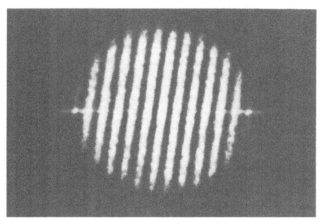

图 8.25　在补偿了散斑干涉计量系统的传递函数后，从船尾座 9 双星的 120 幅短曝光像所得到的平均能量谱（感谢 Erlangen 大学的 Gred Weight 和 Gerhard Baier 提供了照片）

8.7.2　对方法的一个启发性分析

一个在地球大气中工作的光学系统的短曝光 MTF 的均方值，之所以在相对高的频率上还保持着比较大的值，其原因可以用直观的推理和最低限度的数学来理解. 我们希望对 MTF 的二阶统计能够有所理解，在实现这一目标时，用干涉计量观点来看成像过程是很有帮助的.

我们记得，对于单幅短曝光像，在像平面上出现这个具有矢量频率为 $\vec{\nu}$ 的像的特定空间频率分量，是由于来自出瞳上相互间隔为矢量 $\vec{s} = \bar{\lambda} f \vec{\nu}$ 的两点的光的干涉. 在光瞳内滑动这个矢量间隔，我们就收集到大量的对这一条纹的"基元"贡献，相加得到的条纹的对比度依赖于这些贡献相加时的相对相位以及它们的振幅. 对这个观点的更详尽讨论见 7.6 节.

大气失真的结果是改变入射到光瞳各部分的光的强度和相位，从而改变构成强度的任一频率分量的基元条纹的对比度和相位. 在低空间频率处，我们处理的间隔 $|\vec{s}|$ 很小；如果所关注的间隔小于大气的相干直径 r_0，则问题中这两个点的光的对数振幅和相位之间的差别就很小. 结果，这一频率分量就不因存在大气变形而受影响. 这样的空间频率处于平均短曝光 OTF 的低频但响应高的区.

如果我们现在考虑一个充分大的空间频率，以致光瞳上对应的间隔大于 r_0，但仍比光瞳能包含的最大间隔小不少，这时，各个基元条纹有不同的随机相位和随机对比度，因而当它们在像平面上相加时不能完善地相互增强. 事实上，如果我们用复相矢量来代表每一个正弦条纹，那么不同的基元条纹相加可以看成复平面上的随机行走的一种形式（图 2.11）. 任一特定频率的合成相矢量，在作了适当归一化之后，其复数值等于所考虑的单幅短曝光像在这个特定频率上的 OTF 之值.

在对"中间区"的空间频率分量建立了一个随机行走模型之后，我们可以得出关于短曝光 OTF 的统计性质的若干结论. 作为一个近似, 想象成像系统的出射光瞳由大量独立的相关元胞组成, 每一个的直径为 r_0. 在直径为 D_0 的光瞳内这种元胞的数目是

$$N_{\text{tot}} = \left(\frac{D_0}{r_0}\right)^2. \tag{8.7-7}$$

但是, 一个特定的空间频率 ν 并不接受来自整个出射光瞳的基元条纹贡献, 相反, 贡献仅仅来自图 8.22 所示的出射光瞳的阴影区域. 我们用符号 $A(\nu)$ 表示频率为 ν 的阴影区的面积. 我们记得 $A(\nu)$ 准确地等于在这个特定空间频率上的衍射受限 OTF $\mathcal{H}_0(\nu)$ 的数学表示式 ((7.4-8) 式) 的分子. 因此对 OTF 的这个空间频率有贡献的独立相关元胞的数目是

$$N(\nu) = \frac{A(\nu)}{\pi\left(\frac{r_0}{2}\right)^2} = \mathcal{H}_0(\nu)\left(\frac{D_0}{r_0}\right)^2, \tag{8.7-8}$$

式中光瞳再一次假设是圆形的, 直径为 D_0.

知道了对每一空间频率分量作贡献的独立相矢量的数目之后, 现在可以用我们关于随机行走的性质的知识来得出关于 OTF 的统计性质的若干结论. 首先我们注意在作贡献的独立相矢量的数目很大 (假设 $D_0 \gg r_0$) 的中间频段, 根据 2.9.2 节给出的论据, OTF 必定 (很好地近似) 服从复圆形 Gauss 统计. 作为一个推论, MTF 必定服从 Rayleigh 统计, MTF 的平方必定服从负指数统计. 这些结论是强有力的, 但是我们要强调, 它们只在中间频段内才是严格正确的. 在这个频段, OTF 具有许多独立的、随机相位的贡献. 为了简单论证, 我们假设对随机行走作贡献的全部相矢量的长度相同并且等于 β, 并假设 β 和 r_0^2 成正比.

$$\beta = \zeta r_0^2. \tag{8.7-9}$$

从 2.9 节可知, 在合成矢量的实部和虚部的定义中去掉归一化因子 $\sqrt{N}$ 后, 我们看到 MTF 的分子的实部和虚部的二阶矩是

$$\overline{r^2} = \overline{i^2} = N(\nu)\frac{\beta^2}{2}. \tag{8.7-10}$$

利用 (8.7-9) 式, 我们把 MTF 分子的平方的期望值表示如下:

$$\overline{\text{分子}^2} = \overline{r^2} + \overline{i^2} = N(\nu)\beta^2 = N(\nu)\zeta^2 r_0^4$$

$$= |\mathcal{H}_0(\nu)|\left(\frac{D_0}{r_0}\right)^2\zeta^2 r_0^4. \tag{8.7-11}$$

按照早先对长曝光和短曝光情况进行计算时所用的假设, 我们将 OTF 的分母近似当成常数. 注意, 当光瞳上的矢量间隔趋于零时, 求和的全部相矢量完全相关, 即都具有零相位. 结果合矢量长度的平方正是每一相矢量长度的和的平方. 按照 (8.7-9) 式的假设, 我们写出

$$\overline{\text{分母}^2} = (\zeta D_0^2)^2. \tag{8.7-12}$$

由此可得，在所考虑的中频段，MTF 的二阶矩等于

$$\overline{|\mathcal{H}(\hat{\nu})|^2} = \frac{分子^2}{分母^2} = \left(\frac{r_0}{D_0}\right)^2 |\mathcal{H}_0(\hat{\nu})|. \tag{8.7-13}$$

特别要注意，在这个中频段，所关注的二阶矩正比于衍射受限光学系统的 MTF，并且比例常数是 r_0 的平方和 D_0 的平方之比．由于衍射受限的 MTF 在中频段内之值还相当大，因此只要 r_0 和 D_0 的比值不是很小，MTF 的二阶矩也可以有相当大的值．

当频率接近衍射受限 OTF 的上限时，光瞳上的重叠面积变得比较小，意味着在这样的频率上对 OTF 有贡献的独立相矢量的数目也很少．然而，对 2.9.2 节中的论据（这种论据导致前面关于均方 MTF 的表示式）的考察表明，我们为得到（8.7-13）式而用到的全部结果对于有限数目的相矢量也成立．虽然我们不能得出结论说 MTF 的平方在这些频率上服从负指数统计，但仍然可以用前面用过的 MTF 的二阶矩的表示式，使（8.7-13）式从中频到高频都成立．

图 8.26 表示我们的近似分析结果，MTF 的二阶矩行为在低频时基本上和平均短曝光 OTF 相同，但它降到一个近似等于 (r_0/D_0^2) 的值而不为零．在这一点它的行为发生变化，函数变成和衍射受限光学系统的 MTF 成比例地下降，比例因子是 $(r_0/D_0)^2$．倘若信噪比足够大，可以从这些频域区提取信息，特别是当对均方 MTF 的下降作补偿后，像的谱分量幅度的信息是可以提取的．

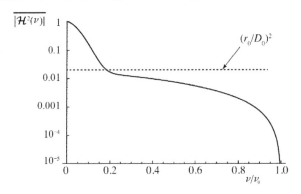

图 8.26　短曝光均方 MTF：系统有圆形的光瞳，$r_0/D_0 = 0.14$，ν_0 是衍射受限 OTF 的截止频率

以上这些讨论概括了星体散斑干涉计量术的近似分析，下面我们进行一个简单的模拟来较详尽地探讨散斑干涉计量系统的传递函数．之后，我们讨论一个由 Kroff[123] 作的更全面的分析，其结果总体上和近似分析的结果是一致的．

8.7.3　模拟

为进一步探索这些结果，可以运行模拟，正如我们现在要做的．模拟的细节如下：

（1）用一个 256×256 的阵列来定义入射波前．

（2）用一个直径为 128 像素的圆形光瞳限制通过光瞳的波前．

（3）对衍射受限的情形，入射波前的振幅为 1，相位为零．

（4）在有大气扰动时，假设扰动是纯相位的，服从 Gauss 分布，均值为零、标准偏差为 1.8138rad，点与点都不相关．

（5）为引入相位相关，将 Gauss 相位序列和一个 16×16 的 Gauss 形状的核卷积，核的半高全宽是 6.66 像素．

（6）在衍射受限和大气受限这两种情况，用快速 Fourier 变换（FFT）运算，取模的平方来产生强度点扩散函数．

（7）对强度点扩散函数再作一次 FFT，用所得结果的原点的值来归一化，产生 OTF.

（8）对于包括随机大气的两个情况，用独立的 Gauss 相位扰动的实现重复步骤 10000 次．

（9）对长时间平均大气 OTF $\overline{\mathcal{H}}_{LE}$ 的情形，将大气失真的 PSF 的 Fourier 变换在 10000 次迭代基础上来平均，然后取其模（即幅度）的平方，得到 $|\overline{\mathcal{H}}_{LE}|^2$.

（10）对散斑干涉仪的情况求 OTF 的模的平方，在每一次迭代进行模平方的运算，做 10000 次迭代然后平均得到结果．

注意，没有减去倾斜，但是倾斜对从散斑干涉仪得到的结果没有影响．也请注意由随机相位序列和 Gauss 核卷积所得到的相位功率谱的形状与用 Kolmogorov 谱乘以（8.5-69）式中相位滤波函数所得的结果不相吻合，但这个一般结果和更加逼真的模拟相似．

图 8.27 呈现了模拟的结果，我们看到，散斑曲线先随着长时间平均 OTF 而变，之后在高频区分开进入一个平台，最后随衍射受限 OTF 落到了零．

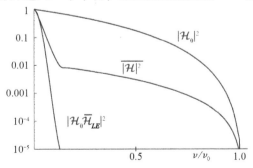

图 8.27 模拟结果：衍射受限 OTF 模的平方 $|\mathcal{H}_0|^2$，衍射受限 OTF 和长曝光大气 OTF 的乘积的模的平方 $|\mathcal{H}_0\overline{\mathcal{H}}_{LE}|^2$，以及散斑干涉仪传递函数模的平方 $\overline{|\mathcal{H}|^2}$，符号 ν_0 代表衍射受限截止频率

8.7.4 更完全的分析

在本小节我们遵照 Korff[123] 的分析，将一部分的分析延迟放到附录 D 中. 如上一节指出的，决定散斑干涉计量方法好坏的关键在于在地球大气中工作的光学系统的 MTF 的二阶矩的特性，因此这个更完全的分析是从对二阶矩 $|\mathcal{H}(\nu)|^2$ 的估值出发的. 在对这个量估值时，要用到我们关于大气导入的对数振幅和相位涨落的详尽的统计知识.

因为已论证过 MTF 的分母是近似不变的，我们可以集中注意分子的性质，对于我们正在讨论的情况，这意味着求下式的二阶矩：

$$
\begin{aligned}
\text{分子} = \iint_{-\infty}^{\infty} &\mathbf{P}(x,y)\,\mathbf{P}^*(x - \overline{\lambda}f\nu_U,\, y - \overline{\lambda}f\nu_V) \\
&\times \mathbf{U}(x,y)\,\mathbf{U}^*(x - \overline{\lambda}f\nu_U,\, y - \overline{\lambda}f\nu_V)\,\mathrm{d}x\mathrm{d}y.
\end{aligned}
\tag{8.7-14}
$$

要求的矩可以直接写成

$$
\begin{aligned}
\overline{\text{分子}^2} = \iiiint_{-\infty}^{\infty} &\mathbf{P}(\check{r})\mathbf{P}^*(\check{r}-\check{s})\mathbf{P}^*(\check{r}')\mathbf{P}(\check{r}'-\check{s}) \\
&\times \overline{\mathbf{U}(\check{r})\mathbf{U}^*(\check{r}-\check{s})\mathbf{U}^*(\check{r}')U(\check{r}'-\check{s})}\,\mathrm{d}x\mathrm{d}x'\mathrm{d}y\mathrm{d}y',
\end{aligned}
\tag{8.7-15}
$$

式中矢量定义为 $\check{r} = (x,y)$, $\check{r}' = (x',y')$, $\check{s} = (\overline{\lambda}f\nu_U, \overline{\lambda}f\nu_V)$, 平均和积分的次序已做了交换.

我们将详细的计算留到附录 D，在这里呈现其结果. 我们求得

$$
\overline{|\mathcal{H}(\nu)|^2} = \frac{\displaystyle\iint_{-\infty}^{\infty} Q(\Delta\check{r},\check{s})L(\Delta\check{r},\check{s})\,\mathrm{d}\Delta x\mathrm{d}\Delta y}{\left[\displaystyle\iint_{-\infty}^{\infty}|\mathbf{P}(x,y)|^2\mathrm{d}x\mathrm{d}y\right]^2},
\tag{8.7-16}
$$

式中 $L(\Delta\check{r},s)$ 代表在四个有相对位移的光瞳间重叠积分

$$
\begin{aligned}
L(\Delta\check{r},\check{s}) = \iint_{-\infty}^{\infty} &\mathbf{P}\!\left(\frac{\check{\rho}+\Delta\check{r}-2\check{s}}{2}\right)\mathbf{P}^*\!\left(\frac{\check{\rho}+\Delta\check{r}}{2}\right) \\
&\times \mathbf{P}^*\!\left(\frac{\check{\rho}-\Delta\check{r}-2\check{s}}{2}\right)\mathbf{P}\!\left(\frac{\check{\rho}-\Delta\check{r}}{2}\right)\mathrm{d}\rho_X\mathrm{d}\rho_Y,
\end{aligned}
\tag{8.7-17}
$$

并且，对 Kolmogorov 湍流谱

$$
Q(\Delta\check{r},\check{s}) = \exp\left[-6.88\left[\left(\frac{s}{r_0}\right)^{5/3}+\left(\frac{|\Delta\check{r}|}{r_0}\right)^{5/3}-\frac{1}{2}\left(\frac{|\Delta\check{r}+\check{s}|}{r_0}\right)^{5/3}-\frac{1}{2}\left(\frac{|\Delta\check{r}-\check{s}|}{r_0}\right)^{5/3}\right]\right].
\tag{8.7-18}
$$

在这些表达式中

$$
\begin{aligned}
\Delta\check{r} &= \check{r} - \check{r}' = (\Delta x, \Delta y) \\
\check{\rho} &= \check{r} + \check{r}' = (\rho_X, \rho_Y).
\end{aligned}
\tag{8.7-19}
$$

图 8.28 呈现了衍射极限 MTF 的平方以及（8.7-16）式在三种 r_0/D_0 时的数字积分的结果. 此结果和直观的解释及模拟的结果总体上都一致.

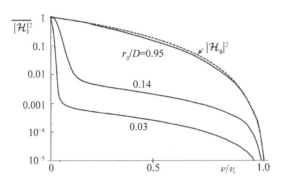

图 8.28   在有湍流的大气中的圆形光瞳的成像系统的 MTF 的均方大小

虚曲线是衍射受限 MTF 的平方，实曲线对应三个不同的 r_0/D_0，即 0.95，0.14 和 0.03

星体散斑干涉计量术的应用限于有些场合，例如，想要的物的信息可以从物谱幅度的平方（或者等价地说，从物亮度分布的空间自相关）来提取，而且探测器的噪声水平要低于大气传递函数幅度平方平均的平台.

8.8 交叉谱或 Knox-Thompson 技术

Knox 和 Thompson 首先建议[120]对星体散斑干涉术的技术做修改，以至于在原则上可以恢复物谱，不论是其振幅还是相位（因此得到物的真实的像）. 该方法称为交叉谱技术，也叫做 Knox-Thompson 技术. 我们按照 Roggemann[181]的思路来解释这种技术. 我们首先考虑交叉谱及其传递函数的定义，然后讨论如何从交叉谱恢复全部物的信息.

8.8.1 交叉谱传递函数

单个像强度分布 $I(\vec{u})$ 的交叉谱 $\mathcal{C}_{\mathcal{I}}(\vec{\nu}, \Delta\vec{\nu})$ 用像的 Fourier 变换 $\mathcal{I}(\vec{\nu})$ 通过下式定义：

$$\mathcal{C}_{\mathcal{I}}(\vec{\nu}, \Delta\vec{\nu}) \triangleq \mathcal{I}(\vec{\nu})\mathcal{I}^*(\vec{\nu} + \Delta\vec{\nu}). \tag{8.8-1}$$

单个像的交叉谱通常是复值，另外，由于实值像强度的 Fourier 变换的 Hermitian 性质，它还有对称性

$$\mathcal{C}_{\mathcal{I}}(-\vec{\nu}, -\Delta\vec{\nu})\mathcal{C}_{\mathcal{I}}^*(\vec{\nu}, \Delta\vec{\nu}). \tag{8.8-2}$$

如果 $\mathcal{O}(\vec{\nu})$ 表示物的 Fourier 变换，光学系统短曝光的 OTF 和大气的联合用 $\mathcal{H}(\vec{\nu}) = \mathcal{H}_0(\vec{\nu})\mathcal{H}_{SE}(\vec{\nu})$ 表示，于是

$$\mathcal{I}(\vec{\nu}) = \mathcal{H}(\vec{\nu})\mathcal{O}(\vec{\nu}) \tag{8.8-3}$$

及

$$\mathcal{C}_\mathcal{I}(\vec{\nu},\Delta\vec{\nu}) = \mathcal{O}(\vec{\nu})\mathcal{O}^*(\vec{\nu}+\Delta\vec{\nu})\mathcal{H}(\vec{\nu})H^*(\vec{\nu}+\Delta\vec{\nu}). \qquad (8.8\text{-}4)$$

现在，假设获得了整个系列的短曝光像，在各次曝光之间大气改变了但物体保持不变. 我们考虑计算这系列像的平均交叉谱. 由于物是不变的，平均是对含有 $\mathcal{H}$ 的项进行的. 假设采集的像足够多，可以合理地认为对有限序列的平均可以用统计平均来代替，我们就得到像的平均交叉谱为

$$\overline{\mathcal{C}_\mathcal{I}}(\vec{\nu},\Delta\vec{\nu}) = \mathcal{O}(\vec{\nu})\mathcal{O}^*(\vec{\nu}+\Delta\vec{\nu})\overline{\mathcal{H}(\vec{\nu})\mathcal{H}^*(\vec{\nu}+\Delta\vec{\nu})}$$
$$= \mathcal{C}_\mathcal{O}(\vec{\nu},\vec{\nu}+\Delta\vec{\nu})\overline{\mathcal{C}_\mathcal{H}}(\vec{\nu},\vec{\nu}+\Delta\vec{\nu}), \qquad (8.8\text{-}5)$$

式中 $\mathcal{C}_\mathcal{O}$ 是物的交叉谱，且

$$\overline{\mathcal{C}_\mathcal{H}}(\vec{\nu},\vec{\nu}+\Delta\vec{\nu}) = \overline{\mathcal{H}(\vec{\nu})\mathcal{H}^*(\vec{\nu}+\Delta\vec{\nu})}. \qquad (8.8\text{-}6)$$

因此，很自然地认为 $\overline{\mathcal{C}_\mathcal{H}}(\vec{\nu},\vec{\nu}+\Delta\vec{\nu})$ 是交叉谱传递函数.

交叉谱传递函数很像星体散斑干涉系统的传递函数，事实上当 $\Delta\vec{\nu}=0$ 时简化为后者. 应该还注意到，当 $\Delta\vec{\nu}\neq0$ 时，即便湍流是各向同性、光瞳是圆形时，交叉谱在 $\vec{\nu}=0$ 处既不为零也不是各向同性的. 倒是 $\overline{\mathcal{C}_\mathcal{H}}$ 可以认为是传递函数 $\mathcal{H}$ 的交叉相关，但是在一个必须小心地选择的特定的矢量间隔 $\Delta\vec{\nu}$ 来估值，这正是我们现在要讨论的.

应该提到一个细节，即关于波前失真的倾斜分量使每次曝光时像的位置都要移动. 这对于星体散斑干涉没有影响，但是它显然会降低交叉谱传递函数一个量 $\overline{\exp[j2\pi(\vec{\delta}\cdot\vec{\nu})]}$，式中 $\vec{\delta}$ 是在 (u,v) 平面上随机的像移动. 在实践中，在短曝光时我们移动获得的像使它们的中心对准，因此极大地减少了来自倾斜分量的影响.

交叉谱传递函数的确切表达式已经得到了（文献[179]，p.149），但是太复杂所以不在此重新推导. 确切的分析证明交叉谱的传递函数是实值的.

8.8.2　对 $|\Delta\vec{\nu}|$ 的制约

短曝光 OTF 涨落的相关宽度的数量级是 $r_0/(\overline{\lambda}f)$，大于这个间隔 OTF 是近似不相关的. 结果，对于 $|\Delta\vec{\nu}|>r_0/(\overline{\lambda}f)$，

$$\overline{\mathcal{H}(\vec{\nu})\mathcal{H}^*(\vec{\nu}+\Delta\vec{\nu})} = \overline{\mathcal{H}(\vec{\nu})}\,\overline{H^*(\vec{\nu}+\Delta\vec{\nu})} = 0 \qquad (8.8\text{-}7)$$

我们的结论是 $|\Delta\vec{\nu}|$ 必须小于 $r_0/(\overline{\lambda}f)$ 才能用这个技术获得信息.

第二个制约是由物本身加于 $|\Delta\vec{\nu}|$ 的. 考虑物的交叉谱

$$\mathcal{C}_\mathcal{O}(\vec{\nu},\vec{\nu}+\Delta\vec{\nu}) = \mathcal{O}(\vec{\nu})\mathcal{O}^*(\vec{\nu}+\Delta\vec{\nu})$$
$$= |\mathcal{O}(\vec{\nu})||\mathcal{O}^*(\vec{\nu}+\Delta\vec{\nu})|\exp[j(\phi_0(\vec{\nu})-\phi_0(\vec{\nu}+\Delta\vec{\nu}))],$$
$$(8.8\text{-}8)$$

通过散斑干涉计量法可以测得 $|\mathcal{O}|$（即当 $\Delta\vec{\nu}=0$ 时）. 因此，将注意力集中到相位差

$$\Delta\phi(\vec{\nu},\Delta\vec{\nu}) = \phi_0(\vec{\nu})-\phi_0(\vec{\nu}+\Delta\vec{\nu}). \qquad (8.8\text{-}9)$$

考虑在频率平面上的一个方向，如果物在角空间相应的方向有最大的角宽度 Θ，可以预期物的 Fourier 谱的幅度和相位在与 Nyquist 取样间隔 $\delta\nu = \Theta/\bar{\lambda}$ 相应的频率间隔中有相当大的变化．如果我们将频率增量 $|\Delta\vec{\nu}|$ 限制在小于或等于 $\Theta/\bar{\lambda}$，那也就确保物的相位在频率 $\vec{\nu}$ 和 $\vec{\nu} + \Delta\vec{\nu}$ 之间变化不大．这构成了 $|\Delta\vec{\nu}|$ 必须满足的第二个制约条件（理由见后面）

$$|\Delta\vec{\nu}| \leq \min \begin{cases} r_0 \big/ \bar{\lambda}f \\ \Theta \big/ \bar{\lambda}. \end{cases} \tag{8.8-10}$$

最后注意：如果 $|\Delta\vec{\nu}|$ 选得太小，我们用 8.8.4 节的相位差就会低于噪声的水平，所以必须要考虑两者的平衡．

8.8.3　模拟

图 8.29 出示了一个和 8.7.3 节类似（只是有不同频率偏置 $|\Delta\vec{\nu}|$）的模拟所获得的一些交叉谱传递函数．在所有这些例子中，模拟的大小是 256×256，但光瞳限于 128×128 的阵列，其中的数据是计算机产生的随机独立的 Gauss 分布的相位，其标准偏差为 1.8138rad（注意：和前面的模拟所用的标准偏差一样）．然后该阵列和一个 16×16、全宽半高为 6.66 像素的 Gauss 平滑函数卷积．通过对这个阵列运算 10000 次，将所有的结果平均求出交叉谱．频率偏置 $\Delta\vec{\nu} = |\Delta\nu|$（用

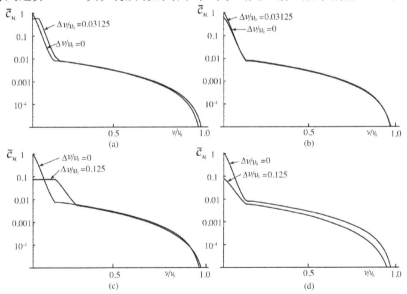

图 8.29　交叉谱传递函数 $\overline{\mathcal{C}_{\mathcal{H}}}$ 作为归一化的频率的函数

用了三个频率偏置 $\Delta\nu$：（a）当 $\Delta\nu = 0$ 像素和 4 像素，通过 $\overline{\mathcal{C}_{\mathcal{H}}}$ 的切面是在垂直于间隔 $\Delta\nu$ 的方向时，显示 $\overline{\mathcal{C}_{\mathcal{H}}}$ 作为 $\Delta\nu/\nu_0$ 的函数；（b）显示当切面和 $\Delta\nu$ 在同一方向时的相应的结果，除了 $\Delta\nu$ 是 0 像素和 16 像素之外；（c）和（d）与（a）和（b）相似

了0像素，4像素和16像素）．倾斜未被除去但它对结果的影响很小．在所有例子中的原点交叉谱的值用 $\Delta\nu=0$ 的那个像素的值归一．如果像前面的模拟一样用的是Kolmogorov谱而不是Gauss谱，那么结果就会稍有不同．

和散斑干涉计量的传递函数一样，可以看到交叉谱传递函数在低频率时很快降落，然后停在一个平台上，最后随着向衍射受限的截止频率逼近而再下降．同样，只有当平台高出测量的噪声水平很多时，有可能提取物的信息．

8.8.4 从交叉谱复原物谱相位信息

为了从交叉谱提取比用星体干涉计量法技术更多的物的信息，必须要设计一种能复原和物谱关联的相位信息的方法．为阐明这是如何做到的，假定矢量偏置 $\Delta\check{\nu}$ 只在沿着 ν_U 轴或 ν_V 轴方向受到限制，因此，$\Delta\check{\nu}$ 不是 $\Delta\nu_U$ 就是 $\Delta\nu_V$．参考（8.8-9）式，我们可以定义

$$\Delta\phi_U(\nu_U,\nu_V) = \phi_o(\nu_U + \Delta\nu_U,\nu_V) - \phi_o(\nu_U,\nu_V) \approx \frac{\partial\phi_o(\check{\nu})}{\partial\nu_U}\Delta\nu_U$$

$$\Delta\phi_V(\nu_U,\nu_V) = \phi_o(\nu_U,\nu_V + \Delta\nu_V) - \phi_o(\nu_U,\nu_V) \approx \frac{\partial\phi_o(\check{\nu})}{\partial\nu_V}\Delta\nu_V. \tag{8.8-11}$$

如果 $\Delta\nu_U$ 和 $\Delta\nu_V$ 足够小，式中的近似是可行的．两个偏导数是物空间相位梯度$\nabla\phi_0(\check{\nu})$的两个正交分量，感兴趣的问题现在变成从近似于相位梯度的相位差的度量来复原二维相位分布 $\phi_0(\nu_U,\nu_V)$．

最为普通的做法是在一个长方形的取样点网格上来试着重现相位，用的是相位差而不是相位梯度．在(ν_U,ν_V)平面上构建网格点，它们是分别在 ν_U 和 ν_V 方向，以$(\Delta\nu_U,\Delta\nu_V)$为间隔取样．由于对（8.8-10）式的第二个制约，在间隔 $\Delta\nu_U$ 和 $\Delta\nu_V$ 内相位不会变化很多．重现的起步是因为知道物谱的零频分量（等同于物强度分布的二维积分）必定是实的，因此 $\phi_0(0,0)=0$. 从（8.8-11）式，我们能写出

$$\phi_o(\Delta\nu_U,0) = \Delta\phi_U(0,0) + \phi_o(0,0) = \Delta\phi_U(0,0)$$

$$\phi_o(0,\Delta\nu_V) = \Delta\phi_V(0,0) + \phi_o(0,0) = \Delta\phi_V(0,0), \tag{8.8-12}$$

式中 $\Delta\phi_U(0,0)$ 和 $\Delta\phi_V(0,0)$是测得的量，所以是已知的，于是我们已经确定了在点$(\Delta\nu_U,0)$和$(0,\Delta\nu_V)$上相位的值．假定我们要在 ν_U 方向上，求下一个相位值 $\phi_o(2\Delta\nu_U,0)$，取测得的值 $\Delta\phi_U(2\Delta\nu_U,0)$并写出（用（8.8-11）式中的上式）

$$\Delta\phi_U(\Delta\nu_U,0) = \phi_o(2\Delta\nu_U,0) + \phi_o(\Delta\nu_U,0), \tag{8.8-13}$$

从此式我们可以表示相位 $\phi_o(2\Delta\nu_U,0)$ 为

$$\phi_o(2\Delta\nu_U,0) = \Delta\phi_U(\Delta\nu,0) + \phi_o(\nu_U,0). \tag{8.8-14}$$

但是从方程（8.8-12），$\phi_o(\Delta\nu_U,0) = \Delta\phi_U(0,0)$，我们已经用测得的量表示了相位值 $\phi_o(2\Delta\nu_U,0)$

$$\phi_o(2\Delta\nu_U,0) = \Delta\phi_U(\Delta\nu_U,0) + \Delta\phi_U(0,0). \tag{8.8-15}$$

现在我们以同样的方式沿 $\Delta\nu_V$ 方向移动. 对任意整数 N 和 M 可以产生这个关系

$$\phi_o(N\Delta\nu_U,M\Delta\nu_V) = \sum_{n=0}^{N-1}\Delta\phi_U(n\Delta\nu_U,0) + \sum_{m=0}^{M-1}\Delta\phi_V(0,m\Delta\nu_V). \tag{8.8-16}$$

因此在 $\Delta\nu_U$ 和 $\Delta\nu_V$ 方向的移动合在一起, 我们就能到达 (ν_U,ν_V) 平面上的任意取样点并求得在该点的物谱相位 $\phi_o(\nu_U,\nu_V)$.

有几个因素使得决定相位分布比上面简单的程序所隐含的难度要大. 首先是测量噪声的积累. 当我们从频率平面的原点移开时, 正在合成越来越多的测量值来求远离原点的相位. 结果, 积累了噪声. 为克服此困难要求一个更复杂精湛的方法来合成测量求出相位 (如见文献 [103], [64], [102]).

第二个必须谈到的问题是相位展开① (phaseunwrapping). 相位只对 2π 模数来测量, 因此, 当相位从小于 2π 到大于 2π 时可能出现相位跳变. 存在一些相位展开的算法, 作为参考请见 Ghiglia 和 Pritt 的书[71].

关心的第三个问题是存在相位的旋涡. 每当物谱的幅度精确为零时, 在这点的相位就无定义. 然而, 在该点的近邻区, 可以证明相位绕着该点顺时针或逆时针从零到 2π (或在某些情况是 2π 的整倍数) 旋转. 要了解相位旋涡的讨论细节请见文献 [153], [8] 和 [18]. 不幸的是, 当谱有零值时, 用于上面讨论的迭代程序的结果会和程长有关. 因此, 两个到同一个点 (ν_U,ν_V) 的不同路程可能得到不同的答案. 当被两条路程包围起来的区域含有物的一个零点时, 就确是如此. 为只产生唯一解答, 有一个连续等价的要求, 即相位梯度绕着由两条分开的路径加起来定义的封闭路径 C 的积分为零,

$$\oint_C \nabla\phi_o(\hat{\nu})\,\mathrm{d}\hat{\nu} = 0. \tag{8.8-17}$$

如果被两条路径圈起来的区域不含谱幅度为零的点, 这两条路径将得到同样的结果. 然而, 若含有一个或多于一个零点, 这两条路径能产生不同的答案. 仅有的解决方法是找到零点的位置并除去它们的影响.

在这个有限的讨论中我们不再深入这些课题, 读者可以从所给的参考文献中查询更详尽的内容.

8.9　双谱技术

用于通过湍流成像的双谱技术和三强度相关的概念有密切关系, 三强度相关是由 Gamo 在 1963 年引入[66], 用在非对称谱光谱学的研究. 1983 年, Lohmann 等[131]将此概念引入成像.

---

① Nisenson[150]证明相位展开问题可以通过和复相矢量而不是相位打交道来避免.

一幅短曝光像 $I(\vec{u})$ 的双谱 $\mathcal{B}_{\mathcal{I}}(\vec{\nu}_1, \vec{\nu}_2)$ 定义为

$$\mathcal{B}_{\mathcal{I}}(\vec{\nu}_1, \vec{\nu}_2) \triangleq \mathcal{I}(\vec{\nu}_1)\mathcal{I}(\vec{\nu}_2)\mathcal{I}^*(\vec{\nu}_1 + \vec{\nu}_2), \qquad (8.9\text{-}1)$$

式中 $\mathcal{I}(\vec{\nu})$ 仍是像强度 $I(\vec{u})$ 的 Fourier 变换. 对该技术的进一步讨论, 读者可参考文献 [181], [5] 和 [131]. 可以证明双谱的四维 Fourier 逆变换产生像强度分布的三重相关,

$$\int \mathrm{d}\vec{\nu}_1 \int \mathrm{d}\vec{\nu}_2 \mathcal{B}_{\mathcal{I}}(\vec{\nu}_1, \vec{\nu}_2) \mathrm{e}^{-\mathrm{j}2\pi(\vec{\nu}_1\vec{u}_1 + \vec{\nu}_2\vec{u}_2)} = \int \mathrm{d}\vec{u} I(\vec{u}) I(\vec{u} + \vec{u}_1) I(\vec{u} + \vec{u}_2), \qquad (8.9\text{-}2)$$

式中积分是对无限平面的.

像谱的 Hermitian 特征导出下列双谱性质:

$$\mathcal{B}_{\mathcal{I}}(\vec{\nu}_1, \vec{\nu}_2) = \mathcal{B}_{\mathcal{I}}(\vec{\nu}_2, \vec{\nu}_1)$$
$$\mathcal{B}_{\mathcal{I}}(\vec{\nu}_1, \vec{\nu}_2) = \mathcal{B}_{\mathcal{I}}(\vec{\nu}_1 - \vec{\nu}_2, \vec{\nu}_2) \qquad (8.9\text{-}3)$$
$$\mathcal{B}_{\mathcal{I}}(\vec{\nu}_1, \vec{\nu}_2) = \mathcal{B}_{\mathcal{I}}^*(-\vec{\nu}_1, -\vec{\nu}_2).$$

此外, 如同自相关函数, 也已发现三重相关和像移动无关.

8.9.1 双谱传递函数

对一个因为大气湍流而形变的短曝光像, 已求得像的双谱和物的双谱通过下式联系:

$$\mathcal{B}_{\mathcal{I}}(\vec{\nu}_1, \vec{\nu}_2) = \mathcal{B}_{\mathcal{H}}(\vec{\nu}_1, \vec{\nu}_2)\mathcal{B}_{\mathcal{O}}(\vec{\nu}_1, \vec{\nu}_2), \qquad (8.9\text{-}4)$$

其中

$$\mathcal{B}_{\mathcal{O}}(\vec{\nu}_1, \vec{\nu}_2) = \mathcal{O}(\vec{\nu}_1)\mathcal{O}(\vec{\nu}_2)\mathcal{O}^*(\vec{\nu}_1 + \vec{\nu}_2) \qquad (8.9\text{-}5)$$
$$\mathcal{B}_{\mathcal{H}}(\vec{\nu}_1, \vec{\nu}_2) = \mathcal{H}_{SE}(\vec{\nu}_1)\mathcal{H}_{SE}(\vec{\nu}_2)\mathcal{H}_{SE}^*(\vec{\nu}_1 + \vec{\nu}_2).$$

现在考虑一系列大量的短曝光像, 各幅像是在大气湍流不同的实现中对不变的物所照的. 将许多幅像平均求得的像的双谱有个不错的近似, 即 $\overline{\mathcal{B}_{\mathcal{H}}}$ 的系综平均乘以物的双谱

$$\overline{\mathcal{B}_{\mathcal{I}}}(\vec{\nu}_1, \vec{\nu}_2) = \overline{\mathcal{B}_{\mathcal{H}}}(\vec{\nu}_1, \vec{\nu}_2)\mathcal{B}_{\mathcal{O}}(\vec{\nu}_1, \vec{\nu}_2), \qquad (8.9\text{-}6)$$

且 $\overline{\mathcal{B}_{\mathcal{H}}}(\vec{\nu}_1, \vec{\nu}_2)$ 可以合理地叫做双谱传递函数.

为探究双谱传递函数的特性, 我们假定 $\vec{\nu}_1 = \vec{\nu}$ 而且 $|\vec{\nu}| \gg r_0/(\overline{\lambda}f)$ 和 $\vec{\nu}_2 = \Delta\vec{\nu}$, $|\Delta\vec{\nu}|$ 足够小所以满足方程 (8.8-10). 于是

$$\overline{\mathcal{B}_{\mathcal{H}}}(\vec{\nu}, \Delta\vec{\nu}) = \overline{\mathcal{H}_{SE}(\vec{\nu})\mathcal{H}_{SE}(\Delta\vec{\nu})\mathcal{H}_{SE}^*(\vec{\nu} + \Delta\vec{\nu})} \qquad (8.9\text{-}7)$$
$$\approx \overline{\mathcal{H}_{SE}(\Delta\vec{\nu})} \; \overline{\mathcal{H}_{SE}(\vec{\nu})\mathcal{H}_{SE}^*(\vec{\nu} + \Delta\vec{\nu})},$$

式中, 事实上, $\vec{\nu}$ 和 $\vec{\nu} + \Delta\vec{\nu}$ 比 $\Delta\vec{\nu}$ 大很多, 这就确保了在第一项和其后的两项之间缺乏相关, $\mathcal{H}_{SE}$ 的圆复 Gauss 统计确保了缺少相关也意味着统计独立. 因为 $|\Delta\vec{\nu}| < r_0/(\overline{\lambda}f)$, 所以 $\overline{\mathcal{H}_{SE}(\Delta\vec{\nu})}$ 有可观的值, 而且量 $\overline{\mathcal{H}_{SE}(\vec{\nu})\mathcal{H}_{SE}^*(\vec{\nu} + \Delta\vec{\nu})}$ 就是交叉谱传递函数, 我们知道它在超过 $|\vec{\nu}| = r_0/(\overline{\lambda}f)$ 时保持有限值. 此式右边的两个平均因子都是实数值, 所以双谱传递函数是实的. 因此, 双谱传递函数保持了

超越短曝光 OTF 的极限空间频率 $r_0/(\overline{\lambda}f)$ 的物的信息．注意可以从单星的像求双谱传递函数，其成像的大气条件类似于摄得更延展的物时的条件．

双谱传递函数的表达式可以从参考文献［131］和［5］中找到，在此不再深入探讨．

8.9.2 从双谱中复原全部物的信息

我们已经看到双谱传递函数保持了相当部分衍射受限系统 OTF 的中、高频率的值，剩下的是提取被成像的物的 Fourier 谱的幅度和相位．按照适合星体散斑干涉计量的方法来处理像的信息可以求得幅度 $|\mathcal{O}|$，剩下的是如何提取相位信息．

物的双谱可以仔细写出为

$$
\begin{aligned}
\mathcal{B}_{\mathcal{O}}(\vec{\nu}_1, \vec{\nu}_2) &= \mathcal{O}(\vec{\nu}_1)\mathcal{O}(\vec{\nu}_2)\mathcal{O}^*(\vec{\nu}_1 + \vec{\nu}_2) \\
&= |\mathcal{O}(\vec{\nu}_1)||\mathcal{O}(\vec{\nu}_2)||\mathcal{O}(\vec{\nu}_1 + \vec{\nu}_2)| \\
&\quad \times \exp[j(\phi_o(\vec{\nu}_1) + \phi_o(\vec{\nu}_2) - \phi_o(\vec{\nu}_1 + \vec{\nu}_2))].
\end{aligned} \tag{8.9-8}
$$

这里我们将负的物双谱相位用符号 $\Phi(\vec{\nu}_1, \vec{\nu}_2)$ 来表示．它是一个可度量的量，用替代式 $\vec{\nu}_1 \to \vec{\nu}$ 和 $\vec{\nu}_2 \to \Delta\vec{\nu}$，可给出为

$$
\Phi(\vec{\nu}; \Delta\vec{\nu}) = \phi_o(\vec{\nu} + \Delta\vec{\nu}) - \phi_o(\vec{\nu}) - \phi_o(\Delta\vec{\nu}). \tag{8.9-9}
$$

重新整理此式，我们看到

$$
\phi_o(\vec{\nu} + \Delta\vec{\nu}) - \phi_o(\vec{\nu}) = \phi_o(\Delta\vec{\nu}) + \Phi(\vec{\nu}; \Delta\vec{\nu}), \tag{8.9-10}
$$

此式提供了一个递归方程，原则上可以从它得到相位分布[①]，正如我们即将要详细讨论的．

物谱在坐标网格中求出，格子的间隔是 $(\Delta\nu_U, \Delta\nu_V)$，物相位在原点的值 $\phi_o(0,0)$ 还是零．另外，如前所述，双谱对物重心的位置是不敏感的（即对物的绝对位置不敏感）．结果，我们可以将相位 $\phi_o(\pm\Delta\nu_U, 0)$ 和 $\phi_o(0, \pm\Delta\nu_V)$ 都设为零，这等同于对相位谱的线性倾斜从而得到物重心位置的假设．这五个零值给出了充分数目的起始点，可用来求出整个取样点阵列上的相位．例如，为求 $\phi_o(2\Delta\nu_U, 0)$，用 (8.9-10) 式和已假设为零值的 $\phi_o(\Delta\nu_U, 0)$ 来写出

$$
\phi_o(2\Delta\nu_U, 0) = \Phi(\Delta\nu_U, 0; \Delta\nu_U, 0), \tag{8.9-11}
$$

式中，右边是可度量的量．更一般地，在位置 $(N\Delta\nu_U, M\Delta\nu_V)$ 的物谱相位可以表示为

$$
\phi_o(N\Delta\nu_U, M\Delta\nu_V) \sum_{n=1}^{N-1} \Phi(n\Delta\nu_U, 0; \Delta\nu_U) + \sum_{m=1}^{M-1} \Phi(0, m\Delta\nu_V; 0, \Delta\nu_V). \tag{8.9-12}
$$

在实践中，人们可能喜欢采用在 (ν_U, ν_V) 平面上不同的路径，并将结果平均

---

① Roddier[178] 意识到这个用递归法求得谱的相位的方法是和用在射电天文学中的相位闭合原理紧密相关的（见文献［109］）．相位闭合原理在光学成像中的最早应用可以在参考文献［172］中找到．

以减小噪声．然而，相位包裹和可能存在的相位旋涡（在两条路径包围的面积内）使得求平均很难，文献［141］有已经研究过的其他更复杂精湛的方法．

　　噪声通常是获取高质量像的最重要的限制因素，要了解双谱技术的噪声局限的处理，请参考文献［181］和［5］．

8.10　自适应光学

　　无疑地，抵消由湍流引起的像质退化的手段是开发自适应光学，自适应光学已经广泛地应用于天文和军队的系统．它也已用于人眼视网膜的成像[129]和通过多膜光纤的成像[192]．在这个领域有很好的参考文献，包括 Hardy[95]、Roddier[179]和 Tyson[209]，也可以参见文献［181］的第五章．主动地补偿大气失真的最初想法由 Babcock[6]提出，那时的技术还不能实现此目标．

　　图 8.30 描述了一般的光学成像系统中自适应光学的基本理念．被成像光学系统聚集的光射向一个可变形的镜子，它通常置于主聚光镜的像平面上．光从可变形的镜子反射后其波前已被部分地补偿．将波前的一部分从像光束中分出来送到一个波前传感器，测出部分补偿过的波前的剩余像差．波前传感器将测得的值送入计算机，在计算机中算出所需要的进一步改进像质的可变形镜子的执行器（actuator）信号．这些计算的结果送到变形镜子上的执行器中，于是它又提供一个改进像差的补偿．被变形镜子补偿过的波前聚焦到像探测器上，测到了一个补偿后的图像，在紧跟着的内容中我们来简单讨论这些元件中的每一个．

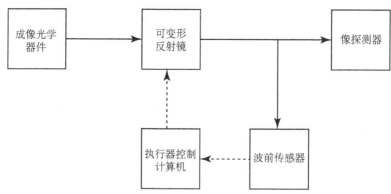

图 8.30　自适应光学的方块图
实线代表光程，虚线代表电子连接

　　在天文的应用中，图 8.30 中标为"成像光学器件"的方块内至少有两个光学元件，第一个是望远镜的主反射镜（可能包括第二个反射镜），第二个是一个场透镜，它将主反射镜成像到可变形镜子上．因此，离开可变形镜子的波前的相位分布含有入射到主反射镜上的相位分布和由变形镜子导入的补偿相位分布之间的差．这两种相位分布都随时间而变，但如果系统运行恰当，由大气导入的和可变形镜子导入的相位分布几乎完全而且持续地互相抵消．

离开可变形镜子的光接着在波前传感器上成像，其功能是进行测量使得执行器在控制计算机时考虑到离开可变形镜子的光的动态剩余相位像差，并且在适当的计算后，快速地调整变形镜子以致一直能将像差补偿维持好．

所用的最普通的波前传感器是剪切干涉仪和 Shack-Hartmann 传感器，在图 8.31 中描述．对于剪切干涉仪，入射到主反射镜上的波前被成像并分束为水平剪切臂和垂直臂．两个正交的剪切是由光栅导入的，它们在输出端生成光瞳的两个空间分开的像．这两个像逐点干涉，如果光栅移动了或者使用了转动光栅的一小部分，于是在（光栅）两个级之间有一个频移，在探测器陈列的每一点上都有一个拍频．从所有的探测器单元上测得拍频相位，就能在一阵列的取样点上测量两个剪切波前的相位差．如果剪切足够小，相位差可以推断波前 X 和 Y 的斜率，从它们可以算出探测器上的相位分布．要了解从测量相位差来重现相位的讨论，可参考文献 [64] 和 [103]．

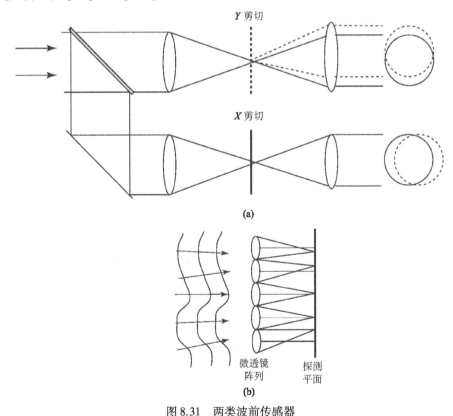

图 8.31　两类波前传感器

（a）剪切干涉仪；（b）Shark-Hartmann 传感器

对于 Shark-Hartmann 传感器，光瞳的像是落在微透镜阵列上的．一个给定的微透镜上的波前的斜率造成了被微透镜聚焦的点的空间位移，而从在探测器阵列上焦点的位移，推导出波前的局部斜率．从测得的一阵列的局部斜率，可以算出跨过光瞳的相位分布．参阅文献［151］和［196］以了解从波前斜率的度量来重现相位的讨论．

于是将从波前传感器的度量送到执行器控制的计算机，它将测得的波前斜率映射为施加于可变形镜子的执行器信号．这个过程必须实时完成，以致在从大气像差的变化到形成不同的相位分布所需的时间内能实现新的执行器设置．这些要求是解决控制问题所面临的挑战．

可变形镜子可以分为两类：分段的和连续的．分段式镜子有一阵列小反射镜元，它们可以独立地被控制．分段式镜子的镜元可能纠正光程误差，或者在某些情况纠正光程和倾斜两种误差．这类可变形镜子是比较容易控制的，因为执行器基元之间没有相互作用．连续可变形镜子有一个连续的反射镜膜，执行器在它的后面，在离散的点上推拉膜．这类镜子较难控制，因为一般地说，执行器的作用是耦合的，互不独立的．尽管如此，这两类可变形镜子都在实践中应用．

最后，像探测器通常是高分辨率的 CCD 或 CMOS 传感器阵列，其敏感度决定了能被成像的物的亮度极限．当自适应光学系统工作恰当时，探测器接收的是一个近似衍射受限的像．

有很多因素限制了这样一个系统的性能，使它不能完全补偿大气失真．首先，对一个较暗的物，不论在波前传感器的通道或是像的探测器上都存在噪声．第二，可变形镜子的执行器是有限的，因此不可能完全补偿波前的失真．第三，整个自适应光学系统在有限的时间响应，不可能即时响应大气形变的起伏．最后，还有一个课题值得讨论，即当对一个延展的物成像时，对我们有利的做法是：让波前传感器接收并处理靠近延展物的一个点源的信息，如果该点源靠关注的延展物还不是很近，来自点源的光经受的大气失真可能和来自延展物的光所经受的稍微不同，换言之，大气失真不可能完全等晕，而缺乏等晕会导致波前补偿的误差．

波前传感器用延展源的光时或许性能欠佳，其原因和空间相干性有关．一个延展源在波前传感器上的横向相干面积是有限的．在剪切干涉仪的情况，如果相干宽度小于剪切量，就不会形成干涉条纹．在 Shack-Hartmann 传感器的情况，延展物通过微透镜投到传感器阵列上的像的分辨率很低，使得波前斜率很难决定．不太幸运的是，在天文上很难找到一颗星和所关注的延展物很近使得等晕成立，于是人们不得不采用人工的"向导星"，产生它的最普通的办法是将波长589.2nm 的激光往上照，激励在大气层中（海拔 90km）的钠原子，于是它们的行为像一颗辐射同样波长的光的人造星．向导星可以在所关注的延展物足够近的角度生成，所以等晕成立．

　　自适应光学包括可变形镜子的构成、波前估值和控制算法，它十分丰富复杂，因为太宽泛所以很难在此深入讨论，请读者参考本节开始所指引的文献来进一步学习这个课题．

8.11　理论结果的普遍性

　　上面推出和表述的绝大多数理论是借助于 Rytov 近似得出的，因为已知 Rytov 解只限于弱涨落的情况，人们自然要问它们的普遍性如何．

　　在文献中，关于 Rytov 解的适用范围有大量的辩论，辩论主要基于得到 Rytov 解时那些被忽略的项的大小（例如，参看文献［46］、［30］）．这种判据得出的结论是，Rytov 解成为精确解的情况很有限．一般说来，只有当对数振幅方差小于大约 0.5 时，弱涨落理论的假设才成立．对于湍流的 Kolmogorov 谱，这个判据变为（文献［107］，第二卷，p. 445）

$$\sigma_{\ln I}^2 = 1.23 C_n^2 \, \bar{k}^{7/6} z^{11/6} < 0.3. \tag{8.11-1}$$

在违反这个条件时，就说传播是在强涨落机制下发生的．然而，有一些实验结果（文献［88］，［91］）指出，在人们可能会以为 Rytov 理论基本是错误的一些场合，至少这个理论的某些预言仍然是正确的．

　　自从实验揭示了长光程传播过程中能观察到一种饱和现象[87]之后，对这个难题的理解逐渐加深了．人们发现，当光在强湍流路程中传播时，对数强度方差先是按 Rytov 理论的预测而增大，但当传播距离足够大时，最终在一定值达到饱和，而且随着程长再增大保持饱和．发现强度方差和均方强度之比达到饱和时的值为 1，让我们联想到散斑指数概率密度的性质．

　　人们已提出许多理论方法来讨论强湍流机制中的传播，这些方法包括"作图法"[23]，积分方程法[31]，广义的 Huygens-Fresnel 原理[133]和矩方程方法[97]．这些不同方法在 Strohbehn 的评论文章[200]中都总结了．

　　这些不同的理论结果得出一个引人注目的重要结论：所有的方法在求一个传播的波的互相关函数问题上的预言有完全相同的结果，即我们从 Rytov 近似得到的结果．因此，我们关于在地球大气中工作的成像系统的 OTF 的预言，在弱涨落和强涨落两种情形中都可以放心地使用．

　　在计算高阶相干函数时，强涨落理论和弱涨落理论的预言的确有明显的不同．特别要注意计算强度涨落的方差需要波振幅的四阶矩，而且为了解释上面说过的饱和现象，需要用强涨落理论．此外，还应注意到，在星体散斑干涉计量术中很重要的均方 MTF、交叉谱和双谱也涉及四阶矩，而且那里所述的解的成立范围还未很好地确定．然而，只要相位涨落的数量级为 2π 或更大，8.7.2 节中导出近似解的推理看来仍将成立；因此，在强涨落范畴内对中频区的预测维持成立.

最近几年，发现实验测得的强度闪烁和一个统计模型的数据很吻合，在这个领域称该模型为"gamma-gamma"概率密度函数，它等同于一个叫做"K-分布"的一般形式

$$p(I) = \frac{2(MN)^{(M+N)/2}}{\bar{I}\Gamma(M)\Gamma(N)}\left(\frac{I}{\bar{I}}\right)^{(M+N-2)/2} K_{|N-M|}\left(2\sqrt{NM\frac{I}{\bar{I}}}\right), \qquad (8.11\text{-}2)$$

当 $I \geqslant 0$ 时成立，式中 I 是强度，$\bar{I}$ 是平均强度，$K_P(x)$ 是第 P 级第二类修正的 Bessel 函数，而 M 和 N 是两个选择来达到最佳数据拟合的参数. 当一个积分的散斑图案的平均强度是有 gamma 统计的随机变量时也会产生这样的概率密度.

要了解有关强涨落的更详尽的分析，请看参考文献 [3] 的第 9 章.

8.12 激光照明的物通过有湍流的大气成像

对于激光照明的物体通过有湍流的大气后成像，过去已经有人做了大量的工作，主要的动机是要在地面上拍摄地球大气以上的卫星轨道的图像. 图 8.32 表示有关工作的光路：一个脉冲激光器发出空间相干光，照射在遥远的轨道上运行的太空物体上，一些光被物体的粗糙表面散射，另一部分光被地面上的接收器捕获. 接收器由一阵列的探测器组成，记录了入射到阵列上的散斑图案. 大气处于发射器/接收器和卫星之间，目的是得到一个卫星的衍射受限的图像，它与大气引入的失真无关. 在这很短的一节中，我们对处理这个问题的多种方法按照历史顺序作个总结，要对此有更详尽的回顾，请阅文献 [215].

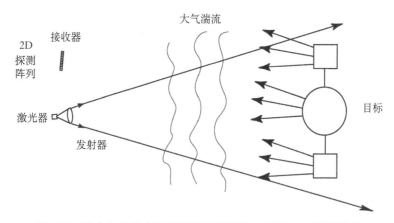

图 8.32　被大气湍流分隔开的激光照明源、卫星和 2D 探测阵列

第一种方法是用原向反射镜向反射产生参考波的全息术. 该方法[85]基于下述观察，即如果一个被相干光照明的物离一个互相干的参考点很近以致它俩经历

同样的大气相位失真，但因为它们的间隔又足够大，所以所成的一对像又能分得开，在接收器处可以记录没有失真的物的全息图，从这幅全息图，原则上就可以得到物的衍射受限的像. 这个想法和同程相干术有密切关系，而且在呈现大气湍流时，在经过水平路程时试验过[67,86]. 可惜的是，用这种方法能否成功成像取决于能否由镜向反射产生位置合适（且尺寸很小）的原向反射参考点，因此，在大多数情况下，不能期望它会成功.

下一个重要的进展是于 20 世纪 70 年代中期，由 Elbaum 和他的同事[51]在 Riverside Research Institute 开发的技术，称为"激光相关术". 该技术基于如下事实，即一个观察到的散斑的平均空间功率谱密度的形状和产生这个散斑的物的亮度分布的自相关函数一样（见 7.7.3 节）. 注意：只是平均功率谱密度有物亮度的自相关函数的形状，由脉冲激光器产生的单一曝光所获得的功率谱密度本身有服从散斑统计的涨落. 如果对一个宏观的稳定物（如地球同步卫星）多次曝光并求其平均，可以得到比较精确的自相关函数. 得到的自相关函数还可以和大气造成的扰动无关，只要延展的物足够小以致物上所有的点都经历几乎同样的大气失真. 该现象依旧和同程干涉术有关系，因为当物上的每一个点和物上的每一个其他的点相干，产生许多个无失真的条纹图案，将它们相加就形成自相关函数. 从物亮度的自相关可以求得某些空间参数，诸如卫星的臂伸展的长度，但还不能得到物的像，除非研究工作再进一步，下面，我们来了解 Riverside 研究组没有做的这一步研究.

我们继续按历史顺序进行. 20 世纪 80 年代早期，Itek 公司的一些个别人开发一种有活力的技术，按照参考文献［215］的术语，我们称它为"剪切束成像". 这个技术背后的概念是不使用一束而是用三束方向各异的相干光照到所关注的物体上，每一束照明光相对其他两光束都有频率移动，因此有三个不同的时间频率入射到物上. 携带着约 50% 功率的那束光可认为是参考光，另外两束光各具有 25% 的功率，它们分别在两个正交的方向偏离参考光一个小角. 如果我们称这两个方向为 x 和 y，那么一束光的角偏离是 $\Delta\theta_X$，另一束是 $\Delta\theta_Y$. 每束入射到物的光在地上产生一个散斑图案，角偏移的主要影响是将散斑图案在相应的方向偏移一点，而不会从其他方面对图案造成明显的改变. 这三束有频移的光在探测器阵列上相干涉，产生三个不同的拍频，在探测阵列的每一个点上，每个拍频有一个时间相移，这就是产生拍频的两个散斑图案之间的相位差. 我们感兴趣的是三个拍频中的两个，即参考波分别和每个角偏移波之间的拍. 如果光束的角偏移所引起的散斑图案的偏移尺寸不大于单个散斑尺寸的一小部分，那么从测量拍信号的振幅和相位着手，就可以求出到达的"参考"散斑的振幅和相位差的信息. 从测得的相位差，就可以重现相位分布. 实际上，这种技术和剪切干涉仪相似，只是剪切是由发射光束导入的. 一旦得到了参考散斑的振幅和相位，通过对此信息的

2D Fourier 变换，求其模的平方，就可求得物反射的光的强度．要了解更详细的讨论，请参考文献［215］和［104］．

在 20 世纪 80 年代中后期，以 Idell 和 Fienup[105,106,59]为主，进行了一种叫做"成像相关术"的技术的研究．这种技术是激光相关术和相位恢复技术的组合．如同激光相关术，该技术用了如下事实：入射到 2D 探测阵列的散斑图案有一个平均功率谱（从一系列有独立的散斑图案的像中获得），它就是物亮度分布的自相关函数，从它可以得到物亮度的 Fourier 变换的模．相位恢复技术（见 7.6.7节）可用来复原和 Fourier 变换的模关联的相位，这样就可重现复数谱，再作Fourier 逆变换，重现物的亮度分布．尽管用了相干光照明，所获得的像含极少散斑的强度分布．（重现的像中）仍然有残余的涨落，因为用了有限数目的散斑图案．这种涨落是 6.3.3 节中描写的"自噪声"的一种空间模拟，可以通过平均像的几个实现来进一步压制它．

最后一种技术，名字为"Fourier 望远镜"但却和另一种技术有关，由Holmes 等[100]于 1996 年详尽地描述过，也和 Aleksoff[2]、Ustinov 及他的同事[210]早期的工作有关．这种技术用了一阵列的激光源，如果有两个频率稍有差别的（否则是互相干的）激光光源照射到物上，它们构成了条纹，条纹周期和这两个源在地上的间隔、物的距离及波长有关．返回光的测量只发生在当频率响应足以让最高的拍频通过的单个探测器上．从所得到的拍信号，可以求得物亮度分布的一个特定的 Fourier 分量的复可见度．为了效率起见，典型的情况下，不用多余的光源阵列．可测量的最高空间频率是由所用的光发射器的最大空间间隔所决定的，因此也决定了投射到物上的最高频率的条纹．相位闭合技术用来减小大气湍流的影响．

我们结束对于能极大地防止大气湍流影响且有活力的成像技术的简要回顾，有许多课题还没有在此讨论，最重要的是每一种技术可以达到的信噪比．读者可参考文献［215］来了解这方面信息的总结．

习　　题

8-1　考虑一个置于图 8.1 的光路的随机屏，但其振幅透过率 $\mathbf{t}_s(x,y;\xi,\eta)$ 与所考虑的物点 (ξ,η) 有关．假定统计自相关函数
$$\Gamma(\Delta x,\Delta y)=\overline{\mathbf{t}_s(x,y;\xi,\eta)\mathbf{t}_s^*(x-\Delta x,y-\Delta y;\xi,\eta)}$$
与 (ξ,η) 无关，求系统的平均 OTF．

8-2　一个振幅透射率为 $\mathbf{t}_s(x,y)$ 的随机屏用平面波垂直照明，屏的振幅透过率（设为空间平稳）的空间自相关函数是 $\Gamma(\Delta x,\Delta y)$．设屏所受照明为单位振幅准色照明，忽略屏的有限大小，再假定所有的场分量都不会逐渐消失．

证明在屏的后面垂直距离 z_2 处场的自相关函数也是 $\Gamma(\Delta x,\Delta y)$.

提示：用如下事实，即对于不逐渐消失的场，在自由空间中传播的场的空间传递函数为（文献［80］，p.72）

$$\mathcal{H}(\nu_X,\nu_Y) = \exp\left[j2\pi\frac{z}{\lambda}\sqrt{1-(\overline{\lambda}\nu_X)^2-(\overline{\lambda}\nu_Y)^2}\right]$$

8-3 某块随屏机，纯粹吸收（t_s 是实的，且 $0\leqslant t_s\leqslant1$），将振幅透过率写为

$$t_s(x,y) = t_0 + r(x,y)$$

其中，t_0 是偏置透过率，$r(x,y)$ 是空间平稳、零均值、方差为 σ_r^2 的实值随机过程.

（a）证明：这样一个屏的平均 OTF 可以表示为

$$\overline{\mathcal{H}}_S(\nu_U,\nu_V) = \frac{t_0^2}{t_0^2+\sigma_r^2} + \frac{\sigma_r^2}{t_0^2+\sigma_r^2}\gamma_r(\overline{\lambda}f\nu_U,\overline{\lambda}f\nu_V),$$

其中，γ_r 是屏的振幅透过率随机部分的归一化的自相关函数

（b）从以上结果可见空间频率响应在高空间频率趋于一个渐近值 $t_0^2/(t_0^2+\sigma_r^2)$. 证明：对任意一个随机吸收屏，渐近值的最小值为 t_0，原因是振幅透过率介于 0 和 1 之间.

8-4 某随机吸收屏有"黑白棋盘"的形式，如图 8-4p 所示. 假定屏有无限的宽度，图中只显示了其中一部分. 这个屏有两个随机源，一个和给定的小格子完全透明（概率 p）或完全不透明（概率 $1-p$）有关，假定在不同的小格子中的值是统计独立且相同分布的. 第二个随机源是屏的原点对光轴的随机性，在单个大小为 $\ell\times\ell$ 的小格子内是均匀分布.

图 8-4p 随机棋盘格子吸收屏

（a）证明屏的平均透过率是 $\overline{t}_s=t_0=p$，而屏的透过率的方差是 $\sigma_r^2=p(1-p)$.

（b）证明有这种屏的光学系统的平均传递函数可表示为

$$\overline{\mathcal{H}}(\nu_U,\nu_V) = p\mathcal{H}_0(\nu_U,\nu_V) + (1-p)\mathcal{H}_0(\nu_U,\nu_V)\Lambda\left(\frac{\overline{\lambda}f\nu_U}{\ell}\right)\Lambda\left(\frac{\overline{\lambda}f\nu_V}{\ell}\right),$$

其中，当 $|x| \leqslant 1$ 时，$\Lambda(x) = 1 - |x|$，否则为零；$\mathcal{H}_0$ 是没有屏时光学系统的 OTF.

8-5　一个随机屏具有如图 8-4p 所示的棋盘结构，但在每个格子里有随机相位（在 $(-\pi, \pi)$ 内均匀分布），没有吸收. 不同格子的相位是统计独立的.

(a) 在光瞳处有这种屏的成像系统的平均 OTF 是什么？略去没有屏时的光学系统的 OTF.

(b) 屏的平均点扩散函数是什么？再一次不考虑内置屏的光瞳是有限延展的.

8-6　证明：对于一块平稳的 Gauss 相位屏，若相位有一个圆对称的 Gauss 函数形状的自相关函数（见 (8.2-16) 式），则在大相位方差的极限处，平均 OTF 落到 $1/e$ 时的频率由下式给出：

$$\nu_{1/e} \approx \frac{W}{\lambda f \sigma_\phi}.$$

8-7　考虑一个 Gauss 随机相位屏，相位斜率 ϕ_X 和 ϕ_Y 有大而且不同的方差，在它们之间还有一个非零的协方差 ρ.

(a) 在这个情况下，ϕ_X 和 ϕ_Y 的协方差矩阵是什么？

(b) ϕ_X 和 ϕ_Y 的联合特征函数是什么？

(c) 求这种情况下平均 OTF 的表达式.

(d) 求这种情况下的平均 PSF.

8-8　两个单色、等强度的点光源在一个平面 P_1 内相隔一个距离 s，在与平面垂直的方向与平面相距 z_1 处有一个薄的、统计均匀的 Gauss 相位屏，其相位方差为 σ_f^2，归一化自相关函数为 γ_ϕ. 屏的结构随时间变化，但是其统计是遍历的. 在屏之后的距离 z_2 上放一个观察屏幕，在其上可以看到条纹，假设以下条件成立，求观察屏幕上的长时间平均条纹的可见度.

(a) 球面波可以用其近轴近似表示.

(b) 光线通过屏后延迟，但是并没有明显的弯曲，并且衍射效应可以忽略.

(c) 可以忽略屏的有限大小.

(d) 时间相干性效应不能忽略.

把观察到的条纹可见度表示成全部有关参量的函数. 注：你是在考察通过一个随时间变化的失真介质记录全息图的可能性.

8-9　考虑一个随机相位屏，它的相位由下式给出：

$$\phi(x,y) = \phi_0 \cos\left(2\pi \frac{x}{L} + \theta\right),$$

式中 θ 是一个随机变量，可以假定它的值在 $(-\pi, \pi)$ 是等概率的，求有这个屏的系统的平均 OTF.

8-10　一个有像差的非相干成像系统的 Strehl 比定义为有像差系统强度的点扩散函数的峰值和无像差系统的同样的峰值之比. 当像差是随机时，分子应该用的是平均 PSF 的峰值. 求在光瞳内放置了平稳的 Gauss 随机相位屏的光学系统的 Strehl 比的近似表达式,假定 PSF 中的散射晕与衍射极限的"核"相比十分弱.

8-11 相干和非相干成像系统之间的根本区别可通过两者对像强度的 Fourier 变换的相应的表达式来概括. 在这两种情况中,像强度的 Fourier 谱 $\mathcal{I}_i$ 可以写为(只差常数)

$$\mathcal{I}_i = \begin{cases} (\mathbf{P} \star \mathbf{P}^*)(\mathcal{T}_o \star \mathcal{T}_o^*) & \text{非相干情况} \\ \mathbf{P}\mathcal{T}_o \star \mathbf{P}^* \mathcal{T}_o^* & \text{相干情况,} \end{cases}$$

其中★表示复自相关运算,$\mathbf{P}$ 代表复光瞳函数,$\mathcal{T}_o$ 表示物振幅透过率的 Fourier 变换,在自相关运算中函数 $\mathbf{P}$ 的间隔为 $(\bar{\lambda}z_i\nu_U, \bar{\lambda}z_i\nu_V)$,而函数 $\mathcal{T}_o$ 的这种间隔为 (ν_U, ν_V). 在以上的情况下,我们来考虑非相干和相干光这两种成像系统的光瞳中都嵌入了统计均匀的、有同样的振幅透过率 $\mathbf{t}_s(x,y)$ 的随机相位屏. 求下述情况中像强度的平均 Fourier 谱 $\overline{\mathcal{I}_i}$ 的表达式:(a)非相干,(b)相干;两者都有随机屏,用在没有屏时对 $\mathbf{t}_s$ 和谱 $\mathcal{I}_i$ 统计性质的恰当描述来表示结果. 推测在部分相干的情况下相应的结果.

8-12 证明波方程(8.4-10)通过(8.4-17)式转换为 Riccati 方程(8.4-20).

8-13 一个强度为 $I = I_0\exp(2\chi)$ 的平面波在传播通过湍动大气后,其平均值为 $\bar{I}$,标准偏差为 σ_I. 假定在传播过程中没有能量损失,求 $\sigma_I/\bar{I}$,用 σ_χ^2 来表示;若 σ_χ^2 的范围是从 0 到 ∞,那么 $\sigma_I/\bar{I}$ 可能的范围是什么?

8-14 用一台天文望远镜进行的一组实验测量表明:在典型的条件下对准天顶的长曝光 OTF 值在 80 周/毫弧度的角频率上降到 $1/e$. 这组测量是用平均波长为 0.550nm 的光进行的.

(a)求穿过大气向上看时的 $\int_0^\infty C_n^2(\xi)\mathrm{d}\xi$ 的值.

(b)想象大气是一种均匀湍动介质,其 $C_n^2 = 10^{-15}\mathrm{m}^{-2/3}$,与高度无关,大气的有效厚度是多少?

8-15 考虑统计均匀的折射率涨落 $n_1(\boldsymbol{r})$.

(a)证明:在一个 z 固定的平面上,n_1 的二维功率谱密度 F_n 和三维功率谱密度通过下式相联系

$$F_n(\vec{\kappa}_t; z) = \int_{-\infty}^\infty \Phi_n(\vec{\kappa}; z)\mathrm{d}\kappa_Z,$$

其中,$\vec{\kappa}_t = (\kappa_X, \kappa_Y)$,$\vec{\kappa} = (\kappa_X, \kappa_Y, \kappa_Z)$.

(b)证明:在间隔为 Δz 的两个横截面处的涨落的二维交叉谱密度 $\tilde{F}_n(\vec{\kappa}_t; \Delta z)$ 和 n_1 的三维功率谱密度 $\Phi_n(\vec{\kappa})$ 通过下式相联系

$$\tilde{F}_n(\vec{\kappa}_t; \Delta z) = \int_{-\infty}^\infty \Phi_n(\vec{\kappa})\cos(\kappa_Z\Delta z)\mathrm{d}\kappa_Z$$

其中$\vec{\kappa}_t = (\kappa_X, \kappa_Y)$，$\vec{\kappa} = (\kappa_X, \kappa_Y, \kappa_Z)$.

8-16　假定大气折射率的谱的形式如下：

$$\Phi_n(\kappa) = 0.033 C_n^2 \kappa^{-12/3},$$

指数项为12/3 =4，不是11/3.（注意：在这种情况下 C_n^2 的量纲必然是 m^{-1}.）

（a）在这种情况下，折射率结构函数的形式是什么？

（b）假定一个平面波入射到大气中在近场传播，这种情况下相位结构函数的形式是什么？

8-17　证明一个像 $I(\vec{u})$ 的双谱与像的移动无关.

8-18　求把 S 和χ 的二维交叉谱密度同大气折射率涨落的三维谱密度 Φ_n 联系起来的滤波函数.

8-19　本题的目的是对 Born 近似和 Rytov 近似之间的关系有所认识.

（a）证明：对于平面波传播的情况，Born 近似所得到的对相加的场微扰 U_1 的表示式，以及 Rytov 近似所得到的对相乘场微扰的复指数 ψ_1 给出的表示式，除了相差一个恒定的乘数之外完全相同.

（b）在以上所见的基础上，求把 U_1 的和 U_0 同相位及相位差 90° 的两个分量的二维功率谱密度同折射率涨落的三维功率谱密度 Φ_n 联系起来的滤波器函数.

（c）文献中常常断言，Born 近似预言总场的振幅 $|U_0 + U_1|$ 服从 Rice 统计，评估这一断言的正确性.

8-20　地面上有一台望远镜对一颗远程的星成像. 假定一个自适应光学系统去除了全部大气引入的到达望远镜的随机相位微扰，只是没有去除横跨望远镜收集孔径的波前的一点儿随机倾斜（这是根本去不掉的）. 假定波前的 x 和 y 斜率服从零均值的 Gauss 统计，都有零平均值和同样的方差，而且它们彼此是独立的. 假定不存在对数振幅涨落.

（a）求在这种情况下的相位结构函数的形式.

（b）除了那个倾斜之外，在对所有的波前失真作了补偿之后，光的波结构函数会是怎样的？

（c）在这种情况下，什么是长曝光 OTF 和期望的短曝光 OTF 的形式？

8-21　用可变镜子的自适应光学系统可完全去除从远方的星到达地上的望远镜的波前的相位误差. 大气处于我们叫做"远场"的条件成立的状态，意味着望远镜已大大超过了有许多个湍流旋涡大小的远场距离. 结果，强度涨落不可忽略. 假定：长时间平均测量，统计均匀且各向同性的湍流，大气相干直径 r_0，平均波长 $\bar{\lambda}$. 问光学传递函数的大气部分的 1/e 角空间频率 $\Omega_{1/e}$（在空中每弧度的周数）是什么？求该频率和当自适应光学系统关闭（不产生对波前的补偿）后，OTF 的大气部分相应的 1/e 频率的比.

第九章　光的光电探测的基本限制

　　光和物质的相互作用本质上是以一种无规或随机的方式进行的，因此，光的任何一种测量都将伴随着某些不可避免的涨落．产生这样的涨落可能有多种不同的缘由，但最基本的要归之于量子效应．这就是说，光只能以小的离散的能量"包"或光量子的形式被吸收[50].本章的目标是为这种涨落建立一个统计模型，并且探讨与此有关的从光波提取信息所受的限制．

　　理解这些现象的最根本的办法是应用量子电动力学（QED）的理论，电磁场要量子化，并且要联系探测问题来探讨量子力学基本假设的含义．这种方法是最根本的，但也是比较难的，因为它要求人们具有较深的量子力学的数学知识，而几乎不依靠物理直观．

　　由于严格方法遇到障碍，本章选用了另一套体系，我们将讨论所谓光电探测的半经典理论．这种方法的好处是，所需的数学基础比较简单，并可大量运用物理直观．探测的半经典方法在绝大多数涉及光电效应的光学问题中产生了精确的结果．然而读者需要知道，有些问题只涉及一个或几个光子，对这类问题应用经典电磁波理论以及半经典探测理论不可能得到正确的结果．但是，出现这种矛盾一般是由于忽略了经典电磁场的量子化，而不是因为半经典光子计数理论有某种缺陷．这种情况在实践中很少发生．

　　关于探测的半经典理论，有许多一般性的优秀参考文献，读者可以参阅以得到更详尽的讨论或在某些场合对问题的不同解释，例如，见文献［135］、［186］和［139］.要了解半经典方法和 QED 方法各自长处的讨论，请参看文献［137］.那些对严格的 QED 方法特别有兴趣的读者应参阅文献［73］或［139］.

9.1　光电探测的半经典模型

　　半经典方法提供了一个物理味道很浓的手段来描述光与物质的相互作用．这套理论的显著特征是，电磁场只要在与其所射入的光敏物质的原子相互作用之前，就用完全经典的方式处理，因此不必对电磁场量子化，只有经典场与物质的相互作用才作量子化处理．

　　当电磁场入射到一个光敏表面，或者它们穿过一个反向偏置的半导体 p-n 结时，可以发生一组复杂的事件[①]，这个过程中的主要步骤如下：

　　(1) 吸收一个光能量量子（即光子），并且这个能量被转交给一个来自光电阴极的电子，或者在 p-n 结的情况下，转交给在耗尽区的电子-空穴对；

　　(2) 在电场影响下的受激载流子，被输运到金属表面（在光电阴极的情况下），或者跨过反向偏置的 p-n 结（在半导体探测器的情况下）．

我们将从光电阴极释放出这样一个电子，或者在跨过 p-n 结的两个相反方向输运电子和空穴，称为一个光电事件，在一个给定时间间隔内发生这种事件的次数 K 称为光电计数数目．

　　当光入射到光电阴极或一个 p-n 结上时，一个单位入射能量 $h\bar{\nu}$ 生成一个光电事件的概率是 η，不生成光电事件的概率是 $1-\eta$，其中 h 叫做量子效率．这里 h 代表 Plank 常量（$6.626069\times 10^{-34}\,\mathrm{J\cdot s}$），$\bar{\nu}$ 是光的中心频率，假定是窄带宽．因此，入射的经典电磁能量随机并独立地转换为光电事件，以致当能量或在时间 T 内光强度为常数 I_0 的积分的强度 $W=Nh\bar{\nu}=I_0 AT$ 通过表面 A 时，发现 K 个光电事件的概率是由 Poisson 分布给出的[②]：

$$P(K)=\frac{(\alpha W)^K}{K!}\exp(-\alpha W),\qquad(9.1\text{-}1)$$

其中常数 α 由下式给出：

$$\alpha=\frac{\eta}{h\bar{\nu}}.\qquad(9.1\text{-}2)$$

在更一般的强度 $I(x,y;t)$ 是已知的空变和时变的情况下，能量 W 由下式给出：

$$W=\iint\limits_{A}\int_t^{t+T}I(x,y;\xi)\,\mathrm{d}\xi\mathrm{d}x\mathrm{d}y,\qquad(9.1\text{-}3)$$

式中 A 代表投影到光到达的方向的探测器的面积，T 代表积分时间，在已知入射能量 W 的情况下，平均光电事件数由下式给出：

$$\bar{K}=\alpha W=\frac{\eta W}{h\bar{\nu}}.\qquad(9.1\text{-}4)$$

　　至此，对半经典理论的初步介绍已经完成．然而这个讨论隐含了一个重要假设，即强度的空-时变化是完全确定性的，或等价地说是预先知道的．现在我们要转而注意更现实的情况，它们涉及入射强度的随机涨落．

___

　　① 反向偏置的 p-n 结是最简单的半导体探测器．然而，为了加宽 p-n 结中电子和空穴生成并输运到外部电路的区域，常常要用 p-i-n 探测器．这种探测器在 p 区和 n 区之间有一层本征半导体，它有效地加宽了能产生有用载流子的区域．在入射极其微弱时，可能要用雪崩光电二极管．这种探测器用了一个高反向偏置电压场来加速生成的载流子以造成碰撞电离，其结果是吸收一个光子就能引发一连串载流子．见参考文献［187］的 18.3 节了解更多细节．

　　② 我们假设探测过程满足 3.7.2 节的全部基本假定．

9.2　经典光强的随机涨落的效应

我们已经看到，当强度在时间和空间上有确定性变化的光入射到光电探测器上时，光电计数的涨落服从 Poisson 统计. 然而在多数有实际意义的问题中，入射到光电探测器上的光波具有随机属性，也就是说，不可能精确地预言光波有怎样的涨落. 如我们将要看到的，经典强度的任何随机涨落都能影响观察到的光电事件的统计性质. 由于这个原因，必须将 (9.1-1) 式中的 Poisson 分布看作条件概率分布，它以能量 W 的确切值的知识为条件.

实际上，光电事件的无条件概率分布才是我们感兴趣的. 为了得到这个分布，必须对 (9.1-1) 式中的条件统计对积分强度的统计进行平均. 把 (9.1-1) 式的 Poisson 分布写成 $P(K \mid W)$ 有助于明显地表示出它是一个条件分布. 这里如同常规，竖线表示分布是以竖线后面的量的知识为条件. 观察到 K 个光电事件的无条件概率现在可以表示为

$$P(K) = \int_0^\infty P(K \mid W) p_W(W) \mathrm{d}W = \int_0^\infty \frac{(\alpha W)^K}{K!} \mathrm{e}^{-\alpha W} p_W(W) \mathrm{d}W, \quad (9.2\text{-}1)$$

式中 $p_W(W)$ 是积分强度的概率密度函数. 这个式子是今后对光电事件统计进行的一切计算的基础. 它叫做 Mandel 公式 (以首先导出它的人[134]的名字命名) 通常也称这个公式所定义的函数 $P(K)$ 为概率密度 $p_W(W)$ 的 Poisson 变换.

从 (9.2-1) 式明显看出，尽管光电事件具有条件 Poisson 分布的本性，但是经典强度自己有随机涨落时，光电事件的统计一般并不是 Poisson 统计. 实际上，我们看到，光电计数涨落是由两种因素合成的结果，一是光与物质相互作用有根本上的不确定性，二是入射到探测器上光的经典涨落. 因此光电事件构成一个双重随机过程 (见 3.7.5 节).

在转而对一些特殊情况计算光电事件的统计之前，叙述一些从 Mandel 公式直接推出的普遍关系是值得的. 特别是，我们要计算分布 $P(K)$ 的 n 阶阶乘矩，有

$$\overline{K(K-1)\cdots(K-n+1)} = \sum_{K=0}^\infty K(K-1)\cdots(K-n+1)P(K)$$

$$= \sum_{K=0}^\infty K(K-1)\cdots(K-n+1) \quad (9.2\text{-}2)$$

$$\times \int_0^\infty \frac{(\alpha W)^K}{K!} \mathrm{e}^{-\alpha W} p_W(W) \mathrm{d}W.$$

交换求和和积分的次序，我们现在可以辨认出其中的和是平均值为 αW 的 Poisson 随机变量的 n 阶阶乘矩. 根据 (3.7-3) 式，这个和的值就是 $(\alpha W)^n$. 因此对问题中的无条件矩求值之结果为

$$\overline{K(K-1)\cdots(K-n+1)} = \int_0^\infty (\alpha W)^n p_W(W)\,\mathrm{d}W = \alpha^n \overline{W^n}. \qquad (9.2\text{-}3)$$

从这个结果容易求出平均值 $\overline{K}$ 和方差 σ_K^2 为

$$\overline{K} = \alpha \overline{W}, \qquad \sigma_K^2 = \overline{K} + \alpha^2 \sigma_W^2. \qquad (9.2\text{-}4)$$

特别注意，K 的方差 σ_K^2 由不同的两项组成，每一项都有其物理解释．第一项正比于测量过程中的入射总能量，它可以解释为代表由光与物质的随机相互作用而引起的纯 Poisson 噪声效应．第二项由于和入射强度涨落的方差成正比，因此，它是在不存在任何同光与物质相互作用有关的噪声时从经典角度预期的结果．

在习题 9-1 中请读者考虑光电计数的特征函数和积分强度的特征函数之间的关系．

9.2.1 十分稳定的单模激光器的光电计数统计

考虑一个在远高于阈值下工作的单模连续波（CW）激光器，它所发射的光的强度本质上都不随空间和时间变化．从这个光源发出的光落到一个面积为 A 的光电探测器上，我们要决定在任意 T 秒间隔内观察到的光电事件次数的统计分布．入射到光电探测器上的强度用 I_0 表示．在这种简单情况下，积分强度或能量由下式给出：

$$W = I_0 AT, \qquad (9.2\text{-}5)$$

结果积分强度的概率密度函数取如下形式：

$$p_W(W) = \delta(W - I_0 AT). \qquad (9.2\text{-}6)$$

将此式代入 Mandel 公式，积分很容易算出，得到如下结果：

$$P(K) = \int_0^\infty \frac{(\alpha W)^K}{K!} \mathrm{e}^{-\alpha W} \delta(W - I_0 AT)\,\mathrm{d}W = \frac{(\alpha I_0 AT)^K}{K!} \mathrm{e}^{-\alpha I_0 AT}. \qquad (9.2\text{-}7)$$

最后注意光电事件的平均数是 $\overline{K} = \alpha I_0 AT$，我们可以等价地写出得到 K 个光电事件的概率

$$P(K) = \frac{(\overline{K})^K}{K!} \mathrm{e}^{-\overline{K}}. \qquad (9.2\text{-}8)$$

虽然前面警告过光电事件的统计一般并不是 Poisson 统计，我们却已发现一个确实是 Poisson 统计的情况．但这并不奇怪，因为这里所考察的特例中已经假设了一个绝对没有强度的经典涨落的情况．因此，光电计数中没有超越基本的 Poisson 统计（由于光与物质相互作用）的"额外涨落"．

作为提醒，请大家回顾 Poisson 分布的阶乘矩为（见（3.7-3）式）

$$\overline{K(K-1)\cdots(K-n+1)} = \overline{K}^n. \qquad (9.2\text{-}9)$$

相似地，方差可以通过平均值表示为

$$\sigma_K^2 = \overline{K}. \qquad (9.2\text{-}10)$$

值得注意的是，这个分布的信噪比（其定义为平均值和标准偏差的比率）由下式给出：

$$\frac{S}{N} = \frac{\bar{K}}{\sigma_K} = \sqrt{\bar{K}}.\tag{9.2-11}$$

我们可以看到，它随着光电计数的平均次数的平方根而增大.

光从单模稳幅激光器发出的这个模型显然是理想化的. 然而，如果进行足够小心的处理，这个理想化模型在实践中几乎是可以达到的，理解这种极限情况下计数涨落的特征是很重要的. 图 9.1 示出了计数统计是 Poisson 统计，当 $\bar{K}=5$、10 和 20 时，不同 K 值的概率.

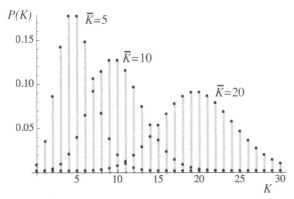

图 9.1　$\bar{K}=5$、10 和 20 时与 Poisson 分布相联系的概率

9.2.2　偏振热光的光电计数统计

现在我们考虑热辐射的情况以及与此关联的光电计数分布. 我们暂且只考虑从解析的观点来看最简单的情况，即全偏振光以及计数间隔比光的相干时间小得多的情况. 后面我们将去除这些限制.

计数间隔比相干事件短很多　考虑一个线偏振光波入射到光电探测器上，光电事件的计数时间间隔比光的相干时间短. 实际上，对于真正的热光，要达到这么短的计数时间是困难的，因为在波长 500nm 上 1nm 带宽的光，将要求一个比 1ps（10^{-12}s）还要小得多的计数时间，然而，用赝热光（如可以通过激光照射在一个转动的漫射体产生），这个条件是容易实现的.

对于这么短的计数时间，入射强度 $I(t)$ 的值在整个计数间隔内近似是常数. 因此，积分强度等于强度、计数时间和探测器面积的乘积

$$W = I(t)AT.\tag{9.2-12}$$

然而这一间隔内的强度值是随机的，并且服从负指数统计，从（9.2-12）式可知积分强度也是如此，有

$$p_W(W) = \frac{1}{\overline{W}}\exp\left(-\frac{W}{\overline{W}}\right), \quad W \geqslant 0. \tag{9.2-13}$$

把 $P_W(W)$ 的这个表达式代入 Mandel 公式并且计算所需的积分，就可以求出计数统计. 计算公式在下式中概要列出，其结果为

$$\begin{aligned} P(K) &= \int_0^\infty \frac{(\alpha W)^K}{K!}\mathrm{e}^{-\alpha W} \times \frac{1}{\overline{W}}\mathrm{e}^{-W/\overline{W}}\mathrm{d}W \\ &= \frac{\alpha^K}{K!\,\overline{W}}\int_0^\infty W^K\exp\left[-W\left(\alpha + \frac{1}{\overline{W}}\right)\right]\mathrm{d}W \\ &= \frac{1}{1 + \alpha\,\overline{W}}\left(\frac{\alpha\,\overline{W}}{1 + \alpha\,\overline{W}}\right)^K. \end{aligned} \tag{9.2-14}$$

作代换 $\overline{K} = \alpha\,\overline{W}$，得到等价的表示式

$$P(K) = \frac{1}{1 + \overline{K}}\left(\frac{\overline{K}}{1 + \overline{K}}\right)^K. \tag{9.2-15}$$

这个概率分布叫做 Bose-Einstein 分布（或者，在统计学中，叫做几何分布），它在不可分辨粒子（玻色子）的统计物理学中起着极为重要的作用. 我们的目的是只要注意到分布的阶矩阵由下式给出就够了：

$$\overline{K(K-1)\cdots(K-n+1)} = n!\,(\overline{K})^n. \tag{9.2-16}$$

由此，方差可以通过平均值表示为

$$\sigma_K^2 = \overline{K} + (\overline{K})^2. \tag{9.2-17}$$

注意方差由两项组成，第一项仍然表示同光与物质的基本相互作用关联的 Poisson 噪声，而第二项则代表积分强度的经典涨落影响，这一项在 $\overline{K} \gg 1$ 时将是十分重要的. 容易看到，和 Bose-Einstein 计数关联的信噪比为

$$\frac{S}{N} = \frac{\overline{K}}{\sigma_K} = \sqrt{\frac{\overline{K}}{1 + \overline{K}}}. \tag{9.2-18}$$

随着计数的平均数增加，这个表示式渐近地趋于 1，这表明计数涨落可以是很大的.

当计数的平均数 $\overline{K}$ 变得比 1 小得多时，容易证明 Poisson 分布和 Bose-Einstein 分布之间的差别变小. 对于这样小的平均值，仅一次事件和零次事件才具有可观的概率. 下面两式表明这两种分布的概率如何渐近地趋向相同的值：

Poisson $\quad P(0) = \mathrm{e}^{-\overline{K}} \approx 1 - \overline{K}, \quad P(1) = \overline{K}\mathrm{e}^{-\overline{K}} \approx \overline{K}$

Bose-Einstein $\quad P(0) = \dfrac{1}{1 + \overline{K}} \approx 1 - \overline{K}, \quad P(1) = \dfrac{\overline{K}}{(1 + \overline{K})^2} \approx \overline{K}.$ (9.2-19)

最后，图 9.2 中，用了和图 9.1 中相同的平均值，画出了统计是 Bose-Einstein 分布时的概率. 比较这两个图，当光电事件的平均数大于 1 时，Bose-Einstein 分

布要比 Poisson 分布分散开得多, 因而我们预期对于图 9.2 的分布, 光电计数的涨落要比图 9.1 中的分布大得多.

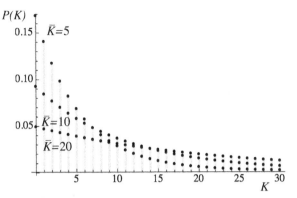

图 9.2　$\bar{K} = 5$、10 和 20 时与 Bose-Einstein 分布关联的概率

对计数时间短时偏振热光的计数统计的讨论现在已经完成. 下面将讨论偏振热光和任意长计数时间的更为普遍的情形.

任意计数时间　前面指出过, 用真正的热光很难实现一个计数时间远小于入射光相干时间的实验. 由于这个原因, 我们的重点是研究计数时间和光的相干时间差不多或者比它更长的计数统计. 我们暂且保留入射光是线偏振的假定, 求光电计数统计的步骤和前面相仿. 首先, 我们必须求出积分强度的概率密度函数 $p_W(W)$, 然后将这个密度函数代入 Mandel 公式, 最后计算所要求的积分.

在前面的 6.1 节中我们已经考虑过如何决定积分强度的统计, 在那里已经求出了一个 $p_W(W)$ 的近似解, 也讨论了一个精确解. 这里我们用 $p_W(W)$ 的近似解来求得光电计数统计的预言, 对于确切解的讨论, 请读者参看文献 [142].

暂且假设入射到光电探测器上的波的相干面积远远超过探测器的面积, 有了这个假设就可以集中注意时间相干性效应. 因此可以直接使用 (6.1-30) 式中呈现的 $p_W(W)$ 的近似解 (即 Γ 概率密度函数), 我们把它重写如下:

$$p_W(W) \approx \begin{cases} \left(\dfrac{\mathcal{M}}{\overline{W}}\right)^{\mathcal{M}} \dfrac{W^{\mathcal{M}-1}\exp\left(-\mathcal{M}\dfrac{W}{\overline{W}}\right)}{\Gamma(\mathcal{M})} & W \geqslant 0 \\ 0 & \text{其他}. \end{cases} \tag{9.2-20}$$

这里参数 $\mathcal{M}$ 表示在测量区间内所包括的强度的 "自由度" 数, 当只涉及纯时间自由度时, 它由下式给出 (见 (6.1-29) 式):

$$\mathcal{M}\left[\frac{1}{T}\int_{-\infty}^{\infty}\Lambda\left(\frac{\tau}{T}\right)|\boldsymbol{\gamma}(\tau)|^2\mathrm{d}\tau\right]^{-1}, \tag{9.2-21}$$

式中 $\boldsymbol{\gamma}(\tau)$ 是入射光波的复相干度, T 是测量时间.

有两个极限情况值得注意, 它们是积分时间与光的相干时间相比非常长和非常短这两种情况. 这些情况在第六章中已经讨论过, 尤其是在 (6.1-16) 式和 (6.1-17) 式中, 请读者参看这两个式子. 注意, 不管积分时间多短, 自由度数绝不可能小于 1, 在这种极限情况下, Γ 密度简化为负指数分布. 当积分时间比相干时间长得多时, 自由度数等于测量区间所包括的时间相干区间的个数. 此外, 不难证明, 随着自由度数增大, Γ 密度函数渐近地趋于 Gauss 密度函数 (见习题 9-2).

剩下的问题便是计算在任意长度时间间隔内发生的光电计数次数的概率分布函数. 这一计算借助于 Mandel 公式完成. 在我们所讨论的情况下, 此概率分布函数为

$$P(K) = \int_0^\infty \left[\frac{(\alpha W)^K}{K!} e^{-\alpha W} \right] \frac{\left(\frac{\mathcal{M}}{\overline{W}}\right)^{\mathcal{M}} W^{\mathcal{M}-1} \exp\left(-\mathcal{M}\frac{W}{\overline{W}}\right)}{\Gamma(\mathcal{M})} dW. \quad (9.2\text{-}22)$$

积分可算出, 结果得到下述在 T 秒间隔内观察到 K 次计数的概率分布:

$$P(K) = \frac{\Gamma(K+\mathcal{M})}{\Gamma(K+1)\Gamma(\mathcal{M})} \left[1 + \frac{\mathcal{M}}{\overline{K}}\right]^{-K} \left[1 + \frac{\overline{K}}{\mathcal{M}}\right]^{-\mathcal{M}}, \quad (9.2\text{-}23)$$

式中 $\overline{K} = \alpha\overline{W}$. 这个分布叫做负二项式分布, 它是所讨论的光电计数分布的一个很好的近似. 注意, 确如我们所预料的, 自由度数 $\mathcal{M}$ 是分布的一个参数. 当积分时间 T 比相干时间小时, 自由度数实际上为 1, 容易证明, 此时负二项式分布简化为 Bose-Einstein 分布 (见习题 9-3).

在求出计数时间任意及具有完善空间相干性的偏振热光的光电计数分布的近似表示式之后, 现在我们来简略地讨论当波不是完全偏振时需要对结果所作的修正.

9.2.3 偏振效应

前一节的讨论假设入射到光电探测器上的光是全偏振的, 对有任意偏振度的热光问题我们也感兴趣. 为导出在这种一般情况下的光电计数的概率分布, 我们首先注意, 当光是部分偏振时, 总的积分强度可以看作两个统计独立的积分强度分量之和, 它们分别对应于波通过一个使相干矩阵对角化的偏振仪器之后的两个偏振分量 (参看 4.3 节), 因此

$$W = W_1 + W_2, \quad (9.2\text{-}24)$$

式中

$$\overline{W} = \overline{W}_1 + \overline{W}_2$$
$$\overline{W}_1 = \frac{\overline{W}}{2}(1 + \mathcal{P}) \quad (9.2\text{-}25)$$
$$\overline{W}_2 = \frac{\overline{W}}{2}(1 - \mathcal{P}).$$

因为对热光 W_1 和 W_2 是统计独立的, 于是 W 的概率密度函数是 W_1 和 W_2 的概率密

度的卷积,

$$p_W(W) = p_1(W) \otimes p_2(W),\qquad(9.2\text{-}26)$$

式中 p_1 和 p_2 分别是 W_1 和 W_2 的概率密度函数.

为取得进展,我们必须求助于一个对一切光电计数分布都成立的结果.这个结果可用文字表述如下:当积分强度的概率密度函数可以表示为两个概率密度函数的(连续)卷积时,相应的计数概率分布可以表示为两个计数概率分布的(离散)卷积,每个计数概率分布来自各自的分立的连续密度函数.于是,若 $p_1(W)$ 和 $p_2(W)$ 是积分强度的两个独立分量的密度函数,并且若 $P_1(K)$ 和 $P_2(K)$ 是与之关联的分立的计数概率分布函数(可从 Mandel 公式推出,只要把 Mandel 公式分别应用于每一个连续密度),那么

$$P(K) = \sum_{k=0}^{K} P_1(k)P_2(K-k).\qquad(9.2\text{-}27)$$

请读者在习题9-4中证明这个普遍结果.

把上述结果应用于现在的情况,并且考虑到每个独立的偏振分量所产生的计数分布是负二项式分布,我们得到(在 Mathematica 帮助下)部分偏振热光的计数概率分布之表达式为

$$P(K) = \frac{4^{\mathcal{M}}\Gamma(K+\mathcal{M})}{K!\,\Gamma(\mathcal{M})}\left(\frac{(\bar{K}+2\mathcal{M})^2 - \bar{K}^2\mathcal{P}^2}{\mathcal{M}^2}\right)^{-\mathcal{M}}\left(\frac{2\mathcal{M}}{\bar{K}-\bar{K}\mathcal{P}}+1\right)^{-K}$$

$$\times\ _2F_1\left(-K,\mathcal{M};\ -K-\mathcal{M}+1;\frac{(\bar{K}(\mathcal{P}-1)-2\mathcal{M})(\mathcal{P}+1)}{(\bar{K}(\mathcal{P}+1)+2\mathcal{M})(\mathcal{P}-1)}\right),$$

$$(9.2\text{-}28)$$

其中 $_2F_1(a,b;c,d)$ 是超几何函数.图 9.3 示出当 $\mathcal{P}=0$ 和 1(也即非偏振光和全偏振光)时,对 $\bar{K}=15$,$\mathcal{M}=10$ 的分布 $P(K)$.当一个偏振分量的强度为零时,概率分布化为负二项式分布,与之关联的计数由剩下的那个分量产生.当光是完全不偏振时,卷积化为一个自由度为 $2\mathcal{M}$ 的负二项式分布.对于在这两种极端之间的情况,计数分布在两条示出的曲线之间.

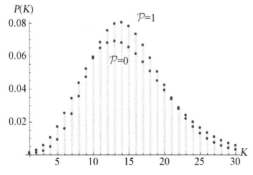

图9.3 对 $\mathcal{P}=0$ 和 1,$\mathcal{M}=10$ 和 $\bar{K}=15$ 的部分偏振光,与 $P(K)$ 相联系的概率分布

在结束本小节时，应该再一次强调，由于 $p_W(W)$ 用了近似形式，这里对含有热光的情形给出的解是近似的. 更精确的处理是可能的，它以 6.1.3 节中给出的 W 统计的精确表示为基础. 关于这一方法的讨论及其与这里讨论的近似结果的比较，请读者参看（如）文献 [186] 和 [142].

9.2.4 空间相干性不完全的效应

前面的讨论中假定射到光电探测器上的热光在空间意义上是完全相干的，在这种情况下，自由度是严格由时间效应决定的. 当光波不是空间相干时，它的空间结构会影响自由度数，在任一给定时间，光敏区域的不同部分可能经受不同大小的入射强度. 在这种情况需要对自由度的概念作修正，以包括时间自由度和空间自由度这两种可能性，我们在下面几段中作扼要叙述.

为了使分析尽可能简单，我们对落在光电探测器上的光的性质作一些假设. 我们假设光源本身是热光，而且是完全偏振的. 此外，还假设其复相干度的时间和空间部分是可分开的，在这种情况下，γ_{12} 可以分解为时间和空间分量. 最后，假定强度的时间涨落和空间涨落是广义平稳的[1]，这时

$$\gamma_{12}(\Delta x, \Delta y; \tau) = \mu_{12}(\Delta x, \Delta y)\gamma(\tau). \qquad (9.2\text{-}29)$$

参看图 6.2，正如我们把时间分为近似独立的时间相干元胞一样，我们也必须把探测器面积分为近似独立的空间相干元胞，于是总的积分强度可以看成许多独立的指数分布的随机变量之和，每一个变量来自一个空-时相干元胞.

如果近似地代表时间和空间积分强度统计分布的 Γ 分布的平均值和方差要同 W 的真正平均值和方差相符合，那么对 Γ 分布的参数 $\mathcal{M}$ 必须作适当的选择. 鉴于对 γ_{12} 已假设的因式分解，为了同真正的平均值和方差相符合，所需要的自由度数可以表示为时间自由度数 $\mathcal{M}_t$ 和空间自由度 $\mathcal{M}_s$ 的乘积，即

$$\mathcal{M} = \mathcal{M}_t \mathcal{M}_s. \qquad (9.2\text{-}30)$$

在 6.1 节中已说明，当只有时间涨落是重要的时，时间自由度的数目（在适当的运算之后）可以用单重积分表示，即

$$\mathcal{M}_t = \left[\frac{1}{T}\int_{-\infty}^{\infty}\Lambda\left(\frac{\tau}{T}\right)|\gamma(\tau)|^2 d\tau\right]^{-1}. \qquad (9.2\text{-}31)$$

相似地，也可以将空间自由度数目的表示式化成一个二重积分，即

$$\mathcal{M}_s\left[\frac{1}{A}\iint_{-\infty}^{\infty}\mu_P(\Delta x, \Delta y)|\mu_{12}(\Delta x, \Delta y)|^2 d\Delta x d\Delta y\right]^{-1}, \qquad (9.2\text{-}32)$$

其中函数 μ_P 表示一个和光敏探测器面积 A 关联的有效"光瞳函数" $P(x,y)$ 的归

[1] 严格地说，我们只是要求复相干度的模与空间和时间坐标的差有关. 该要求比广义平稳弱，并且是满足（如）由 Van Cittert-Zernike 定理预测的空间相干效应的.

一化自相关函数，即，如果

$$P(x,y) = \begin{cases} 1 & (x,y) \text{ 在光敏面积 } A \text{ 之内} \\ 0 & \text{其他,} \end{cases} \tag{9.2-33}$$

则

$$\mu_P(\Delta x, \Delta y) = \frac{\iint\limits_{-\infty}^{\infty} P\left(x + \frac{\Delta x}{2}, y + \frac{\Delta y}{2}\right) P\left(x - \frac{\Delta x}{2}, y - \frac{\Delta y}{2}\right) \mathrm{d}x \mathrm{d}y}{\iint\limits_{-\infty}^{\infty} P^2(x,y) \mathrm{d}x \mathrm{d}y}. \tag{9.2-34}$$

当光敏表面的面积 A 远小于入射光的相干面积 A_c 时，容易证明空间自由度数 $\mathcal{M}_s$ 缩减为 1. 当探测器面积比相干面积大很多时，可以证明（见习题 9-6），空间自由度数化为探测器面积和光的相干面积的比值（或等价地化为光电探测器所包含的光的空间相干面积的个数），即

$$\mathcal{M}_s \approx \frac{A}{A_c}. \tag{9.2-35}$$

当入射波来自一个空间非相干光源时，这个表示式可以进一步修正. 这时，Van Cittert-Zernike 定理和 (5.7-12) 式将导致如下的空间自由度数的等价表示式（它在 $A \gg A_c$ 时成立）:

$$\mathcal{M}_s \approx \frac{A\Omega_S}{(\bar{\lambda})^2}. \tag{9.2-36}$$

这里如同在 (5.7-12) 式中一样，Ω_S 表示从探测器看光源的立体角大小.

现在来总结这个讨论：我们看到在复相干度是可以分开为时间和空间两部分的条件下，就可能在结果中包括空间相干性的效应，其方法只是在光电计数的表达式中将参数 $\mathcal{M}$ 加以修改以包括时间和空间的自由度. 这个问题的空间方面的讨论现在已经完成了，我们要转到光的简并参量的概念以及它在决定热光的光电计数统计中的作用.

9.3　简并参量

至此，读者应该已经信服，光电计数可由高度稳定的单模激光和热光源发出的更为混沌的光所产生，二者的统计性质有着根本的差异. 确实，当人们更详细地考察由两种辐射所产生的光电计数的涨落时（正是本节要做的），这种差异就会特别清晰地显现出来. 然而，情况要比乍看一下所想象的更复杂，这两种光的光电计数统计之间的差异并非总是很大. 事实上，在电磁波谱的可见区中，大多数情况下，依靠光电计数统计的度量很难区别出现的是哪一种辐射. 我们将看到，区分这两类辐射的关键量是我们下面要定义的简并参量.

在下一小节中，我们考虑当不同种类的光入射到光电探测器上时的光电计数涨落，这些考虑引导我们得到简并参量的定义. 9.3.2 节中，对于黑体辐射的特殊情况考虑了这个参量. 在本章的最后几节中考虑应用时，进一步强调了简并参量的重要性.

9.3.1　光电计数的涨落

本小节的目的是考察由热光产生的光电计数的方差，以及考虑这个方差何时与由稳定的单模激光所产生的光电计数的方差有明显的区别. 我们首先要再次强调在计数方差和入射到光电探测器上强度的经典涨落的方差之间有着直接的联系.

为了计算计数涨落的方差，我们必须首先求出计数的二阶矩 $\overline{K^2}$. 解决这个问题的方法是参考（9.2-9）式，这意味着

$$\overline{K(K-1)} = \overline{K^2} - \overline{K} = \overline{K^2} + \alpha^2\,\overline{W^2}, \tag{9.3-1}$$

这是因为 $\overline{K} = \alpha\,\overline{W}$. 此外，我们有

$$\overline{K^2} = \alpha^2\,\overline{W^2} + \alpha\,\overline{W} = \alpha^2\sigma_W^2 + (\alpha\,\overline{W})^2 + \alpha\,\overline{W}. \tag{9.3-2}$$

为得到 K 的方差，我们只需减去 K 的平均值的平方，或等价地减去 $(\alpha\,\overline{W})^2$，其结果是下面这个关于计数方差的表示式：

$$\sigma_K^2 = \overline{K} + \alpha^2\sigma_W^2. \tag{9.3-3}$$

注意在得出（9.3-3）式的过程中，不必对积分强度的经典涨落作任何假设，结果是完全普适的，换言之，它可以应用于落到光电探测器表面上的任何一种辐射. 此外，这个方程的每一项都有物理解释. 头一项 $\overline{K}$ 是在经典强度为常数而且光电计数为纯 Poisson 分布时所观察到的计数方差. 我们称计数涨落的这一分量为"散粒噪声"，因为它和在电子真空二极管中观察到的作 Poisson 分布的散粒噪声[45] 相似. 第二项 $\alpha^2\sigma_W^2$ 在没有经典强度的涨落时显然为零，因此，它是计数方差中由经典强度的涨落所引起的分量. 在稳定的单模激光的情况下，这个分量将等于零，其计数方差仅来自 Poisson 分布的计数. 当热光射到光电探测器上时，经典涨落不再是零，光电计数的方差就比从 Poisson 分布所预期的方差大一个与积分强度的方差成比例的数. 计数方差的这一额外分量常被称为"额外噪声"，意思是它超出了纯 Poisson 涨落所导致的噪声.

这里我们引入一个假设，假设入射到光电探测器上的光是热光，我们也暂且假设光是全偏振的且在整个光电探测器面积上空间相干. 对这样的光，（6.1-10）式加上（6.1-15）式表明

$$\sigma_W^2 = \frac{(\overline{W})^2}{T}\int_{-\infty}^{\infty}\Lambda\left(\frac{\xi}{T}\right)|\gamma(\xi)|^2\mathrm{d}\xi = \frac{(\overline{W})^2}{\mathcal{M}}, \tag{9.3-4}$$

其中 $\Lambda(\cdot)$ 表示三角函数，$\mathcal{M}$ 表示在积分时间 T 内光的时间自由度，因此

$$\sigma_K^2 = \overline{K} + \alpha^2 \frac{\overline{W}^2}{\mathcal{M}} = \overline{K} + \frac{(\overline{K})^2}{\mathcal{M}} = \overline{K}\left(1 + \frac{\overline{K}}{\mathcal{M}}\right). \tag{9.3-5}$$

当光的复相干度可以被因式分解为时间和空间分量时，将 $\mathcal{M}$ 看作时间自由度数和空间自由度数的乘积，可以对空间部分偏振光产生这个结果．此外，只要将自由度数加倍就可以在此公式中包括完全非偏振光的情况．

特别要注意，经典引入的涨落和散粒噪声涨落之比就是 $\overline{K}/\mathcal{M}$．为强调这一参量的重要性，人们赋予它一个特有的名称，也就是我们如下定义的计数简并参量：

$$\delta_c \triangleq \frac{\overline{K}}{\mathcal{M}}. \tag{9.3-6}$$

从物理上说，计数简并参量可以解释为发生在入射辐射的单个空间-时间相干元胞中的平均计数次数．也可以把它描述为入射波的每个"自由度"或者每个"模"的平均计数次数．当 $\delta_c \ll 1$ 时，在波的每一个相干区间内最可能是不多于一次计数，结果散粒噪声比起经典引入的噪声占压倒优势．反之，当 $\delta_c \gg 1$ 时，在波的每一个相干区间内发生许多光电事件．其结果是经典强度涨落引起光电事件"集聚"，并使计数的方差增大，使得经典引入的涨落比散粒噪声的方差强得多．

因为计数简并参量正比于 $\overline{K}$，所以它也和光电探测器的量子效率成比例．有时，去掉这个对可能出现的具体探测器的特征的依赖性，使简并参量是入射波本身的一个属性是有好处的．因此我们定义波简并参量为

$$\delta_w \triangleq \frac{\delta_c}{\eta}. \tag{9.3-7}$$

可以把这个新的简并参量考虑为用量子效率为 1 的理想探测器所得到的计数简并参量．

用偏振热光得到的光电计数分布是由参量 $\overline{K}$ 和 δ_c 联合决定的，这可以通过把 (9.2-24) 式的负二项式分布重写为下述形式看出：

$$P(K) = \frac{\Gamma\left(K + \frac{\overline{K}}{\delta_c}\right)}{K! \Gamma\left(\frac{\overline{K}}{\delta_c}\right)} \left[(1 + \delta_c)^{\overline{K}/\delta_c} \left(1 + \frac{1}{\delta_c}\right)^K \right]^{-1}. \tag{9.3-8}$$

现在我们来证明一个十分重要的事实——当计数简并参量趋于零时，由负二项式分布给出的光电计数分布 $P(K)$ 变得和 Poisson 分布不可区分．为了证明这个断言，有必要作几个对小 δ_c 可行的近似．首先，当简并参量比 1 小很多时，上式中的 Γ 函数可以用 Stirling 近似（文献[1]，p. 257）代替：

$$\Gamma\left(\frac{\overline{K}}{\delta_c}\right) \approx \sqrt{2\pi} \left(\frac{\overline{K}}{\delta_c}\right)^{\overline{K}/\delta_c - 1/2} \mathrm{e}^{-\overline{K}/\delta_c} \tag{9.3-9}$$

$$\Gamma\left(K + \frac{\overline{K}}{\delta_c}\right) \approx \sqrt{2\pi} \left(K + \frac{\overline{K}}{\delta_c}\right)^{K + \overline{K}/\delta_c - 1/2} \mathrm{e}^{-K - \overline{K}/\delta_c}. \tag{9.3-10}$$

其次，对于比 1 小得多的 δ_c，下面的近似成立：

$$\left(1 + \frac{1}{\delta_c}\right)^K \approx \left(\frac{1}{\delta_c}\right)^K \tag{9.3-11}$$

$$(1 + \delta_c)^{\bar{K}/\delta_c} \approx e^{\bar{K}}.$$

联立上面两个近似，我们求出当 $\delta_c \ll 1$ 时，在时间 T 内观察到 K 次计数的概率近似为

$$P(K) \approx \frac{(\bar{K})^K}{K!} e^{-\bar{K}} \left[\left(1 + \frac{K}{\mathcal{M}}\right)^{K+\mathcal{M}-1/2} e^{-K}\right], \tag{9.3-12}$$

其中已注意到，$\bar{K}/\delta_c$ 就是自由度数 $\mathcal{M}$．最后一个近似是，我们注意到，若每个相干元胞内的平均光电事件的数目 δ_c 很小，那么发生在一个相干元胞内的光电事件的实际次数 $K/\mathcal{M}$ 同样也很小，由此

$$\left[1 + \frac{K}{\mathcal{M}}\right]^{\mathcal{M}} \approx e^K, \tag{9.3-13}$$

并且（9.3-12）式括弧内的量之值十分接近于 1．因此得到 K 个计数的概率非常近似地由 Poisson 分布给出．注意，随着计数简并参量变得越来越小，用来得到这个最后结果的近似就越来越精确．因此，我们可以用极限的形式更恰当地陈述这个结果，即

$$\lim_{\delta_c \to 0} P(K) = \frac{(\bar{K})^K}{K!} e^{-\bar{K}}. \tag{9.3-14}$$

为强调我们刚刚得到的这一重要结果，我们用文字重述于下：对于偏振热辐射，当计数简并参量趋于零时，光电计数的概率分布趋于 Poisson 分布．

从下面的讨论可以理解这个结果的物理意义．若计数简并参量比 1 小得多，那么在入射的经典波的每个分立的相干元胞中最可能是发生零次或 1 次计数．在这种情况下，经典强度涨落对光电事件的"聚集"效应可以忽略，因为光太弱了，以致（以极大的概率）不能在单个相干元胞中产生多次事件．如果光电事件的集聚可以忽略，那么计数统计就将同有同样平均强度的稳定的单模激光产生的计数统计不可区分，因为单模激光的光电计数是不发生集聚的．

注意，尽管我们专门假设了入射光是偏振光，但是对于部分偏振热光，类似的结果也成立，只要两个偏振分量各自的强度都有很小的简并参量，让光通过一个使相干矩阵对角化的无损偏振仪就可以获得这两个偏振分量．

只有当我们知道了实践中可能遇到的简并参量的值后，才能充分受益于以上所得的结论．如下一节将要讨论的，在电磁波谱的微波区和可见区内，这些值有显著的不同．

9.3.2　黑体辐射的简并参量

在统计物理和热力学中，通常要引入黑体的理想化概念，即黑体定义为一个

吸收入射到其上的全部能量的物体. 如果该物体是处于热平衡中, 那么它除了是一个理想的吸收体之外, 必定也是一个理想的辐射体, 也就是它辐射的能量必然和吸收的能量相同, 否则它就不能保持热平衡. 黑体的理想性质使得计算表征这种辐射的 (依赖于温度的) 谱分布变得方便了. 在实际中遇到的许多辐射体可以看作黑体或者近似于黑体. 例如, 太阳光谱的总体特性近似于温度为 5800K 的黑体辐射的光谱.

计算黑体辐射能量的光谱分布问题吸引了许多 19 世纪物理学家的注意力, 在最著名的研究者中包括 Rayleigh 勋爵和 James Jeans 爵士. 借助于经典能量均分定律, 他们推导出黑体辐射光谱分布的一个表示式. 他们发现这样推导出的预言只在长波极限上同实验相符, 而在短波极限, 预言的结果导致著名的 "紫外灾难": 当波长趋于零时, 光谱分布无界增大.

和黑体辐射关联的困难只有当引入一个显著背离经典物理学观念的假设后才得到解决. 1900 年, Max Planck 发表了一个新的对黑体辐射定律的推导, 它包括一个激进的假设, 即能量只能以分立的份额或量子的形式辐射和吸收, 这个理论预言的定律和当时已知的所有实验结果符合. 由于这项工作, 辐射的量子理论诞生了.

Planck 的黑体辐射理论和我们的关系在于它十分具体地预言了在电磁波谱不同区段内热光的简并数量的大小. 为了应用 Planck 的结果, 我们必须认为入射辐射的每一自由度类似于一个谐振子. 将频域取样定理应用到我们关注的问题中的入射到探测器上的有限时间波形上, 就可以出现这样一幅图像. 不管是考虑时间取样还是频率取样, 波形的自由度数是一样的. 其实, 落到光电探测器上的能量可以看作由时间取样所携带的能量之和或是频率取样所携带的能量之和, 两个和得出同样的结果.

假定每个简谐振子的能量是量子化的, 允许的分立能量为

$$E_n = nh\nu, \tag{9.3-15}$$

式中 n 是整数, 常数 h 仍是 Planck 常量 ($h = 6.626096 \times 10^{-34} \text{J} \cdot \text{s}$), ν 是振子的频率. 在包括大量这种振子的实验中, 假定在第 n 个能量态中能发现的振子的数目服从 Maxwell-Boltzmann 分布. 这就是说, 假设能量为 E_n 的振子的数目 N_n 为

$$N_n = N_0 \exp\left(-\frac{E_n}{kT_k}\right) = N_0 \exp\left(-\frac{nh\nu}{kT_k}\right), \tag{9.3-16}$$

式中 N_0 是常数, E_n 是第 n 个允许的能级, k 是 Boltzmann 常量 ($k = 1.38 \times 10^{-23} \text{J/K}$), 而 T_k 是单位为 K 的绝对温度.

为了得到给定振子处于第 n 能级 (或等价地说具有 "占有数" n) 的概率, 我们必须对式 N_n 的表达式进行归一化以产生一组数, 这组数对 n 求和得出 1. 可以实现这种归一化 (见习题9-7), 结果为

$$P(n) = (1 - e^{-h\nu/kT_k})(e^{-h\nu/kT_k})^n. \tag{9.3-17}$$

比较（9.3-17）式和（9.2-15）式表明，占有数 n 服从 Bose-Einstein 分布，每个模的平均占有数为

$$\bar{n} = \frac{1}{e^{h\nu/kT_k} - 1}, \tag{9.3-18}$$

或等价地，每个模的平均能量为

$$\bar{E} = \frac{h\nu}{e^{h\nu/kT_k} - 1}. \tag{9.3-19}$$

波的简并参量 δ_ω 就是每个模的平均光子数. 这正是由（9.3-18）式表示的量. 如果所关心的辐射是窄带的，那么该式中的频率 ν 可以换成光谱的中心频率 $\bar{\nu}$，因此处于热平衡中的窄带光源的黑体辐射的简并参量由下式给出：

$$\delta_\omega = \frac{1}{e^{h\bar{\nu}/kT_k} - 1}. \tag{9.3-20}$$

这个式子是我们理解光学频段的辐射和更低的频段上的辐射之间的差别的基础.

首先考虑频率足够低，即 $h\bar{\nu} \ll kT_k$ 的辐射的情况. 在此条件下，（9.3-20）式的简并参量十分近似于

$$\delta_\omega \approx \frac{kT_k}{h\bar{\nu}}. \tag{9.3-21}$$

在这种情况下，简并参量反比于频率，而且是一个很大的数. 但在相反的极端情况 $h\bar{\nu} \gg kT$，简并参量随着频率增大而指数式地减小，而且是一个很小的数. 图 9.4 表示波简并参量在一个平面上的等值线，平面的一个坐标是平均波长，另一个坐标是光源温度. 注意，在谱的微波区段内，大于几 K 的光源温度都能产生大于 1 的波简并参量，因此，在这个谱段内，经典光电计数涨落在光电事件涨落中为主. 反之，在可见光谱段，要求光源温度要几万度才能产生类似的波简并参量. 结果，光电事件噪声中 Possion 噪声占优势. 因为太阳的有效黑体辐射温度只有 5800K，所以在自然光中的绝大多数探测问题中遇到的波简并参量都很小，因此，由于辐射的量子本性而产生的噪声远大于强度的经典涨落所产生的噪声.

在结束本节时需要再作几点评论. 第一，我们集中考虑了波简并参量，它是落到光电探测器上的辐射的一种属性. 探测器的量子效率总是小于 1 的，因此计数简并参量比波简并参量还要小，因而要在光谱的可见区内遇到真正的热辐射而其计数统计是由强度的经典涨落主宰的可能性就更加渺茫了. 然而，必须注意，赝热光（诸如，通过在许多独立模振动的激光或激光照射在一个运动漫射体来产生）能够产生具有很大的简并参量的辐射，而且这时强度的经典涨落可以是光电计数涨落的主要来源. 此外，光电探测器或聚光系统可能只从光源中获取一个空间模或空间自由度的一部分（在实际中，任一合理长度的一个测量时间区间内会

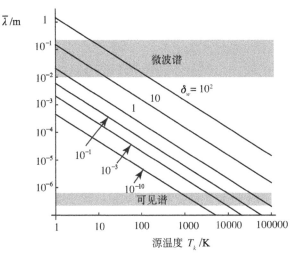

图 9.4　在 $\bar{\lambda}$ 和 T_k 平面上简并参量的等值线

光谱的可见和微波部分显示为灰色

获取大量的时间模）. 在这种情况下, 由于获取到的是一个不完全的空间模, 因此计数简并参量可能仍然比波简并参量小. 虽然 $\mathcal{M}_t$ 的最小值是 1, 但我们还必须考虑射到光电探测器上能量的减少. 这时, 计数简并参量可能会从其正常值减小一个因子 (即有效探测面积对入射光相干面积的比值). 对于一个扩展的非相干光源, 把计数简并参量表示为下式可以涵盖这种可能性:

$$
\delta_c = \begin{cases} \dfrac{\eta}{\mathrm{e}^{h\nu/kT_k}-1} & A > A_c \\[3mm] \dfrac{A}{A_c}\dfrac{\eta}{\mathrm{e}^{h\nu/kT_k}-1} = \dfrac{A\Omega_s}{(\bar{\lambda})^2}\dfrac{\eta}{\mathrm{e}^{h\nu/kT_k}-1} & A < A_c, \end{cases} \tag{9.3-22}
$$

式中我们用了一个事实, 即从一个非相干光源入射的光的相干面积由波长平方与光源对探测器所张的立体角 Ω_s 的比值给出 (参见习题 9-13).

9.3.3　读出噪声

我们已经考虑了在入射光束没有和有强度涨落时光电计数的涨落. 因为在典型情况中, 光的简并参数都很小, 所以我们已发现光事件的数目通常服从 Poisson 统计. 结果, 在一个给定时间间隔中, 当光的平均强度使发生在该间隔的光事件数目为 $\bar{K}$ 时, 所发生的光事件数目的标准偏差 σ_K 由下式给出:

$$
\sigma_K = \sqrt{\bar{K}}. \tag{9.3-23}
$$

我们现在来考虑另一种通常叫做读出噪声的噪声源.

在一个典型的探测器中, 每个探测到的光事件产生一小 "包裹" 电荷, 这

些 "包裹" 累积在探测器内的储存位置, 在计数间隔的末端, 存着的电荷被后接的电路读出, 电荷被放大并转换为电压, 可以为和此间隔中探测到的光电事件数成比例的离散电平. 可惜的是, 放大和转换过程引入了噪声, 它们能精确地模型化为服从零平均值的 Gauss 统计. 这种噪声的结果是: 如果出现了 K 个光电事件, 那么探测器的读出有可能表示发生了 $K+1$ 或 $K-1$, 或者其他数目的光电事件, 探测到的这些光电计数的附加涨落应该在探测器输出端的信噪比中加以考虑.

为避免对探测器后端的电路的确切性质做任意的假定, 较方便的做法是再将 Gauss 噪声涨落引用到原来的计数空间, 在这个计数空间中各次计数之间可能记下的数的间隔为 1. 通常, 我们测量的动机是决定 $\overline{K}$, 它与落到探测器上的经典光强成正比. 如果 $\overline{K}$ 十分大, 可以容忍较大量的读出噪声, 如下面表达亮度的方均根信噪比的式子所表明. 在红外区的大多数实用的探测器有相当大量的读出噪声.

当有读出噪声时探测器输出的概率密度很容易就能决定, 因为 Poisson 计数涨落和 Gauss 读数涨落是统计独立的, 它们的概率密度应该是求两者之和的概率密度. 设符号 c 代表有读出噪声时的探测器 (连续) 输出, 于是所要求出的卷积产生下述 c 的概率密度:

$$p(c) \sum_{k=0}^{\infty} \frac{\overline{K}^K}{K!} e^{-\overline{K}} \frac{\exp\left[-\dfrac{(c-k)^2}{2\sigma_{\text{read}}^2}\right]}{\sqrt{2\pi}\,\sigma_{\text{read}}}. \tag{9.3-24}$$

可以看到概率密度 $p(c)$ 是由一系列 Gauss 形状的小丘组成, 各自以一个 k 值为中心, 以对该 k 值的 Poisson 分布的概率质量为权重, 并且各有一个标准偏差 σ_{read}. 图 9.5 中, 对一个 $\overline{K} = 100$, 读出噪声的两个不同标准偏差的特殊情况, 显示了这个概率密度函数. 图 9.5 (a) $\sigma_{\text{read}} = 0.1$, 这是人为选择的小数目, 仅仅为了说明当 σ_{read} 比 1 小时, 还能看到离散的 Gauss 小丘. 图 9.5 (b) $\sigma_{\text{read}} = 10$, 概率密度函数现在是一条光滑曲线, 其宽度可见比当 $\sigma_{\text{read}} = 0.1$ 时的要大得多. 读出噪声的增加使标准偏差也增加了, 这正如我们可能预期的.

因为 Poisson 计数涨落和 Gauss 读出噪声是互相独立的, 它们的方差可以直接相加来求它们组合的方差. 因此, 它们的组合方差给出为 $\sqrt{\sigma_K^2 + \sigma_{\text{read}}^2}$, 在试图测量 $\overline{K}$ 时的方均根信噪比由下式给出:

$$\left(\frac{S}{N}\right)_{\text{rms}} = \frac{\overline{K}}{\sqrt{\sigma_K^2 + \sigma_{\text{read}}^2}} = \frac{\sqrt{\overline{K}}}{\sqrt{1 + \dfrac{\sigma_{\text{read}}^2}{\overline{K}}}}. \tag{9.3-25}$$

我们断定在试图测量 $\overline{K}$ 时, 只有当 $\overline{K} \gg \sigma_{\text{read}}^2$ 时, 可以忽略读出噪声. 在图 9.5 (a) 中读出噪声对方均根信噪比的作用几乎可以略去. 在图 9.5 (b) 中,方均根信噪比下降了大约一个 $\sqrt{2}$ 因子.

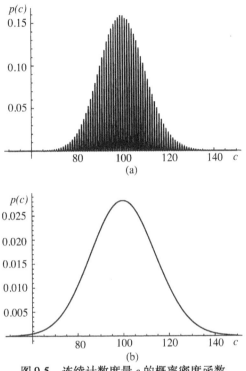

图 9.5 连续计数度量 c 的概率密度函数

光电计数的平均值 $\overline{K}$ 选为 100. 在图

（a）中读出噪声的标准偏差为 0.1，而在图（b）中它是 10. 显然，随着读出噪声的增加，
c 的概率密度函数的宽度也增加. 在计算这些曲线时，用了（9.3-24）式中的 1000 项

9.4 振幅干涉仪在低光功率下的噪声限制

在本节以及以下几节中，我们要讨论在本章前几节中推演出的光电计数理论的应用. 事实上，有许多应用可以讨论，因为实际上任何光学实验精度受限制的最根本原因是有关实验中所用的光通量是有限的. 我们在这里选择作为重点的是以测量简单条纹图样的参量为目的的实验，理由如下：第一，条纹参量的测量为理论应用提供了一个比较确定的而且便于讨论的例子. 想要的参量容易定义，而且测量它们的方法只要根据常识就可以设计出来. 第二，在本书中自始至终可以看到，条纹参量的测量是一切涉及相干性问题的中心. 在相干性理论中对光波的基本描述事实上用的就是条纹的可测量参量. 通过考察对测量条纹参量的限制，我们实际上就是考察对相干性本身的可测性的限制.

我们将讨论两种不同的测量条纹参量的方法. 在本节，考虑的是可以合理地称为"振幅计量干涉仪"的方法，这类方法用在诸如 Michelson 星体干涉仪中.
更一般地，我们在第七章中曾注意到，任何一个通过直接聚光到探测器上而成像
的系统可以看作一个干涉计量成像系统；物的每一个 Fourier 分量可以看作大量
同一空间频率的条纹的叠加，这些条纹是从系统的出瞳以多种方式包围一个固定
空间中生成的. 在 9.5 节中，我们要考虑一种不同的测量条纹参量的方法，亦即
用"强度干涉仪"的方法，这种测量在第六章中曾用纯经典观点讨论过. 最后，
在 9.6 节，我们讨论前面在 8.7 节中引入的星体散斑干涉仪的噪声限制. 在所有
各种场合，我们的目标都是去发现所考虑的测量方法的极限灵敏度，更具体地
说，是发现测量的精度如何依赖于该次测量中的光电事件的次数.

9.4.1　测量系统及待测的量

假定振幅干涉计量方法使用图 9.6 所示的那种测量系统. 该系统代表一个可
见度为 $\mathcal{V}$，空间相位为 ϕ 的理想条纹的正弦强度分布落到一个探测器上，探测器
由很密地封装成阵列的 N 个分立单元组成. 这个条纹可能来自一个 Michelson 星
体干涉仪，试图测定一个遥远的星体光源的直径. 假定这个探测器的每一个单元
后面各自分开地接着一个计数器.[①] 在 T 秒计数时间的末了产生了一个数 $K(n)$，

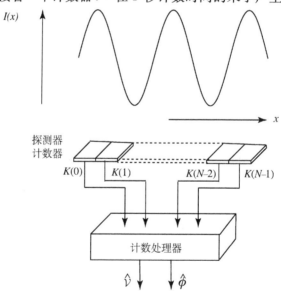

图 9.6　假想的振幅干涉仪的探测和估值系统

$\hat{\mathcal{V}}$ 和 $\hat{\phi}$ 是条纹可见度和相位的估值

① 我们在这里相当随便地避免考虑一些复杂的电子学问题. 为了对阵列产生的分立的光电事件计数，
需要把探测到的信号放大许多倍，而且还必须引入一个适当的电子学阈值机制. 实际上，并不是每次计数
都能探测到，而且会记录一些伪计数. 我们不去考虑这些细节，因为我们的兴趣是在问题的基本方面.

它代表该探测器单元在测量时段中产生的光电事件的次数. 阵列中的全部计数器同时开关, 因此在公共计数周期的末了产生一个长度为 N 的"计数矢量" K, 这个矢量的每一分量是探测器阵列上不同单元所产生的计数次数. 测量的目的是求出可见度 $\mathcal{V}$ 和空间相位 ϕ 的估值 $\hat{\mathcal{V}}$ 和 $\hat{\phi}$.

对条纹图样的特征要作几条假定. 第一, 假定条纹图样的空间频率预先知道. 在实践中, 这个假定是合理的. 例如, 如果条纹是 Michelson 星体干涉仪产生的, 那么条纹周期就由子孔径的间隔、波长和焦距决定, 而所有这些都假定是已知的. 第二, 假定条纹振幅在探测器阵列上是常数. 实际上, 这就是假定涉及的光是准单色光而且两束光强度的时间平均值在整个阵列上是常数. 第三, 假定条纹的空间周期和阵列中的单个探测器的尺寸相比是大的, 这一假定使我们可以把任一探测单元上的强度近似看成常数. 最后, 我们作一个多少有些人为的假定, 即在整个阵列上有整数个条纹周期. 最后这个假定使我们简化了问题 (以后会更清楚), 但仍然允许我们求出对所关心的测量的精度的基本限制.

入射到探测器阵列上的条纹的强度分布在数学上可表示为

$$I(u,v) = (I_1 + I_2)\left[1 + \mathcal{V}\cos\left(\frac{2\pi u}{L} + \phi\right)\right], \tag{9.4-1}$$

式中 I_1 和 I_2 是发生干涉的两束光在探测器阵列上的 (恒定的) 时间平均强度, $\mathcal{V}$ 是条纹的可见度, 而 L 和 ϕ 分别是条纹图样的空间周期和空间相位.

已经说过, 测量的目的一般是决定 $\mathcal{V}$ 和 ϕ. 在某些实验中, 比如在一个当存在有随时间变化的大气非均匀性时用 Michelson 星体干涉仪去收集信息的实验中, 条纹的相位作为时间的函数可能会迅速地涨落. 我们假定在测量中所用的计数间隔充分短, 以致探测器上的条纹在时间上"凝结"起来, 这时条纹的可见度不会因为条纹的运动而减小. 我们的目的是求出 $\mathcal{V}$ 和 ϕ (作为阵列探测到的光电事件次数的函数) 的测量精度.

9.4.2 计数矢量的统计性质

如果我们具有关于计数 $K(n)$ 的统计性质的若干信息, 将有助于我们的分析. 这个统计性质是参与干涉实验的光的具体类型的函数. 例如, 如果光是单模稳幅激光, 计数矢量的每一个分量将是一个 Poisson 变量. 反之, 如果两束光是偏振而且源自热光或赝热光, 则计数服从负二项式统计. 我们将假定涉及的是热光, 因为实际上多数用 Michelson 星体干涉仪的实验都是这种情况. 为简单计, 我们进一步假定光是偏振的. 我们所关注的第一个统计量是平均计数矢量. 当然, 第 n 个探测器计数的期望值正比于入射到该探测器上的那一部分条纹的强度. 因此

$$\overline{K}(n) = \alpha A_e T(I_1 + I_2)\left[1 + \mathcal{V}\cos\left(\frac{2\pi n p_0}{N} + \phi\right)\right], \tag{9.4-2}$$

式中 α 由 (9.1-2) 式给出，p_0 是探测的阵列所包括的条纹周期数，T 是积分时间，A_e 是单个探测器单元的面积.[①] 感兴趣的还有第 n 个计数的二阶矩 $(\overline{K^2(n)})$.从 (9.3-2) 式和 (9.3-5) 式我们容易证明

$$\overline{K^2(n)} = \overline{K}(n) + [\overline{K}(n)]^2\left(1 + \frac{1}{\mathcal{M}}\right), \tag{9.4-3}$$

式中 $\mathcal{M}$ 是在测量时间间隔中的时间自由度数.用相似的方式能够证明（见习题 9-9），第 m 个探测器和第 n 个探测器 $(m \neq n)$ 所记录的计数之间的相关由下式给出：

$$\overline{K(n)K(m)} = \begin{cases} \overline{K}(n)\,\overline{K}(m)\left(1 + \dfrac{1}{\mathcal{M}}\right) & n \neq m \\[3mm] \overline{K}(m) + [\overline{K}(m)]^2\left(1 + \dfrac{1}{\mathcal{M}}\right) & n = m. \end{cases} \tag{9.4-4}$$

有了这些结果之后，我们就可以评价测量感兴趣的条纹参量的一种具体方法.

9.4.3 离散 Fourier 变换作为估值工具

为了对条纹参量进行估值，必须采用一些具体的估值程序.这里我们选择计数矢量的离散 Fourier 变换（DFT）（文献 [27]，第 6 章）作为完成这个任务的主要工具.所谓计数矢量的 DFT，是指复数序列 $\mathcal{K}(p)$ 由下式定义：

$$\mathcal{K}(p) = \frac{1}{N}\sum_{n=0}^{N-1} K(n)\exp[\,\mathrm{j}(2\pi np/N)\,]. \tag{9.4-5}$$

我们将会看到，如果求出具有指标 p_0（此处 p_0 又是整个阵列上条纹的周期数）的 DFT 分量的值，那么该分量的振幅和相位将会给出感兴趣的条纹图样的振幅和相位的有关信息.这种在光子受限条件下对条纹参量估值的方法已经在文献 [222] 中详细研究过了，文献中证明了，在条纹可见度小时此方法（最有可能）是一个最优程序.当条纹可见度大时，此方法并非严格地最优，但它非常实用并且表现出很好的性能.

继续往下进行之前，对于我们所作的在整个探测器阵列上存在着整数个条纹周期的假设要稍作评论.我们说指标为 p_0 的 DFT 系数的振幅和相位提供了关于入射条纹的振幅和相位的估值，这个说法只有当满足上述条件时才是正确的.当对一个非整数的周期作 Fourier 变换时，一种被称为"泄漏"的现象（文献 [27]，9.5 节）会使条纹参量的信息分散到与 p_0 的系数邻近的几个 DFT 系数上.然而在 Michelson 星体干涉仪中，由于条纹周期是预先精确知道的，因此没有理

---

① 我们一直用 A_e 代表一个探测器单元的面积，用 $A = NA_e$ 表示整个探测器阵列.

由说为什么系统不能设计成捕获整数个周期条纹.

究竟我们是怎样从 DFT 的第 p_0 分量来估值参量 $\mathcal{V}$ 和 ϕ 呢? 要回答这个问题, 必须首先考虑这个 DFT 分量的平均值的特性. 为此, 把 (9.4-5) 式写成两个式子, 各自表示 $\mathcal{K}(p_0)$ 的实部和虚部. 由于计数矢量是实值的, 这两个式子是

$$\mathcal{K}_R \triangleq \mathrm{Re}\{\mathcal{K}(p_0)\} = \frac{1}{N}\sum_{n=0}^{N-1} K(n)\cos\frac{2\pi np_0}{N}$$

$$\mathcal{K}_I \triangleq \mathrm{Im}\{\mathcal{K}(p_0)\} = \frac{1}{N}\sum_{n=0}^{N-1} K(n)\sin\frac{2\pi np_0}{N}, \qquad (9.4\text{-}6)$$

式中 $\mathcal{K}_R$ 和 $\mathcal{K}_I$ 分别是 $\mathcal{K}(p_0)$ 的实部和虚部.

用 (9.4-2) 式表示 $\overline{K}(n)$, 容易求出 $\mathcal{K}_R$ 和 $\mathcal{K}_I$ 的平均值估值, 直截了当的演算可得这两个平均值的表示式为

$$\overline{\mathcal{K}}_R = \frac{\alpha AT(I_1 + I_2)}{2N}\mathcal{V}\cos\phi = \frac{\overline{K}_1 + \overline{K}_2}{2N}\mathcal{V}\cos\phi$$

$$\overline{\mathcal{K}}_I = \frac{\alpha AT(I_1 + I_2)}{2N}\mathcal{V}\sin\phi = \frac{\overline{K}_1 + \overline{K}_2}{2N}\mathcal{V}\sin\phi, \qquad (9.4\text{-}7)$$

其中 $\overline{K}_1$ 和 $\overline{K}_2$ 是在整个阵列上两束相干光之一产生的平均光电事件的数目,

$$\overline{K}_1 = \alpha AT I_1, \quad \overline{K}_2 = \alpha AT I_2. \qquad (9.4\text{-}8)$$

现在能够描述我们对感兴趣的参量进行估值的策略了. 如果没有和光电探测过程相联系的噪声, 测得的 $\mathcal{K}_R$ 和 $\mathcal{K}_I$ 值就会是 (9.4-7) 式给出的平均值. 这时, 第 p_0 次 Fourier 分量的大小和相位就会是

$$C \equiv |\mathcal{K}(p_0)| = \sqrt{\overline{\mathcal{K}}_R^2 + \overline{\mathcal{K}}_I^2} = \frac{\overline{K}_1 + \overline{K}_2}{2N}\mathcal{V}$$

$$\arg\{\mathcal{K}(p_0)\} = \arctan\frac{\overline{\mathcal{K}}_I}{\overline{\mathcal{K}}_R} = \phi. \qquad (9.4\text{-}9)$$

若不存在噪声, 这个策略将给出理想的 Fourier 分量的大小和相位的无误差的估值. 有光电计数涨落存在时, 这个策略是不完善的, 这指的是我们对参量的估值同它们在全然无噪声时的值之间总是有些差异. 虽然如此, 由于已知这种估值方法的性能优异 (文献 [222]), 所以这里仍然采用它. 于是给出我们对 Fourier 分量的大小和相位的估值 $\hat{C}$ 和 $\hat{\phi}$ 如下:

$$\hat{C} = \sqrt{\mathcal{K}_R^2 + \mathcal{K}_I^2} \qquad (9.4\text{-}10)$$

$$\hat{\phi} = \arctan(\mathcal{K}_I/\mathcal{K}_R).$$

为了估计条纹的可见度, 需要加一步. 从 (9.4-9) 式可见, 为了求 $\hat{\mathcal{V}}$, 必须用 $(\overline{K}_1 + \overline{K}_2)/(2N)$ 除 $\hat{C}$. 然而, 通常两个平均光电计数之和 $\overline{K}_1 + \overline{K}_2$ 可能未知. 缺少这个知识并不减弱我们估值条纹图案相位的能力, 但却减弱了我们估值条

纹可见度的能力. 解决的方法是通过测量结果来估这个值. 在实践中，对不同空间频率的条纹（在 Michelson 星体干涉仪的情况下是不同的反射镜间隔）常常要进行一系列测量. 在这一系列测量过程中，能够得到总光电计数的许多独立估值，每一个估值对应一个不同的被测条纹. 假设对平均光电计数的精确估值可以通过平均这些测量来获得，由此我们可以假设，就所有实际的目的而言，光电计数的平均值是一个已知量. 因此条纹的可见度就可以估值为

$$\hat{\mathcal{V}} = \frac{\sqrt{\mathcal{K}_R^2 + \mathcal{K}_I^2}}{(\overline{K}_1 + \overline{K}_2)/(2N)}. \tag{9.4-11}$$

9.4.4　可见度和相位估值的精度

从 DFT 对条纹的可见度和相位估值的规则，是在光辐射水平很高以致光电计数涨落可以忽略的条件下推出的. 现在要转而讨论关键的问题，即当光电计数涨落不能忽略时，用这种方法来测量那些参量可达到的精确度是什么？为了帮助回答这个问题，我们考虑 DFT 系数 $\mathbf{K}(p_0)$ 的实部和虚部的方差和协方差. 为说明起见，考虑

$$\sigma_R^2 = \overline{\mathcal{K}_R^2} - (\overline{\mathcal{K}_R})^2. \tag{9.4-12}$$

我们从下式开始：

$$\overline{\mathcal{K}_R^2} = \frac{1}{N^2} \sum_{m=0}^{N-1} \sum_{n=0}^{N-1} \overline{K(m)K(n)} \cos\left(\frac{2\pi m p_0}{N}\right) \cos\left(\frac{2\pi n p_0}{N}\right). \tag{9.4-13}$$

现在用（9.4-4）式，我们写出

$$\overline{\mathcal{K}_R^2} = \begin{cases} \dfrac{1}{N^2} \sum_{n=0}^{N-1} \overline{K^2}(n) \cos^2\left(\dfrac{2\pi n p_0}{N}\right) & m = n \text{ 项} \\[3mm] + \left(\dfrac{1}{N} \sum_{n=0}^{N-1} \overline{K}(n) \cos^2\left(\dfrac{2\pi n p_0}{N}\right)\right)^2 \left(1 + \dfrac{1}{\mathcal{M}}\right) & m \neq n \text{ 项}. \\[3mm] - \left(\dfrac{1}{N} \sum_{n=0}^{N-1} [\overline{K}(n)]^2 \cos\left(\dfrac{2\pi n p_0}{N}\right)\right)\left(1 + \dfrac{1}{\mathcal{M}}\right) \end{cases} \tag{9.4-14}$$

用（9.4-3）式表示 $K(n)$ 的二阶矩，且不失一般性地选择空间相位参考值，诸如 $\phi = 0$（我们总是可以选择想要的任何一个方便的相位参考），作求和运算，得到

$$\sigma_R^2 = \frac{\alpha A_e T(I_1 + I_2)}{2N}\left[1 + \frac{\alpha N A_e T(I_1 + I_2)}{2\mathcal{M}} \mathcal{V}^2\right]. \tag{9.4-15}$$

记得 $\overline{K}_1$ 和 $\overline{K}_2$ 是由两束发生干涉的光在整个阵列上所产生的光电事件的平均数，我们可以将 $\mathcal{K}_R$ 的方差表示为

$$\sigma_R^2 = \frac{\overline{K}_1 + \overline{K}_2}{2N^2}\left(1 + \frac{\overline{K}_1 + \overline{K}_2}{2\mathcal{M}} \mathcal{V}^2\right). \tag{9.4-16}$$

应用同样的分析去求 $\mathbf{K}(p_0)\mathcal{K}_I$ 的方差，得到

$$\sigma_I^2 = \frac{\alpha A_e T (I_1 + I_2)}{2N} = \frac{\overline{K}_1 + \overline{K}_2}{2N^2}. \tag{9.4-17}$$

最后，可以对协方差 $\overline{(\mathcal{K}_R - \overline{\mathcal{K}_R})(\mathcal{K}_I - \overline{\mathcal{K}_I})}$ 估值，并且发现它恒等于零．

以上分析证明了 $\mathbf{K}(p_0)$ 的实部和虚部是不相关的，而且一般地说具有不同的平均值和方差．图 9.7 示出感兴趣的各个量：条纹相矢量的确实值用 $\mathbf{C}$ 表示，它的方向沿着正实轴（由于我们选择条纹的参考相位是零）．围绕着 $\mathbf{C}$ 的端点存在一个"噪声云"，其等值线可以看成等概率密度线．这些等值线在实轴方向要比在虚轴方向宽．更一般地，当条纹的实际的相位不为零时，等值线在 $\mathbf{C}$ 方向拉长．

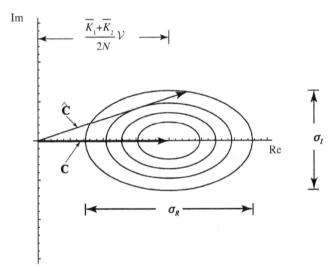

图 9.7　有噪声的条纹估值的相矢量图

再回到（9.4-16）式和（9.4-17）式上来，可以看出，两个方差的不同仅在于前一式括号里的第二项．可以看出，这一项是条纹可见度的平方和两个入射光束简并参量的算术平均值的乘积．在 9.3.2 节曾注意到，对于可见的热辐射，这些简并参量几乎总是远小于 1．此外，条纹可见度绝不能超过 1，因此，只要我们是在光谱的可见区内和热光打交道，造成图 9.7 中噪声云的不对称性的第二项一般可以忽略．所以，此后我们将假定两个方差相等．

有了上述分析为背景，我们现在可以用一个表达式来表明条纹可见度和相位估值可达到的精度．可以用两种不同的方法来得到有用的结果：一个方法是假定整个阵列上的光电计数总数足够大，可以对 $\mathbf{K}(p_0)$ 的实部和虚部应用中心极限定理．这时，确定条纹振幅和相位的问题等同于在圆形复 Gauss 噪声中确定一个常数相矢量的振幅和相位的问题，文献［222］采用了这一方法．这里我们选一种简单些的方法，它要求一个不同的假设．我们不假设可以应用中心极限定理，而代之以 2.9.4 节的一般结论，假设图 9.7 中噪声云的直径比确实的相矢量沿实轴的长度小很多（请参看 2.9.5 节中根据同样的高信噪比假设进行相仿的分析）. 参看图 9.7，这个假设的数学表述是

$$\frac{\overline{K}_1 + \overline{K}_2}{2N} \mathcal{V} \gg \sqrt{\frac{\overline{K}_1 + \overline{K}_2}{2N^2}} \quad \text{或} \quad \mathcal{V} \gg \sqrt{\frac{2}{\overline{K}_1 + \overline{K}_2}}. \tag{9.4-18}$$

因此，条纹可见度必定大于某一极限值，而这个极限值随着阵列探测到的光电事件次数的增加而减小. 在这种情况下，条纹振幅估值的误差几乎完全由和实际的相矢量同相的噪声分量（这时是方差 σ_R^2）引起，而相位估值的误差几乎完全由和确实的相矢量有 90° 相位差的噪声分量（这时是方差 σ_I^2）引起. 于是和条纹振幅（也就是条纹可见度，因为假设 I_1 和 I_2 已精确知道）估值关联的信噪比取下述形式：

$$\left(\frac{S}{N}\right)_{\text{rms}} \approx \frac{\mathcal{K}_R}{\sigma_R} = \sqrt{\frac{\overline{K}_1 + \overline{K}_2}{2}} \mathcal{V}, \tag{9.4-19}$$

而和条纹相位的测量关联的方均根误差由下式给出：

$$\sigma_\phi \approx \frac{\sigma_I}{\mathcal{K}_R} = \sqrt{\frac{2}{\overline{K}_1 + \overline{K}_2}} \frac{1}{\mathcal{V}}. \tag{9.4-20}$$

（9.4-19）式和（9.4-20）式是本节的主要结果，需要对它们的含义作一些讨论. 首先考虑测量条纹可见度的问题，在（9.4-19）式中要注意的关键是方均根信噪比依赖于：①整个阵列探测到的光电事件总数的平方根；②线性依赖于条纹可见度. 这些结果的一个重要的含义关系到为达到预先规定的信噪比所需要的积分时间. 由于 $\overline{K}_1$ 和 $\overline{K}_2$ 同积分时间 T 成正比，我们可以陈述第三个重要结论，即为了在可见度减小时保持信噪比不变，$\overline{K}_1$ 和 $\overline{K}_2$ 必须以与 $1/\mathcal{V}^2$ 成比例地增大.

为某些目的，将（9.4-19）式写成不同的形式是方便的. 假定发生干涉的两束光的平均强度相等（$\overline{K}_1 = \overline{K}_2 = \overline{K}$），并注意 $\delta_c = \overline{K}/\mathcal{M}$ 及 $\mathcal{M} = T/\tau_c$，其中 τ_c 是光的相干时间，我们可以写出

$$\left(\frac{S}{N}\right)_{\text{rms}} = \sqrt{\frac{T}{\tau_c}} \sqrt{\delta_c} \mathcal{V}, \tag{9.4-21}$$

从而可明显地看出简并参量的作用.

转过来看测量条纹相位的问题，要注意的主要结论是：①相位测量的方均根误差和阵列产生光事件总数的平方根成反比；②方均根相位误差和条纹的可见度成反比.

注意，当包括读噪声时，与（9.4-19）式和（9.4-20）式相应的结果可以从习题 9-11 中求得.

9.4.5 振幅干涉仪举例

有了以上这些结果，现在应该能（例如）估计决定 Michelson 星体干涉仪所形成的条纹的可见度所需的观察时间. 从（9.4-21）式可知，为达到一个给定的信噪比，观察时间同光的相干时间的比值必须满足

$$\frac{T}{\tau_c} = \left[\left(\frac{S}{N}\right)_{\mathrm{rms}}\right]^2 \frac{1}{\delta_c \mathcal{V}^2},\qquad(9.4\text{-}22)$$

式中我们已假设发生干涉的两束光有同样的平均强度. 假设在测量条纹可见度时我们想获得的信噪比为 10，为此用的是简并参量为 10^{-4} 的光（相应于与太阳相似的光源温度（参见图 9.3））、有高量子效应的探测器以及干涉仪中各个反射镜的面积是光的相干面积的 1/10（参见（9.3-22）式）. 为达到这个指定的信噪比所需的平均时间将依赖于我们要测量的条纹可见度的大小. 对于小的镜子间隔（与入射光的相干直径相比），将有大的可见度，而当镜子属于大间隔（以同样的标度）时，可见度就小. 对于可见度接近 1 的小镜子间隔，要求的积分时间接近 10^6 倍相干时间；而对于较大的镜子间隔，比如条纹的可见度只有 0.1，所需的积分时间约为 10^8 倍相干时间. 相干时间本身依赖于入射到光电探测器上的光的谱宽. 比如说，若谱宽为 10nm，则相干时间近似为 10^{-8}s，因而需要 1/100s 的测量时间. 相反，若条纹可见度是 0.1，要求的积分时间变为 1s. 注意，在许多实例中，与我们在此假设的情况相比，镜子面积可能只是相干面积的较小的一部分，因而所要求的积分时间可能要比我们上面计算的大很多. 也要注意到，1s 比起大气涨落的时间要长，因此，在此期间条纹会很快地移动.

和真实的天文问题相比，我们已算得的数或许有点人为，但是当我们比较振幅干涉仪和强度干涉仪的灵敏度时，它们还是有用的.

9.5 强度干涉仪在低光功率下的噪声限制

在上一节我们考虑了用干涉仪测量入射条纹图样的可见度的方法. 在本节中，我们从纯经典的观点出发，再次考虑在 6.3 节中讨论过的强度干涉仪. 如果不将两束光合到一起，而是直接探测入射到两个空间分离的孔径上的光，将两束光电流送到一起并相关，我们已经看到，原则上可以从那个相关来测定条纹的可见度. 读者现在或许想要重读 6.3 节，在那一节中研究了射到光电探测器上的热辐射强度涨落产生了纯经典噪声限制. 这里我们集中讨论的是由每个探测器上发生的光电事件的分立本性引起的对强度干涉仪的噪声限制. 一般说来，两种噪声都会出现. 然而，我们将看到，在光谱的可见区内，光电计数涨落才是对强度干涉仪的灵敏度和精度的主要限制.

9.5.1　强度干涉仪的计数方式

图 6.9 所绘的强度干涉仪的形式适合于一种纯经典情况，在这种情况下，用模拟式滤波器和模拟式设备对两个光电探测器产生的连续电流进行操作并把它们合起来. 而在本节感兴趣的问题中，如果我们假设干涉仪的形式稍微不同，如图 9.8 所示，那么分析可以得到简化. 两面大反射镜收集的光束聚焦到两个分开的光电探测器上. 假设每一个这样的光电探测器后面接有一个计数器，它对同一个 T_0 秒时间段内观察到的两个光电事件的次数进行计数. 从干涉仪两臂产生的计数次数 K_1 和 K_2 分别减去两臂上预期的计数平均值 $\overline{K}_1$ 和 $\overline{K}_2$. 然后将所得的"计数涨落" ΔK_1 和 ΔK_2 相乘并且送到一个求平均的累加器上，在那里，这个计数积被加到以前的各个 T_0 秒时间段内产生的计数积中，然后总和除以累加的计数积的个数. 因此，所要的输出是对有限数目的（计数积）测试得到的平均计数积. 我们很快会看到，它会给出关于条纹可见度的信息. 其实，如果这两光束直接干涉，就会形成这些条纹. 我们的目标是求出平均计数积的期望值与条纹可见度之间的关系. 此外，我们还想求出这个量的方差，从而可以决定信噪比，并同前一节求出的类似的量相比较.

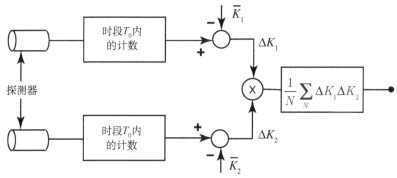

图 9.8　强度干涉仪的计数方式

9.5.2　计数涨落乘积的期望值及其与条纹可见度的关系

所谓"计数涨落"我们指的是在 T_0 秒时间间隔内在两个探测器上所得的真实计数次数和两个计数的期望值之差. 于是

$$\Delta K_1 = K_1 - \overline{K}_1, \quad \Delta K_2 = K_2 - \overline{K}_2. \tag{9.5-1}$$

强度干涉仪的输出端的平均累加器产生两个计数涨落之积的期望值的估值. 因此我们有兴趣求平均值 $\overline{(\Delta K_1 \Delta K_2)}$，并最终求累加器产生的估值的方差. 为有助于分析，我们先计算 K_1 和 K_2 之积的期望值，首先注意从条件概率的基本性质出发，

$$P(K_1, K_2) = \iint\limits_{-\infty}^{\infty} P(K_1, K_2 \mid W_1, W_2) p_W(W_1, W_2) \mathrm{d}W_1 \mathrm{d}W_2. \qquad (9.5\text{-}2)$$

此外, 由于在积分强度 W_1 和 W_2 分别给定的条件下, K_1 和 K_2 是独立的, 我们可以写出

$$P(K_1, K_2 \mid W_1, W_2) = P(K_1 \mid W_1) P(K_2 \mid W_2)$$
$$= \frac{(\alpha W_1)^{K_1}}{K_1!} \mathrm{e}^{-\alpha W_1} \frac{(\alpha W_2)^{K_2}}{K_2!} \mathrm{e}^{-\alpha W_2}, \qquad (9.5\text{-}3)$$

式中我们用了 K_1 和 K_2 均为条件 Poisson 这一事实. 于是, 现在可以写出计数积平均值的下述表示式:

$$\overline{K_1 K_2} = \sum_{K_1=0}^{\infty} \sum_{K_2=0}^{\infty} K_1 K_2 \iint\limits_{0}^{\infty} \frac{(\alpha W_1)^{K_1}}{K_1!} \mathrm{e}^{-\alpha W_1} \frac{(\alpha W_2)^{K_2}}{K_2!} \mathrm{e}^{-\alpha W_2} \times p_W(W_1, W_2) \mathrm{d}W_1 \mathrm{d}W_2.$$
$$(9.5\text{-}4)$$

在此, 我们交换上式中求和与积分的次序, 并应用关系

$$\sum_{K_1=0}^{\infty} K_1 \frac{(\alpha W_1)^{K_1}}{K_1!} \mathrm{e}^{-\alpha W_1} = \alpha W_1, \qquad \sum_{K_2=0}^{\infty} K_2 \frac{(\alpha W_2)^{K}}{K_2!} \mathrm{e}^{-\alpha W_2} = \alpha W_2, \qquad (9.5\text{-}5)$$

我们可以用入射到两个探测器上经典强度的平均值来表示计数积的平均值, 即

$$\overline{K_1 K_2} = \alpha^2 \, \overline{W_1 W_2}. \qquad (9.5\text{-}6)$$

有必要对积分强度的积的平均值作一些研究. 将两个积分强度的定义代入平均值, 并交换积分与平均的次序, 得到

$$\overline{W_1 W_2} = E\Big[A^2 \int_t^{t+T_0} I_1(\xi_1) \mathrm{d}\xi_1 \int_t^{t+T_0} I_2(\xi_2) \mathrm{d}\xi_2 \Big]$$
$$= \iint\limits_{t}^{t+T_0} \Gamma_I(P_1, P_2; \xi_1 - \xi_2) \mathrm{d}\xi_1 \mathrm{d}\xi_2, \qquad (9.5\text{-}7)$$

式中 P_1 和 P_2 代表干涉仪两个聚光孔径的中心, 而 Γ_I 是落在这两点上的强度的互相关, T_0 是一次计数的时间.

为了更进一步讨论, 有必要对测量中所用的光的本性作一些具体假设. 我们假设这里的光, ①是偏振的热源光, ②是可分的相干光, 即我们可以将时间和空间两方面的相干性分开. 有了这些假设, 两个强度的互相关函数可以化为

$$\Gamma_I(P_1, P_2; \xi_1 - \xi_2) = \bar{I}_1 \bar{I}_2 [1 + |\mu_{12}|^2 |\gamma(\xi_1 - \xi_2)|^2]. \qquad (9.5\text{-}8)$$

值得再一次强调, 这个表示式只对热光或赝热光成立. 特别是, 它不适用于单模稳幅激光. $\gamma(\xi_1 - \xi_2)$ 的对称性质允许我们进一步简化有关的积分. 使用和前面已用过几次的相类似的简化手续 (比如见 (6.2-18) 式), 二重积分可以化为单积分

$$\overline{W_1 W_2} = 2T_0 A^2 \int_0^{T_0} \left(1 - \frac{\eta}{T_0}\right) \Gamma_I(P_1, P_2; \eta) \, \mathrm{d}\eta$$

$$= 2T_0 A^2 \, \bar{I}_1 \, \bar{I}_2 \int_0^{T_0} \left(1 - \frac{\eta}{T_0}\right) \mathrm{d}\eta \tag{9.5-9}$$

$$+ 2T_0 A^2 \, \bar{I}_1 \, \bar{I}_2 \, |\mu_{12}|^2 \int_0^{T_0} \left(1 - \frac{\eta}{T_0}\right) |\gamma(\eta)|^2 \mathrm{d}\eta.$$

将这个结果代回 (9.5-6) 式, 并用如下事实:

$$\overline{\Delta K_1 \Delta K_2} = \overline{K_1 K_2} - \overline{K}_1 \, \overline{K}_2, \tag{9.5-10}$$

以及自由度数的定义 (9.2-21), 我们求出

$$\overline{\Delta K_1 \Delta K_2} = \frac{\overline{K}_1 \, \overline{K}_2}{\mathcal{M}} \mu_{12}^2, \tag{9.5-11}$$

式中 $\mu_{12} = |\mu_{12}|$. 于是, 知道 $\overline{K}_1$, $\overline{K}_2$ 和 $\mathcal{M}$ 之后, 我们可以从 $\overline{(\Delta K_1 \Delta K_2)}$ 决定 μ_{12}. 最后, 这个结果也可以用条纹可见度 $\mathcal{V}$ 表示, 由于

$$\mathcal{V} = \frac{2\sqrt{\bar{I}_1 \bar{I}_2}}{\bar{I}_1 + \bar{I}_2} \mu_{12} = \frac{2\sqrt{\overline{K}_1 \overline{K}_2}}{\overline{K}_1 + \overline{K}_2} \mu_{12}, \tag{9.5-12}$$

计数涨落积的平均值由下式给出:

$$\overline{\Delta K_1 \Delta K_2} = \left(\frac{\overline{K}_1 + \overline{K}_2}{2}\right)^2 \frac{\mathcal{V}^2}{\mathcal{M}}. \tag{9.5-13}$$

(9.5-13) 式是我们分析的重要里程碑, 它将计数涨落积的平均值与条纹可见度 (如果使两束光干涉, 则可以观察到这个条纹可见度) 联系起来. 它表明, 如果把个数足够多的计数涨落积送入求平均的累加器, 致使它能相当准确地估值真正的统计平均, 那么就可以从干涉仪输出端上的信息来估值可见度 $\mathcal{V}$. 注意, 同经典强度干涉仪的情况一样, 条纹相位的信息是得不到的. 这里我们还不知道为了使可见度的估计准确, 应该取多少个计数涨落积求平均. 这带动我们考虑估值 $\mathcal{V}$ 时的涨落问题, 为此我们必然将注意力转向干涉仪输出端上出现的噪声.

9.5.3　和可见度估值关联的信噪比

如果试图将经典导入噪声和散粒噪声涨落的效应同时包括在我们的分析中, 这个任务就会十分艰难. 两个探测器输出端上计数的散粒噪声涨落是统计独立的, 而经典导入涨落却不然. 事实上, 正是这些由经典涨落所导入的计数之间的统计不独立性使我们能够提取有关条纹可见度的信息. 不仅干涉仪输出的 "信号" 部分依赖于各计数之间的统计关系, 而且输出的噪声也受其影响. 干涉仪的完满的分析涉及这两种噪声效应, 这是一个十分困难的解析问题.

幸好, 我们最感兴趣的特殊情况是光由真正的热光源发射并且在可见光谱区, 这样只要一个简化很多的分析就够了. 我们知道, 对于这样的光源, 由于它

们发射的光的简并参量很小，光电计数的涨落中纯散粒噪声占压倒优势．在计算输出的信号部分时我们不能忽略经典导入的计数涨落，但是在计算噪声时它们是可以忽略的，因为它们对噪声的贡献十分小．

在下面的分析中，我们首先考虑和单个计数积的测量相关联的信噪比，它的定义如下：

$$\left(\frac{S}{N}\right)_1 = \frac{\overline{\Delta K_1 \Delta K_2}}{\left[\overline{(\Delta K_1 \Delta K_2)^2} - \left(\overline{\Delta K_1 \Delta K_2}\right)^2\right]^{1/2}}. \tag{9.5-14}$$

计算出这个量之后，我们再通过简单地将一个计数积的信噪比乘以在累加器里进行平均的独立测量个数的平方根，来描述在求平均累加器输出端上的信噪比．为了这种处理程序的精确性，唯一的要求是各个计数时间间隔的计数涨落是不相关的，这正是我们已假设为是限制精度的主要因素的 Poisson 散粒噪声的性质．

只要注意到就计算噪声这个目的来说，两个探测器上的计数涨落是统计独立的 Poisson 变量的涨落，那么（9.5-14）式的分母中括弧内的量就可以算出来．由此得到

$$\overline{(\Delta K_1 \Delta K_2)^2} - \left(\overline{\Delta K_1 \Delta K_2}\right)^2 = \overline{\Delta K_1^2}\,\overline{\Delta K_2^2} - \left(\overline{\Delta K_1}\,\overline{\Delta K_2}\right)^2 = \overline{\Delta K_1^2}\,\overline{\Delta K_2^2} = \overline{K_1}\,\overline{K_2},$$
$$\tag{9.5-15}$$

式中用到了性质 $\overline{\Delta K}=0$（根据定义）和 $\overline{\Delta K^2}=\overline{K}$（按 Poisson 假定）．将（9.5-13）式和（9.5-15）式代入信噪比的定义可见，对单个计数涨落积，

$$\left(\frac{S}{N}\right)_1 = \frac{\left(\frac{\overline{K_1}+\overline{K_2}}{2}\right)^2 \frac{\mathcal{V}^2}{\mathcal{M}}}{\sqrt{\overline{K_1}\,\overline{K_2}}}. \tag{9.5-16}$$

当入射到两个探测器上的平均强度相等时，信噪比的表达式化为下面这个有用的形式：

$$\left(\frac{S}{N}\right)_1 = \frac{\overline{K}}{\mathcal{M}}\mathcal{V}^2 = \delta_c \mathcal{V}^2, \tag{9.5-17}$$

式中 δ_c 是入射到任一探测器上的光计数的简并参量．习题 9-8 在探测器中包括了读噪声，将这个结果更一般化了．

必须再次强调，上式仅表示在计数间隔 T_0 秒内的单个计数涨落积的信噪比．即使对这个结果粗略一看，也可以看出存在一个问题．由于简并参量远小于1，又因为条纹可见度永远不能超过1，我们看到，单个计数涨落积的信噪比就总是远小于1！注意这个表示式同所用的单个计数间隔的长度 T_0 无关，因此，信噪比不会在一个间隔中加长计数时间而得到改善．我们的结论是，在可见光谱区用真正的热光时，不可能从单个计数积测量提取条纹可见度的信息，因为噪声超过信号太多了．

为了得到可见度的更精确的估值，我们必须对许多独立的计数区间中得到的

计数涨落积求平均, 这正是在干涉仪输出端上的求平均的累加器的作用. 假定各个计数区间计数涨落积是独立的, 我们看到从 N 个独立的计数间隔求得的信噪比由下式给出:

$$\left(\frac{S}{N}\right)_N = \sqrt{N}\delta_c\mathcal{V}^2. \tag{9.5-18}$$

若 T_0 是基本的计数间隔, 并且如果计数器可以瞬时地重设, 那么总的测量时间是 $T = NT_0$, 因而表示式 (9.5-18) 可以以总测量时间为参数而重新开始:

$$\left(\frac{S}{N}\right)_N = \frac{T}{T_0}\delta_c\mathcal{V}^2. \tag{9.5-19}$$

注意, 使基本的计数区间 T_0 最小化是有利的, 因为这时在一个固定的总测量时间内进行平均的独立计数涨落积的数目达到最大[1].

9.5.4　强度干涉仪举例

为了对这些结果有更具体的感受, 我们用 9.4.5 节中曾对振幅干涉仪处理过的同一问题来考察强度干涉仪的性能. 注意: 从 (9.5-19) 式, 总测量时间 T 同个别积累时间 T_0 的比率是

$$\frac{T}{T_0} = \frac{\left[\left(\frac{S}{N}\right)_N\right]^2}{\delta_c^2\mathcal{V}^4}. \tag{9.5-20}$$

如同在振幅干涉仪的例子中, 假设在测量条纹可见度时光的简并参量为 10^{-4} (源的温度与太阳的相对应), 我们想达到的信噪比是 10, 我们类似地假设探测器有高的量子效应, 各个聚光镜的面积是干涉仪中光的相干面积的 1/10. 最后假定基本计数时间 T_0 为 10ns, 所需要的测量时间还是与我们要去测量的条纹可见度有关. 对于比起入射光的相干直径小的镜子间隔而言, 可见度将会近似于 1, 而发现总的要求的测量时间 T 接近 2.8h. 如果聚光孔径间隔变大使得条纹的可见度降到 0.1, 则测量时间增长 10^4 倍. 显然, 将同一例子中的参数相比较, 强度干涉仪的灵敏度比起振幅干涉仪差很多.

那么, 如果强度干涉仪的灵敏度真是像上面说的那么差, 为什么这种仪器还有实际价值呢? 其部分答案在于以下事实, 即当振幅干涉仪中没有自适应光学配置时, 强度干涉仪的聚光孔径可以远大于振幅干涉仪的聚光孔径, 因而能包含由物产生的空间相干元胞的更大的一部分. 我们曾假定, 当使用来自同一个光源的光时, 两种干涉仪的计数简并参量相同, 这个假定并不真正对. 当干涉仪一臂上

---

[1]　回顾在 6.3 节中对强度干涉仪的经典分析的结果, 随着相乘前带宽 B 增加及相乘后带宽减小, 信噪比改善了. 在计数强度干涉仪中, 累积时间 T_0 相似于相乘前滤波器的脉冲相应时间 ($\approx 1/B$), 而总积分时间相似于相乘后滤波器脉冲相应的时间 ($\approx 1/b$).

的聚光孔径小于入射的空间相干元胞的大小时，在该臂的光电探测器上的计数简
并参量和那个孔径的面积成正比（参看（9.3-22）式）. 在地球大气中运转的
Michelson 星体干涉仪（仍然没有自适应光学配置）允许的最大聚光镜的直径为
10cm 的数量级；更大的孔径会导致条纹可见度的损失，这是因为进行的测量中
出现了一个以上大气空间相干元胞. 反之，对投射到探测器上的光的相位的大气
失真并不敏感的强度干涉仪，则可以使用比振幅干涉仪的孔径大得多的聚光孔
径. 例如，安置在澳洲 Narrabri 的强度干涉仪聚光镜的直径大约为 7m. 因此，假
定这个直径仍然小于从源来的光的相干直径，对于这个强度干涉仪，探测到的光
的有效简并参量比一个可作比较的振幅干涉仪约大 $(70)^2 = 4900$ 倍.

　　注意，现代的天文振幅干涉仪的聚光孔径的直径比大气相干直径 r_0 大很多，
之所以可以这么做是因为用一系列直径大约等于大气相干直径的子孔径，不多留
间隔地罩在聚光孔径上，从而同时收集了许多个不同空间频率的条纹. 可惜，因
为大气相位延迟，这种条纹的相位会有错误. 另外的也是更理想的办法是，为纠
正条纹的相位，在干涉仪的聚光孔径使用自适应光配置来完全消除大气相位失真
的影响.

　　尽管强度干涉仪的灵敏度比较低，但还有许多别的理由使人们对它感兴趣.
第一，这种干涉仪两臂上的光程调到差值不超过 v/v 的几分之一就认为是平衡
（相等）了，其中 v 是在互连处的电传播速度，B 是探测器后面的电子仪器的电
学带宽. 对于一个振幅干涉仪，相应的要求是平衡到差异不超过 $c/\Delta v$ 的几分之
一，其中 c 是光速，Δv 是干涉仪的光学带宽. 电学带宽和光学带宽之间大小相差
几个数量级的情况并不罕见，因此用强度干涉仪调整的容许误差量可以大大放宽.

　　强度干涉仪的第二个优势是它可以用比较不完善的聚光镜（聚光镜的用途仅
仅像个"光桶"），而振幅干涉仪则要求高精度的光学元件.

　　强度干涉仪的第三个优势是它不会因为在振幅干涉仪中出现的运动条纹而遭
损. 在振幅干涉仪中，条纹移动是由大气均匀性的变化导致的光程改变，或者由
干涉仪两臂的机械挠曲而引起. 在振幅干涉仪中，条纹的这种移动损害了条纹可
见度的测量精度，除非采用可以跟踪条纹移动的精密延迟线. 在强度干涉仪中就
不必有这一步骤.

　　总之，强度干涉仪固有的灵敏度较低的缺点由于可以在没有自适应光学配置
的情况下增大聚光孔径的面积、对光元件的精度要求较低、对大气影响比较不灵
敏、在调整系统时对误差要求较松等而得到了部分的补偿. 然而，可以用强度干
涉仪探索的星星的亮度是有限的，当前大多数的研究工作仍在用振幅干涉仪，尤
其是那些和自适应光学系统连同操作的干涉仪. 其原因正是它们克服了大气非均
匀的影响. 读者若对进一步研究强度干涉仪有兴趣，请参阅文献［31］，那里详
细讨论了强度干涉仪的历史和性能.

9.6 星体散斑干涉计量术中的噪声限制

我们最后的分析要考虑在星体散斑干涉计量术中遇到的噪声限制，特别是因参与任何一次测量的光电事件数目有限而引起的基本限制．在往下讨论之前，读者最好复习一下 8.7 节，那里介绍了星体散斑干涉计量术的基本思想．这里只需提醒读者，将探测到的短曝光像系综 Fourier 谱的模的平方进行平均，就可以得到物谱模的平方的估值，不受大气使像质退化的影响．然而，提取物的这种 Fourier 信息的能力受到光电探测过程中固有噪声的限制，特别是对于天文上最感兴趣的微弱的目标．

首先集中讨论一个解析模型，我们将用这个模型来研究这种成像方法的灵敏度．然后计算探测到的像的谱密度，接着再计算用来决定物谱平方模的一个可能的估值程序中会遇到的涨落，最后，将计算这个过程所能达到的信噪比．然后用一些一般性的评论结束最后一节．这个问题的另外一些不同的讨论可以在文献 [175]、[82]、[83]、[84] 和 [44] 中找到，也请参看文献 [149]．

9.6.1 探测过程的连续模型

前几节在振幅干涉仪和强度干涉仪的分析中，对探测过程用了几种离散模型．所谓离散模型我们指的是，在对振幅干涉仪的分析中假设了一组分立的小光电探测器，每一个产生计数矢量的一个元素；而假设强度干涉仪所用的探测器在离散的时间间隔中是门控的，每一个探测器产生一个离散的计数序列以待进一步处理．读者可能会欢迎我们在这里介绍另一种分析方法，这种方法对光电探测过程使用一个空间和时间连续的模型．

这时，我们假设探测器在空间是连续的，并且不仅能够记录在其感光表面（不论何处）有光电事件发生，而且还能记下该光电事件发生的位置．于是探测的信号表示为如下形式：

$$d(x,y) = \sum_{n=1}^{K} \delta(x - x_n, y - y_n), \tag{9.6-1}$$

式中 $d(x,y)$ 代表探测到的（像）信号作为两个空间坐标的函数，$\delta(x - x_n, y - y_n)$ 是通过一个中心在坐标 (x_n, y_n) 点的二维 δ 函数，用来表示在该坐标发生的一个特殊光电事件．在探测这个像信号的期间，在光电探测器面积内的不同位置上总共有 K 个这样的光电事件．在这个表示式中，要把 K，x_n，y_n 都当作随机变量，其统计性质在下面几段中描述．

上一段描述的模型是 3.7 节讨论过的那种复合的或非均匀的 Poisson 脉冲过程模型．按照光电探测的半经典理论，在入射光来自热光源而且简并参量很小的假设下，在光电探测器的面积 A 上发生 K 个光电事件的概率为 Poisson 分布．于是，在面积 A 内探测到 K 个光电事件的概率可写为

$$P(K) = \frac{\left[\displaystyle\iint_{-\infty}^{\infty}\lambda(x,y)\,\mathrm{d}x\mathrm{d}y\right]^{K}}{K!}\exp\left[-\iint_{-\infty}^{\infty}\lambda(x,y)\,\mathrm{d}x\mathrm{d}y\right], \qquad (9.6\text{-}2)$$

式中 Poisson 脉冲过程的"计数率"函数 $\lambda(x,y)$ 和落到光电探测器上的经典强度 $I(x,y)$ 有如下关系：

$$\lambda(x,y) = \alpha TI(x,y), \qquad (9.6\text{-}3)$$

α 由 (9.1-2) 式给出，而 T 表示对这个特定的像的积分时间．定义"计数率"函数 $\lambda(x,y)$ 仅在光电探测器光敏面积 A 上非零．暂时假定经典强度 $I(x,y)$ 已知，这样，我们可以把计数率函数 $\lambda(x,y)$ 当作一个给定的已知函数处理，然后再就 λ 的统计求平均．这个处理程序和条件统计的规定完全一致．为了以后的应用，我们进一步注意在光电事件数目 K 已知的条件下，事件的位置 (x_n,y_n) 是独立的随机变量，其共同概率密度函数为（参看 (3.7-14) 式）

$$p(x_n,y_n) = \frac{\lambda(x_n,y_n)}{\displaystyle\iint_{-\infty}^{\infty}\lambda(x,y)\,\mathrm{d}x\mathrm{d}y}, \qquad (9.6\text{-}4)$$

式中的计数率函数和经典的像强度成正比，是一个非负的函数．

图 9.9 示出一个经典强度分布的例子及对应的典型的探测到的像．为简单起见，示图是一维的．

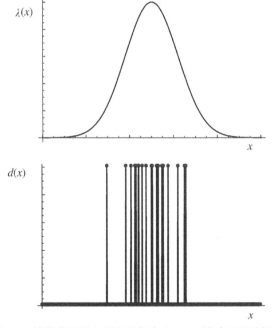

图 9.9　计数率函数和相应的复合 Possion 脉冲过程的例子

9.6.2 探测到的像的谱密度

散斑干涉计量术的基础是能对探测到的像的谱密度产生精确估值，因此考虑这样的光谱估值的统计性质是重要的．在本小节中，我们集中注意密度估值的平均值或期望值．在下面几节中，我们考虑估值围绕平均值的涨落．

落到光电探测器上的经典强度 $I(x,y)$ 不能代表一个平稳随机过程的样本函数．光电探测器的有限面积事实上提供了一个"窗口"，入射像必须通过这个窗口来测量，不论入射到窗口上的像是否平稳，在窗口限制之后它们一定是非平稳的．事实上，经过窗口作用的强度随机过程的每个样本函数（在探测器面积上）的积分是有限的，这是每个像具有有限的光能量之故．因此，每个样本函数的 Fourier 变换存在，讨论像的能量谱密度而不是功率谱密度是合适的．这个结论对于探测到的像 $d(x,y)$ 也是正确的，我们的兴趣在于决定探测到的像数据的 Fourier 变换 $\mathbf{D}(\nu_X,\nu_Y)$ 的平方模的期望值，其中

$$\mathbf{D}(\nu_X,\nu_Y) = \iint_{-\infty}^{\infty} d(x,y)\exp[\,\mathrm{j}2\pi(\nu_X x + \nu_Y y)\,]\mathrm{d}x\mathrm{d}y. \tag{9.6-5}$$

这个量的平方模可由下式给出：

$$|\mathbf{D}(\nu_X,\nu_Y)|^2 = \sum_{n=1}^{K}\sum_{m=1}^{K}\exp[\,\mathrm{j}2\pi[\,(\nu_X(x_n - x_m) + \nu_Y(y_n - y_m)\,)\,]\,]. \tag{9.6-6}$$

剩下的是求 $|\mathbf{D}|^2$ 对 $K(x_n,y_n)$ 和 λ 的统计分布的期望值．方便的做法是先将 K 和 $\lambda(x,y)$ 看作已知量，对 (x_n,y_n) 和 (x_m,y_m) 的条件统计求平均，然后再对 K 和 λ 求平均．因此，我们的第一个目标是计算

$$E_{n,m}[\,|\mathbf{D}(\nu_X,\nu_Y)|^2\,] = \sum_{n=1}^{K}\sum_{m=1}^{K}E_{nm}[\,\mathrm{e}^{\mathrm{j}2\pi[\nu_X(x_n-x_m)+\nu_Y(y_n-y_m)]}\,], \tag{9.6-7}$$

其中 E_{nm} 表示一个对 (x_n,y_n) 和 (x_m,y_m) 的平均．

可以区分两类不同的项：①$n=m$ 的 K 项，每项都产生 1；②$n\neq m$ 的 $K^2 - K$ 项．对于后者，我们知道 (x_n,y_n) 和 (x_m,y_m) 是独立的随机变量，因此

$$p(x_n,y_n;x_m,y_m) = \frac{\lambda(x_n,y_n)}{\displaystyle\iint_{-\infty}^{\infty}\lambda(x,y)\mathrm{d}x\mathrm{d}y}\frac{\lambda(x_m,y_m)}{\displaystyle\iint_{-\infty}^{\infty}\lambda(x,y)\mathrm{d}x\mathrm{d}y}. \tag{9.6-8}$$

对于这些 $K^2 - K$ 项，求平均过程的结果是

$$E_{n,m}[\,\mathrm{e}^{\mathrm{j}2\pi[\nu_X(x_n-x_m)+\nu_Y(y_n-y_m)]}\,] = \left|\frac{\displaystyle\iint_{-\infty}^{\infty}\lambda(x,y)\mathrm{e}^{\mathrm{j}2\pi(\nu_X x + \nu_Y y)}\mathrm{d}x\mathrm{d}y}{\displaystyle\iint_{-\infty}^{\infty}\lambda(x,y)\mathrm{d}x\mathrm{d}y}\right|. \tag{9.6-9}$$

于是，在(x_n,y_n)和(x_m,y_m)的统计分布上对$|\mathbf{D}|^2$求平均的结果变成

$$E_{n,m}\big[\,|\mathbf{D}(\nu_X,\nu_Y)|^2\,\big] = K + (K^2 - K)\left|\frac{\Lambda(\nu_X,\nu_Y)}{\Lambda(0,0)}\right|^2, \qquad (9.6\text{-}10)$$

式中$\Lambda(\nu_X,\nu_Y)$是计数率函数$\lambda(x,y)$的 Fourier 变换.

这里应当对单幅像中的计数数目K稍作讨论. 这个数目是逐幅改变的. 在某些应用中，尤其是使用了精确的光子计数设备的那些应用中，能够对每一幅探测得到的像求出K. 在这种情况下，将K当成一个随机变量是不合适的. 因为对每一次测量它是完全已知的. 在别的情况下不能测量K，这时，必须把K当成一个随机变量处理. 这里我们假设是后一种情况，在后面的评注中将会说到当（事实上）K在每一幅像中都能测量时，对它的处理要作必要的改变.

下面继续进行求平均，我们假定$\lambda(x,y)$已知，求 (9.6-10) 式对随机变量K的期望值. 用$\overline{K}_\lambda$表示给定λ时K的条件平均值，并且注意对 Poisson 统计，有

$$\overline{K^2} - \overline{K} = [\overline{K}_\lambda]^2, \qquad (9.6\text{-}11)$$

且当$\lambda(x,y)$已知时，

$$\Lambda(0,0) = \sum_{-\infty}^{\infty} \lambda(x,y)\,\mathrm{d}x\mathrm{d}y = \overline{K}_\lambda, \qquad (9.6\text{-}12)$$

我们求得

$$E_{n,m,K}\big[\,|\mathbf{D}(\nu_X,\nu_Y)|^2\,\big] = \overline{K}_\lambda + |\Lambda(\nu_X,\nu_Y)|^2. \qquad (9.6\text{-}13)$$

最后，对于$\lambda(x,y)$的统计分布求平均，得到

$$\mathcal{E}_d(\nu_X,\nu_Y) = E\big[\,|\mathbf{D}(\nu_X,\nu_Y)|^2\,\big] = \overline{K} + \mathcal{E}_\lambda(\nu_X,\nu_Y), \qquad (9.6\text{-}14)$$

式中$\overline{K}$是K的无条件平均值，$\mathcal{E}_\lambda(\nu_X,\nu_Y) = E\big[\,|\Lambda(\nu_X,\nu_Y)|^2\,\big]$.

因此，探测得到的像的谱密度是一个常数$\overline{K}$加上计数率函数的谱密度. 这个结果和 (3.7-30) 式一致，该式是由一个有关的论据得到的. 这个结果的另一种形式也是有用的. 首先，如果定义归一化的能谱密度

$$\hat{\mathcal{E}}_\lambda(\nu_X,\nu_Y) = \frac{\mathcal{E}_\lambda(\nu_X,\nu_Y)}{\mathcal{E}_\lambda(0,0)}, \qquad (9.6\text{-}15)$$

则有

$$\mathcal{E}_d(\nu_X,\nu_Y) = \overline{K} + (\overline{K})^2\hat{\mathcal{E}}_\lambda(\nu_X,\nu_Y). \qquad (9.6\text{-}16)$$

进而，由于$\lambda(x,y)$和经典强度$L(x,y)$成正比，必定有

$$\hat{\mathcal{E}}_\lambda(\nu_X,\nu_Y) = \hat{\mathcal{E}}_I(\nu_X,\nu_Y), \qquad (9.6\text{-}17)$$

式中$\hat{\mathcal{E}}_I(\nu_X,\nu_Y)$是射到探测器上的经典像强度的归一化的能谱密度. 结果示于图 9.10.

算出探测到的像的 Fourier 谱模的平方的平均或期望分布后，下一步要考虑如何计算和该量关联的涨落这一更困难的问题.

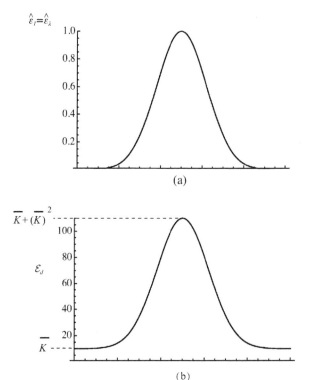

图 9.10　　(a) 像强度的归一化能谱密度；(b) 对 $\overline{K}=10$ 测得的相应能谱密度

9.6.3　像的谱密度估值的涨落

在这里感兴趣的成像问题中，我们最先想要得到的结果是落在探测器上经典像强度的归一化能谱密度的精确估值 $\hat{\mathcal{E}}_I$. 由于在 $\mathcal{E}_d$ 和 $\hat{\mathcal{E}}_I$ 之间存在着简单的关系 ((9.6-16) 式) (Err., 书中为 (9.6-17) 式), 一个合理的办法是首先求估值 $\mathcal{E}_d$, 然后把 $\hat{\mathcal{E}}_I$ 表示为

$$\hat{\mathcal{E}}_I = \frac{\mathcal{E}_d - \overline{K}}{(\overline{K})^2}. \tag{9.6-18}$$

量 $\overline{K}$ 就是总的像亮度的度量, 我们假设它或者事先知道, 或者可用一个适当的光度学测量来精确确定. (如前所述, 另有一种在文献 [44] 中描述的估值程序, 即用在图片上探测到的实际光电事件的次数 K 来代替 $\overline{K}$. 我们在后面还要对此作简要讨论.) 估值 $\hat{\mathcal{E}}_I$ 的涨落由 $\mathcal{E}_d$ 测量结果的涨落决定. 这里我们想求的正是这些涨落.

通过测量单个像的 $|\mathbf{D}|^2$ 可以得到 $\mathcal{E}_d$ 的估值. 这个估值的期望值当然是 $\mathcal{E}_d(\nu_X, \nu_Y)$. 但是一个单次测量结果究竟离期望值可能多远呢? 为了回答这个问

题，必须求 $|\mathbf{D}|^2$ 的二阶矩，即必须计算

$$E[\,|\mathbf{D}|^4\,] = \sum_{n=1}^{K}\sum_{m=1}^{K}\sum_{p=1}^{K}\sum_{q=1}^{K} E[\exp\{j2\pi[\nu_X(x_n - x_m + x_p - x_q) \tag{9.6-19}$$
$$+ \nu_Y(y_n - y_m + y_p - y_q)]\}].$$

这个计算很冗长，在附录 E 中给出，结果为

$$E[\,|\mathbf{D}|^4\,] = \overline{K} + 2(\overline{K})^2 + 4(1+\overline{K})\mathcal{E}_\lambda(\nu_X, \nu_Y) \tag{9.6-20}$$
$$+ \mathcal{E}_\lambda(2\nu_X, 2\nu_Y) + 2\mathcal{E}_\lambda^2(\nu_X, \nu_Y).$$

如果我们减去 $|\mathbf{D}|^2$ 的平均值的平方，即（9.6-14）式平方，得到 $|\mathbf{D}|^2$ 的方差为

$$\sigma_{|\mathbf{D}|^2}^2 = \overline{K} + (\overline{K})^2 + 2(2+\overline{K})\mathcal{E}_\lambda(\nu_X, \nu_Y) + \mathcal{E}_\lambda(2\nu_X, 2\nu_Y) + \mathcal{E}_\lambda^2(\nu_X, \nu_Y). \tag{9.6-21}$$

等价地，利用 λ 和 I 间的正比关系，有

$$\sigma_{|\mathbf{D}|^2}^2 = \overline{K} + (\overline{K})^2 + 2(2+\overline{K})(\overline{K})^2\hat{\mathcal{E}}_I(\nu_X, \nu_Y) \tag{9.6-22}$$
$$+ (\overline{K})^2\hat{\mathcal{E}}_I(2\nu_X, 2\nu_Y) + (\overline{K})^4 + \hat{\mathcal{E}}_I^2(\nu_X, \nu_Y).$$

这个方程代表本节的主要结果. 它非常有趣，值得作一些讨论. 特别要注意，探测到的像在频率 (ν_X, ν_Y) 上的能量谱密度的涨落不但同经典像在同一频率上的能量谱密度有关，而且也同频率 $(2\nu_X, 2\nu_Y)$ 上的谱密度有关！换句话说，经典强度在 $(2\nu_X, 2\nu_Y)$ 频率分量引入了在频率 (ν_X, ν_Y) 上的谱估值的涨落. 这个"半频"现象是光子受限像的一个基本性质. Walkup 以前在另一场合已注意到这一点[221]. 单边偏置正弦（有限延伸的）光子受限像的能量谱密度的特征由下式描述：

$$I(x, y) = \frac{I_0}{2}[1 + \cos(2\pi\nu_0 x)], \tag{9.6-23}$$

在图 9.11 中显示，注意在正弦条纹的频率一半处确实出现谱估值的涨落.

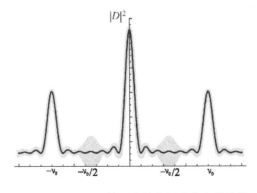

图 9.11 一个正弦像强度的能量谱密度的估值

实线代表平均值，阴影的面积代表每个频率上的估值的标准偏差

求出谱估值的平均值和方差之后，我们现在可以来考虑和测量关联的信噪比了.

9.6.4　星体散斑干涉计量术的信噪比

在前两节演算的基础上，现在可以表示在频率(ν_X, ν_Y)的像的归一化能谱密度的单幅估值的方均根信噪比. 在减去与平均值$\mathcal{E}_d$相联系的偏置值$\overline{K}$（见（9.6-16）式）之后，信噪比取以下形式：

$$\left(\frac{S}{N}\right)_1 = \frac{\overline{K}^2 \hat{\mathcal{E}}_I}{\sqrt{\overline{K}^4 \hat{\mathcal{E}}_I^2 + 2\overline{K}^3 \hat{\mathcal{E}}_I + \overline{K}^2(1 + 4\hat{\mathcal{E}}_I + \hat{\mathcal{E}}_I(2\nu_X, 2\nu_Y)) + \overline{K}}}, \qquad (9.6\text{-}24)$$

其中，为了紧凑起见，我们略去了对(ν_X, ν_Y)的依赖关系，只保留了对$(2\nu_X, 2\nu_Y)$的依赖关系.

如果还记得我们最终真正要找的不是像的而是物的能量谱密度，为此需要这个结果的一个更有用的形式（它已经得到了）. 因此现在有必要将这两个能量谱密度之间的关系放在一起讨论，并将大气湍流的效应考虑进来. 在8.7节中已作过这种计算. 对我们最适用的是8.7.2节中的直观分析，注意到像和物的归一化能量谱密度由下式相联系（参见（8.7-14）式）：

$$\hat{\mathcal{E}}_I(\nu_X, \nu_Y) = \overline{|\mathcal{H}(\nu_X, \nu_Y)|^2} \hat{\mathcal{E}}_0(\nu_X, \nu_Y), \qquad (9.6\text{-}25)$$

可以用（8.7-13）式的结果来表示短曝光 OTF 的均方值，有

$$\overline{|\mathcal{H}(\nu_X, \nu_Y)|^2} = \left(\frac{r_0}{D_0}\right)^2 |\mathcal{H}_0(\nu_X, \nu_Y)|. \qquad (9.6\text{-}26)$$

这里和前面一样，r_0是大气相干直径，D_0是望远镜聚光孔径的直径，$\mathcal{H}_0$是无大气时望远镜的衍射受限 OTF. 用替换

$$\hat{\mathcal{E}}_I(\nu_X, \nu_Y) = \left(\frac{r_0}{D_0}\right)^2 \mathcal{H}_0(\nu_X, \nu_Y)\hat{\mathcal{E}}_0(\nu_X, \nu_Y) \qquad (9.6\text{-}27)$$

并定义

$$\overline{k} = \left(\frac{r_0}{D_0}\right)^2 \overline{K} \qquad (9.6\text{-}28)$$

它表示每个大气相干直径的平均光电事件数，则单幅的信噪比的形式为

$$\left(\frac{S}{N}\right)_1 = \frac{\overline{k}\mathcal{H}_0\hat{\mathcal{E}}_0}{\sqrt{[1 + \overline{k}\mathcal{H}_0\hat{\mathcal{E}}_0]^2 + \dfrac{1}{\overline{K}}[1 + 4\overline{k}\mathcal{H}_0\hat{\mathcal{E}}_0 + \overline{k}\mathcal{H}_0(2\nu_X, 2\nu_Y)\hat{\mathcal{E}}_0(2\nu_X, 2\nu_Y)]}},$$

$$(9.6\text{-}29)$$

其中，除了保留在$(2\nu_X, 2\nu_Y)$的项之外，对(ν_X, ν_Y)的依赖关系已经去掉了.

实际上，测得的数据并不是从一幅像得到的，而是从在大量时间序列中所拍

的许多幅像中得到的. 假定大气状态的实现是逐幅独立的, 那么与 N 幅像的平均值关联的信噪比是

$$\left(\frac{S}{N}\right)_N = \sqrt{N}\left(\frac{S}{N}\right)_1. \tag{9.6-30}$$

现在我们握有信噪比的一个表示式, 它对于评价星体散斑干涉仪的限制已经足够了. 然而在下一节中我们对这些结果需要作进一步的讨论.

9.6.5　结果的讨论

单幅信噪比的表示式 ((9.6-24) 式) 揭示了星体散斑干涉计量术的一些有趣而重要的性质. 最重要的是, 随着每个散斑的光电事件数 $\bar{K}$ 无界地增大, 信噪比渐近地趋于 1. 因此, 用单幅像来作像能量密度谱的估值, 不可能达到大于 1 的信噪比. 这个性质是所有谱估值时所共有的, 因为此估值是依赖于随机过程单个样本函数的 Fourier 变换得到的 (例如, 见参考文献 [45] 6-6 节中对 "周期图" 的讨论). 提高信噪比的唯一方法是对许多幅像的单幅估值求平均, 得到 (9.6-30) 式中描述的行为.

在这方面, 强度干涉仪和星体干涉仪有惊人的相似之处. 在强度干涉仪中, 已求得同任一单个计数积相联系的信噪比之上界为 1, 只有通过对许多个独立的计数积求平均, 才能改善其性能. 相似之处还不止于此, 在强度干涉仪的情形中, 决定性能的关键参量是计数简并参量, 或在入射热光的单个相干区间中产生的光电事件平均次数. 在星体散斑干涉仪的情形中, 参量 $\bar{K}$ (大气的单个空间相干元胞中发生的光电事件的平均数目) 起着相似的作用.

单幅信噪比的表示式 (9.6-29) 是复杂的, 因为它依赖于物在 (ν_X, ν_Y) 和 $(2\nu_X, 2\nu_Y)$ 两个频率上的谱分量. 如果我们将注意力限于望远镜的衍射受限的截止频率之半和截止频率之间, 这个复杂性是可以去掉的, 因为这时倍频项对所关注的频率上的噪声没有贡献. 于是, 单幅信噪比可以写成

$$\left(\frac{S}{N}\right)_1 = \frac{\bar{k}\mathcal{H}_0\hat{\mathcal{E}}_0}{\sqrt{(1+\bar{k}\mathcal{H}_0\hat{\mathcal{E}}_0)^2 + \frac{1}{\bar{k}}(1+4\bar{k}\mathcal{H}_0\hat{\mathcal{E}}_0)}}. \tag{9.6-31}$$

有三个感兴趣的极限区域, 它们对 $\bar{k}$ 的依赖关系是不同的:

$$
\begin{aligned}
&\text{对} \bar{k}\mathcal{H}_0\hat{\mathcal{E}}_0 \gg 1, &&(S/N)_1 \approx 1(\text{独立于} \bar{k}), \\
&\text{对} \bar{k}\mathcal{H}_0\hat{\mathcal{E}}_0 \ll 1 \text{和} \bar{K} \gg 1, &&(S/N)_1 \approx \bar{k}\mathcal{H}_0\hat{\mathcal{E}}_0, \\
&\text{对} \bar{k}\mathcal{H}_0\hat{\mathcal{E}}_0 \ll 1 \text{和} \bar{K} \ll 1, &&(S/N)_1 \approx \bar{k}^{3/2}(D_0/r_0)\mathcal{H}_0\hat{\mathcal{E}}_0.
\end{aligned} \tag{9.6-32}
$$

图 9.12 表示单幅信噪比对 $\bar{k}$ 的典型的依赖关系. 图中标出了三个不同的性能区域. 注意, 在大的 $\bar{k}$ 值 (图的右边) 时信噪比渐近地趋于 1. 在这个区域

$(S/N)_1$ 相对地独立于物的亮度. 在中间区域, $(S/N)_1$ 与每个相干面积上的平均光电事件次数成正比增加. 只有在第三区域内, 当每幅图的光电事件总数远小于 1 时, 望远镜孔径的增加才改善了信噪比. 这后一区间在实践中一般是不重要的, 因为所得的信噪比如此之小.

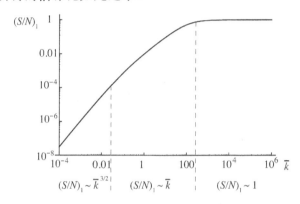

图 9.12　对散斑干涉计量术, 典型的单幅像方均根信噪比和平均

光电事件 $\bar{k}$ (即每个散斑的光电事件的平均数) 的函数关系

假设 $\mathcal{H}_0 \hat{\mathcal{E}}_0 = 10^{-2}$, $D_0/r_0 = 10$

　　Dainty 和 Greenway[44] 已经证明, 如果给定的一幅图中的光电事件的实际次数是已知的, 那么在 (9.6-18) 式中应当减去这个数, 而不是期望值 $\bar{K}$. 于是, 图 9.12 中间区所描述的性能伸展到左边的第三区. 因此, 在所有 $\bar{k} \ll 1$ 的区域内, 信噪比保持和 $\bar{K}$ 成正比. 他们也考察过所谓 q 截断估值, 在这种估值方法中, 所有小于 q 个光电事件的图都弃去而不参加求平均过程. 这时的结果更加复杂, 但是已经证明, 通过弃去只含有 0 个或 1 个光电事件的图, 可以达到最佳性能, 并且这种性能在 $\bar{k} \ll 1$ 时仍然得出和 $\bar{k}$ 成正比增加的单幅信噪比, 和图 9.12 的中区一样.

习　　题

9-1　当空间均匀的光落到面积为 A 的光电探测器表面上时, 考虑发生在 T 秒时间间隔内的光电事件数的特征函数. 用入射光强的积分强度的特征函数表示这个特征函数. 注意, 为此需要把 W 的特征函数推广为一个复变量的函数.

9-2　用特征函数证明, 随着自由度数目变成任意大, Γ 密度渐近地趋于一个 Gauss 密度.

9-3　证明当自由度数为 1 时, (9-2-24) 式中的负二项式分布化为 Bose-Einstein

分布.

9-4　一束部分偏振热光射到一个光电探测器上,入射波的总积分强度可以看成由两个统计独立的分量构成,即 W_1(平均值为 $\overline{W}_1$)和 W_2(平均值为 $\overline{W}_2$). 于是 W 的概率密度可以表示为 W_1 和 W_2 的概率密度的卷积. 证明在这种情况下,观察到的光电事件总数的概率分布 $P(K)$ 可以表示为 $P_1(K)$ 和 $P_2(K)$ 这两个分布函数的离散卷积, $P_1(K)$ 和 $P_2(K)$ 分别是 W_1 和 W_2 单独入射时观察到的光电事件数的分布函数.

9-5　已知从部分偏振的赝热源发的光有如下形式的相干矩阵:

$$\underline{\mathbf{J}} = \bar{I}\begin{bmatrix} 1/2 & -1/6 \\ -1/9 & 1/2 \end{bmatrix}.$$

光落到一个记录光电事件数目的光电探测器上,计数时间比相干时间短 $(T \ll \tau_c)$.

(a) 落到光电探测器上的总经典强度的概率密度函数是什么?

(b) 用 Mandel 公式和 (a) 的结果求时间 T 内的光电事件数目的概率分布函数 $P(K)$,结果用 K 和 $\overline{K}$ 表示.

9-6　假定偏振热光的复相干度可以因式分解,说明:当光电探测器的面积比入射光的相干面积大很多时,空间自由度数化为光电探测器的面积和入射光相干面积之比.

9-7　假定一个简谐振子的能级只能取值 $nk\nu$,并给定占有数服从 Maxwell-Boltzmann 分布 ((9.3-16) 式),证明与占有数关联的分布是 Bose-Einstein 分布,并推导出平均占有数.

9-8　证明:当在强度干涉仪中的两个相同的探测器有同样方差的读噪声 σ_{read}^2,并且入射到两个探测器上的平均强度相同时,在单个计数间隔中达到的信噪比变为

$$\left(\frac{S}{N}\right)_1 = \frac{\delta_c \mathcal{V}^2}{\sqrt{1 + \sigma_{\text{read}}^2/\overline{K}^2}}$$

9-9　对于图 9.6 中所示的探测器阵列以及在那里讨论的问题中采用过的假设 (包括热光的假设),证明:在第 m 个和第 n 个探测器单元上记录的计数之间的相关由下式给出

$$\overline{K(n)K(m)} = \begin{cases} \overline{K}(n)\,\overline{K}(m)\left(1 + \dfrac{1}{\mathcal{M}}\right) & m \neq n \\ \overline{K}(m) + [\overline{K}(m)]^2\left(1 + \dfrac{1}{\mathcal{M}}\right) & n = m. \end{cases}$$

9-10　若射到探测器阵列上的光是赝热光并且有一个很大数目的简并参量 (即 $\delta_c \gg 1$),考虑图 9.6 的系统的噪声性能. 对各个参量的相对大小作以下

假定：
$$\overline{K}_1 = \overline{K}_2, \quad \delta_c \mathcal{V}^2 \gg 1.$$
求与条纹可见度的度量关联的方均根信噪比的表示式，并且把结果同（9.4-21）式中得到的结果相比较．

9-11　再来考虑图 9.6 中的振幅干涉仪，但假定：每一个探测器单元和一个平均值为零，方差为 σ_{read}^2 的读噪声相关联，所有的探测器单元都一样．与不同的探测器单元相关联的读噪声都是互相独立的．

（a）证明：读噪声在 DFT 域中频率指标为 p_0 处导入了另一个噪声，它是相加的圆形复 Gauss 随机变量，其实部和虚部的方差都为 $\sigma_{\mathrm{read}}^2/2N$.

（b）证明：采用推导（9.4-19）式时的假设条件，和条纹振幅关联的方均根信噪比成为

$$\left(\frac{S}{N}\right)_{\mathrm{rms}} = \frac{\sqrt{\dfrac{\overline{K}_1 + \overline{K}_2}{2}}\,\mathcal{V}}{\sqrt{1 + \dfrac{N\sigma_{\mathrm{read}}^2}{\overline{K}_1 + \overline{K}_2}}}.$$

（c）在同样的假设条件下，证明测得的条纹相位的标准偏差为

$$\sigma_\phi = \frac{\sqrt{1 + \dfrac{N\sigma_{\mathrm{read}}^2}{\overline{K}_1 + \overline{K}_2}}}{\sqrt{\dfrac{\overline{K}_1 + \overline{K}_2}{2}}\,\mathcal{V}}.$$

注意：$\overline{K}_1$ 和 $\overline{K}_2$ 是在整个阵列上，对两束入射光探测到的光电事件的平均数，而 σ_{read}^2 是探测器阵列每个单元的读噪声．

9-12　一个强度受到调制的单模稳幅激光器产生随时间变化的强度，它和时间的函数关系是
$$I(t) = \frac{I_0}{2}\big[1 + \cos(2\pi\nu_m t + \theta)\big],$$
式中 I_0 和 ν_m 是已知常数，但 θ 是一个随机变量，在 0 到 2π 上均匀分布．

（a）求这种光入射时在时间间隔 T 内探测到的光电事件的平均数 $\overline{K}$.

（b）求 T 秒内观察到的光电事件数的方差 σ_K^2.

9-13　N 个等强度独立模式振荡的激光器发射的场落到一个光电探测器上，在一个足够短的区间内对光电事件进行计数，在这个区间内光保持为常数（不过是随机的）．

（a）求观察到的光电计数次数的平均值 $\overline{K}$ 和方差 σ_K^2，把后者表示为 N 和 $\overline{K}$ 的函数．

（b）把计数方差的经典导入分量和散粒噪声导入分量之比用 N 和 $\overline{K}$ 表示出来．

9-14　某种荧光过程产生极短的光脉冲，每个脉冲携带一个已知的经典能量 W_0，每秒钟射到一个光电探测器上的脉冲数服从 Poisson 分布，已知其平均值为每秒 λ 个脉冲．我们在测量时间 T 内对光电事件数 K 进行计数．

（a）用时间 T 秒内每个光脉冲的平均（光电事件）计数次数 $\overline{N}$ 和脉冲的平均次数 $\overline{P}$ 来表示光电事件数 K 的方差 σ_K^2．

（b）根据（a）的结果，你预期在什么条件下经典导入涨落会超过由光电探测过程本身带来的散粒噪声涨落？

9-15　某一光电探测器对探测到的每个光电事件产生一个面积已知且有限大小的电流脉冲．作为一阶近似，可以假定产生的脉冲是矩形的，脉冲宽度为 T，峰值电流为 i_0．

（a）设单模稳幅激光（强度为 I_0）射到探测器（感光面积为 A）上．求在任意选定的时刻 T_0 在探测器的输出端观察到的电流 $i(T)$ 的概率密度分布．

（b）就偏振热光的情形重复（a）的步骤，对光的相干时间没有限制．

附录 A Fourier 变换

Fourier 变换也许是对于统计光学工作甚至现代光学所有领域中的问题所需要的最重要的解析工具. 为此, 我们这里对最重要的 Fourier 变换定理和实际工作中需要的 Fourier 变换对偶作一简短的综述. 我们不打算在这里对这些性质和关系进行推导. 相反, 关于这方面的知识, 请读者参看有关这个题目的众多的优秀书籍中的任何一种 (例如, 文献 [24]、[157]、[158] 和 [68]).

A.1 Fourier 变换的定义

本书中, 我们选用具有正指数核的 Fourier 变换定义. 于是, 我们的一维和二维 Fourier 变换定义为

$$\mathbf{F}(\nu) \triangleq \int_{-\infty}^{\infty} \mathbf{f}(x) e^{j2\pi\nu x} dx \qquad (A-1)$$

和

$$\mathbf{F}(\nu_X, \nu_Y) \triangleq \iint_{-\infty}^{\infty} \mathbf{f}(x, y) e^{j2\pi(\nu_X x + \nu_Y y)} dx dy. \qquad (A-2)$$

伴随着这些定义的是对应的一维和二维 Fourier 逆变换的定义

$$\mathbf{f}(x) = \int_{-\infty}^{\infty} \mathbf{F}(\nu) e^{-j2\pi\nu x} d\nu \qquad (A-3)$$

和

$$\mathbf{f}(x, y) = \iint_{-\infty}^{\infty} \mathbf{F}(\nu_X, \nu_Y) e^{-j2\pi(\nu_X x + \nu_Y y)} d\nu_X d\nu_Y. \qquad (A-4)$$

读者可能更习惯于使用这些变换的其他几种可能的定义中的一种. 例如, 常常在正变换的指数核中用负号 (并在逆变换的指数核中用正号). 然后自然就会出现这样的问题: 用正核定义的 Fourier 变换 (我们称之为 $\mathbf{F}^+(\nu)$) 同用负核定义的 Fourier 变换 (称之为 $\mathbf{F}^-(\nu)$) 有什么关系. 只要写一行代数演算就可以证明在一维情况下, 该关系为

$$\mathbf{F}^+(\nu) = \mathbf{F}^-(-\nu). \qquad (A-5)$$

在二维情况下, 该关系为

$$\mathbf{F}^+(\nu_X, \nu_Y) = \mathbf{F}^-(-\nu_X, -\nu_Y). \qquad (A-6)$$

于是适用于一种定义的 Fourier 变换表很容易转换为另一种定义的对应的表.

有时候, 用下述另一种不同而等效的 Fourier 变换与其逆变换的定义会很有益:

$$\tilde{\mathbf{F}}(\omega_X,\omega_Y) \triangleq \iint_{-\infty}^{\infty}\mathbf{f}(x,y)\,\mathrm{e}^{\mathrm{j}(\omega_X x+\omega_Y y)}\,\mathrm{d}x\mathrm{d}y,$$

$$\mathbf{f}(x,y) \triangleq \left(\frac{1}{2\pi}\right)^2\iint_{-\infty}^{\infty}\tilde{\mathbf{F}}(\omega_X,\omega_Y)\,\mathrm{e}^{-\mathrm{j}(\omega_X x+\omega_Y y)}\,\mathrm{d}\omega_X\mathrm{d}\omega_Y.$$

(A-7)

给定变换 $\mathbf{F}(\nu_X,\ \nu_Y)$ 的表, 变换 $\tilde{\mathbf{F}}(\omega_X,\omega_Y)$ 可以简单地由下式得到:

$$\tilde{\mathbf{F}}(\omega_X,\omega_Y) = \mathbf{F}\left(\frac{\omega_X}{2\pi},\frac{\omega_Y}{2\pi}\right).$$

(A-8)

A.2　Fourier 变换的基本性质

现在我们列出对于一维和二维情况下的一系列 Fourier 变换演算时很有用的关系而不加证明. 在这个附录中, 我们始终用 $\mathbf{g}$ 和 $\mathbf{h}$ 代表一个或两个自变量的函数 (一般为复数), 用 $\mathbf{G}$ 和 $\mathbf{H}$ 代表它们的根据 (A-1) 式或 (A-2) 式定义的 Fourier 变换. 在一切情况下, 手写体字母 $\mathcal{F}\{\cdot\}$ 都代表一个一维或二维的 Fourier 变换算符; 维数可以从上下文清楚地看出①. 类似地, 符号 $\mathcal{F}^{-1}\{\cdot\}$ 代表 Fourier 逆变换算符. 如果只写关系式的一个形式, 那么它对于一维和二维情况都成立.

线性性. 若 $\mathbf{a}$ 和 $\mathbf{b}$ 代表任意的复常数, 则对一维和二维情形都有
$$\mathcal{F}\{\mathbf{a}\mathbf{g} + \mathbf{b}\mathbf{h}\} = \mathbf{a}\mathbf{G} + \mathbf{b}\mathbf{H}.$$

(A-9)

相似性. 若 a 和 b 是实数常数, 那么
$$\mathcal{F}\{\mathbf{g}(ax)\} = \frac{1}{|a|}\mathbf{G}\left(\frac{\nu}{a}\right)$$

(A-10)

且
$$\mathcal{F}\{\mathbf{g}(ax,bx)\} = \frac{1}{|ab|}\mathbf{G}\left(\frac{\nu_X}{a},\frac{\nu_Y}{b}\right).$$

(A-11)

平移. 若 a 和 b 是实数常数, 那么
$$\mathcal{F}\{\mathbf{g}(x - a)\} = \mathrm{e}^{-\mathrm{j}2\pi\nu a}\mathbf{G}(\nu)$$

(A-12)

且

---

① 在多自变量函数对于其中一个自变量 (例如, 自变量 x) 作 Fourier 变换的情况, 用符号 $\mathcal{F}_x\{\cdot\}$ 表示, 积分自变量由下标指明.

$$\mathcal{F}^{-1}\{\mathbf{G}(\nu - a)\} = \mathbf{g}(x)\mathrm{e}^{-\mathrm{j}2\pi xa}, \tag{A-13}$$

在二维情况下有

$$\mathcal{F}\{\mathbf{g}(x - a, y - b)\} = \mathrm{e}^{\mathrm{j}2\pi(\nu_X a + \nu_Y b)}\mathbf{G}(\nu_X, \nu_Y) \tag{A-14}$$

且

$$\mathcal{F}^{-1}\{\mathbf{G}(\nu_X - a, \nu_Y - b)\} = \mathbf{g}(x, y)\mathrm{e}^{-\mathrm{j}2\pi(xa + yb)}. \tag{A-15}$$

Parseval 定理. 在一维时,

$$\int_{-\infty}^{\infty} |\mathbf{g}(x)|^2 \mathrm{d}x = \int_{-\infty}^{\infty} |\mathbf{G}(\nu)|^2 \mathrm{d}\nu, \tag{A-16}$$

而在二维时为

$$\iint_{-\infty}^{\infty} |\mathbf{g}(x, y)|^2 \mathrm{d}x\mathrm{d}y = \iint_{-\infty}^{\infty} |\mathbf{G}(\nu_X, \nu_Y)|^2 \mathrm{d}\nu_X \mathrm{d}\nu_Y. \tag{A-17}$$

卷积定理. 在一维时,

$$\mathcal{F}\left\{\int_{-\infty}^{\infty} \mathbf{g}(\xi)\mathbf{h}(x - \xi)\mathrm{d}\xi\right\} = \mathbf{G}(\nu)\mathbf{H}(\nu) \tag{A-18}$$

且

$$\mathcal{F}^{-1}\left\{\int_{-\infty}^{\infty} \mathbf{G}(\zeta)\mathbf{H}(\nu - \zeta)\mathrm{d}\zeta\right\} = \mathbf{g}(x)\mathbf{h}(x), \tag{A-19}$$

而在二维时为

$$\mathcal{F}\left\{\iint_{-\infty}^{\infty} \mathbf{g}(\xi, \eta)\mathbf{h}(x - \xi, y - \eta)\mathrm{d}\xi\mathrm{d}\eta\right\} = \mathbf{G}(\nu_X, \nu_Y)\mathbf{H}(\nu_X, \nu_Y) \tag{A-20}$$

且

$$\mathcal{F}^{-1}\left\{\iint_{-\infty}^{\infty} \mathbf{G}(\zeta, \chi)\mathbf{H}(\nu_X - \zeta, \nu_Y - \chi)\mathrm{d}\zeta\mathrm{d}\chi\right\} = \mathbf{g}(x, y)\mathbf{h}(x, y). \tag{A-21}$$

自相关定理. 在一维时,

$$\mathcal{F}\left\{\int_{-\infty}^{\infty} \mathbf{h}(\xi)\mathbf{h}^*(\xi - x)\mathrm{d}\xi\right\} = |\mathbf{H}(\nu)|^2 \tag{A-22}$$

且

$$\mathcal{F}^{-1}\left\{\int_{-\infty}^{\infty} \mathbf{H}(\zeta)\mathbf{H}^*(\zeta - \nu)\mathrm{d}\zeta\right\} = |\mathbf{h}(x)|^2. \tag{A-23}$$

而在二维时为

$$\mathcal{F}\left\{\iint_{-\infty}^{\infty} \mathbf{h}(\xi, \eta)\mathbf{h}^*(\xi - x, \eta - y)\mathrm{d}\xi\,\mathrm{d}\eta\right\} = |\mathbf{H}(\nu_X, \nu_Y)|^2 \tag{A-24}$$

且

$$\mathcal{F}^{-1}\left\{\iint_{-\infty}^{\infty}\mathbf{H}(\zeta,\chi)\mathbf{H}^*(\zeta-\nu_X,\chi-\nu_Y)\,\mathrm{d}\zeta\mathrm{d}\chi\right\}=|\mathbf{h}(x,y)|^2.\qquad(\text{A-25})$$

互相关定理. 在一维时，

$$\mathcal{F}\left\{\int_{-\infty}^{\infty}\mathbf{h}(\xi)\mathbf{g}^*(\xi-x)\,\mathrm{d}\xi\right\}=\mathbf{H}(\nu)\mathbf{G}^*(\nu)\qquad(\text{A-26})$$

且

$$\mathcal{F}^{-1}\left\{\int_{-\infty}^{\infty}\mathbf{H}(\zeta)\mathbf{G}^*(\zeta-\nu)\,\mathrm{d}\zeta\right\}=\mathbf{h}(x)\mathbf{g}^*(x).\qquad(\text{A-27})$$

而在二维时为

$$\mathcal{F}\left\{\iint_{-\infty}^{\infty}\mathbf{h}(\xi,\eta)\mathbf{g}^*(\xi-x,\eta-y)\,\mathrm{d}\xi\mathrm{d}\eta\right\}=\mathbf{H}(\nu_X,\nu_Y)\mathbf{G}^*(\nu_X,\nu_Y)\qquad(\text{A-28})$$

且

$$\mathcal{F}^{-1}\left\{\iint_{-\infty}^{\infty}\mathbf{H}(\zeta,\chi)\mathbf{G}^*(\zeta-\nu_X,\chi-\nu_Y)\,\mathrm{d}\zeta\mathrm{d}\chi\right\}=\mathbf{h}(x,y)\mathbf{g}^*(x,y).\qquad(\text{A-29})$$

微分定理

$$\mathcal{F}\left\{\frac{\mathrm{d}}{\mathrm{d}t}\mathbf{g}(t)\right\}=-\mathrm{j}2\pi\nu\mathbf{G}(\nu),\qquad(\text{A-30})$$

更一般的形式为

$$\mathcal{F}\left\{\frac{\mathrm{d}^n}{\mathrm{d}t^n}\mathbf{g}(t)\right\}=(-\mathrm{j}2\pi\nu)^n\mathbf{G}(\nu).\qquad(\text{A-31})$$

二维形式是

$$\mathcal{F}\left\{\frac{\partial^{n+m}}{\partial x^n\partial y^m}\mathbf{g}(x,y)\right\}=(-\mathrm{j}2\pi\nu_X)^n(-\mathrm{j}2\pi\nu_Y)^m\mathbf{G}(\nu_X,\nu_Y).\qquad(\text{A-32})$$

Fourier 积分定理. 在连续的 $\mathbf{g}$ 中每一个点 x（或者在二维时的点 (x,y)），一个 Fourier 变换接着进行一个 Fourier 逆变换，又会得到原来的函数值 $\mathbf{g}(x)$. 在 $\mathbf{g}$ 的一个间断点，相继的一次变换和逆变换会导致：①在一维情况下，得出在间断点两边的 $\mathbf{g}(x)$ 的值的算术平均；②在二维情况下，得出在间断点周围的 $\mathbf{g}(x,y)$ 的值的角平均值.

A. 3　Fourier 变换表

Fourier 变换自始至终广泛用于本书，因此，有一个这样的变换表是有用的，它在需要时可以参考. 下面两个表中，对于频繁出现的函数使用了一定的简写符

号，这些函数的专用符号为

$$\mathrm{rect}(x) = \begin{cases} 1 & -1/2 < x < 1/2 \\ 1/2 & |x| = 1/2 \\ 0 & \text{其他}, \end{cases}$$

$$\mathrm{sinc}(x) = \frac{\sin\pi x}{\pi x},$$

$$\Lambda(x) = \begin{cases} 1 - |x| & -1 \leqslant x < 1 \\ 0 & \text{其他}, \end{cases}$$

$$\mathrm{sgn}(x) = \begin{cases} 1 & x > 0 \\ 0 & x = 0 \\ -1 & x < 0, \end{cases}$$

$$\mathrm{circ}(r) = \begin{cases} 1 & r = \sqrt{x^2 + y^2} < 1 \\ 1/2 & r = 1 \\ 0 & \text{其他}. \end{cases}$$

表 A.1 所示为一维 Fourier 变换对，表 A.2 所示为二维 Fourier 变换对. 字母 r 表示在 (x,y) 面上的半径，而字母 ρ 代表在二维空间频率面 (ν_X, ν_Y) 上的半径.

表 A.1　一维 Fourier 变换对

函数	变换	函数	变换
$\mathrm{e}^{-\pi x^2}$	$\mathrm{e}^{-\pi\nu^2}$	$\mathrm{e}^{-|x|}$	$\dfrac{2}{1+(2\pi\nu)^2}$
1	$\delta(\nu)$	$\dfrac{1}{1+(2\pi x)^2}$	$\dfrac{1}{2}\mathrm{e}^{-|\nu|}$
$\delta(x)$	1	$\mathrm{J}_0(2\pi x)$	$\dfrac{\mathrm{rect}(\nu/2)}{\pi(1-\nu^2)^{1/2}}$
$\cos\pi x$	$\dfrac{1}{2}\delta\left(\nu-\dfrac{1}{2}\right)+\dfrac{1}{2}\delta\left(\nu+\dfrac{1}{2}\right)$	$\dfrac{\mathrm{J}_1(2\pi x)}{2x}$	$(1-\nu^2)^{1/2}\mathrm{rect}(\nu/2)$
$\sin\pi x$	$\dfrac{j}{2}\delta\left(\nu-\dfrac{1}{2}\right)-\dfrac{j}{2}\delta\left(\nu+\dfrac{1}{2}\right)$	$-\dfrac{j}{\pi x}$	$\mathrm{sgn}(\nu)$
$\mathrm{rect}(x)$	$\mathrm{sinc}(\nu)$	$\mathrm{e}^{j\pi x^2}$	$\mathrm{e}^{j\pi/4}\mathrm{e}^{-j\pi\nu^2}$
$\Lambda(x)$	$\mathrm{sinc}^2(\nu)$	$\dfrac{m^m x^{m-1}\exp(-mx)}{\Gamma(m)}$	$\left(1-j\dfrac{2\pi\nu}{m}\right)^{-m}$

表 A.2　二维 Fourier 变换对

函数	变换	函数	变换
$\mathrm{rect}(x)\mathrm{rect}(y)$	$\mathrm{sinc}(\nu_X)\mathrm{sinc}(\nu_Y)$	$1/r$	$1/\rho$
$\delta(x,y)=\delta(x),\delta(y)$	1	$\Lambda(x)\Lambda(y)$	$\mathrm{sinc}^2\nu_X\mathrm{sinc}^2\nu_Y$
$\mathrm{e}^{-\pi(x^2+y^2)}=\mathrm{e}^{-\pi r^2}$	$\mathrm{e}^{-\pi(\nu_X^2+\nu_Y^2)}=\mathrm{e}^{-\pi\rho^2}$	$\left[\dfrac{\mathrm{J}_1(2\pi r)}{r}\right]^2$	$2\left[\arccos\dfrac{\rho}{2}-\dfrac{\rho}{2}\sqrt{1-\dfrac{\rho^2}{4}}\right]\mathrm{rect}\dfrac{\rho-1}{2}$
$\mathrm{circ}(r)$	$\dfrac{\mathrm{J}_1(2\pi\rho)}{\rho}$	$\mathrm{e}^{j\pi(x^2+y^2)}=\mathrm{e}^{j\pi r^2}$	$j\mathrm{e}^{-j\pi(\nu_X^2+\nu_Y^2)}=j\mathrm{e}^{-j\pi\rho^2}$
$\delta(r-a)$	$2\pi a\mathrm{J}_0(2\pi a\rho)$		

附录 B　随机相矢量和

由于随机行走问题在统计光学中十分重要，我们在本附录中给出 2.9 节中所讨论的理论的推广. 在那一节中，我们假设对于和式有所贡献的单元相矢量相互都是独立的，而且均匀分布在（$-\pi,\pi$）区间中. 这里我们导出的结果对于任意概率密度函数 $p_\Phi(\phi)$ 都成立，只要它们具有同样的分布并且相互独立. 对应于 $p_\Phi(\phi)$ 的特征函数用 $\mathbf{M}_\Phi(\phi)$ 表示.

如同 2.9 节中，我们考虑下面的和式：

$$\mathbf{a} = a\mathrm{e}^{\mathrm{j}\theta} = \frac{1}{\sqrt{N}}\sum_{k=1}^{N}\alpha_k\mathrm{e}^{\mathrm{j}\phi k}, \tag{B-1}$$

其中 N 代表构成随机行走的独立随机相矢量的个数，α_k 代表第 k 个相矢量的长度. 假定 α_k 是相互独立的，也具有相同的分布，并且与所有的相位 ϕ_k 也相互独立. 其和式的实部和虚部为

$$r = \mathrm{Re}\{a\mathrm{e}^{\mathrm{j}\theta}\} = \frac{1}{\sqrt{N}}\sum_{k=1}^{N}\alpha_k\cos\phi_k$$
$$i = \mathrm{Im}\{a\mathrm{e}^{\mathrm{j}\theta}\} = \frac{1}{\sqrt{N}}\sum_{k=1}^{N}\alpha_k\sin\phi_k. \tag{B-2}$$

显然，和式的实部和虚部的均值可以表示为

$$\bar{r} = \frac{1}{\sqrt{N}}\sum_{k=1}^{N}\overline{\alpha_k}\;\overline{\cos\phi_k}$$
$$\bar{i} = \frac{1}{\sqrt{N}}\sum_{k=1}^{N}\overline{\alpha_k}\;\overline{\sin\phi_k}. \tag{B-3}$$

注意到余弦函数和正弦函数的平均值可以同随机变量 ϕ_k 的特征函数联系起来，可以进行进一步的简化. 用 Euler 公式展开余弦和正弦函数，我们可以把这些平均值表示为

$$\bar{r} = \frac{\sqrt{N}\bar{\alpha}}{2}[\mathbf{M}_\Phi(1)+\mathbf{M}_\Phi(-1)]$$
$$\bar{i} = \frac{\sqrt{N}\bar{\alpha}}{2\mathrm{j}}[\mathbf{M}_\Phi(1)-\mathbf{M}_\Phi(-1)]. \tag{B-4}$$

这些结果是同我们的假设一致的最一般化的结果，但是如果加上进一步的约束条件，这些结果可以再简化. 例如，如果概率密度函数 $p_\Phi(\phi)$ 关于原点对称，

那么特征函数就完全是实值并且是变量 ω 的偶函数（参阅文献［24］，第2章）. 于是，随机行走的实部和虚部的平均值变为

$$\bar{r} = \sqrt{N}\bar{\alpha}\mathbf{M}_\Phi(1)$$
$$\bar{i} = 0. \tag{B-5}$$

在求出实部和虚部的一阶矩以后，我们转而讨论二阶矩，目的是得出实部和虚部的方差和协方差. r 和 i 的二阶矩的普遍表达式是

$$\overline{r^2} = \frac{1}{N}\sum_{k=1}^{N}\sum_{n=1}^{N}\overline{\alpha_k\alpha_n}\ \overline{\cos\phi_k\cos\phi_n}$$

$$\overline{i^2} = \frac{1}{N}\sum_{k=1}^{N}\sum_{n=1}^{N}\overline{\alpha_k\alpha_n}\ \overline{\sin\phi_k\sin\phi_n} \tag{B-6}$$

$$\overline{ri} = \frac{1}{N}\sum_{k=1}^{N}\sum_{n=1}^{N}\overline{\alpha_k\alpha_n}\ \overline{\cos\phi_k\sin\phi_n}$$

再次应用 Euler 公式，我们得到下面有关的三角函数的平均值的一般表达式：

$$\overline{\cos\phi_k\cos\phi_n} = \begin{cases} \frac{1}{4}[2\mathbf{M}_\Phi(1)\mathbf{M}_\Phi(-1) + \mathbf{M}_\Phi^2(1) + \mathbf{M}_\Phi^2(-1)] & k \neq n \\ \frac{1}{4}[2 + \mathbf{M}_\Phi(2) + \mathbf{M}_\Phi(-2)] & k = n \end{cases}$$

$$\overline{\sin\phi_k\sin\phi_n} = \begin{cases} \frac{1}{4}[2\mathbf{M}_\Phi(1)\mathbf{M}_\Phi(-1) - \mathbf{M}_\Phi^2(1) - \mathbf{M}_\Phi^2(-1)] & k \neq n \\ \frac{1}{4}[2 - \mathbf{M}_\Phi(2) - \mathbf{M}_\Phi(-2)] & k = n \end{cases}$$

$$\overline{\cos\phi_k\sin\phi_n} = \begin{cases} \frac{1}{4j}[\mathbf{M}_\Phi^2(1) - \mathbf{M}_\Phi^2(-1)] & k \neq n \\ \frac{1}{4j}[\mathbf{M}_\Phi(2) - \mathbf{M}_\Phi(-2)] & k = n. \end{cases}$$
$$\tag{B-7}$$

联立这些表达式，我们得到感兴趣的二阶矩如下：

$$\overline{r^2} = \frac{\overline{\alpha^2}}{4}[2 + \mathbf{M}_\Phi(2) + \mathbf{M}_\Phi(-2)]$$
$$+ \frac{(N-1)\bar{\alpha}^2}{4}[2\mathbf{M}_\Phi(1)\mathbf{M}_\Phi(-1) + \mathbf{M}_\Phi^2(1) + \mathbf{M}_\Phi^2(-1)]$$

$$\overline{i^2} = \frac{\overline{\alpha^2}}{4}[2 - \mathbf{M}_\Phi(2) - \mathbf{M}_\Phi(-2)] \tag{B-8}$$
$$+ \frac{(N-1)\bar{\alpha}^2}{4}[2\mathbf{M}_\Phi(1)\mathbf{M}_\Phi(-1) - \mathbf{M}_\Phi^2(1) - \mathbf{M}_\Phi^2(-1)]$$

$$\overline{ri} = \frac{\overline{\alpha^2}}{4j}[\mathbf{M}_\Phi(2) - \mathbf{M}_\Phi(-2)] + \frac{(N-1)\bar{\alpha}^2}{4j}[\mathbf{M}_\Phi^2(1) - \mathbf{M}_\Phi^2(-1)].$$

从 $\overline{r^2}$ 和 $\overline{i^2}$ 中减去均值的平方并从 $\overline{ri}$ 中减去均值的乘积，我们得到方差和协方差为

$$\sigma_r^2 = \frac{\overline{\alpha^2}}{4}[2 + \mathbf{M}_\Phi(2) + \mathbf{M}_\Phi(-2)] - \frac{\overline{\alpha}^2}{4}[2\mathbf{M}_\Phi(1)\mathbf{M}_\Phi(-1) + \mathbf{M}_\Phi^2(1) + \mathbf{M}_\Phi^2(-1)]$$

$$\overline{\sigma_i^2} = \frac{\overline{\alpha^2}}{4}[2 - \mathbf{M}_\Phi(2) - \mathbf{M}_\Phi(-2)] - \frac{\overline{\alpha}^2}{4}[2\mathbf{M}_\Phi(1)\mathbf{M}_\Phi(-1) - \mathbf{M}_\Phi^2(1) - \mathbf{M}_\Phi^2(-1)]$$

$$\mathrm{cov}(r,i) = \frac{\overline{\alpha^2}}{4\mathrm{j}}[\mathbf{M}_\Phi(2) - \mathbf{M}_\Phi(-2)] - \frac{\overline{\alpha}^2}{4\mathrm{j}}[\mathbf{M}_\Phi^2(1) - \mathbf{M}_\Phi^2(-1)].$$

$$(\text{B-9})$$

对于相位的概率密度函数相对于原点（对称）为偶函数的特殊情况，我们得到更简单的表达式

$$\sigma_r^2 = \frac{\overline{\alpha^2}}{2}[1 + \mathbf{M}_\Phi(2)] - \overline{\alpha}^2\mathbf{M}_\Phi^2(1)$$

$$\sigma_i^2 = \frac{\overline{\alpha^2}}{2}[1 - \mathbf{M}_\Phi(2)]$$

$$(\text{B-10})$$

$$\mathrm{cov}(r,i) = 0.$$

最后，当相位在区间 $(-\pi, \pi)$ 中是均布的，我们有

$$\mathbf{M}_\Phi(1) = \mathbf{M}_\Phi(2) = 0, \qquad (\text{B-11})$$

并且方差与协方差简化为

$$\sigma_r^2 = \sigma_i^2 = \frac{\overline{\alpha^2}}{2}$$

$$\mathrm{cov}(r,i) = 0, \qquad (\text{B-12})$$

这同我们在 2.9 节中得到的结果相同．

关于随机行走问题还有一个微妙问题想在这里说明白．在 2.9 节中曾经论证过，当和式（B-2）中的项数增大时，中心极限定理就意味着和的实部和虚部的统计特性趋近于 Gauss 统计．不论单项贡献的相位是否服从在区间 $(-\pi, \pi)$ 中均匀分布，这一论证都成立．但是，我们还曾假设过该实部和虚部是联合 Gauss 随机变量，也就是说，它们一道服从一个二阶 Gauss 概率密度函数（参阅 (2.9-5)式）．虽然它们的边缘密度是由中心极限定理保证的，它们的联合 Gauss 分布特性却不是那么明显．

为了证明联合 Gauss 分布性质，我们作一个简化的假定，假设相位 ϕ_k 在区间 $(-\pi, \pi)$ 中均匀分布而且相互独立，我们保留各个振幅 α_k 与相位相互独立且彼此相互独立的假定．实部和虚部 r 和 i 的联合特征函数为

$$\mathbf{M}_{RI}(\omega_1, \omega_2) = E[\mathrm{e}^{\mathrm{j}(\omega_1 r + \omega_2 i)}], \qquad (\text{B-13})$$

式中 $E[\cdot]$ 为数学期望算符．我们通过下式定义在平面 (ω_1, ω_2) 上的极坐标变量：

$$\omega_1 = \Omega\cos\chi$$

$$\omega_2 = \Omega\sin\chi, \qquad (\text{B-14})$$

把（B-2）式和（B-14）式代入（B-13）式，并且利用三角恒等式 $cosAcosB + sinAsinB = cos(A - B)$，特征函数变成

$$\mathbf{M}_{RI}(\omega_1, \omega_2) = E\left[\exp\left(\frac{\mathrm{j}}{\sqrt{N}} \sum_{k=1}^{N} \alpha_k \Omega \cos(\chi - \phi_k) \right) \right]. \tag{B-15}$$

现在，我们先不对 α_k 取平均，而是对于 φ_k 取条件平均，结果有

$$\mathbf{M}_{RI}(\omega_1, \omega_2) = \prod_{k=1}^{N} E_\alpha\left[\mathrm{J}_0\left(\frac{\alpha_k \Omega}{\sqrt{N}} \right) \right], \tag{B-16}$$

式中 J_0 为第一类零阶 Bessel 函数，$E_\alpha[\cdot]$ 是在已知 α_k 的条件下的期望值．随着 N 变大，Bessel 函数的宗量变小，使得允许函数用它在原点附近的幂级数展开式的头两项来近似

$$\mathbf{M}_{RI}(\omega_1, \omega_2) = \prod_{k=1}^{N} E_\alpha\left[1 - \left(\frac{\alpha_k \Omega}{\sqrt{N}} \right)^2 \right]. \tag{B-17}$$

到这里我们再来对振幅 α_k 进行平均，得到

$$\mathbf{M}_{RI}(\omega_1, \omega_2) = \left[1 - \frac{\overline{\alpha^2} \Omega^2}{N} \right]^N. \tag{B-18}$$

如果允许随机行走中的项数 N 无限增大，那么实部和虚部的联合特征函数就渐近地趋近于一个圆对称的 Gauss 函数

$$\lim_{N \to \infty} \mathbf{M}_{RI}(\omega_1, \omega_2) = \mathrm{e}^{-\overline{\alpha^2} \Omega^2}. \tag{B-19}$$

最后，对这个特征函数作 Fourier 逆变换，就得到二维 Gauss 联合概率密度函数

$$p_{RI}(r, i) = \frac{1}{4\pi \overline{\alpha^2}} \exp\left(-\frac{r^2 + i^2}{4 \overline{\alpha^2}} \right). \tag{B-20}$$

于是，我们证明了随机行走的实部和虚部是联合 Gauss 随机变量．

　　虽然上面的论证假设了随机行走的单个分量的相位是均匀分布在区间（$-\pi$, π）中，一个更复杂的论证可以证明，即使相位非均匀分布，联合 Gauss 性质也渐近地成立．

附录 C　大气滤波函数

在本附录中我们考虑到在 z 方向上折射率的涨落相关距离不为零的情况，进行一些更加繁琐的数学计算以得到（8.5-69）式所表示的滤波函数. 我们的出发点是在（8.5-61）式中 χ 和 q 以及 S_δ 和 p 之间的关系，

$$
\begin{aligned}
\chi(x,y,z) &= \int_0^z q(x,y,z,z')\mathrm{d}z' \\
S_\delta(x,y,z) &= \int_0^z p(x,y,z,z')\mathrm{d}z'.
\end{aligned}
\tag{C-1}
$$

对于由这种方式联系的量的相关证明就是一个直接的练习而已，χ 和 S_δ 的自相关函数由下式给出：

$$
\begin{aligned}
\Gamma_\chi(\Delta x,\Delta y,z) &= \iint_0^z \Gamma_q(\Delta x,\Delta y;z,z',z'')\mathrm{d}z'\mathrm{d}z'' \\
\Gamma_S(\Delta x,\Delta y,z) &= \iint_0^z \Gamma_p(\Delta x,\Delta y;z,z',z'')\mathrm{d}z'\mathrm{d}z'',
\end{aligned}
\tag{C-2}
$$

其中 Γ_q 和 Γ_p 表示在第一种情况下 $q(x,y,z,z')$ 和 $q(x,y,z,z'')$ 的交叉相关函数和在第二种情况下 $p(x,y,z,z')$ 和 $p(x,y,z,z'')$ 的交叉相关函数. 方程的两边同时对于 $(\Delta x,\Delta y)$ 作 Fourier 变换，我们得到下列关系：

$$
\begin{aligned}
F_\chi(\kappa_X,\kappa_Y;z) &= \iint_0^z \tilde{F}_q(\kappa_X,\kappa_Y;z,z',z'')\mathrm{d}z'\mathrm{d}z'' \\
F_S(\kappa_X,\kappa_Y;z) &= \iint_0^z \tilde{F}_p(\kappa_X,\kappa_Y;z,z',z'')\mathrm{d}z'\mathrm{d}z'',
\end{aligned}
\tag{C-3}
$$

式中 $\tilde{F}_q$ 和 $\tilde{F}_p$ 表示 $q(x,y,z,z')$ 和 $q(x,y,z,z'')$ 在一边的交叉谱密度及 $p(x,y,z,z')$ 和 $p(x,y,z,z'')$ 在另一边的交叉谱密度.

此时，我们利用支配交叉谱密度通过一个线性不变滤波器的基本关系式（3.5-7），联系其所涉及的传递函数的详细的表达式（8.5-64），写出

$$
F_\chi(\kappa_t;z) = \iint_0^z \bar{k}^2 \sin\left[\frac{\kappa_t^2}{2\bar{k}}(z-z')\right]\sin\left[\frac{\kappa_t^2}{2\bar{k}}(z-z'')\right]\tilde{F}_n(\kappa_t;z'-z'')\mathrm{d}z'\mathrm{d}z''
$$

$$F_S(\kappa_t;z) = \iint_0^z \bar{k}^2 \cos\left[\frac{\kappa_t^2}{2\bar{k}}(z-z')\right]\cos\left[\frac{\kappa_t^2}{2\bar{k}}(z-z'')\right]\tilde{F}_n(\kappa_t;z'-z'')\mathrm{d}z'\mathrm{d}z'', \quad (\text{C-4})$$

其中 $\tilde{F}_n$ 表示在平面 z' 和 z'' 上折射率涨落的交叉谱密度，这里为了简化，已经假设在横向的维度上具备各向同性.

进一步的发展要应用下列三角恒等式：

$$\sin\left[\frac{\kappa_t^2}{2\bar{k}}(z-z')\right]\sin\left[\frac{\kappa_t^2}{2\bar{k}}(z-z'')\right]$$

$$= \frac{1}{2}\cos\left[\frac{\kappa_t^2}{2\bar{k}}(z''-z')\right] - \frac{1}{2}\cos\left[\frac{\kappa_t^2}{2\bar{k}}(2z-z''-z')\right] \quad (\text{C-5})$$

$$\cos\left[\frac{\kappa_t^2}{2\bar{k}}(z-z')\right]\cos\left[\frac{\kappa_t^2}{2\bar{k}}(z-z'')\right]$$

$$= \frac{1}{2}\cos\left[\frac{\kappa_t^2}{2\bar{k}}(z''-z')\right] + \frac{1}{2}\cos\left[\frac{\kappa_t^2}{2\bar{k}}(2z-z''-z')\right]. \quad (\text{C-6})$$

现在将这些关系代入（C-3）式，并作变量代换 $\xi = z'-z''$ 和 $\eta = (z'-z'')/2$.
图 C.1 所示为在 (ξ,η) 平面上的新的积分域. 利用积分对于变量 ξ 的对称性, F_χ 和 F_S 的表达式变成

$$F_\chi(\kappa_t;z) = \bar{k}^2\int_{-z}^z \mathrm{d}\xi\tilde{F}_n(\kappa_t;\xi)\cos\left(\frac{\kappa_t^2}{2\bar{k}}\xi\right)\int_{+|\xi|/2}^{z-|\xi|/2}\mathrm{d}\eta$$

$$- \int_{-z}^z \mathrm{d}\xi\tilde{F}_n(\kappa_t;\xi)\int_{+|\xi|/2}^{z-|\xi|/2}\mathrm{d}\eta\cos\left[\frac{\kappa_t^2}{2\bar{k}}(2z-2\eta)\right] \quad (\text{C-7})$$

$$F_S(\kappa_t;z) = \bar{k}^2\int_{-z}^z \mathrm{d}\xi\tilde{F}_n(\kappa_t;\xi)\cos\left(\frac{\kappa_t^2}{2\bar{k}}\xi\right)\int_{+|\xi|/2}^{z-|\xi|/2}\mathrm{d}\eta$$

$$+ \int_{-z}^z \mathrm{d}\xi\tilde{F}_n(\kappa_t;\xi)\int_{+|\xi|/2}^{z-|\xi|/2}\mathrm{d}\eta\cos\left[\frac{\kappa_t^2}{2\bar{k}}(2z-2\eta)\right]. \quad (\text{C-8})$$

对于 η 的积分可以完成并得到

$$F_\chi(\kappa_t;z) = \bar{k}^2\int_{-z}^z \tilde{F}_n(\kappa_t;\xi)\left[(z-|\xi|)\cos\frac{\kappa_t^2\xi}{2\bar{k}} + \frac{\bar{k}}{\kappa_t^2}\sin\frac{\kappa_t^2\xi}{2\bar{k}}\right.$$

$$\left. - \frac{\bar{k}}{\kappa_t^2}\sin\left[\frac{\kappa_t^2}{2\bar{\lambda}}(2z-|\xi|)\right]\right]\mathrm{d}\xi \quad (\text{C-9})$$

$$F_S(\kappa_t;z) = \bar{k}^2\int_{-z}^z \tilde{F}_n(\kappa_t;\xi)\left[(z-|\xi|)\cos\frac{\kappa_t^2\xi}{2\bar{k}} - \frac{\bar{k}}{\kappa_t^2}\sin\frac{\kappa_t^2|\xi|}{2\bar{k}}\right.$$

$$\left. + \frac{\bar{k}}{\kappa_t^2}\sin\left[\frac{\kappa_t^2}{2\bar{\lambda}}(2z-|\xi|)\right]\right]\mathrm{d}\xi. \quad (\text{C-10})$$

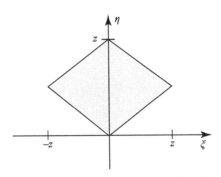

图 C.1   在 (ξ,η) 平面上的积分区域

到这一步，我们必须作一些近似. 首先利用如下事实，在 z 方向间隔 ξ 大于 $2\pi/\kappa_t$ 时，交叉谱密度迅速降到零. 这个性质依赖于所假设的折射率涨落的各相同性，同时也要求在间隔大于上述量 $2\pi/\kappa_t$ 的两个面上同样波数的横向正弦分量之间只有很小的相关性. 因为 ξ 的重要值是不大于 $2\pi/\kappa_t$ 的，我们发现在整个积分有意义的范围内，有

$$\frac{\kappa_t^2 \xi}{2\overline{k}} \leqslant \frac{2\pi\kappa_t}{2\overline{k}} \ll 1, \tag{C-11}$$

其中最后一个不等式源自内尺度 l_0 比平均波长 $\overline{\lambda}$ 大很多. 进而，我们仅对于与全光程长度 z 相比较小的自变量的结构函数感兴趣. 因此，$2\pi/\kappa_t \ll z$. 接下来就有，$\xi \leqslant 2\pi/\kappa_t \ll 1/z$，并且因此有 $z - (\xi/2) \approx z$. 看到这些事实，就可以作如下附加的近似：

$$\cos\frac{\kappa_t^2 \xi}{2\overline{k}} \approx 1, \qquad \sin\frac{\kappa_t^2 \xi}{2\overline{k}} \approx \frac{\kappa_t^2 \xi}{2\overline{k}}, \qquad \sin\frac{\kappa_t^2(2z-\xi)}{2\overline{k}} \approx \sin\frac{\kappa_t^2 z}{\overline{k}}. \tag{C-12}$$

我们还注意到 $\tilde{F}_n(\kappa_t,\xi)$ 随着 ξ 迅速减小的结果，在（C-9）式和（C-10）式中的积分限可以延伸到无穷. 根据这些简化，我们得到

$$F_\chi(\kappa_t;z) = \left[\overline{k}^2 z - \frac{\overline{k}^3}{\kappa_t^2}\sin\frac{\kappa_t^2 z}{\overline{k}}\right]\int_{-\infty}^{\infty}\tilde{F}_n(\kappa_t;\xi)\,\mathrm{d}\xi \tag{C-13}$$

$$F_S(\kappa_t;z) = \left[\overline{k}^2 z + \frac{\overline{k}^3}{\kappa_t^2}\sin\frac{\kappa_t^2 z}{\overline{k}}\right]\int_{-\infty}^{\infty}\tilde{F}_n(\kappa_t;\xi)\,\mathrm{d}\xi. \tag{C-14}$$

最后，介绍在二维交叉谱密度 $\tilde{F}_n(\kappa_t;\xi)$ 和三维功率谱 $\Phi(\kappa_X,\kappa_Y,\kappa_Z)$ 之间的关系. 由基本定义和习题 8-15 出发，有

$$\Phi_n(\kappa_X,\kappa_Y,\kappa_Z) = \frac{1}{2\pi}\int_{-\infty}^{\infty}\tilde{F}_n(\kappa_t;\xi)\cos(\kappa_Z\xi)\,\mathrm{d}\xi. \tag{C-15}$$

接着得到

$$\int_0^\infty \tilde{F}_n(\kappa_t;\xi)\,\mathrm{d}\xi = \pi \Phi_n(\kappa_X,\kappa_Y,0). \tag{C-16}$$

对于各向同性的扰动，

$$\Phi_n(\kappa_X,\kappa_Y,\kappa_Z) = \Phi_n\left(\sqrt{\kappa_X^2 + \kappa_Y^2 + \kappa_Z^2}\right). \tag{C-17}$$

并且因此有，$\Phi_n(\kappa_X,\ \kappa_Y,\ 0) = \Phi_n(\kappa_t)$. 所以我们得到了对于对数振幅和相位的功率谱最后表达式为

$$F_\chi(\kappa_t;z) = \pi \bar{k}^2 z\left(1 - \frac{\bar{k}}{\kappa_t^2 z}\sin\frac{\kappa_t^2 z}{\bar{k}}\right)\Phi_n(\kappa_t) \tag{C-18}$$

$$F_S(\kappa_t;z) = \pi \bar{k}^2 z\left(1 + \frac{\bar{k}}{\kappa_t^2 z}\sin\frac{\kappa_t^2 z}{\bar{k}}\right)\Phi_n(\kappa_t). \tag{C-19}$$

正如我们已经证明的，很明显，滤波函数为

$$|\mathcal{H}_\chi(\kappa_t;z)|^2 = \pi \bar{k}^2 z\left(1 - \frac{\bar{k}}{\kappa_t^2 z}\sin\frac{\kappa_t^2 z}{\bar{k}}\right) \tag{C-20}$$

$$|\mathcal{H}_S(\kappa_t;z)|^2 = \pi \bar{k}^2 z\left(1 + \frac{\bar{k}}{\kappa_t^2 z}\sin\frac{\kappa_t^2 z}{\bar{k}}\right), \tag{C-21}$$

附录 D　星体散斑干涉仪分析

本附录的目的是计算出调制传递函数（MTF）的模平方的平均值的表达式，在存在大气扰动时光学系统的 $\overline{|\mathcal{H}(\nu)|^2}$. 我们假设光学系统具有直径为 D 的圆形光瞳，并且大气扰动是各向同性的. 如同在 8.7.4 节中所指出的，我们的出发点是把光学传递函数（OTF）的分子表示为

$$\text{Num} = \iint_{-\infty}^{\infty} \mathbf{P}(x,y)\mathbf{P}^*(x - \overline{\lambda}f\nu_U, y - \overline{\lambda}f\nu_V)\mathbf{U}(x,y)\mathbf{U}^*(x - \overline{\lambda}f\nu_U, y - \overline{\lambda}f\nu_V)\,\mathrm{d}x\mathrm{d}y.$$

(D-1)

分母可以考虑是个近似的常数. 然后我们得到计算的平均值为

$$\overline{\text{Num}^2} = \iiiint_{-\infty}^{\infty} \mathbf{P}(\vec{r})\mathbf{P}^*(\vec{r}-\vec{s})\mathbf{P}^*(\vec{r}')\mathbf{P}(\vec{r}'-\vec{s}')$$

(D-2)

$$\times \overline{\mathbf{U}(\vec{r})\mathbf{U}^*(\vec{r}-\vec{s})\mathbf{U}^*(\vec{r}')U(\vec{r}'-\vec{s}')}\,\mathrm{d}x\mathrm{d}x'\mathrm{d}y\mathrm{d}y',$$

式中定义各矢量为 $\vec{r} = (x,y)$，$\vec{r}' = (x',y')$，$\vec{s} = (\overline{\lambda}f\nu_U, \overline{\lambda}f\nu_V)$，而且积分与求平均的顺序已经交换. 如果我们用对数振幅和相位表示场 U，得到

$$\overline{\text{Num}^2} = I_0^2 \iiiint_{-\infty}^{\infty} \mathbf{P}(\vec{r})\mathbf{P}^*(\vec{r}-\vec{s})\mathbf{P}^*(\vec{r}')\mathbf{P}(\vec{r}'-\vec{s})$$

(D-3)

$$\times \overline{\exp\left[(\chi_1+\chi_2+\chi_3+\chi_4)+\mathrm{j}(S_1-S_2-S_3+S_4)\right]}\,\mathrm{d}x\mathrm{d}y\mathrm{d}x'\mathrm{d}y',$$

其中

$$\chi_1 = \chi(\vec{r}), \quad S_1 = S_\delta(\vec{r})$$
$$\chi_2 = \chi(\vec{r}-\vec{s}), \quad S_2 = S_\delta(\vec{r}-\vec{s})$$
$$\chi_3 = \chi(\vec{r}'), \quad S_3 = S_\delta(\vec{r}')$$
$$\chi_4 = \chi(\vec{r}'-\vec{s}'), \quad S_4 = S_\delta(\vec{r}'-\vec{s}').$$

(D-4)

合理地深入研究（8.5-10）式会延伸到涉及八个变量的情况，而不仅仅是四个变量，导致的结论是对于振幅和相位的平均运算可以独立计算（也就是说，Gauss 对数振幅项的和与 Gauss 相位项的和是统计独立的）. 回顾到在得到这个结论时，我们必须假设扰动为均匀而各向同性. 又因为它们都是 Gauss 统计，我们可以证明（利用（8.5-14）式）

$$
\begin{aligned}
A_\chi &= \overline{\exp[\,\chi_1 + \chi_2 + \chi_3 + \chi_4\,]} \\
&= \exp[\,4C_\chi(0)\,]\exp\Big[-D_\chi(\,|\vec{s}\,|\,) - D_\chi(\,|\vec{r} - \vec{r}\,'\,|\,) \\
&\quad + \frac{1}{2}D_\chi(\,|\vec{r} - \vec{r}\,' + \vec{s}\,|\,) + \frac{1}{2}D_\chi(\,|\vec{r} - \vec{r}\,' - \vec{s}\,|\,)\Big]
\end{aligned}
\tag{D-5}
$$

$$
\begin{aligned}
A_S &= \overline{\exp[\,S_1 + S_2 + S_3 + S_4\,]} \\
&= \exp\Big[-D_S(\,|\vec{s}\,|\,) - D_S(\,|\vec{r} - \vec{r}\,'\,|\,) \\
&\quad + \frac{1}{2}D_S(\,|\vec{r} - \vec{r}\,' + \vec{s}\,|\,) + \frac{1}{2}D_S(\,|\vec{r} - \vec{r}\,' - \vec{s}\,|\,)\Big].
\end{aligned}
\tag{D-6}
$$

其中 $C_\chi(0)$ 是 χ 的方差, 很快就会消失为零.

A_χ 和 A_S 的乘积现在可以用波的结构函数写成

$$
A_\chi A_S = e^{4C_\chi(0)}Q(\vec{r},\vec{r}\,',\vec{s})\,,
\tag{D-7}
$$

其中

$$
\begin{aligned}
Q(\vec{r},\vec{r}\,',\vec{s}) &= \exp\Big[-D(\,|\vec{s}\,|\,) - D(\,|\vec{r} - \vec{r}\,'\,|\,) \\
&\quad + \frac{1}{2}D(\,|\vec{r} - \vec{r}\,' + \vec{s}\,|\,) + \frac{1}{2}D(\,|\vec{r} - \vec{r}\,' - \vec{s}\,|\,)\Big].
\end{aligned}
\tag{D-8}
$$

得到下列 MTF 的均方分子表达式:

$$
\begin{aligned}
\overline{\text{Num}^2} &= I_0^2 \iiiint_{-\infty}^{\infty}\mathbf{P}(\vec{r})\mathbf{P}^*(\vec{r} - \vec{s})\mathbf{P}^*(\vec{r}\,')\mathbf{P}(\vec{r}\,' - \vec{s}\,') \\
&\quad \times \exp[\,4C_\chi(0)\,]Q(\,|\vec{r},\vec{r}\,',\vec{s}\,|\,)\,\mathrm{d}x\mathrm{d}y\mathrm{d}x'\mathrm{d}y'.
\end{aligned}
\tag{D-9}
$$

现在 MTF 的均方分母可以写成

$$
\overline{\text{Denom}^2} = I_0^2 \iiiint_{-\infty}^{\infty}|\mathbf{P}(\vec{r})|^2|\mathbf{P}(\vec{r}\,')|^2\exp[\,4C_\chi(0)\,]Q(\vec{r},\vec{r}\,',0)\,\mathrm{d}x\mathrm{d}y\mathrm{d}x'\mathrm{d}y'.
\tag{D-10}
$$

均方 MTF 现在可以写成 $\overline{\text{Num}^2}$ 与 $\overline{\text{Denom}^2}$ 的比

$$
\overline{|\mathcal{H}(\nu)|^2} = \frac{\displaystyle\iiiint_{-\infty}^{\infty}\mathbf{P}(\vec{r})\mathbf{P}^*(\vec{r} - \vec{s})\mathbf{P}^*(\vec{r}\,')\mathbf{P}(\vec{r}\,' - \vec{s})Q(\vec{r},\vec{r}\,',\vec{s})\,\mathrm{d}x\mathrm{d}y\mathrm{d}x'\mathrm{d}y'}{\displaystyle\iiiint_{-\infty}^{\infty}|\mathbf{P}(\vec{r})|^2|\mathbf{P}(\vec{r}\,')|^2Q(\vec{r},\vec{r}\,',0)\,\mathrm{d}x\mathrm{d}y\mathrm{d}x'\mathrm{d}y}.
\tag{D-11}
$$

余下来要评估当扰动假设满足 Kolmogorov 统计时前面的表达式. 这种情况下波动的结构函数取下述形式:

$$D(r) = 6.88 \left(\frac{r}{r_0}\right)^{5/3}. \tag{D-12}$$

Q 的表示变成

$$Q(\vec{r}, \vec{r}', \vec{s}) = \exp\Big[-6.88\Big[\Big(\frac{|\vec{s}|}{r_0}\Big)^{5/3} + \Big(\frac{|\vec{r} - \vec{r}'|}{r_0}\Big)^{5/3}$$

$$-\frac{1}{2}\Big(\frac{|\vec{r} - \vec{r}' + \vec{s}|}{r_0}\Big)^{5/3} - \frac{1}{2}\Big(\frac{|\vec{r} - \vec{r}' - \vec{s}|}{r_0}\Big)^{5/3}\Big]\Big]. \tag{D-13}$$

改变积分变量为

$$\Delta\vec{r} = \vec{r} - \vec{r}' = (\Delta x, \Delta y),$$
$$\vec{\rho} = \vec{r} + \vec{r}' = (\rho_X, \rho_Y), \tag{D-14}$$

我们得到下列 MTF 均方表达式:

$$\overline{|\mathcal{H}(\nu)|^2} = \frac{\displaystyle\iint_{-\infty}^{\infty} L(\Delta\vec{r}, \vec{s}) Q(\Delta\vec{r}, \vec{s}) \,\mathrm{d}\Delta x \mathrm{d}\Delta y}{\displaystyle\iint_{-\infty}^{\infty} L(\Delta\vec{r}, 0) Q(\Delta\vec{r}, 0) \,\mathrm{d}\Delta x \mathrm{d}\Delta y}, \tag{D-15}$$

这里 $L(\Delta\vec{r}, \vec{s})$ 是一个重叠积分, 在光瞳是空无遮挡的情况下, 它定义了在 Q 上的积分域

$$L(\Delta\vec{r}, \vec{s}) = \iint_{-\infty}^{\infty} \mathbf{P}\Big(\frac{\vec{\rho} + \Delta\vec{r} - 2\vec{s}}{2}\Big) \mathbf{P}\Big(\frac{\vec{\rho} + \Delta\vec{r}}{2}\Big)$$

$$\times \mathbf{P}^*\Big(\frac{\vec{\rho} - \Delta\vec{r} - 2\vec{s}}{2}\Big) \mathbf{P}\Big(\frac{\vec{\rho} - \Delta\vec{r}}{2}\Big) \mathrm{d}\rho_X \mathrm{d}\rho_Y. \tag{D-16}$$

这就完成了 8.7.4 节需要的全部数学背景计算.

附录 E 探测出的散斑像的谱的四阶矩

在本附录中我们要计算星体散斑干涉仪用到的像的 Fourier 变换的四阶矩. 目的是要推导出 (9.6-20) 式中引述的结果. 我们的出发点是 (9.6-19) 式, 为了方便, 把它重写如下:

$$
E[\,|\mathbf{D}|^4\,] = \sum_{n=1}^{K} \sum_{m=1}^{K} \sum_{p=1}^{K} \sum_{q=1}^{K} E\big[\exp\{\mathrm{j}2\pi[\,\nu_X(x_n - x_m + x_p - x_q) \\
+ \nu_Y(y_n - y_m + y_p - y_q)\,]\}\big].
$$
(E-1)

这个四重和式中共有 K^4 项, 可以分类成不同的如下 15 类:

类别编号	下标关系	类别的数量
(1)	$n = m = p = q$	K
(2)	$n = m, p = q, n \neq p$	$K(K-1)$
(3)	$n = m, p \neq q \neq n$	$K(K-1)(K-2)$
(4)	$n = p, m = q, n \neq m$	$K(K-1)$
(5)	$n = p, m \neq q \neq n$	$K(K-1)(K-2)$
(6)	$n = q, m = p, n \neq m$	$K(K-1)$
(7)	$n = q, m \neq p \neq n$	$K(K-1)(K-2)$
(8)	$n = m = p, n \neq q$	$K(K-1)$
(9)	$n = m = q, n \neq p$	$K(K-1)$
(10)	$n = p = q, n \neq m$	$K(K-1)$
(11)	$p = q = m, n \neq m$	$K(K-1)$
(12)	$n \neq m \neq p \neq q$	$K(K-1)(K-2)(K-3)$
(13)	$p = q, n \neq m \neq p$	$K(K-1)(K-2)$
(14)	$m = q, n \neq m \neq q$	$K(K-1)(K-2)$
(15)	$m = p, n \neq m \neq q$	$K(K-1)(K-2)$

我们暂时用一个已知的率函数 $\lambda(x,y)$ 为条件来规定条件统计, 以后我们将对 λ 的统计求平均. 因此, 我们首先对 $(x_1,y_1),(x_2,y_2),\cdots,(x_K,y_K)$ 以及 K 共 $K+1$ 个随机变量求平均. 注意, 对于 Poisson 随机变量 K, 下面对 K 求平均的期望值, 在一个已知的 λ 的条件下将为

$$
\overline{K(K-1)(K-2)\cdots(K-k+1)} = (\overline{K_\lambda})^k,
$$
(E-2)

其中 $\overline{K_\lambda}$ 代表 K 的条件平均, 上面 15 组的贡献现在可以写出如下:

类别编号	该类的值	类别编号	该类的值
(1)	$\overline{K}_\lambda$	(9)	$(\overline{K}_\lambda)^2\,|\hat{\Lambda}(\nu_X,\nu_Y)|^2$
(2)	$(\overline{K}_\lambda)^2$	(10)	$(\overline{K}_\lambda)^2\,|\hat{\Lambda}(\nu_X,\nu_Y)|^2$
(3)	$(\overline{K}_\lambda)^3\,|\hat{\Lambda}(\nu_X,\nu_Y)|^2$	(11)	$(\overline{K}_\lambda)^2\,|\hat{\Lambda}(\nu_X,\nu_Y)|^2$
(4)	$(\overline{K}_\lambda)^2\,|\hat{\Lambda}(2\nu_X,2\nu_Y)|^2$	(12)	$(\overline{K}_\lambda)^4\,|\hat{\Lambda}(\nu_X,\nu_Y)|^4$
(5)	$(\overline{K}_\lambda)^3\hat{\Lambda}(2\nu_X,2\nu_Y)\,[\hat{\Lambda}^*(\nu_X,\nu_Y)]^2$	(13)	$(\overline{K}_\lambda)^3\,|\hat{\Lambda}(\nu_X,\nu_Y)|^2$
(6)	$(\overline{K}_\lambda)^2$	(14)	$(\overline{K}_\lambda)^3\hat{\Lambda}(2\nu_X,2\nu_Y)\,[\hat{\Lambda}^*(\nu_X,\nu_Y)]^2$
(7)	$(\overline{K}_\lambda)^3\,|\hat{\Lambda}(\nu_X,\nu_Y)|^2$	(15)	$(\overline{K}_\lambda)^3\,|\hat{\Lambda}(\nu_X,\nu_Y)|^2$
(8)	$(\overline{K}_\lambda)^2\,|\hat{\Lambda}(\nu_X,\nu_Y)|^2$		

式中用了定义

$$\hat{\Lambda}(\nu_X,\nu_Y) = \frac{\displaystyle\iint_{-\infty}^{\infty}\lambda(x,y)\,e^{j2\pi(\nu_X x+\nu_Y y)}\,dxdy}{\displaystyle\iint_{-\infty}^{\infty}\lambda(x,y)\,dxdy} \tag{E-3}$$

进一步注意到

$$\Lambda(\nu_X,\nu_Y) = \overline{K}_\lambda\hat{\Lambda}(\nu_X,\nu_Y) \tag{E-4}$$

并且把这些结果联立起来,我们得到

$$\begin{aligned}
E[\,|\mathbf{D}|^4\,] = &\ \overline{K}_\lambda + 2(\overline{K}_\lambda)^2 + 4(1+\overline{K}_\lambda)\,|\Lambda(\nu_X,\nu_Y)|^2 \\
&+ \Lambda(2\nu_X,2\nu_Y)[\Lambda^*(\nu_X,\nu_Y)]^2 + \Lambda^*(2\nu_X,2\nu_Y)[\Lambda(\nu_X,\nu_Y)]^2 \\
&+ |\Lambda(2\nu_X,2\nu_Y)|^2 + |\Lambda(\nu_X,\nu_Y)|^4.
\end{aligned} \tag{E-5}$$

为了对结果进一步简化,把 $\Lambda(\nu_X,\nu_Y)$ 通过它的模和相位表示出来

$$\Lambda(\nu_X,\nu_Y) = |\Lambda(\nu_X,\nu_Y)|e^{j\theta(\nu_X,\nu_Y)} \tag{E-6}$$

并把 $\mathbf{D}$ 的四阶矩写成

$$\begin{aligned}
E[\,|\mathbf{D}|^4\,] = &\ \overline{K}_\lambda + 2(\overline{K}_\lambda)^2 + 4(1+\overline{K}_\lambda)\,|\Lambda(\nu_X,\nu_Y)|^2 \\
&+ 2|\Lambda(2\nu_X,2\nu_Y)||\Lambda(\nu_X,\nu_Y)|^2\cos[\theta(2\nu_X,2\nu_Y)-2\theta(\nu_X,\nu_Y)] \\
&+ |\Lambda(2\nu_X,2\nu_Y)|^2 + |\Lambda(\nu_X,\nu_Y)|^4.
\end{aligned} \tag{E-7}$$

现在尚待完成的任务是对 $\lambda(x,y)$ 的统计求平均. 如果像强度分布在一个有限大小 $L\times L$ 的区域内,那么在相当普遍的条件下,对于 $\nu_x\gg1/L$ 和 $\nu_y\gg1/L$,$\Lambda(\nu_X,\nu_Y)$ 近似为一个圆形复数随机过程,其相关函数伸展到频率域一个大小近似为 $2/L\times2/L$ 的区域内. 由此可得,相位均匀分布在 $(-\pi,\pi)$ 上,并且 $|\Lambda|^2$

服从负指数统计. 进而, 对于这些频率, $\theta(2\nu_X, 2\nu_Y)$, $\theta(\nu_X, \nu_Y)$, $|\Lambda(2\nu_X, 2\nu_Y)|$, $|\Lambda(\nu_X, \nu_Y)|$ 都近似相互独立. 利用这些事实并对 λ 求平均, 我们得到

$$E[\overline{K}_\lambda] = \overline{K}$$

$$E[2|\Lambda(2\nu_X, 2\nu_Y)||\Lambda(\nu_X, \nu_Y)|^2\cos[\theta(2\nu_X, 2\nu_Y) - 2\theta(\nu_X, \nu_Y)]] = 0$$

$$E[|\Lambda(\nu_X, \nu_Y)|^2] = \mathcal{E}_\lambda(\nu_X, \nu_Y),$$

$$E[|\Lambda(\nu_X, \nu_Y)|^4] = 2\mathcal{E}_\lambda(\nu_X, \nu_Y).$$

$$\text{(E-8)}$$

把这些关系代入 (E-5) 式, 我们得到最后结果

$$E[|\mathbf{D}|^4] = \overline{K} + 2(\overline{K})^2 + 4(1 + \overline{K})\mathcal{E}_\lambda(\nu_X, \nu_Y)$$
$$+ \mathcal{E}_\lambda(2\nu_X, 2\nu_Y) + 2\mathcal{E}_\lambda^2(\nu_X, \nu_Y),$$

$$\text{(E-9)}$$

它和 (9.6-20) 式一致, 至此证明完成.

参 考 文 献

[1] M. Abramowitz and I. A. Stegun. *Handbook of Mathematical Functions*. Dover Publications, New York, NY, 1972.

[2] C. C. Aleksoff. Interferometric two-dimensional imaging of rotating objects. *Opt. Lett.*, 1: 54-55, 1977.

[3] L. C. Andrews and R. L. Phillips. *Laser Beam Propagation through Random Media*. SPIE, Bellingham, WA, second edition, 2005.

[4] J. A. Armstrong and A. W. Smith. Experimental studies of intensity fluctuations in lasers. InE. Wolf, editor, *Progress in Optics*, volume VI, chapter VI, pages 211-255. North Holland Publishing Co., Amsterdam, 1967.

[5] G. R. Ayers, M. J. Northcott, and J. C. Dainty. Knox-Thompson and triple correlation imaging through atmospheric turbulence. *J. Opt. Soc. Am. A*, 5: 963-985, 1988.

[6] H. W. Babcock. The possibility of compensating atmospheric seeing. *Publications of the Astro. Soc. of the Pacific*, 65: 229-236, 1953.

[7] R. Barakat. First-order probability densities of laser speckle patterns observed through finite-size scanning apertures. *Optica Acta*, 20: 729-740, 1973.

[8] N. B. Baranova, B. Ya. Zel'dovich, A. V. Mamaev, N. Pilipetskii, and V. V. Shukov. Dislocations of the wavefront of a speckle-inhomogeneous field (theory and experiment). *J. E. T. P. Letters*, 33: 195-199, 1981.

[9] J. Barton and S. Stromski. Flow measurement without phase information in optical coherence tomography images. *Optics Express*, 13: 5234-5239, 2005.

[10] R. J. Becherer and G. B. Parrent. Nonlinearity in optical imaging systems. *J. Opt. Soc. Am.*, 57: 1479-1486, 1967.

[11] P. Beckmann and A. Spizzichino. *The Scattering of Electromagnetic Waves from Rough Surfaces*. Pergamon/Macmillan, Oxford, 1963.

[12] R. J. Bell. *Introductory Fourier Transform Spectroscopy*. Academic Press, New York, NY, 1972.

[13] M. J. Beran and G. B. Parrent. *Theory of Partial Coherence*. Prentice-Hall, Engle-wood Cliffs, NJ, 1964.

[14] M. Berek. Uber kohärenz und konsonanz des lichtes. *Z. Physik*, 36: 675-688, 1926.

[15] M. Berek. Uber kohärenz und konsonanz des lichtes. *Z. Physik*, 36: 824-838, 1926.

[16] M. Berek. Uber kohärenz und konsonanz des lichtes. *Z. Physik*, 37: 387-394, 1926.

[17] M. Berek. Uber kohärenz und konsonanz des lichtes. *Z. Physik*, 40: 420-450, 1927.

[18] M. V. Berry. Disruption of wavefronts: Statistics of dislocations in incoherent gaussian waves. *J.*

Phys. A, 11: 27-37, 1978.

[19] A. Blanc-Lapierre and P. Dumontet. Lanotion de cohérence en optique. *Rev. d'Opt.*, 34: 1-21, 1955.

[20] H. G. Booker, J. A. Ratcliffe, and D. H. Shinn. Diffraction from an irregular screen with applications to ionospheric problems. *Phil. Trans. Royal Soc. A*, 242: 579-607, 1950.

[21] M. Born and E. Wolf. *Principles of Optics: Electromagnetic Theory of Propagation, Interference and Diffraction of Light.* Cambridge University Press, Cambridge, UK, 7th edition, 1999.

[22] B. E. Bouma and G. J. Tearney. *Handbook of Optical Coherence Tomography.* Informa Healthcare, New York, NY, 2001.

[23] R. C. Bourret. Propagation of randomly perturbed fields. *Canadian J. Phys.*, 40: 782-790, 1962.

[24] R. N. Bracewell. *The Fourier Transform and Its Applications.* McGraw-Hill Book Company, New York, NY, 3rd edition, 1999.

[25] G. R. Brady and J. R. Fienup. Nonlinear optimization algorithm for retrieving the full complex pupil function. *Optics Express*, 14: 474-486, 2006.

[26] M. E. Brezinski. *Optical Coherence Tomography: Principles and Applications.* Academic Press, Burlington, MA, 2006.

[27] E. O. Brigham. *The Fast Fourier Transform.* Prentice-Hall, Englewood Cliffs, NJ, 1974.

[28] J. L. Brooks, R. H. Wentworth, R. C. Youngquist, M. Tur, and H. J. Shaw. Coherence multiplexing of fiber-optic interferometric sensors. *J. Lightwave Techn.*, LT-3: 1062-1072, 1985.

[29] R. Hanbury Brown. *The Intensity Interferometer.* Taylor and Francis, London, 1974.

[30] W. P. Brown. Validity of the Rytov approximation in optical propagation calculations. *J. Opt. Soc. Am.*, 56: 1045-1052, 1966.

[31] W. P. Brown. Fourth moment of a wave propagating in a random medium. *J. Opt. Soc. Am.*, 62: 966-971, 1972.

[32] Y. M. Bruck and L. G. Sodin. On the ambiguity of the image reconstruction problem. *Optics Comm.*, 30: 304-308, 1979.

[33] W. H. Carter and E. Wolf. Coherence and radiometry with quasihomogeneous planar sources. *J. Opt. Soc. Am.*, 67 (785-796), 1977.

[34] T. K. Caughey. Response of Van der Pol's oscillator to random excitation. *J. Appl. Mech.*, 26: 345-348, 1959.

[35] J. Chamberlain. *The Principles of Interferometric Spectroscopy.* John Wiley & Sons, New York, NY, 1979.

[36] L. A. Chernoff. *Wave propagation in a random medium.* McGraw-Hill Book Co., New York, NY, 1965.

[37] S. F. Clifford. The classical theory of wave propagation in turbulent media. In J. W. Strohbehn, editor, *Laser Beam Propagation in the Atmosphere*, pages 9-43., Springer-Verlag, Heidelberg, 1978.

[38] M. M. Colavita et al. Keck interferometer. In *Proc. SPIE: Astronomical Interferometry*, volume

3550, pages 776-784. SPIE, Bellingham, WA, 1998.

[39] M. A. Condie. *An Experimental Investigation of the Statistics of Diffusely Reflected Coherent Light.* Engineer degree thesis, Stanford University, 1966.

[40] J. W. Cooley and J. W. Tukey. An algorithm for the machine calculation of complex Fourier series. *Math. Comput.*, 19: 297-301, 1965.

[41] B. Croisignani, P. Di Porto, and M. Bertolotti. *Statistical Properties of Scattered Light.* Acacdemic Press, New York, NY, 1975.

[42] J. C. Dainty, editor. *Laser Speckle and Related Phenomena*, volume 9 of *Topics in Applied Physics.* Springer-Verlag, Heidelberg, second edition, 1984.

[43] J. C. Dainty and J. R. Fienup. Phase retrieval and image reconstruction in astronomy. In H. Stark, editor, *Image Recovery: Theory and Applications*, pages 231-272. Academic Press, Inc., Orlando, FL, 1987.

[44] J. C. Dainty and A. H. Greenaway. Estimation of spatial power spectra in speckle interferometry. *J. Opt. Soc. Am.*, 69: 786-790, 1979.

[45] W. B. Davenport and W. L. Root. *Random Signals and Noise.* Mcgraw-Hill Book Co., New York, 1958.

[46] D. A. de Wolf. Wave propagation through quasi-optical irregularities. *J. Opt. Soc. Am.*, 55: 812-817, 1965.

[47] P. M. Duffieux. *l'Intégral de Fourier et ses Applications à l'Optique.* Societé Anonyme de Imprimeries Oberthur, Rennes, France, 1946.

[48] J. Dugundji. Envelopes and pre-envelopes of real waveforms. *IRE Trans. Info. Th.*, IT-4: 53-57, 1958.

[49] K. Dutta and J. W. Goodman. Reconstruction of images of partially coherent objects from samples of mutual intensity. *J. Opt. Soc. Am.*, 67: 796-803, 1977.

[50] A. Einstein. On a heuristic viewpoint concerning the production and transformation of light (translated). *Ann. Physik*, 17: 132-148, 1905.

[51] M. Elbaum, M. King, and M. Greenebaum. Laser correlography; transmission of high-resolution object signatures through the turbulent atmosphere. Technical Report T-1/306-3-11, Riverside Research Institute, New York, NY, 1974.

[52] R. L. Fante. Electromagnetic beam propagation in turbulent media. *Proc. IEEE*, 63: 1669-1692, 1975.

[53] W. Feller. *An Introduction to Probability Theory and Its Applications*, volume 1. John Wiley & Sons, New York, NY, 1968.

[54] P. Fellgett. *J. Phys. Radium*, 19: 187, 1958.

[55] A. F. Fercher, W. Drexler, C. K. Hitzenberger, and T. Lasser. Optical coherence tomography - principles and applications. *Rep. Prog. Phys.*, 66: 239-303, 2003.

[56] J. R. Fienup. Iterative method applied to image reconstruction and to computer-generated holograms. *Opt. Engin.*, 19: 297-305, 1980.

[57] J. R. Fienup. Phase retrieval algorithms: a comparison. *Appl. Opt.*, 21: 2758-2769, 1982.

[58] J. R. Fienup. Phase retrieval algorithms: a personal tour. *Appl. Opt.*, 52: 45-56, 2013.

[59] J. R. Fienup and P. S. Idell. Imaging correlography with sparse arrays of detectors. *Opt. Engin.*, 27: 778-784, 1988.

[60] H. Fizeau. Prix bordin: Rapport sur le concours de l'anné. *Comptes Rendus del'Académie des Sciences*, 66: 932-934, 1868.

[61] D. L. Fried. Optical resolution through a randomly homogeneous medium for very long and very short exposures. *J. Opt. Soc. Am.*, 56: 1372-1379, 1966.

[62] D. L. Fried. Statistics of a geometric representation of wavefront distortion. *J. Opt. Soc. Am.*, 55: 1427-1435, 1965.

[63] D. L. Fried. Limiting resolution looking down through the atmosphere. *J. Opt. Soc. Am.*, 56: 1380-1384, 1966.

[64] D. L. Fried. Least-square fittinga wave-front distortion estimate toan array of phase-difference measurements. *J. Opt. Soc. Am.*, 67: 370-375, 1977.

[65] D. Gabor. Theory of communication. *J. Inst. Electrical Engin.*, 93 (III): 429-459, 1946.

[66] H. Gamo. Triple correlator of photoelectric fluctuations as a spectroscopic tool. *J. Appl. Phys.*, 34: 875-876, 1963.

[67] J. D. Gaskill. Atmospheric degradation of holographic images. *J. Opt. Soc. Am.*, 59: 308-318, 1969.

[68] J. D. Gaskill. *Linear Systems, Fourier Transforms, and Optics*. John Wiley & Sons, New York, NY, 1978.

[69] R. W. Gerchberg and W. O. Saxton. A practical algorithm for determination of phase from image and diffraction plane pictures. *Optik*, 35: 237-246, 1972.

[70] D. Y. Gezari, A. Labeyrie, and R. V. Stachnik. Speckle interferometry: diffraction-limited measurements of nine stars with the 200-inch telescope. *Astrophys. J. Lett.*, 173: L1-L5, 1972.

[71] D. C. Ghiglia and M. D. Pritt. *Two-dimensional phase unwrapping: theory, algorithms, and Software*. Wiley, New York, NY, 1998.

[72] M. Giglio, M. Carpineti, and A. Vailati. Space intensity correlations in the near field of scattered light: A direct measurement of the density correlation function g (r). *Phys. Rev. Lett.*, 85: 1416-1419, 2000.

[73] R. J. Glauber. The quantum theory of optical coherence. *Phys. Rev.*, 130: 2529-2539, 1963.

[74] A. Glindemann. *Principles of Stellar Interferometry*. Springer, Heidelberg, 2011.

[75] J. W. Goodman. Some effects of target-induced scintillation on optical radar performance. *Proc. I. E. E. E.*, 53: 1688-1700, 1965.

[76] J. W. Goodman. Analogy between holography and interferometric image formation. *J. Opt. Soc. Am.*, 60: 506-509, 1970.

[77] J. W. Goodman. Statistical properties of mutual intensity with finite measurement time. *Appl. Phys.*, 2: 95-101, 1973.

[78] J. W. Goodman. Somefundamental properties of speckle. *J. Opt. Soc. Am.*, 66: 1145-1150, 1976.

[79] J. W. Goodman. Role of coherence concepts in the study of speckle. *Proc. SPIE*, 194: 86-94, 1979.

[80] J. W. Goodman. *Introduction to Fourier Optics*. Roberts & Company, Publishers, Greenwood Village, CO, 3rd edition, 2005.

[81] J. W. Goodman. *Speckle Phenomena in Optics: Theory and Applications*. Roberts & Company, Publishers, Greenwood Village, CO, 2007.

[82] J. W. Goodman and J. F. Belsher. Photon limited images and their restoration. Tech-nical Report RADC-TR-76-50, Rome Air Development Center, Griffis AFB, NY, March 1976.

[83] J. W. Goodman and J. F. Belsher. Precomensation and postcompensation of photon limited degrad-ed images. Technical Report RADC-TR-76-382, Rome Air Development Center, Griffis AFB, NY, 1976.

[84] J. W. Goodman and J. F. Belsher. Photon limitations in imaging and image restora-tion. Technical Report RADC-TR-77-175, Rome Air Development Center, Griffis AFB, NY, 1977.

[85] J. W. Goodman, W. H. Huntley, D. W. Jackson, and M. Lehmann. Wavefront-reconstruction imaging through random media. *Appl. Phys. Lett.*, 8: 311-313, 1966.

[86] J. W. Goodman, D. W. Jackson, M. Lehmann, and J. Knotts. Experiments in long-distance hol-ographic imagery. *Appl. Opt.*, 8: 1581-1586, 1969.

[87] M. E. Gracheva and A. S. Gurvich. Strong fluctuations in the intensity of light prop-agated through the atmosphere close to Earth. *Radiophys. Quant. Electron.*, 8: 717-724, 1965.

[88] M. E. Gracheva, A. S. Gurvich, S. S. Kashkarov, and Vl. V. Pokasov. Similarity relations and their experimental verification for strong intensity fluctuations of laser radiation. In J. W. Strohbe-hn, editor, *Laser Beam Propagation in the Atmosphere*, volume 25, pages 107-127. Springer-Verlag, Heidelberg, 1978.

[89] P. R. Griffiths. Fourier transform infraredspectroscopy. *Science*, 222: 297-302, 1983.

[90] D. N. Grimes and B. J. Thompson. Two-point resolution with partially coherent light. *J. Opt. Soc. Am.*, 57: 1330-1331, 1967.

[91] A. S. Gurvich, M. A. Kallistratova, and N. S. Time. Fluctuations in the parameters of a light wave from a laser during propagation in the atmosphere. *Radio phys. Quant. Electron.*, 11: 1360-1370, 1968.

[92] P. Haguenauer et al. The very large telescope interferometer. In *Proc. SPIE: Optical and Infrared Astronomy III*, volume 8445. SPIE, Bellingham, WA, 2012.

[93] C. A. Haniff. Phase closure imaging - theory and practice. In D. M. Alloin and J. -M. Mariotti, editors, *Diffraction Limited Imaging with Very Large Telescopes*, volume 274 of NATO ASI Se-ries, pages 171-190. Kluwer Academic Publishers, Norwell, MA, 1989.

[94] C. A. Haniff, J. E. Baldwin, P. J. Warner, and T. R. Scott. Atmospheric phase fluctuation measurement: interferometric results from the WHT and COAST telescopes. In J. B. Breckin-ridge, editor, *Proc. SPIE: Symposium on Astronomical Telescopes & Instrumentation for the 21st Century*, volume 2200, pages 407-417. SPIE, Bellingham, WA, 1994.

[95] J. W. Hardy. *Adaptive Optics for Astronomical Telescopes*. Oxford University Press, New York,

NY, 1998.

[96] G. R. Heidbreder. Image degradation with random wavefront tilt compensation. *IEEE Trans. Ant. and Prop.* , AP-15: 90-98, 1967.

[97] T. L. Ho and M. J. Beran. Propagation of the fourth-order coherence function in arandom medium (a nonpertubative formulation). *J. Opt. Soc. Am.* , 58: 1335-1341, 1968.

[98] H. Hodara. Statistics of thermal and laser radiation. *Proc. I. E. E. E.* , 53: 696-704, 1965.

[99] J. M. Hollas. *Modern Spectroscopy.* John Wiley & Sons, New York, NY, 2004.

[100] R. B. Holmes, S. Ma, A. Bhowmik, and C. Greninger. Analysis and simulation of a synthetic-aperture technique for imaging through turbulence. *J. Opt. Soc. Am. A*, 13: 351-364, 1996.

[101] H. H. Hopkins. The concept of partial coherence in optics. *Proc. Roy. Soc.* , A208: 263, 1951.

[102] R. H. Hudgin. Optimal wave-front estimation. *J. Opt. Soc. Am.* , 67: 378-382, 1977.

[103] R. H. Hudgin. Wave-front reconstruction for compensated imaging. *J. Opt. Soc. Am.* , 67: 375-378, 1977.

[104] R. A. Hutchin. Sheared coherent interferometric photography: a technique for lens-less imaging. In P. Idell, editor, *Proc. SPIE: Digital Image Recoverey and SynthesisII*, volume 2029, pages 161-168, Bellingham, WA, 1993. SPIE.

[105] P. S. Idell and J. R. Fienup. Imaging correlography: a new approach to active imaging. In *Proc. Twelfth DARPA Strategic Systems Symposium*, pages 141-151. RiversideResearch Institute, 1986.

[106] P. S. Idell, J. R. Fienup, and R. S. Goodman. Image synthesis from nonimaged laser speckle patterns. *Opt. Lett.* , 12: 858-860, 1987.

[107] A. Ishimaru. *Wave Propagation and Scattering in Random Media.* Wiley-IEEE Press, New York, NY, 1999.

[108] P. Jacquinot. The luminosity of spectrometers with prisms, gratings and Fabry-Perot etalons. *J. Opt. Soc. Am.* , 44: 761-765, 1954.

[109] R. C. Jennison. A phase sensitive interferometer technique for the measurement of the Fourier transforms of spatial brightness distributions of small angular extent. *Monthly Notcies of the Royal Astronomical Society*, 118: 276-284, 1958.

[110] R. C. Jones. New calculus for the treatment of optical systems. i. *J. Opt. Soc. Am.* , 31: 488, 1941.

[111] R. C. Jones. New calculus for the treatment of optical systems. ii. *J. Opt. Soc. Am.* , 31: 493, 1941.

[112] R. C. Jones. New calculus for the treatment of optical systems. iii. *J. Opt. Soc. Am.* , 31: 500, 1941.

[113] R. C. Jones. New calculus for the treatment of optical systems. iv. *J. Opt. Soc. Am.* , 32: 486, 1942.

[114] R. C. Jones. New calculus for the treatment of optical systems. v. *J. Opt. Soc. Am.* , 37: 107, 1947.

[115] R. C. Jones. New calculus for the treatment of optical systems. vi. *J. Opt. Soc. Am.*, 37: 110, 1947.

[116] R. C. Jones. New calculus for the treatment of optical systems. vii. *J. Opt. Soc. Am.*, 38: 671, 1948.

[117] R. C. Jones. New calculus for the treatment of optical systems. viii. *J. Opt. Soc. Am.*, 46: 126, 1956.

[118] K. Khare and N. George. Sampling theory approach to prolate spheroidal wavefunctions. *J. Phys. A*, 36: 10011-10021, 2003.

[119] J. C. Kluyver. A local probability problem. *Proc. Roy. Acad. Sci. Amsterdam*, 8: 341-350, 1905.

[120] K. T. Knox and B. J. Thompson. Recovery of images from atmospherically degraded short exposure images. *Astrophys. J.*, 193: L45-L48, 1974.

[121] D. Kohler and L. Mandel. Operational approach to the phase problem of optical coherence. *J. Opt. Soc. Am.*, 60: 280-281, 1970.

[122] A. N. Kolmogorov. Thelocal structure of turbulence in incompressible viscous fluids for very large Reynolds' numbers. In S. K. Friedlander and L. Topper, editors, *Turbulence, Classical Papers on Statistical Theory*, pages 151-155. Wiley-Interscience, New York, NY, 1961.

[123] D. Korff. Analysis of a method for obtaining near-diffraction-limited information in the presence of atmospheric turbulence. *J. Opt. Soc. Am.*, 63: 971-980, 1973.

[124] A. Labeyrie. Attainment of diffraction limited resolution in large telescopes by Fourier analyzing speckle patterns in star images. *Astron. & Astrophys.*, 6: 85-87, 1970.

[125] R. S. Lawrence and J. W. Strohbehn. Asurvey of clear-air propagation effects relevant to optical communications. *Proc. IEEE*, 58: 1523-1545, 1970.

[126] H. le Coroller et al. The first dilute telescope ever built in the world. In *Proc. SPIE: Optical and Infrared Astronomy III*, volume 8445. SPIE, Bellingham, WA, 2012.

[127] R. W. Lee and J. C. Harp. Weak scattering in random media, with applications to remote probing. *Proc. IEEE*, 57: 375-406, 1969.

[128] R. Leitgeb, C. K. Hitzenberger, and A. F. Fercher. Performance of Fourier domain vs. time domain optical coherence tomography. *Optics Express*, 11 (889-894), 2003.

[129] J. Liang, D. R. Williams, and D. T. Miller. Supernormal vision and high-resolution retinal imaging through adaptive optics. *J. Opt. Soc. Am. A*, 14: 2884-2892, 1997.

[130] M. Loéve. *Probability Theory II*. Springer-Verlag, New York, N. Y., 1978.

[131] A. W. Lohmann, G. Weigelt, and B. Wirntzer. Speckle masking in astronomy: Triple correlation theory and applications. *Appl. Opt.*, 22: 4028-4037, 1983.

[132] R. Loudon. *The Quantum Theory of Light*. Oxford Science Publications, New York, NY, 3rd edition, 2000.

[133] R. F. Lutomirski and H. T. Yura. Propagation of a finite optical beam in an inhomogeneous medium. *Appl. Opt.*, 10: 1652-1658, 1971.

[134] L. Mandel. Fluctuations of photon beams: the distribution of the photo-electrons. *Proc. Phys.*

Soc. (London), 74: 233-243, 1959.

[135] L Mandel. Fluctuations of light beams. In E. Wolf, editor, *Progress in Optics*, volume II, chapter 10, pages 181-248. North Holland Publishing Company, Amsterdam, 1963.

[136] L. Mandel. Phenomenological theory of laser beam fluctuations and beam mixing. *Phys. Rev.*, 138: B753-B762, 1965.

[137] L. Mandel. The case for and against semiclassical radiation theory. In E. Wolf, editor, *Progress in Optics*, volume XIII, chapter 2, pages 27-68. North Holland Publishing Co., Amsterdam, 1976.

[138] L. Mandel and E. Wolf. Some properties of coherent light. *J. Opt. Soc. Am.*, 51: 815-819, 1961.

[139] L. Mandel and E. Wolf. *Optical Coherence and Quantum Optics*. Cambridge University Press, Cambridge, UK, 1995.

[140] W. Martienssen and E. Spiller. Coherence and fluctuations of light beams. *Am. J. Phys.*, 32: 919-926, 1964.

[141] C. L. Matson. Weighted-least-squares phase reconstruction from the bispectrum. *J. Opt. Soc. Am. A*, 8: 1905-1913, 1991.

[142] C. L. Mehta. Theory of photoelectric counting. InE. Wolf, editor, *Progress in Optics*, volume VIII, pages 373-340. North Holland Publishing Co., Amsterdam, 1970.

[143] A. Meijerink. *Coherence multiplexing for optical communication systems*. PhD thesis, University of Twente, The Netherlands, 2005.

[144] L. Mertz. *Transformations in Optics*. John Wiley & Sons, New York, NY, 1965.

[145] A. A. Michelson. On the application of interference methods to astronomical measurements. *Phil. Mag.*, 30: 1-21, 1890.

[146] A. A. Michelson. On the application of interference methods to spectroscopic measurements. *Phil. Mag.*, 34: 280-299, 1892.

[147] A. A. Michelson and F. G. Pease. Measurement of the diameter of alpha Orionis with the interferometer. *Astrophys. J.*, 53: 249-259, 1921.

[148] D. Middleton. *An Introduction to Statistical Communication Theory*. IEEE Press, New York, NY, 1996.

[149] P. Nisenson. Effectsof photon noise on speckle imagereconstruction withthe Knox-Thompson algorithm. *Optics Commun.*, 47: 91-96, 1983.

[150] P. Nisenson. Speckle imaging with the PAPA detector aand the Knox-Thompson algorithm. In D. M. Alloin and J. M. Mariotti, editors, *Diffraction-Limited Imaging with Very Large Telescopes*, volume 274 of NATO ASI Series, pages 157-169. Kluwer Academic Publishers, Norwell, MA, 1989.

[151] R. J. Noll. Phase estimates from slope-type wave-front sensors. *J. Opt. Soc. Am.*, 68 (139-140), 1978.

[152] H. M. Nussenzveig. Phase problem in coherence theory. *J. Math. Phys.*, 8: 561-572, 1967.

[153] J. F. Nye and M. V. Berry. Dislocations in wave trains. *Proc. Roy. Soc. London A*, 366: 165-

190, 1974.

[154] B. M. Oliver. Sparking spots and random diffraction. *Proc. IEEE*, 51: 220-221, 1963.

[155] E. L. O'Neill. *Introduction to Statistical Optics*. Addison-Wesley Publishing Company, Inc., Reading, MA, 1963.

[156] E. L. O'Neill and A. Walther. The question of phase in image formation. *Optica Acta*, 10: 33-39, 1963.

[157] A. Papoulis. *The Fourier Integral and its Applications*. McGraw-Hill Book Company, Inc., New York, NY, 1962.

[158] A. Papoulis. *Systems and Transforms with Applications to Optics*. McGraw-Hill Book Company, New York, NY, 1968.

[159] A. Papoulis and S. U. Pillai. *Probability, Random Variables, and Stochastic Processes*. McGraw-Hill Book Companies, New York, NY, 4th edition, 2002.

[160] G. B. Parrent and P. Roman. On the matrix formulation of the theory of partial polarization in terms of observables. *Nuovo Cimento*, 15: 370-388, 1960.

[161] G. Parry and P. N. Pusey. K distributions in atmospheric propagation of laser light. *J. Opt. Soc. Am.*, 69: 796-798, 1979.

[162] E. Parzen. *Modern Probability Theory*. John Wiley & Sons, New York, NY, Wiley Classic Library 1992 edition.

[163] H. Paul and I. Jex. *Introduction to Quantum Optics: From Light Quanta to Quantum Teleportation*. Cambridge University Press, Cambridge, UK, 2004.

[164] K. Pearson. *A Mathematical Theory of Random Migration*. Number 15. Draper's Company Research Memoirs, Biometric Series III, London, 1906.

[165] R. L. Phillips and L. C. Andrews. Measured statistics of laser-light scattering in atmospheric turbulence. *J. Opt. Soc. Am.*, 71: 1440-1445, 1981.

[166] B. Picinbono and E. Boileau. Higher-order coherence functions of optical fields and phase fluctuations. *J. Opt. Soc. Am.*, 58: 784-789, 1968.

[167] S. Ragland et al. Recent progress at the Keck interferometer. In *Proc. SPIE: Optical and Infrared Astronomy*, volume 7734. SPIE, Bellingham, WA, 2010.

[168] J. A. Ratcliffe. Some aspects of diffraction theory and their application to the ionosphere. *Reports on Progress in Physics*, 19: 188-267, 1956.

[169] J. W. Strutt (Lord Rayleigh). On the resultant of a large number of vibrations of the same pitch and arbitrary phase. *Phil Mag.*, 10: 73-78, 1880.

[170] J. W. Strutt (Lord Rayleigh). On the problem of random vibrations and of random flights in one, two, or three dimensions. *Phil. Mag.*, 37: 321, 1919.

[171] I. S. Reed. On a moment theorem for complex Gaussian processes. *IRE Trans. Info. theory*, IT-8: 194, 1962.

[172] W. T. Rhodes and J. W. Goodman. Interferometric technique for recording and restoring images degraded by unknown aberrations. *J. Opt. Soc. Am.*, 63: 647-657, 1973.

[173] S. O. Rice. Mathematical analysis of random noise. *Bell Syst. Tech. J.*, 24: 46-156, 1945.

[174] J. D. Rigden and E. I. Gordon. The granularity of scattered optical maser light. *Proc. IEEE*, 50: 2367-2368, 1962.

[175] H. Risken. Statistical properties of laser light. In E. Wolf, editor, *Progress in Optics*, volume VIII, pages 239-294. North-Holland Publishing Co. , Amsterdam, 1970.

[176] H. Risken. *The Fokker-Planck Equation: Methods of Solution and Applications*. Springer-Verlag, Berlin, second edition, 1989.

[177] F. Roddier. Signal-to-noise ratio of speckle interferometry. In *Imaging in Astronomy Topical Meeting*, page Paper ThC6, Boston, MA, 1975. AAS/SAO/OSA/SPIE.

[178] F. Roddier. Triple correlation as a phase closure technique. *Optics Commun.* , 60: 145-148, 1986.

[179] F. Roddier, editor. *Adaptive Optics in Astronomy*. Cambridge University Press, Cambridge, UK, 1999.

[180] G. L. Rogers. The process of image formation as a re-transformation of the partial coherence pattern of the object. *Proc. Phys. Soc.* (2), 81: 323-331, 1963.

[181] M. C. Roggemann and B. Welsh. *Imaging Through Turbulence*. CRC Press, Boca Raton, FL, 2006.

[182] D. H. Rogstad. A technique for measuring visibility phase with an optical interferometer in the presence of atmospheric seeing. *Appl. Opt.* , 7: 585-588, 1968.

[183] H. Rubens and R. W. Wood. Focal isolation of long heat waves. *Phil. Mag.* , 21: 249-261, 1911.

[184] F. D. Russell and J. W. Goodman. Nonredundant arrays and postprocessing for aberration compensation in incoherent imaging. *J. Opt. Soc. Am.* , 61: 182-191, 1971.

[185] S. K. Saha. *Aperture Synthesis: Methods and Applications to Optical Astronomy*. Springer, New York, NY, 2011.

[186] B. Saleh. *Photoelectron Statistics*. Springer-Verlag, Berlin, 1978.

[187] B. E. A. Saleh and M. C. Teich. *Fundamentals of Photonics*. John Wiley & Sons, Hoboken, NJ, 2nd edition, 2007.

[188] A. C. Schell. PhD thesis, MIT, Cambridge, MA, 1961.

[189] A. C. Schell. A technique for the determination of the radiation pattern of a partially coherent aperture. *IEEE Trans. Ant. &Prop.* , AP-15: 187-188, 1967.

[190] J. M. Schmitt. Optical coherence tomography (OCT): a review. *IEEE J. Selected Topics in Quantum Electronics*, 5: 1205-1215, 1999.

[191] A. A. Scribot. First-order probability density function of speckle measured with a finite aperture. *Optics Commun.* , 11: 238-295, 1974.

[192] X. Shen, J. M. Kahn, and M. A. Horowitz. Compensation for multimode fiber dispersion by a-daptive optics. *Optics Lett.* , 30: 2985-2987, 2005.

[193] R. A. Shore, B. J. Thompson, and R. E. Whitney. Diffraction by apertures illuminated with partially coherent light. *J. Opt. Soc. Am.* , 56: 733-735, 1966.

[194] D. Slepian. Prolate spheroidal wave functions, Fourier analysis and uncertainty -I. *Bell Syst.*

Tech. J., 40: 43-63, 1961.

[195] D. Slepian. Prolate spheroidal wave functions, Fourier analysis and uncertainty -II. *B. Syst. Tech. J.*, 40: 65-84, 1961.

[196] W. H. Southwell. Wave-front estimation from wave-front slope measurements. *J. Opt. Soc. Am.*, 70: 998-1006, 1980.

[197] H. Stark and J. W. Woods. *Probability, Random Processes, and Estimation Theory for Engineers*. Prentice Hall, Englewood Cliffs, NJ, 1986.

[198] G. Strang. *Linear Algebra and Its Applications*. Brooks Cole, Boston, MA, 4thedition, 2005.

[199] J. W. Strohbehn. Line-of-sight wave propagation through a turbulent atmosphere. *Proc. IEEE*, 56: 1301-1318, 1968.

[200] J. W. Strohbehn. Optical propagation through the turbulent atmosphere. In E. Wolf, editor, *Progress in Optics*, volume 9, chapter 3, pages 73-122. North-Holland Publishing Co., Amsterdam, 1971.

[201] J. W. Strohbehn and S. F. Clifford. Polarization and angle-of-arrival fluctuations for a plane wave propagated through a turbulent medium. *IEEE Trans. Antennas and Prop.*, AP-15: 416-421, 1967.

[202] H. F. Talbot. Facts relating to optical science, no. iv. *Phil. Mag.*, 9, 1836.

[203] V. I. Tatarski. *Wave Propagation in a Turbulent Medium*. McGraw-Hill Book Co., New York, NY, 1961.

[204] T. A. Ten Brummelaar et al. First results from the CHARA array. II. a description of the instrument. *The Astrophys. J.*, 628: 453-465, 2005.

[205] J. B. Thomas. *An Introduction to Statistical Communication Theory*. John Wiley & Sons, New York, NY, 1969.

[206] A. R. Thompson, J. M. Moran, and G. W. Swenson Jr. *Interferometry and Synthesis in Radio Astronomy*. John Wiley & Sons, New York, NY, 2001.

[207] B. J. Thompson and E. Wolf. Two-beam interference with partially coherent light. *J. Opt. Soc. Am.*, 47: 895-902, 1957.

[208] D. A. Tichenor and J. W. Goodman. Coherent transfer function. *J. Opt. Soc. Am.*, 62: 293-295, 1972.

[209] R. K. Tyson. *Principles of Adaptive Optics*. CRC Press, Boca Raton, FL, 3rd edition, 2011.

[210] N. D. Ustinov, A. V. Anufriev, A. L. Vol'pov, Yu. A. Zimin, and A. I. Tolmachev. Active aperture synthesis when observing objects through distorting media. *Sov. J. Quant. Electron.*, 17: 108-110, 1987.

[211] G. C. Valley. Isoplanatic degradation of tilt correction and short-term imaging systems. *Appl. Opt.*, 19: 574-577, 1979.

[212] P. H. Van Cittert. Die wahrscheinliche schwingungsverteilung in einer van einer lichtquelle direkt oder mittels einer linse beleuchteten ebene. *Physica*, 1: 201-210, 1934.

[213] P. H. Van Cittert. Kohärenz-probleme. *Physica*, 6: 1129-1138, 1939.

[214] E. Verdet. `Etude sur la constitution de la lumière non polarisée et de la lumière partiellement

polarisée. *Ann. Scientif. l'Ecole Normale Superiore*, 2: 291-316, 1865.

[215] D. G. Voelz, J. F. Belsher, L. Ulibarri, and V. Gamiz. Proc. spie: Ground-to-space imaging: Review 2001. In D. G. Voelz and J. C. Ricklin, editors, *Free-space laser communication and laser imaging*, volume 4489, pages 35-47. SPIE, Bellingham, WA, 2001.

[216] M. Von Laue. Die entropie von partiell kohärenten strahlenbündeln. *Ann. Physik.*, 23: 1-43, 1907.

[217] M. Von Laue. Die entropie von partiell kohärenten strahlenbündeln; nachtrag. *Ann. Physik.*, 23: 795-797, 1907.

[218] M. Von Laue. *Sitzunsber. Akad. Wiss (berline)*, 44: 1144, 1914.

[219] M. Von Laue. *Mitt. Physik Ges. (Zurich)*, 18: 90, 1916.

[220] M. Von Laue. *Verhandl. Deut. Phys. Ges.*, 19: 19, 1917.

[221] J. F. Walkup. *Limitations in Interferometric Measurements and Image Restoration at Low Light Levels*. PhD thesis, Stanford University, Stanford, CA, 1971.

[222] J. F. Walkup and J. W. Goodman. Limitations of fringe-parameter estimation at low light levels. *J. Opt. Soc. Am.*, 63: 399-407, 1973.

[223] A. Walther. The question of phase retrieval in optics. *Optica Acta*, 10: 41-49, 1963.

[224] N. Wiener. Coherency matrices and quantum theory. *J. Math. Phys. (MIT)*, 7: 109-125, 1927-1928.

[225] E. Wolf. A macroscopic theory of interference and diffraction of light from finite sources. *Nature*, 172: 535, 1953.

[226] E. Wolf. A macroscopic theory of interference and diffraction of light from finite sources, I: Fields with a narrow spectral range. *Proc. Roy. Soc.*, 225: 96-111, 1954.

[227] E. Wolf. Optics in terms of observable quantities. *Nuovo Cimento*, 12: 884-888, 1954.

[228] E. Wolf. Coherence properties of partially polarized electromagnetic radiation. *Nuovo Cimento*, 13: 1165-1181, 1959.

[229] E. Wolf. Is a complete determination of the energy spectrum of light possible from measurements of the degree of coherence? *Proc. Phys. Soc.*, 80: 1269-1272, 1962.

[230] E. Wolf. *Inroduction to the Theory of Coherence and Polarization of Light*. Cambridge University Press, Cambridge, UK, 2007.

[231] T. Young. On the theory of light and colours. *Phil. Trans. Roy. Soc. (London)*, 92: 12-48, 1802.

[232] F. Zernike. The concept of degree of coherence and its application to optical prob-lems. *Physica*, 5: 785-795, 1938.

[233] F. Zernike. Diffraction and optical image formation. *Proc. Phys. Soc.*, 61: 158-164, 1948.

汉英对照索引

（按汉语拼音顺序排列，页码为中译本页码）

译 后 记

《统计光学》终于翻译出版，心里一块大石头落了地．能够参加国际上光学权威顾德门教授的三本著作的翻译出版工作，实在很意外也深感荣幸．四十年前购买到他的中文版《傅里叶光学导论》学习阅读时，我还没有学习英语，当时我不仅看不懂原文版，连它的中文版也看不懂．经过四十年的学习与工作，现在竟然参加了顾德门教授所有三本书（《傅里叶光学导论》《光学中的散斑现象——理论与应用》和《统计光学》）的翻译与推介工作，这在当年是无法想象的．

顾德门教授曾经为中文版《傅里叶光学导论》售出了 33000 册，比全世界所有其他文字的译本加英语原版还多而感到惊讶，但是联系中国四十年来的现代化发展，这个"奇迹"又不奇了．在顾德门教授三本书的见证下，中国光学界迅速追赶着世界先进水平，为了弥补失去的十年，中国光学工作者和全体中国人民一道，如饥似渴地学习这十年里国外高速发展的科学技术．顾德门教授的三本书几乎成了四十年来中国光学界的"圣经"．

我作为高等教育有所缺失的一分子，正是这个努力学习、工作、研究大军中的一员．我的经历就是四十年来顾德门教授的三本书对中国光学工作者影响的一个缩影．下面就是我的学习过程和一些体会．

翻开《傅里叶光学导论》，第一个拦路虎就是"傅里叶变换"．为了真正理解这个概念，理解它的几何与物理意义，理解它在光学中的可能应用，我在华中工学院（现在的华中科技大学）图书馆一天八小时，连续坐了两个星期冷板凳，爬过了这道坎．现在的年轻人也许会笑话，这算个什么啊，不就是一个傅里叶变换吗？没那么难啊！可是我已经在工厂里工作了七年，当了七年钳工和机械设计技术员，脑子里装满了锉、锯、錾、锤和车、铣、刨、磨，各种金属与非金属材料，各种零件与部件，各种机械与非机械加工手段，我设计和亲自加工制作的用于车间各个角落的工具工装，以及卖到王府井百货大楼的民用望远镜．要我把光学图像想象成光学空间频谱，把我学过的经典光学与机械知识转化为现代光学成像理论，还真的需要更新换代的学习．《傅里叶光学导论》的理论严谨，还配了那么多习题，利于自学，引导我踏入了现代光学的门槛．

在这之前的一年，我曾被派参加我国自行研制的第一台"光学传递函数检查仪"鉴定会，相关理论在《傅里叶光学导论》里有详细讨论，但我当时还没见到．这次会议的内容，我一点也没听懂，会议中间请教参会的南京理工大学老师，他给我进行了一次"科普"讲解，我才知道了 OTF 的重要意义和最基本的原理．尴尬的参会，促使我在顾德门教授的中文版《傅里叶光学导论》一出版，就开始了自学，实验就在我们简陋的实验室进行．第一个实验从图像边缘增强开始，完成了滤波器的制作，可就是找不到输出的轮廓图像．后来发现我们被经典光学系统总是单一光轴误导，在一级衍射方向找到了实验结果．这为我去美国做访问学者，一个人独立工作打下了基础．

我 1981 年 7 月 8 日到美国，11 日到卡内基梅隆大学师从 Casasent 教授做访问学者，他给我的第一项任务也是图像处理，不过并不是书中已经给出结果的一维光学处理，而是要求我用光学方法实现《数字图像处理》（1978 年版，冈萨雷斯著）中的二维非线性图像预处理算子．为了可以用于压缩图像信息，Casasent 教授要求我做的也是图像边缘增强，要求我研究的正是用光学信息处理方法实现 Sobel 算子的理论与实验．

Sobel 算子实质是对于光强的一种二维的非线性差分的进一步优化，需要在被处理的图像矩阵中，用围绕目标像素周围的像素强度值加权与目标像素叠加，来取代原像素以形成新的图像矩阵．问题变为制作滤波器时要求对相干光束的相位差进行严格控制．把光程差控制到 158.25nm，不算大问题．麻烦的是强度的加减与振幅加减之间的差别，相干光信息处理系统是不能直接进行强度加减运算的，一般非相干处理系统又没有 Sobel 算子需要的图像矩阵处理功能．首先用代数运算．把实数的强度加减转化成复数的代数运算，这种数学的变化在理论上推导出来了，是不是能够用光学信息处理的物理过程实现，需要实验验证．《傅里叶光学导论》给出的角谱理论，在对二维傅里叶谱作傅里叶反变换时，直接把二维傅里叶谱分布函数与傅里叶反变换核的乘积联系起来，看成被加权的单色光的一个角谱，能够反演出原来的光场分布，其中的虚数符号 j 就直接代表了相位的 90°变化，那么在我对于 Sobel 算子施加代数运算，将实数运算演变成复数运算时，虚数符号 j 不是同样可以看成物理过程里相位的 90°变化吗？在《傅里叶光学导论》一书的指导下，强度的加减与振幅加减之间差别的问题在理论上得到解决．而后整整一个月，我单枪匹马干，暗室与实验室分在地下室和三楼，我每天楼上楼下要跑几十次，终于取得理想的实验结果．Casasent 教授带着完成的成果去参加一次学术研讨会，而且诚实的 Casasent 教授把我列为论文的第一作者，终于我在国际顶级学术界发表论文了．顾德门教授的《傅里叶光学导论》帮助我独立完成了第一个科研成果．

Casasent 教授十分满意，于是他要求我进入一个我完全陌生的领域——用计算机生成全息图．《傅里叶光学导论》（初版）里没有讨论用计算机生成全息图，因为顾德门教授写此书时还没有计算机生成全息图出现．Casasent 教授眼光远大，要做世人没做过的事，谁也不知道这条路走不走得通．我得到的参考文献是 Prof. W. h. Li（李威汉教授）在《Progress in Optics》中的一篇论文，但是里面连物理量的单位、量纲都很少讲到，只有用《傅里叶光学导论》中相关内容来补充．在傅里叶光学的基础上，建立起它的数学物理模型．另一个难题出现了：我从没有见、更没有用过计算机！当时中国和美国在这方面的差距至少是三十年！我从国内带了一本一百多页厚的小书《计算机语言——Fortran4》，这本书从计算机原理到结构、到操作、再到如何编程都讲到了，明白这些内容，再加上查阅计算机房的使用手册，就可以使用计算机．我很顺利地在一个星期内完成了第一次编程．画出了十几张图，我就回到实验室，开始我的暗室工作，做成面积缩小到十六万分之一到 $1mm^2$ 的空间滤波器．因为是第一次，尽管结果不是我想象的那样，与理论预期相差很大，可是毕竟有输出，这对我是很大的鼓励．

第三次打印出的计算全息图缩小到 $1mm^2$ 后，出现了近似于我需要的结果——连环套着的一大一小两个空心同心圆，而我需要的是大小完全相同的同心圆．我接着找问题，终于发现我输入到计算机里的程序与我设计的程序在某处相差一个符号（两个星期找出一个符号错误，使我认识到什么是 IT 工作），正号写成了负号．改正后得到了完全正确的结果．我把 Sobel 算子用计算机全息图做出来了！

在国际会议上发表论文后，Casasent 教授和我讨论了四个半天．他让我把两个实验的相关理论推导、实验设计、参数意义和选取，详详细细地用我那蹩脚英语讲给他听．那四个整半天，在办公室里他不接待任何其他人，不停地问，用最简单的我能够听懂的英语慢慢地说．第五天下午，由他的秘书打字的一篇四十页的论文出炉了．经过审稿和他的修改，近一年后刊登在当时排名第二的权威光学刊物 Applied Optics 上．这一回，他自己署名第一，我成了第二，因为四十页文字的内容表达的"思想"极为丰富，也许我只能占四页．这一年是 1983 年，我的名字出现在世界一流杂志上，使我着实兴奋了几天．回想起来，最主要的参考书就是那本中文初版的《傅里叶光学导论》．更大的收获是我懂得了导师的作用，什么是导师，导师应该怎么做！

这时我的心飞向另一个问题，想要离开 Casasent 教授的实验室．这个问题是早间广播电台联播节目里一则新闻引起的．1979 年深秋，在天津开了一个国际实验力学学术会议，其中一句话引起了我的兴趣，报道居然说在漫反射光之间能够产生干涉．从高中物理学到大学的光学仪器专业，没有一个老师不告诫我们，实现干涉得有三个必要条件：同波长、同偏振、光程差恒定．国外的光学竟发展得这样神奇，连这样的"绝对真理"也能够打破？我不知道，这个现象早在 1953 年的 Nature 杂志上就已登出，并且一直有讨论，根据这个现象制作的仪器已于 20 世纪 60 年代后期在西方光学仪器工厂里应用了．顾德门教授在他的课本和课堂里，已从理论到实验都教过其原理与应用.

萌生离开 Casasent 教授实验室的想法以后，我发申请给纽约州立大学石溪分校机械系的光测力学实验室主任 Prof. Fu-Pen Chiang（姜复本教授）. 没有想到，两周后 Fu-Pen Chiang 教授来电话，欢迎我去他的实验室，参加他的团队. 他说一个月内不在美国，要我和他那里一个访问学者联系即可安顿下来.

见到 Prof. Fu-Pen Chiang 是一个月以后的事. 因为我是学光学的，他直接告诉我，散斑测量的原理还没有完全清楚，他希望我帮助他研究散斑测量的"上限"，就是测量的范围. 我还得回到光学找答案.

我不知道当时顾德门教授已经在斯坦福大学电子工程系开设"统计光学"课程，没法搞到讲义，唯一可以死抠的书只有 Dainty 教授主编的《激光散斑及其相关现象》，具体地说只有其中顾德门教授写的第二章，关于激光散斑产生的原理及其二阶统计特性. 在一维随机过程基础上理解二维随机游走，并不困难，也就是说激光散斑的存在是没有疑义的. 每个点的振幅、相位概率密度函数，强度概率密度函数都不难理解. 作为二维随机过程，它的二阶矩较难理解. 顾德门教授的书却用一句话点破，他写道："散斑场的自相关函数二维空间分布是对散斑大小的有效度量."于是我就有了破解 Prof. Fu-Pen Chiang 难题的依据了.

Fu-Pen Chiang 教授他们从实验角度找到两种光学信息处理方法处理二次曝光散斑图，一种是单点杨氏条纹扫描法，一个是 4F 系统全场滤波法，后一种方法出现全场的等位移线，他们无法解释. 现在好办了，因为每个 4F 系统都有它的点扩展函数，两次曝光的散斑图之间的相对位移不能超过这个点扩张函数的大小，超过了就会失去空间相干性不再出现干涉条纹，点扩展函数的大小恰好与全场滤波孔径形成的散斑大小相同，于是我们提出了所谓"二次散斑场"的概念，又利用两次曝光之间的相关性，以及两个空间样本之间的遍历性，顺利解决了所谓的"散斑测量的上限"问题. 以此为出发点，将散斑干涉术、散斑照相术、白光散斑术、电子散斑术全部建立在统计光学的基础上，充分利用散斑光场的二维遍历性质，利用在力学测量中均匀照明性质带来的随机过程的平稳性，Prof. Fu-Pen Chiang 课题组解决了一系列力学测量中发现的问题. 尤其是将全息与散斑相结合测量表面三维变形的方法，将离面位移和面内位移分开，把他们课题组研究的领域推上了一个新的高度. 这一切都得益于顾德门教授的《傅里叶光学导论》和《统计光学》. 可惜的是，那时《统计光学》还没有正式出版，没有看到《统计光学》的第五、六章，我们没能深入建立偏振散斑干涉的数学物理模型. 而且因为我们发表的论文散在光学、力学、实验力学、激光在科学与工程中的应用等不同杂志上，比较偏工程、偏应用，在光学学术界影响不大.

顾德门教授三本书（《傅里叶光学导论》《光学中的散斑现象——理论与应用》和《统计光学》）实际上是经典光学最后的集大成者. 光学的进一步发展就

进入"量子光学"或者有人称作"光子学"时代了，这里我们不讨论．要说明的是，解决经典光学问题常常要把这三本书的内容综合应用，一个典型例子是对散射板干涉仪原理的讨论．

前面已提到，早在 1953 年 *Nature* 杂志上就刊登过散射光场之间的干涉现象，根据这个现象制作的仪器已于 20 世纪 60 年代后期在西方光学仪器工厂里应用．1978 年出版了一本墨西哥人 Dnniel Malacara 主编的 *Optical Shop Testing*，其中干涉测量仪器一章中用三页多篇幅介绍了这种仪器的结构，定性分析了工作原理，定量给出了基本性能和测量公式．因为他是完全从被测点与标准面相应点之间光程差的角度分析的，实际上没有涉及两个散射光场之间干涉的根本原理，严格讲，他讲的"工作原理"的物理过程是不存在的．

美国已经有人发现了这个问题，想出了解决办法．J. Rasanen，K. M. Abedin 和 J. Tsujiuchi 等用已经相当发达的计算机模拟技术，把散射板分成极小的方形散射微板，利用经典的几何光学与物理光学方法，计算出输出面上的光场强度分布，给出了一张带有条纹图样的结果．他们假设每块微散射板都有随机的光程差变化，这一随机变化用计算机里的伪随机数生成．因此，尽管他们的工作没有触及根本原理，但是尊重了散射光场干涉的基本事实，是值得推崇的工作，刊登在 1997 年 10 月的 *Applied Optics* 上．可是每测量一次，改变一些参数就要进行一次计算，毕竟不是研究原理的办法．我不能走这条路，我深信，顾德门教授的三本书一定会提供一条更好的途径．

我曾要求自己的硕士、博士研究生仔细研究这个问题，甚至要求他们用散射板干涉仪的原理作为他们的毕业论文的题目．可是，没有一个学生能够做下去．因为按照《傅里叶光学导论》的分析方法，需要有散射板的准确数学表达式，这是仪器不能提供的．按照《统计光学》，书上没有给出两次经过散射的成像方法，可是散射板干涉仪里的光路就是要两次通过散射板最后到达成像面．散射板干涉仪的设计中要求把散射板散射出来的一束光用作基准参考光，而散射板散射出来的另一束光用作测量光，设计是很巧妙的．如果按照《傅里叶光学导论》的分析方法，一次又一次的衍射，最后的菲涅耳积分可能是个八重，甚至十六重的积分，而且其中还要两次通过作为空间随机过程的散射板，根本无法计算．

问题是"两次通过作为二维空间随机过程的散射板"怎么处理？在十几张 A4 纸上写过几十次菲涅耳积分以后，我问自己，是"两次通过作为二维空间随机过程的散射板"吗？不对，相互干涉的两束光中的每一束都是在一次通过散射板时被散射，另一次通过散射板时被透射．不过，尽管如此，两束光还是有区别的．因为，一束是第一次被散射，另一束是第二次被散射．而且，第一次被散射的光场携带了被测光学元件或系统的误差信息，第一次被透射的光场却是在透射后聚焦到了被测光学元件或系统的"光心"处，不受被测光学元件或系统的误差影响. 其实, 这两束光在透过散射板时, 都可以将散射板等价地看作空气或真空平板. 问题一下就能简化了. 利用《傅里叶光学导论》的分析方法, 把第二次被散射的光束, 不受被测光学元件或系统的误差影响的光束, 等价为第一次被散射的光场通过无像差系统是可能的. 详细的运算果然把《傅里叶光学导论》的分析方法和《统计光学》的分析方法结合了起来, 得到了携带有波像差信息的干涉图, 给出了散射板干涉仪的原理的解析表达式. 于是我把这个结果送给 *Journal of the Optical Society of America* (*A*), 也许是上面那几个用计算机模拟的朋友审的稿, 一个半月就被录用, 成为我送到国外的论文中被权威期刊录用最快的一次.

顾德门教授这三本书一直伴随着我近四十年的近代光学教学与研究工作, 我仅以上面几个案例说明我从这三本书中获得的教益, 相信我国光学界众多读者的心得体会比我要多得多.

顾德门教授退休后, 把这三本书重新修订出最后的版本, 我受秦克诚、刘培森和曹其智教授邀请, 一起完成这最后版本的翻译. 仿效秦克诚教授在《傅里叶光学导论》(第三版) 中文版的"译后记", 我在这里通过学习应用顾德门教授教科书的点滴回顾, 也写一个"译后记", 表达对顾德门教授的敬仰之意.

陈家璧

2017 年 6 月